JN421832

제2판

토질역학

송창섭 · 이달원 · 유 찬 · 손영환 · 김용성 · 백원진 · 임성훈 공저
장병욱 감수

도서출판
구미서관

단위 환산표

	US 단위	US 단위를 SI 단위로 환산할 때의 공식
길이	inch	1 in = 25.40 mm
	foot	1 ft = 0.3048 m
	mile	1 mi = 1.609 km
면적	square inch	1 in^2 = 645.2 mm^2
	square foot	1 ft^2 = 0.0929 m^2
부피	cubic inch	1 in^3 = 16.39(10(3)) mm^3
	cubic foot	1 ft^3 = 0.02832 m^3
	gallon	1 gal 3.785 L
속력	inch per second	1 in/s = 0.0254 m^3
	foot per second	1 ft/s = 0.3048 m^3
	mile per hour	1 mi/h 1.609 km/h
가속력	inch per square second	1 in/s^2 = 0.0254 m/s^2
	foot per square second	1 ft/s^2 = 0.3048 m/s^2
질량	slug	1 slug = 14.59 kg
2차관성모멘트	inch to fourth power	1 in^4 = 0.4162(10^6) mm^4
힘	pound	1 lb = 4.448 N
분포하중	pound per foot	1 lb/ft = 14.59 N/m
압력(응력)	pound per square inch	1 psi = 6.895 Kpa
	kilo pound per square inch	1 ksi = 6.895 Mpa
모멘트	foot pound	1 ft−lb = 1.356 N−m
일(에너지)	foot pound	1 ft−lb = 1.356 J
일률	foot pound per second	1 lb−ft/s = 1.356 W
	horse power	1 hp = 745.7 W
길이	meter	1 m = 39.37 in
		1 m = 3.281 ft
	kilo meter	1 km = 0.6214 mi

단위환산표

	US 단위	US 단위를 SI 단위로 환산할 때의 공식
면적	square meter	$1\ m^2 = 1550\ in^2$
		$1\ m^2 = 10.76\ ft^2$
부피	cubic milli meter	$1\ mm^3 = 61.02(10^{-6})\ in^3$
	cubic meter	$1\ m^3 = 35.31\ ft^3$
	liter	1L = 0.2642 gal
속력	meter per second	1 m/s = 39.37 in/s
		1 m/s = 3.281 ft/s
	kilo meter per hour	1 km/h = 0.6214 mi/h
가속력	meter per square second	$1\ m/s^2 = 39.37\ in/s^2$
		$1\ m/s^2 = 3.281\ ft/s^2$
질량	kilogram	1 kg = 0.06854 slug
2차관성모멘트	milli meter to fourth power	$1\ mm^4 = 2.402(10^{-6})\ in^4$
힘	newton	1 N = 0.2248 lb
분포하중	kilo newton per meter	1 kN/m = 68.54 lb/ft
압력(응력)	kilo pascal	1 kpa = 0.1450 psi
	mega pascal	1 Mpa = 145.0 psi
모멘트	newton meter	1 N−m = 0.7376 ft−lb
일(에너지)	joule	1 J = 0.7376 ft−lb
일률	watt	1 W = 0.7376 ft−lb/s
	kilo watt	1 kW = 1.341 hp

PREFACE

머리말

토질역학은 건설분야를 공부하는 학생이나 이 분야에 종사하는 기술자들에게 흙의 공학적 특성과 시공 또는 설계를 위한 공학적 판단능력을 배양하는 학문으로서 그 중요성을 가지고 있다. 또한 최근에는 구조물의 규모가 대형화되면서 흙과 관련된 지반파괴, 자연재해 등 안전과 관련하여 토질역학에 대한 관심이 증가되고 있다.

이 책은 그 동안 대학에서 학생들에게 강의한 노트를 바탕으로 교수님들의 강의 경험, 연구 및 현장의 실무경험 등 다양한 내용을 기술하고자 노력하였으며, 고도의 기술과 최근이론을 정리하여 실무뿐만 아니라 연구하는 교재로서의 역할을 할 수 있도록 정리하였다.

제1장부터 제4장까지는 흙의 기본적인 특성 및 분류에 대하여 정리하였고, 제5장에서는 유효응력이론을 바탕으로 지반내의 응력, 제6장에서는 투수, 제7장에서는 압밀이론을 바탕한 흙의 압축, 제8장에서는 전단강도, 제9장에서는 흙의 다짐, 제10장에서는 토압 및 토류구조물, 제11장에서는 사면안정 등 흙의 역학적 특성을 기초한 토질역학의 기본이론과 응용문제를 취급하였으며, 제12장에서는 지지력과 얕은기초, 제13장에서는 깊은기초 등 기초공학에 관한 내용을 기술하였다. 제14장에서는 최근에 문제가 되는 연약지반 등 토질안정처리 기술을 정리하였고, 제15장에서는 지반의 동적거동을 이해하는 토질동역학을 정리하였다. 제16장에서는 현장시험을 추가하여 실무에 종사하는 기술자들의 토질조사 업무에 도움을 주고자 새롭게 정리하였다. 또한 각 장에는 내용파악에 도움이 되도록 중요한 예제를 추가하였으며, 장에 끝나면 총정리할 수 있는 연습문제를 추가하여 이해도 증진에 노력하였다.

여러 교수님들이 모여서 그동안의 강의노트와 실무경험을 바탕으로 이 책을 기술하여 학생이나 건설분야에 종사하는 실무기술자들에게 필요한 내용을 요약하여 정리하고, 다양한 예제를 통하여 토질역학을 공부하는데 도움을 주고자 많은 내용을 기술하였다. 그러나 제한된 시간과 지면관계로 기술하지 못했거나 미흡한 점은 앞으로 계속 수정하고 보완하도록 노력할 생각이다.

마지막으로 이 책이 토질역학을 공부하는 학생이나 실무자들에게 좋은 교재가 되길 바라며, 책이 완성되도록 도움을 주신 구미서관 임해진 사장과 원고를 정리하고 도와준 김명환 박사에게 감사를 드립니다.

2017년 3월

저자 대표 송 창 섭

차 례 CONTENTS

차 례 CONTENTS

차 례

CONTENTS

제 1 장

흙의 생성과 공학적 문제

제 1 장

흙의 생성과 공학적 문제

1.1 개설

토질역학(soil mechanics)은 흙의 물리적 특성과 흙에 작용하는 하중에 따른 흙의 거동을 연구하고 흙의 공학적 문제에 대하여 역학적 및 수리학적 이론을 적용하는 학문이라 할 수 있다. 이러한 토질역학의 원리를 토목, 건축 등의 실무에 적용하는 것을 지반공학(geotechnical engineering)이라고 한다.

토질역학에서 취급하는 흙은 건설재료로 널리 사용되고 있으며, 농작물의 재배에도 필요한 중요한 요소이다. 흙은 암석의 풍화에 의해 생성되며, 흙입자, 물, 공기의 삼상체(三相體)로 된 불연속체이기 때문에 그 성질이 고체나 유체와는 근본적으로 다르다. 그러므로 하중의 전달방식이나 변위의 발생은 복잡한 과정을 거치게 된다.

흙의 공학적 문제를 다루는 것은 쉬운 일이 아니다. 흙의 물리학적·역학적 성질 외에 흙의 거동에 대한 지식이 필요하며 흙에 작용하는 압력, 지하수, 강우, 기온 등과 같은 조건에 의해서도 성질이 변화되기 때문이다. 대부분의 토목공사는 흙을 다루는 공사와 관련이 있으며 토질공학을 전문으로 하는 기술자의 지원을 받아 기술적으로 해결할 수 있다. 그러나 일반 토목기술자들도 현장에서 발생할 수 있는 토질공학적 문제 및 흙의 특성에 대한 기본지식을 가지고 있어야 한다.

토목기술자가 현장에서 접하게 되는 흙의 토질공학적 문제는 다음과 같다.

(1) 구조물을 설치할 기초지반을 조사하고 기초를 설계하는 문제

기초(foundation)는 상부에서 주어지는 하중을 충분히 지지할 수 있는 하부 지반까지 전달하는 역할을 수행해야 한다. 지지층의 위치에 따라 얕은기초와 깊은기초로 구분할 수 있으나, 기초의 종류나 크기 등은 흙의 지지력에 따라 달라진다. 흙의 지지력 산정시 기초의 종류나 형태 등도 고려해야 하나 강도정수(점착력과 내부마찰각), 지하수 위치 등은 중요한 요소이다. 또한, 지지력은 침하와도 밀접한 상관성이 있으므로 지반조사의 결과를 세심하게 검토하여 기초설계시 이를 반영해야 한다.

(2) 댐, 도로 등과 같은 토공 구조물에서 흙을 건설 재료로 이용하는 문제

건설재료로 사용되는 흙의 종류는 매우 다양하며, 꼭 필요한 재료이다. 특히, 댐, 도로 등의 토공 구조물은 흙이 구조물의 품질을 좌우할만큼 주요한 재료로 사용된다. 그러므로 토공구조물이 고품질을 유지할 수 있도록 건설재료로 사용되는 흙은 품질관리 기준이나 시방서 등을 준수하여 적용해야 한다.

(3) 지하구조물, 터널, 토류구조물 등에 작용하는 토압 문제

토압은 지반과 구조물의 상호작용에 의해 다르게 나타나며, 구조물의 종류 및 변위 상태에 따라서 토압의 분포도 여러 가지 형태로 나타난다. 또한, 흙의 종류에 따라 구조물에 작용하는 토압의 크기 등은 상이하므로 이를 충분히 고려해야 한다.

(4) 성토 또는 절토시 사면의 안정 문제

인위적으로 만들어지는 제방 등의 사면은 성토에 의한 것이 대부분이며, 도로나 철도 등은 위치나 규모에 따라 성토 혹은 절토 사면이 형성된다. 사면의 안정은 자중이나 외력에 의한 전단응력과 이와 반대방향으로 작용하는 전단저항력과의 크기에 의해 결정된다. 전단저항력은 흙의 전단강도에 의해 구해지며, 전단강도를 구성하는 점착력과 내부마찰각의 결정이 중요하다.

(5) 지진, 진동 및 침식, 배수, 동해 등 여러 가지 지반공학적 문제

흙은 개략적으로 조립토와 세립토, 또는 사질토와 점성토로 분류한다. 입경에 따라 자갈, 모래, 실트, 점토 등으로 분류하며, 이 중 모래, 실트, 점토가 지반공학적 문제에 많이 관여한다. 느슨한 사질토는 지진이나 진동 등이 가해지면 조밀하게 되면서 침하가 발생하며, 포화된 사질토는 액상화 현상을 일으킨다. 또한, 실트질 지반에서는 기온이 0℃이하로 내려가면 흙속의 간극수가 얼게 되고 동상현상을 일으킨다. 이후 기온이 상승하여 지중의 얼음이 녹는 속도가 배수의 속도보다 빠르게 되면 지반이 연약화 되는 연화현상이 발생하게 된다. 동상과 연화는 구조물에 피해를 주는 대표적인 동해라 할 수 있다. 점토의 경우 투수계수가 작아 배수가 불량한 대표적인 흙이며 대부분의 연약지반에 해당한다. 이처럼 흙은 종류에 따라 다양한 지반공학적 문제를 유발하므로 이에 대한 주의가 필요하다.

또한, 흙을 취급함에 있어서 다음과 같은 특성을 가지고 있음을 알아야 한다.

- 흙은 탄성체가 아니다.
- 흙의 거동은 작용하는 압력뿐만 아니라 시간이나 환경에 따라 변한다.
- 흙의 성질은 다양하고 위치나 심도에 따라 다르다.
- 지중에 있는 흙의 실체를 보기 어려우며 채취한 소량의 시료로부터 전체 지반의 특성을 평가하게 된다.
- 흙 시료를 채취할 때 흐트러지기 쉬우므로 원위치 흙은 채취한 흙 시료와 공학적 성질이 다르게 나타날 수 있다.

1.2 암석과 흙의 생성

흙의 고체 부분인 광물입자는 암석이 풍화하여 생성된 것으로 입자의 크기는 풍화의 정도에 따라 다르다. 흙의 물리적 특성은 입자의 크기, 모양, 화학적 성분에 따라 달라지며 이러한 요소들을 보다 잘 이해하기 위해서는 지각을 형성하는 암석의 기본형태, 조암광물 그리고 이들의 풍화과정 등에 대한 지식이 필요하다.

1.2.1 암석의 풍화작용과 순환

흙의 생성은 기존 암석이 풍화(weathering)하여 이루어진다. 풍화는 암석이 파쇄, 변질하여 흙으로 될 때까지의 과정을 말한다. 이러한 풍화작용은 물리적 풍화작용(physical weathering)과 화학적 풍화 작용(chemical weathering)으로 나뉜다.

물리적 풍화작용은 암석이 지표에 노출되어 느슨해지거나 사면에서 중력작용 등에 의하여 입자분리가 발생하여 일어난다. 또, 구성물질이 다른 암석이 지표 부근에서 온도변화에 따라 팽창과 수축이 반복되거나 건습반복, 동결융해작용 또는 식물의 뿌리 등에 의하여 암석의 틈이 갈라지거나 광물의 결합이 느슨해지면 입자 분리가 발생하여 일어난다. 물리적 풍화는 한대 지방이나 건조한 지방에서 많이 발생하고 주로 조립토가 생성되며, 모암(parent rock)의 성질을 유지한다. 예로 화강암이 마사로 변하는 것은 조암 광물의 팽창계수 차이로 볼 수 있다.

화학적 풍화작용은 물이나 공기속의 산소 또는 탄산가스에 의하여 암석이 화학변화를 일으키거나 분해되어 가는 과정을 말하며 그 결과 점토광물이 생성되어 토양화가 촉진된다. 이러한 풍화작용에는 장석류가 카올리나이트(kaolinite)로 변화하는 산화작용, 흑운모가 녹니석으로 변화하는 수산화작용 및 칼리 장석이 카올리나이트로 변화하는 탄산염화작용 등이 있다. 화학적 풍화는 열대 지방에서 많이 발생하고 주로 세립토를 생성한다.

그밖에도 암반 틈에 열수용액 등이 침투하여 암반을 연화시키는 변질작용(alteration), 빗물, 유수, 바람, 파도, 눈, 빙하 등의 외력에 의한 기계적 침식작용(erosion), 유수, 빙하, 바람, 중력 등에 의한 운반작용(transportation), 퇴적작용(deposition), 퇴적물이 고결되는 압밀작용(compaction), 고결작용(cementation), 변성작용(metamorphism)에 의해 풍화가 일어난다. 편마암(gneiss), 편암(schist)은 주로 실트와 모래의 형태로 풍화하고 규암(quartzite)은 모래, 자갈로 풍화된다. 판암(slate), 천매암(phyllite) 등은 점토로 풍화한다.

암석은 생성원인에 따라 크게 화성암(igneous rock), 퇴적암(sedimentary rock), 변성암(metamorphic rock)으로 분류된다. 대표적 세 가지 암석은 각각 여러 형태로 풍화하여 운반, 퇴적 및 고결된다. 즉, 지각변동에 의한 마그마 생성 및 화산 분출 등에 의하여 다시 화성암이 되는 과정을 반복하고 변성암 및 퇴적암 등의 다른 형태로 변화하고 순환한다. 이것을 암석의 순환(rock cycle)이라 한다.

1.2.2 암석의 분류

암석은 그 성인에 따라 마그마가 굳어진 화성암, 암편이나 점토가 굳어진 퇴적암 그리고 화성암, 퇴적암 등이 열이나 압력에 의해 변화하여 생성된 변성암으로 대별된다. 암석을 구성하고 있는 주요 광물인 조암광물(rock forming minerals)은 약 300여종으로 추정되며 그중 대표적인 1차 광물은 석영, 장석(정장석, 사장석), 운모 등이며 이 밖에도 휘석, 감람석, 각섬석, 방해석, 준장석 등이 있다. 그리고 이들 광물은 우리나라 부존 암석의 70%를 차지하고 있는 화강암류에서 흔히 볼 수 있는 것이다.

화성암은 마그마가 지표면 가까이에 분출되어 식어져 생성되며 생성 장소에 따라 심성암, 반심성암, 화산암(분출암)으로 나눈다. 심성암이나 반심성암과 같이 식는 속도가 느리면 조립질 구조를 갖게 되며 화산암과 같이 식는 속도가 빠르면 입자는 유리질 또는 세립의 조직을 갖고 식는 속도가 변하면 반상 조직을 이룬다. 화산암은 입경에 따라 화산회(〈4mm), 화산력(32~4mm), 화산암괴(〉32mm)로 나눈다. 화학 성분에 의해서는 암석 중에 포함된 SiO_2의 양에 의해 산성암(SiO_2 함량 66% 이상), 중성암(66~52%), 염기성암(52~45%), 초염기성암(45% 이하)과 같이 분류된다. 석영, 장석, 운모 등으로 이루어진 화강암, 섬장암, 유문암과 같은 산성암은 풍화하여 주로 모래, 자갈 등이 되며 현무암, 반려암 등의 염기성암은 풍화하여 세립질인 실트나 점토로 된다. 산성암은 주로 밝은 색조를 띄며 염기성암은 짙은 색조를 띈다.

퇴적암은 기존암석의 쇄설물, 생물유해 등이 퇴적되고 높은 압력이나 실리카(silica), 산화철과 같은 고결제로 굳어져 형성된 암석이다. 구성물질과 생성과정 등에 의하여 쇄설성 퇴적암, 화산성 퇴적암, 화학적 퇴적암 및 유기적 퇴적암으로 대별된다. 이암(mudstone), 혈암(셰일, shale), 판암(slate), 사암(sandstone) 및 역암(conglomerate)과 같은 쇄설성 퇴적암은 지표에 노출된 암석이 풍화에 의하여 생성된 쇄설물질(clastics)이 물, 바람, 빙하 등에 의하여 운반되어 바다, 강, 호수의 바닥과 육상에 퇴적되고 고결되어 생성된다. 쇄설물질의 크기에 따라 점토, 실트, 모래 및 자갈로 된 쇄설성 퇴적암으로 분류한다. 응회암, 화산력응회암 등과 같은 화산성 퇴적암은 화산 분화와 함께 분출하는 화산분출물이 육지 또는 바다에 퇴적되고 고결되어 퇴적암을 이룬다. 암염(halite) 또는 석고(gypsum)와 같이 해수, 호수 및 온천 등의 지하수에 용해되어 있는 물질이 화학적으로 침전해서 생성되는 화학적 퇴적암과 생물의 유해가 퇴적되어 생성된 석탄, 석회암 등의 유기적 퇴적암이 있다. 석회암(limestone), 응회암(tuff), 셰일, 사암, 역암 등의 퇴적암은 풍화하여 점토, 실트, 모래, 자갈 등이 된다.

변성암은 기존암석이 고열, 압력, 가스, 액체 등에 의해 본래와 다른 암석으로 변하여 생성된 것이며 마그마와의 접촉에 의하여 마그마로부터 열 및 성분공급을 받아 변성하는 접촉변성암(contact metamorphic rocks)과 지하 깊은 곳에 파묻힌 암석이 구조운동을 반복하여 고온, 고압 하에서 광범위한 영역에 걸쳐 변성하는 광역변성암(regional metamorphic rocks)으로 대별된다. 그밖에도 단층운동에 따라 기존 암석이 압쇄되고 광물입자가 파쇄되어 생성된 압쇄암(mylonite)도 종종 나타난다. 석회암은 대리암(marble)으로, 사암(sandstone)은 규암(quartzite)으로, 혈암(shale)은 판암(slate)이나 천매암(phyllite), 편암(schist)으로 변성된다.

1.3 풍화토와 연약지반의 형성

풍화토는 표 1.1에서와 같이 크게 정적토와 운적토로 나눌 수 있다.

정적토(sedimentary soil)는 풍화물이 그 자리에 남아있는 흙으로서 암석이 풍화된 것으로 이루어진 잔적토(residual soil)와 동·식물 등의 유기물이 부식하여 형성된 유기질토(organic soil)가 있다. 특히, 유기질토의 일종인 이탄(peat)은 비교적 한랭하고 습윤한 지역에 주로 분포한다.

운적토(transported soil)는 풍화물이 이동하여 형성된 흙이다. 애추(talus deposit)와 같이 비교적 단거리에 운반되어 산모퉁이 같은 곳에 쌓인 것을 붕적토라 하며, 유수에 의하여 운반될 때 운반력이 감소되어 얕은 곳에 퇴적된 삼각주, 선상지 등의 운적토를 충적토라 한다. 충적토는 퇴적 장소에 따라 하성, 해성, 호성 충적토로 분류되며 또한 바람에 날려 쌓인 사구(sand dune)를 풍적토(aeolian deposit)라 한다. 그리고 빙하에 의해 퇴적된 흙을 빙적토(glacial deposit)라 하며 빙퇴석(moraine)은 이에 속한다.

특수토로서 중국과 미국 대륙의 일부 건조지대와 반건조지대에서 실트질 흙이 바람에 의해서 서서히 쌓여 있는 불안정토(metastable soil), 일명 붕괴성 흙인 레스(loess), 화산회 등이 있으며 이들은 공극비가 크고 단위중량이 작으며 점착력이 없거나 매우 작은 성질을 가지고 있다.

이 밖에 미주, 남아메리카, 아프리카, 오스트레일리아 등에 산재되어 있는 팽창성 흙이 있으며, 빙하 퇴적토로서 입경이 다른 흙이 호층으로 이루면서 형성된 호상점토(varved clay) 등이 있다.

우리나라의 화강토는 수분이 적은 상태에서는 안정성이 높으나 수분을 흡수하게 되면 전단강도가 급격히 저하되고 외력에 의한 파쇄성이 큰 특성을 가지고 있으므로 토공재료로 사용할 경우 이를 고려해야 한다.

표 1.1 흙의 성인에 의한 분류

위치의 구분	생성과정	성인에 의한 분류
정적토	풍화 동·식물의 부식	잔적토 유기질토
운적토	중력	붕적토
	유수	하성충적토 해성충적토 호성충적토
	빙하	빙적토
	풍력	레스 사구
	화산의 분출	화산회토

연약지반은 대부분 현세에 자중압밀의 과정을 거쳐 퇴적된 충적층이다. 침식, 재퇴적, 지하수의 변동, 지진하중을 받는 등의 과정을 겪은 연약한 점토, 실트 등의 세립토와 유기질토, 패류, 초근류로 이루어져 있다. 이들 토층은 일반토층에 비해 지하수위가 상당히 높거나 지표면과 거의 일치하여 포화되어 있는 경우가 많다. 따라서 연약지반은 지지력이 작고 배수가 불량하며 압밀침하량이 많아서 토목공사에 어려움이 있는 지층이다. 이 중 유기질토는 자연함수비가 200~300%나 되며 압축성이 크다. 특히, 1차 압밀침하가 끝난 뒤에도 장기간에 걸쳐 추가로 발생하는 2차 압밀침하의 침하량이 크다.

1.4 토층 단면

잔류토층을 수직으로 잘라 그 단면을 보면 가끔 수평 토층단면으로 형성되어 있는 경우를 볼 수 있다. 이것은 토층이 장기간에 걸쳐 풍화가 발생하여 이루어진 것이다. 각층의 두께는 장소에 따라 다르며 지층의 두께와 순서를 나타내는 연직단면을 토층단면(soil profile)이라 한다.

토층단면 중 표토층(top soil)이라 부르는 첫 번째 층은 유기물과 식물의 뿌리가 많은 O층(유기물층, O-horizon)이라 하고, 부식질과 미분해 또는 반분해 유기질물질 등이 많이 함유되어 있다. 공학적으로는 불량하나 식재용 또는 조경용 흙으로 유용할 수 있다.

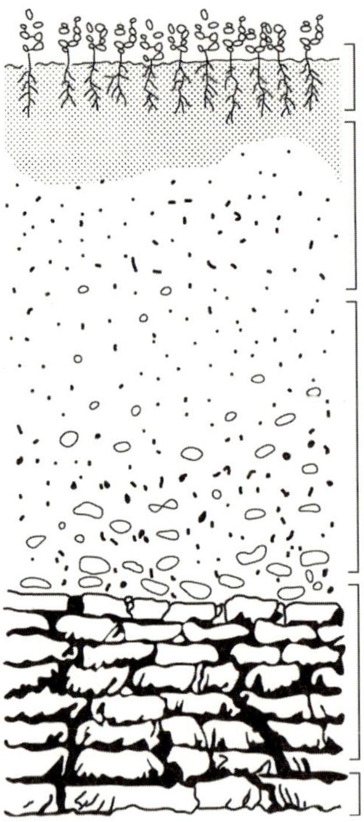

그림 1.1 토층 단면(soil profile)

A층(용탈층, A-horizon)은 O층에 비하여 유기물이 풍부하기 때문에 O층과 다른 색깔로 구별된다. 이 층은 일반적으로 풍화가 많이 진전된(highly weathered) 흙이기 때문에 색깔이 진하다. 이 층의 콜로이드나 용해성 물질은 침투수에 의해 용탈된다. 두께는 수 cm에서 1~2m 정도이며 아래의 B층(B-horizon)으로 연결된다.

B층(집적층, B-horizon)은 보통 A층의 침투수에 의하여 용탈한 점토분, 철분, Al 등으로 집적되어 있으며 점성구조와 블록구조의 사이 그리고 가는 균열이 발달되어 있다. 두께는 0.5~수 m이며 C-horizon으로 연결된다.

C층(암석 풍화물층, C-horizon)은 비교적 풍화정도가 낮으며, 다수의 암편을 함유하고 있는 전이층이다. 흙의 물리 화학적 성질은 퇴적 당시와 큰 변화가 없다.

R층(모암층, parent rock 또는 bedrock)은 C층 밑에 있다.

1.5 토질역학과 농업토목

농업자원인 토지와 수자원을 확보하고, 기반을 정비하며 정주조건을 개선하기 위한 생활환경 정비, 농업의 재해를 예방하고 복구하며 농지시설을 개량하고 관리하는 일은 농업토목의 주된 사업이다. 이때, 토질공학이 차지하는 분야는 매우 넓고 대단히 중요하다. 예를 들면 저수지의 규모를 결정할 때에는 관개지역의 토질 특성이 중요한 요소가 되며 흙댐, 하천제방, 용배수로, 농도를 설치할 때도 기초지반의 토질 상태와 성토재료의 성질에 따라서 구조물의 형태와 크기가 결정되고, 이들 구조물의 시공도 흙의 상태에 따라 공법이 달라져야 한다.

최근 새만금과 같은 대규모 간척사업이 농지확장뿐만 아니라 토지의 다목적 이용을 위해서 시행되었으며, 이때 축조된 방조제 기초지반은 축조재료인 흙과 해사 등 성토재의 성질과, 사면안정성 등에 따라 결정되었다. 배수갑문의 설계는 큰 수압과 토압에 견뎌야 하는 구조물로 토질역학을 충분히 이해해야 가능한 일이다. 여러 가지 목적을 위해 시행되는 내부 개답 공사는 성토재료의 적부, 지지력, 압밀침하, 사면 안정 및 보호, 관개배수 등을 포함하며 연약지반 개량과 같은 토질역학 이론에 의해서 해결해야 할 중요한 사항이다.

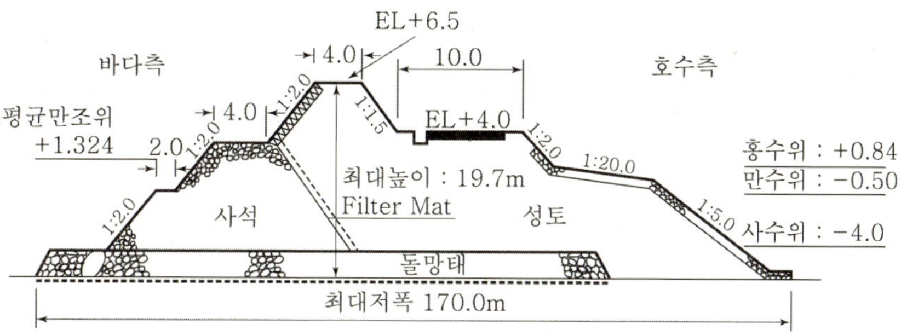

그림 1.2 방조제의 표준단면 예

연습문제

1.1 흙의 토질공학적 문제에 대하여 설명하시오.

1.2 흙을 취급함에 있어서 고려해야할 특성에 대하여 설명하시오.

1.3 물리적 풍화작용과 화학적 풍화작용에 대하여 설명하시오.

1.4 화학적 풍화지수(chemical weathering index)에 대하여 설명하시오.

1.5 암석을 생성원인에 따라 분류하고 각각의 특성에 대하여 설명하시오.

1.6 암석 풍화를 지배하는 요인에 대하여 설명하시오.

1.7 암석의 경도와 강도의 간이시험(index tests for quality of rock)에 대하여 설명하시오.

1.8 흙을 성인에 따라 분류하고 각각의 특성에 대하여 설명하시오.

1.9 이암(mudstone) 지대 절취사면에서 시공 후 시간 경과에 따라 사면이 불안정으로 변화하는 이유에 대하여 설명하시오.

1.10 점토의 연대효과(aging effect)에 대하여 설명하시오.

제 2 장

점토광물과 흙의 구조

제 2 장

점토광물과 흙의 구조

2.1 개설

흙의 구조(soil structure)란 육안이나 광학현미경, 전자현미경 등의 기술에 의존하여 관찰할 수 있는 조성광물 입자(공극을 포함)의 기하학적 배열상태와 입자 사이에 작용하는 여러 가지 힘을 통틀어 말하며 흙의 물리적 구성 조직형태를 soil fabric이라 한다.

공학적인 면에서 흙은 고체 입자와 공극사이의 물과 공기의 3상(三相)으로 구성되어 있으며 이 중 고체입자에는 부패한 유기물질과 비교착(非膠着) 광물입자의 혼합물 등을 포함하는데 이것이 일반 강체와 다른 점이다.

즉 흙의 개개 입자는 일반적으로 결합력이 약하고 외력에 의하여 입자가 상대적으로 변형되기 쉬운 성질이 있으므로 흙은 연속체라기보다는 입상체로 생각하여 성질을 규명하는 것이 편리한 경우가 많다.

이러한 흙의 구조에 영향을 끼치는 인자는 흙입자의 형상, 크기, 공극률, 조성광물 입자표면에 작용하는 전기력, 공극수의 광물 성분, 이온 성분 등을 들 수 있다. 모래나 자갈과 같은 입상체는 이를 구성하고 있는 광물성분이 그 흙의 공학적 성질에 그다지 영향을 주지 않으며 흙입자 사이에 작용하는 힘도 거의 무시할 수 있다. 그러나 점토는 비표면적(比表面積)이 매우 커서 계면작용(界面作用)이 현저하고 흡착수의 작용에 의하여 점성을 나타낸다. 따라서 중력의 작용보다 입자간에 작용하는 인력과 반발력의 영향을 더 많이 받는다.

2.2 흙입자의 모양과 크기

흙입자의 형상은 매우 불규칙하지만 일반적으로 아주 둥근 모양(well rounded), 둥근 모양(rounded), 약간 둥근 모양(subrounded), 약간 모난 모양(subangular), 모난 모양(angular) 및 매우 모난 모양(very angular)으로 표시할 수 있으며, 이것은 주로 자갈, 모래 등이 물, 빙하, 중력 등에 의한 운반 중 마모가 일어난 정도를 나타낸다. 또한, 둥근 정도(roundness)는 입자 경계부의 모난 정도를 나타내는 지표이며 다음 식과 같이 구할 수 있다.

$$Roundness = \frac{4\pi A}{P^2} \tag{2.1}$$

여기서, A = area of particle

P = perimeter of particle

완벽한 원형입자의 roundness는 1이며, 입자의 형상에 따라 표 2.1, 그림 2.1과 같이 분류할 수 있다.

표 2.1 입자의 둥근 정도

Shape	Roundness
Well rounded	0.60~1.00
Rounded	0.40~0.60
Subrounded	0.25~0.40
Subangular	0.15~0.25
Angular	0.00~0.15
Very angular	for grains extremely sharp edges

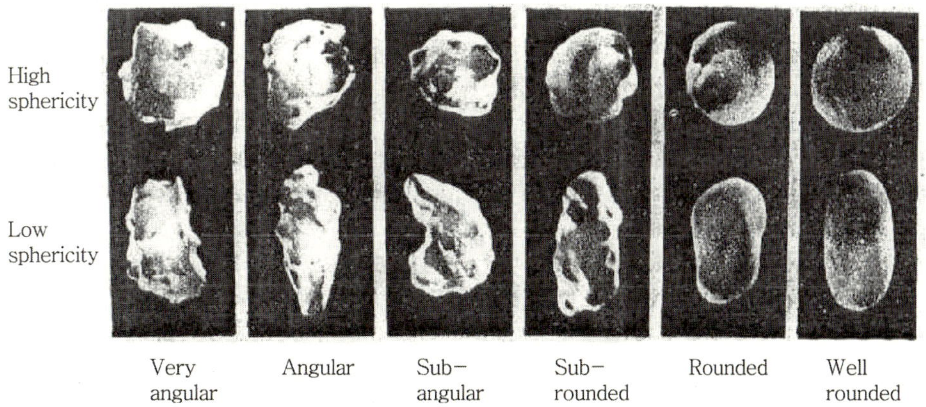

그림 2.1 입자의 둥근 모양(Power, 1934)

하천의 모래, 자갈은 화강암이 풍화된 석영 등으로 대부분 둥근 모양을 가지며, 실트는 모암의 광물성분을 그대로 지니고 있으므로 점토입자로까지 세립화되는 경향은 드물고 약간 둥글거나 모난 입자가 많다.

모난 입자는 암석이 풍화도중에 있는 흙으로서, 공학적 성질이 둥근 입자에 비해 양호하며 입자의 크기가 2μ 이하인 점토입자는 대부분 여기에 속한다. 점토광물의 모양은 운모가 풍화된 경우는 판상(板狀), 비늘상이 있는가 하면 봉상(棒狀), 파이프상도 있으며, 높은 소성과 점성이 공존한다. 그러나 2μ 이하의 미세한 입자라 하더라도 콜로이드(colloid) 또는 석분과 같이 점토광물이 아니면 공학적 성질은 매우 다르게 나타난다.

2.3 점토광물의 구조

2.3.1 점토입자의 결합

점토입자는 복잡한 규산, 염화물 등과 같은 원소와 조암광물을 포함한 결정성 입자로 이루어져 있다.

그리고 이들 입자는 생성과정에 따라 흙의 비결정성 무기(無機)콜로이드상, 유기(有機)콜로이드상, 비(非)콜로이드상의 입자인 1차 광물의 세편(細片)을 함유하고 있어서 점토의 성질은 이와 같은 점토광물 혹은 콜로이드의 성질에 큰 영향을 받는다.

점토입자의 형성, 상호작용을 이해하기 위하여 화학결합 형식에 대하여 간단히 설명하면 분자 내에서의 원자결합은 여러 가지 종류가 있으며 결합에너지가 큰 순서에 따라 공유결합(covalent bond), 이온결합(ionic bond), 수소결합(hydrogen bond) 등이 있는데 이들을 1차 결합이라고 한다.

공유결합은 2개 이상의 원자가 서로 외곽전자를 공유함으로서 궤도 전자가 충분한 안정 상태로 되어 있는 결합으로서 공학적으로 문제가 되는 응력 범위 내에서는 이 결합이 파괴되지 않는다. 이온결합은 양이온과 음이온 사이의 정적인력에 기인하는 결합을 말한다. 또 수소결합은 한 분자 또는 결정의 수소원자가 다른 분자 또는 결정의 산소원자에 인접해 있을 때 이들 2원자 사이에 생기는 강력한 분자간 결합력(Van der Waals force)을 말한다.

이들 점성토의 구조와 광물조성은 X-선 회절법(X-ray diffraction analysis), 주사전자현미경(SEM, scanning electron microscope), 시차열 분석법(DTA, differential thermal analysis) 등에 의하여 판단하며 화학성분은 X-선 분광기(X-ray spectrometer)에 의하여 정성적으로 분석할 수 있다.

2.3.2 점토광물의 기본구조

점토광물의 종류는 많으나 그 광물을 구성하고 있는 기본단위는 규소 4면체(silicate tetrahedron)와 알루미늄 8면체(aluminium octahedron)의 2가지로 나눌 수 있다. 기본단위 4면체의 구조는 그림 2.2(a)와 같이 한 개의 규소(Si) 원자 주위에 4개의 산소(O) 원자로 구성되어 있으며, 이 기본단위 4면체가 모여 그림 2.2(b)와 같이 규소판(silicate sheet)를 이루고 있다. 기호는 그림 2.2(c)와 같이 사다리꼴로 나타낸다.

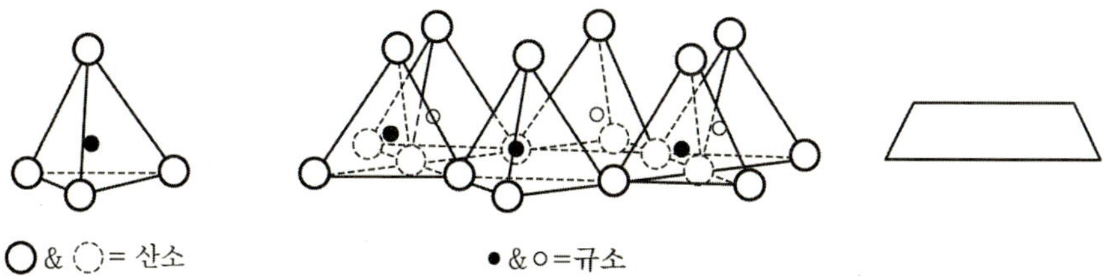

(a) Tetrahedron의 기본구조 (b) Silica Sheet (c) 기호

그림 2.2 규소 사면체(silica tetrahedron)의 분자구조

8면체의 기본구조는 그림 2.3(a) 및 (b)에서와 같이 하나의 알루미늄(Al)이나 마그네슘(Mg) 원자를 중심으로 주위에 6개의 수산기(OH)가 둘러 싸고 있다. 특히 Al이 가운데에 있으면 Al 8면체라고 하고, Mg가 가운데 있으면 Mg 8면체라고 한다.

본 구조단위의 4면체나 8면체는 전기적으로 중립이 아니기 때문에 그 자체로서 독립적으로 존재할 수 없고 산소끼리 또는 수산기끼리 서로 공유하면서 횡방향으로 결합할 수 있다. 그리고 Al 8면체가 횡방향으로 결합되어 있으면 이를 깁사이트 (gibbsite, $Al(OH)_3$)라고 하고 Mg가 Al 원자를 대신하여 결합되어 있으면 브루사이트(brucite, $Mg(OH)_2$)라고 한다. 기호는 그림 2.3(c)와 같이 네모꼴로 나타낸다.

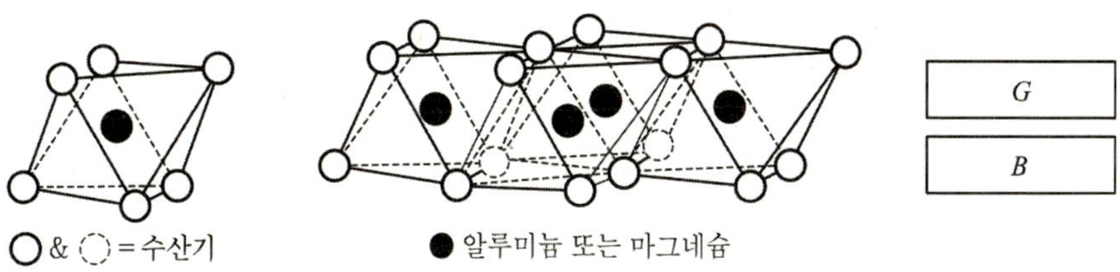

(a) 8면체의 기본구조 (b) 8면체 Sheet (c) 기호

그림 2.3 팔면체(octahedron)의 분자구조(Grim, 1959)

2.3.3 2층구조 점토광물

점토광물에서 가장 많이 볼 수 있는 카올리나이트(kaolinite)는 깁사이트의 하면에 규소의 상면이 끼워진 2개의 판이 기본이 되어 이루어진 점토광물이다.

이와 같은 한 쌍의 기본구조 단위로 이루어진 것을 "2층 구조를 가진 점토광물"이라고 한다. 실제로 점토는 이러한 2층 구조단위가 수소결합 또는 2차 원자가 결합으로 이루어져 있다. 여기서 2차 원자가 결합이란 한 분자가 다른 분자에 있는 원자와 이루어지는 결합력으로써 1차 결합 중의 분자간 결합과 수소결합이 여기에 속한다. 그림 2.4의 카올리나이트는 이러한 구조단위가 115개 결합되어 있다.

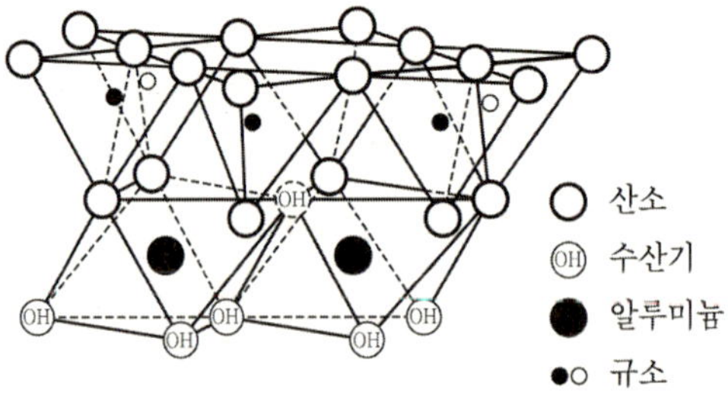

그림 2.4 카올리나이트의 분자구조(Grim,1962)

할로이사이트(halloysite)는 2층구조 단위 사이에 1층의 물분자가 존재하는 것이 다를 뿐 분자구조는 카올리나이트와 동일하다. 이 물은 일단 건조되면 다시 흡수하지 못하므로 건조 전후의 단위중량이 현저히 다르다.

2.3.4 3층구조 점토광물

몬모릴로나이트(montmorillonite)는 그림 2.5와 같이 1개의 깁사이트판과 2개의 규소판의 중간에 끼어 있는 구조로 되어 있다.

몬모릴로나이트는 8면체 판의 알루미늄 6개당 1개의 마그네슘과 철로 동형치환(isomorphous substitution)된다. 여기서 동형치환이란 결정체의 형태를 바꾸지 아니하고 한 원소가 다른 원소에 치환되는 경우를 말한다.

이러한 동형치환으로 말미암아 점토광물의 결정은 음의 전하를 가지므로 Na^{+}, Ca^{+2}, K^{+}과 같은 양이온을 끌어들여 평형을 이룬다. 이러한 양이온들은 일반적으로 쉽게 교환될 수 있다. 이 구조 단위 사이에는 이와 같은 양이온과 인력이 약한 분자간 인력으로 결합되어 종이처럼 쌓여진다. 따라서 결합력은 비교적 약하며 그 크기는 교환할 수 있는 양이온의 성질에 의존한다. 이 구조 단위 사이에 물이 들어가면 쉽게 팽창을 하며 그 결정체를 10Å의 두께로 분리시키는 것도 어렵지 않다.

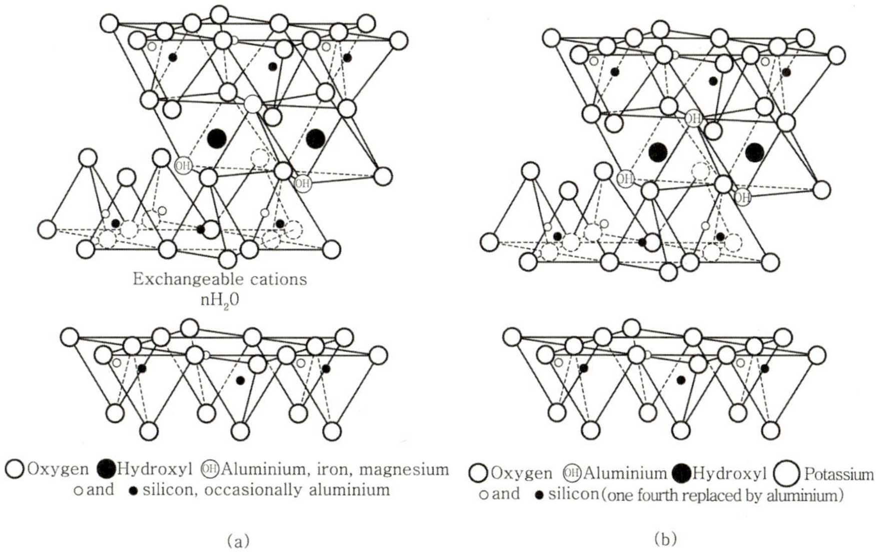

▌그림 2.5 ▌ 몬모릴로나이트(a)와 일라이트(b)의 분자구조(Grim,1962)

일라이트(illite)는 2개의 규소판 사이에 깁사이트가 끼어 있는 3층구조이다. 일라이트는 규소의 Si^{+4}가 Al^{+2}로 동형치환되어 있다. 이로 말미암아 음전하는 3층구조 단위 사이에 끼여 있는 K^+로 평형을 이루고 있으며 이 K^+는 교환되지 않는다. 이때 K^+이온과의 결합은 카올리나이트의 구조 단위를 결합하는 수소결합보다는 약하지만 몬모릴로나이트의 결합력보다는 훨씬 강하다. 이것은 교환되지 않는 K^+이온이 규소판 사이에 꼭 끼어 교환할 수 있는 이온보다도 그 판에 있는 원자에 훨씬 더 가까이 있기 때문이다. 따라서 일라이트는 판 사이에 물 분자가 있지만 몬모릴로나이트처럼 팽창하지 않는다.

이 밖에 버미큘라이트(vermiculite), 클로라이트(chlorite) 등과 같은 점토광물도 있다. 그림 2.6은 점토광물의 크기를 확대한 모습이다.

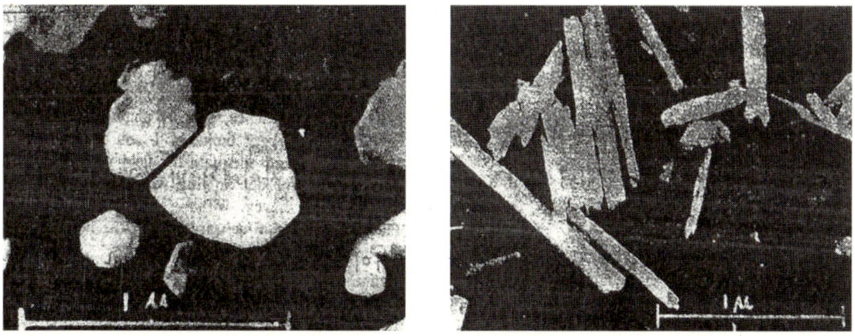

(a) 카올리나이트　　(b) 할로이사이트

▌그림 2.6 ▌ 점토광물의 확대 모습

표 2.2 대표적인 점토광물의 특성(Lambe and Whitman, 1969)

점토광물	기호	동형치환	쉬트 사이의 연결	입자 모양	입자 크기
카올리나이트		Si 대신 Al 400중 1개	수소결합+ 2차 원자가 결합	판상	$d=0.3\sim3\mu$ $d=1/3\sim1/10d$
할로이사이트 ($4H_2O$)	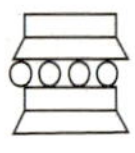	Si 대신 Al 100중 1개 Al	2차 원자가 결합	파이프상	$od=0.07\mu$ $id=0.04\mu$ $l=0.5\mu$
일라이트	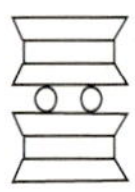	Si 대신 Al Al 대신 Mg, Fe Mg 대신 Fe, Al	2차 원자가 결합+ K이온결합	판상	$d=0.1\sim2\mu$ $t=1/10d$
몬모릴로나이트	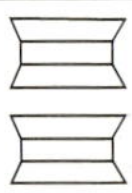	Al 대신 Mg 6중 1개	1차 원자가 결합+ 교환가능 이온결합	판상	$d=0.1\sim1\mu$ $t=1/100d$
버미큘라이트	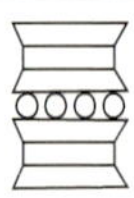	Mg 대신 Al, Fe Si 대신 Al	2차 원자가 결합+ Mg 이온결합	판상	$t=1/10\sim1/30d$
클로라이트	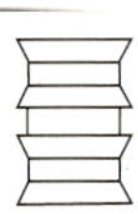	Si, Fe 대신 Al Si 대신 Al	2차 원자가 결합+ brucite 결합	판상	

주) d : 직경, od : 외경, id : 내경, l : 길이, t : 두께

2.3.5 점토입자와 물의 작용

(1) 점토입자의 대전과 물분자의 흡착

점성토의 구조와 구조단위에서 가장 중요한 것은 흙과 물 사이에서 만들어지는 힘의 성질과 크기이다.

앞에서 기술한 바와 같이 점토입자는 층 구조의 사이에 있는 산소 원자, 규소 원자가 알루미늄 원자로, 알루미늄 원자가 마그네슘 원자로 동형치환 되어 원자가가 부족하게 되며, 알카리성 용액내에서 점토 입자는 산성으로 됨으로써 수산기가 전리(電離, ionization)하여 H^+ 이온을 해리(解離, dissociation)시키는 작용에 의하여 음전하를 갖는 경우가 많다.

반면에 물분자는 그림 2.7에서 보는 바와 같이 비대칭 구조인 쌍극자(dipole)를 가지며, 그 수소원자와 입자표면의 산소원자는 수소결합을 하지 않은 물분자에 의하여 끌려간다. 또 양이온이 수화(水和)하는 형태로 입자와 결합하여 흡착수층(absorbed water layer)을 이룬다.

물이 점토에 흡수되면 양이온과 적은 양의 음이온은 점토입자 주위에 떠돌아다니게 되는데 이것이 그림 2.8(a)에 나타낸 바와 같은 확산이중층(diffuse double layer)이다. 이때 양이온의 결합은 그림 2.8(b)와 같이 입자의 표면으로부터 멀어짐에 따라 감소하며 반대로 음이온은 증가한다.

이중층내에 있는 물을 흡착수(absorbed water)라 하고 이중층 바깥에 있는 물을 자유수(free

water)라 한다. 이때, 흡착수는 입자의 대전(帶電) 영향의 효과가 없어지는 범위(약 0.002μ)를 넘으면 자유수로 점차 변화한다. 그리고 흡착수는 입자면의 직각 방향에서 강성이 강하며 동시에 면에 평행한 방향에서 활동에 대한 저항 즉 변형저항이 크다.

흡착수량과 그의 성질은 흙이 소성, 다짐토의 성질, 전단저항, 투수성 등에 영향을 줄 뿐만 아니라 2차 압밀과 잃었던 강도를 다시 원상태로 회복하려는 틱소트로피(thixotropy)현상도 이에 기인하는 것으로 알려져 있다.

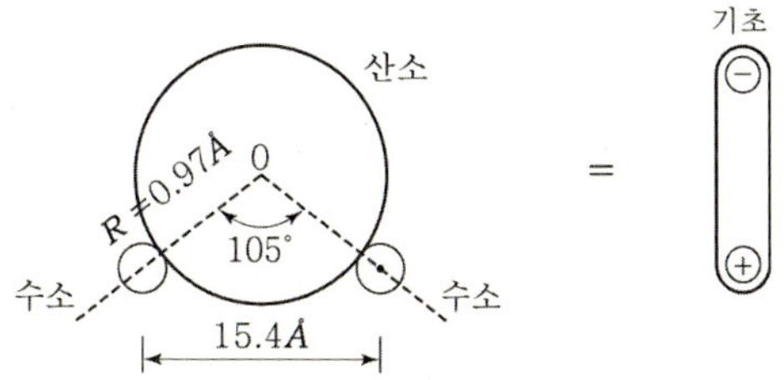

그림 2.7 물의 쌍극성

(2) 양이온 치환

음(−)으로 대전하고 있는 점토입자는 공극수 중의 양이온 입자의 표면에 흡착한다. 흡착력은 이온의 전하량이 클수록, 그리고 수화이온 반경이 작을수록 커진다.

그러나 칼슘(Ca) 점토는 다량의 H^+ 이온을 함유한 물에 처리하면 수소 점토로의 치환이 가능하다(즉, 칼슘점토 + HCl → 수소점토+$CaCl_2$). 이와 같이 점토 입자에 흡착하고 있는 양이온은 치환이 가능하다.

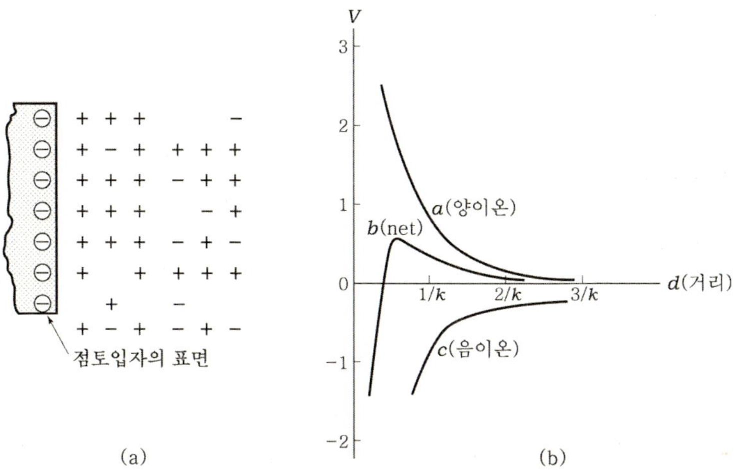

그림 2.8 확산 이중(이온)층

점토입자에 흡착하는 치환성 양이온의 전하량과 수화 반경은 흡착수의 두께에 영향을 준다. 예를 들면 Ca^{+2} 이온은 전하가 작기 때문에 중화하기 위해서는 다수의 흡착을 요하며 수화 반경은 Na^{+} 이온에 비하면 8배 정도 크다. 따라서 Na 점토는 대개 흡착수막이 두꺼워진다. Na-montmorillonite가 Ca-montmorillonite 보다 팽윤성(膨潤性)이 크며 팽윤은 토양 공극을 메우기 때문에 투수성을 감소시킨다. 따라서 불투수성으로 만들어야 하는 경우에 유용할 것이다.

양이온 치환용량(cation exchange capacity, CEC)란 점토 100g에 흡착하는 H^{+}이온의 무게를 mg당량(milli equivalent, me)으로 나타낸 것이며 me/100g의 단위로 표시한다.

(3) 인력과 반발력

점토입자 사이의 인력은 분자간 결합이론에 의하여 설명되는 분자나 원자 사이의 인력이며 이는 분자 사이의 거리의 7승에 반비례하고 반발력은 지수함수로 감소한다.

이 힘의 크기는 점토표면의 성질에 좌우된다. 예를 들면, 2개의 석영 입자 사이의 거리가 1,000Å 일 때는 0.002 dynes 정도이며 거리가 접근하면 이 힘은 급속히 증대한나. 이들 힘은 건조 또는 압밀에 의하여 입자가 아주 근접할 때에 나타난다.

즉 2개의 점토입자의 거리가 15Å을 넘으면 앞에서 기술한 확산이중층이 형성되어 입자간에 반발력을 갖는다. 이 반발력은 인접 입자의 이중층의 침입 또는 표면수의 흡착에 의해 생긴다. 이 경우 수분은 입자 표면의 성질에 의하기 보다는 오히려 입자간 이온농도의 침투압 작용에 의하여 이동한다. 그림 2.8(b)는 반발력과 인력이 점토 입자사이에 거리의 함수임을 보여준다. 곡선 a는 입자 사이의 거리가 감소하면 반발력이 증가하고 곡선 c는 거리가 감소하면 인력이 증가하는 정도를 보여준다. 곡선 b는 중간단계이다.

이 입자 사이의 반발력은 직접적으로는 팽윤압으로 나타나는 것이다. 즉 반발력은 습윤과정에서는 점토의 팽윤현상 특히 압밀시험에서 제하시 회복현상을 일으킨다. 이와 같은 점토는 몬모릴로나이트와 같이 비표면적이 크거나, 나트륨(Na)과 같이 1가의 교환성 이온을 갖는다.

이 밖에 어떤 특정한 조건하에 있어서는 거리의 2승에 반비례하는 전기력(Coulomb 력)이 입자 사이에 작용하기도 한다. 예를 들면 pH 5 이하에서 카올리나이트에는 끝부분에 양전하(陽電荷)가 발생하고, 음전하(陰電荷)에 대한 양의 인력에 의하여 입자 상호간에 인력이 발생한다.

2.4 흙의 구조

2.4.1 점성토의 구조

주사전자현미경에 의하면 점토는 아주 미세한 입자단위로 뭉치려는 경향이 있다. 이러한 입자단위를 도메인(domain)이라고 한다. 도메인들이 모이면 뭉치(cluster)가 된다. 뭉치들이 모여 페드(ped)를 이루는데 이것은 육안으로도 식별이 가능하다.

그림 2.9(a)는 페드의 배열 모양과 육안으로 식별이 가능한 공극을 보인 것이며, 그림 2.9(b)는 도메인과 뭉치의 배열을 나타낸 것이다.

공학적인 면에서 이와 같은 거시구조(巨視構造, macrostructures)는 흙의 거동에 큰 영향을 준다.

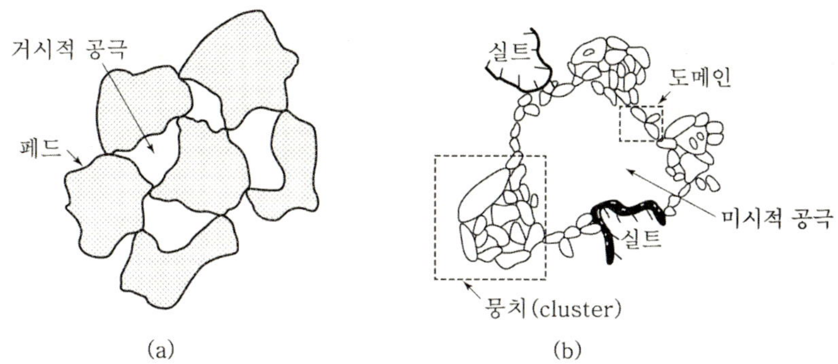

그림 2.9 흙의 구조

묽은 농도를 갖는 부유물 형태의 점토는 초기에 물속에서 반발력과 인력이 함께 작용한다. 이 중 반발력이 우세하면 입자들은 서로 반발하여 밀어내게 되고 입자사이 간격이 멀어진다. 이와 같은 경우 입자들은 서로 떨어지려하는데 이것을 이산(dispersion)이라고 하며 이런 구조를 이산구조(離散構造)라 한다. 이때 입자 사이의 중력을 무시할 수 있으며 면(面) 대 면구조(face-to-face contact)를 이룬다. 따라서 각각의 입자는 아주 서서히 침전하거나 부유물로 남아서 부유물 속의 콜로이드가 지그재그 모양으로 움직이는 브라운(brown)운동을 일으킨다. 이산구조를 한 모든 입자들은 그림 2.10(a)와 같이 서로 평행을 이루면서 침전되는 모습을 나타낸다.

한편 처음 물속에서 이산된 입자가 부유운동으로 서로 가까워지면 이들은 서로 면(面) 대 단(端)의 접촉(face-to-edge contact)으로 형성되는 식별 가능한 뭉치를 이룬다. 예를 들면 입자들은 양전위를 띤 한쪽 끝이 음전위를 띤 한쪽 면으로 이끌리어 결합한다. 이것을 면모(flocculation)라 한다. 이러한 뭉치들이 점차 커지면 중력을 받아 아래로 침전하여 그림 2.10(b)와 같이 면모구조(綿毛構造)를 갖는다. 일반적으로 점토입자의 이중층 두께가 얇을 때에는 면모가 되고 두꺼울 때에는 이산이 된다. 이중층의 두께는 전해질의 농도, 이온가 및 온도가 증가하면 두꺼워진다(Lambe, 1958).

흙의 입도분석 시험에서 분산제로서 원자가가 1인 Na^+이온이 전리(電離)하는 가성소다, 규산나트륨, 헥사메타 인산소다 등을 이용하는데 1가 양이온이 많아지면 점토 입자 사이의 이중층이 확장되고 반발력이 최대가 되어 분산이 이루어지기 때문이다. 여기서 분산제라 함은 토립자 현탁액(suspension)의 분산을 촉진시키거나 혹은 분산상태의 현탁액의 면모화(응집)를 방지하기 위하여 이용하는 약액을 말한다. 현탁액 중 토립자의 분산, 응집은 앞에서 기술한 바 있는 분자간 결합력과 확산이중층의 힘의 대소 관계에 지배된다.

즉 분산제를 첨가하면 확산이중층의 전위를 높힘에 따라 그 힘을 분자간 결합력보다 크게 하여 토립자를 분산시키는 작용을 한다.

실제로 해수에서는 입자의 방향은 상당한 면모구조를 이루는데 이는 분자간 결합력(Van der Waals force) 때문이다(그림 2.10(c) 참조). 그러나 대부분의 담수에서 형성된 침전물은 이산과 면모 중간정도의 구조를 가지고 있다(그림 2.10(d) 참조).

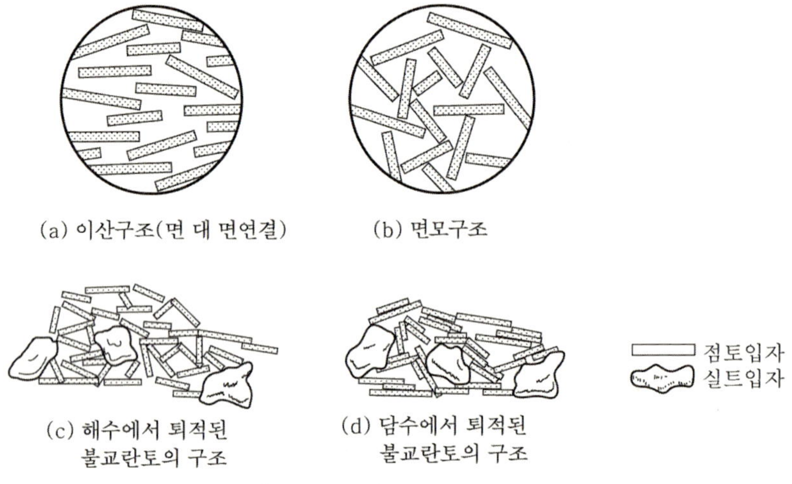

그림 2.10 점토의 구조

2.4.2 조립토의 구조와 배열

(1) 조립토 구조

자갈, 모래, 실트와 같이 둥글거나 약간 둥근 입자를 가지는 조립토는 전기력의 작용보다는 중력에 의한 작용에 의하여 퇴적되므로 앞에서 설명한 점토구조와는 전혀 다르다. 다시 말하면 각각의 입자는 인력이나 점착력이 없이 중력의 작용을 받아 서로 접촉되어 있고 하중은 이러한 접촉점을 통해 전달된다.

이와 같이 토립자의 형상은 입상토의 공학적 응답에 영향을 주는 입도 분포만큼 중요한 것이다.

한편 바람이나 유수의 작용에 의하여 퇴적되는 조립토의 경우 처음에는 느슨하나 그 위에 퇴적되는 흙의 무게로 말미암아 점점 조밀하게 된다.

점착성이 없는 흙의 구조는 단립구조(單粒構造, single grained structure)와 봉소구조(蜂巢構造, honeycombed structure)를 나타낸다. 단립구조는 그림 2.11(a)에서와 같이 가장 단순한 토립자의 배열상태로서 자갈, 모래, 실트와 같은 조립재의 퇴적층에서 흔히 볼 수 있는 구조이다. 봉소구조는 실트나 점토와 같은 세립자가 물속에서 침전하여 이루어진 구조로서 그림 2.11(b)에서와 같이 단립구조에 비하여 높은 공극비를 보인다.

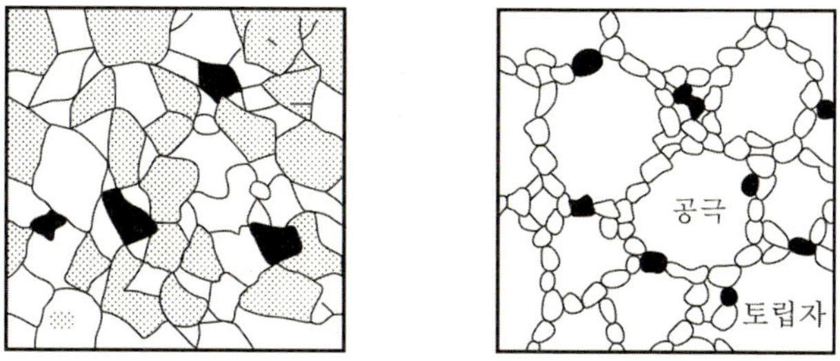

(a) 단립구조 (b) 봉소구조

그림 2.11 흙의 구조 조성도

(2) 조립토의 배열

그림 2.12와 같이 똑같은 구(球)의 결합형태를 가진 토립자의 상대적 위치에 따른 공극비의 변화를 살펴보면 아주 느슨한 결합의 공극비는 0.91이지만 똑같은 구가 아주 촘촘히 결합했을 때 공극비는 0.35까지 줄어든다(그림 2.12(a) 및 (b)). 이와 같이 조립토의 배열은 공극비에 직접적인 영향을 주며 지반의 지지력과도 밀접한 관계가 있다. 실제로 흙은 크기가 같지 않고 구도 아니기 때문에 같은 크기의 구로 생각하는 것과는 상당히 다르다. 크기가 작은 입자는 크기가 큰 입자 사이를 채울 수도 있어 구로 생각했을 때보다 공극비가 더 줄어들 수도 있다(그림 2.12(c) 및 (d)). 그러나 일반적으로 입자의 불균질성이 흙의 공극비를 증가시키는 경향이 있다. 이들 2가지 요인으로 인하여 실제 흙에서의 공극비는 같은 구로 생각하고 계산한 것과 거의 일치한다.

표 2.3 동일한 구의 결합형태와 단위중량 및 공극비

결합 형태	배위수	층의 간격	단위체 용적	단위 중량	공극비(e)
단순입방체	6	$2R$	$8R^3$	$\pi/6G_s$	0.9099
정사면체	8	$2R$	$4\sqrt{3}R^3$	$\pi/3\sqrt{3}G_s$	0.6540
사각쐐기형	10	$R\sqrt{3}$	$6R^3$	$2\pi/9G_s$	0.4325
피라밋형	12	$R\sqrt{2}$	$4\sqrt{2}R^3$	$\pi/3\sqrt{2}G_s$	0.3504
사면체	12	$2R\sqrt{2/3}$	$4\sqrt{2}R^3$	$\pi/3\sqrt{2}G_s$	0.3504

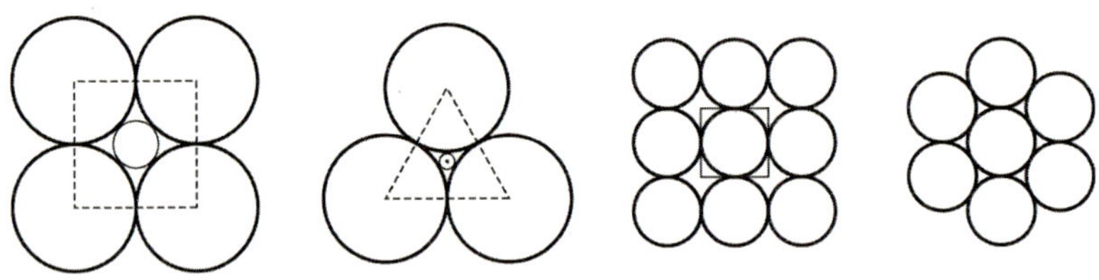

그림 2.12 동일한 구형 입상토의 배열

(3) 접촉수분

느슨하고 습윤한 모래의 체적은 내부의 접촉수분(接觸水分) 작용에 의하여 느슨하고 건조한 상태의 체적보다 커진다. 즉, 모래나 실트가 물을 머금게 되면 극히 느슨한 상태가 되고 벌집처럼 엉켜서 건조한 상태에 비해 체적이 훨씬 증가하며, 이러한 현상을 체적팽창현상(bulking)이라고 한다. 이는 점토가 물을 흡수하여 흡착수분이 두꺼워짐으로서 체적팽창이 발생하는 스웰링(swelling) 현상과 구별된다.

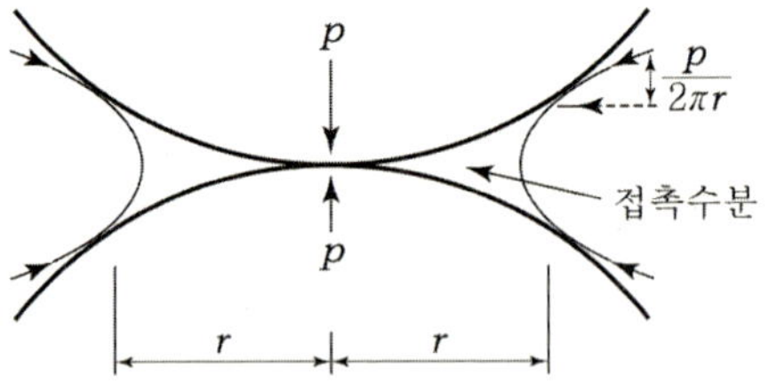

그림 2.13 접촉수분에 의하여 생기는 힘

함수비가 낮은 상태의 모래 내부에서는 접촉수분이 그림 2.13과 같이 토립자의 접촉점을 싸고 있으며 인접한 공극내의 공기와 물과의 경계면에 대한 표면장력의 작용을 받는다. 그 결과 접촉수분 중의 압력은 공극 공기압보다 작아져 토립자를 끌어당긴다. 따라서 중력에 의한 접촉압력 외에 접촉수분의 작용에 의한 접촉압력이 증가되며, 증가된 접촉압력으로 인한 마찰저항으로 모래가 점착력을 지니고 있는 것과 같은 효과를 나타내게 된다. 이를 겉보기 점착력이라고 한다. 그러나 이러한 모래를 수침시키면 표면장력이 없어지게 되어 접촉압력도 없어지며 점착력도 잃게 된다.

표 2.4 비점성질 흙의 공극비와 단위중량

흙의 종류	공극비의 범위		단위 중량		
	e_{max}(loose)	e_{min}(dense)	건조상태	γ_{max} (kN/m^3)	γ_{min} (kN/m^3)
입도 좋은 모래 (fine to coarse)	0.70	0.35	포화	19.5	22
			건조	15	19
균일한 모래 (fine to medium)	0.85	0.50	포화	19	20.5
			건조	14	17.5
실트질 모래 또는 자갈	0.80	0.25	포화	18	22.5
			건조	14	17
석영질 모래	1.25	0.75	포화	17	19.5
			건조	12	15

연습문제

2.1 양이온 치환을 정의하고 점토 표면에서만 존재하는 이유에 대하여 설명하시오.

2.2 점토광물의 구조와 대표적인 점토광물의 특성을 기술하시오.

2.3 점성토와 조립토의 구조에 대하여 설명하시오.

2.4 용적 팽창현상(bulking)과 팽윤현상(swelling)의 차이점을 설명하시오.

2.5 점토가 조립토인 모래나 자갈에 비해 물의 영향을 더 많이 받는 이유에 대하여 설명하시오.

2.6 확산이중층(diffused double layer)의 두께, 이중층내에 존재하는 물의 성질 등에 대하여 설명하시오.

제 3 장 흙의 기본성질

제3장

흙의 기본성질

3.1 개설

지반을 구성하고 있는 흙은 여러 가지 크기의 토립자가 집합되어 있고 그 조성상태는 그림 3.1과 같이 토립자 사이의 공극 일부 혹은 전부에 공기와 물로 채워져 있다. 흙은 공극이 차지하는 부피나 물의 양에 따라서 물리적 성질이 달라진다.

특히 점토와 같이 토립자가 미세하고 공극비가 큰 흙은 물을 함유하는 정도에 의하여 그 성질이 전혀 달라지므로 함수량 및 공극비 등과 연관된 흙의 물리적 성질을 명확히 이해할 필요가 있다.

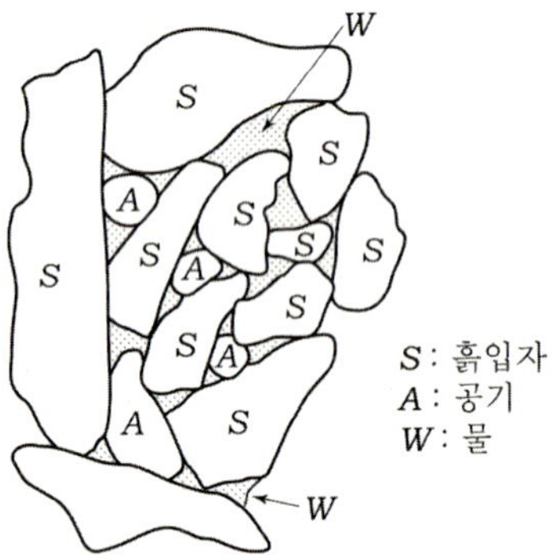

그림 3.1 자연상태 흙의 구성

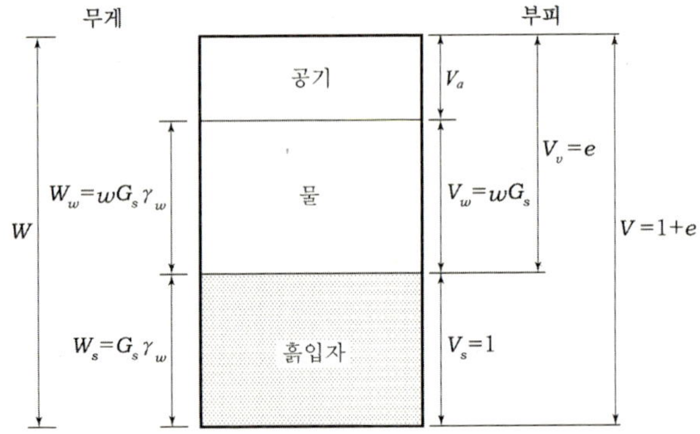

그림 3.2 흙덩이의 성분

3.2 흙 성분 사이의 상호관계

흙(soil)은 고체인 흙입자(skeleton)와 물(water) 그리고 공기(air)의 3가지 성분으로 이루어져 있으며 기상조건과 현지조건에 따라 물과 공기는 증감된다. 그리고 흙은 유기질을 포함하거나 이탄(泥炭)만으로 구성된 것도 있다.

그림 3.2는 흙입자, 물, 공기의 3가지 성분을 따로 분리하여 나타낸 것이다. 그림에서와 같이 흙덩이의 전 부피 V는 흙의 부피 V_s, 공극의 부피 V_v로 구성되어 있으며 공극의 부피는 일반적으로 물의 부피 V_w와 공기의 부피 V_a로 이루어져 있다. 그러므로 주어진 시료의 전 부피는 다음 식으로 나타낼 수 있다.

$$V = V_s + V_v = V_s + V_w + V_a \tag{3.1}$$

여기서, V_s : 흙입자의 부피
V_v : 공극의 부피
V_w : 공극 내 물의 부피
V_a : 공극 내 공기의 부피

공기는 무게가 없으므로 이를 무시할 때 시료의 전 무게는 다음과 같다.

$$W = W_s + W_w \tag{3.2}$$

여기서, W_s : 흙입자의 무게
W_w : 물의 무게

3.2.1 공극비, 공극률, 포화도

흙덩이의 3가지 성분요소를 부피 관계로 나타내는 방법은 공극비, 공극률, 포화도이다. 공극비(void ratio)는 흙입자의 부피에 대한 공극이 차지하는 부피의 비로 정의된다. 그림 3.1에서 공극비 e는

$$e = \frac{V_v}{V_s} \tag{3.3}$$

로 표시된다.

공극률(porosity)은 전 부피에 대한 공극이 차지하는 부피의 비를 백분율로 표시한 것이다. 따라서 공극률 n은

$$n = \frac{V_v}{V} \times 100(\%) \tag{3.4}$$

로 표시된다.

또 공극비와 공극률 사이에는 다음 관계가 있다.

$$e = \frac{V_v}{V_s} = \frac{V_v}{V - V_v} = \frac{V_v / V}{(V/V) - (V_v / V)} = \frac{n}{1-n} \tag{3.5}$$

$$n = \frac{V_v}{V} = \frac{V_v}{V_s + V_v} = \frac{V_v / V_s}{(V_s / V_s) + (V_v / V_s)} = \frac{e}{1+e} \times 100(\%) \tag{3.6}$$

포화도(degree of saturation)는 공극의 전 부피에 대하여 물이 차지하는 부피의 비를 백분율로 나타낸 것이다. 따라서 포화도 S는 다음과 같이 표시된다. 즉,

$$S = \frac{V_w}{V_v} \times 100(\%) \tag{3.7}$$

흙이 완전히 포화되면 즉 $S = 100(\%)$이면 공극은 물로 완전히 채워져 있고 그 속에 공기가 없는 상태이다. 따라서 지하수위 아래에 있는 흙은 완전히 포화된 상태에 가깝다. 반대로 흙을 완전히 건조시키면 공극에는 물이 없는 상태가 되어 포화도는 0이 된다.

3.2.2 함수비

흙 속의 수분은 크게 중력수, 모관수, 흡착수의 3종류로 구분할 수 있다.

중력수는 중력 작용에 의하여 흙입자 사이의 공극을 통하여 지하수면에 도달하게 된다.

모관수는 모세관작용에 의하여 흙입자 간의 공극을 통해 지하수면으로부터 상승한다. 지층을 구성하고 있는 흙의 종류 등에 따라 모관상승고의 크기는 상이하나 지표면까지 도달하여 증발되기도 하고 식물에 이용되기도 한다.

흡착수는 점토 입자의 표면에 둘러싸인 아주 얇은 수막이며 보통의 물에 비하면 점성과 표면장력이 현저하게 크고 비등점은 높고 동결점은 낮다.

함수비는 흙입자의 무게와 물의 무게와의 비를 백분율로 나타낸 것으로 다음과 같이 표시된다.

$$\omega = \frac{W_w}{W_s} \times 100(\%) \tag{3.8}$$

일반적으로 함수비는 온도 110±5℃의 항온 건조로에서 건조시켜 측정한다. 흙이 완전히 건조되어 측정된 물의 무게가 0이라면 이때의 함수비는 0(%)이다.

3.2.3 비중

시료의 공기 중 중량과 그와 동일한 체적의 증류수(4℃ 기준) 중량의 비이며 흙입자만의 중량에 대한 것을 진비중(G_s) 또는 비중이라고 한다.

따라서, 흙의 비중(G_s)는 다음과 같이 정의된다.

$$G_s = \frac{\gamma_s}{\gamma_w}(4℃) \tag{3.9}$$

여기서, γ_s는 흙입자의 단위중량이며 다음 식으로 표시된다.

$$\gamma_s = \frac{W_s}{V_s} \tag{3.10}$$

그리고 T℃에서의 물의 비중은

$$G_T = \frac{\gamma_w(T℃)}{\gamma_w(4℃)} \tag{3.11}$$

로 표시된다. 여기서, $\gamma_w(T℃)$와 $\gamma_w(4℃)$는 각각 T℃에서의 물의 단위중량과 4℃에서의 물의 단위중량이다.

온도 T℃의 물과 흙 입자의 비중 $G_s(T/T℃)$는 다음 식으로 구한다.

$$G_s\left(\frac{T}{T℃}\right) = \frac{W_s}{W_s + (W_a - W_b)} \tag{3.12}$$

여기서, W_s : 비중병에 넣은 건조된 시료의 무게(g)

W_a : 온도 T℃에서 증류수를 채운 비중병(pycnometer)의 환산무게(g)

W_b : 노건조(또는 습윤)시료와 온도 T℃의 증류수로 채운 비중병의 무게(g)

T : W_b를 측정할 때의 비중병 내용물의 온도(℃)

한국산업규격(KS F)에서는 흙의 비중은 온도 15℃의 물에 대한 흙입자의 비중 $G_s(T℃/15℃)$를 기준으로 하며 이는 다음 식으로 나타낼 수 있다.

$$G_s\left(\frac{T℃}{15℃}\right) = K \times G_s\left(\frac{T}{T℃}\right) \tag{3.13}$$

여기서, 보정계수 K(온도 T℃의 물의 비중을 15℃의 물의 비중으로 나눈 값)는 표 3.1과 같다.

표 3.1 물의 단위중량과 보정계수

℃	물의 단위중량	보정계수 K	℃	물의 단위중량	보정계수 K
10	0.999728	1.0006	21	0.998022	0.9989
11	0.999634	1.0005	22	0.997800	0.9987
12	0.999526	1.0004	23	0.997568	0.9984
13	0.999406	1.0003	24	0.997327	0.9982
14	0.999273	1.0001	25	0.997075	0.9979
15	0.999129	1.000	26	0.996814	0.9977
16	0.998972	0.9998	27	0.996544	0.9974
17	0.998804	0.9997	28	0.996264	0.9971
18	0.998625	0.9995	29	0.995976	0.9968
19	0.998435	0.9993	30	0.995678	0.9965
20	0.998234	0.9991			

3.2.4 함수비, 포화도, 공극비의 상호관계

그림 3.2에서 물의 무게는 $\omega G_s \gamma_w$와 같으므로 물이 차지하는 부피는 다음과 같이 표시된다.

$$V_w = \frac{W_w}{\gamma_w} = \frac{\omega G_s \gamma_w}{\gamma_w} = \omega G_s \tag{3.14}$$

여기에서 함수비 및 포화도는 소수로 표시하며, 상기 식을 이용하면 함수비는 다음과 같이 나타낼 수 있다.

$$\omega = \frac{W_w}{W_s} = \frac{\gamma_w V_w}{\gamma_w G_s V_s} = \frac{\gamma_w S V_v}{\gamma_w G_s V_s} = \frac{Se}{G_s} \tag{3.15}$$

위 식을 정리하면 다음 식과 같이 표현할 수 있으며, 이 식은 흙 성분의 상호관계를 이해하고 관련 문제를 해결하는데 있어 매우 유용하게 사용된다.

$$G_s \omega = Se \tag{3.16}$$

3.2.5 단위중량

흙의 단위중량은 흙덩이의 무게를 이에 대응하는 부피로 나눈 값이다. 단위는 kgf/m^3, N/m^3 등의 단위를 사용하며, 물의 단위 중량은 1tf/m^3=1gf/cm^3=9.81kN/m^{3}이다. 그러나 편의상 1t/m^3=1g/cm^3=9.8kN/m^{3}로 나타내기도 한다.

그림 3.2에서 흙의 단위중량과 관련되는 공식을 유도하면 다음과 같다.

(1) 전체단위중량(total unit weight)

공기 중에서 습윤상태의 단위체적당 중량을 전체단위중량(total unit weight) 또는 습윤단위중량(wet unit weight)이라고 하고 다음과 같이 표시한다.

$$\gamma_t = \frac{W}{V} = \frac{W_s + W_w}{V} = \frac{W_s(1 + W_w / W_s)}{V} = \frac{W_s(1+\omega)}{V} \tag{3.17}$$

(2) 건조단위중량(dry unit weight)

단위부피에 포함된 건조된 흙입자의 무게을 건조단위중량이라고 한다. 그림 3.3에서 건조단위중량을 식으로 나타내면 다음과 같다.

$$\gamma_d = \frac{W_s}{V} = \frac{G_s \gamma_w}{1+e} \tag{3.18}$$

습윤단위중량, 건조단위중량, 함수비 사이에는 다음과 같은 관계가 있다.

$$\gamma_d = \frac{\gamma_t}{1 + \omega/100} \tag{3.19}$$

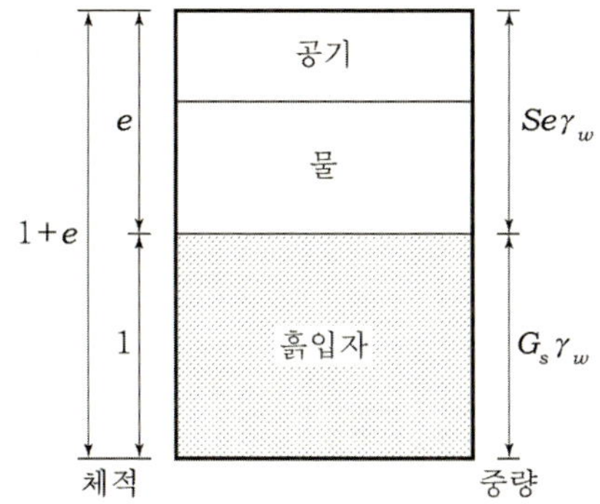

그림 3.3 흙 성분의 표시

(3) 포화단위중량(saturated unit weight)

흙이 수중에 있거나 모관작용에 의하여 완전히 포화되었으면, 즉 공극이 완전히 물로 채워져 있으면 이때의 단위중량은 포화도(S) 100%일 때의 단위중량이므로 식 (3.17)에서 포화단위중량은 다음과 같이 결정할 수 있다.

$$\gamma_{sat} = \frac{W}{V} = \frac{W_s + W_w}{V} = \frac{G_s\gamma_w + e\gamma_w}{1+e} = \frac{(G_s + e)\gamma_w}{1+e} \tag{3.20}$$

(4) 수중단위중량(submerged unit weight)

흙이 지하수위 아래에 있으면 부력(浮力, buoyancy)을 받게 된다. 그러므로 수중단위중량은 포화단위중량에서 부력을 뺀 값이 되며 다음과 같다.

$$\gamma_{sub} = \gamma_{sat} - \gamma_w = \frac{G_s + e}{1+e}\gamma_w - \gamma_w = \frac{G_s - 1}{1+e}\gamma_w \tag{3.21}$$

3.2.6 단위중량, 공극비, 함수비, 비중의 상호관계

단위중량, 공극비 및 함수비의 상호관계를 이해하기 위하여 흙입자의 부피가 1인 흙덩이를 생각해 보면, 공극의 부피는 식 (3.3)으로부터 수치적으로 공극비 e와 같다. 따라서 흙입자와 물의 무게는 다음과 같다.

$$W_s = G_s\gamma_w \tag{3.22}$$

$$W_w = \omega W_s = \omega G_s\gamma_w \tag{3.23}$$

또한, 전 부피 $V = 1$인 경우 포화상태인 흙덩이의 단위중량은 다음과 같다.

$$\gamma_{sat} = \frac{W_s + W_w}{V} = \frac{(1-n)G_s\gamma_w + n\gamma_w}{1} = [(1-n)G_s + n]\gamma_w \tag{3.24}$$

포화된 흙덩이의 함수비는 다음과 같이 표시된다.

$$\omega = \frac{W_w}{W_s} = \frac{n\gamma_w}{(1-n)\gamma_w G_s} = \frac{n}{(1-n)G_s} \tag{3.25}$$

[예제 3.1] 흙의 $e = 0.75$, $\omega = 22\%$, $G_s = 2.66$일 때, 공극률, 전체단위중량, 건조단위중량, 포화도를 각각 계산하여라.

풀이

공극률 $n = \frac{e}{1+e} \times 100 = \frac{0.75}{1+0.75} \times 100 = 43\%$

전체단위중량 $\gamma_t = \frac{(1+\omega)G_s\gamma_w}{1+e} = \frac{(1+0.22)2.66 \times 1}{1+0.75} = 1.85(\text{g/cm}^3)$

건조단위중량 $\gamma_d = \frac{G_s\gamma_w}{1+e} = \frac{2.66 \times 1}{1+0.75} = 1.52(\text{g/cm}^3)$

포화도 $S(\%) = \frac{\omega G_s}{e} \times 100 = \frac{0.22 \times 2.66}{0.75} \times 100 = 78(\%)$

3.2.7 상대밀도(relative density)

상대밀도는 보통 조립토가 자연상태에서 상대적으로 촘촘한가 또는 느슨한가를 표시하기 위해 사용하며, 다음과 같이 정의된다.

$$D_r = \frac{e_{max} - e}{e_{max} - e_{min}} \times 100(\%) \tag{3.26}$$

여기서, D_r : 상대밀도(%) (보통 백분율로 표시)

e : 자연상태에서의 흙의 공극비

e_{max} : 가장 느슨한 상태에서의 흙의 공극비

e_{min} : 가장 촘촘한 상태에서의 흙의 공극비

상대밀도의 범위는 매우 느슨한 흙인 경우 0에서 매우 촘촘한 흙인 경우 100%까지 변한다. 조립토의 상대밀도는 표 3.2와 같다.

표 3.2 조립토에 대한 상대밀도

상대밀도(%)	흙의 상태
0~15	매우 느슨(very loose)
15~50	느슨(loose)
50~70	보통(medium)
70~85	촘촘(조밀, dense)
85~100	매우 촘촘(매우 조밀, very dense)

흙의 상대밀도를 구할 때는 편리하게 흙의 단위중량을 이용해서 구할 수 있으며 다음과 같다.

$$D_r = \frac{[1/\gamma_{d(min)}] - [1/\gamma_d]}{[1/\gamma_{d(min)}] - [1/\gamma_{d(max)}]} \times 100(\%) = [\frac{\gamma_d - \gamma_{d(min)}}{\gamma_{d(max)} - \gamma_{d(min)}}][\frac{\gamma_{d(max)}}{\gamma_d}] \times 100(\%) \tag{3.27}$$

여기서, $\gamma_{d(min)}$: 가장 느슨한 상태에서의 흙의 건조단위중량(= e_{max})

γ_d : 자연상태에서의 흙의 건조단위중량(= e)

$\gamma_{d(max)}$: 가장 촘촘한 상태에서의 흙의 건조단위중량(= e_{min})

그리고 모래의 최소, 최대 건조단위중량의 측정은 모래 지반의 액상화 평가 등 여러 분야에서 많이 응용되고 있다.

9.5mm보다 작은 모래의 최소 건조단위중량을 결정하기 위해 건조한 모래를 지름 12.7mm의 출

구를 가진 깔때기를 통하여 몰드에 느슨한 상태로 붓는다. 몰드까지의 평균 낙하높이는 약 25.4mm를 유지하여야 하며, $\gamma_{d(\min)}$는 다음과 같이 결정된다.

$$\gamma_{d(\min)} = \frac{W_s}{V_m} \tag{3.28}$$

여기서, W_s : 몰드를 채우기 위해 필요한 모래의 중량

V_m : 몰드의 체적

KS F 2345에서는 조립토의 최소, 최대 건조단위중량을 결정하고 식 (3.26)을 이용하여 현장에서 다짐의 상대밀도를 결정하는 방법이 규정되어 있다.

$e_{\min}$ 또는 $\gamma_{d(\max)}$의 결정을 위해 압력이나 진동을 동시에 가하는 방법이 KS F에 규정되어 있으나 시험방법에 따라 그 값의 차이가 있다. 실트의 $e_{\max}$는 물속에 침전시켜 구하고 있으며, 현장에서는 표준관입시험의 N치를 이용하여 이를 측정하기도 한다.

3.3 흙의 연경도

세립토는 함수비의 대소에 따라 흙이 완전히 건조된 상태에서는 고체상태로 존재하며 함수비가 증가함에 따라 반고체, 소성체, 액체로 변화한다. 이와 같이 함수비의 대소에 따라 변화하는 흙의 성질을 연경도(consistency)라 하며, 함수비에 따른 흙의 성질을 아터버그(Atterberg)는 그림 3.4와 같이 분류하였다.

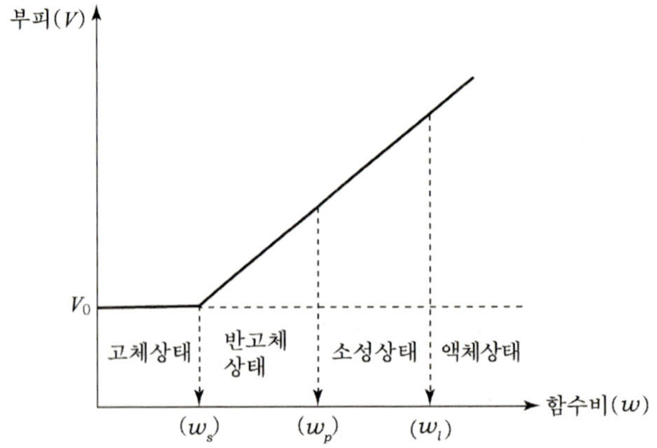

그림 3.4 아터버그 한계

흙이 액체상태에서 소성상태로 변하는 경계의 함수비를 액성한계(liquid limit, ω_l), 소성상태에서 반고체 상태로 변하는 경계의 함수비를 소성한계(plastic limit, ω_p)라고 한다. 반고체 상태에서 고체상태로 변하는 경계의 함수비를 수축한계(shrinkage limit, ω_s)라고 하며, 이때부터 함수비가 감소하여도 더 이상 부피의 감소가 발생하지 않는다. 그리고 이들을 통틀어 아터버그 한계(Atterberg limits) 혹은 컨시스턴시 한계(consistency limits) 라고 한다.

액성한계는 그림 3.5와 같이 황동제 접시와 경질 고무판으로 이루어져 있고, 황동제 접시가 크랭크로서 작동되는 캠으로 구성된 액성한계시험 기구에 의하여 구한다. 액성한계시험은 0.42mm 체를 통과한 시료를 대상으로 반죽한 흙을 황동제 접시에 넣고, 표준 홈파기날을 이용하여 흙덩어리 중앙에 홈을 파고 크랭크를 회전시켜 황동제 접시를 10mm 높이로 고무판에 낙하시켜 홈의 밑부분이 1.5cm 정도로 닿을 때까지 실시한다. 이때의 낙하횟수와 함수비와의 관계를 반대수용지에 그리면 그림 3.6과 같이 직선이 되는데 이것을 유동곡선(flow curve)이라고 한다. 유동곡선에서 낙하횟수 25회에 대한 함수비를 구하면 이것이 액성한계 값이다. 유동곡선의 기울기를 유동지수(flow index)라 하며 다음과 같이 나타낸다.

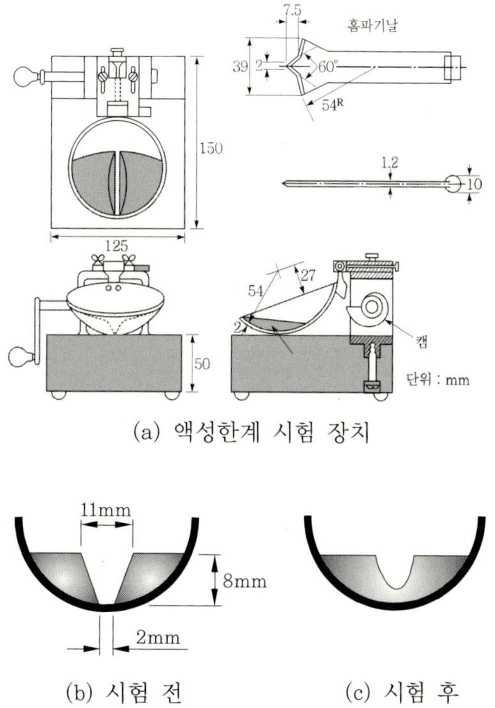

그림 3.5 액성한계 시험 장치

$$I_f = \frac{\omega_1 - \omega_2}{\log\left(\frac{N_2}{N_1}\right)} \tag{3.29}$$

여기서, I_f : 유동지수

ω_1 : 타격수 N_1에 해당하는 흙의 함수비(%)

ω_2 : 타격수 N_2에 해당하는 흙의 함수비(%)

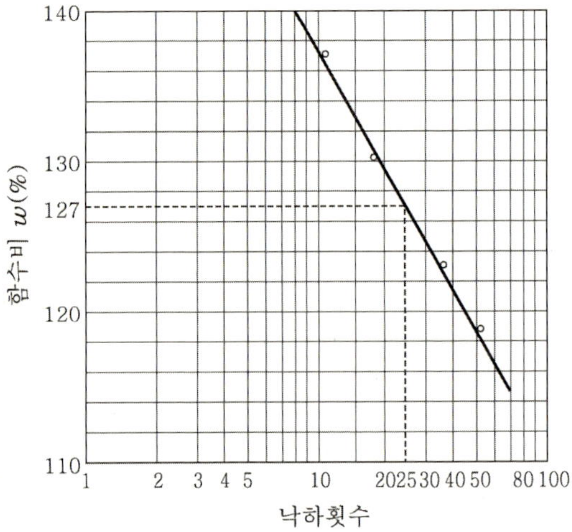

그림 3.6 유동곡선(실트질 점토)

흙의 정적인 성질을 일종의 동적 전단시험으로 구하는 액성한계 시험은 홈파기의 어려움이 있으며, 저소성토의 경우 황동접시에서 소성적 흐름이 아니라 슬라이딩을 일으키기도 한다. 그러므로 시험의 방법이나 숙련도에 따라 그 값에 차이가 생기기도 한다. 이러한 점을 보완하기 위하여 그림 3.7과 같은 폴 콘 시험(fall cone test)으로 액성한계를 구하는 경우도 있다.

소성한계는 소성 유리판에 잘 반죽된 시료를 놓고 손바닥으로 굴려 함수비를 감소시키면서 직경이 3mm가 되어 토막토막 부서지기 시작할 때의 함수비이다.

수축한계는 함수비가 소성한계의 함수비보다 더 감소되어 흙의 부피가 최소로 된 상태에서 그 흙이 완전히 포화되어 있을 때의 함수비라고 볼 수 있다.

이 함수비는 수축한계시험 기구에 의하여 시험하여 다음 식으로 구한다.

$$\omega_s = [\omega - \frac{(V - V_0)\gamma_w}{W_s} \times 100](\%) \tag{3.30}$$

여기서, ω_s : 수축한계(%)

ω : 습윤한 흙의 함수비(%)

V : 습윤한 흙의 부피(cm^3)

V_0 : 건조한 흙의 부피(cm^3)

W_S : 건조한 흙의 무게(g)

γ_w : 물의 단위체적중량(g/cm^3)

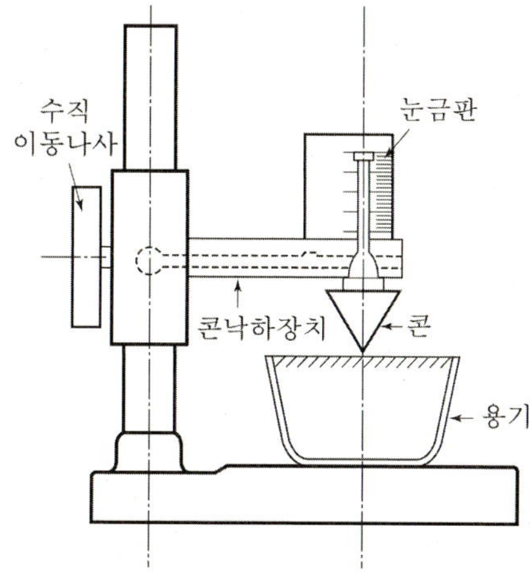

그림 3.7 폴 콘 시험기

액성한계와 소성한계의 차이를 소성지수(plastic index, I_p)라고 하며 흙이 액성한계로 존재할 수 있는 함수비의 범위를 의미한다. 소성지수는 다음 식으로 구할 수 있다.

$$I_p = \omega_l - \omega_p \tag{3.31}$$

액성지수(liquidity index, I_l)는 자연상태 흙의 함수비에서 소성한계를 뺀 값을 소성지수로 나눈 값이다. 즉, 다음 식과 같다.

$$I_l = \frac{\omega_n - \omega_p}{I_p} \tag{3.32}$$

액성지수는 세립토의 자연함수비 상태에 대한 상대적인 지수를 나타내는 값으로 I_l값이 0에 가까울수록 흙은 단단하고, 1에 가까울수록 연약하다. 정규압밀 점토의 자연함수비는 액성한계에 가까운데 $I_l \fallingdotseq 1$이지만 과압밀 점토에서는 $I_l < 1$로서 그 정도에 따라 $I_l = 0$ 혹은 (−)로 되는 경우도 있다. $I_l > 1$의 점토는 압축성이 크고 교란에 대해서 예민하다. 예를 들면, 스칸디나비아의 여러 나라에서 볼 수 있는 퀵클레이(quick clay)라고 불리는 점토에서는 $I_l > 1$인 것이 많다.

Quick clay는 불교란시료(undisturbed sample)와 교란시료(disturbed sample)의 일축압축강도비로 구해지는 예민비(sensitivity)로 구분하며, 일반적으로 예민비 8~64의 범위내에 있는 점토를 일컫는다.

컨시스턴시 지수(consistency index, I_c)는 액성한계와 자연상태의 함수비와의 차이를 소성지수로 나눈 값으로 정의하며, 다음과 같이 표시된다.

$$I_c = \frac{\omega_l - \omega_n}{I_p} \tag{3.33}$$

I_c의 값이 0에 가까울수록 자연함수비는 액성한계에 가깝고 흙은 연약한 상태가 되며 1에 가까울수록 단단한 상태에 있다. I_c =음수 혹은 1보다 큰 값을 갖는 경우도 있다. I_c는 모래나 자갈과 같은 조립토의 다짐의 경우 상대밀도의 식과 같은 개념이다. 이는 같은 자연함수비 상태에서의 상대적인 굳기를 나타내는 액성지수 I_l과 다음의 관계가 있다.

$$I_c = 1 - I_l \tag{3.34}$$

액성지수(I_l)과 컨시스턴시 지수(I_c)의 값은 자연함수비 ω_n이 ω_l과 ω_p와의 소성영역 내에서 어느 측에 속하는지를 알게 해주며 흙의 안정성을 판정하는데 이용된다.

터프니스 지수(toughness index, I_t)는 소성지수 I_p와 액성한계시험에서의 유동곡선의 기울기인 유동지수 I_f와의 비를 말하며 다음과 같이 표시된다.

$$I_t = \frac{I_p}{I_f} \tag{3.35}$$

이 값은 소성한계 및 액성한계의 함수비에 대한 교란된 점토의 전단강도 비의 대수에 해당한다. 액성한계에 관한 교란된 흙의 전단강도가 흙의 종류에 따라 일정하다고 하면 터프니스 지수(I_t)는 소성한계에 관한 교란된 흙의 전단강도의 정도를 나타낸다.

콜로이드가 많이 함유된 흙은 터프니스 지수(I_t)가 크고, 특히 몬모릴로나이트계 흙과 같이 활성이 큰 콜로이드를 함유한 점토는 이 값이 크다. 보통 점토에서의 터프니스 지수(I_t)는 0~3이나 활성이 큰 점토는 5를 나타내는 경우도 있다.

이상과 같이 아터버그 한계는 흙의 거동을 판단하는 데 있어서는 좋은 지침이 될 수 있다. 그러나 흐트러진(교란된) 시료로 실험하여 결정되는 값이므로 자연상태에 있는 입자의 배열이나 입자간의 부착력 등 전단강도와 관련되는 요소까지 포함하는 것은 신뢰성에 문제가 있으므로 이를 고려해야 한다.

[예제 3.2] 어느 시료에 대하여 액성한계시험을 실시한 결과, 아래 표와 같은 값을 얻었다. 표를 참조하여 유동곡선을 그리고 액성한계와 유동지수를 구하여라. 그리고 이 흙의 소성한계가 58.6%라고 하면 소성지수 및 터프니스 지수는 얼마인가?

낙하횟수	함수비(%)
11	137.2
18	130.2
35	123.1
51	119.3

풀이 시험결과에서 유동곡선을 그리면 앞의 그림 3.6과 같다.
유동곡선에서 액성한계 $\omega_l \equiv 127.0(\%)$

식 (3.29)에서

유동지수 $I_f = \dfrac{\omega_8 - \omega_{80}}{\log(\dfrac{N_2}{N_1})} = 139.7 - 113.3 = 26.4(\%)$

식 (3.31)에서
소성지수 $I_p = \omega_l - \omega_p = 127.0 - 58.6 = 68.4(\%)$

식 (3.35)에서

터프니스지수 $I_t = \dfrac{I_p}{I_f} = \dfrac{68.4}{26.4} = 2.59$

3.4 활성도

흙의 입경이 작아질수록 단위중량당 표면적이 증가하기 때문에 입자에 흡착되어 있는 수분은 흙 속에 함유되어 있는 점토의 종류 및 입자의 크기와 밀접한 관계가 있다.

즉, 흙 속의 2μ(0.002mm)보다 가는 입자는 2차 광물인 경우가 많고 이들의 표면활성은 입경이 비교적 큰 1차 광물에 비하여 매우 높기 때문에 흙의 활성을 지배하는 입자는 2μ 이하의 점토함량에 기인한다. Skempton은 2μ이하의 점토의 중량 백분율과 소성지수(I_p)의 관계를 나타내는 선의 기울기를 활성도(activity, A)라고 정의하였으며, 다음 식으로 나타내었다.

$$\text{활성도}(A) = \frac{\text{소성지수}(I_p)}{2\mu\text{보다 가는 입자의 중량 백분율}(\%)} \tag{3.36}$$

윗 식의 분자는 흙의 소성의 크기를 나타내므로 활성도가 크면 점토분이 적어도 높은 소성을 보인다. 활성도에 따른 점토는 크게 3가지로 분류할 수 있다. 활성도 $A < 0.75$인 경우 비활성 점토로 분류되며 카올리나이트를 주성분으로 하며, 활성도 $0.75 < A < 1.25$인 경우는 보통활성의 점토로 분류되며 일라이트를 주성분으로 한다. 활성도 $1.25 > A$인 경우는 활성 점토로 분류되며 이때는 몬모릴로나이트를 주성분으로 한다.

표 3.3은 중요한 점토광물의 활성도를 나타낸 것이다.

표 3.3 중요 점토광물의 활성도(Skempton, 1953)

점토광물	활성도
석영(quartz)	0
방해석(calcite)	0.18
백운모(muscovite)	0.23
Ca-montmorillonite	1.5
Na-montmorillonite	4~7

한편, 점성토의 특성을 판단하는 방법으로 비표면적을 사용하는 경우가 있다. 비표면적이란 세립자의 단위체적당 표면적으로서 정의한다. 따라서 조립질보다도 세립질의 비표면적이 더 큰 것은 분명하다. 예를 들면, $1cm^3$의 입방체 표면적은 $6cm^2$이지만 이것을 가늘게 분할한 다음 대각선 길이가 $1\mu m(10^{-7}cm)$의 입방체로 하면 표면적은 $6{,}000m^2$이다. 즉 비표면적은 실제 10^7배가 된다.

3.5 점토의 비화작용

점착성이 있는 흙은 액성의 상태로부터 함수량의 감소에 따라 고체상태로 변화됨은 앞에서 설명한 바 있다. 이와 같은 과정을 통해서 얻은 고체상의 흙을 물속에 수침시켜도 변화가 가역적으로 일어나서 소성을 띄거나 액성화 되지는 않는다.

그러나 고체상태의 점토는 물을 흡착함과 동시에 입자간의 결합력이 약화되어 흙입자는 붕괴되며 이러한 현상을 비화작용(slaking)이라 한다. 수축한계에 있는 고체상의 토괴에 비해서 액성상태에 있는 토괴는 갑자기 비화하지 않는다. 이미 흙입자의 공극에는 모관수가 존재하며 더욱이 점토입자에는 흡착수가 있어 단단히 결합되어 있기 때문에 토괴를 물에 적신다 하더라도 흙의 공극에 물이 침투되기는 어렵다. 따라서 비화작용이 둔하게 된다.

이와 같이 흙의 건조하고 습한 상태에 따라 비화작용에 차이가 발생하며 이러한 특성은 노상토의 안정처리 공법 등에 중요한 역할을 하게 된다.

3.6 흙의 함수당량

흙의 공극 중에 있는 물은 흡착수나 공극간의 모관수가 차지하고 있다. 흙입자가 작을수록 전 공극량은 흙입자에 비하여 크나 흙속에 존재하는 개개의 공극은 아주 작다. 그리고 흙입자 중의 공극수는 입자가 작을수록 흡착수나 모관압력 때문에 입자 중에 물을 보유하려고 하는 힘이 강하다. 이처럼 흙속에 공극수를 많이 함유하려는 능력을 보수력(water holding capacity)라 한다.

상기의 이유로 상온에서는 증발이 잘 되지 않고 수축시험에서는 점착성 흙일수록 수축한계에 달할 때까지의 시간이 오래 걸린다. 따라서 흙에 외력을 가해야만 공극수를 추출시킬 수 있으며, 외력을 가하여도 흙속에 다량의 공극수를 포함하고 있으면 이 흙은 보수력이 크다고 한다.

원심함수당량(centrifuge moisture equivalent, CME)라 함은 물로 포화되어 있는 시료가 중력의 1,000배 정도의 원심력을 1시간 동안 받은 후의 시료의 함수비를 말한다. 실제로 원심함수당량 측정은 원심분리기를 사용하며 다음 식에 의하여 산출한다.

$$W_c = \frac{(m_a - m_d) - (m_b - m_e)}{m_b - (m_c + m_e)} \times 100 \qquad (3.37)$$

여기서, m_a : 원심분리한 후 구치니 도가니 및 내용물의 중량(g)
m_b : 오븐 건조 후의 구치니 도가니 및 내용물의 중량(g)
m_c : 구치니 도가니의 중량(g)
m_d : 습운상태에서의 여과지의 중량(g)
m_e : 건조한 여과지의 중량(g)

이 시험 결과로부터 불투수성 흙과 투수성 흙을 식별할 수 있으며 투수성 흙의 팽창성 유무를 알 수 있다. 또한, 도로의 노상, 모래층 등의 동상현상 예측과 포장재료의 적부판정에 활용되고 있다. 모래의 CME는 3~4%, 사질 롬은 5~12%, 순점토이면 50% 내외이다. CME가 12 이상이면 불투수성의 흙이다.

연습문제

3.1 어느 시료토의 비중시험에서 다음과 같은 결과를 얻었다. 이 시료토의 비중을 구하시오.
(비중병+증류수)의중량 $W_a' = 178.45\mathrm{g}$
비중병의 중량 $W_f = 45.69\mathrm{g}$
W_a'의 측정시의 수온 $T_c' = 20℃$
W_b의 측정시의 수온 $T = 24℃$
(비중병+오븐건조시료+증류수)의 중량 $W_b = 193.73\mathrm{g}$
오븐건조시료중량 $W_0 = 25.00\mathrm{g}$

3.2 100% 포화된 자연시료의 체적이 21.5cm^3이고 무게는 35.2g이었다. 이 시료를 오븐 건조시킨 후의 무게는 20.6g이었다. 공극비를 구하시오.

3.3 공극률이 0.400이고, 비중이 2.700이며, 함수비가 15%인 흙이 있다. 이 흙 10m^3가 완전 포화되기 위해서 필요한 물의 양을 계산하시오.

3.4 자연 상태에서 흙의 체적이 0.0095m^3이며, 무게는 18.05kg이고 이것을 노건조시킨 무게는 15.05kg이었다. 비중이 2.70일 때 함수비, 전체 단위중량, 건조단위중량, 공극률, 그리고 포화도를 구하시오.
(부분답: 함수비 19.93%, 공극률 : 67.2%, 포화도 : 78.5%)

3.5 어떤 입상토를 실험실에서 시험하였더니 최대 공극비와 최소 공극비가 각각 0.85와 0.35, 비중은 2.69이었다. 같은 모래인 퇴적토의 함수비는 10%이고 전체 단위중량이 1.85$\mathrm{g/cm}^3$이었다. 이 흙의 상대밀도를 구하시오.

3.6 어느 시료에 대하여 액성한계를 구하는 시험을 한 결과 함수비가 80.5, 92.0, 95.0 및 97.0%에 대하여 홈파기 날로 만든 소정 길이의 홈을 메우는 데 요하는 낙하횟수가 35, 30, 18 및 10회이었다. 또 소성한계를 구하는 시험에서 함수비 69.5, 70.2 및 70.9%를 얻었다. 이 흙의 액성한계, 소성한계, 소성지수를 구하시오.

3.7 활성도(activity)를 정의하고 이에 따라 점토를 분류하시오.

3.8 Quick clay와 예민비(sensitivity)에 대하여 설명하시오.

3.9 흙의 건조 및 습윤상태에 따라 비화작용(slaking)에 차이가 발생하는 원인에 대하여 설명하시오.

3.10 리칭(leaching) 현상에 대하여 설명하시오.

제 4 장 흙의 분류

γ_w : 물의 단위중량(g/cm^3)

η : 물의 점성계수($dyne$ · sec/cm^2)

d : 흙 입자의 직경(cm)

g : 중력가속도(cm/sec^2)

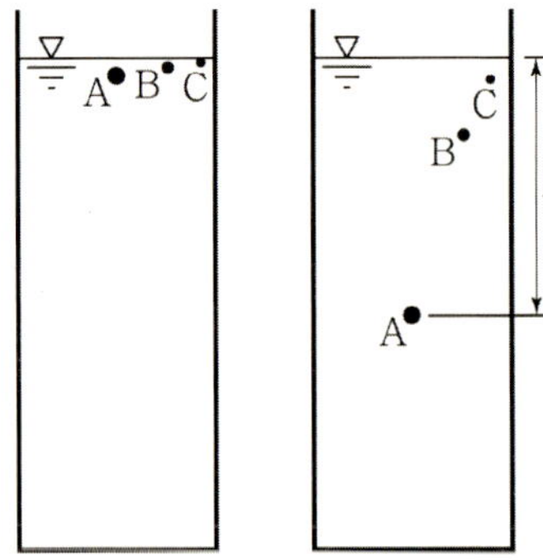

(a) t=0 (b) t=t_i

그림 4.2 입자의 침강

$$v = \frac{L}{t}$$

에서 d의 값은 식 (4.1)로부터

$$d = \sqrt{\frac{30\eta}{\gamma_s - \gamma_w}} \cdot \frac{L}{t} = \sqrt{\frac{30\eta}{980(G_s - G_t)\gamma_w}} \sqrt{\frac{L}{t}} \tag{4.2}$$

여기서, d : 흙입자의 직경(mm)

G_s : 흙입자의 비중

G_t : $T°\ C$에서의 물의 비중

γ_w : 물의 단위중량(g/cm^3)

L : 침강거리(cm)

t : 침강시간(min)

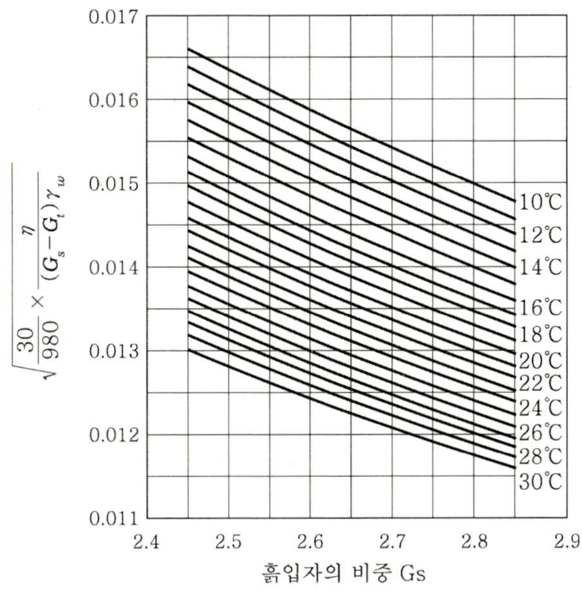

그림 4.3 여러 가지 온도의 비중에 대한 $\sqrt{\frac{30}{980} \times \frac{\eta}{(G_s - G_t)\gamma_w}}$ 의 값

비중계 분석에서 비중계의 유효길이 L은 그림 4.4에서 다음과 같이 된다.

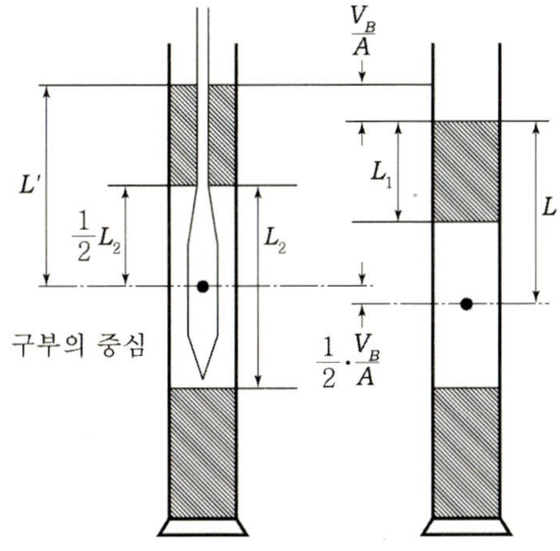

그림 4.4 비중계의 유효길이

$$L = L_1 + \frac{1}{2}\left(L_2 - \frac{V_B}{A}\right) \tag{4.3}$$

여기서, L_1 : 비중계 구부의 축상에서 읽은 점까지의 길이(cm)

L_2 : 비중계 구부의 전 길이(cm)

V_B : 비중계 구부의 체적(cm^3)

A : 메스실린더의 단면적(cm^2)

[예제 4.1] 직경 0.005mm의 토립자가 깊이 40cm 정수중의 수면에서 바닥까지 침강하는데 소요되는 시간을 구하여라.
단, 수온 : 15°C, 토립자의 비중 G_s : 2.65
물의 점성계수 η : 0.01145poise
물의 단위중량 γ_w : 0.99913g/cm³

풀이

$$v=\frac{(\gamma_s-\gamma_w)g}{18\eta}\cdot d^2=\frac{(2.65-0.99913)\times 980}{18\times 0.01145}\cdot(0.005)^2=0.196\text{cm/sec}$$

$$t=\frac{L}{v}=\frac{40}{0.196}=204\text{초}=3\text{분}24\text{초}$$

비중계는 A형(ASTM, 152H), B형(AASHTO, 151H) 및 C형(JIS)이 통용되고 있으며 시험 후의 통과 백분율 P의 계산은 다음 식에 의하되 반드시 다음의 사용비중계에 해당하는 계산 공식을 적용해야 한다.

$$\left.\begin{aligned} &P(\%)=R\cdot a/W_s\times 100 && \text{A형 비중계}\\ &P(\%)=\frac{1606(R-1)\cdot a}{W_s}\times 100 && \text{B형 비중계}\\ &P(\%)=\frac{100}{W_s/V}\cdot\frac{G_s}{G_s-G_T}(r'+F)\cdot\gamma_w && \text{C형 비중계}\end{aligned}\right\}\qquad(4.4)$$

여기서, R : 비중계 측정치의 정수 부분

a : 흙의 비중에 대한 보정계수

W_s : 오븐 건조시료 중량(g)

W_s/V : 현탁액 1ml 당 오븐 건조시료 중량(g/cm^3)

V : 현탁액의 체적(cm^3)

G_T : $T°C$에서의 물의 비중

γ' : 비중계 측정치의 소수 부분(매니스커스 보정값 포함)

F : 온도 보정계수

4.2.2 입도분포 곡선

체 분석 또는 비중계 분석에 의하여 흙의 입경과 그 분포를 결정한 결과는 그림 4.5와 같이 반대수지 위에 나타낼 수 있다. 이 그림의 가로축은 흙의 입경, 세로축은 흙 전체에 대한 중량백분율을 표시한다. 이 곡선은 어떤 흙의 입경의 범위와 그 분포를 잘 나타내므로 이것을 입도분포곡선(grain-size distribution curve)이라고 한다. 이 곡선에서 통과중량 백분율 10%에 대응하는 입경을 유효입경(effective size)이라 하고 D_{10}으로 표시한다. 균등계수 C_u(coefficient of uniformity)는 유효입경에 대한 중량 백분율 60%에 대응하는 입경 D_{60}의 비이며, 이것을 식으로 나타내면 다음과 같다.

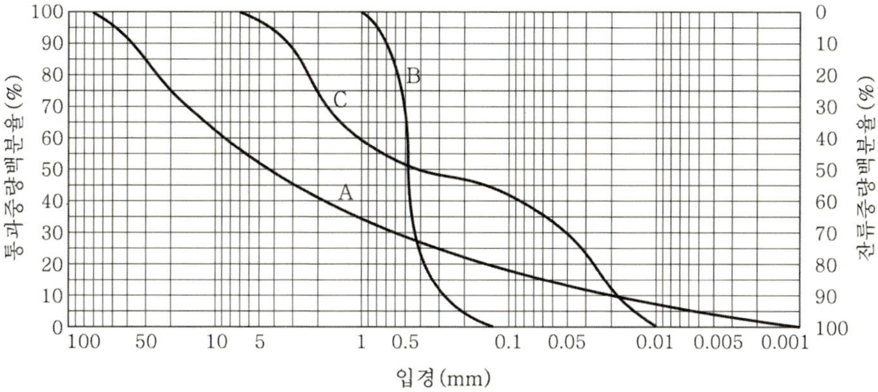

그림 4.5 입도분포 곡선

$$C_u = \frac{D_{60}}{D_{10}} \tag{4.5}$$

흙의 입도분포가 좋고 나쁜 것을 균등계수로서 나타낼 수 있다. 그림 4.5의 A의 곡선은 흙입자가 작은 것에서부터 큰 것까지 골고루 존재하므로 균등계수가 큰 대표적인 입도분포 곡선으로 입도분포가 양호하고, B곡선과 같이 균등계수가 작으면 입경이 균등에 가깝다고 할 수 있다. 그러나 C곡선과 같이 입도분포 곡선의 일부 입경이 없는 빈 입도이면 균등계수가 크다 하더라도 입도분포가 양호하다고 할 수 없다. 이때는 곡률계수 C_g(coefficient of curvature)를 구함으로써 입도분포 상태를 정량적으로 정할 수 있으며 다음 식으로 정의된다.

$$C_g = \frac{(D_{30})^2}{D_{10} \times D_{60}} \tag{4.6}$$

여기서, D_{30}은 통과중량 백분율 30%에 대응하는 입경이다. 통일분류법에서는 균등계수가 4 또는 6보다 크고 곡률계수가 1~3의 범위에 있을 때 입도분포가 양호하다고 분류한다.

4.3 흙의 공학적 분류

4.3.1 입경에 의한 분류

그림 4.6은 여러 기관에서 채택하고 있는 흙의 입경에 의한 분류방법을 나타낸 것이다. 이에 의하면 토립자는 입경별로 구분하여 명칭을 붙이고 있으나 개략적인 성질을 보면 모래는 단립구조가 강한 골격을 형성하고 실트는 봉소구조를 이루며 아울러 공극수의 모관현상의 발달이 양호하다. 점토와 콜로이드는 표면장력, 흡착력 등 계면현상에 의하여 점착력 발생의 원인이 된다.

분류법 \ 입경(mm) (100 · 10 · 1 · 0.1 · 0.01 · 0.001 · 0.0001)								
MIT 1931		자 갈	2.0	모 래	0.06	실 트	0.002	점 토
AASHTO 1970	76.2	자 갈	2.0	모 래	0.074	실 트	0.005	점토 (0.001 콜로이드)
USCS/ASTM 1967		자 갈	4.76	모 래		세 립 토		
KS F 2301 1985		자 갈	4.76	모 래		실 트	0.005	점토 (0.001 콜로이드)

그림 4.6 입경에 의한 흙의 분류

그림에서 2mm 또는 4.76mm 이상은 자갈, 0.05mm 또는 0.074mm 이상은 모래, 0.002mm (2μ) 이상은 실트, 그 이하는 점토로 분류되어 있다. 75mm 또는 100mm 이상 되는 입자는 호박돌(玉石)이라고 한다. 모래와 점토의 중간에 있는 실트는 암석이 물리적 풍화작용을 받아 매우 가늘게 분쇄된 입자이다. 이것은 세립토로 분류되지만 공학적 성질은 사질토에 가깝다. 2μ보다 가는 점토 입자는 주로 암석의 화학적 풍화작용으로 생성된 것이다. 실트보다 가는 입자는 육안으로 식별할 수 없으며 이를 식별하려면 전자현미경을 사용해야 한다. 콜로이드는 교질이라고도 하며 보통 현미경으로 볼 수 있다.

4.3.2 컨시스턴시에 의한 분류

흙의 성질은 다만 입자의 크기뿐만 아니라 형상의 영향을 받는다. 조립토는 입도로 성질을 알 수 있으나 세립토에서는 입도분포가 유사하여도 공학적 성질이 비슷하지 않다. 흙의 상태를 잘 표현한 그림 4.7과 같은 컨시스턴시에 의하여 분류하는 방법이 널리 이용되고 있다. 이 분류방법을 설명하기 위해서 소성도를 사용한다. 소성도는 액성한계를 횡축, 소성지수를 종축으로 한 좌표이다. 컨시스턴시 시험치에 의한 흙의 성질은 이 좌표상의 1점으로 표시할 수 있다. 그리고 A선에 의하여 소성의 강약을 나누고 B선에 의하여 압축성의 대소를 나눈다. 즉, A선상의 영역은 C, 그 아래를 M, B선의 좌측을 L, 우측을 H라 하면 이 좌표상의 토질은 CL, CH, ML, MH 어느 편에 속하게 된다. 여기서, C는 점토, M은 실트, H는 압축성이 높으며 L은 압축성이 낮은 것을 의미한다.

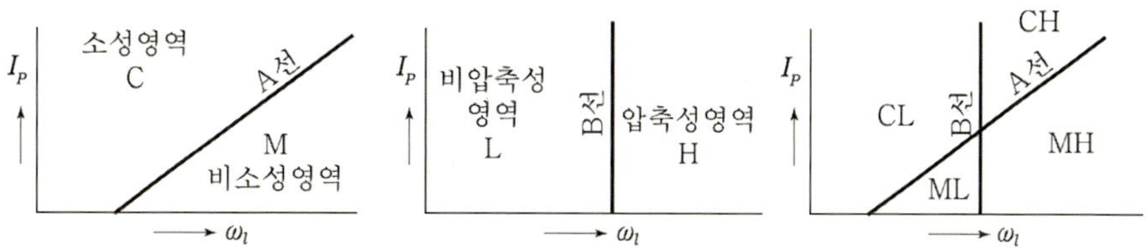

그림 4.7 소성도

4.3.3 통일분류법(unified soil classification system)

통일분류법은 미국의 Casagrande가 제안한 것으로 1969년에는 ASTM에 의하여 흙을 공학적 목적으로 분류하는 표준방법으로 채택되었다. 통일분류법에서는 0.074mm를 기준으로 하여 통과율이 50% 이하이면 조립토 그 이상이면 세립토가 된다.

또 조립토는 4.76mm 통과율이 50% 이하이면 자갈 또는 자갈질 흙으로 분류하고 기호 G를 붙이며 그 통과율이 50% 이상이면 모래 또는 모래질 흙으로 분류하고 기호 S를 붙인다.

기호 G나 S 다음에는 입도분포나 세립분의 함유비율에 따라 다음과 같은 기호를 붙인다.

W : 세립이 거의 없고 입도분포가 좋은 깨끗한 흙
P : 세립이 거의 없고 입도분포가 불량한 깨끗한 흙
M : 세립분 12% 이상 함유, 실트질 혼합토
C : 세립분 12% 이상 함유, 점토질 혼합토

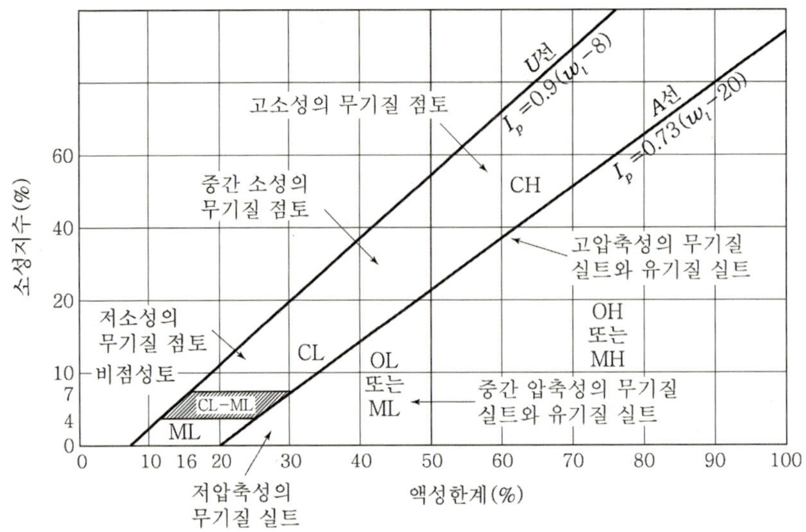

그림 4.8 Casagrande의 소성도

세립토는 실트(M), 점토(C), 유기질토(O)로 나누어지며 이들 기호 다음에는 액성한계의 값에 따라 다음과 같은 부호를 붙인다.

L : 액성한계가 50% 이하인 흙
H : 액성한계가 50% 이상인 흙

세립토의 분류는 그림 4.8의 소성도를 이용하는 것이 더욱 편리하다. 이 소성도에서 액성한계와 소성지수가 A선 아래에 있으면 실트 또는 유기질토 그 선 위에 있다면 점토임을 알 수 있다. 또한 액성한계가 높고 낮은 것은 액성한계 50%를 기준하여 나눈다. 액성한계와 소성지수가 A선 위에 있고 소성지수가 4 이하는 ML, 7 이상이면 CL로 구분되고 그 사이의 빗금친 구역안에 들어가면 이중기호(CL–ML)로 분류된다.

이 그림의 U선은 액성한계와 소성지수의 상한선을 의미한다. 다시 말하면 U선 바깥쪽으로는 점이 찍힐 수 없으므로, 만일 그렇다면 토질시험의 결과를 재검토할 필요가 있다.

그림 4.9는 통일분류법에 의한 흙의 분류방법을 나타낸 것이다.

표 4.2는 이 방법으로 분류한 각 분류군의 특성을 보인 것이다. 어떤 흙을 분류한 다음 이것을 이 표와 대조해 보면 도로, 비행장 또는 흙댐의 건설과 같이 주어진 공학적 목적에 따라 그 흙에 대한 적부를 쉽게 판단할 수 있다.

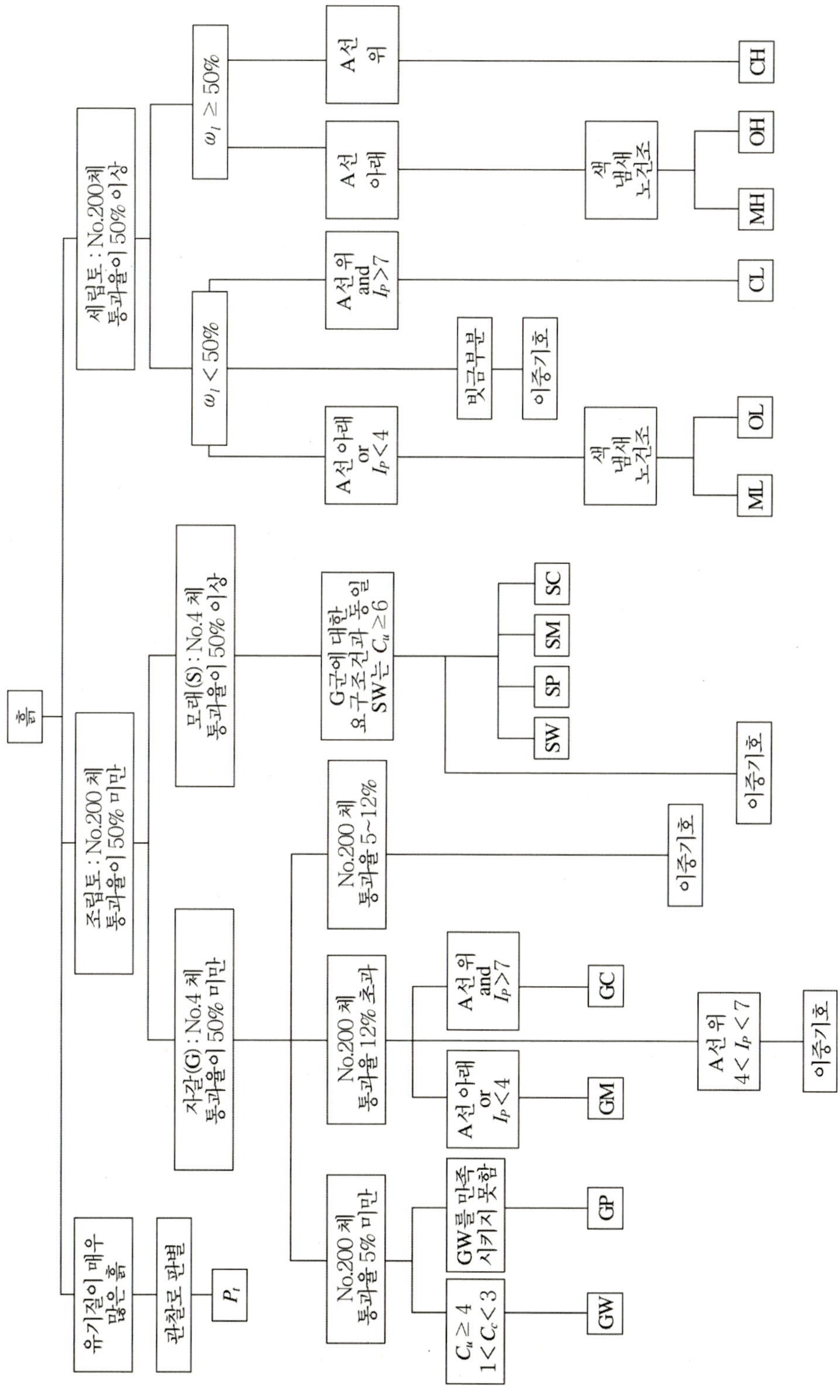

그림 4.9 통일분류에 의한 흙의 분류방법

표 4.2 통일분류법에 의한 흙의 분류표

문자	다짐 특성	최대건조 단위중량 (A-1다짐) (kN/m³)	압축성과 팽창성	투수성 및 배수성	동결 작용 가능성	토공재료 특성	도로의 노상재료의 특성	도로의 기층재료로서의 특성	현장 CBR (%)
GW	양호, 강륜 진동 롤러, 타이어 롤러	19~21	거의 없음	투수 배수 양호	無 ~ 극히 적음	매우 안정	우수	매우 양호	60~80
GP	양호, 강륜 진동 롤러, 타이어 롤러	18~20	거의 없음	투수 배수 양호	無 ~ 극히 적음	매우 안정	우수	매우 양호	60~80
GM	양호, 경량 진동 롤러, 타이어 롤러	19~22	약간 있음	보통 불량	약간 ~ 보통	안정	양호	보통 내지 양호	20~40
GC	양호 또는 보통, 타이어 또는 양족 롤러	18~21	약간 있음	불투수 불량	약간 ~ 보통	안정	양호	보통 내지 양호	20~40
SW	양호, 타이어 또는 진동 롤러	17~20	거의 없음	투수 배수 양호	無 ~ 극히 적음	매우안정	양호	보통 ~ 불량	20~40
SP	양호, 타이어 또는 진동 롤러	16~19	거의 없음	불투수 배수 수량	無 ~ 극히 적음	다짐시 보통 안정	보통 ~ 양호	불량	10~25
SM	양호, 타이어 또는 양족 롤러	17~20	약간 있음	불투수 배수 수량	약간 ~ 큼	다짐시 보통 안정	보통 ~ 양호	불량	10~40
SC	양호 또는 보통, 타이어 또는 양족 롤러	16~20	약간 ~ 보통	불투수 배수 불량	약간 ~ 큼	보통 안정	보통 ~ 양호	보통 ~ 불량	10~20
ML	양호 또는 불량, 타이어 또는 양족 롤러	15~19	약간 ~ 보통	불투수 배수 불량	보통 ~ 지극히 큼	잘 다짐을 하지 않으면 매우 불안정	보통 ~ 양호	사용 불가	5~15
CL	보통 ~ 불량, 양족 또는 타이어 롤러	15~19	보통	불투수 배수 불량	보통 ~ 큼	약간 안정	보통 ~ 불량	사용 불가	5~15
OL	보통 ~ 불량, 양족 또는 타이어 롤러	13~16	보통 ~ 큼	불투수 배수 불량	보통 ~ 큼	불안정 사용을 금함	불량	사용 불가	4~8
MH	보통 ~ 불량, 양족 또는 타이어 롤러	11~16	큼	불투수 배수 불량	보통 ~ 지극히 큼	불안정 사용을 피함	불량	사용 불가	4~8
CH	보통 ~ 불량, 양족 또는 타이어 롤러	13~17	매우 큼	불투수 배수 불량	보통	보통 팽창성에 유의	불량 또는 매우 불량	사용 불가	3~5
OH	보통 ~ 불량, 양족 롤러	10~16	큼	불투수 배수 불량	보통	불안정 사용을 피함	매우 불량	사용 불가	3~5
Pt	사용 불가		매우 큼	불투수 배수 불량	보통	사용불가	사용 불가	사용 불가	3~5

4.3.4 AASHTO 분류법

이 분류법은 현재 미국 연방도로국인 원래의 공로국(U.S. Public Road Administration)에서 1929년 발표되었으나, 그 후 여러 번 수정을 하여 현재에는 이것을 AASHTO 분류법으로 불리워지고 있다. 이 분류법은 입도분석, 아터버그 한계 및 군지수(group index)를 기초로 한다. 군지수 GI는 다음 식으로 계산한다.

$$GI = 0.2a + 0.005ac + 0.01bd \tag{4.7}$$

여기서, a : $No.200$체 통과백분율에서 35%를 뺀 값, 0~40의 정수만 사용

b : $No.200$체 통과백분율에서 15%를 뺀 값, 0~40의 정수만 사용

c : 액성한계에서 40%를 뺀 값, 0~20의 정수만 사용

d : 소성지수에서 10을 뺀 값, 0~20의 정수만 사용

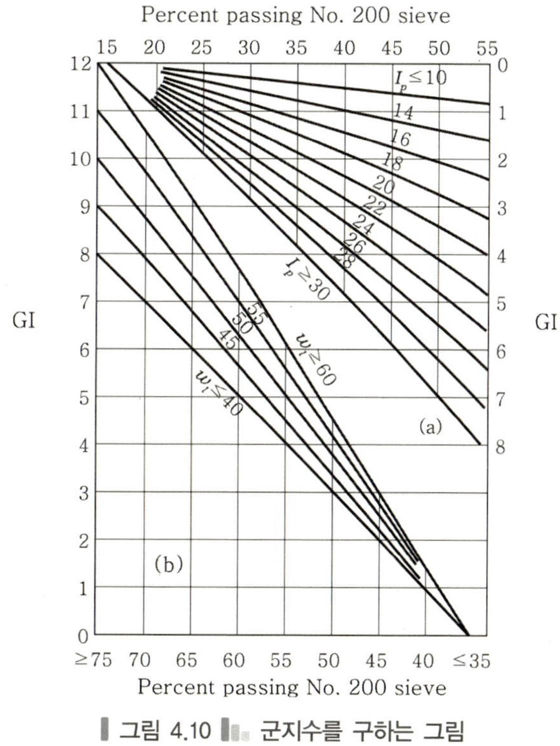

그림 4.10 군지수를 구하는 그림

군지수는 입경 0.074mm 이하 입자의 양에 좌우된다. 이것은 흙을 각각의 무리로 분류하기 위하여는 직접 필요하지 않으나 노상토 재료로서 적부를 표시한다. 즉, 군지수의 값이 크면 재료는 좋지 않은 것을 의미한다.

0.074mm체 통과율, 액성한계 및 소성지수를 알면 군지수는 그림 4.10에 의하여 직접 구하는 것이 더 편리하다.

AASHTO 분류법에서는 먼저 어떤 흙의 0.074mm 통과율을 구하여 그 값이 35% 이하이면 입상토(granular materials), 35% 이상이면 실트질 점토(silt-clay materials)로 분류한다. 다음에는 식 (4.7) 또는 그림 4.10에서 구한 군지수를 가지고 표 4.3의 아래로부터 소성지수, 액성한계, 0.074mm체, 0.42mm체의 통과율과 대조하면서 어느 분류기호에 해당하는가를 판별한다. 흙은 A-1에서 A-7까지로 분류되는데 어느 분류 기호는 입경과 아터버그 한계에 의존하여 더 세분되어 있다.

표 4.3 AASHTO 분류에 의한 분류방법

일반적 분류		입상토(0.074mm체 통과율 35% 이하)							실트-점토(0.074mm체 통과율 35% 이상)			
분류 기호		A-1		A-3	A-2				A-4	A-5	A-6	A-7
		A-1-a	A-1-b		A-2-4	A-2-5	A-2-6	A-2-7				A-7-5 A-7-6
체 통과분 (%)	0.2mm체	50이하										
	0.42mm체	30이하	50이하	51이상								
	0.074mm체	15이하	25이하	10이하	35이하	35이하	35이하	35이하	36이상	36이상	36이상	36이상
0.42mm체통과분의 성질	액성한계				40이하	41이상	40이하	41이상	40이하	41이상	40이하	41이상
	소성지수	6이하		NP	10이하	10이하	11이상	11이상	10이하	10이하	11이상	11이상
군지수		0		0	0		4이하		8이하	12이하	16이하	20이하
주요 구성재료		암편, 자갈, 모래		세사	실트질 또는 점토질 자갈 모래				실트질 흙		점토질 흙	
노상토로서의 일반적 등급		우					양		가		불가~부적	

주) A-7-5군의 소성지수는 액성한계에서 30을 뺀 값과 같거나 그보다 작아야 한다.
A-7-6군은 이보다 커야 한다.

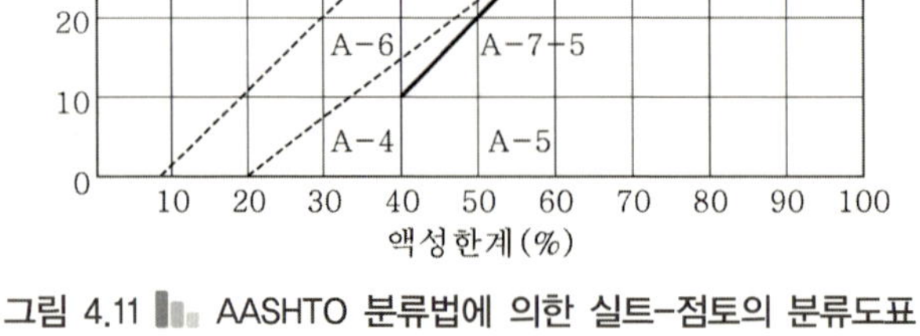

그림 4.11 AASHTO 분류법에 의한 실트-점토의 분류도표

그림 4.11은 실트~점토인 A-4로부터 A-7까지 액성한계와 소성지수를 기초로 하여 쉽게 분류할 수 있는 도표이며 통일분류법을 위한 소성도의 U선과 A선을 함께 표시하였다.

4.3.5 삼각좌표에 위한 분류

입도분포 곡선에서는 입도에 의하여 흙에 명칭을 붙일 수 없다. 따라서 이를 점토분(0.002mm 이하), 실트분(0.002~0.05mm), 사질분(0.05~2.0mm)을 변으로 한 삼각좌표에 옮기면, 입도분포는 1점으로 표시되며 그 위치에 따라 흙의 명칭을 결정할 수 있다.

그림 4.12의 삼각좌표 분류법은 미국 농무성(USDA, U.S. Department of Agriculture)의 입도조성에 의한 분류방법을 나타낸 것이다.

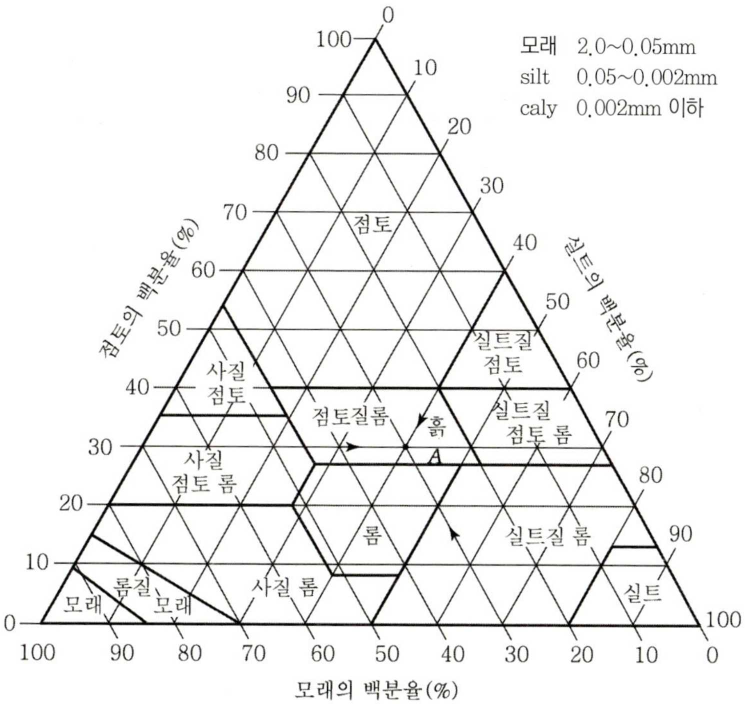

그림 4.12 입도조성에 의한 분류

[예제 4.2] 그림 4.5의 입도분포 곡선 A에서 유효경 D_{10}, 균등계수 C_u, 곡률계수 C_g를 구하여라. 또 이 흙을 미 농무성의 삼각좌표에 의한 분류법에 의하여 분류하여라.

풀이 1) 그림 4.5의 곡선에서 통과백분율은 D_{10}은 0.02mm, D_{30}은 0.75mm, D_{60}은 8.5mm이다. 따라서

유효경 $D_{10} = 0.02\text{mm}$

균등계수 $C_u = \dfrac{D_{60}}{D_{10}} = \dfrac{8.5}{0.02} = 425$

곡률계수 $C_g = \dfrac{(D_{30})^2}{D_{10} \times D_{60}} = \dfrac{0.75^2}{0.02 \times 8.5} \fallingdotseq 3.3$

2) 또 이 흙의 각성분은 사질분 24.0%, 실트분 12.0%, 점토분 5.0%이며, 자갈성분 59.0%이다. 다음과 같이 수정모래, 실트, 점토의 수정함량을 계산한다.

$$\text{수정모래\%} = \frac{\text{모래\%}}{100 - \text{자갈\%}} \times 100$$

$$\text{수정실트\%} = \frac{\text{실트\%}}{100 - \text{자갈\%}} \times 100$$

$$\text{수정점토\%} = \frac{\text{점토\%}}{100 - \text{자갈\%}} \times 100$$

모래 58.5%, 실트 29.3%, 점토 12.2%를 그림 4.12에 적용하여 흙이 속하는 범주를 결정하면 이 흙은 사질롬이다.

4.4 분류법의 비교 및 결과의 이용

4.4.1 AASHTO분류법과 통일분류법의 비교

이들 두 가지 방법 모두 흙의 입도 조성과 0.074mm체 통과율과 소성을 기초로 하여 흙을 크게 조립토와 세립토로 분류하였다. AASHTO 분류법에 따르면 0.074mm체 통과율이 35% 이상일 때에는 세립토로 분류하고, 통일분류법에서는 0.074mm체 통과율이 50% 이상일 때를 세립토로 분류한다. 그런데 약 50% 정도의 세립질을 가지는 조립토는 세립토와 같은 거동을 한다. 이것은 조립토 사이의 공극을 채울 수 있을 정도로 충분한 세립토가 존재하여 조립토를 서로 분리시키기 때문이다. 이러한 점에서 AASHTO 분류법이 더 적절한 것으로 생각하는 경우가 많다. AASHTO 분류법에서는 모래와 자갈을 구별하기 위해 2.0mm체를 이용하는 반면, 통일분류법에서는 4.76mm체를 이용한다. 흙의 분류를 입경의 관점에서 보면 2.0mm체가 모래의 상한선 크기로 더 많이 인정되고 있다.

통일분류법에서는 자갈질 흙과 모래질 흙이 명확히 구별되어 있으나 AASHTO 분류법에서는 그렇

지 않다. 특히 A-2군은 여러 종류의 흙을 포함하고 있다. 통일분류법에서 사용되는 GW, SM, CH 등과 같은 기호는 AASHTO 분류법에서 사용되는 것보다 흙의 성질을 더 잘 설명하고 있다.

OL, OH나 Pt와 같은 유기질토의 분류는 통일분류법에 제시되어 있으나 AASHTO 분류법에서는 없다.

4.4.2 흙의 분류 결과의 이용

흙을 분류한 결과는 노상, 보조기층 및 기층 안정처리, 성토공, 필댐 등에서 흙을 주재료로 취급하는 경우에 많이 이용된다.

AASHTO 분류법에서는 그 성질을 A-1에서 A-7까지로 분류하고 이 중 A-1, A-2, A-3을 조립토, A-4, A-5, A-6, A-7을 세립토로 분류하며 세립토는 양호하지는 않으나 A-4와 A-5는 노상토로 사용가능한 것으로 되어 있다. 도로토공, 흙댐 등 흙 구조물의 시공에 있어서는 다짐작업이 중요한 과정이며 다짐의 양부가 흙 구조물 축조 후까지 영향을 끼치므로 사용토와 전압기종의 선택은 적절해야 한다.

표 4.4는 흙의 단일체로서 노상재료로서의 문제점과 시멘트 및 석회 안정처리의 유효성의 개략적인 관계를 나타낸 것이다.

표 4.4 토질분류와 노상토로의 문제점 및 안정처리 효과

통일분류	노상토로서의 문제점 ○ 문제있음 △문제가 되는 경우가 있음 - 문제없음				안정처리의 효과 ◎유효 ○사용가능 △사용하는 경우도 있다			비고 ( )는 재료에 따라 가끔 문제가 되는 경우를 표시
	강도(CBR)	주행성	액성지수	표층의 안정	첨가제: 시멘트	소석회	생석회	
깨끗한 자갈(G)	(△)	–	–	–	(△)	(◎)	–	이암, 응회암 편암 중에는 슬래이킹(slacking)에 의하여 점토화하는 것이 있다. 세립분이 25% 이하인 경우는 소성지수가 커도 일반적으로 지장 없다.
세립분혼합자갈(G-F)	(△)	–	–	–	(△)	(◎)	–	
자갈토(GF)	○	△	○	–	◎	◎	–	
깨끗한 모래(S)	–	–	–	(△)	(○)	(△)	–	모래는 표면 안정에 약간 어려움이 있을 정도이며 안정처리 대상토는 적다.
세립분혼합모래(S-F)	(△)	△	–	(△)	(○)	(△)	–	
사질토(SF)	○	○	○	(△)	◎	◎	–	
실트(M)	○	○	○	–	–	–	○	교란된 세립토를 노상토로 사용하는 경우는 거의 없으나 안정처리하면 사용 가능하다.
점성토(C)	○	○	○	–	–	–	○	
유기질토(O)	노상재료로 사용 불가							
화산회질 점성토(V)	○	○	○	–	–	(○)	◎	
고유기질토(Pt)	노상재료로 사용 불가							

연습문제

4.1 흙의 입도시험에 사용되는 비중계와 매스 실린더에 대하여 측정한 결과 다음과 같은 값을 얻었다. 이로부터 유효길이 L을 계산하여라. 비중계의 상단에서 축상 지시 눈금값 까지의 거리는 다음과 같다.

1.000까지	$L_1 = 11.4\text{cm}$
1.015까지	$L_1 = 8.6\text{cm}$
1.035까지	$L_1 = 4.8\text{cm}$
1.050까지	$L_1 = 2.0\text{cm}$
비중계구부의 전체길이	$L_2 = 13.8\text{cm}$
비중계 구부의 체적	$V_b = 35.0\text{cm}^3$
매스 실린더의 안지름	$d = 6.0\text{cm}$

4.2 4종류의 시료토에 대하여 입도시험과 아터버그 한계시험을 하여 아래 표와 같은 결과를 얻었다. 이 시료토의 입도곡선을 그리고 통일분류법, AASHTO 분류법 및 삼각좌표 분류법에 의하여 흙을 분류하여라.

세눈금(mm) \ 체통과율	No.1	No.2	No.3	No.4
25	100	100	100	100
10	100	100	100	91
4.76	100	100	100	84
2.0	100	100	100	79
0.85	71	100	98	67
0.42	40	100	96	54
0.25	24	100	93	48
0.11	14	100	87	41
0.074	12	98	84	38
0.05	10	94	80	33
0.005	7	26	36	1
0.001	5	4	8	0
ω_l	N.P.	46	84	56
I_p	N.P.	30	42	27

제 5 장 지반 내의 응력 분포

제5장

지반 내의 응력 분포

5.1 개설

지반 내에 생기는 연직 및 수평응력은 흙 자체의 무게로 인한 압력(overburden pressure)과 지표면에 놓이는 재하하중(surcharge)으로 인하여 생기는 압력으로 생각할 수 있다. 지하수나 모세관수의 영향을 받는 위치에서 지반내의 응력을 계산할 때는 물에 의한 영향을 고려해야 한다.

이 장에서는 유효응력과 공극수압의 개념을 정리하고 흙 자체의 무게로 인한 연직응력 및 수평응력을 산정하는 방법과 지표면에서 여러 가지 하중이 작용할 경우 지반 내에 생기는 응력의 변화를 살펴보기로 한다.

5.2 유효응력과 공극수압

그림 5.1(a)에서 보는바와 같이 퇴적층내의 한 요소가 받는 연직응력에 대하여 생각해 보자. 이 요소의 단위 면적당 연직응력 σ_v는 흙과 물에 의해 전달되는 압력의 합으로서 식 (5.1)과 같다.

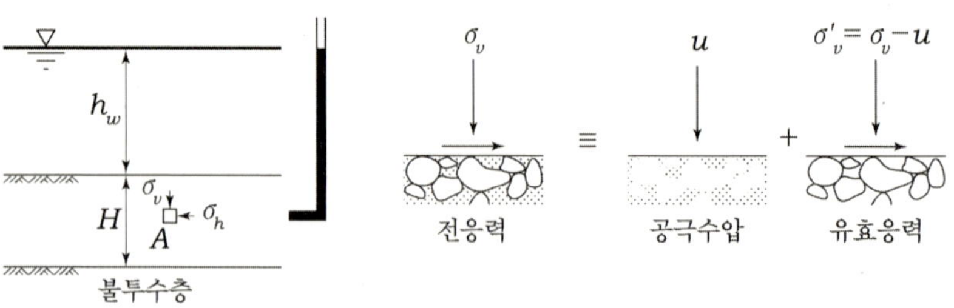

그림 5.1 전응력, 공극수압, 유효응력 계산을 위한 지층단면

$$\sigma_v = h_1\gamma_{sat} + h_w\gamma_w \tag{5.1}$$

여기서, h_1, h_w : 피조미터의 높이
γ_w : 물의 단위중량
γ_{sat} : 흙의 포화 단위중량

식 (5.1)에서 전응력은 흙의 입자로 전달되는 압력과 물로 전달되는 응력의 합으로 표시되어 있음을 알 수 있다. 물에 의해 전달되는 압력, 즉 수압 u는 피조미터에 나타난 높이($h_w + h_1$)로 표시할 수 있으므로

$$u = (h_w + h_1)\gamma_w \tag{5.2}$$

흙 입자로 전달되는 압력은 전 연직응력에서 수압을 뺀 값이 되므로

$$\begin{aligned} \sigma_v{}' &= \sigma_v - u \\ &= h_1\gamma_{sat} + h_w\gamma_w - (h_w + h_1)\gamma_w \\ &= h_1(\gamma_{sat} - \gamma_w) = h_1\gamma_{sub} \end{aligned} \tag{5.3}$$

이다.

식 (5.3)을 일반적인 표시 방법으로 바꿔 쓰면

$$\sigma' = \sigma - u \tag{5.4}$$

여기서, σ' : 유효응력(effective stress 또는 intergranular pressure)
σ : 전응력(total stress)
u : 공극수압(pore water pressure 또는 neutral stress)

그림 5.1에서 수위가 상승하면 전응력과 공극수압은 증가하지만 유효응력은 항상 일정하므로 흙이 더 다져지거나 전단응력이 더 증가하는 일은 없다.

흙이 물속에 완전히 잠겨 있는 경우, 공극수압은 수심과 물의 단위중량에 의해서 쉽게 구할 수 있지만 일부만 포화되어 있거나 물이 흙 속을 통하여 흐르는 흙댐과 같은 경우, 공극은 물과 공기로 구성되어 있기 때문에 유효응력은 식 (5.4)로 표시할 수 없다. Bishop(1958)은 이와 같은 불포화토(unsaturated soil)에 대하여 유효응력을 구하는 식을 다음과 같이 제안하였다.

$$\sigma A = \sigma' A + u_w\chi A + u_a(1-\chi)A \tag{5.5a}$$

$$\sigma' = \sigma - [u_a - \chi(u_a - u_w)] \tag{5.5b}$$

여기서, u_a : 공극공기압

u_w : 공극수압

χ : 포화도(S)에 따른 계수(0~1)

따라서 완전히 포화된 경우($S=100\%$)는 $\chi=1$이고, 이때의 $u_a=0$이므로 $\sigma'=\sigma-u_w$가 되어 식 (5.4)와 같게 되고 완전히 건조된 흙의 경우($S=0\%$)는 $\chi=0$이고, 이때의 $u_a=0$이므로 $\sigma'=\sigma-u_a$가 된다.

[예제 5.1] 그림 예 5.1(a)와 같은 지반에서 지표면으로부터 17m인 점 A에서의 전응력, 유효응력 및 공극수압을 구하고 이들 관계를 그림으로 나타내어라.

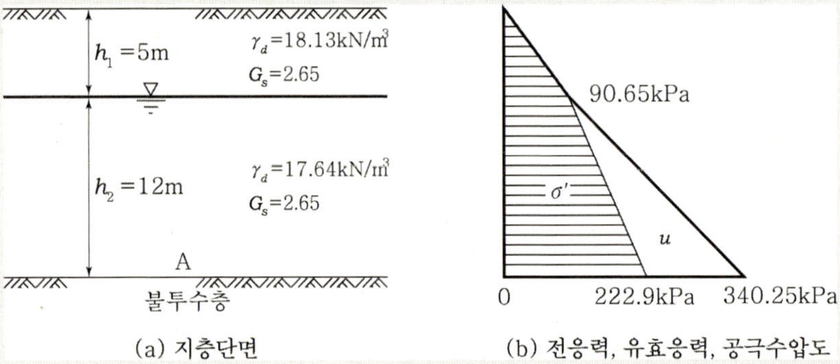

[그림 예 5.1]

풀이 먼저 포화단위중량 γ_{sat}를 구하기 위하여

$$\gamma_d=\frac{G_s\gamma_w}{(1+e)},\quad 17.74=\frac{2.65\times 9.8}{(1+e)},\quad \therefore e=0.47$$

$$\gamma_{sat}=\frac{(G_s+e)\gamma_w}{1+e}=\frac{2.65+0.47}{1+0.47}\times 9.8=20.8\text{kPa}$$

전응력 : $\sigma=18.13\times 5+20.8\times 12=340.25\text{kPa}$

공극수압 : $u=9.8\times 12=117.6\text{kPa}$

유효응력 : $\sigma'=\sigma-u=340.25-117.6=222.9\text{kPa}$

5.3 침투력

흙속의 임의의 점에서 유효응력은 물의 유무에 따라 변화하고 있음을 알 수 있다. 즉, 유효응력은 물의 침투방향에 따라 증가하거나 감소하게 된다. 이와 같이 물의 침투방향에 따라 수두손실이 생기

고 이것을 단위체적당 압력으로 표시할 수 있으며 이것을 침투력(seepage force)이라 한다.

우선 그림 5.2에서 점 X의 유효응력을 생각해 보자. (a), (b), (c)의 경우 점 X에 대하여 다음과 같은 관계식을 얻을 수 있다.

$$\sigma = h_1\gamma_w + L\gamma_{sat} \tag{5.6}$$

$$\gamma_{sub} = \gamma_{sat} - \gamma_w \tag{5.7}$$

$$u = L\gamma_w + (h_1 + \Delta h)\gamma_w \tag{5.8}$$

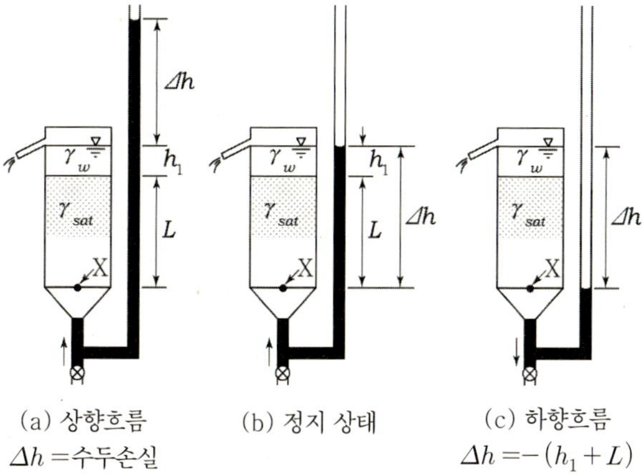

그림 5.2 침투수의 방향에 따른 점 X의 유효응력 변화

그림 5.2(a)에서는 물이 상향으로 흐르는 경우이며, 이때 X는 수두 손실을 나타내며 유효응력을 구하면 다음과 같다.

$$\sigma' = \sigma - u \tag{5.9}$$

$$\begin{aligned} \sigma' &= h_1\gamma_w + L\gamma_{sat} - \{L\gamma_w + (h_1 + \Delta h)\gamma_w\} \\ &= L(\gamma_{sat} - \gamma_w) - \Delta h\gamma_w \end{aligned} \tag{5.10}$$

수두 손실에 의해 침투력(F_s)을 구할 수 있다. 흙의 통과 단면적을 A라 하면 F_s는 물의 흐름과 같은 방향이고 크기는,

$$F_s = \Delta h\gamma_w A = i\gamma_w(LA) = (i\gamma_w) \times (\text{흙의 체적}) \tag{5.11}$$

여기서, 동수경사($\Delta h / L$)

그림 5.2(b)에서는 침투가 없으므로 $\Delta h = 0$이며 이때의 유효응력은

$$\begin{aligned}\sigma' &= L\gamma_{sat} - L\gamma_w \\ &= L\gamma_{sub}\end{aligned} \tag{5.12}$$

이고, 이때 침투력 $F_s = 0$이다.

그림 5.2(c)에서는 하향 침투가 발생하는 경우로서 수두손실 Δh는,

$$\Delta h = -(h_1 + L) \tag{5.13}$$

$$u = L\gamma_w + (h_1 - \Delta h)\gamma_w \tag{5.14}$$

$$\sigma' = h_1\gamma_w + L\gamma_{sat} - [L\gamma_w + (h_1 - \Delta h)\gamma_w] = L\gamma_{sub} + \Delta h\gamma_w \tag{5.15}$$

이때의 침투력 $F_s = \Delta h\gamma_w A$이며 작용방향은 하향이다. 침투력의 개념은 수리 구조물의 하류면에서 히빙(heaving)에 대한 안전율을 구하는 데 유용하게 이용될 수 있다.

5.4 분사현상

만일 공극수압(u)이 전응력(σ)과 같아지면, 즉 유효응력(σ')이 0인 경우가 발생하므로 흙 입자간의 전단력이 없이 단순히 입자간의 접촉만 유지하고 있는 상태가 되어 흙 입자는 안정성을 잃게 된다. 동수경사는 $i = \dfrac{h}{L}$로 표시되며, h는 수두 손실, L은 토층의 두께이며 i가 한계에 도달하여 분사현상을 일으킬 때 이를 한계동수경사(i_{cr})라고 한다. 한계동수경사 $i_{cr} = \dfrac{\gamma_{sub}}{\gamma_w} = \dfrac{G_s - 1}{1+e}$로 쓸 수 있고, 어느 사질토에서 $G_s = 2.67$, $e = 0.5 \sim 1.0$ 이라면 i_{cr}은 대략 0.84~1.11 정도의 값을 갖는다(보통 모래의 e의 범위는 자연 상태에서 0.3~1.2임). 이러한 관계는 앞에 기술한 식 (5.9)와 같다.

$$\sigma' = \sigma - u = 0 \tag{5.16a}$$

$$\sigma = u \tag{5.16b}$$

공극수압이 커지면 침투압이 커서 보일링(boiling) 또는 분사현상(quick sand condition)으로 발전한다.

액상화 현상(liquefaction)은 말뚝타입이나 발파와 같은 충격하중 또는 지진 등과 같은 순간적인 진동에 의해 일시적으로 공극수압이 증가하여 지반은 지지력을 잃고 구조물이 불안정하게 되는 현상

이다. 특히 배수가 불량한 세사(細砂)나 실트층이 포화되어 있고, 느슨하게 퇴적되어 있는 경우, 지진 또는 발파에 의해 일시적으로 공극수압이 증가하면 배수가 일어날 때까지 지반이 액화(liquefied)되어 상부의 구조물을 지지할 지지력이 0에 가깝게 된다. 또한 지반의 틈을 통해 모래가 지표면 상에 뿜어 올라오고 지반이 크게 침하하는 현상이 발생하며 지반이 파괴 된다. 이것을 분사현상(噴砂現像)이라 한다.

5.5 흙의 모세관 현상

모세관 현상이란 유리관 내에서 물 또는 액체가 물 입자의 표면장력에 의해 상승하는 현상으로 그 높이는 그림 5.3에서 보는 바와 같다. 모세관의 상승 높이는 그림 5.3(a)에서

$$\frac{\pi d^2}{4} h_c \gamma_w = \pi d T \cos\alpha$$

$$h_c = \frac{4 T cos\alpha}{d \gamma_w} \tag{5.17}$$

여기서, T : 표면장력

d : 모세관의 평균직경

γ_w : 액체의 단위중량

α : 액체와 유리가 닿는 면에서 이루는 각(물 : 0°, 수은 : 139°)

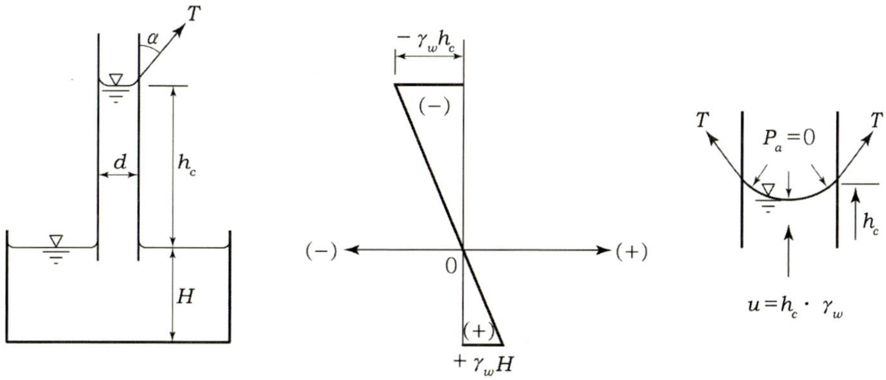

(a) 모세관내 물의 상승 (b) 모세관 상승에 따른 압력분포 (c) 메니스커스

그림 5.3

흙 속의 공극은 모세관과 같이 일정한 직경을 갖지도 않고 연속성도 매우 불규칙적이지만 어떠한 형태로든지 모세관 상승이 발생하여 지하수면 위에 모세관역(毛細管域, capillary zone)이 존재하게 된다.

Hazen은 사질토에서의 모세관 상승높이에 대하여 다음과 같은 실험식을 발표하였다.

$$h_c = \frac{C}{e\mathrm{D}_{10}} \tag{5.18}$$

여기서, D_{10} : 모래의 유효입경(mm)

e : 공극비

C : 상수(보통 10~50)

표 5.1은 여러 가지 흙의 모세관 현상에 의한 상승높이이다.

표 5.1 흙의 모세관 현상에 의한 상승높이

흙의 종류	모세관 상승높이(m)
조립질 모래	0.12~0.18
모래	0.18~0.3
세립질 모래	0.3~1.2
실트	0.76~7.6
점토	7.6~23 이상

모세관 상승지역에서 완전히 포화된 경우 지층 내 임의의 점에서 공극수압은 대기압을 기준하여 $-\gamma_w h$이다. 그러나 모세관에 의하여 부분적으로 포화되었다면 공극수압은 다음과 같이 근사식으로 표시할 수 있다.

$$u = -\frac{S}{100}\gamma_w h \tag{5.19}$$

여기서, S : 포화도(%)

[예제 5.2] 유효직경 D_{10}이 0.1mm인 모래층에서 물이 상승한 높이를 구하라.

풀이 이 경우 공극의 직경 $d = \frac{1}{5}\mathrm{D}_{10}(\mathrm{mm})$, 물의 표면장력 T는 20°C에서 72.8dynes/cm, γ_w는 9.7896kN/m^{3}으로 가정한다. 여기서, 10^8dynes = 1kN이며 10^6cm^3 = 1m^{3}이므로,

$$d = \frac{1}{5} \times 0.1 = 0.02(\mathrm{mm}) = 0.002(\mathrm{cm})$$

$$\therefore h_c = \frac{4(72.8\text{dynes/cm})(10^6\text{cm}^3/\text{m}^3)}{9.7896\text{kN/m}^3(10^8\text{dynes/kN})(d\text{ cm})}$$

이고, 그러므로

$$h_c = \frac{0.29746(\text{cm}^2)}{d(\text{cm})} = \frac{0.29746}{0.002} = 148.73\text{cm}$$

5.6 지반 내의 응력

5.6.1 집중하중(point load)으로 인한 응력

Boussinesq는 지반을 무한히 큰 균질, 탄성, 등방성의 매체로 가정하고 수학적으로 해석하였다. 그림 5.4(a)에서 Boussinesq는 다음과 같은 식을 얻었다. 한 점에 대한 연직침하량 Δz는

$$\Delta z = \frac{P}{4\pi R}\frac{1}{G}[2(1-\mu)+\cos^2\theta] \tag{5.20}$$

여기서, G : 전단탄성계수(shear modulus of elasticity)
μ : 포아송 비(Poisson's ratio)

그러므로 이 점에 대한 응력은 다음과 같은 식으로 구할 수 있다.

$$\sigma_z = -\frac{3P}{2\pi R^2}cos^3\theta \quad \text{(연직응력)} \tag{5.21}$$

$$\sigma_r = \frac{P}{2\pi R^2}(-3\cos\theta\sin^2\theta + \frac{1-2\mu}{1+\cos\theta}) \quad \text{(방사선응력)} \tag{5.22}$$

$$\sigma_t = \frac{P}{2\pi R^2}(1-2\mu)(\cos\theta - \frac{1}{1+\cos\theta}) \quad \text{(접선응력)} \tag{5.23}$$

$$\tau = -\frac{3P}{2\pi R^2}(\cos^2\theta\sin\theta) \quad \text{(전단응력)} \tag{5.24}$$

식 (5.21), 식 (5.22)의 연직응력과 방사선응력(radial stress)에 대한 식은 토질공학에서 중요한 기본식이다. 그림 5.4(b)에서 보인 바와 같이 $r=\sqrt{x^2+y^2}$ 와 $R=\sqrt{r^2+z^2}$ 의 관계를 사용하여 식 (5.21)을 다시 쓰면

$$q = \sigma_z = -\frac{3P}{2\pi}\frac{z^3}{R^5} = -\frac{3P}{2\pi}\frac{z^3}{(r^2+z^2)^{5/2}} \tag{5.25}$$

가 된다.

또, 식 (5.21) 또는 식 (5.25)는 그림 5.4(c)와 같은 원형 기초위에 등분포하준 q_0가 작용할 때의 식으로 고쳐 쓸 수 있다.

사각형 기초의 경우는 같은 면적의 원형으로 바꾸어 계산할 수 있으며, 이때 반경은 $r_0 = \sqrt{\frac{A}{\pi}}$, $A = B \times B$ 또는 $B \times L$이다.

장방형의 경우, $\frac{L}{B} = 1$에 가까울 경우는 정확도가 크지만 1보다 커질수록 정확도가 감소한다.

원형기초의 경우 θ와 R의 식을 이용하면

$$q_z = \frac{3P}{2\pi z^2[1+(r/z)^2]^{5/2}} = \frac{P}{z^2}A_b \tag{5.26}$$

을 얻는다. 여기서, A_b(Boussinesq 상수)는 $\frac{r}{z}$의 함수이다.

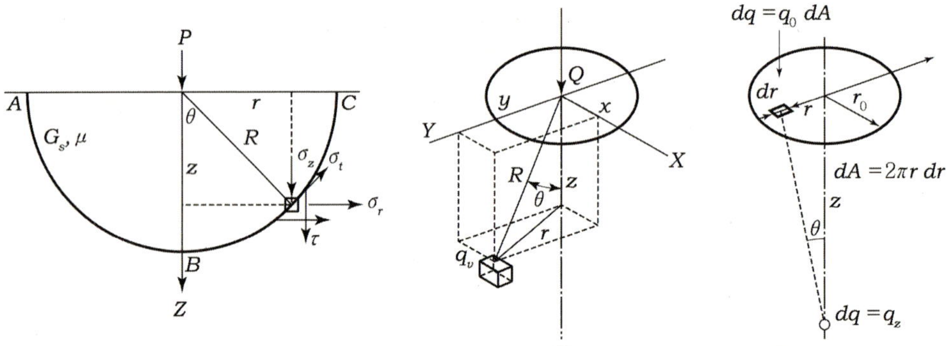

(a) 반무한 탄성체에 작용하는 집중하중의 영향 (b) 원형하중의 응용 예 (Boussinesq) (c) Boussinesq 식을 등분포하중으로 변환

그림 5.4

[예제 5.4] 그림 예 5.1과 같이 집중하중 $P=5000$kg가 지표면에 작용할 때 3m 아래 A점에서의 응력을 구하라.

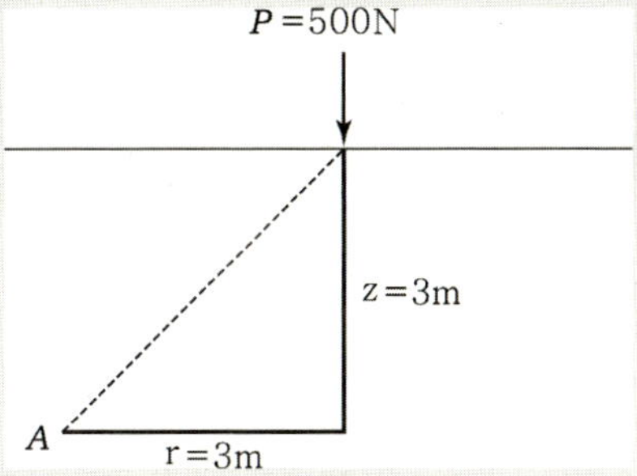

그림 예 5.1

풀이 $r=3.0$m, $z=3.0$m 이므로

$r/z=1$과 식 (5.26)으로부터

$z=3$m

$$q_z=\frac{(3\times 500)}{2\pi(3\times 3)[1+1^2]^{5/2}}=\frac{1500}{319.7}=4.691\text{N/m}^2$$

5.6.2 등분포 원형하중(uniform circular load)으로 인한 연직응력

접촉압(contact pressure) q_0와 dA로부터 집중하중 Q를 바꾸어 쓸 수 있다.
$dq=q_0 dA$ 이므로

$$dq=\frac{3q_0}{2\pi z^2}\frac{1}{[1+(r/z)^2]^{5/2}}dA \tag{5.27}$$

한편, dA는 $2\pi r dr$을 0에서부터 r_0까지 적분한 것이므로

$$q_z=\int dq=\int_0^{2\pi}\int_0^{r_0}\frac{3q_0}{2\pi}\frac{z^3 r}{(r^2+z^2)^{5/2}}dr\,da \tag{5.28}$$

이 식을 다시 정리하면 다음과 같다.

$$q_z=q_0\left\{1-[1+(\frac{r_o}{Z})^2]^{-3/2}\right\} \tag{5.29}$$

여기서, q_z : 깊이 z에서의 응력(q_0의 단위와 같다)

r_0 : 반경 또는 환산 반경

q_0 : 기초의 접촉압$(=\frac{Q}{A})$

[예제 5.4] 직경 3m의 원형기초위에 $P=1200\text{kN}$의 하중이 재하되어 있다. 기초 중심 4m 아래의 지점에서 응력을 구하라.

풀이 $q_0=1200/(0.7854\times3^2)=170\text{kPa}$

식 (5.29) 에 $z=4$ 와 $r_0=1.5$를 적용하면,

$q_z=170[1-[1+(\frac{1.5}{4})^2]^{-3/2}]=30.4\text{kPa}$

[예제 5.5] $3\times3\text{m}$의 정사각형 기초위에 $P=1800\text{kN}$의 하중이 재하되어 있다. 기초 중심 $z=1.5$, 3m 아래의 지점에서 응력을 구하라.

풀이 $q_0=1800/3^2=200\text{kPa}$

식 (5.29)에 $r_0=\sqrt{(A/\pi)}=\sqrt{(9/\pi)}=1.69$를 적용하면,

$z=1.5$일 때 $q_z=200[1-[1+(\frac{1.69}{1.5})^2]^{-3/2}]=141.5\text{kPa}$

$z=3$일 때, $q_z=200[1-[1+(\frac{1.69}{3})^2]^{-3/2}]=67.7\text{kPa}$

5.6.3 선하중(line load)으로 인한 연직응력

반무한지반의 표면상에 무한 길이의 연성 선하중이 작용하고 있는 경우 지반내의 연직응력 증가량 q_z는 Boussinesq의 탄성론을 이용하여 구할 수 있다(그림 5.5 참조). 즉

$$q_z=\frac{2p_0z^3}{\pi(x^2+z^2)^2} \tag{5.30}$$

또는

$$q_z=\frac{2q_0}{\pi z[(x/z)^2+1]^2} \tag{5.31}$$

식 (5.36)을 무차원의 식으로 다시 쓰면

$$\left(\frac{q_0}{q_z/z}\right) = \frac{2}{\pi[(x/z)^2+1]^2} \tag{5.32}$$

여기서, 구한 q_z는 선하중 q_0에 의해 깊이 z에서 발생된 부가응력이고, 점 A위에 있는 토피하중은 포함하지 않는다.

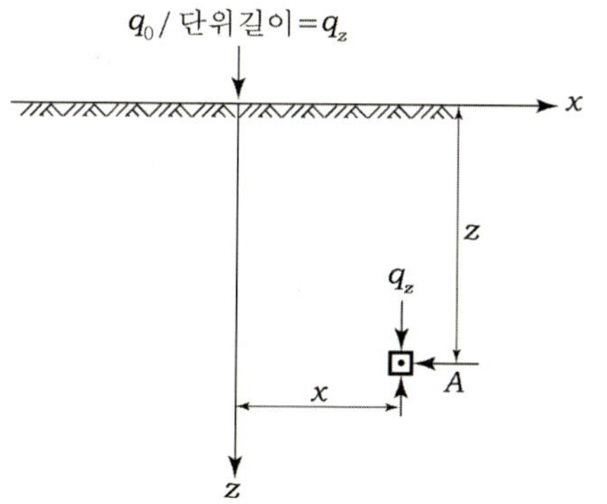

그림 5.5 반무한 탄성체 상에 작용하는 선하중

5.6.4 띠하중(continuous load)으로 인한 연직응력

선하중에 의한 연직응력을 폭 B의 띠하중으로 인한 연직응력을 구하는데 사용할 수 있다. 그림 5.6에서와 같이 단위 면적당 하중 q_0, 폭 dr인 띠하중은 q_0dr이 되고 이는 선하중 q_0에 해당한다고 할 수 있으므로, 점 A에 생긴 연직응력의 증가 dq는 다음과 같이 바꿔 쓸 수 있다.

$$dq = \frac{2(q_0dr)z^3}{\pi[(x-r)^2+z^2]^2} \tag{5.33}$$

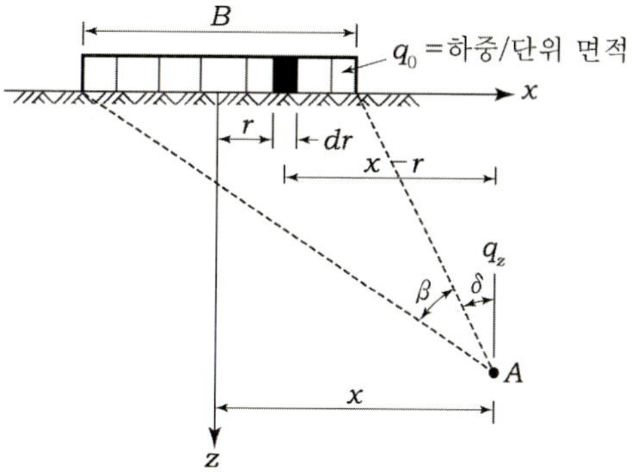

그림 5.6 연성 띠하중으로 인한 연직응력

폭 B에 대한 연직하중 증가는 위의 식을 $-\frac{B}{2}$에서 $\frac{B}{2}$까지 적분하여 구할 수 있다. 즉, 이 식을 적분하면

$$q_z = \frac{q_0}{\pi}[\beta + \sin\beta\cos(\beta+2\delta)] \tag{5.34}$$

여기서, β와 δ는 그림 5.6에 정의한 바와 같다.

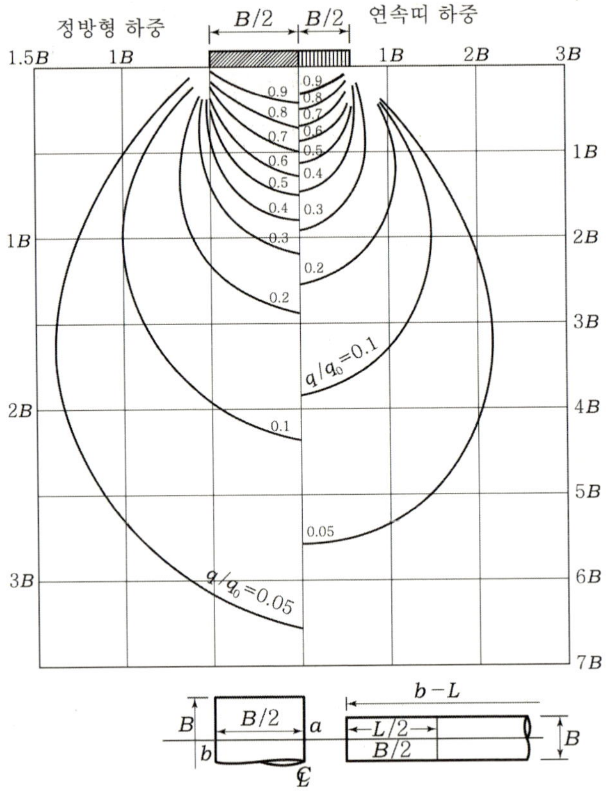

▍그림 5.7 ▍직사각형 하중과 연속 띠하중에 의한 등압선도(等壓線圖)

표 5.2는 $\dfrac{2x}{B}$와 $\dfrac{2z}{B}$의 변화에 따른 $\dfrac{q_0}{q}$의 값이며, 그림 5.7은 등압선(isobars)을 나타낸 것으로 지반하의 응력 증가량을 계산할 때 이들을 이용할 수 있다.

▍표 5.2 ▍ $2x/B$와 $2z/B$에 따른 q_0/q의 변화

$2x/B$	$2z/B$	q_0/q	$2x/B$	$2z/B$	q_0/q
0	0	1.0000	1.5	0.25	0.0177
	0.5	0.9594		0.5	0.0892
	1.0	0.8183		1.0	0.2488
	1.5	0.6678		1.5	0.2704
	2.0	0.5508		2.0	0.2876
	2.5	0.4617		2.5	0.2851
	3.0	0.3954			
	3.5	0.3457			
	4.0	0.3050			

〈표 계속〉

$2x/B$	$2z/B$	q_0/q	$2x/B$	$2z/B$	q_0/q
0.5	0	1.0000	2.0	0.25	0.0027
	0.25	0.9787		0.5	.0194
	0.5	0.9028		1.0	0.0776
	1.0	0.7352		1.5	0.1458
	1.5	0.6078		2.0	0.1847
	2.0	0.5107		2.5	0.2045
	2.5	0.4372			
1.0			2.5	0.5	0.0058
	0.25	0.4996		1.0	0.0357
	0.5	0.4969		1.5	0.0771
	1.0	0.4797		2.0	0.1139
	1.5	0.4480		2.5	0.1409
	2.0	0.4095	3.0	0.5	0.0026
	2.5	0.3701		1.0	0.0171
				1.5	0.0427
				2.0	0.0705
				2.5	0.0952
				3.0	0.1139

5.6.5 직사각형 하중을 재하했을 때의 연직응력

Boussinesq의 해는 그림 5.8과 같이 연성인 직사각형 기초($B \times L$) 위에 q_0의 등분포하중이 작용하는 경우에도 이용할 수 있다. 이때 사각형의 미소 면적 $dxdy$를 고려하면 작용하중을 다음과 같이 나타낼 수 있다.

$$dq = q_0 dxdy \tag{5.35}$$

여기서, $r^2 = x^2 + y^2$으로 대체하면 식 (5.35)는

$$dq = \frac{3q_0 z^3 dxdy}{2\pi(x^2+y^2+z^2)^{5/2}} \tag{5.36}$$

이 식은 전 재하면적에 대하여 적분함으로서 점 A에서의 연직응력을 구할 수 있다.

$$q_z = \int dq = \int_{y=0}^{b}\int_{x=0}^{l} \frac{3q_0 z^3 dxdy}{2\pi(x^2+y^2+z^2)^{5/2}} = q_0 I_z \tag{5.37}$$

여기서,

$$I_z = \frac{1}{4\pi}\left[\frac{2mn\sqrt{m^2+n^2+1}}{m^2+n^2+m^2n^2+1}\left(\frac{m^2+n^2+2}{m^2+n^2+1}\right) + \tan^{-1}\left(\frac{2mn\sqrt{m^2+n^2+1}}{m^2+n^2-m^2n^2+1}\right)\right] \tag{5.38}$$

여기서, $m = \dfrac{B}{2}$, $n = \dfrac{L}{2}$

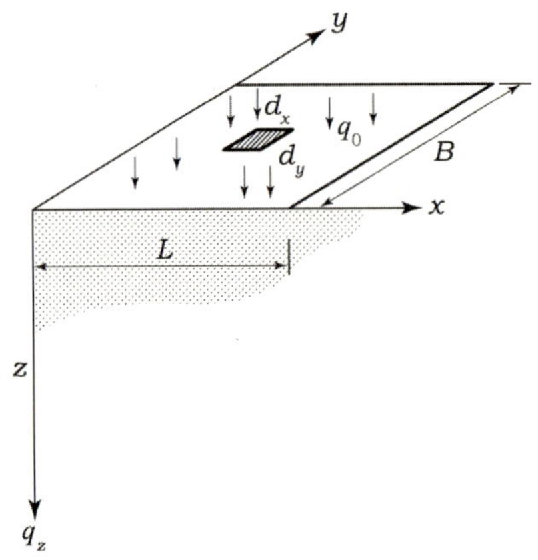

▌그림 5.8 ▌구형($B \times L$) 등분포 하중의 영향

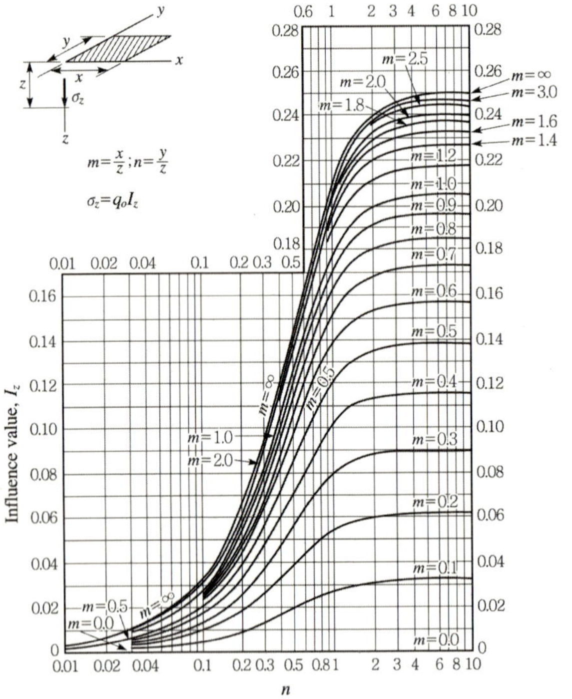

▌그림 5.9 ▌m과 n에 따른 I_z의 값

그림 5.9는 m과 n에 따른 I_z의 값을 보인 것이다. 그림 5.10을 이용할 경우 q는 사각형의 꼭지점 아래의 지점에서의 연직응력임을 주의하여야 한다. 따라서 연성기초의 직사각형 면적 내 임의의 점에서 응력을 구하려면 그림 5.10과 같이 몇 개의 사각형으로 분할하여 각각의 사각형에 대한 응력의 합으로 구하는 방법을 사용할 수 있다.

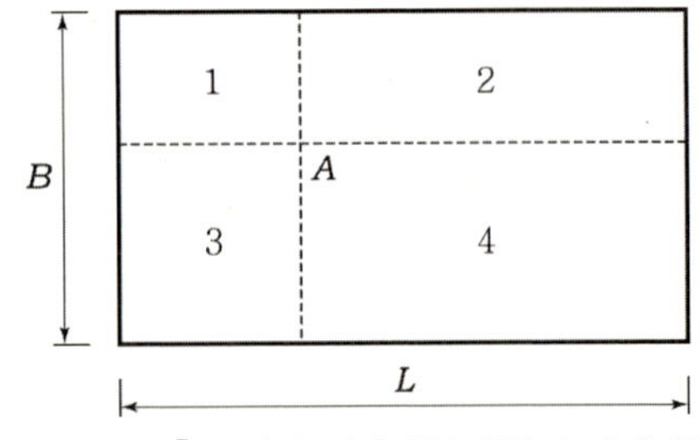

▌그림 5.10 ▌연성 직사각형 재하면 아래 임의의 점에서의 응력 증가

[예제 5.6] 예제 5.5를 다시 풀어라.

풀이 그림 예 5.2와 같이 기초를 그리고 $B=1.5\text{m}$의 사각형 4개로 나눈다.

$q_0 = 1800/3^2 = 200\text{kPa}$

1) $z=1.5$일 때 $m=n=\dfrac{1.5}{1.5}=1$,

그림 5.9 또는 식 (5.38)에 의해 $I_z=0.175$,

$q_z = 4q_0 I_z = 4(200)(0.175) = 140\text{kPa}$

2) $z=3$일 때 $m=n=\dfrac{1.5}{3}=0.5$,

그림 5.9 또는 식 (5.38)에 의해 $I_z=0.084$,

$q_z = 4q_0 I_z = 4(200)(0.084) = 67.2\text{kPa}$

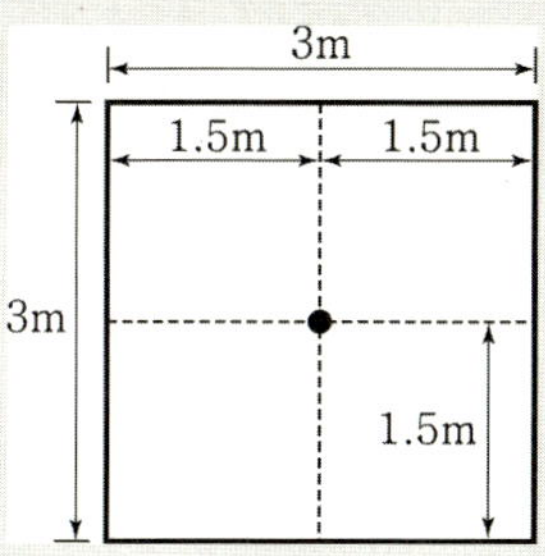

그림 예 5.2

5.6.6 연직하중에 대한 영향도(Newmark's chart)

지금까지는 특정한 형태의 하중에 대한 연직하중을 구하였다. 그러나 기초가 불규칙한 모양이라면 위의 여러 방법에 의해 구하는 것은 무척 힘든 일이 될 것이다.

Newmark(1942)는 식 (5.30)을 정리하여 다음과 같은 식 (5.39)로 나타내었다.

$$\frac{r}{z} = \sqrt{\left(1-\frac{q}{q_0}\right)^{-2/3}-1} \tag{5.39}$$

이 식에서 $\dfrac{r}{z}$와 $\dfrac{q_0}{q}$는 무차원의 값이다. $\dfrac{r}{z}$의 값에 대한 하중비($\dfrac{q}{q_0}$)의 값을 계산하여 표 5.3에 제시하였으며, 그림 5.11은 이것을 도표화한 Newmark의 영향도이다.

임의의 모양의 연성기초 아래 깊이에서 연직하중을 구하는데 이 영향도(影響圖)를 이용할 수 있으며 그 방법은 다음과 같다.

1) 구하고자 하는 점까지의 깊이 z와 Newmark의 영향도의 단위 길이를 같은 축척으로 하여 재하기초의 평면도를 그린다(깊이 $z = AB$).
2) 응력을 구하고자 하는 지점이 도표의 중앙과 일치하도록 앞에서 그린 도면을 놓는다.
3) 재하면적의 평면도에 의해 둘러싸인 요소수 N을 구한다.
4) 임의의 점에서 하중증가는 다음 식에 의해 구한다.

$$q_z = q_0 NI = 0.005 N q_0$$

여기서, q_0 : 기초의 접촉하중

I : 영향도의 영향값(그림 5.11에서 200개의 요소로 만들어져 있으므로 1/200=0.005이다.)

N : 재하기초 평면으로 둘러싸인 요소의 수

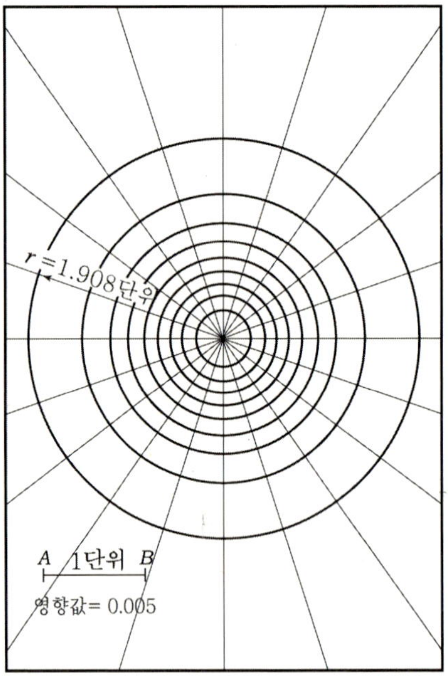

그림 5.11 Newmark의 영향원(1942)

표 5.3 $\frac{q_0}{q}$에 따른 $\frac{r}{z}$의 값

$\frac{q}{q_0}$	$\frac{r}{z}$	$\frac{q}{q_0}$	$\frac{r}{z}$
0	0	0.55	0.8384
0.05	0.1865	0.60	0.9176
0.10	0.2698	0.65	1.0067
0.15	0.3383	.070	1.1097
0.20	0.4005	0.75	1.2328
0.25	0.4598	0.80	1.3871
0.30	0.5181	0.85	1.5943
0.35	0.5768	0.90	1.9084
0.40	0.6370	0.95	2.5232
0.45	0.6997	1.00	∞
0.50	0.7664		

[예제 5.7] 직경 8m의 원형 기초에서 3m 떨어진 위치의 A점에서 6m 아래의 위치에서 응력을 구하라. 등분포하중 $q_0 = 300\text{kPa}$이다.

풀이

1) Newmark의 영향원을 이용하여 풀 수 있다.

$OX = 3\frac{(AB)}{6}$, $XY = 8\frac{(AB)}{6}$를 이용하여 그림 예 5.3(a)와 같이 원형기초를 Newmark 영향원 위에 그리고 기초로 둘러싸인 요소를 구한다. 대략 $N = 21$ 요소로 셀 수 있다.

$q_z = q_0 \ni = (300)(21)(0.005) = 31.5\text{kPa}$

2) 식 (5.38)을 이용하여 풀 수 있다. 그림 예 5.3(b)와 같이 동일 면적의 사각형으로 환산하면, $B^2 = \pi R^2$, $B = (\pi \times 4^2)^{1/2} = 7.08\text{m}$이고 $z = AB = 6\text{m}$이다. A점을 기준으로 사각형으로 분할하면 $2(ABCDEF - ABEF)$로 된다.

$ABCDEF$: $m = \frac{3.54}{6} = 0.59$, $n = \frac{10.08}{6} = 1.68$, $I = 0.151$

$ABEF$: $m = \frac{3}{6} = 0.5$, $n = \frac{3.54}{6} = 0.59$, $I = 0.095$

$q_z = 2(0.151 - 0.095)(300) = 33.6\text{kPa}$

이상의 해법 1)과 2)는 기초의 형태와 응력을 구하는 점의 위치에 따라 편리한 방법을 선택할 수 있다.

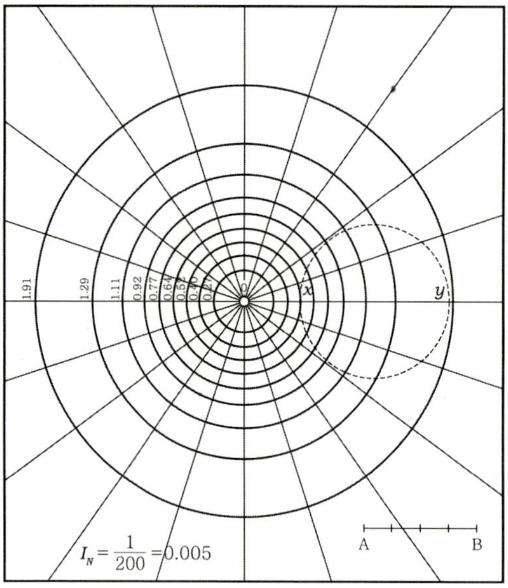

(a) Newmark의 영향원과 원형기초

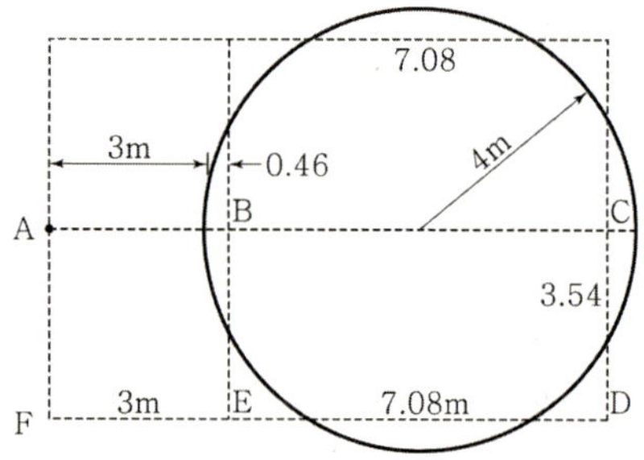

(b) 동일 면적의 사각형 기초

그림 예 5.3

5.6.7 연직하중에 대한 해(Westergaard's method)

지층이 여러 층으로 구성되어 있거나 균질성이 아닌 경우에는 Boussinesq 식으로는 정도가 높은 값을 계산하기 어렵다. 이러한 경우를 해석하기 위하여 Westergaard는 다음의 식을 발표하였다.

$$q = \frac{Q}{2\pi z^2} \frac{\sqrt{(1-2\mu)/(2-2\mu)}}{[(1-2\mu)/(2-2\mu)+(r/z)^2]^{3/2}} \tag{5.40}$$

여기서, μ : 포아송 비

식을 간단히 하기 위하여 $\mu = 0$라고 가정하면

$$q = \frac{Q}{\pi z^2} \frac{1}{[(1+2(r/z)^2]^{3/2}} = \frac{Q}{z^2} A_w \tag{5.41}$$

식 (5.33)과 마찬가지로 A_w(Westergaard 상수)는 r/z로 된 함수이다. 만약, $a = \dfrac{1-2\mu}{2-2\mu}$라 하면 식 (5.39)는 다음과 같이 쓸 수 있다. $dQ = q_0 dA$라고 하면

$$q_0 = \frac{q\sqrt{a}}{2z^2}\int_0^A [a+(\frac{r}{z})^2]^{-3/2}dr \tag{5.42}$$

이 식의 해는 원형기초의 경우와 비슷한 식으로 표시된다.

$$q = q_0\left(1-\sqrt{\frac{a}{(r/z)^2+a}}\right) \tag{5.43}$$

이 식을 Newmark 도표를 만든 기본식 (5.43)과 같은 형태로 변형시키면

$$\frac{r}{z} = \sqrt{\frac{a}{1-(q/q_0)^2}-a} \tag{5.44}$$

가 되고, 같은 방식으로 이 식을 이용하여 영향도를 그릴 수가 있다(그림 5.12 참조).

Westergaard 상수(A_w)와 Boussnesq 상수(A_b)를 비교하면 일반적으로 재하면 아래에서는 A_b보다 A_w가 작고 재하면 밖에서는 A_w가 더 높은 응력 증가를 나타낸다.

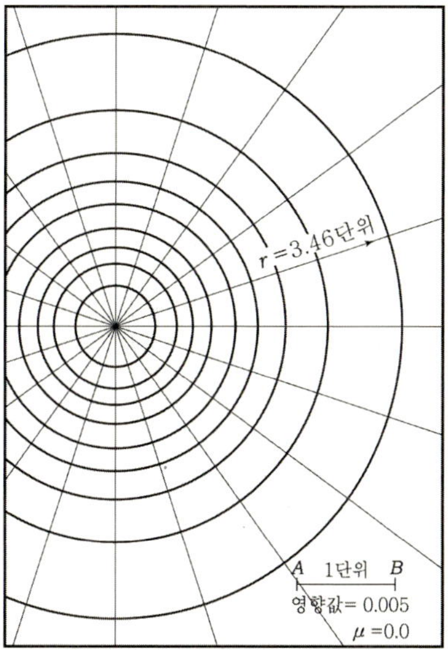

그림 5.12 Westergaard의 영향원($\mu = 0$일 때)

5.6.8 연직하중에 대한 해(Elastic theory)

탄성계수가 다른 지반으로 구성된 경우의 해석은 Burmister(1943)와 Jones(1961) 등의 방법으로 해결할 수 있다. 연약층 위에 견고한 점토층 또는 조밀한 모래층이 퇴적된 지반에서는 견고한

지반이 하층의 연약지반의 응력집중을 감소하는 효과를 볼 수 있다. 그림 5.13은 반경 R인 원형 하중의 중심에서의 E_1/E_2와 E_2/E_3의 응력비를 보여준다. 여기서 곡선 C는 등방성 흙의 경우이며 아스팔트 및 콘크리트 포장의 기층 및 보조기층의 응력분포를 계산할 수 있다.

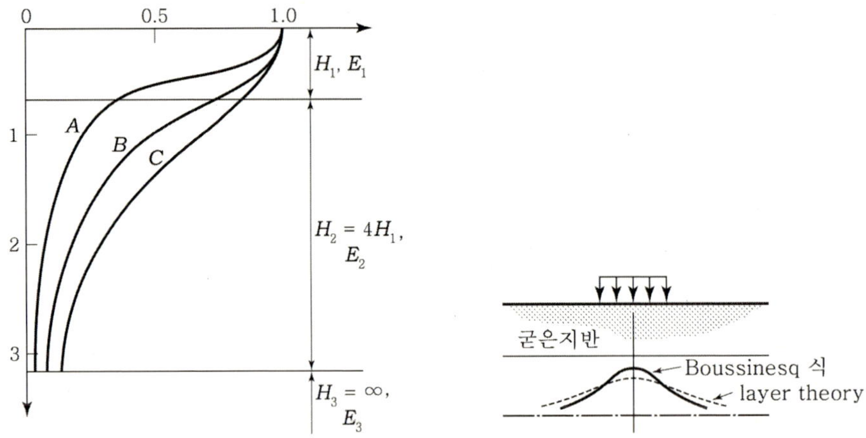

▌그림 5.13 ▌다층지반의 응력 분포

5.6.9 삼각형 또는 도로성토 하중(terrace load)의 경우

그림 5.14(a)와 같은 삼각형 하중의 경우는 선하중을 받는 형태에서 폭 $\frac{B}{2}$에 대해서 직선적으로 P가 증가하도록 적분해서 삼각분포 하중에 의한 지반내 응력의 증가를 구할 수 있다. 그림 5.14(b)의 도로성토하중의 경우는 2개의 삼각분포 하중에 의한 응력증가 $\Delta\sigma_z$의 차로서 계산할 수 있으나 그림 5.15와 같은 Osterberg 도표를 사용하는 것이 편리하다. 이 도표에서 b/z, a/z로부터 영향계수를 I_B를 구해서 $\Delta\sigma_z = I_B p$에 의해서 $\Delta\sigma_z$를 구할 수 있다. 또한 $b/z = 0$일 때는 삼각형 하중으로 된다.

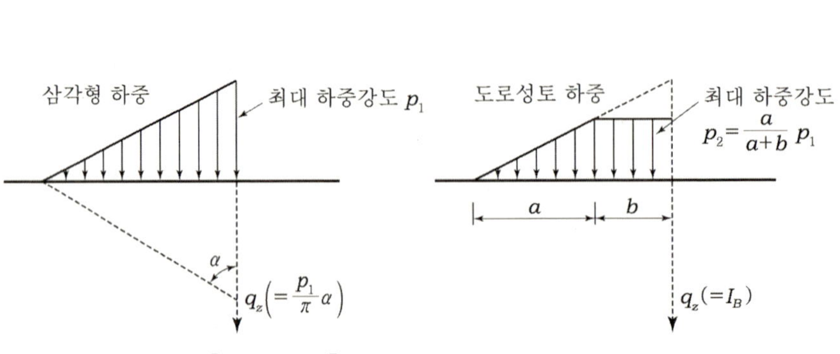

▌그림 5.14 ▌삼각형 또는 도로성토 하중

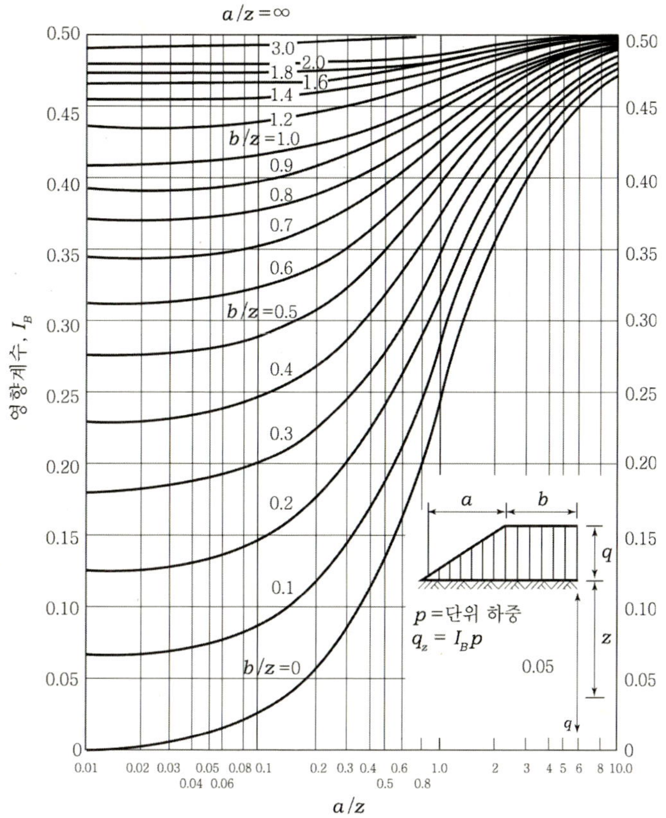

▌그림 5.15 ▌ Osterberg의 영향원

5.6.10 간이법(Kögler 법)

앞에서 제시한 식들을 이용하여 지층속의 점 A에서 응력 값을 수학적 가정하에 구하였다. 간이법으로는 기초밑의 영향면적을 그림 5.16과 같이 2:1 또는 $\alpha = 30°$, $\alpha = 45°$등으로 증가시켜 구할 수도 있다.

점토층의 지중응력은 각 압축성토층 중앙단면에 대하여 고려하며 압밀 전후의 지중응력은 다음과 같이 구한다.

(1) 압밀을 일으키는 점토층 중앙단면 위에 있는 유효응력 P_1(지하수를 고려)과

(2) 지반위에 축조된 구조물에 의하여 같은 토층 중앙단면에 작용하는 증가 유효응력 ΔP를 구해서 $P_2 = P_1 + \Delta P$를 산출한다.

증가응력 ΔP를 구하는 방법은 구조물의 종류와 형상에 따라 다르며, 연약한 지반에서는 구조물의 기초가 사각형인 경우는 Kögler의 이론에 의한 2:1의 분포법을 많이 사용한다.

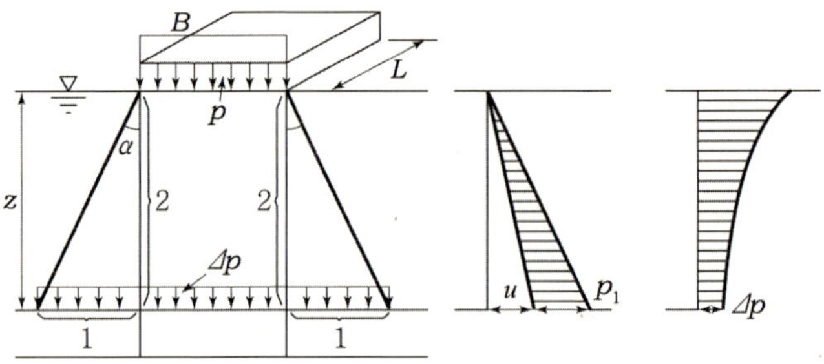

그림 5.16 입밀 점토층의 유효응력

그림에서 등분포하중 p가 작용할 때의 증가 유효응력 ΔP는 다음 식으로 구한다.

$$\Delta P = \frac{BLp}{(B+z)(L+z)} \tag{5.45}$$

여기서, B : 기초의 폭(m)

L : 기초의 길이(m)

z : 구조물 기초에서 압축성 토층 중앙단면까지의 거리(m)

p : 등분포하중(t/m^2)

만약 구조물 기초가 정사각형인 경우는 다음과 같이 된다.

$$\Delta P = \frac{B^2 p}{(B+z)^2} = \frac{p}{[1+(z/B)]^2} \tag{5.46}$$

연습문제

5.1 모래와 실트로 구성된 흙의 모세관 상승 높이 차가 20cm이고 모래지반의 모세관 상승고가 30cm이다. 이때 물의 온도는 20°C 일 때 두 흙의 공극의 크기의 차를 계산하라.

5.2 유효직경 D_{10}이 0.1mm인 모래층에서 물이 상승한 높이를 구하여라.

5.3 지층단면이 그림 연 5.1과 같을 때 점 A, B, C에서의 전응력, 유효응력 및 공극수압을 구하고 응력 분포도를 그려라.

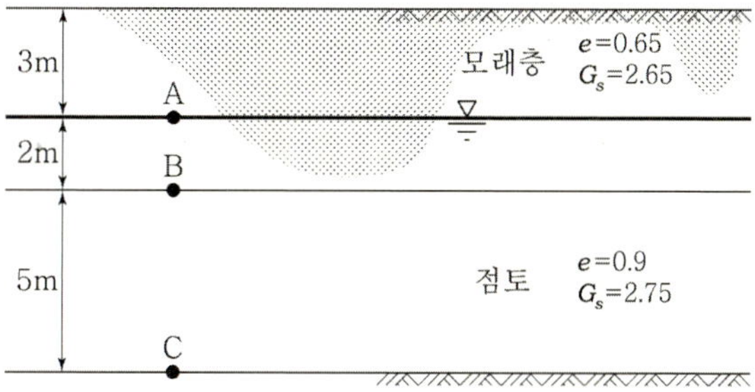

그림 연 5.1

5.4 그림 연 5.2와 같은 점토층 밑에 모래층이 피압(artesian pressure)을 받고 있다. 여기에 피조미터를 세워 본 결과 5m까지 상승하였다. 만약 이 점토층을 개방 굴착하였다면 바닥이 히빙(heaving)되기 전에 굴착할 수 있는 깊이는 얼마인가 계산하여라.

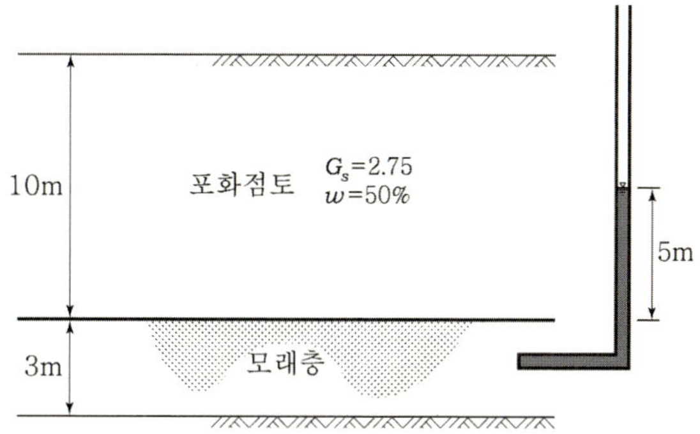

그림 연 5.2

5.5 그림 연 5.3과 같은 지층에서 점 A의 유효응력과 전응력을 구하고 깊이에 따른 응력분포도를 그려라.

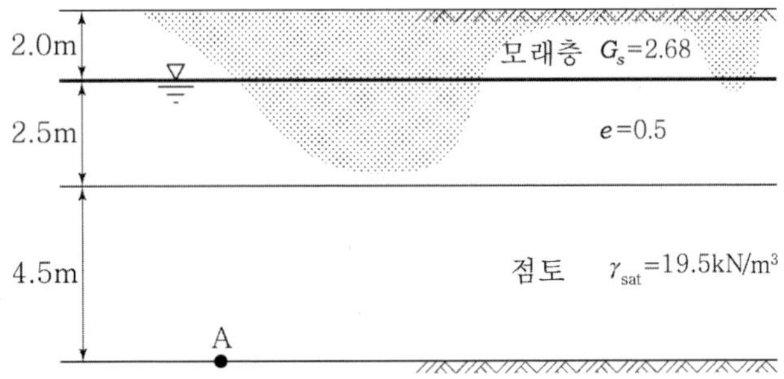

그림 연 5.3

5.6 그림 연 5.4와 같은 지층에서 피조미터를 세운 결과 2m가 상승하였다. 과잉공극수압의 분포가 다음 식과 같을 때 점 A에서의 전응력, 유효응력, 공극수압과 과잉공극수압 분포도를 구하여라.

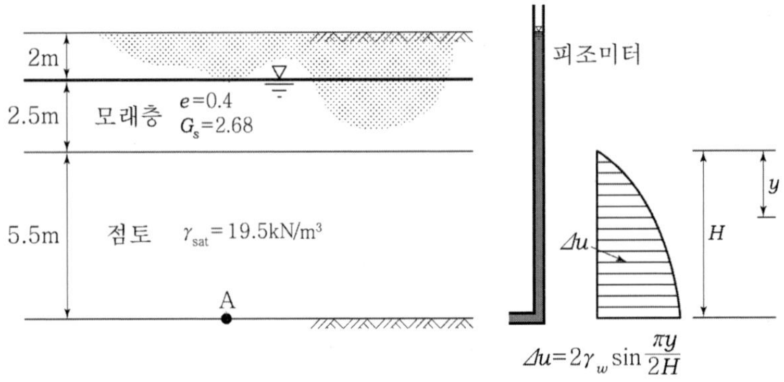

그림 연 5.4

5.7 그림 연 5.5에 주어진 지층에 대하여 (a) 점 A에서 전응력과 유효응력, (b) 지하수면이 점토층 아래 2m 지점에 있을 때 점 B에서 전응력과 유효응력을 구하여라. 이때 지하 수면위의 실트 점토층의 평균 함수비를 15%로 가정한다.

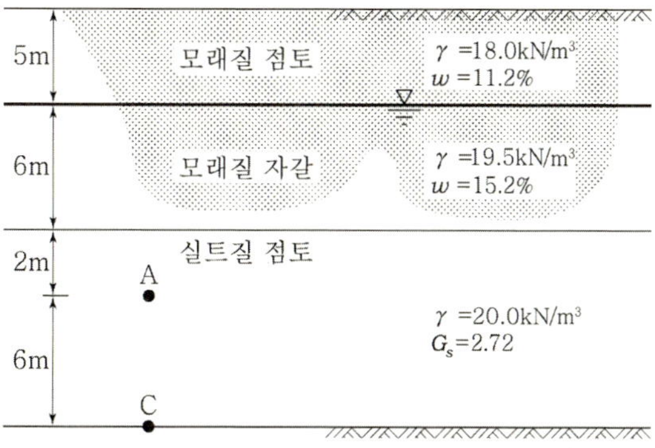

그림 연 5.5

5.8 그림 연 5.6과 같은 지층에 대하여 깊이에 따른 전응력, 유효응력 및 공극수압의 분포도를 그려라.

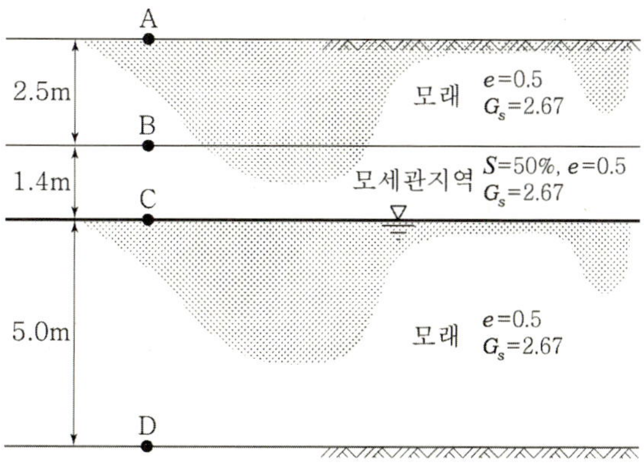

그림 연 5.6

5.9 그림 연 5.7과 같은 수조에서 분사현상을 일으키기 위해 필요한 수두 h를 구하고 한계동수경사 i_{cr}을 구하여라.

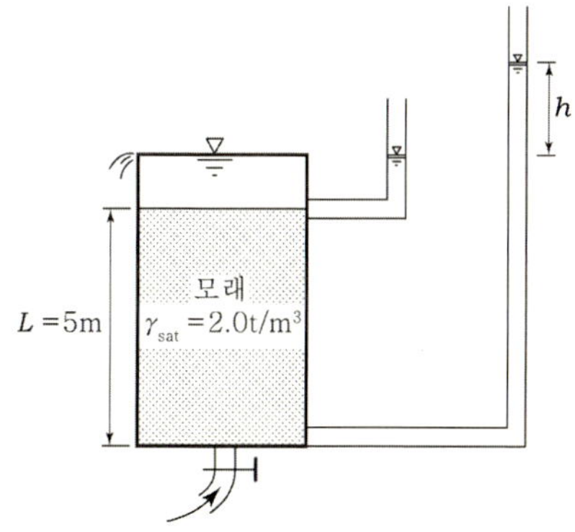

그림 연 5.7

5.10 $B = 3m$인 정사각형 기초의 중심에 하중 $P = 200ton$이 작용할 때 중심에서 $1.5m$와 $3.0m$ 아래 점에서의 응력을 구하여라.

5.11 그림 연 5.8과 같은 기초의 점에서 깊이 $6m$인 점에서 응력을 구하라. 이 때 접촉압 $q_0 = 2.25Pa$이다.

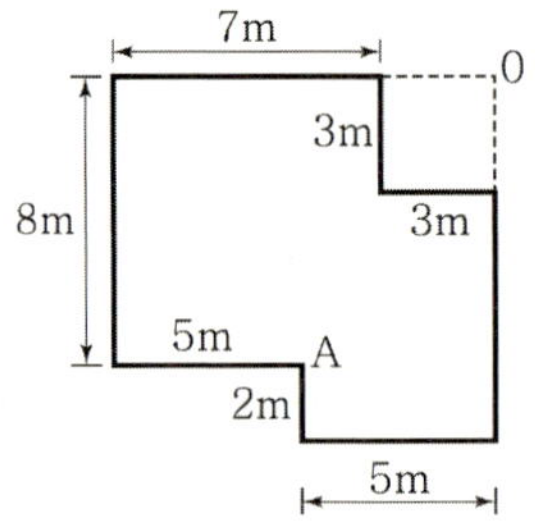

그림 연 5.8

5.12 위 문제에서 O점의 기초 아래 $4m$인 지점의 응력을 구하여라.

5.13 Newmark의 영향원을 이용하여 문제 5.10을 다시 풀고 비교하여라.

5.14 그림과 같은 기초에 등분포하중 $100kN/m^2$가 작용하고 있다. G점 지하 $6m$의 응력을 구하라. 가) Newmark's chart 나) Boussinesq(또는 Steinnbrener) chart

제 6 장 흙 속의 물의 흐름

제6장

흙 속의 물의 흐름

6.1 개설

흙 속의 물에 압력차가 가해지면 공극을 통해서 물이 서서히 이동하게 된다. 이것이 투수라 불리는 현상이다. 흙 속의 물의 흐름이 빠르게 되면 다량의 누수가 발생하여 곤란한 경우도 있으며 반대로 배수나 취수가 용이하게 되어 유리한 경우도 있다. 그러나 단위시간당 얼마의 물이 흐르는 지를 추정하는 것이 투수문제에 관련된 과제이다. 물이 흐르면 주위에 존재하는 토립자에 힘(투수력 또는 침투력)이 가해지게 된다. 토립자에는 그 외에 중력이나 외부하중에 의한 응력이 작용하고 있지만 침투력의 방향과 크기에 따라서 전체의 힘의 평형이 무너져 붕괴되는 경우도 있다. 따라서 침투력을 추정하는 것이 투수문제의 중요 과제이다.

흙 속으로 물이 일정하게 흐르면 층류이고 조위의 변화와 같이 시간에 따라 수두가 변하면 부정류가 된다. 그러나 대부분의 흙에서는 흐름의 속도가 매우 느리므로 층류로 간주할 수 있다. 층류에서의 흐름의 속도는 동수경사에 비례하며 Darcy의 법칙이 적용된다.

이 장에서는 투수계수의 개념과 측정방법, 흙댐에서의 2차원적 흐름과 유선망, 파이핑 현상과 배수 등 흙 속으로의 물의 흐름과 관련되는 공학적인 문제를 알아보기로 한다.

6.2 침투에 관련된 토질공학상의 문제

흙은 그림 6.1에 나타낸 것처럼 토립자가 골격을 이루고, 그 공극에 물과 공기가 포함된 다공질 물체이다. 공극을 물로 완전히 채우고 있는 상태를 포화상태, 공극내에 물과 공기가 존재하는 경우를 불포화상태라고 하며, 흙과 같은 다공질 물체내를 물이 이동하는 현상을 투수현상이라고 칭한다.

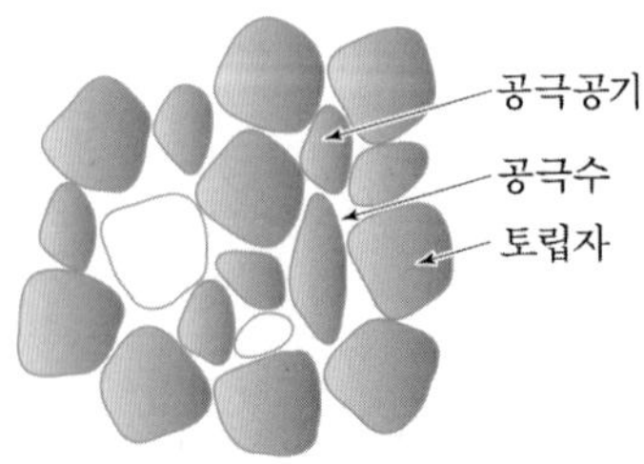

그림 6.1 토체의 형성

침투현상은 토질역학의 중요한 제반 문제에 관련된 중요한 현상으로 침투에 관한 문제를 정리하면 그림 6.2와 같다. 이 문제는 지반내에 지하수가 존재하고 그 처리에 관계된 문제(지반 및 흙 구조물의 안정문제)와 지하수를 이용할 때에 일어나는 문제(지하수에 미치는 영향)로 크게 나뉜다. 즉, 전자에는 강우가 사면에 침투하면 이를 원인으로 산사태나 사면붕괴가 발생한다. 또한 물을 저장하기 위해 건설한 락필댐(rockfill dam)이나 어스댐(earth dam) 등의 제체로부터의 누수유량이나 침투에 의한 안정문제, 또한 지하수위면 하부를 굴착할 경우의 굴착면의 안정과 배수처리의 문제 등이 대표적이다.

한편, 후자에 대해서는 지하수를 과대하게 사용함으로써 발생하는 지반침하나 지하수의 고갈문제뿐만 아니라 지하수의 염수화나 독극물에 의한 지하수 오염 등의 중요한 과제가 있다.

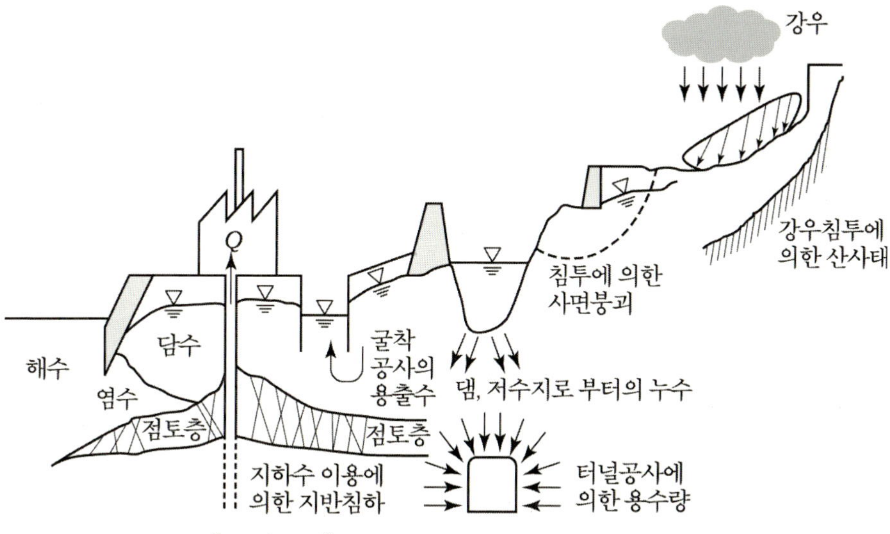

그림 6.2 토질역학에서의 침투로 인한 문제

6.3 동수경사

물의 단위중량당 위치에너지(potential energy)의 크기를 수주의 높이로 표시한 것을 수두(head)라고 하며, 베르누이(Bernoulli) 법칙에 의하면 다음 식으로 표시된다.

$$h = \frac{p}{\gamma_w} + \frac{v^2}{2g} + z = \text{압력수두} + \text{속도수두} + \text{위치수두} \tag{6.1}$$

여기서, h : 전수두, p : 압력, v : 속도, g : 중력 가속도, γ_w : 물의 단위중량

식 (6.1)은 압력수두, 속도수두 및 위치수두의 합이 어느 점에서도 같다는 것을 나타낸다. 그러나 토질역학에서 다루는 흙 속을 흐를 때의 물의 흐름은 공극이 작아 침투속도가 매우 느리기 때문에 속도수두는 무시할 수 있으며, 식 (6.1)은 다음과 같이 나타낼 수 있다.

$$h = \frac{p}{\gamma_w} + z \tag{6.2}$$

그림 6.3과 같이 흙 속의 두 점 사이를 흐르는 물의 수위를 피에조미터(piezometer)로 측정하여 베르누이 법칙을 적용하여 점 A와 점 B 사이의 손실수두를 구하면 다음과 같다.

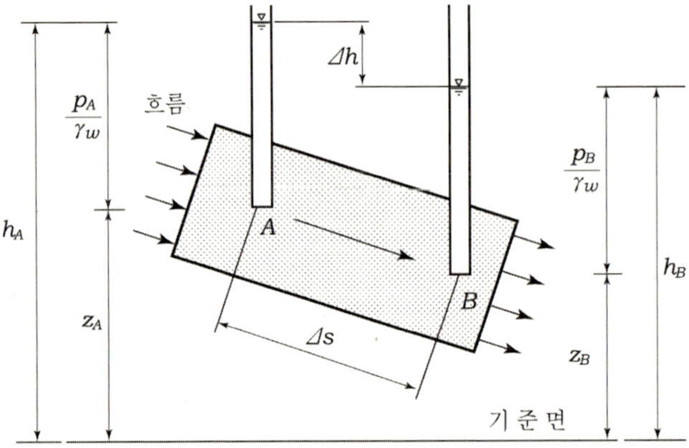

그림 6.3 베르누이 법칙의 모식도

$$\Delta h = h_A - h_B = \left(\frac{p_A}{\gamma_w} + z_A\right) - \left(\frac{p_B}{\gamma_w} + z_B\right) \tag{6.3}$$

Δh는 Δs 사이에 손실되는 전수두로서 물의 단위중량당 손실수두의 양을 나타내고 이 비를 동수경사라 하며 다음 식으로 표시된다.

$$i = -\lim_{\Delta s \to 0} \frac{\Delta h}{\Delta s} = -\frac{dh}{ds} \tag{6.4}$$

여기서, i : 동수경사, Δs : 점 A와 점 B사이의 거리, Δh : 손실수두

6.4 흙 속의 물의 흐름

6.4.1 Darcy법칙

흙 속을 흐르는 물의 속도와 그 원동력인 압력차와의 관계를 나타내기 위해 1856년 프랑스의 Darcy는 흙 속의 공극 사이로 흐르는 물을 층류로 가정하여 다음 식으로 나타내었다.

$$v = ki = -k\frac{dh}{ds} \tag{6.5}$$

여기서, v : 물의 유속(cm/sec), k : 투수계수(cm/sec), i : 동수경사,

따라서 흙 속의 어느 단면을 단위시간에 통과하는 침투수량은 다음과 같이 쓸 수 있으며 이것을 Darcy의 법칙이라고 한다.

$$q = Av = kiA \tag{6.6}$$

여기서, q : 침투수량(cm^3/sec) A : 토층의 단면적(cm^2)

식 (6.6)에서 유속은 토층의 전체 단면적에 대한 것이므로 공극 사이를 흐르는 실제유속과는 차이가 있다. 즉, 실제유속이 더 빠르다는 것이다.

실제 침투유속을 구하기 위하여 연속방정식을 적용하면 그림 6.4에서

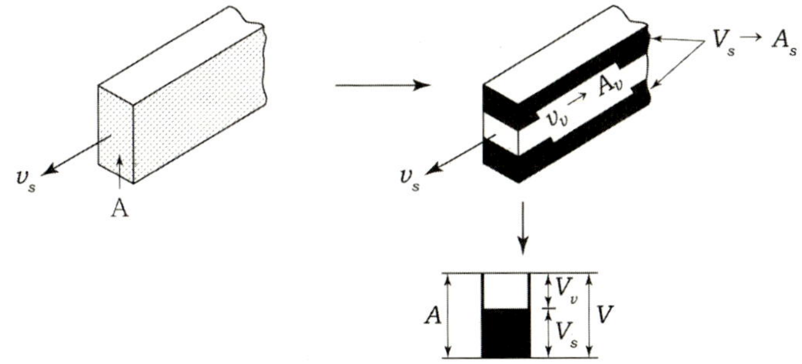

그림 6.4 실제 침투속도를 구하기 위한 흙의 공극분포

$$q = vA = v_a A_v \tag{6.7}$$

여기서, v_a : 흙의 공극을 흐르는 물의 실제속도(cm/sec)

A_v : 공극의 단면적(cm^2)

공극률 $n = \frac{v_v}{v} = \frac{A_v}{A}$, $A_v = nA$이므로, 식 (6.7)에 대입하면

$vA = v_a nA$

따라서

$$v_a = \frac{v}{n} = \frac{v}{\frac{e}{1+e}} = \frac{1+e}{e}v \tag{6.8}$$

[예제 6.1] 어느 모래에 대한 투수시험 결과 $q = 1{,}650cm^3/15min$이고 공극비 $e = 0.65$, 토층의 단면적 $A = 45.4cm^2$일 때 유속 v와 실제속도 v_a를 계산하라.

풀이

$q = Av$에서

$$v = \frac{q}{A} = \frac{1650}{45.4 \times 15 \times 60} = 0.0404(cm/sec)$$

실제유속은 식 (6.9)로부터

$$v_a = \frac{1+e}{e}v = \frac{1+0.65}{0.65} \times 0.040 = 0.102(cm/sec)$$

6.4.2 투수계수에 영향을 주는 인자

투수계수는 단위 동수경사의 수두차에 의해 단위 면적당 흙의 단면에 흐르는 물의 접근유속이다. 따라서 이 값은 흙과 물의 성질에 영향을 받는다.

Taylor(1948)는 흙과 물의 영향을 고려한 식을 다음과 같이 제안하였다.

$$k = C \cdot D_{10}^2 \frac{\gamma_w}{\eta} \frac{e^3}{(1+e)} \tag{6.9}$$

여기서, k : 투수계수, D_s : 유효입경, γ_w : 물의 단위중량,

η : 물의 점성계수, e : 간극비, C : 형상계수

투수계수에 영향을 미치는 인자를 요약하면 다음과 같다.

1) 흙 입자의 크기 : 흙 입자가 클수록 투수계수는 증가.
2) 공극비 : 공극비가 커질수록 투수계수는 증가
3) 포화도 : 흙의 포화도가 클수록 투수계수는 증가, 공기가 존재하면 물의 흐름을 방해하기 때문.
4) 흙의 구조 : 면모구조의 점토가 이산구조의 점토보다 투수계수가 큼.
5) 물의 단위중량 : 물의 단위중량이 클수록 투수계수가 큼.
6) 물의 점성 : 물의 점성이 클수록 투수계수는 작아짐.
7) 물의 온도 : 물의 온도가 높을수록 점성이 작아져 투수계수는 증가.

또한 Hazen은 유효입경이 0.1~3mm이고, 균등계수가 5 이하인 균등한 모래의 투수계수를 구하는 다음식과 같은 경험식을 제안하였다.

$$k = C \cdot D_{10}^2 \ (cm/\sec) \tag{6.10}$$

여기서, k : 투수계수, C : 100 ~ 150의 상수, D_{10} : 유효입경

6.5 투수계수의 측정법

흙의 투수계수를 구하는 방법에는 경험식, 실내 투수시험, 현장 투수시험 등이 있다. 경험식은 간단한 토질시험 결과를 이용하여 투수계수를 경험적으로 구하는 것이다.

실내투수시험은 지층에서 채취된 흙시료에 대해 실험실에서 실시하는 투수시험으로, 정수위 투수시험(Constant head permeability test)와 변수위 투수시험(Falling head permeability test) 및 점성토와 같이 투수계수가 적은 경우에는 압밀시험을 통해 구한다.

현장 투수시험은 지층에 뚫은 우물이나 시추공 등 현장에서 직접 실시하는 투수시험으로 양수시험과 주수시험 등이 있다. 주어진 동수경사하에서 유속을 측정하기 위한 것이라면 시료에 대하여 실험으로 결정할 수 있으며 이러한 투수계수의 측정은 Darcy의 법칙에 기초를 두고 있다. 표 6.1은 흙의 종류에 따른 대표적인 투수계수의 크기를 나타낸 것이다.

표 6.1 흙의 종류에 따른 투수계수의 값

흙의 종류	투수계수(cm/sec)
굵은 자갈	$1 \sim 10^2$
가는 자갈 또는 중간 모래	$10^{-3} \sim 10^{-1}$

〈표 계속〉

흙의 종류	투수계수(cm/sec)
가는 모래 또는 느슨한 실트	$10^{-5} \sim 10^{-3}$
촘촘한 실트 또는 점토질 실트	$10^{-6} \sim 10^{-5}$
실트질 점토 또는 점토	$10^{-9} \sim 10^{-6}$

6.5.1 실내 투수시험법

(1) 정수위 투수시험

정수위 투수시험법은 투수성이 비교적 큰 조립토에 적당하다. 그림 6.5(a)와 같이 물이 유입하는 수위와 유출하는 수위를 일정하게 하고 흙시료 속으로 물을 통과시키면 수두차는 일정하게 되어 동수경사를 쉽게 구할 수 있으며 투수계수는 Darcy법칙에 의하여 다음과 같이 구할 수 있다.

$$Q = k\,i\,A\,t \tag{6.11}$$

$$k = \frac{Q}{iAt} = \frac{QL}{hAt}$$

여기서, k : 투수계수 (cm/sec)
L : 시료의 길이 (cm)
A : 시료의 단면적 (cm^2)
h : 수두차 (cm)
t : 투수시간 (sec)
Q : 침투수량 (cm^3)

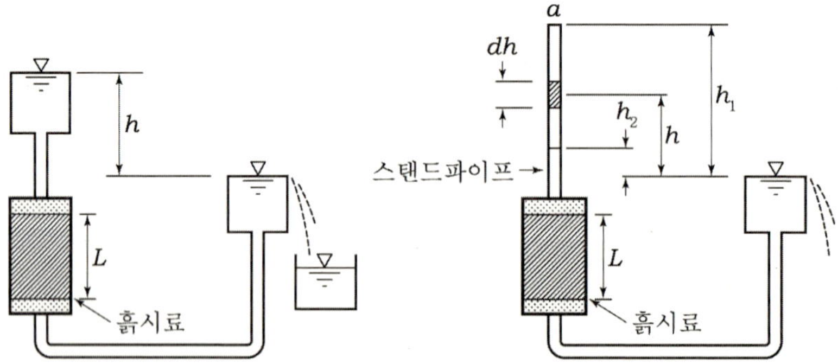

(a) 정수위 투수시험 (b) 변수위 투수시험

그림 6.5 실내 투수시험 장치

(2) 변수위 투수시험

변수위 투수시험 방법은 투수성이 비교적 작은 세립토에 적합한 방법으로 그림 6.5(b)와 같이 단면적 $a(\mathrm{cm}^2)$인 스탠드파이프를 통하여 유입하는 수위가 시간 Δt 동안에 Δh로 변하면 단위 시간당 유입수량은 $-a\,dh/dt$ 이다. 여기서, "−"는 수위가 강하한다는 뜻이다.

따라서, 연속방정식에 의해 유입수량과 유출수량이 동일하므로,

$$-a\,dh = K\frac{h}{L}A \cdot dt$$

만일 t_1시간에서 수위가 h_1이고, t_2시간에 수위가 h_2라면

$$a\int_{h_1}^{h_2}\frac{dh}{h} = k\frac{A}{aL}\int_{t_1}^{t_2}dt$$

이 식을 적분하여 정리하면 다음과 같이 된다.

$$k = \frac{aL}{A(t_2 - t_1)}\ln\frac{h_1}{h_2} = \frac{aL}{A(t_2 - t_1)}\log_{10}\frac{h_1}{h_2} \tag{6.12}$$

a, L, A, t_1, t_2, h_1, h_2의 값은 시험으로 정하고 흙에 대한 투수계수는 식 (6.12)로 계산할 수 있다.

식 (6.11)과 식 (6.12)로 구한 투수계수는 시험시의 물의 온도에 따라 약간의 차이가 있으므로 표준온도 15℃에 대한 투수계수로 환산하기 위하여 다음 식을 사용한다.

$$k_{15} = k_T\frac{\mu_T}{\mu_{15}} \tag{6.13}$$

여기서, k_{15} : 물의 온도 15℃에 대한 투수계수(cm/sec)

k_T : 측정시의 온도 T℃에 대한 투수계수(cm/sec)

μ_T : 측정시의 온도 T℃에 대한 점성계수(poise)

μ_{15} : 물의 온도 15℃에 대한 점성계수(poise)

임의의 온도에 대한 보정계수 μ_T/μ_{15}의 값은 표 6.2와 같다.

표 6.2 투수계수의 온도 T℃에 대한 보정계수($\mu_{15}=11.45$ 밀리포아즈)

T℃	0	1	2	3	4	5	6	7	8	9
0	1.567	1.513	1.460	1.414	1.369	1.327	1.286	1.248	1.211	1.177
10	1.144	1.113	1.082	1.053	1.026	1.000	0.975	0.950	0.926	0.903
20	0.881	0.859	0.839	0.819	0.800	0.782	0.764	0.747	0.730	0.714
30	0.699	0.684	0.670	0.656	0.643	0.630	0.617	0.604	0.593	0.582
40	0.571	0.561	0.550	0.540	0.531	0.521	0.513	0.504	0.496	0.487
50	0.479	0.472	0.465	0.458	0.450	0.443	0.436	0.430	0.423	0.417

[예제 6.2] 직경 15cm, 길이 30cm인 모래시료에 대한 정수위 투수시험시의 수위차(h)가 50cm, 투수시간이 2분, 침투수량이 1,000cm^3이었다. 이때의 측정시 수온은 30℃이다. 투수계수를 계산하라.

풀이 식 (6.11)에서

$$k=\frac{QL}{Aht}=\frac{1{,}000\times30}{(\frac{\pi}{4}\times15^2)\times50\times(2\times60)}=0.0283(\text{cm/sec})$$

15℃때의 투수계수로 환산하기 위하여 식(6.13)과 표 6.2를 이용하면

$$k_{15}=k_{30}\times\frac{\mu_{30}}{\mu_{15}}=0.0283\times0.699=0.0198(\text{cm/sec})$$

[예제 6.3] 변수위 투수시험 결과는 다음과 같다. 스탠드 파이프의 단면적 7.1cm^2, 시간 0초에서 수두 150cm, 시간 180초 후의 수두 50cm, 시료의 길이와 단면적은 각각 18cm, 81cm^2이고 측정시 수온은 30℃이다. 투수계수를 계산하라.

풀이 식 (6.12)에서

$$k=\frac{2.303aL}{A(t_2-t_1)}\times\log_{10}\frac{h_1}{h_2}=\frac{2.303\times7.1\times18}{81(180-0)}\times\log_{10}\frac{150}{50}=0.00963(\text{cm/sec})$$

$$=9.63\times10^{-3}(\text{cm/sec})$$

15℃때의 투수계수로 환산하기 위하여 식 (6.13)과 표 6.2를 이용하면

$$k_{15}=k_{30}\times\frac{\mu_{30}}{\mu_{15}}=9.63\times10^{-3}\times0.699=6.731\times10^{-3}(\text{cm/sec})$$

6.5.2 현장 투수시험법

(1) 중력식 양수시험

현장투수 시험법은 그림 6.6에 나타낸 것과 같이 시험정과 주위에 몇 개의 관측정을 설치하고 시험정으로부터 일정량의 물을 양수할 때 관측정의 수위를 측정하여 투수계수를 결정하는 방법으로 교란되지 않은 시료의 채취가 곤란한 현장에서 실시하면 실내시험 결과보다 신뢰성이 더 높다. 따라서 댐이나 구조물의 기초굴착 및 지하배수 문제 등 지하수가 있는 곳에서 침투류의 추정을 위한 조사에 적합하다.

그림 6.6에서 Darcy의 법칙에 의하여 지하수면 강하 후 임의 점에서 양수량은

$$Q = 2\pi r h k\left(\frac{dh}{dr}\right) \tag{6.14a}$$

이고, 두 개의 관측정에 대하여 r과 h의 한계치로 다음과 같은 식을 만들 수 있다.

$$\int_{r_2}^{r_1}\frac{dr}{r} = \frac{2\pi k}{Q}\int_{h_2}^{h_1} h\,dh \tag{6.14b}$$

이 식을 적분하여 정리하면 다음과 같다.

$$k = \frac{Q\ln r_1/r_2}{\pi(h_1^2 - h_2^2)} = \frac{2.303\,Q}{\pi(h_1^2 - h_2^2)}\log_{10}\frac{r_1}{r_2} \tag{6.14}$$

여기서, r_1, r_2 : 시험정으로부터 각 관측정까지의 거리
h_1, h_2 : 양수시 각 관측정의 수위,
Q : 양수량

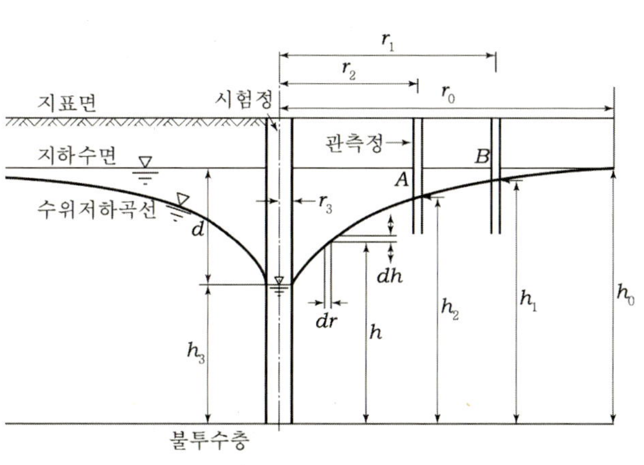

그림 6.6 시험정과 관측정

[예제 6.3] 그림 6.5에서 시험정으로부터 양수량이 7,890cm^3/sec이고, 점 A와 점 B에서 지하수위는 각각 10.39m , 10.58m 이다. 그리고 관측정들은 시험정으로부터 각각 18.3m , 30.5m 떨어져 있다. 이 지반의 투수계수를 계산하여라.

풀이 식 (6.14)로부터

$$k=\frac{2.303Q}{\pi(h_1^2-h_2^2)}\log_{10}\frac{r_1}{r_2}=\frac{2.303\times 7890}{\pi(1058^2-1039^2)}\times\log_{10}\frac{3050}{1830}=3.2\times 10^{-2}(\text{cm/sec})$$

(2) 피압 지하수 우물(artesian well)의 양수 시험

불투수층 사이에 압력을 받고 있는 피압 지하수층(confined aquifer)이 존재하는 경우에도 양수 시험에 의하여 투수계수를 측정할 수 있다. 그림 6.7과 같은 우물에서 정상상태가 되었을 때 양수량은 다음과 같다.

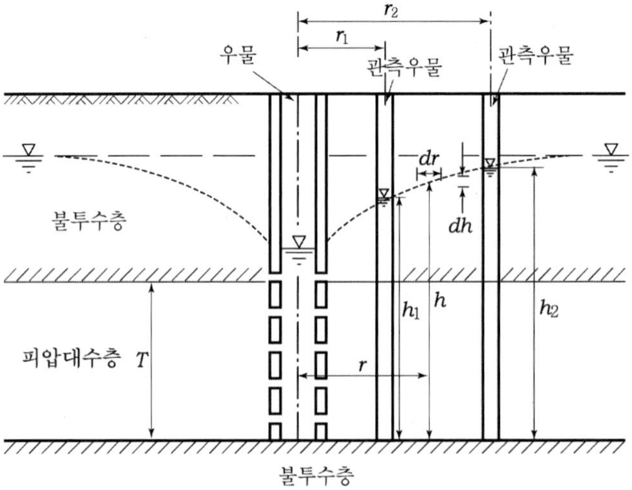

▌그림 6.7 ▌ 피압지하수 양수에 의한 투수계수의 결정

$$q=kiA=k\frac{dh}{dr}2\pi rT \tag{6.15}$$

여기서, T : 피압 대수층의 두께

이 식을 적분하면 다음과 같다.

$$\int_{r_1}^{r_2} \frac{dr}{r} = \int_{h_1}^{h_2} \frac{2\pi k T}{q} dh \tag{6.16}$$

이 식을 정리하여 투수계수를 구하면 다음과 같다.

$$k = \frac{q\log_e\left(\frac{r_2}{r_1}\right)}{2\pi T(h_2 - h_1)} = \frac{2.303q\log_{10}\left(\frac{r_2}{r_1}\right)}{2\pi T(h_2 - h_1)} \tag{6.17}$$

(3) 시추공을 이용한 주수시험

현장에서 투수계수를 결정하는 방법 중에서 우물 양수시험은 시간이 많이 걸리고 비용이 많이 들게 되므로, 경제적으로 투수계수를 구하기 위하여 보링 구멍을 이용하는 시추공 시험(borehole test)을 많이 이용한다.

(가) 개단시험(open-end test)

그림 6.8은 개단시험 방법을 보여주고 있다. 시추공 안으로 케이싱을 투수계수를 구하는 토층까지 삽입하고, 케이싱 상단으로 물을 공급하면 케이싱을 통하여 물이 시추공 바닥으로 빠져 나가게 되는데 공급하는 물과 토층을 통하여 빠져나가는 물이 같을 경우, 물의 공급이 일정한 속도로 되면 투수계수는 다음과 같다.

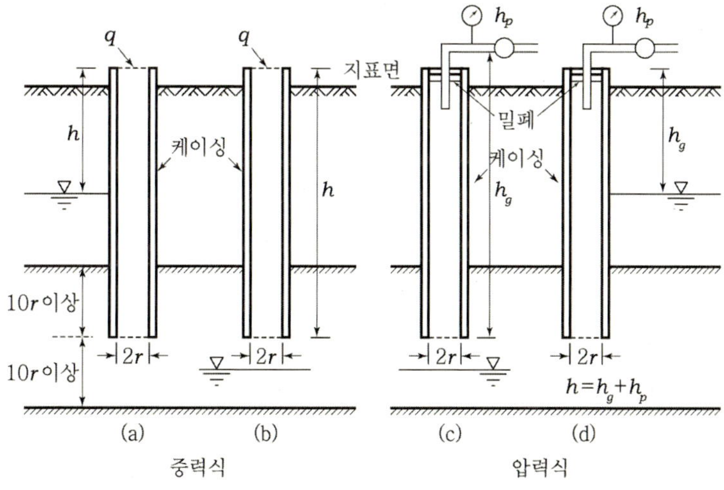

그림 6.8 개단시험

$$k = \frac{q}{5.5rh} \tag{6.18}$$

여기서, q : 일정한 수두를 유지하기 위해 공급하는 유량

r : 케이싱의 반경

h : 수두차 = 중력수두차(h_g)+압력수두차(h_p)

(나) 패커시험(packer test)

패커시험은 투수계수가 작아 중력만으로는 시간이 많이 걸리는 경우, 상단에 일정한 수압을 가하여 투수계수를 측정하는 방법이다. 주로 암반의 투수계수를 결정하기 위해 사용되는 시험이나 흙에서도 사용이 가능하다. 이 시험은 시추 도중이나 시추 후에 시추공에 실시하며, 개단시험과는 달리 전 구간에 걸쳐 케이싱을 설치하지 않아도 된다. 패커시험에 의한 투수계수는 다음과 같이 구한다.

$$k = \frac{q}{2\pi Lh} log\left(\frac{L}{r}\right); \ (L \geq 10r) \tag{6.19}$$

$$k = \frac{q}{2\pi Lh} sinh^{-1}\left(\frac{L}{2r}\right); \ (10r > L \geq r) \tag{6.20}$$

여기서, q : 일정하게 시추공 안으로 유입되는 유량

L : 시추공의 길이

r : 시추공의 반경

h : 수두차

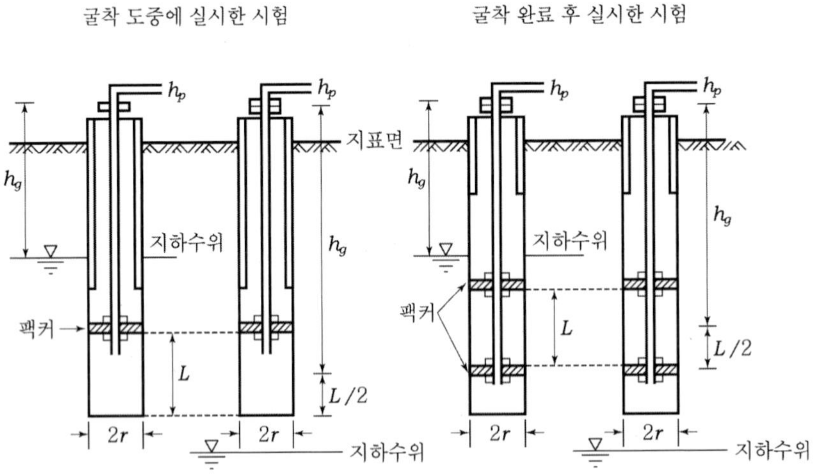

그림 6.9 패커시험

6.4.3 다층지반의 평균투수계수

자연지반은 여러 토층으로 되어 있으며 각 토층마다 투수계수의 값이 서로 다르다. 이와 같은 경우 전체 토층의 투수계수를 결정하기 위해서는 각 토층별로 교란되지 않은 시료를 채취하여 투수계수를 측정한 후 균질한 단일층으로 가정했을 때의 평균투수계수를 계산하여 전체 토층의 침투수량을 계산하는 데 이용한다.

(1) 토층에 평행한 흐름의 수평 투수계수

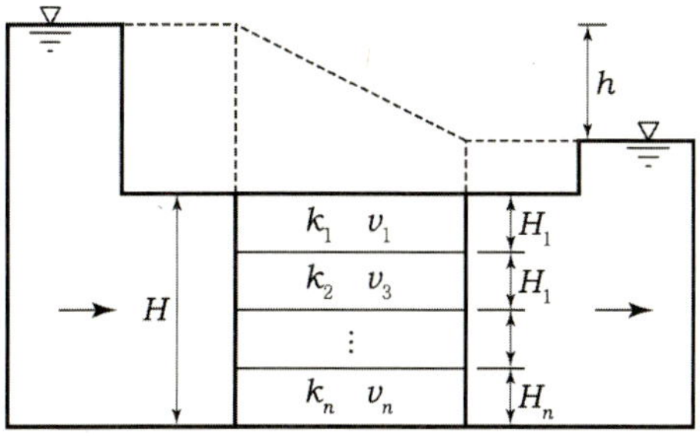

▌그림 6.10 ▌ 토층에 평행한 흐름의 투수계수

그림 6.10에서

H : 토층전체의 두께

H_1, H_2 ⋯ H_n : 각 토층의 두께

A_1, A_2 ⋯ A_n : 각 토층의 단면적

v_1, v_2 ⋯ v_n : 각 토층의 유속

Q_1, Q_2 ⋯ Q_n : 각 토층의 유량

k_1, k_2 ⋯ k_n : 각 토층의 투수계수

h : 전수두차

i : 전동수경사

라 하면 이 토층에 평행하게 흐르는 물은 Darcy의 법칙에 의하여 다음과 같이 된다. 즉,

$$v_1 = k_1 i_1, v_2 = k_2 i_2 \cdots v_n = k_n i_n \tag{6.21}$$

단위폭당 유량은

$$Q_1 = v_1 A_1 = k_1 i H_1$$

$$Q_2 = v_2 A_2 = k_2 i H_2$$

$$\vdots \qquad \vdots \qquad \vdots$$

$$Q_n = v_n A_n = k_n i H_n$$

으로 표시할 수 있다.

단위폭당 전체유량을 Q, 수평방향의 평균 투수계수를 k_h 라면

$$Q = kiA = k_h iH \tag{6.22}$$

$$k_h iH = k_1 iH_1 + k_2 iH_2 + \cdots + k_n iH_n = i\sum_1^n kH \tag{6.23}$$

$$k_h = \frac{1}{H}(k_1 H_1 + k_2 H_2 + \cdots + k_n H_n) = \frac{1}{H}\sum_1^n kH \tag{6.24}$$

(2) 토층에 직각인 흐름의 수직 투수계수

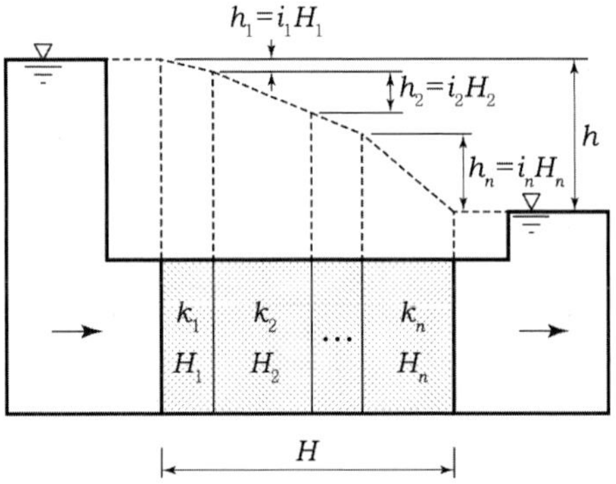

그림 6.11 토층에 수직한 흐름의 투수계수

그림 6.11에서

H : 토층전체의 두께

$H_1,\ H_2 \cdots H_n$: 각 토층의 두께

$k_1,\ k_2 \cdots k_n$: 각 토층의 투수계수

h : 전수두차

$h_1,\ h_2 \cdots h_n$: 각 토층의 수두차

i : 전동수경사

$i_1, i_2 \cdots i_n$: 각 토층의 동수경사

라 하면 Darcy법칙 및 연속방정식에 의하여

$$v = k_1 i_1 = k_2 i_2 = \cdots = k_n i_n \tag{6.25}$$

각 토층의 동수경사는

$$i_1 = h_1/H_1, i_2 = h_2/H_2 \cdots i_n = h_n/H_n$$

전 수두는

$$h = h_1 + h_2 + \cdots + h_n = i_1 H_1 + i_2 H_2 + \cdots + i_n H_n$$

연직방향의 평균 투수계수를 k_v라 하면

$$v = k_v i = k_v \frac{h}{H} \tag{6.26}$$

따라서 각 토층의 동수경사는 다음과 같다.

토층의 전 두께는

$$H = k_v \frac{h}{v} = k_v \frac{1}{v}(i_1 H_1 + i_2 H_2 + \cdots + i_n H_n)$$

$$= k_v \left(\frac{i_1 H_1}{k_1 i_1} + \frac{i_2 H_2}{k_2 i_2} + \cdots + \frac{i_n H_n}{k_n i_n} \right) \tag{6.27}$$

$$k_v = \frac{H}{(H_1/k_1 + H_2/k_2 + \cdots + H_n/k_n)} = \frac{H}{\sum_1^n \frac{H}{k}} \tag{6.28}$$

[예제 6.4] 그림 예 6.1과 같이 평행한 모래층에 대하여 수평 및 연직방향의 평균 투수계수와 그 비를 구하여라.

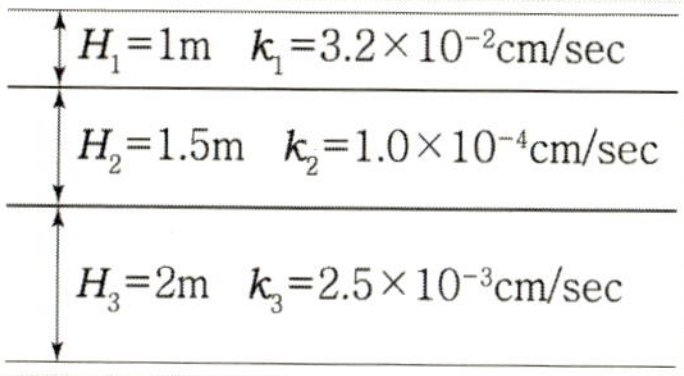

그림 예 6.1

풀이 식 (6.24)와 식 (6.28)로부터, 수평, 연직방향의 평균 투수계수를 구한다.

$$k_h = \frac{1}{H_1 + H_2 + H_3}(k_1 H_1 + k_2 H_2 + k_3 H_3)$$

$$= \frac{1}{1+1.5+2}(3.2 \times 10^{-2} \times 1 + 1.0 \times 10^{-4} \times 1.5 + 2.5 \times 10^{-3} \times 2)$$

$$= 8.26 \times 10^{-3} (\text{cm/sec})$$

$$k_v = \frac{H_1 + H_2 + H_3}{H_1/k_1 + H_2/k_2 + H_3/k_3} = \frac{1+1.5+2}{1/3.2 \times 10^{-2} + 1.5/1.0 \times 10^{-4} + 2/2.5 \times 10^{-3}}$$

$$= 2.84 \times 10^{-4} (\text{cm/sec})$$

$$\frac{k_h}{k_v} = \frac{8.26 \times 10^{-3}}{2.84 \times 10^{-4}} = 29$$

6.6 물의 침투와 유선망

6.6.1 연속방정식(2차원 흐름)

흙 속의 물의 흐름은 실제로는 3차원적이지만 편의상 2차원적으로 고려할 수 있다. 이 경우 다음과 같은 가정이 필요하다.

1) 흙은 등방성이고 균질하다.
2) 흙은 포화되어 있다.
3) 흙입자와 물은 비압축성이다.
4) 흙 속의 물의 흐름은 Darcy의 법칙을 따른다.

위의 가정하에 흙 속의 물의 2차원 흐름은 Laplace의 연속방정식에 따른다.

그림 6.12와 같이 흙 속의 한 요소 A에서 체적은 $dx\,dy\,dz$, 수평, 수직방향의 유속은 각각 v_x, v_z, 동수경사를 $i_x=-\dfrac{\partial h}{\partial x}$, $i_z=-\dfrac{\partial h}{\partial z}$, 유량을 $v_x\,dz\,dy$, $v_z\,dx\,dy$라 하면 연속방정식에 의해 단위시간에 이 요소에 유입, 유출되는 수량은 같아야 하므로

$$\begin{aligned} &v_x\,dz\,dy+v_z\,dx\,dy \\ &\quad =v_x\,dz\,dy+\frac{\partial v_x}{\partial x}dx\,dy\,dz+v_z\,dx\,dy+\frac{\partial v_z}{\partial z}dx\,dy\,dz \end{aligned} \tag{6.29}$$

가 되며, 이를 정리하면 다음과 같다.

$$\frac{\partial v_x}{\partial x}+\frac{\partial v_z}{\partial z}=0 \tag{6.30}$$

Darcy법칙을 적용하면

$$v_x=-k_x\frac{\partial h}{\partial x} \qquad v_z=-k_z\frac{\partial h}{\partial z}$$

따라서,

$$k_x\frac{\partial^2 h}{\partial x^2}+k_z\frac{\partial^2 h}{\partial z^2}=0 \tag{6.31}$$

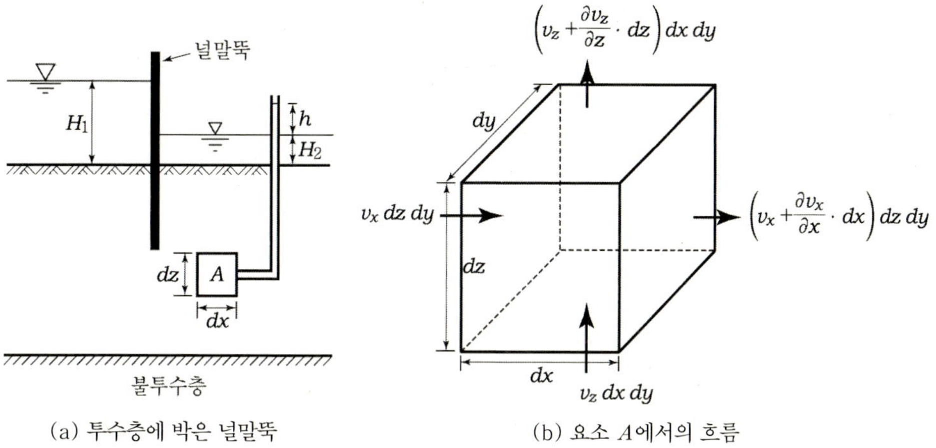

그림 6.12 2차원 요소내의 물의 흐름

$k_x = k_z$이므로(∵ 등방성)

$$\frac{\partial^2 h}{\partial x^2} + \frac{\partial^2 h}{\partial z^2} = 0 \tag{6.32}$$

식 (6.38)은 2차원 흐름에 대한 Laplace의 연속방정식이고, 3차원 흐름일 때는 다음과 같이 된다.

$$\frac{\partial^2 h}{\partial x^2} + \frac{\partial^2 h}{\partial y^2} + \frac{\partial^2 h}{\partial z^2} = 0 \tag{6.33}$$

6.6.2 유선망

흙 속에서 2차원의 침투류는 유선과 등수두선으로 이루어지는 곡선군으로 된 망모양으로 표시할 수 있으며, 이것을 유선망(flow net)이라고 한다. 유선은 침투류의 영역에서 물 분자가 움직이는 궤적 또는 속도 벡터로 생각되는 선을 말하고, 등수두선은 수두 또는 에너지가 같은 점을 연결한 선을 말한다. 그리고 서로 인접하는 2개의 유선으로 이루어진 수로를 유로(flow path)라 하며 2개의 등수두선으로 이루어진 공간을 등수두면(equipotential space)이라고 한다(그림 6.13 참조).

그림 6.13에서 2개의 인접한 등수두선에 의하여 나타난 에너지 수두차는 손실수두 Δh이고 점 B와 점 C 사이의 전손실수두는 $\sum \Delta h = h$이다.

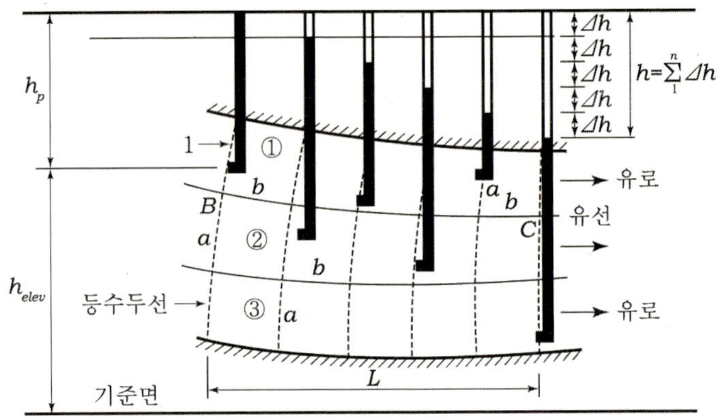

그림 6.13 유선과 등수두선으로 이루어진 유선망

그리고 수류가 있는 등수두선 a와 유선 b로 이루어지는 요소, 즉 한 개의 단위 길이당 면적은 $a \times 1$이고, n_f를 유로의 수, n_d를 등수두면의 수라고 하면 유로의 전체면적 A는 $n_f \times a$이며 전손실 수두가 발생하는 흙의 횡단길이 L은 $n_d \times b$이다.

따라서 단위폭당 침투유량은 다음 식으로 계산할 수 있다.

$$Q = kiA = k\frac{h}{L}A = kh\frac{n_f}{n_d}\frac{a}{b} \tag{6.34}$$

a, b로 이루어지는 요소가 정사각형이라면, $a = b$이므로

$$Q = kh\frac{n_f}{n_d} \tag{6.35}$$

이 된다. 유선망의 특성은 다음과 같이 요약할 수 있다.

① 유선과 등수두선은 서로 직교한다.
② 유선망으로 이루어지는 사변형은 이론상 정사각형이다.
③ 인접한 두 유선 사이를 흐르는 침투수량은 서로 같다.
④ 인접한 두 등수두선 사이의 수구손실은 서로 같다.
⑤ 침투속도와 동수경사는 유선망의 폭에 반비례한다.
⑥ 유선망 성립에 필요한 유로의 수는 4~6개면 충분하다.

[예제 6.5] 그림 예 6.2와 같은 널말뚝이 있는 유선망에서 침투수량(단위폭당 1일 침투량)을 계산하여라. 다만, 투수계수는 $k = 4 \times 10^{-2}\text{cm/sec}$

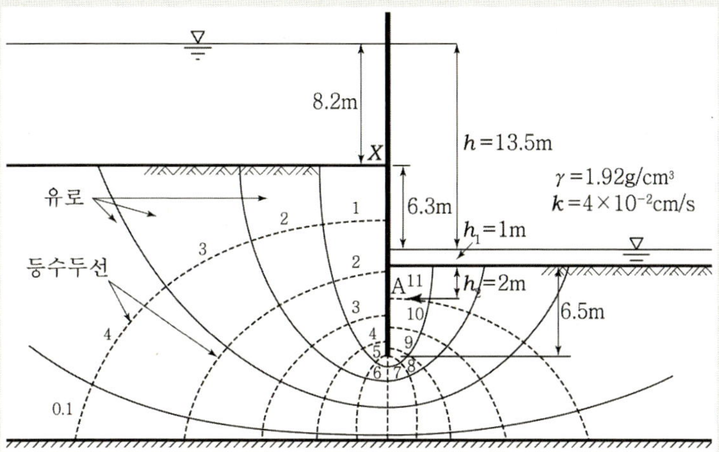

그림 예 6.2

풀이 $n_f = 4.1$, $n_d = 11$이므로 유선망의 요소를 정사각형으로 하면 식 (6.35)를 이용하여

$$Q = kh\frac{n_f}{n_d} = (4 \times 10^{-2}) \times 13.5 \times \frac{4.1}{11} \times 86{,}400 \times \frac{1}{1{,}000{,}000} = 173.9(\text{m}^2/\text{day})$$

6.6.3 흙댐의 침윤선

흙댐의 침투수에 대한 유선망을 그리기 위해서는 우선 침윤선을 그리는 것이 필요하다. 침윤선의 작도법은 Casagrande(1937)가 제안한 방법이 많이 사용된다.

그림 6.14(a)에서 곡선 $aefbc$는 실제 침윤선이고, 곡선 $a'efb'c'$는 수면위 a'를 지나고 하류의 c점을 초점으로 하는 포물선이며, 침윤선은 이 포물선과 거의 일치하지만 상류와 하류면에서 약간 편차가 생긴다. a점에서 침윤선은 댐의 상류 경사면에 직각으로 침투하며 $\overline{a'a} = 0.3\Delta$로 한다. 포물선 $a'efb'c'$를 작도하기 위한 순서는 다음과 같다.

① 그림 6.14(b)에서 $\overline{AC}$를 반경으로 원을 그려 그 원에 접하는 연직선을 준선(directrix)으로 하면, $\overline{CC'} = p$, $\overline{AC} = \sqrt{x^2 + z^2} = \overline{AD} = 2p + x$가 된다.

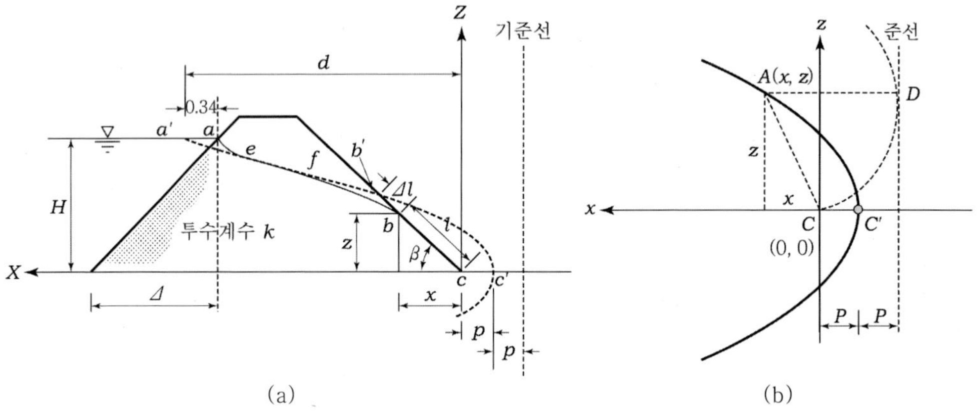

그림 6.14 흙댐의 침윤선 결정

따라서,

$$\sqrt{x^2+z^2}=2p+x \tag{6.36}$$

식 (6.36)에서 $x=d$, $z=H$로 바꾸어 정리하면

$$p=\frac{1}{2}(\sqrt{d^2+H^2}-d) \tag{6.37}$$

여기서, d, H는 알고 있기 때문에 p를 계산할 수 있다.

② 식 (6.36)를 x에 관하여 풀면

$$x^2+z^2=4p^2+x^2+4px$$

따라서

$$x=\frac{z^2-4p^2}{4p} \tag{6.38}$$

여기서, 계산된 p값으로 z의 여러 값에 대한 x값을 식 (6.38)로 계산하여 포물선을 그릴 수 있다. 침윤선을 완성하기 위하여 $\overline{ae}$는 수작업으로 작도한다. 하류사면의 경사각 $\beta < 30°$일 때 침윤면의 길이 l은 다음 식과 같다.

$$l=\frac{d}{\cos\beta}-\sqrt{\frac{d^2}{\cos^2\beta}-\frac{H^2}{\sin^2\beta}} \tag{6.39}$$

여기서, $l=\overline{bc}$이고, b점은 식 (6.38)로 정해지므로 곡선 fb는 손으로 그린다.

그림 6.14(a)에서 $\tan\beta=\dfrac{dz}{dx}\cong i$이고, $z=l\sin\beta$, $x=l\cos\beta$이므로 침투수량 Q는 다음 식으로 구할 수 있다.

$$Q=kiA=k\tan\beta l\sin\beta=kl\sin\beta\tan\beta \tag{6.40}$$

만일 $\beta\geq 30°$이면 Casagrande가 제시한 그림 6.15의 도표를 사용하여 l의 값을 계산할 수 있다.

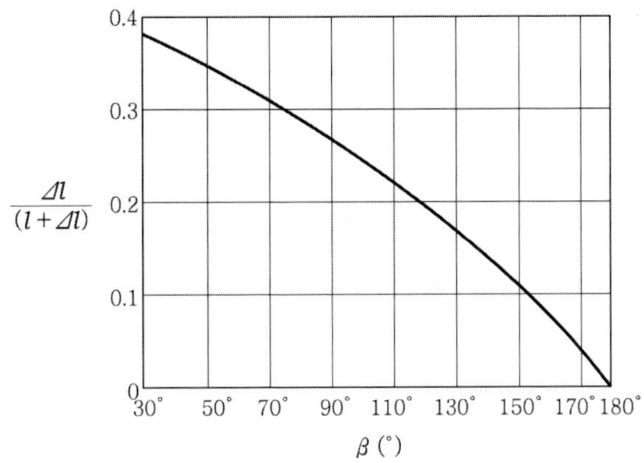

그림 6.15 $\beta\geq 30°$인 경우의 $\Delta l/(l+\Delta l)$의 값

[예제 6.6] 그림 예 6.3과 같은 댐 단면에서 침투류에 대한 침윤선을 그리고, 폭 1m당 1일 침투량을 계산하여라. $k=4\times10^{-4}$cm/sec이고, $k_x=k_z$이다.(단, 침투량을 구할 때 하류면 경사각 β는 29°로 한다)

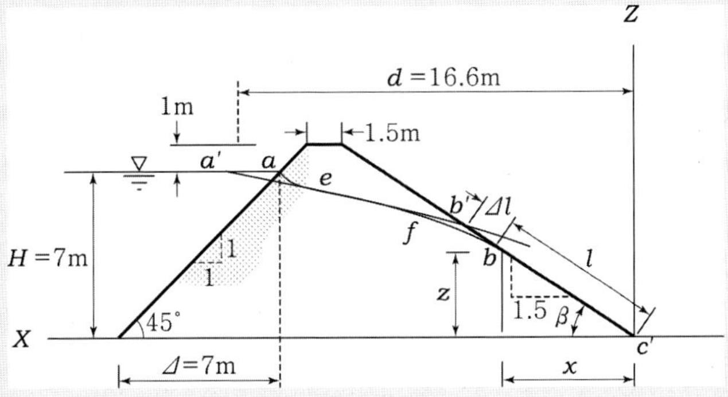

그림 예 6.3

풀이 $\beta = \tan^{-1}(1/1.5) = 33.69^\circ$ ($\beta \geq 30^\circ$ 인 경우)

$\Delta = H\cot 45^\circ = 7 \times 1 = 7(\text{m})$

$\overline{aa'} = 0.3\Delta = 0.3 \times 7 = 2.1(\text{m})$

$d = \overline{aa'} + 1 \times \cot 45^\circ + 1.5 + 8\cot\beta = 2.1 + 1 + 1.5 + 8 \times 1.5 = 16.6(\text{m})$

식 (6.37)로부터

$p = \dfrac{1}{2}(\sqrt{d^2 + H^2} - d) = \dfrac{1}{2}(\sqrt{16.6^2 + 7^2} - 16.6) = 0.707(\text{m})$

식 (6.38)을 이용하여 포물선 $a'efb'c'$ 선상의 점의 좌표를 결정한다.

Z(m)	7.0	6.5	6.0	5.5	5.0	4.5
X(m)	16.60	14.21	12.00	9.97	8.12	6.44

위의 값들로 기본포물선을 그림 예 6.3과 같이 그린다.

선분 $\overline{cb'}$ 의 식은 $z = x\tan\beta$와 포물선의 방정식 $x = \dfrac{z^2 - 4p^2}{4p}$ 로 이루어지므로, b' 점의 좌표는 이 두 식을 풀어서 결정한다.

$x = \dfrac{z^2 - 4p^2}{4p} = \dfrac{(x\tan\beta)^2 - 4p^2}{4p}$

$x^2\tan^2\beta - 4px - 4p^2 = 0$

$x^2\tan^2 33.69^\circ - 4 \times 0.707x - 4 \times (0.707)^2 = 0$

$x = 7.02(\text{m})$

$\overline{cb'} = \sqrt{7.02^2 + (7.02\tan 33.69^\circ)^2} = 8.44(\text{m}) = l + \Delta l$

그림 6.15에서 $\beta = 33.69°$에 대하여

$\dfrac{\Delta l}{l + \Delta l} = 0.366$

$\Delta l = 0.366 \times 8.44 = 3.09(\text{m})$

$l = (l + \Delta l) - \Delta l = 8.44 - 3.09 = 5.35(\text{m}) = \overline{\text{cb}}$

$\overline{ae}$ 와 $\overline{fb}$의 곡선부분은 손으로 작도할 수 있고 침윤선은 $aefb$이다.
침투수량은 하류면 경사각을 $\beta = 29°$로 하면 $\beta \leq 30°$이므로 식 (6.40)을 이용한다.

$Q = kl\sin\beta\tan\beta = 4 \times 10^{-4} \times 5.35\sin 29^\circ \tan 29^\circ \times \dfrac{86,400}{100}$

$\quad = 4 \times 10^{-4} \times 5.35 \times 0.4848 \times 0.554 \times \dfrac{86,400}{100} = 0.496(\text{m}^3/\text{day/m})$

6.6.4 비등방성 토질의 유선망의 작도

자연적으로 퇴적되어 있는 토층에서는 연직방향보다는 수평방향으로의 투수량이 더 크다.

일반적으로 수평방향의 투수계수 k_x는 연직방향의 투수계수 k_z보다도 5~25배 정도 크다고 하며, 특히 점성토일수록 차이가 심하다.

만일 $k_x \neq k_z$라고 하면, 연속방정식으로부터 식 (6.31)과 같이 유도된다.

$$k_x \frac{\partial^2 h}{\partial x^2} + k_z \frac{\partial^2 h}{\partial z^2} = 0 \tag{6.41}$$

따라서 이 식은 Laplace 방정식이 아니다. 위의 식을 고쳐쓰면,

$$\frac{\partial^2 h}{(k_z/k_x)\partial x^2} + \frac{\partial^2 h}{\partial z^2} = 0 \tag{6.42}$$

지금 x_t를 x축 방향으로 측정한 새로운 좌표라고 생각하고, 식 (6.42)을 Laplace 방정식의 형식으로 고칠 수 있다. 그러면,

$$\frac{\partial^2 h}{\partial x_t^2} + \frac{\partial^2 h}{\partial z^2} = 0 \tag{6.43}$$

여기서,

$$x_t = \sqrt{\frac{k_z}{k_x}}\, x \tag{6.44}$$

로 표시된다.

따라서 x_t와 z의 좌표를 써서 유선망을 그린다면 등방성인 경우와 같은 방법이 적용될 수 있을 것이다. 즉 x방향의 치수는, $\sqrt{(k_z/k_x)}$를 곱하여 축소시킨 축척을 써서 그림 6.16(a)와 같이 유선망을 작도한다. 이와 같이 그린 유선망을 원축적으로 환원하면 그림 6.16(b)에 나타낸 바와 같이 되므로 유선과 등수두선은 전처럼 직교하지 않는다.

유선망을 그린 다음에 식 (6.35)에 의하여 침투수량을 구한다. 이때 쓰이는 투수계수는 등가투수계수 k'를 사용해야 한다.

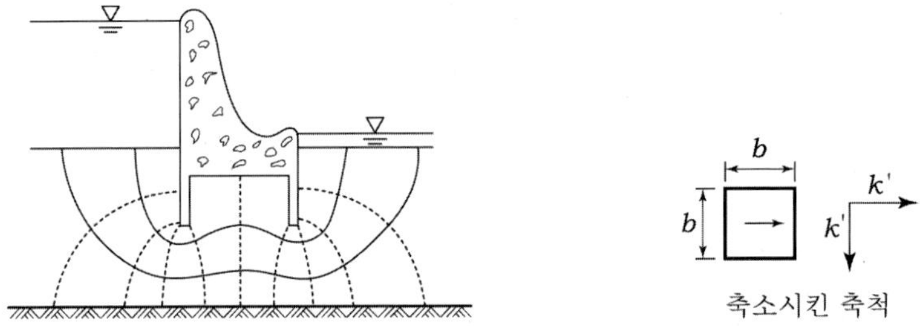

(a) x방향을 축소시킨 유선망 (c)

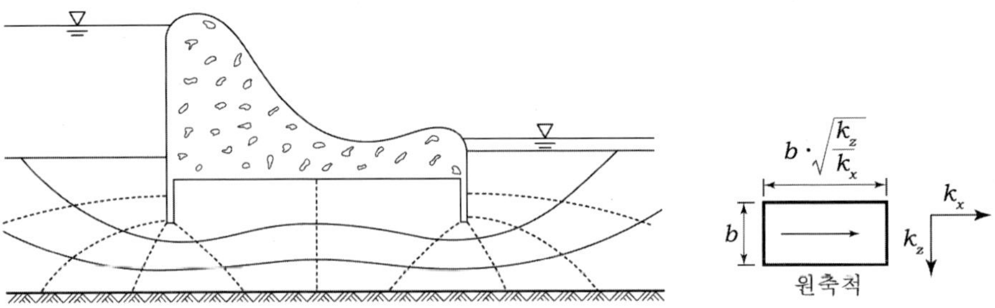

(b) 원래 축적으로 그린 유선망 (d)

그림 6.16 토질이 비등방성일 때 유선망의 작도법

지금 x방향으로의 침투만을 고려하면 그림 6.16(c)의 축소시킨 축척으로 그린 그림에서

$$Q_x = k' \frac{\Delta h}{b} b$$

이고, 원래의 축척으로 그린 그림 6.16(d)에서는

$$Q_x = k_x \frac{\Delta h}{b\sqrt{k_z/k_x}} b$$

가 된다. 이 두 식으로 구한 침투유량은 동일하므로 등식으로 놓고 풀면

$$k' = k_x \sqrt{\frac{k_z}{k_x}} = \sqrt{k_x k_z} \tag{6.45}$$

가 된다.

6.7 파이핑 현상

침투수압이 상향으로 되어 유효응력이 0이 되는 경우 모래지반에서는 분사현상이 발생된다는 것을 이미 5장에서 설명한 바 있다. 이와 동일한 현상이 자연지반에 놓인 수리구조물이나 널말뚝의 하류단에서 가끔 일어난다. 그림 6.17에 보인 바와 같이 하류단에서의 동수경사가 어느 한계를 넘으면 유수에 의해 지표면의 흙이 침식되고, 이로 말미암아 유로가 더 짧아지기 때문에 동수경사가 점점 더 커져서 유로를 따라 공동이 생긴다. 이와 같은 현상을 파이핑(piping)이라 한다.

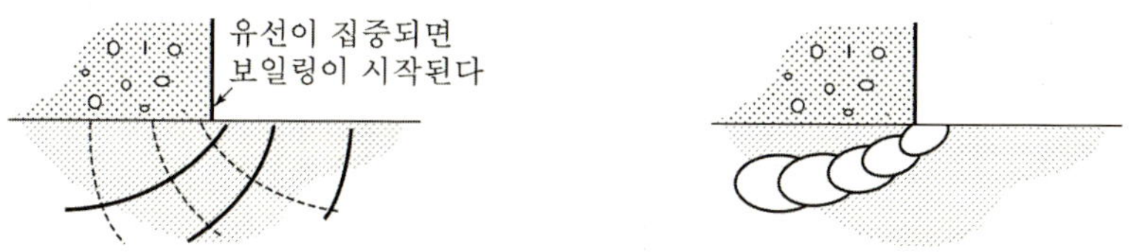

(a) 널말뚝 하류단에서의 파이핑의 초기현상 (b) 상향으로 진전되는 파이핑의 현상

그림 6.17 파이핑 현상

유선망은 수리구조물의 하류단의 유선 출구에서 가장 촘촘하게 그려지므로 동수경사는 이 부근이 가장 크다. 따라서, 파이핑은 이곳에서부터 국부적으로 일어나기 시작하여 상당한 거리까지 계속해서 진행해서 결국 붕괴에 이르게 된다.

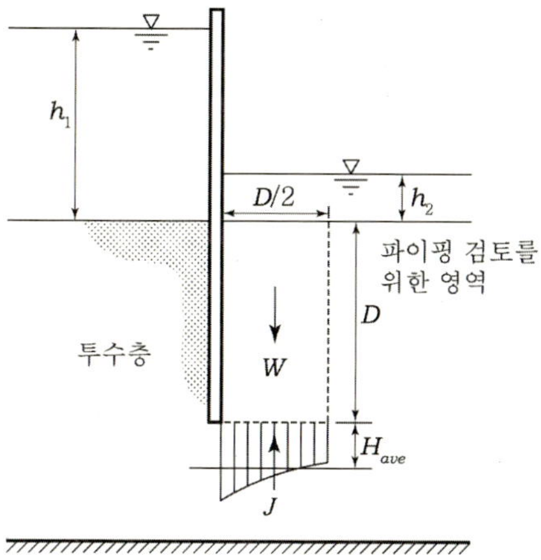

그림 6.18 널말뚝에 대한 파이핑을 검토하는 방법

물이 수평방향으로 흙댐 또는 방조제의 하류 경사면을 침투할 때에도 누수로 인해 파이핑이 발생할 수 있다. 침투가 상향으로 발생할 때 파이핑에 대한 검토를 하려면 어느 평면에 대하여 상향의

침투력과 하향의 흙의 무게를 비교하여야 한다. 그림 6.18은 널말뚝에 대한 파이핑의 검토 방법을 나타낸 것인데, 널말뚝의 축방향 단위길이에 대하여 깊이 D와 폭 $D/2$인 프리즘의 침투수력은

$$J = \frac{H_{ave}}{D}\gamma_w\left(\frac{1}{2}D^2\right)$$
$$= \frac{1}{2}\gamma_w D H_{ave} \tag{6.46}$$

이고, 이 프리즘의 전유효하중은

$$W = \frac{1}{2}\gamma_{sub}D^2 \tag{6.47}$$

이므로, 파이핑에 대한 안전율은

$$F_s = \frac{W}{J} = \frac{1/2\gamma_{sub}D^2}{1/2\gamma_w D H_{ave}} = \frac{D\gamma_{sub}}{H_{ave}\gamma_w} \tag{6.48}$$

로 계산할 수 있다.

위의 식에서 H_{ave}는 프리즘의 바닥에서 지표면까지의 평균 수두손실이며 유선망을 그려 결정할 수 있다.

[예제 6.8] 그림 예 6.4와 수리구조물의 폭이 10.0m일 때, 유선망을 고려하여 다음을 구하라. (단, 모래지반의 투수계수는 k = 2.4×10-3 cm/sec이고, 비중은 G_s = 2.6, 간극비는 e = 0.50이다).

(1) A, B, C점에서의 피조미터 수위를 지표면을 기준으로 구하라.
(2) 수리구조물의 단위폭당 1일 침투수량을 계산하여라.
(3) 파이핑에 대한 안전율을 구하라.
(4) D점에서의 양압력을 구하라.
(5) 이 수리구조물 아래에 작용하는 양압력을 구하라.

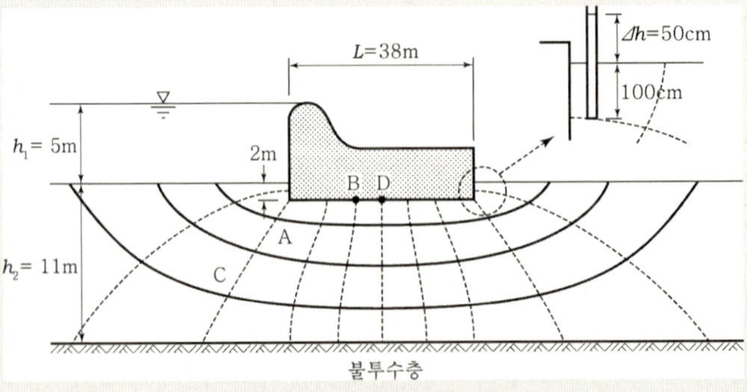

그림 예 6.4

풀이 그림 예 6.4에서 상하류면의 수두차 h는. 0m, N_d=10이므로
$\Delta h = h/N_d = 5/10 = 0.50\text{m}$

(1) 흘러가는 물이 A점에 도달하기 위해서는 2개의 등수두선을 통과하므로, 수두손실은 $2\times0.5=1.0\text{m}$ 이다. 따라서, A점의 피조미터 수위는 $5.0-1.0=4.0\text{m}$ 이다. 같은 방법으로 B점은 3.0m, C점은 A점과 등수두선이 같으므로 4.0m 이다.

(2) $N_f=5$, $N_d=10$이므로 식 (6.35)로부터

$$Q=kh\frac{n_f}{n_d}=2.4\times10^{-3}(\text{cm/sec})\times500.0(\text{cm})\times\frac{4}{10}\times1000=480(\text{cm}^3/\text{sec})$$
$$=41.472\text{m}^3/\text{day}$$

(3) 하류측 단면에서 최대동수경사가 발생하며, 그림으로부터 최대동수경사는 $i_{\max}=0.5/1.0=0.5$이다. 또한, 주어진 지반의 값으로부터 지반의 한계동수경사는

$$i_{cr}=\frac{G_s-1}{1+e}=\frac{2.6-1}{1+0.5}=1.067>i_{\max}$$ 이므로 파이핑에 대해서 안전하다.

$$F_S=\frac{i_{\max}}{i_{cr}}=2.13$$

(4) 그림으로부터 D점의 수두를 구하기 위하면, 유수에 의한 수두 $h_1=5.0-5/10=2.50\text{m}$, 위치에 의한 수두 $h_2=2.0\text{m}$, 따라서, D점의 수두 합은 $h=h_1+h_2=4.50\text{m}$ 이므로 D점의 양압력 $p=4.50\times1.0=4.50\text{t/m}^3$

(5) 구조물 전체에 작용하는 양압력
시점부의 양압력이 $p_1=6.0\text{t/m}^3$, 종점부의 양압력 $p_2=3.0\text{t/m}^3$이므로

구조물에 작용하는 전 양압력은 $p=\frac{p_1+p_2}{2}\times l=1{,}710$

6.8 필터 설계

6.8.1 필터 재료의 설계 기준

필터(Filter) 재료는 토공 구조물에서 침투수의 침투를 촉진하면서 흙입자의 유동을 방지하기 위하여 설치한 것을 말한다. 즉, 두 종류의 흙 사이에서 필터는 투수성이 양호하고 세립토의 이동을 방지

해야 한다는 것이다. 이러한 좋은 필터 재료의 선택을 위해서는 다음 두 가지 조건을 만족시켜야 한다.

(1) 필터 재료의 공극의 크기는 현장에서 보호재료보다 더 큰 입자를 보유할 수 있도록 충분히 적어야 한다.
(2) 필터 재료는 필터 속에서 침투력과 정수압의 상승을 방지하기 위하여 투수성이 커야 한다.

Betram은 Terzaghi가 제안한 필터기준을 기초로 하여 다음과 같은 식을 제시하였다.

(1)의 조건을 만족시키기 위하여

$$\frac{D_{15(F)}}{D_{85(S)}} < 4 \sim 5 \tag{6.49}$$

(2)의 조건을 만족시키기 위하여

$$\frac{D_{15(F)}}{D_{15(S)}} \geq 4 \sim 5 \tag{6.50}$$

여기서, $D_{15(F)}$: 입도곡선에서 필터재료의 통과율 15%의 입경

$D_{15(S)}$: 입도곡선에서 보호재료의 통과율 15%의 입경

$D_{85(S)}$: 입도곡선에서 보호재료의 통과율 85%의 입경

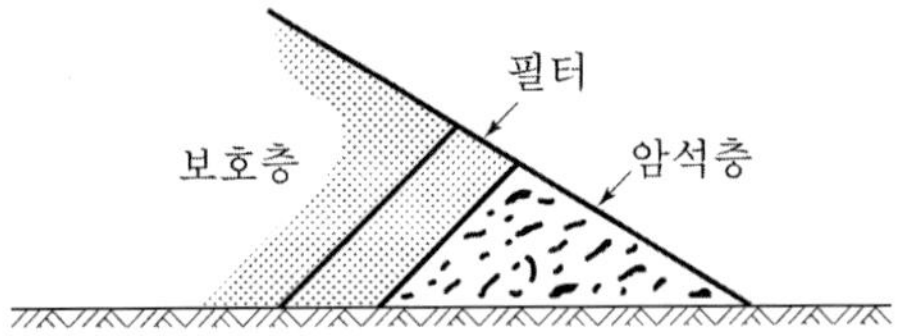

그림 6.19 흙댐의 필터

그림 6.19와 같은 흙댐에 필터를 사용할 흙의 입도곡선을 결정하는 방법은 그림 6.20과 같다. 곡선 a에서 $5D_{85(S)}$와 $5D_{15(S)}$를 구할 수 있으므로 적합한 필터재료의 입도분포는 곡선 b와 c사이에 있어야 할 것이다. 그리고 그림 6.20에서 필터재료가 세굴되는 것을 방지하기 위한 암석층의 입경한계 결정에도 같은 방법이 적용된다. 이외에도 미국 공병단은 다음과 같은 필터설계기준을 제시하고 있다.

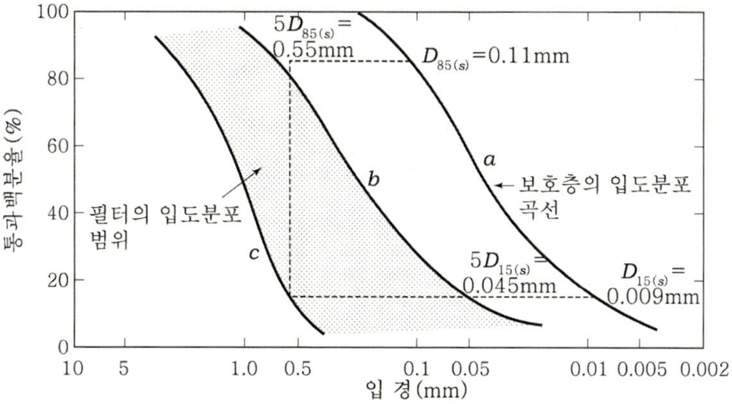

그림 6.20 필터의 입도분포 결정

$$\frac{D_{15(F)}}{D_{85(S)}} \leq 5, \ \frac{D_{50(F)}}{D_{50(S)}} \leq 25 \tag{6.51}$$

6.8.2 토목섬유 필터

토목섬유 필터(geotexile filter)는 합성섬유로 만들어진 것으로 부직포(non- woven fabrics), 직포(woven fabrics) 및 편직포(knitted fabrics)로 분류된다. 그러나 토목섬유가 필터로 사용될 때는 다음과 같은 문제점이 생길 수 있기 때문에 시공시 주의가 필요가 있다.

(1) 햇빛이나 자외선에 노출되면 품질이 저하된다.
(2) 구멍 막힘(clogging) 현상이 생길 수 있다.
(3) 압축력을 받으면 투수성이 감소된다.
(4) 흙 속에 화학물질이 있으면 부패될 우려가 있다.
(5) 토목섬유 내에 미생물이 성장할 수 있다.
(6) 부주의한 시공으로 취약점이 생길 수 있다.

이와 같은 문제점들이 설계, 시공 및 품질관리의 측면에서 해결된다면 토목섬유 필터는 매우 유용하게 쓰일 것이며 공사기간을 단축시킬 것이다. 연구에 의하면, 토목섬유의 등가 구멍크기는 150μm보다 작고 부직포인 경우에는 특히 구멍막힘 현상에 주의해야 한다.

Giroud에 의하여 제안된 토목섬유 필터의 설계기준을 소개하면 다음과 같다.

(1) 투수성을 기준으로 할 때

$$k_{(g)} > 0.1k_{(S)} \tag{6.52}$$

여기서, $k_{(g)}$: 토목섬유의 투수계수

$k_{(S)}$: 보호용 흙의 투수계수

(2) 보전(retention)을 기준으로 할 때

	상대밀도	흙의 균등계수	
		$1 < C_u < 3$	$C_u > 3$
느슨한 흙	$D_r < 35\%$	$O_{95} < C_u d_{50}$	$O_{95} < \frac{9}{C_u} d_{50}$
중간 정도로 촘촘한 흙	$35\% < D_r < 65\%$	$O_{95} < 1.5C_u d_{50}$	$O_{95} < \frac{13.5}{C_u} d_{50}$
촘촘한 흙	$D_r > 65\%$	$O_{95} < 2C_u d_{50}$	$O_{95} < \frac{18}{C_u} d_{50}$

여기서, D_r : 상대밀도, C_u : 흙의 균등계수, O_{95} : 토목섬유의 겉보기 구멍크기, d_{50} : 흙의 평균입경

연습문제

6.1 어느 모래의 공극비가 0.7인 상태에서의 투수계수가 0.03cm/sec이었다. 이 모래를 다져서 공극비가 0.4로 감소하였다. 이 때 모래의 투수계수를 구하여라.

6.2 어느 흙에 대한 변수위 투수시험결과 스탠드 파이프의 수두가 10분 동안에 150cm에서 50cm로 내려갔다. 시료의 길이와 단면적은 각각 15cm, 100cm^2, 스탠드 파이프의 단면적은 0.959cm^{2}이었고 시험시 물의 온도는 25℃이다. 투수계수를 계산하고 15℃일 때의 투수계수도 계산하여라.

6.3 어느 모래질 흙에 대한 정수위 투수시험 결과 시료의 직경 7.6cm, 시료의 길이 20cm, 수두차 15cm, 투수시간 6분이고 침투수량이 1200cm^3, 시료의 공극비 0.55, 흙의 포화단위중량 2.0g/cm^{3}일 때 다음을 계산하여라.

(1) 투수계수

(2) 유속

(3) 실제의 유속

6.4 모래로 이루어진 지반의 간극률은 50%이며, 비중은 2.65였다. 이 모래층에서의 한계동수경사를 계산하여라.

6.5 어느 지반의 토층이 다음과 같이 구성되어 있다. 전체 토층의 평균수평 투수계수와 평균연직 투수계수를 계산하고 그 비를 구하여라.

토층번호	토층두께(m)	투수계수(cm/sec)
1	1.6	$k_1 = 1.5 \times 10^{-2}$
2	2.5	$k_2 = 2.0 \times 10^{-4}$
3	1.5	$k_3 = 8.0 \times 10^{-2}$
4	0.9	$k_4 = 6.0 \times 10^{-3}$

6.6 어느 수로와 하천이 서로 50m 떨어져 평행하게 흐르고 있고, 하천과 수로 사이에는 1.5m 두께의 모래층이 있으며 수로의 물이 이 모래층을 통하여 하천으로 침투되고 있다. 종단길이 1km 당 침투수량을 $\mathrm{m^3/sec}$의 단위로 계산하여라. (단, 하천수위의 표고 EL 32.00m, 수로수위의 표고 EL 38.00m 모래층의 투수계수 $6.6 \times 10^{-2}\mathrm{cm/sec}$)

6.7 그림 연 6.1과 같은 흙댐에서 투수계수가 $k_x = k_z = 0.8 \times 10^{-6}\,\mathrm{mm/sec}$일 때 Casagrande의 방법에 의하여 침윤선과 유선망을 그리고 침투수량을 계산하여라.

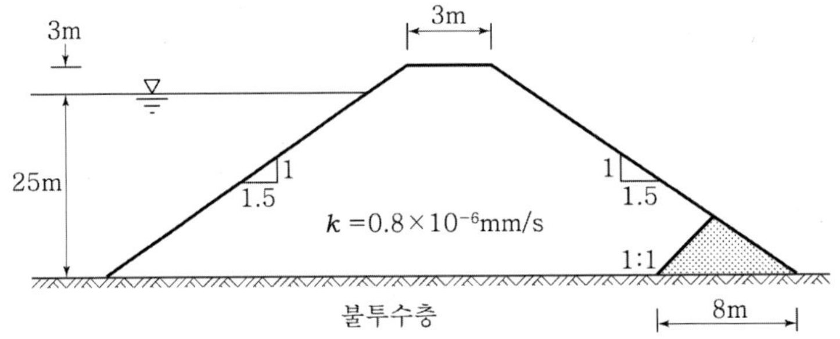

그림 연 6.1

6.8 그림 연 6.2와 같은 널말뚝에서 다음을 계산하여라.

(1) 유선망
(2) 침투수량
(3) 파이핑에 대한 안전율

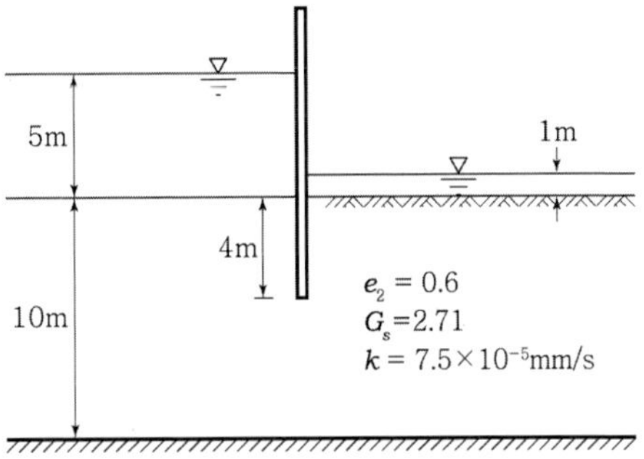

그림 연 6.2

6.9 그림 연 6.3과 같이 수평 원통속의 흙에 물이 흐를 때 각 지점 A, B, C, D, E에서 압력수두, 위치수두 및 전수두를 계산하라. 단, 토층의 길이 L=10cm, 토층의 단면적 A=10cm^2, 수두차 Δh=5cm, 흙의 공극비 $e = 0.68$.

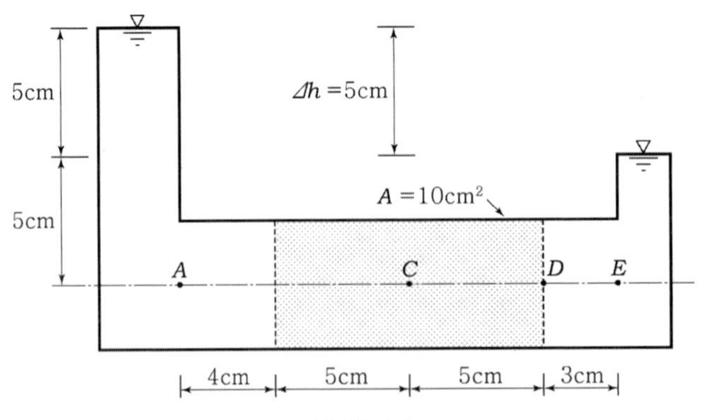

그림 연 6.3

6.10 그림 연 6.4와 같은 흐름조건에서 분사현상이 발생하는 수두와 한계동수경사를 계산하여라.

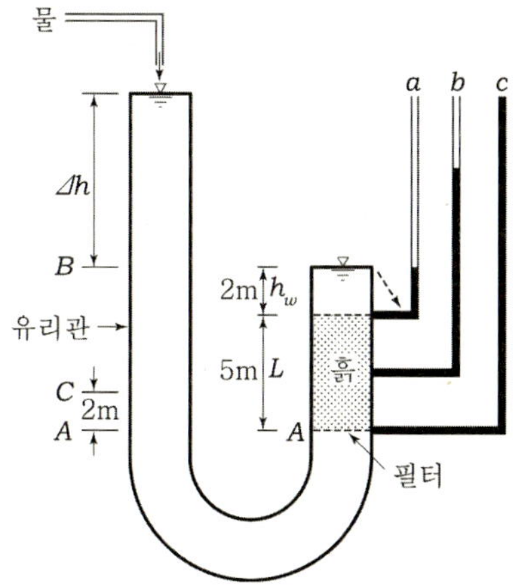

그림 연 6.4

6.11 어느 흙댐의 사면 끝 부근에 있는 기초와 암석 배수구 사이에 3층의 필터가 설치되어있다. Betram과 미국공병단에서 제시한 필터 설계기준에 의하여 필터로서의 적합성여부를 판단하여라. 사용된 재료의 입도분포는 다음과 같다.

구분	D_{15}(mm)	D_{85}(mm)
기초 : 미세한 재료	0.024	0.1
기초 : 거치른 재료	0.12	0.9
필터층 No. 1	0.30	1.0
필터층 No. 2	0.30	1.0
필터층 No. 3	5.00	10.0
암석 배수구	15.00	40.0

6.12 지반에 흐르지 않는 지하수 때문에 생기는 공극수압과 과잉공극 수압과의 상이한 점을 기술하여라.

6.13 토목섬유 필터 기능의 상실과 관련된 Clogging, Blocking, Blinding 현상에 대하여 기술하여라.

6.14 양압력(부력) 대책 공법에 대하여 기술하여라.

6.15 quick clay와 quick sand를 비교 설명하여라.

제 7 장 흙의 압축

제 7 장

흙의 압축

7.1 개설

토층으로 된 지반위에 건물이나 댐과 같은 구조물을 구축하면 이들 구조물의 하중이 흙 위에 작용하여 토층은 압축된다. 압축은 흙 입자 사이의 물 또는 공기의 유출, 흙 입자의 재배열 또는 흙 입자의 변형 등 여러 가지 요인에 의해서 일어나며 이러한 요인들은 흙의 조건에 따라서 복합적으로 나타난다.

이와 같이 하중에 의하여 지반이 변형을 일으켜 압축되는 현상을 침하라 하며, 침하는 즉시침하(immediate settlement, Si), 1차 압밀침하(primary consolidation settlement, Sc) 및 2차 압밀침하(secondary consolidation settlement, Ss)로 나눈다.

즉시침하는 흙 입자의 변형에 의해서 주로 일어나며 투수계수가 큰 사질지반에서 많이 발생하고 짧은 시간에 침하가 완료된다. 또 연약한 포화점토 지반에서는 상부구조물의 하중에 의하여 전단변형이 일어나면서 상부구조물이 즉시 침하되는 경우도 있다.

7.2 점토의 압밀침하

일반적으로 포화된 점토지반에 하중이 가해지면 그에 따른 변형이 발생한다. 포화된 연약 점성토 지반이 체적변형을 일으키기 위해서는 간극내에 포함된 간극수의 배수가 필요하며 점성토의 낮은 투수계수로 인하여 장기간의 시간을 요하게 된다. 결과적으로 점토지반의 침하는 재하 후 상당한 시간적 지연을 거쳐서 발생한다. 이것이 주지의 압밀현상이며, 흙입자의 공극을 채우고 있는 간극수의 배수에 따른 공극 비율의 변화에 의존하여 발생하는 지반의 압밀과정은 변형과 투수의 문제가 복합적으로 조합이 되어 이루어진다고 볼 수 있다. 따라서 두 개의 문제가 결합된 현상이기 때문에 변형과 투수문제를 개별로 분류를 하여 독립적으로 분석할 수 없는 현상이 발생하게 된다. 이와 같은 독특한 현상을 보편적으로 설명하는 것이 중요하며, 그 역할을 다하는 것이 압밀이론이다.

결국 두가지의 현상인 점토의 변형특성(응력–변형률–시간관계)과 투수특성(간극수의 유동법칙)을 모델화하고, 이를 압밀이론에 도입하여야만 한다. 이와 같이 도입된 변형특성과 투수특성은 각 현상이 지닌 또 다른 두 가지의 성격에 따라 구분이 되어진다. 즉, 그림 7.1에 나타낸 것처럼 변형특성은 탄성과 비탄성(하중제거시 잔류변형 존재)으로, 투수특성은 Darcy's 흐름과 비Darcy's 흐름으로 크게 대별할 수 있다.

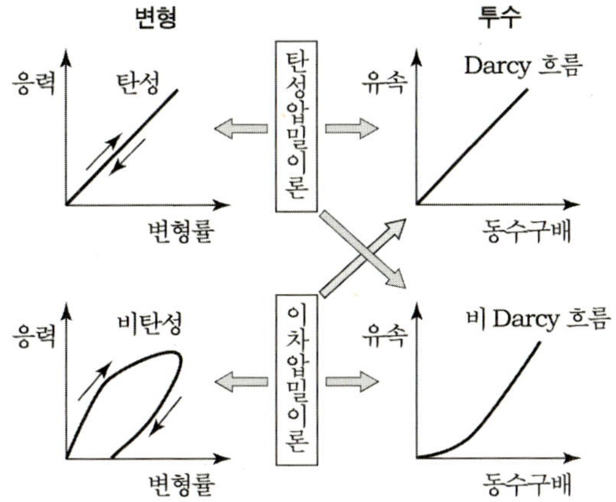

그림 7.1 압밀이론의 분화(吉國洋, 1979)

이와 같이 압밀이론은 단순하게는 4가지의 조합이 있으며, 시험을 통한 분석전에 전제하고 있는 현상 조합조건을 어떤 것으로 취할 것인지에 따라 압밀이론의 분석방향과 결론이 함의하고 있는 의미와, 그 결과의 실질적인 시공에서 적용성의 정도가 달라진다고 볼 수 있다. 다만, 압밀특성을 결정짓는 것은 변형특성으로 판단하여, 압밀이론의 성격은 주로 변형특성에서 행해지며, 명확하지는 않지만 투수특성은 부차적 역할을 달성하는 것으로 취급되어지고 있다. 때문에 변형특성에 탄성을 채용한 것은 탄성압밀이론, 비탄성을 채용한 것은 비탄성압밀이론으로 부르지 않고, 2차압밀이론이라 부르고 있다.

7.2.1 포화점토의 압밀과정

그림 7.2와 같은 용기에 포화된 점토를 넣고 상부에 다공석(porous stone)을 올려놓은 다음 하중 P를 가한다. 이 경우 용기의 측벽은 철제로 되어 있어 횡방향의 변형은 일어나지 않으므로 이 방향의 전단변형은 무시할 수 있으며 변위는 주로 체적수축에 의한 연직변위가 된다. 이 연직변위는 하중을 가함에 따라 서서히 일어나서 시간의 경과와 함께 진행되며 어느 일정치에 도달할 때까지 계속 일어난다.

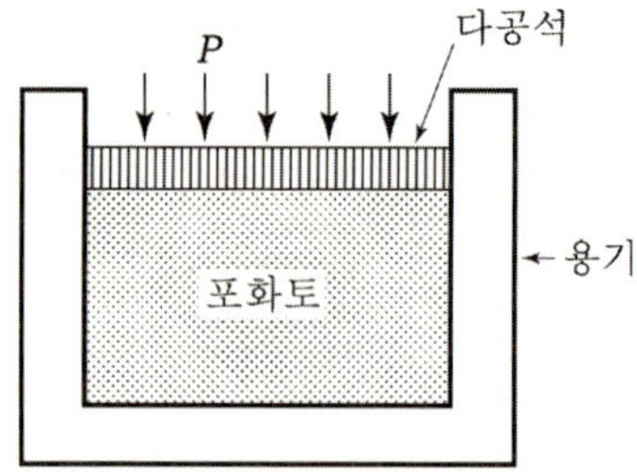

▌그림 7.2 ▌ 포화점토의 압밀

Terzaghi의 1차원 압밀이론에 따르면 압밀현상은 그림 7.3과 같이 물을 넣은 용기내의 피스톤을 이용하여 설명할 수 있다. 피스톤에 부착되어 있는 스프링은 흙 입자가 형성하는 흙의 골격구조를 나타내고, 용기내의 물은 포화된 흙 속의 공극수를 나타낸 것으로 이 물은 피스톤에 뚫린 작은 구멍을 통해 외부로 배출될 수 있다.

처음 피스톤에 전응력 σ가 가해지는 순간은 용기내의 물은 외부로 배출되지 않고 피스톤도 변형되지 않는다. 따라서 용기내의 물에는 $u(=\sigma)$되는 수압이 발생한다(그림 7.3(a)참조). 이 수압을 공극수압(pore water pressure)이라고 한다.

그러나 시간이 경과함에 따라 용기내의 물은 서서히 피스톤의 작은 구멍을 통하여 외부로 배출되며 용기내의 스프링도 변형된다(그림 7.3(b) 참조). 즉, 전응력 σ의 일부는 스프링이 지지하고, 공극수압 u는 감소한다. 이와 같이 스프링에 작용하는 압력을 유효응력(effective stress)이라고 한다.

시간이 경과함에 따라 용기내의 물은 충분히 배출되고 가해진 하중에 대해 스프링은 완전히 변형되어 외부응력 σ는 전부 스프링이 지지하게 되어 유효응력 σ'는 $\sigma' = \sigma$가 되고 공극수압은 u=0이 된다(그림 7.3(c) 참조).

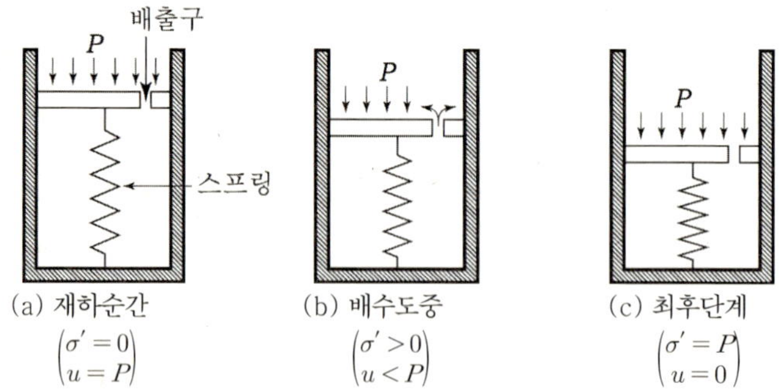

▌그림 7.3 ▌ 포화점토의 일차원 압밀의 설명

그림 7.4는 압밀이 진행되는 동안의 전응력(σ), 공극수압(u), 유효응력(σ')의 시간적 변화를 나타낸 것으로 공극수압과 유효응력을 합한 것이 전응력이 되며 이는 하중 σ와 같음을 나타내고 있다. 이식이 Terzaghi가 제안한 유효응력의 원리이다.

$$\sigma = \sigma' + u \tag{7.1}$$

실제의 현장 흙에서도 압밀침하는 이와 같은 과정을 거쳐서 일어나는 것으로 생각할 수 있다.

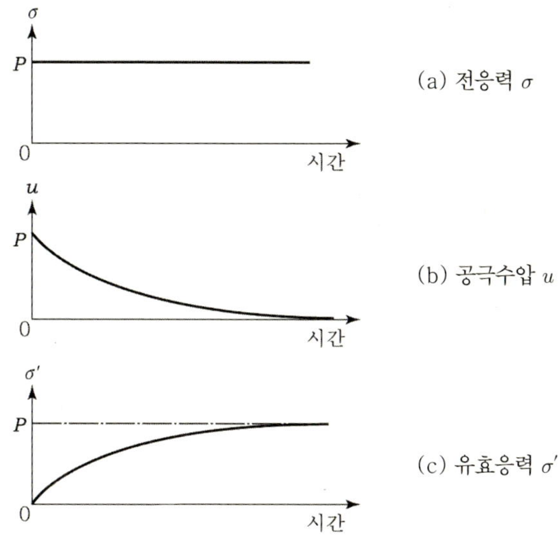

그림 7.4 압밀과정중의 응력변화

압밀은 공학상 지반에 구축된 구조물의 침하의 크기, 침하 진행의 시간적 비율 즉 침하의 지속시간 등의 추정, 압밀의 진행에 따른 흙의 역학적 강도의 증가 등의 추정, 압밀 진행에 따른 흙의 역학적 강도 증가 등의 중요한 문제를 포함하고 있다.

7.2.2 유효응력과 공극비

점토시료에 대하여 다음 절에서 설명하는 압밀시험을 할 때 시료에 가하는 압력(하중)을 단계적으로 증가시키면 각각의 압력단계에 대한 시료의 공극비(void ratio)를 구할 수 있다. 압력 P와 공극비 e와의 전형적인 관계곡선은 그림 7.5와 같다.

이 그림에서와 같이 압력을 가할 때에는 공극비가 매우 작아지거나 하중을 제거하면 공극비가 조금씩 증가하여 시료를 압축하는 경우의 $e-P$곡선에 비하여 압력을 제거하는 경우의 $e-P$곡선의 기울기가 훨씬 완만하다.

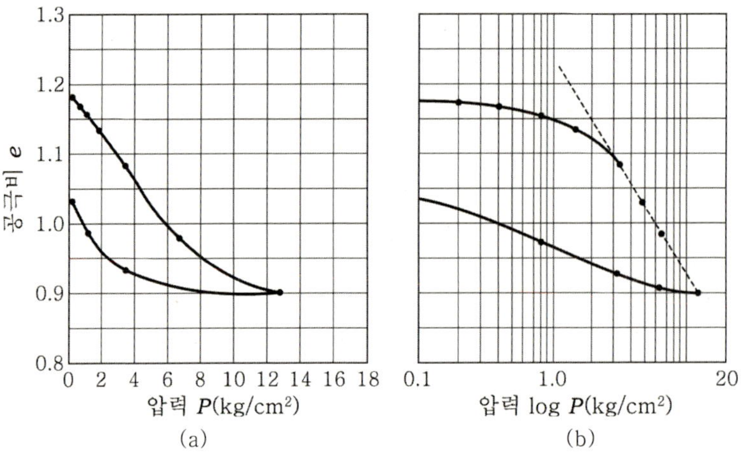

(a) (b)

그림 7.5 압밀압력과 공극비와의 관계

이 $e-P$곡선은 곡선을 이루며 그림 7.5(b)와 같이 e−logP의 관계에서는 직선상으로 된다. 그러나 처음의 $e-P$곡선도 압력의 범위 ΔP를 작게 잡으면 그림 7.6과 같이 직선으로 고려할 수 있다.

시료에 가한 압력 P_1이 ΔP만큼 증가하여 P_2로 되었을 때 공극비도 e_1으로부터 Δe만큼 감소하여 e_2로 변화되었다면 $e-P$곡선의 기울기는 다음 식으로 표시할 수 있다.

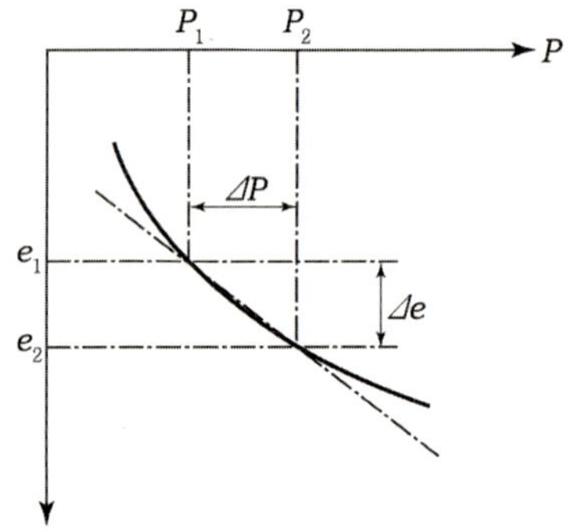

그림 7.6 $e-P$ 관계

$$a_v = \frac{e_1 - e_2}{P_2 - P_1} = -\frac{\Delta e}{\Delta P} \tag{7.2}$$

여기서, a_v : 압축계수(coefficient of compressibility)(cm^2/g)

그리고 압밀에서 압력증가에 대한 체적감소의 비율을 나타내는 계수를 체적압축계수(coefficient of volume change) 또는 체적 변화율이라고 하며 이는 식 (7.3)과 같다.

$$
\begin{aligned}
m_v &= \frac{\Delta V/V}{\Delta P} = \frac{\Delta V}{\Delta P V} = \frac{1}{V_s + V_v}\frac{\Delta V}{\Delta P} \\
&= \frac{\Delta V}{(1+e)V_s \Delta P} \\
&= \frac{1}{1+e}\frac{1}{\Delta P}\frac{V_1 - V_2}{V_s} = \frac{e_1 - e_2}{1+e}\frac{1}{P_2 - P_1} \\
&= \frac{1}{1+e}\frac{e_1 - e_2}{P_2 - P_1} = \frac{a_v}{1+e}
\end{aligned}
\tag{7.3}
$$

여기서, m_v : 체적압축계수(cm^2/g)

a_v : 압축계수(cm^2/g)

e : 공극비

V : 시료의 체적(cm^3)

ΔV : 시료의 체적변화(cm^3)

ΔV_V : 시료중의 공극의 변화(cm^3)

ΔP: 압력의 변화(g/cm^2)

또 압밀은 연직방향으로만 이루어지므로 체적변화는 시료의 높이 변화로 표기된다.

$$
m_v = \frac{\Delta H/H}{\Delta P} = \frac{1}{H}\frac{\Delta H}{\Delta P} \tag{7.4}
$$

여기서, H : 시료의 높이 (cm)

ΔH : 시료의 높이의 변화(cm)

따라서 시료의 침하량 즉 높이의 변화량 ΔH는 다음 식으로 구할 수 있다.

$$
\Delta H = m_v \Delta P H = \frac{a_v}{1+e}\Delta P H \tag{7.5}
$$

일반적으로 압력과 공극비의 관계는 반대수용지를 사용하여 압력 $\log P$와 공극비 e와의 관계를 그림 7.7과 같이 나타내며 이 곡선에서 하중이 어느 범위 이상으로 커지면 $e-\log P$의 관계가 직선이 된다. $e-\log P$ 곡선에서 직선 부분의 기울기는 그림 7.6에 의하여 다음과 같이 된다.

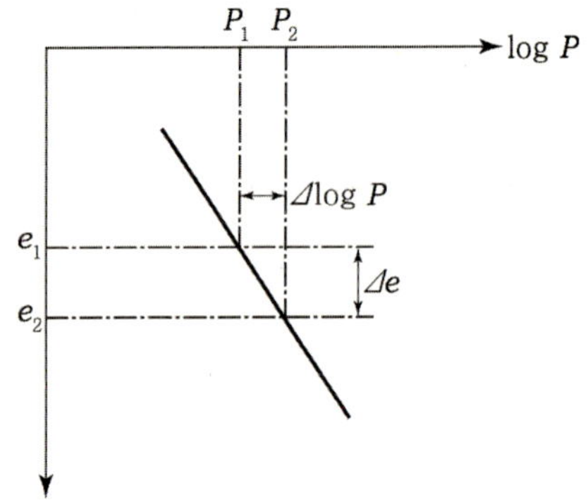

그림 7.7 $e - \log P$ 관계

$$C_c = \frac{e_1 - e_2}{\log P_2 - \log P_1} = \frac{e_1 - e_2}{\log P_2 / P_1} \tag{7.6}$$

여기서, C_c : 압축지수

식 (7.6)에서

$$e_1 - e_2 = C_c \log \frac{P_2}{P_1}$$

$$a_v = \frac{e_1 - e_2}{P_2 - P_1} = \frac{C_c}{P_2 - P_1} \log \frac{P_2}{P_1}$$

$$m_v = \frac{a_v}{1+e} = \frac{C_c}{(P_2 - P_1)(1+e)} \log \frac{P_2}{P_1}$$

그러므로

$$\Delta H = m_v H \Delta P = \frac{C_c}{1+e} \log \frac{P_2}{P_1} H \tag{7.7}$$

7.3 정규압밀 및 과압밀 점토

그림 7.8은 점토의 압밀시험으로부터 구한 $e-\log P$ 곡선의 전형적인 형상이며, abc의 경로는 하중이 가해진 경우, cd는 하중을 제거한 경우, dfg는 하중을 다시 가한 경우의 압축곡선의 경로를 나타낸 것이다.

$e-\log P$ 곡선의 윗부분은 다소 완만한 경사이나 그 이후 경사가 좀 더 급한 선형관계라는 것을 알 수 있으며 이는 다음과 같이 설명할 수 있다.

즉, 현장 임의 심도의 흙은 지질학적 이력(geological history)으로 볼 때 과거에 어떠한 최대 유효상재하중(압력)을 받았었고 이 최대 유효상재하중은 시료 채취시에 작용하던 유효상재하중보다 크거나 같을 수도 있다. 현장에서의 상재하중이 과거의 최대 유효상재하중보다 작아지는 것은 자연적 지질작용이나 인위적 작용 때문이며, 또한 시료 채취로 상재하중이 제거되어 체적팽창현상이 일어났기 때문이다.

그러므로 이러한 시료로 압밀시험을 할 경우 가한 하중이 흙의 최대 유효상재하중보다 작으면 소량의 압축이 생기고, 최대 유효상재하중보다 더 커지면 공극비의 변화는 훨씬 더 커지게 되며, $e-\log P$ 곡선은 실제적으로 좀 더 급한 경사의 선형관계를 이룬다.

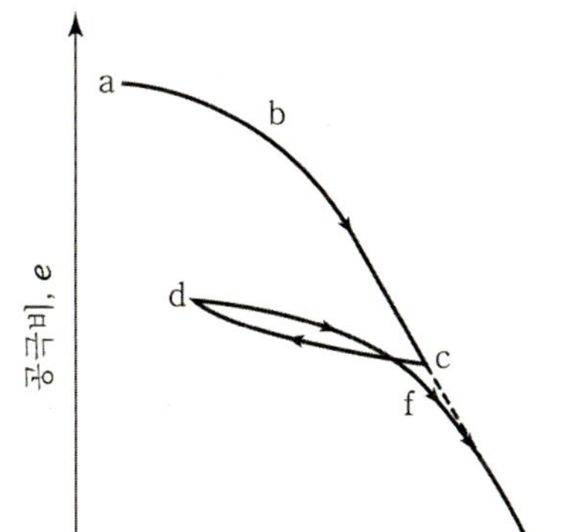

그림 7.8 재하, 제하, 재재하를 나타내는 $e-\log P$

이것으로부터 응력경로(stress history)에 따른 점토의 2가지 기본적 정의를 내릴 수 있다.

기초지반에서 임의 심도의 흙에 대한 과압밀비(over-consolidation ratio, OCR)는 다음과 같이 정의한다.

$$OCR = \frac{P_c}{P_o} \tag{7.8}$$

여기서, P_c : 시료의 선행압밀하중(kg/cm^2)

P_o : 현재의 유효연직하중(kg/cm^2)

① 정규압밀

점토에 작용하는 현재의 유효상재하중이 과거의 최대 유효상재하중과 같을 경우 이 점토는 정규압밀(normally consolidated)되었다고 한다(OCR=1).

② 과압밀

점토에 작용하는 현재의 유효상재하중이 과거의 최대 유효상재하중보다 작은 경우 이 점토는 과압밀(overconsolidated)되었다고 한다(OCR〉1).

이와 같이 과거의 최대 유효상재하중을 선행압밀하중 또는 선행압밀응력(preconsolidation pressure, P_c)이라고 부른다.

Casagrande(1936)는 $e-\log P$곡선으로부터 선행압밀하중 P_c를 결정하는 간단한 작도법을 제시했는데 그 방법은 다음과 같다(그림 7.9 참조).

① $e-\log P$곡선상의 곡률 반경이 최소(곡률이 최대)가 되는 점 a를 잡는다.
② 점 a에서 수평선 ab와 접선 ac를 긋는다.
③ 각 bac를 이등분하는 선 ad를 긋는다.
④ $e-\log P$곡선의 직선 부분 gh를 연장하여 이 연장선과 선 ad와의 교점을 f라고 하면 점 f에서 연직선을 내려 $\log P$ 눈금과 만나는 점이 선행압밀하중(P_c)이 된다.

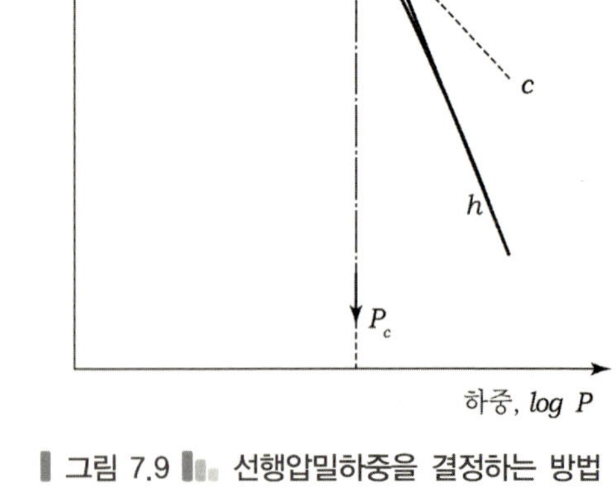

그림 7.9 선행압밀하중을 결정하는 방법

7.4 압밀 침하량과 압축지수

7.4.1 1차압밀 침하량

압밀시험 결과를 분석하여, 현장에서의 압밀은 1차원 압밀이라는 가정하에서 1차 압밀에 의한 침하량을 구할 수 있다.

포화 점토층의 두께를 H, 평균 유효상재하중 P_0가 작용하는 단면적을 A라고 하고 하중 증가 ΔP로 인한 1차 압밀참하량을 S라 하면 체적변화는 다음과 같이 계산할 수 있다(그림 7.10 참조).

$$\Delta V = V_0 - V_1 = HA - (H - S)A = SA \tag{7.9}$$

여기서, V_0 : 시험전초기체적

V_1 : 시험후최종체적

한편, 전체 체적변화는 공극의 체적변화 ΔV_v와 동일하므로

$$\Delta V = SA = Vv_0 - Vv_1 = \Delta V_v \tag{7.10}$$

여기서, Vv_0 : 초기공극체적

Vv_1 : 최종공극체적

공극비의 정의로부터

$$\Delta V_v = \Delta e\, V_s \tag{7.11}$$

여기서, Δe : 공극비의 변화

그런데,

$$V_s = \frac{V_0}{1 + e_0} = \frac{AH}{1 + e_0} \tag{7.12}$$

여기서, e_0 : 체적 V_0때의 초기공극비

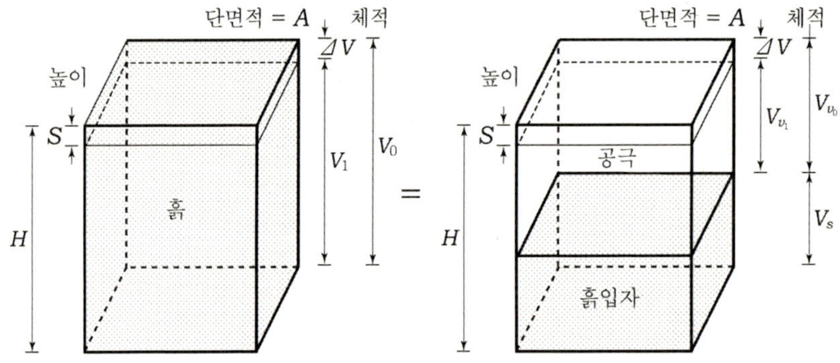

(a) 현장상태　　　　(b) 이상화시킨 상태

그림 7.10 1차 압밀에 의한 침하량

그러므로 식 (7.12), (7.13), (7.14) 및 (7.15)로부터 침하량 S는 다음과 같이 구할 수 있다.

$\Delta V = SA = \Delta e\, V_s = \dfrac{AH}{1+e_0}\Delta e$ 이므로

$$S = \frac{\Delta e}{1+e_0}H = \frac{e_0 - e_1}{1+e_0}H \tag{7.13}$$

정규압밀 점토의 경우 $e - \log P$의 관계는 선형적이므로

$$\Delta e = C_c \log(P_0 + \Delta P) - \log P_0 \tag{7.14}$$

식 (7.13)에 식 (7.14)를 대입하면 정규압밀 점토의 압밀침하량은 다음과 같이 된다.

$$S = \frac{C_c H}{1+e_0}\log(\frac{P_0 + \Delta P}{P_0}) \tag{7.15}$$

점토층이 두꺼운 경우에는 몇 개의 토층으로 나누어서 각 층에 대한 침하량을 각각 계산하여 이를 더하는 것이 좀더 정확하다.

$$S = \sum[\frac{C_c H_i}{1+e_0}\log(\frac{P_{0i} + \Delta P_i}{P_{0i}})](\mathrm{cm}) \tag{7.15a}$$

여기서, H_i : 각 점토층의 두께(cm)

P_{0i} : 각 층에 대한 초기 평균 유효상재하중(t/m^3)

ΔP_i : 각 층에 대한 연직하중의 증가량(t/m^3)

7.4.2 과압밀 점토의 압밀침하량

그림 7.11에서 과압밀 점토인 경우 $P_0 + \Delta P \le P_c$ 이면 현장의 $e - \log P$의 변화는 직선 기울기 C_s가 될 것이며 이 기울기는 실내실험의 하중제거 곡선의 기울기와 거의 같을 것이다. 하중제거시에는 압축되었던 시료는 팽창될 것이므로 하중제거 곡선의 기울기인 C_s를 팽창지수(swell index)라고 한다.

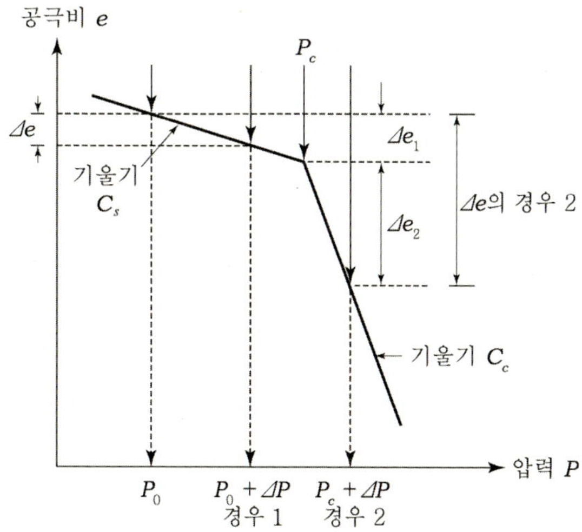

그림 7.11 정규압밀 점토와 과압밀 점토의 압밀곡선의 수정

그러므로

$$\Delta e = C_s[\log(P_0 + \Delta P) - \log P_0] \tag{7.16}$$

식 (7.13)과 식 (7.16)로부터 다음과 같이 계산한다.

그림 7.11의 경우 1 ;

$$S = \frac{C_s H}{1 + e_0} \log\left(\frac{P_0 + \Delta P}{P_0}\right) \tag{7.17}$$

만약 $P_0 + \Delta P > P_c$이면 과압밀 점토의 침하량은 다음과 같이 된다.

그림 7.11의 경우 2 ;

$$S = \frac{C_s H}{1 + e_0} \log\left(\frac{P_c}{P_0}\right) + \frac{C_c H}{1 + e_0} \log\left(\frac{P_0 + \Delta P}{P_c}\right) \tag{7.18}$$

7.4.3 시료교란의 영향

압밀시험은 전혀 교란되지 않는 시료에 대해 시험을 행하였을 때 실제와 가장 잘 일치하는 시험자료를 얻을 수 있다. 그러나 실제로는 자연지반으로부터 시료를 채취할 때의 불가피한 교란, 시료를 시험실까지 운반할 때의 부주의 또는 시험실에서의 시료취급의 부주의로 인한 교란 등으로 인해 다소 교란된 시료를 가지고 시험을 하게 된다.

교란시료에 대한 압밀곡선을 수정하는 방법은 Schmertmann(1953)이 제안하였다. 그림 7.12(a)에서 만일 시험시료가 정규압밀 점토라면, 초기 공극비의 42%, 즉 $0.42e_0$되는 압력에서 교란시료와 불교란시료의 두 압밀곡선이 교차하는 것으로 가정하고 이 점과 점(e_0, P_0')을 연결한 선이 실제압밀곡선이 되는 것으로 하였다. 과압밀 점토의 경우에는 그림 7.12(b)에 보는 바와 같이 점(e_0, P_0')에서 재압밀곡선과 평행하게 선을 그어 P_c'와 만나는 점에서 다시 점 C까지 선을 그으면 곡선 DEC가 실제압밀곡선이 된다.

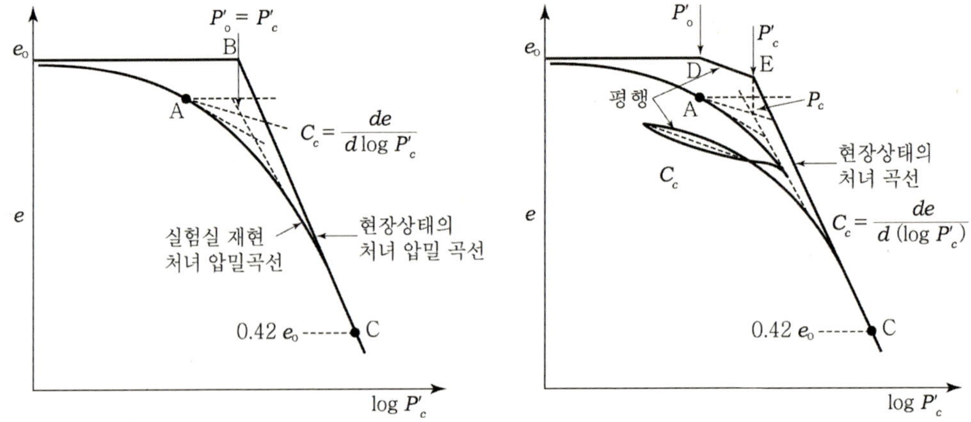

(a) 정규압밀 점토의 처녀 압밀곡선 수정 (b) 과압밀 점토의 처녀 압밀곡선 수정

그림 7.12 정규압밀 점토와 과압밀 점토의 압밀곡선 수정

7.4.4 압축지수와 팽창지수의 비교

압밀에 의한 현장침하량을 계산하는 데 필요한 압축지수는 실내압밀시험에서 구한 $e-\log P$ 곡선의 기울기로부터 구할 수 있다.

압밀시험은 복잡하고 장시간이 걸리기 때문에 Terzaghi와 Peak(1967)은 압축지수를 구하는 경험식을 다음과 같이 제안했다.

$$\text{불교란 점토}: C_c = 0.009(w_L - 10) \tag{7.19}$$

$$교란\ 점토 : C_c = 0.007(w_L - 10) \tag{7.19a}$$

여기서, w_L : 액성한계(%)

시험실의 압밀시험 자료가 부족할 때는 1차 압밀 계산을 위해서 식 (7.22)를 사용하는 경우도 있으나 정확한 압밀침하량을 구하기 위해서는 가급적 압밀시험 결과를 이용해야 한다.

또, 압축지수에 대한 관계식을 점토를 시험하여 표 7.1과 같이 구한 예도 있다.

일반적으로 점토의 압축지수는 0.2~0.9범위에 있으나 예민비가 큰 점토의 압축지수는 1보다 크며(Sweden 예민점토 : 1~3), 더욱이 유기질 점토는 이보다 훨씬 큰 값을 가지고 있다(이탄토 : 10~15).

점토의 팽창지수(swell index, C_s)는 일반적으로 실내시험에서 구한 압축지수보다 작으며 대부분의 경우 다음과 같다.

$$C_s = (\frac{1}{5} \sim \frac{1}{10})C_c \tag{7.20}$$

표 7.1 각종 흙에 대한 압축지수

식	참고	점토의 종류
$C_c = 0.007(w_L - 7)$	Skempton	교란된 점토
$C_c = 0.01w_n$		시카고 점토
$C_c = 0.0115w_n$		유기질 실트 및 점토
$C_c = 1.15(e_0 - 0.27)$	Nishida	모든 점토
$C_c = 0.30(e_0 - 0.27)$	Hough	무기질 점토, 실트 점토
$C_c = 0.75(e_0 - 0.5)$		소성이 낮은 점토

여기서, e_0 : 현장 공극비, w_n : 현장 함수비

대표적인 점토에 대한 압축지수와 팽창지수의 값을 정리하면 표 7.2와 같다.

표 7.2 자연토의 압축지수와 팽창지수

점토의 종류	액성한계	소성한계	압축지수	팽창지수
Boston 청색 점토	41	20	0.35	0.07
Chicago 점토	60	20	0.40	0.07
New Orleans 점토	80	25	0.30	0.05
Montana 점토	60	28	0.21	0.05

이 팽창지수는 점토가 팽창시의 $e-\log P$곡선의 기울기로서 이는 압밀곡선에서 선행하중 이전의 $e-\log P$곡선의 기울기와 같기 때문에 팽창지수를 선행하중 이전의 압축지수라고 하는 경우도 있다.

[예제 7.1] 그림 예 7.1(a)와 같이 연약층의 두께가 10m인 점토층 중간 부위에서 채취한 시료로 압밀시험을 하여 근사적으로 구한 현장압밀곡선($e-\log P$곡선)은 그림 예 7.1(b)와 같다. 지표면에서 5.0t/㎡의 등분포하중이 작용할 때 1차 압밀에 의한 침하량을 계산하라. 단, 지하수위는 지표면에 있으며 점토층 밑에는 암반이 있다.

풀이 점토층 중간 부위(지표에서 5m 심도)에 작용하는 하중은 다음과 같다.

상재하중 : $P_0=(\gamma_{sat}-\gamma_w)\times H=(1.84-1)\times 5=4.2(\mathrm{t/m^2})$

증가하중 : $\Delta P=5.0(\mathrm{t/m^2})$

총하중 : $P=P_0+\Delta P=4.2+5.0=9.2(\mathrm{t/m^2})$

그림 예 7.1(b)에서 9.2t/㎡에 대응하는 공극비는 1.04이므로

$\Delta e=e_1-e_2=1.10-1.04=0.06$

그러므로 식 (7.13)을 이용하여 침하량을 구하면 다음과 같다.

$$S=\frac{\Delta e}{1+e_0}H=\frac{0.06}{1+1.1}\times 10=0.286\mathrm{m}$$

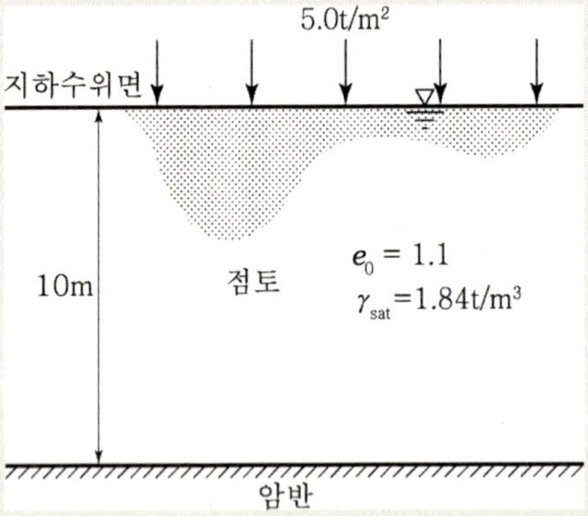

(a) 토층단면

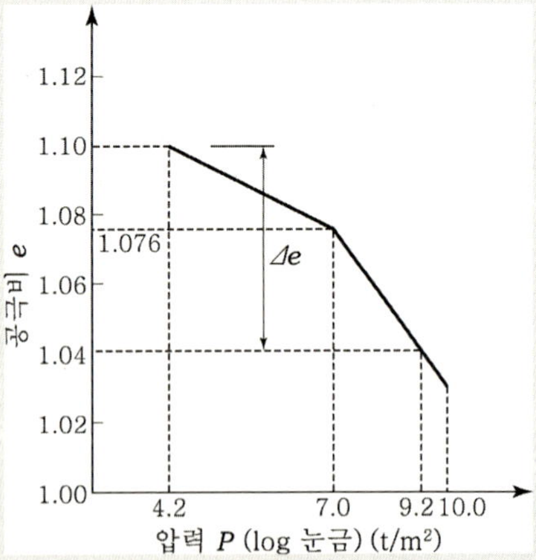

(b) 압밀곡선

그림 예 7.1

[예제 7.2] 그림 예 7.2와 같이 4.5m의 모래층 밑에 5.0m 두께의 점토층이 있다. 지표면에서 $8.0\mathrm{t/m^2}$의 하중이 작용할 때 이로 인한 점토층의 압밀침하량을 구하라. 점토층의 액성한계는 60%, 초기 공극비는 0.9 , 그리고 포화단위중량은 $1.865\mathrm{g/cm^3}$이며 이 점토는 정규압밀토이다.
모래층의 포화도는 50%이며 비중과 공극비는 각각 2.65와 0.70이다.

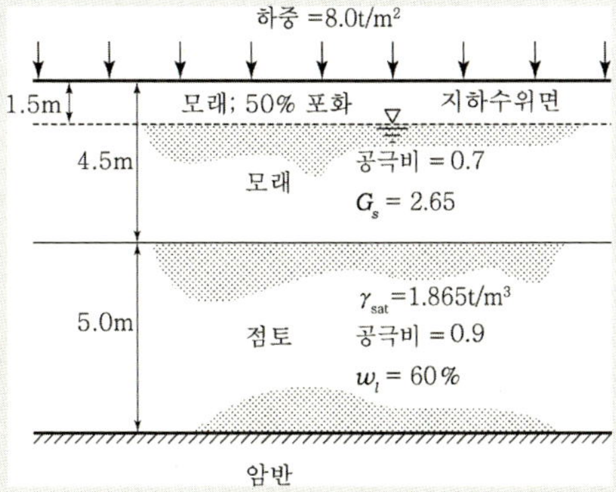

그림 예 7.2

풀이

점토층 중간 부위(7.0m심도)에 작용하는 유효상재하중(P_0)의 계산을 지하수위를 고려하여 계산한다. 지하수의 윗부분을 모래의 습윤단위중량을 γ_{t-s}, 지하수위 아래 모래의 수중단위중량 γ_{sub-s}

점토의 수중 단위중량 γ_{sub-c}

$$\gamma_{t-s} = \frac{G_s + S_r e}{1+e}\gamma_w = \frac{2.65+0.5\times 0.7}{1+0.7}\times 1 = 1.765(\mathrm{t/m^3})$$

$$\gamma_{sub-s} = \gamma_{sat-s} - \gamma_w = \frac{G_s+e}{1+e}\gamma_w - \gamma_w = \frac{(G_s-1)\gamma_w}{1+e} = \frac{(2.65-1)1}{1+0.7} = 0.971(\mathrm{t/m^3})$$

$$\gamma_{sub-c} = \gamma_{sat-c} - \gamma_w = 1.865 - 1 = 0.865(\mathrm{t/m^3})$$

그러므로

$$P_0 = \gamma_{t-s}\times 1.5 + \gamma_{sub-s}\times 3 + \gamma_{sub-c}\times 2.5 = 1.765\times 1.5 + 0.971\times 3 + 0.865\times 2.5$$

$$= 7.723(\mathrm{t/m^2})$$

압축지수의 계산은 식 (7.19)로부터

$$C_c = 0.009(w_L - 10) = 0.009(60-10) = 0.45$$

침하량은 식 (7.17)로부터 다음과 같이 구할 수 있다.

$$S = \frac{C_c H}{1+e_0}\log(\frac{P_0+\Delta P}{P_0}) = \frac{0.45\times 5\times 100}{1+0.9}\log\frac{7.723+8.0}{7.723} = 36.56(\mathrm{cm})$$

7.5 2차 압밀침하량

흙에 작용하는 하중에 의하여 과잉공극수압이 완전히 소산되어 1차 압밀이 완료되면 흙을 구성하고 있는 흙 입자가 재배열되면서 압밀침하가 계속 일어난다. 이러한 압밀단계를 2차 압밀(secondary consolidation)이라 한다.

이러한 2차 압밀은 일반적으로 1차 압밀에 비하여 서서히 일어나며 압밀량도 작은 경우가 많다. 그러나 2차 압밀이 진행되는 동안에 $\log t$에 대한 변형곡선은 1차 압밀과정처럼 선형이며 이는 그림 7.13과 같다. 그리고 2차 압밀침하량 계산에 필요한 2차 압축지수는 그림 7.13으로부터 다음과 같이 정의할 수 있다.

$$C_a = \frac{\Delta e}{\log t_2 - \log t_1} = \frac{\Delta e}{\log (t_2/t_1)} \tag{7.21}$$

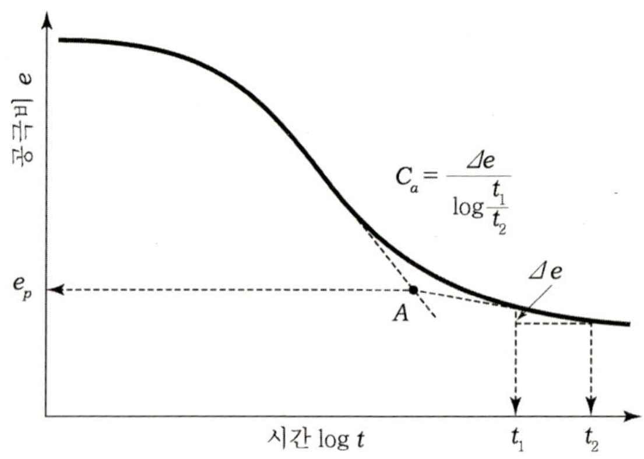

그림 7.13 $e - \log t$곡선과 2차 압축지수

여기서, C_a : 2차 압축지수

Δe : 공극비의 변화$(e_1 - e_2)$

t_1, t_2 : 시간

2차 압밀량은 다음과 같이 계산할 수 있다.

$$S_s = \frac{C_a H}{1+e_P}\log(\frac{t_2}{t_1}) = C_a' H \log(\frac{t_2}{t_1}) \tag{7.22}$$

여기서, C_a' : $\dfrac{C_a}{1+e_P}$

e_P : 1차 압밀 완료시의 공극비

H : 점토층의 두께(cm)

[예제 7.3] 예제 7.2에서 3년 6개월 후에는 1차 압밀이 완료된다고 가정하고 2차 압밀은 하중 재하 후 3.5년에서 10년 사이에 일어난다고 할 때 10년 후의 전체 압밀침하량은 얼마인가?

풀이 식 (7.22)를 이용하여 2차 압밀량을 먼저 구한다.

그리고 $e_0 - e_P = \Delta e$에서 $e_P = e_0 - \Delta e$

또 식 (7.14)에서 $\Delta e = e_0 - C_c[\log(P_0 - \Delta P) - \log P_0]$

$$= 0.9 - 0.45[\log(7.723 + 8.0) - \log 7.723] = 0.761$$

그러므로 2차 압밀 침하량은 다음과 같다.

$$S_s = \frac{C_a H}{1+e_P}\log\left(\frac{t_2}{t_1}\right) = \frac{0.022\times5\times100}{1+0.761}\log\left(\frac{10}{3.5}\right) = 2.85(\text{m})$$

여기서, 전체 압밀침하량=1차 압밀 침하량(S)+2차 압밀 침하량(S_s)이고, 예제 7.2에서 S = 36.56cm 이므로

전체 압밀 침하량$= 36.56 + 2.85 = 39.41(\text{cm})$

7.6 압밀시간과 압밀계수

7.6.1 압밀시간과 압밀도

점토층에 하중이 가해질 때 생기는 1차 압밀에 의한 침하량은 식 (7.16), (7.18) 또는 (7.21)을 이용하여 계산할 수 있다. 그러나 이들 식으로부터 1차 압밀이 일어나는 속도, 즉 시간에 대해서는 알 수 없다.

Terzaghi는 포화점토에 대하여 1차 압밀에 관한 이론을 제시하였으며 이를 수학적으로 해석하기 위해서 다음과 같은 가정을 하였다.

① 흙은 전체적으로 균질이다.
② 흙은 완전히 포화되어 있다.
③ 흙 속의 물은 일축적으로 배수되며 Darcy의 법칙이 성립된다.

④ 흙의 압축도 일축적으로 이루어진다.

⑤ 물과 흙입자의 압축량은 무시한다.

⑥ 작은 공시체로서 표시되는 흙의 성질은 실제의 지반토의 성질과 같다.

⑦ 유효압력과 공극비는 시간에 관계없이 직선적인 관계가 있다.

그림 7.14(a)에는 투수성이 큰 두 모래층 사이에 있는 두께 $2H_{dr}$의 점토층을 보여준다. 만약 점토층이 $\varDelta P$의 하중 증가를 받고 있다면 점토층내의 임의 점 A의 공극수압은 증가할 것이며 점토층의 물은 모래층을 향하여 연직방향으로 빠져나갈 것이다.

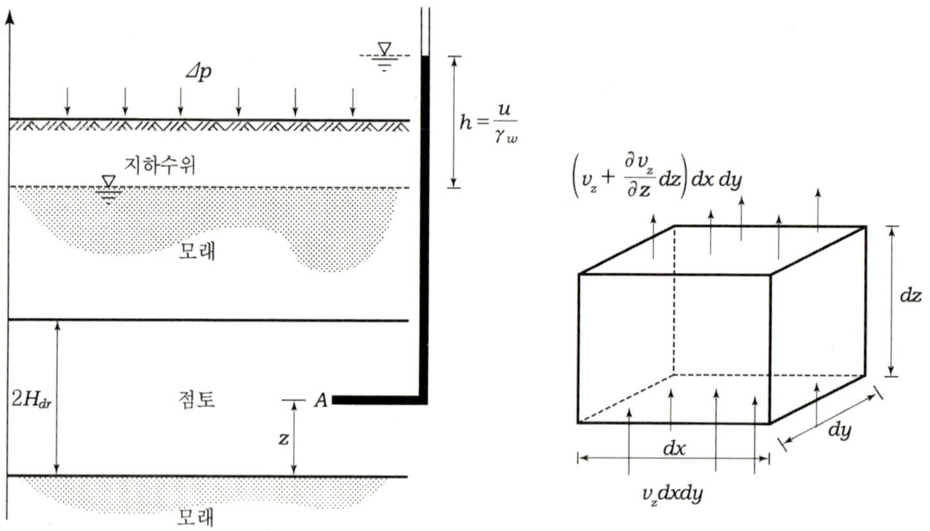

(a) 압밀을 받고 있는 점토층　　(b) 압밀중 물의 흐름

그림 7.14 흙 속에서의 1차원 흐름

그림 7.14(b)는 그림 7.14(a)의 A에서 직육면체 요소를 통한 물의 흐름이다. 흙 요소에 대해 다음의 관계가 성립한다.

물의 유출량 − 물의 유입량 = 체적 변화량

그러므로

$$\left(v_z + \frac{\partial v_z}{\partial z}dz\right)dx\,dy - v_z dxdy = \frac{\partial V}{\partial t} \tag{7.23}$$

여기서, V : 흙요소의 체적

v_z : z 방향의 유속

혹은,

$$\frac{\partial v_z}{\partial z} dx\,dy\,dz = \frac{\partial V}{\partial t} \tag{7.24}$$

유속 v_z는 Darcy법칙을 이용하면 다음과 같이 된다.

$$v_z = ki = -k\frac{\partial h}{\partial z} = -\frac{k}{\gamma_w}\frac{\partial u}{\partial z} \tag{7.25}$$

여기서, u : 하중증가로 인하여 생긴 과잉공극수압

식 (7.24)와 식 (7.25)로부터

$$-\frac{k}{\gamma_w}\frac{\partial^2 u}{\partial z^2} = \frac{1}{dx\,dy\,dz}\frac{\partial V}{\partial t} \tag{7.26}$$

압밀이 진행되는 동안 흙 요소의 체적 변화량은 공극이 체적 변화량과 같으므로

$$\frac{\partial V}{\partial t} = \frac{\partial V_v}{\partial t} = \frac{\partial (V_s + e\,V_s)}{\partial t} = \frac{\partial V_s}{\partial t} + V_s\frac{\partial e}{\partial t} + e\frac{\partial V_s}{\partial t} \tag{7.27}$$

여기서, V_s : 토립자의 체적

V_v : 공극의 체적

그런데 흙 입자는 비압축성이라고 가정하였으므로 $\frac{\partial V_s}{\partial t} = 0$, 그리고 $V_s = \frac{V}{1+e_0} = \frac{dx\,dy\,dz}{1+e_0}$ 이므로 식 (7.27)에 $\frac{\partial V_s}{\partial t}$와 V_s 대신에 위의 값을 대입하면 다음과 같이 된다.

$$\frac{\partial V}{\partial t} = \frac{dx\,dy\,dz}{1+e_0}\frac{\partial e}{\partial t} \tag{7.28}$$

여기서, e_0 : 초기 공극비

식 (7.26)와 (7.28)을 조합하면 다음과 같다.

$$-\frac{k}{\gamma_w}\frac{\partial^2 u}{\partial z^2}=\frac{1}{1+e_0}\frac{\partial e}{\partial t} \tag{7.29}$$

공극비의 변화는 유효응력(하중)의 증가(즉 과잉공극수압의 감소) 때문에 일어나므로 양자가 선형관계라고 가정하면 다음과 같다.

$$\partial e = a_v \partial(\Delta P') = -a_v \partial u \tag{7.30}$$

여기서, $\Delta P'$: 유효응력의 변화

a_v : 압축계수(a_v는 하중증가 범위가 작은 때는 일정하다고 할 수 있다)

식 (7.29)와 (7.30)을 조합하면

$$-\frac{k}{\gamma_w}\frac{\partial^2 u}{\partial z^2}=\frac{a_v}{1+e_0}\frac{\partial u}{\partial t}=-m_v\frac{\partial u}{\partial t} \tag{7.31}$$

즉,

$$\frac{\partial u}{\partial t}=C_v\frac{\partial^2 u}{\partial z^2} \tag{7.32}$$

여기서, m_v : 체적압축계수, $m_v=\dfrac{a_v}{1+e_0}$

C_v : 압밀계수, $C_v=\dfrac{k}{m_v\gamma_w}$

또,

$$C_v=\frac{k}{m_v\gamma_w}=\frac{k(1+e_0)}{a_v r_w} \tag{7.33}$$

식 (7.35)는 Terzaghi 압밀이론의 기본 미분방정식이며 다음의 경계조건을 이용하여 풀 수 있다.

$z=0, \quad u=0$

$z=2H_{dr}, \quad u=0$

$t=0, \quad u=u_0$

그 해는 다음과 같다.

$$u=\sum_{m=0}^{m=\infty}\left[\frac{2u_0}{M}\sin\frac{Mz}{H_{dr}}\right]e^{-M^2T_v} \tag{7.34}$$

여기서, m : 정수

$M=\frac{\pi}{2}(2m+1)$

u_0 : 초기 과잉공극수압

T_v : 시간계수(time factor)

로서 다음과 같다.

$$T_v=\frac{C_v t}{H_{dr}^2} \tag{7.35}$$

압밀의 진행 정도를 압밀 백분율로 나타낸 것을 압밀도(degree of consolidation)라고 하며, 압밀은 점토층에 작용하는 하중에 의해서 일어나는 것이므로 압밀도를 다음과 같이 나타낼 수 있다.

$$U_z=\frac{e_1-e}{e_1-e_2}=\frac{f_s}{P}=\frac{P-u}{P}=1-\frac{u}{P} \tag{7.36}$$

여기서, U_z : 압밀도

e_1 : 초기공극비

e_2 : 최종공극비

e : 임의시각 t 때의 공극비

P : 점토층에 가해진 하중

u : 공극수압

f_s : 유효압력으로 $f_s=P-u$

또 압밀은 작용하중에 의하여 공극수압이 소산되면서 진행되므로 수압의 소산에 의해서 임의시각 t일 때 깊이 z에서의 압밀도는 다음과 같이 된다.

$$U_z=\frac{u_0-u_z}{u_0}=1-\frac{u_z}{u_0} \tag{7.37}$$

여기서, u_0 : 초기의 공극수압

u_z : 시간 t에서의 공극수압

식 (7.34)과 (7.35)를 조합하여 임의 깊이 E에서의 압밀도를 구할 수 있으며 이는 그림 7.16과 같다.

임의 시각 t에서 점토층 전체 깊이에 대한 평균 압밀도는 식 (7.37)로부터 다음과 같이 유도할 수 있다.

$$U=\frac{S_t}{S}=1-\frac{\left(\frac{1}{2H_{dr}}\right)\int_0^{2H_{dr}} u_z dz}{u_0} \tag{7.38}$$

여기서, U : 평균 압밀도

S_t : 시각 t 일때 토층의 침하량

S : 1차 압밀에 의한 토층의 최종 침하량

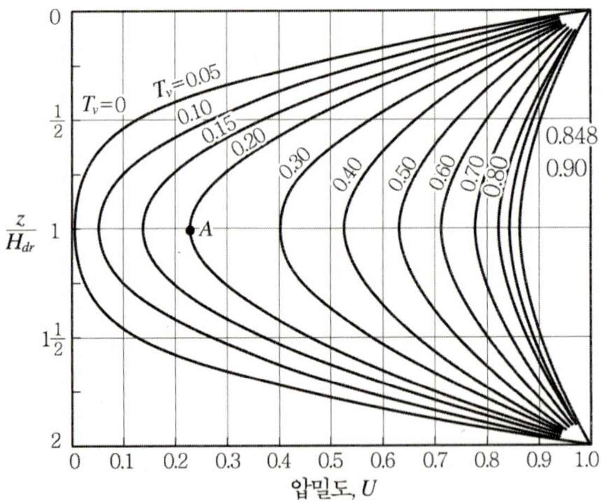

그림 7.15 T_v와 z/H_{dr}에 따른 U의 변화

식 (7.34)로 표시된 과잉공극수압을 식 (7.38)에 대입하면 다음과 같이 된다.

$$U=1-\sum_{m=0}^{m=\infty}\frac{2}{M^2}e^{-M^2T_v} \tag{7.39}$$

식 (7.39)에서 점토층의 평균압밀도 U는 시간계수 T_v만의 함수가 되어 다음과 같이 표시할 수 있다.

$$U = f(T_v) = f\left(\frac{C_v t}{H_{dr}^2}\right) \tag{7.40}$$

식 (7.40)의 함수 f는 압력분포와 배수조건에 의하여 정해진다. 예를 들면 압력분포가 일정하고 흙 속의 물이 상하 두 면으로 배수된다면 배수거리가 점토층 두께의 1/2이 되므로 동일한 압밀도에 도달하는 데 요하는 시간은 점토층 두께의 1/2의 제곱에 반비례한다.

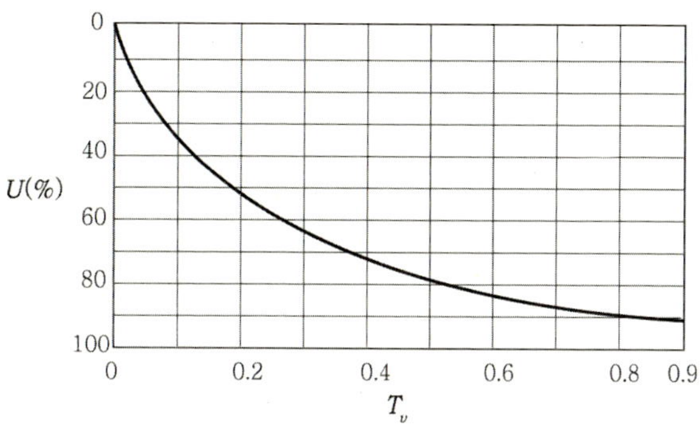

그림 7.16 $U-T_v$ 곡선

평균압밀도 U와 시간계수 T_v의 관계는 그림 7.16과 같으며 시간계수를 공극수압 분포와 점토층 경계의 배수조건을 고려해서 3종류의 조건에 대해서 표시하면 표 7.3과 같다. 표에서 조건 1은 양면배수이고 조건 2와 3은 일면배수의 경우이다.

표 7.3 시간계수의 값

U	T_v		
	조건 1	조건 2	조건 3
0.1	0.008	0.047	0.003
0.2	0.031	0.100	0.009
0.3	0.071	0.158	0.024
0.4	0.126	0.221	0.048
0.5	0.197	0.294	0.092
0.6	0.287	0.383	0.160
0.7	0.403	0.500	0.271
0.8	0.567	0.665	0.440
0.9	0.848	0.940	0.720

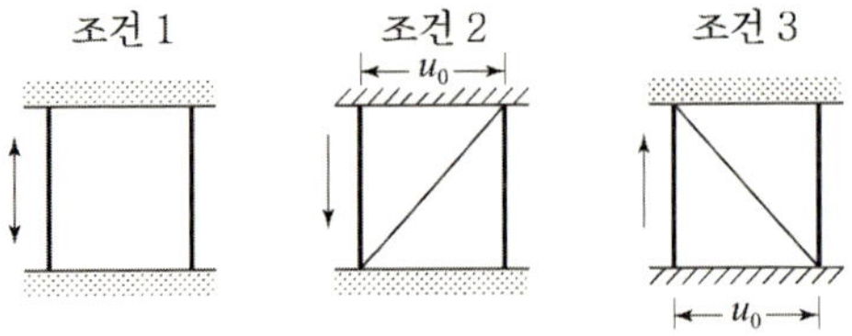

7.6.2 압밀계수와 압축비

압밀계수(coefficient of consolidation, C_v)는 실내 압밀시험으로부터 $\sqrt{t}$ 방법과 $\log t$ 방법으로 구한다.

(1) $\sqrt{t}$ 방법

이 방법은 Taylor가 제안한 것으로 실내시험에서 임의의 한 증가하중에 대한 시료의 압밀 침하량과 침하시간의 관계, 즉 변형 – $\sqrt{t}$ 의 관계를 이용하는 것으로서 그 도해법은 다음과 같다(그림 7.17(a) 참조).

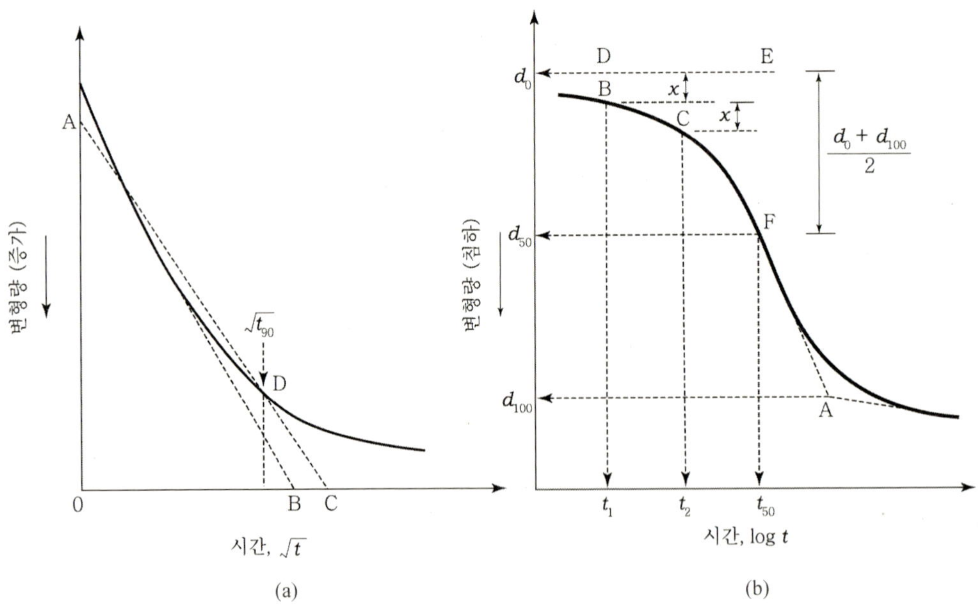

그림 7.17 압밀계수를 정하는 방법

① 곡선의 초기 구간의 직선을 지나는 선 AB(직선부)를 긋는다. 여기서 점 A는 이론상의 압밀 시작점 d_s가 된다.

② 직선 AB의 1.15배의 기울기를 갖는($\overline{OC} = 1.15\overline{OB}$) 선 AC를 긋는다.

③ 압밀곡선과 직선 AC의 교점 D의 횡좌표는 90% 압밀시의 $\sqrt{t}$를 나타낸다($\sqrt{t_{90}}$).

④ 90% 압밀에 대해 표 7.3에서 $T_{90}=0.848$이므로 $T_{90}=0.848=\dfrac{C_v t_{90}}{H_{dr}^2}$로부터 C_v는 다음과 같다.

$$C_v=\frac{0.848H_{dr}^2}{t_{90}} \tag{7.41}$$

여기서, H_{dr} : 압밀시 최장 배수거리

양면배수되는 시료에 대해서는 H_{dr}는 시료 평균높이의 $\frac{1}{2}$이며, 일면배수되는 시료에서는 H_{dr}는 시료의 평균높이이다.

(2) log t 방법

Casagrande가 제안한 방법으로 그림 7.17(b)는 실내시험에서의 임의의 증가하중에 대한 변형과 log t의 관계이며 여기서 압밀계수 C_v를 결정하는 작도법은 다음과 같다.

① 1차 압밀과 2차 압밀의 직선 부분을 연장하여 교점 A를 구한다. 점 A의 종좌표는 d_{100}으로 표시하며 이는 1차압밀이 100% 완료되었을 때를 의미한다.

② 변형(침하량)−log t 관계의 초기곡선 부분은 보통 눈금상에서 거의 포물선이다. 곡선 부분에서 $t_2=4t_1$이 되도록 t_1과 t_2를 취하고 시간 t_2-t_1 동안 시료 변형량의 차를 x라 한다(보통t_1은 1분 근방으로 취한다).

③ 수직거리 $BD=x$ 되게 수평선 DE를 긋는다. 선 DE에 해당하는 변형이 d_0(압밀이 0인 압밀시점)이다.

④ 압밀곡선 상의 점 F의 종좌표는 1차 압밀의 50%를 나타내며 점 F의 횡좌표는 50% 압밀에 요하는 시간 t_{50}을 나타낸다.

⑤ 50%의 평균압밀도에 대해 $T_v=0.197$이므로 압밀계수 C_v는 다음과 같이 구할 수 있다.

$$C_v=\frac{0.197H_{dr}^2}{t_{50}} \tag{7.42}$$

흙의 압축은 압밀초기에 일어나는 초기압축과 1차 압밀에 의한 1차 압축 및 2차 압밀에 의한 2차 압축으로 나눌 수 있다. 그런데 사질토의 경우는 초기 압축량은 거의 없어 d_0점과 D_s점이 동일하게 되며 2차 압밀량도 매우 작다. 그러나 점토의 경우는 초기압축 및 2차 압축이 어느 정도 나타난다. 이들 압축량을 상호 비교하기 위하여 그림 7.17을 참조해서 다음과 같이 나타낼 수 있다.

초기 압축비 : $r_0 = \frac{d_0 - d_s}{d_0 - d_f}$ 또는

$$r_0 = \frac{d_s - d_0}{d_f - d_0} \tag{7.43}$$

1차 압축비(1차 압밀비)r_p:

$$\sqrt{t}\text{ 법에서 } r_p = \frac{10}{9}\left(\frac{d_s - d_{90}}{d_0 - d_f}\right),\ \text{또는 } r_p = \frac{10}{9}\left(\frac{d_{90} - d_s}{d_f - d_0}\right) \tag{7.44}$$

$$\log\ t\text{법에서 } r_p = \frac{d_s - d_{100}}{d_0 - d_f},\ \text{또는 } r_p = \frac{d_{100} - d_0}{d_f - d_0} \tag{7.45}$$

$$2\text{차 압밀비 } r_s = 1 - (r_0 - r_p) \tag{7.46}$$

여기서, d_0 : 실제 압밀시험의 게이지 읽음
d_f : 최종 압밀시의 게이지 읽음
d_s : 보정한 시점의 게이지 읽음
d_{90} : 90% 압밀시의 게이지 읽음
d_{100} : 100% 1차 압밀시의 게이지 읽음

[예제 7.4] 다음 그림 예 7.3과 같이 두께 6m 모래층 밑에 두께 3m의 점토층이 있다. 하중 9.8t/m^{2}이 지표면에 작용할 때 다음 사항을 결정하라.

(a) 하중을 가한 직후 피조미터에 물이 얼마나 높게 올라가는가?
(b) $h = 6$m 일 때 A점에서의 압밀도는 얼마인가?
(c) A점에서 압밀도가 50%일 때 h를 구하라.

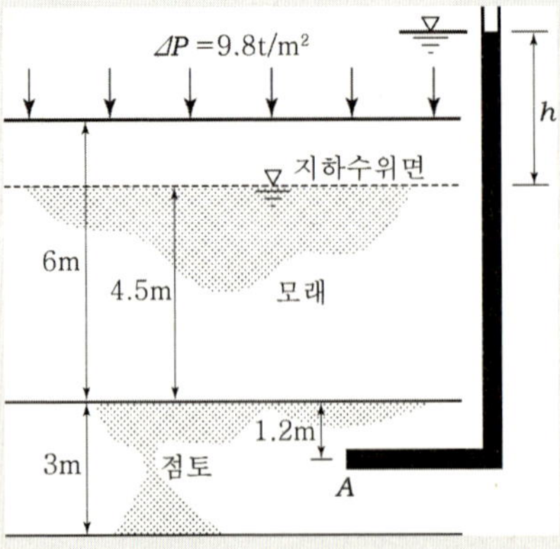

그림 예 7.3

풀이 (a) 두께 3m의 점토층에 초기 과잉공극수압이 균등하게 증가되었다고 가정하면,

$$u_0 = \Delta P = 9.8(\mathrm{t/m^2})$$

$$\therefore h = \frac{9.8(\mathrm{t/m^2})}{1(\mathrm{t/m^3})} = 9.8(\mathrm{m})$$

(b) $U_A(\%) = (1 - \frac{u_A}{u_0}) \times 100 = (1 - \frac{6}{9.8}) \times 100 = 38.78(\%)$

(c) $U_A = 0.5 = (1 - \frac{u_A}{u_0}) = (1 - \frac{u_A}{9.8})$

즉, $0.5 = (1 - \frac{u_A}{9.8})$

$$\therefore u_A = (1 - 0.5) \times 9.8 = 4.9(\mathrm{t/m^2})$$

따라서 $h = \dfrac{4.9(\mathrm{t/m^2})}{1.0(\mathrm{t/m^3})} = 4.9(\mathrm{m})$

예제 7.5 예제 7.2 문제에 대해 다음을 답하여라.

(a) 침하량이 7.62cm일 때 점토층의 평균 압밀도는 얼마인가?

(b) 같은 하중에 대한 평균 C_v값이 0.003cm²/sec라면, 50%침하가 일어나는 데 얼마나 소요되는가?

(c) 5.0m 점토층이 양면 배수된다면 50%압밀이 일어나는 데 소요시간을 구하여라.

풀이 (a) 임의 시간에서의 압밀도 U는

$$U(\%) = \frac{\text{침하량}}{\text{최대침하량}} = \frac{7.62}{36.56} \times 100 = 20.84(\%)$$

(b) 표 7.3으로부터 일면 배수시 $U = 50\%$에 대해 $T_{50} = 0.092$

$T_{50} = \dfrac{C_v t_{50}}{H_{dr}^2}$ 이므로

$$t_{50} = \frac{T_{50} H_{dr}^2}{C_v} = \frac{0.092 \times 500^2}{0.003 \times 60 \times 60 \times 24} = 88.7(\mathrm{day})$$

(c) 양면배수이므로 최대 배수거리 $H_{dr} = \dfrac{1}{2}H = \dfrac{0.5}{2} = 2.5(\mathrm{m})$

$$t_{50} = \frac{0.197 \times 250^2}{0.003 \times 60 \times 60 \times 24} = 47.50(\mathrm{day})$$

[예제 7.6] 두께 5.0m의 모래층 아래에 12.0m 두께의 점토층이 양면배수 상태에 있으며, 지하수위는 지표면에서 1.0m 이하에 있다. 점토층의 압밀계수는 c_v는 $8.0\times10^{-8}\text{m}^2/\text{sec}$이다. 지표면에 10.0t/m^2의 구조물 하중이 작용한 후, 5년 후 점토층의 3m, 6m 지점의 (a) 압밀도와 (b) 과잉간극수압을 구하라.

풀이

(a) 양면배수이므로 배수거리는 $H_{dr}/2 = 6.0\text{m}$ 이다.

$$\text{시간계수 } T_v = \frac{c_v t}{H_{dr}^2} = \frac{8\times10^{-8}\times(5\times365\times24\times60\times60)}{6^2} = 0.35$$

그림 7.16으로부터 $T_v = 0.35$에 대한 압밀도를 구하면 다음과 같다.

z=3.0m , z/H_{dr}=0.50, U_z=61.0%

z=6.0m , z/H_{dr}=1.0, U_z=46.0%

(b) 초기 과잉간극수압 u_i는 10.0t/m^2이다.

$U_z = 1 - \dfrac{u_z}{u_o}$ 이므로 $u = u_i \cdot (1-U_z)$이다.

z=3.0m , U_z=61.0%, u=3.9t/m^2

z=6.0m , U_z=46.0%, u=5.4t/m^2

7.7 압밀시험

압밀시험은 구조물이나 지반의 압밀침하현상을 해석하기 위하여 흙의 압축성에 관한 정수, 즉 압축계수(C_v), 체적압축계수(C_c), 선행하중(P_c), 압밀계수(C_v) 및 투수계수(K) 등을 구하기 위한 일련의 시험이다.

7.1.1 압밀시험 장치

압밀시험기는 시험을 하기 위하여 성형한 시료를 넣고 고정시킬 수 있는 압밀상자와 시료에 하중을 가해서 압밀시킬 수 있는 하중재하장치, 그리고 시료의 압밀침하량을 측정할 수 있는 변위량 측정장치 등으로 구성되어 있다.

압밀상자는 그림 7.18에 나타내었으며, 지름 6cm, 높이 2cm의 압밀링과 시료 상, 하에 있는 다공석을 통해서 시료의 물이 배출될 수 있도록 되어 있다.

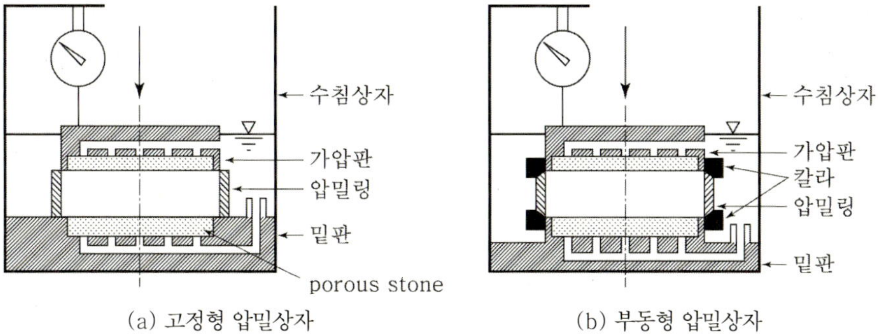

그림 7.18 압밀상자

하중재하장치는 공시체에 0.05~12.8kg/cm^{2}의 압축응력으로 하중을 가할 수 있는 장치와 이에 필요한 추가 있다.

또 변형량 측정장치는 일반적으로 1/100mm까지 측정할 수 있는 다이얼 게이지를 압밀상자에 부착하여, 압밀침하량을 측정하도록 되어 있으나 다이얼 게이지 대신 디지털형이나 또는 압밀형상이 기록용지에 직접 기록되도록 된 것도 있다.

7.7.2 압밀시험방법

일반적으로 많이 사용되고 있는 다이얼 게이지에 의한 압밀시험방법은 다음과 같다.

① 시료를 소정의 크기로 성형하여 밑에는 다공석이 있는 압밀 링에 넣고 시료 윗면에도 원형 다공석을 놓는다.
② 다공석 위에 뚜껑을 놓고 압밀상자를 조립한 다음 이를 지지대 위에 올려놓고 압밀상자에 물을 부어서 시료를 완전 포화시킨다.
③ 변형량 측정장치를 설치하고 시료에 하중을 가하기 전에 다이얼 게이지를 읽는다.
④ 시료에 0.05kg/cm^{2}의 하중을 가하고 시간경과에 따른 변형량(침하량)을 측정한다. 재하후 변형량 측정시간은 8, 15, 30초 1, 2, 4, 8, 15, 30분, 1, 2, 4, 8, 24시간을 표준으로 하나 $\sqrt{t}$ 방법을 사용할 때는 15초, 1, 1.25, 4, 6, 9, 12, 16, 20, 25분 … 의 시간 간격으로 압밀도가 약 90%에 도달할 때까지 측정한다.
⑤ 하중을 24시간 방치한 후에 시간과 침하량을 기록한 다음 하중을 0.1kg/cm^{2}으로 가하여 ④의 방법으로 침하량을 계산한다.
⑥ 이어서 하중을 0.2, 0.4, 0.8, 1.6, 3.2, 6.4, 12.8kg/cm^{2}로 증가하면서 같은 과정의 시험을 한다. 이때 매 단계의 증가하중은 24시간 뒤에 재하해야 한다.

⑦ 12.8kg/cm^{2}의 하중을 24시간 가한 후 침하량을 기록하고 하중을 6.4kg/cm^{2}로 내려서 4시간 장치한다. 다시 하중을 3.2, 1.6, 0.8, 0.05kg/cm^{2}로 감소시키면서 각 단계별로 4시간 동안의 시료의 팽창을 기록한다.

⑧ 하중 0.05kg/cm^{2}때의 최후의 게이지의 읽음이 끝나면 시료를 시험기에서 꺼내 표면수를 닦고 시료의 습윤중량을 측정한다.

⑨ 시료를 건조로에 넣어서 함수비를 구한다.

7.7.3 압밀시험 결과의 정리

앞의 방법에 의하여 압밀시험한 결과는 다음과 같이 정리한다.

(1) 공극비 e의 계산

각 하중 단계별 공극비는 다음 식으로 구한다.

$$e = \frac{2H - 2H_0}{2H_0} \tag{7.47}$$

여기서, $2H$: 각 단계의 하중 P에 있어 24시간 압밀후의 시료의 최종 두께(cm)
$2H_0$: 공극비가 0인 상태($e=0$)의 시료 두께(cm)

$$2H_0 = \frac{W_0}{G_s A \gamma_w} \tag{7.48}$$

$$W_0 = \frac{W_t}{1 + w/100}$$

여기서, W_0 : 시료의 건조중량(g)
G_s : 토립자의 비중
A : 시료의 단면적(cm^2)
γ_w : 물의 단위중량(단위체적중량)(g/cm^2)
W_t : 압밀시험 완료후의 시료의 습윤중량(g)
w : 압밀시험 완료후의 시료의 함수비(%)

(2) 압밀계수(C_v)

압밀계수는 7.6.2에서 설명한 바와 같이 $\sqrt{t}$ 법과 log t법으로 구한다.

(가) $\sqrt{t}$ 법

① 압밀시험방법 ④항에서 측정한 시간의 제곱근 $\sqrt{t}$ 에 대한 다이얼 게이지의 읽음을 방안지에 그린다(그림 7.19 참조).

② 곡선 초기 부분의 직선에 연장하여 t=0의 종축과 교점을 d_s로 한다.

③ d_s 점을 지나는 직선에 대한 경사의 탄젠트에 1.15배의 접선을 갖는 직선을 그어 압밀곡선과의 만나는 점을 구한다.

④ 이 점이 하중강도로서 90%의 압밀이 일어날 때까지의 시간 t_{90}의 제곱근($\sqrt{t_{90}}$)이 되며 t_{90}이 구해지면 압밀계수는 식 (7.49)로 계산한다.

$$C_v = \frac{T_v H_{dr}^2}{t_{90}} = \frac{0.848 H_{dr}^2}{t_{90}} \tag{7.49}$$

여기서, 상하의 양면으로 배수되는 경우 H_{dr}는 시료두께의 1/2이다.

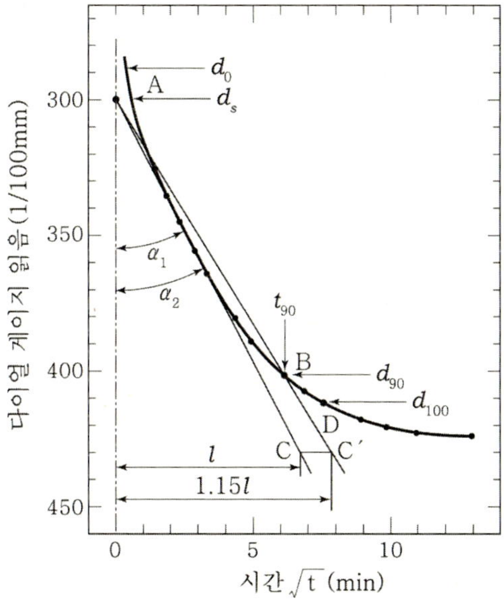

▌그림 7.19 ▌ $\sqrt{t}$ 법에 의한 압밀곡선

(나) log t법

① 압밀시험방법 ④항에서 측정한 시간 t에 대한 다이얼 게이지의 읽음을 반대수 용지에 그린다 (그림 7.20 참조).

② 2개의 직선 부분을 연장하여 만나는 점이 100%의 압밀도를 가르친다.

③ 이 곡선의 시점 부분을 보정할 d_s와 d_{100}의 중간점이 d_{50}이 된다. d_s를 구하는 방법은 7.2.10에서 설명한 것과 같으나 보통 1분과 4분 사이의 다이얼 게이지 읽음의 차만큼 1분의 읽음 위로 점을 찍어서 수정영점 d_s로 구한다.

④ d_{50}에 상당하는 t_{50}을 구하고 압밀계수는 식 (7.49a)로 구한다.

$$C_v = \frac{T_v H_{dr}^2}{t_{50}} = \frac{0.197 H_{dr}^2}{t_{50}} \tag{7.49a}$$

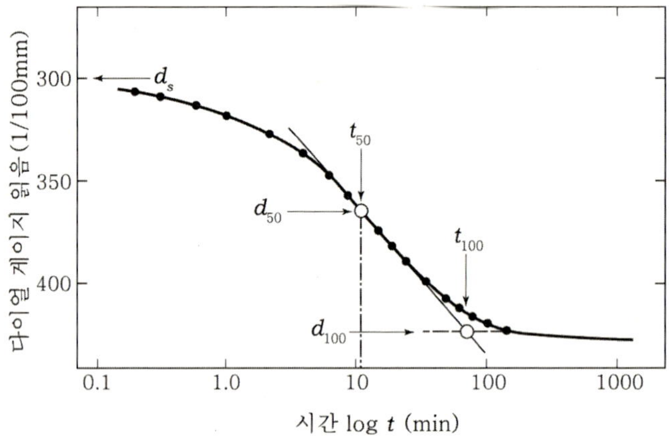

그림 7.20 log t법에 의한 압밀곡선

(3) 압축지수(C_c)

각 하중 단계별 공극비 e와 하중 P의 관계를 반대수 용지에 그려서 $e-\log\ P$곡선의 선행하중 P_c를 구하고 P_c이후의 직선 부분의 기울기, 즉 식 (7.6)으로 압축지수를 구한다.

$$C_c = \frac{e_1 - e_2}{\log P_2 - \log P_1} = \frac{\Delta e}{\log(P_2/P_1)} \tag{7.50}$$

(4) 투수계수(K)

각 단계별 하중 증가량 ΔP와 이에 대응하는 공극비의 감소량 Δe로부터 압축계수를 구하고 식

(7.33)으로부터 다음과 같이 투수계수를 구할 수 있다.

$$K = C_v m_v \gamma_w \tag{7.51}$$

여기서, C_v : 압밀계수(cm^2/sec)

m_v : 체적압축계수(cm^2/g)

γ_w : 물의 단위중량(g/cm^3)

[예제 7.7] 점토층 시료의 두께가 3.2cm이고 $t_{90}=3.5min$, $t_{50}=3.3min$일 때 압밀계수를 구하라. 단, 압밀시험은 양면배수로 실시하였다.

풀이

$\sqrt{t}$ 법 $C_v = \dfrac{0.848H_{dr}^2}{t_{90}} = \dfrac{0.848\times(3.2/2)^2}{3.5\times60} = 2.95\times10^{-3}(cm^2/sec)$

$\log t$ 법 $C_v = \dfrac{0.197H_{dr}^2}{t_{50}} = \dfrac{0.197\times(3.2/2)^2}{3.3\times60} = 2.55\times10^{-3}(cm^2/sec)$

따라서, 압밀계수는 $C_v = \dfrac{1}{2}(2.95\times10^{-3}+2.55\times10^{-3}) = 2.75\times10^{-3}(cm/sec)$

[예제 7.8] 공극비가 1.5, 압축계수가 $0.003cm^2/g$, 압밀계수가, $2.45\times10^{-3}cm^2/sec$일 때 이 점토의 투수계수를 구하라.

풀이

식 (7.54)에서 $k = \dfrac{C_v a_v \gamma_w}{1+e} = \dfrac{2.45\times10^{-3}\times0.003\times1}{1+1.5} = 2.94\times10^{-6}(cm/sec)$

[예제 7.9] 점토의 압밀시험에서 각 압밀하중에 있어서 최종 침하량을 측정한 결과 다음과 같다. 이것으로부터 선행하중과 이에 대응하는 공극비 및 압축지수를 구하라.

압밀하중 $P(kg/cm^2)$	0	0.1	0.2	0.4	0.8	1.6	3.2	6.4	1.6	0.4	0.1	0
최종 침하량 $R(\frac{1}{100}mm)$	0	20	46	97	189	304	446	588	547	490	394	380

최초시료의 두께는 2cm, 시료의 지름은 6cm, 시료의 건조중량 $W_0 = 56.6g$, 흙의 비중 G_s=2.656 이다.

풀이 고체 부분의 두께 $2H_0 = \dfrac{W_0}{G_s A \gamma_w} = \dfrac{56.6}{2.656 \times 28.26} = 0.754\text{cm}$

각 단계의 공극비 $e = \dfrac{(2H_0 - R) - 2H_0}{2H_0} = \dfrac{2.000 - 0.754 - R}{0.754} = \dfrac{1.246 - R}{0.754}$

P(kg/cm²)	R(cm)	e	P(kg/cm²)	R(cm)	e
0	0	1.653	3.2	0.446	1.061
0.1	0.020	1.626	6.4	0.588	0.873
0.2	0.046	1.592	1.6	0.547	0.927
0.4	0.097	1.521	0.4	0.490	1.003
0.8	0.189	1.402	0.1	0.394	1.129
1.6	0.304	1.249	0	0.380	1.149

위 표로부터 $e - \log P$곡선을 그리면 그림 예 7.5와 같다. 이 그림에서 $P_c = 0.58\text{kg/cm}^2$, $e_1 = 1.52$, $e_2 = 0.873$ 그러므로 압축지수는 다음과 같다.

$$C_c = \frac{e_1 - e_2}{\log_{10}(P_2/P_1)} = \frac{1.52 - 0.873}{\log(6.4/0.58)} = 0.195$$

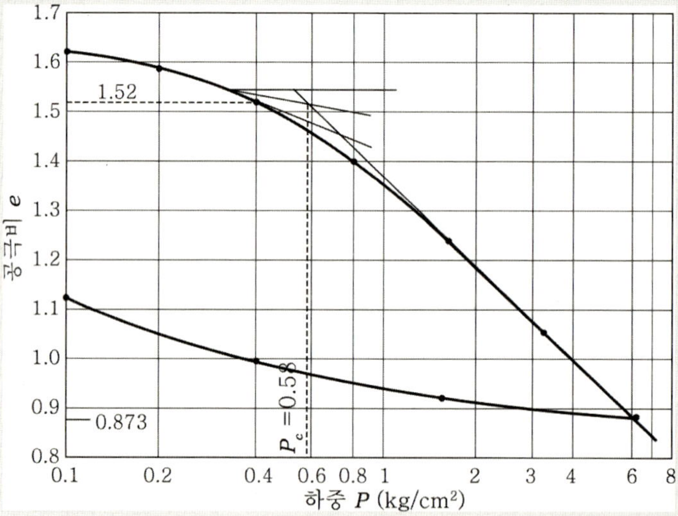

그림 예 7.5

7.8 압밀침하량의 계산 및 응용

기초지반에 축조한 구조물의 침하량과 침하시간에 의한 침하율을 계산하기 위해서는 다음과 같은 사항을 알아야 한다.

① 구조물 기초밑 지층의 종류, 두께, 배열, 그리고 지층을 형성하는 흙의 종류
② 지하수면의 위치
③ 압축성 토층에서 채취한 불교란시료로부터 구한 흙의 단위중량, 공극비와 하중강도 P와의 관계, 압밀도와 시간관계, 압밀계수 등
④ 구조물 축조후의 흙 속의 응력분포

7.8.1 구조물 축조에 의한 응력증가

구조물 축조에 의한 지반응력의 증가는 간이법(그림 7.21 참고)에 의하여 계산하는 것이 보통이나, 지층이 두꺼울 경우에는 평균법(그림 7.22 참고)에 의하여 계산하는 것이 효과적이다. 또한, 지반의 굴착, 지하수에 의한 부력 등을 고려하여 응력증가를 구해야 한다.

7.8.2 침하량의 계산

구조물의 침하는 즉시침하량과 압밀침하량에 대하여 검토해야 하며 최종 압밀침하량은 식 (7.16), (7.18), (7.21)을 이용하여 구할 수 있다.

(1) 간이법(2 : 1 분포법)에 의한 방법

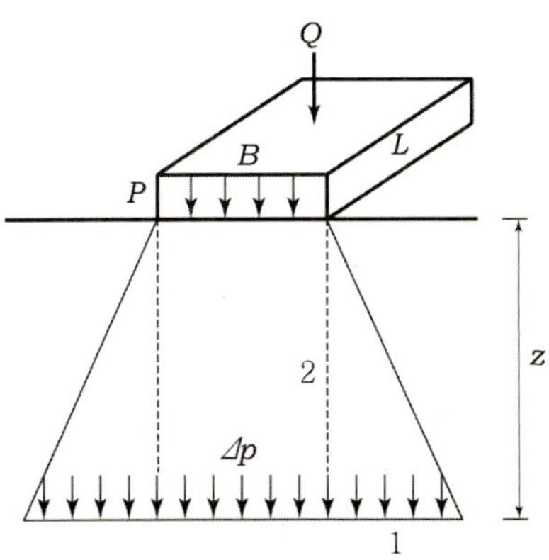

$$PBL = Q = \Delta P(B+z)(L+z)$$

$$\therefore \Delta P = \frac{PBL}{(B+z)(L+z)}$$

그림 7.21 간이법

(2) 평균법

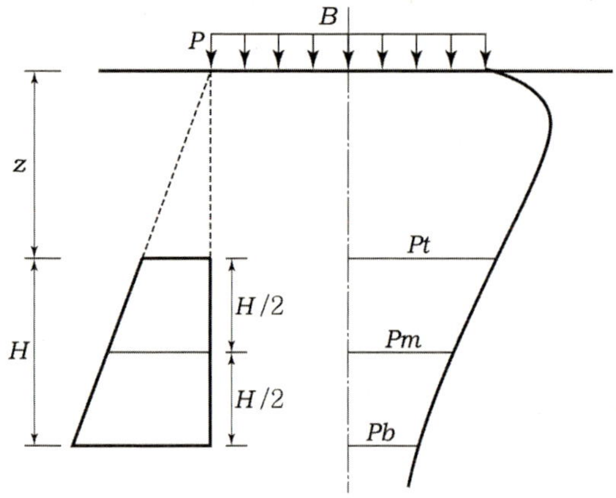

$$P_t = \frac{PBL}{(B+z)(L+z)}$$

$$P_m = \frac{PBL}{(B+z+H/2)(L+z+H/2)}$$

$$P_b = \frac{PBL}{(B+z+H)(L+z+H)}$$

$$\therefore \Delta P = \frac{1}{6}(P_t + 4P_m + P_b)$$

그림 7.22 평균법

특히 과압밀된 토층에서, 유효응력이 선행하중보다 크게 작용할 때는 식 (7.21) 또는 식 (7.21a)를 사용함으로써 정확한 압밀침하량을 구할 수 있다. 그리고 구조물 기초 밑의 지반이 여러 개의 압축성 토층으로 구성되어 있을 경우에는 각층별로 침하량을 각각 계산한 다음 이것을 합해서 전체 침하량을 구한다.

[예제 7.10] 다음 그림 예 7.6과 같이 폭이 2m인 정사각형 기초위에 $10t/m^2$의 등분포하중이 작용할 때 구조물의 최종침하량은 얼마인가? 단, 지하수위는 기초 저면에 있고 점토층의 압축지수는 0.45로 한다.

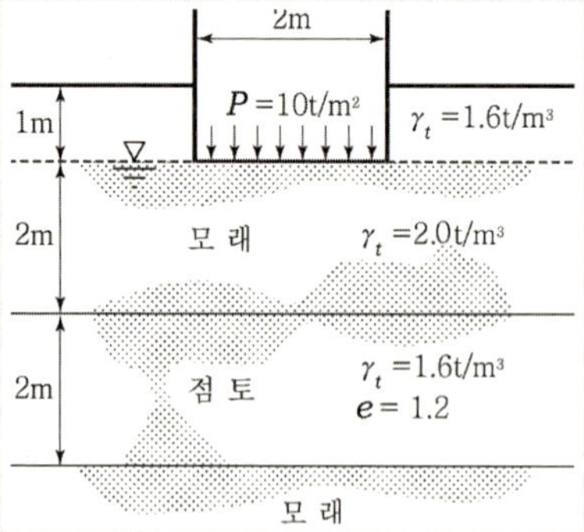

그림 예 7.6

풀이 점토층 중앙단면에서의 유효응력 P_1을 구하면

$P_1 = (1.6\times1+2\times2+1.6\times1)-(1\times3) = 4.2(t/m^2)$

$$\Delta P = \frac{10\times 4 - 1.60\times 1\times 4}{(2+3\times 0.5\times 2)^2} = 1.34(\mathrm{t/m^2})$$

$$\therefore P_2 = P_1 + \Delta P = 4.2 + 1.34 = 5.54(\mathrm{t/m^2})$$

따라서, 최종 침하량은 (7.18)식에 의하여

$$S = \frac{C_c H}{1+e}\log(\frac{P_2}{P_1}) = \frac{0.45\times 200}{1+1.2}\log(\frac{5.54}{4.2}) = 4.91(\mathrm{cm})$$

7.8.3 점증하중으로 인한 압밀침하

앞에서 설명한 점토의 압밀침하량을 구하는 식들은 점토지반위에 일정한 총하중이 순간적으로 작용한다는 가정하에 유도된 것이다. 그러나 실제에 있어서는 어느 기간 동안 하중을 계속 증가시켜서 최종하중까지 도달시키는 경우가 많으며, 이때에는 처음 하중이 작용할 때부터 압밀이 일어나서 최종 총하중에 도달할 때에는 기초지반은 어느 정도 압밀되어 있다. 그러므로 점증하중이 작용할 때의 침하량은 순간의 총하중으로 계산한 침하량보다 작게 되며 이는 순간하중에 의한 침하량으로부터 수정할 수 있다.

이 수정방법으로 Terzaghi는 다음과 같이 제안하였다. 점증하중이 일정치에 도달하는 시간에서의 압밀침하량은 순간하중으로 인해 생긴 시간의 1/2에서의 압밀침하량에다 최종하중에 대한 점증하중의 비율을 곱한 값과 같다.

그림 7.23에서 선분 AB는 시간과 더불어 직선적으로 증가하는 점증하중을 나타내며, 그 점선은 순간하중으로 인해 생긴 시간-침하량 곡선이다. 점증하중이 최종값에 도달했을 때의 시간을 t_1이라 하면 $t_1/2$에서의 순간하중에 대한 침하량 KF에 t/t_1와 같기 때문이다. 이러한 방법으로 점을 찍어 나간다면 실제 침하량곡선 OHE가 얻어진다. E점을 넘어서부터는 순간하중에 대한 침하량 곡선 t_1을 $t_1/2$만큼 오른쪽으로 옮겨서 EJ곡선을 그리면 된다.

이 밖에 압밀촉진공법에 대하여는 제14장 토질안정처리에서 기술하기로 한다.

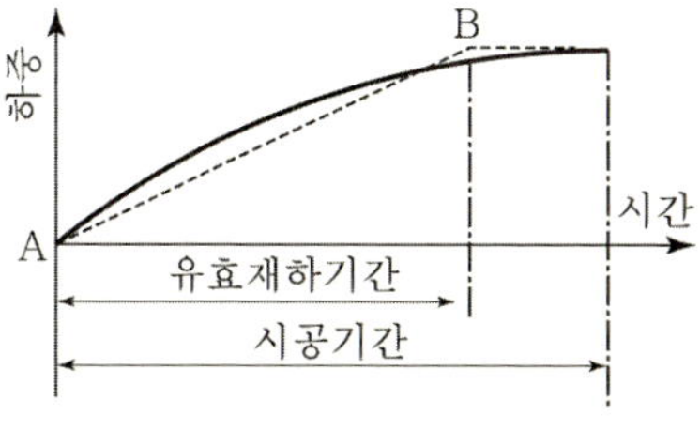

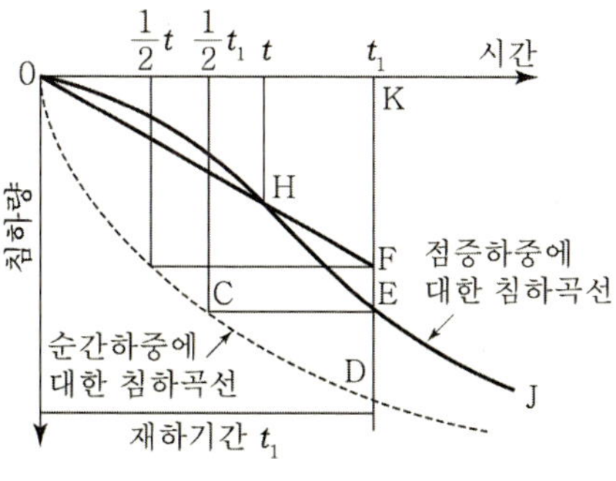

그림 7.23 점증하중으로 인한 침하량의 수정

연습문제

7.1 그림과 같이 3층으로 퇴적된 지반이 있다.

$h_1 = 2.5\text{m}$	모래	$\gamma_t = 19.4 kN/m^3$
$h_2 = 3.5\text{m}$	점토	$\gamma_t = 20.4 \text{kN/m}^3$
$h_3 = 3.0\text{m}$	모래	$\gamma_t = 19.4 kN/m^3$

그림 연 7.1

지표에서 깊이 9m의 위치에 작용하는 유효응력을 구하여라. 단, 지하수위는 지표에서 2.5m 깊이에 있다.

7.2 포화된 해성점토의 압밀시험결과, 하중–공극비 관계는 다음 표와 같다. e–log p 곡선을 그리고 압축지수, 제하과정에서의 팽창지수, Casagrande의 방법을 이용하여 압밀항복응력을 구하고, $p_0 = 4.0 kN/m^2$일 경우의 OCR을 구하여라.

하중강도 P kN/m²	공극비	하중강도 P kN/m²	공극비
0	2.20	156.8	1.86
9.8	2.12	313.6	1.63
19.6	2.10	627.2	1.39
39.2	2.07	1254.4	1.17
78.4	2.01	9.8	1.37

7.3 두께 2m의 점토층 위에 설치한 구조물이 침하되기 시작하여 15cm에서 침하가 완료되었다. 건물에 의한 평균 작용압력이 5.88kN/m^{2}일 때 점토층의 체적압축계수는 얼마인가?

7.4 상·하층이 모래로 되어있는 두께 6m의 점토층이 어떤 하중을 받고 있다. 이 점토층의 투수계수가 $k = 5 \times 10^{-7} cm/\sec$, 체적압축계수가 $m_v = 0.105\, cm^2/kg$일 때, 90% 압밀에 90% 압밀에 요하는 시간은 얼마인가?

7.5 토층 및 하중조건은 그림에 나타낸 바와 같다. 1차 압밀로 인한 점토층의 침하량은 얼마인가? 단, 선행압밀하중 $p_c = 160\, kN/m^2$, 배수는 양면배수 조건이며, $C_s = 1/5\, C_c$를 적용한다.

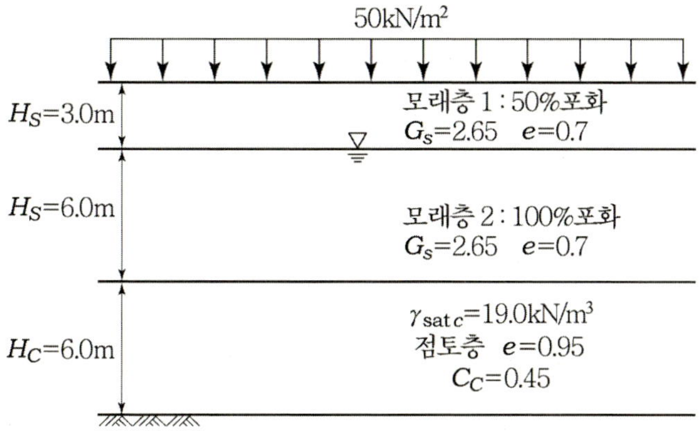

7.6 두께 2cm의 시료로 압밀시험을 하여 50% 압밀도에 도달하는 데 10시간이 걸렸다면 두께 5m의 점토층이 50% 압밀하는 데는 몇 년이 걸리는가?

7.7 두께 6m의 점토층 위에 두께 1m의 모래층이 있고 점토층 밑에는 불투수의 암반층이 있다. 점토층의 압밀계수가 $C_v = 2.24 \times 10^{-3}\mathrm{cm^2/sec}$일 때, 90% 압밀되는 데 걸리는 시간은 얼마인가?

7.8 앞 문제에서 두께 3m로 성토하여 $5.4\mathrm{t/m^2}$의 등분포 하중이 작용한다면 최종 압밀침하량은 얼마인가? 단, 점토층의 체적 변화율은 $2.5 \times 10^{-4}\mathrm{cm^2/sec}$이다.

7.9 두께 4m의 점토층으로부터 불교란시료를 채취하여 압밀시험을 한 결과 하중강도가 $1.2\mathrm{kg/cm^2}$에서 $2.0\mathrm{kg/cm^2}$로 증가했을 때 공극비가 1.68에서 1.26으로 되었다. 이 점토층의 체적변화율과 최종 압밀침하량을 구하여라.

7.10 지표에서 두께 2m의 모래층이 있고 그 밑에 두께 8m의 점토층이 있다. 점토층의 액성한계가 45%, 자연 함수비가 50%이며, 비중이 2.68이다. 그리고 지하수위는 지표에서 2.0m 밑에 있다. 모래층의 습윤단위중량이 $1.85\mathrm{g/cm^3}$, 점토의 포화단위중량이 $1.78\mathrm{g/cm^3}$이다. 지표에 축조한 구조물로 인하여 점토층에 $1.2\mathrm{t/m^2}$의 평균하중이 증가되었을 때 점토층의 최종 침하량을 구하여라.

7.11 어느 점토의 압밀계수가 $C_v = 1.42 \times 10^{-4}\mathrm{cm^2/sec}$, 압축계수 $a_v = 2.91 \times 10^{-2}\mathrm{cm^2/g}$이다. 이 점토의 투수계수를 구하여라. 단, 이 흙의 공극비는 e=1.2이다.

7.12 그림 연 7.2와 같이 $B \times L = 4 \times 6\text{m}$의 푸팅에 표층 2m 심도의 모래층 밑에는 두께 8m의 점토층이 있고 그 밑에는 또 모래층이 있다. 지하수위는 지표에서 1m 밑에 있으며 기초의 근입심도는 0.5m이다. 점토층 중심에서 채취한 시료에 대한 압밀시험에서 하중이 1kg/cm^2에서 2kg/cm^2로 증가될 때 공극비는 2.1에서 1.7로 감소되었다. 점토층의 압축지수를 구하고 이 점토층의 50%압밀침하량과 이에 요하는 기간을 구하여라.

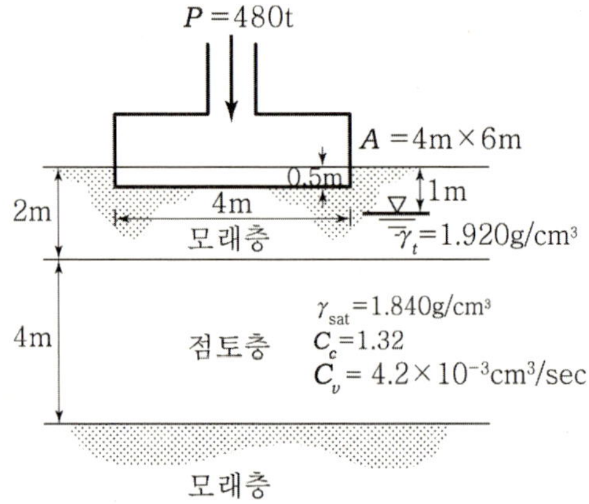

그림 연 7.2

제 8 장 전단강도

제 8 장

전단강도

8.1 개설

흙의 모든 파괴는 전단형태(shearing mode)로 발생되며, 그림 8.1에 전형적인 전단파괴 형태들을 나타내었다. 그림에서 전단이 발생하는 파괴선은 3차원으로 가정하면 파괴면이 되며, 이상화(idealization)된 것이다. 실제로는 다양한 활동면에서 입자의 회전, 이동 및 활동이 일어나는데, 이 중 이동의 빈도가 큰 활동면을 파괴면으로 정의한다.

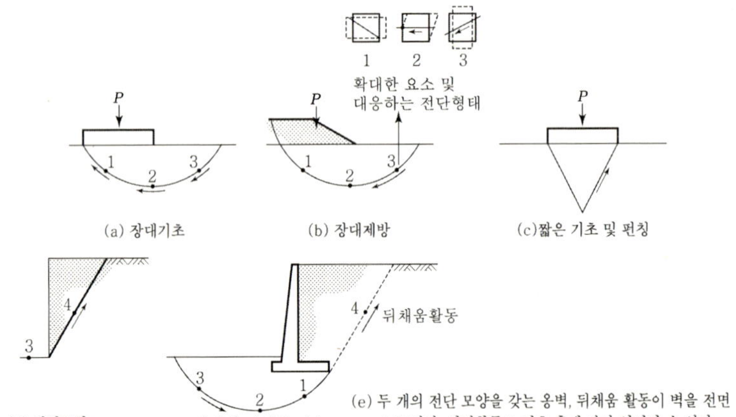

그림 8.1 전단강도 계산에 필요한 전형적인 파괴형태

한편 흙 속에 어느 평면을 따라서 서로 활동(sliding)하려고 하는 힘이 작용할 때 이를 정지시키려고 하는 저항력이 생기며, 이를 전단저항(shearing resistance)이라 한다. 이 전단저항은 한계가 있으며 이를 전단강도(shearing strength)라고 한다.

흙의 전단강도는 얕은기초와 깊은기초의 지지력, 사면안정, 옹벽설계 및 포장설계에 이르기까지 각종 토목구조물과 관계되는 토질공학에서 매우 중요한 성질 중의 하나이다.

각종 토목 구조물의 설계에서는 일반적으로 한계평형방법(limit equilibrium method)이 채택되어 왔으며 이 방법은 흙의 극한 혹은 한계전단강도의 결정을 필요로 하고 있다.

전단강도는 흙이 저항할 수 있는 극한 또는 최대 전단응력으로 정의 된다. 그리고 전단응력의 극한 값은 최대 허용변형률에 근거를 두고 있다. 구조물 설계에 흙의 전단강도를 이용할 때는 안전율을 고려해야 하므로 허용전단강도는 작용하중에 의한 붕괴나 파괴를 일으키는 응력보다 작은 값을 택하는 경우가 많다.

8.2 Mohr–Coulomb의 파괴 규준

Coulomb(1776)은 파괴면의 전단응력은 연직응력에만 관계되는 성분과 외부에서 작용하는 응력과 관계가 없는 성분, 즉 흙이 본래부터 가지고 있는 고유한 점착력 성분으로 구성된다는 사실을 발표하였다. 그런데 연직응력에 관련된 성분은 고체 사이의 마찰력과 유사하다는 점에서 전단저항각(angle of shear resistance) 또는 내부마찰각(angle of internal friction)으로 나타냈으며 이 각을 ϕ로 표기하였다.

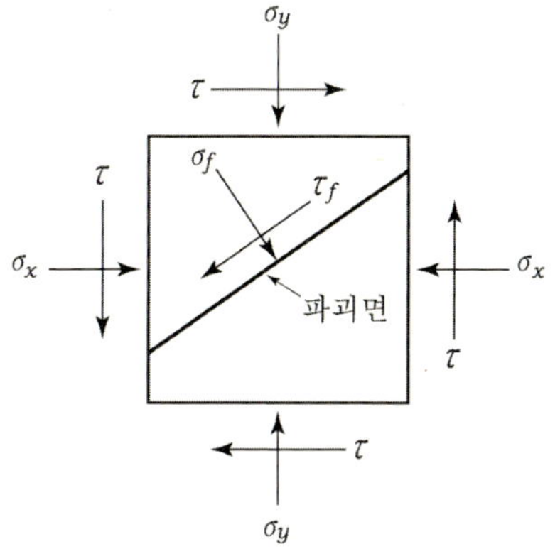

그림 8.2 흙 요소에 작용하는 응력

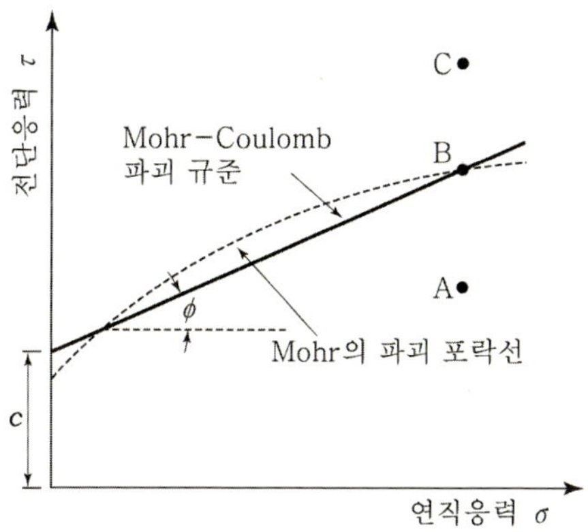

그림 8.3 Mohr–Coulomb의 파괴 규준

Mohr(1900)는 그림 8.2와 같은 상태에서 외력에 의하여 재료가 파괴상태에 이르면 파괴면의 전단응력은 그 면에 작용하는 연직응력에만 관계된다는 이론을 발표하였다. 즉

$$\tau_f = f(\sigma_f) \tag{8.1}$$

이때 Mohr의 파괴포락선(failure envelope)은 그림 8.3의 점선과 같은 곡선이다. 이것은 비선형이기 때문에 실제 문제에 응용하기에는 대단히 불편하다. 따라서 대부분의 토질공학 문제에서는 편의상 식 (8.2)의 강도 정수(strength parameter) c, ϕ의 항으로 표시하는 Coulomb의 기법을 함께

도입하여 직선으로 수정하여 사용하고 있으며, 이를 Mohr-Coulomb의 파괴포락선이라고 한다.

이것이 바로 Mohr-Coulomb의 파괴규준(failure criteria)이다.

$$\tau_f = c + \sigma_f \tan\phi \qquad (8.2)$$

식 (8.2)의 Mohr-Coulomb의 파괴포락선의 의미를 고찰하면 다음과 같다. 흙 요소의 임의의 평면에 그림 8.3의 점 A와 같은 연직응력 σ 및 전단응력 τ가 작용하고 있다면 전단파괴는 아직 일어나지 않는다. 그러나 σ 및 τ가 점 B와 같은 값, 즉 파괴포락선과 값이 일치되면 전단파괴가 발생된다. 그리고 파괴포락선의 위쪽에 있는 점 C는 전단파괴가 이미 일어난 이후로써 이와 같은 상태는 존재할 수 없다.

8.3 전단파괴의 형태와 이에 영향을 주는 인자

흙의 전단강도는 유일한 값이 아니고 다음과 같은 다양한 요인들에 의해서 영향을 받을 수 있다는 사실을 알아야 한다.

1) 흙의 상태 ; 공극비, 입도 및 입자의 형상
2) 흙의 형태 ; 모래, 모래질 자갈, 점토 등과 이들 성분의 상대적인 양
3) 함수비 ; 점토는 함수비 변화에 따라서 전단강도가 변할 수 있다.
4) 재하속도 ; 재하속도는 과잉공급수압을 발생시킨다.
5) 비등방성(anisotropy) ; 흙의 어떤 요소면에 연직방향의 강도는 그 면에 평행 방향의 강도와는 다르다.

또한 실내실험에서의 전단강도는 다음 사항에 크게 좌우된다.

1) 시험방법 : 과잉공급수압의 발생 유무
2) 시료의 교란 : 강도저하
3) 함수비 : 연약지반에서의 강도는 함수비에 반비례
4) 변형률 속도 : 속도가 빠르면 보통 강도가 증가

8.4 요소 내의 응력

지표면에 어떤 하중이 작용할 때 기초 밑의 흙 응력의 크기를 계산해야 할 때가 많다. 응력을 일으

키는 모든 하중은 변형을 유발하고 이러한 변형은 침하 또는 파괴로 연결된다.

일반적으로 여러 가지 형태의 하중에 대하여 지반 내 임의의 평면에 작용하는 수직응력의 크기를 계산하는 원리는 탄성론을 기초로 하고 있다.

즉 대부분 자연 퇴적한 지층은 균질성(homogneous), 등방성(isotropic) 또는 완전탄성체(linearly elastic)는 아니지만, 탄성론에 의한 응력증가를 산정하는 방법은 실제 응용면에서 매우 좋은 결과를 나타내고 있다.

이 절에서는 지층 내 한 점에서의 응력상태를 구하기 위해 재료역학에서 다루는 임의의 평면상의 수직응력 및 전단응력에 대하여 살펴보기로 한다.

그림 8.4(a)는 수직응력 및 전단응력을 받고 있는 흙 요소의 2차원 그림이다. 여기서 면 AC와 BC가 최소 및 최대 주응력면이라면 CB와 각 θ를 이루는 평면 AB상에 작용하는 수직응력 σ_θ 및 전단응력 τ_θ를 결정하기 위하여 그림 8.4(b)에 보인 바와 같이 자유물체도 ABC를 생각할 수 있다. 이때 면 AC와 BC위에 작용하는 전단응력 $\tau_{xy}=0$이 된다. 또한 기하학적으로 다음과 같다.

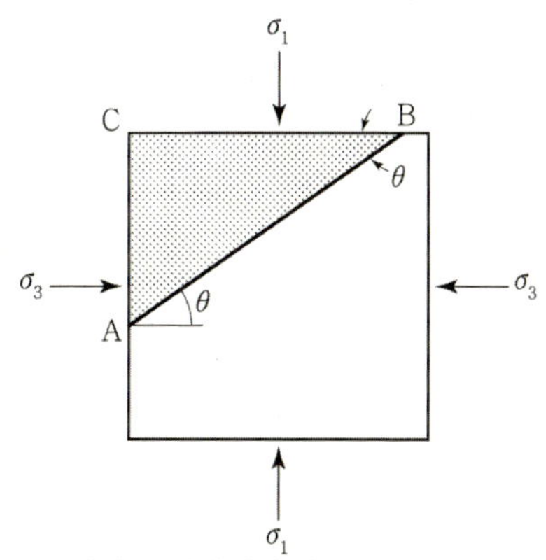

(a) 2차원 응력상태와 작용주응력 σ_1과 σ_3

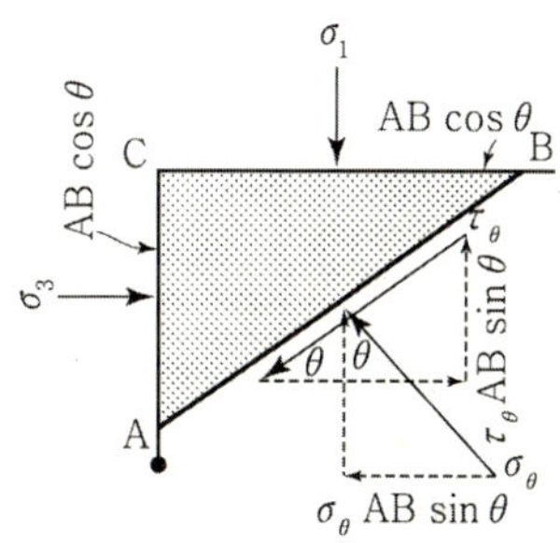

(b) AB면 위에 전단응력과 수직응력

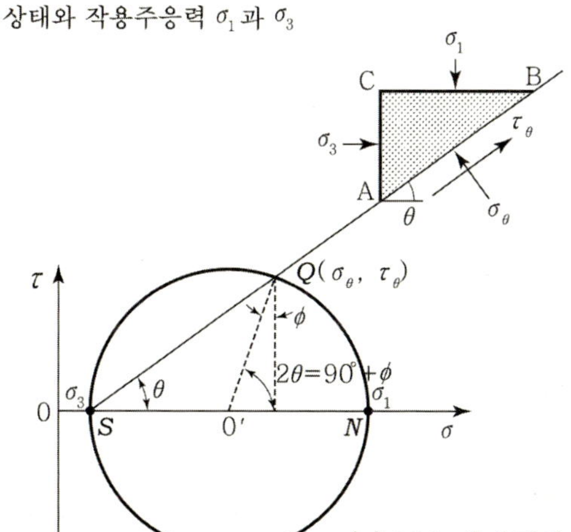

(c) Mohr의 응력원

그림 8.4

$$BC = AB\cos\theta$$
$$AC = AB\sin\theta \qquad (8.3)$$

여기서, x축 및 y축에 평행한 힘의 성분을 합하면 다음 식과 같다

$$(\sum F_x = 0,\ \sum F_y = 0)$$
$$\sigma_3(ABsin\theta) + \tau_\theta(ABcos\theta) - \sigma_\theta(ABsin\theta) = 0 \qquad (8.4a)$$
$$\sigma_1(ABcos\theta) - \tau_\theta(ABsin\theta) - \sigma_\theta(ABcos\theta) = 0 \qquad (8.4b)$$

여기서, σ_1과 σ_3는 각각 최대 및 최소 주응력으로 그림 8.4(b)에 보인 바와 같이 주응력면 위에 작용하는 것이다.

식 (8.4)에서 AB를 소거하여 다음 식을 얻는다.

$$\sigma_3\sin\theta + \tau_\theta\cos\theta - \sigma_\theta\sin\theta = 0$$
$$\sigma_1\cos\theta - \tau_\theta\sin\theta - \sigma_\theta\cos\theta = 0 \qquad (8.5)$$

이 식에서 두 개의 미지수, 수직응력 σ_θ과 전단응력 τ_θ를 구하기 위하여 식 (8.5)의 연립방정식을 풀면 된다. 여기서, 삼각함수 관계식 $\cos^2\theta = 1 - \sin^2\theta$, $\sin^2\theta = \frac{1}{2}(1 - \cos 2\theta)$, $\sin\theta\cos\theta = \frac{1}{2}sin2\theta$를 이용하여 정리하면 다음과 같은 식이 된다.

$$\sigma_\theta = \frac{\sigma_1 + \sigma_3}{2} + \frac{\sigma_1 - \sigma_3}{2}cos2\theta$$
$$\tau_\theta = \frac{\sigma_y - \sigma_x}{2}sin2\theta - \tau_{xy}\cos 2\theta \qquad (8.6)$$

그림 8.4(c)는 이러한 응력상태에 대한 Mohr의 응력원(Mohr's circle, 8.5절에서 설명)이며, Q점의 횡좌표와 종좌표는 각각 가상 파괴면 AB상의 수직응력과 전단응력을 나타낸다. 이 수직응력 및 전단응력은 재료의 성질과는 무관한 것에 유의해야 한다.

그림 8.4(a)의 면 AC와 CB위에 각각 수직응력 σ_x, σ_y 및 전단응력 τ_{xy}가 작용하는 것으로 보고 같은 방법으로 즉, $\sum F_x = 0$, $\sum F_y = 0$에 의하여 다음 식이 얻어진다.

$$\sigma_\theta = \frac{\sigma_1 + \sigma_3}{2} + \frac{\sigma_1 - \sigma_3}{2}cos2\theta + \tau_{xy}\sin 2\theta$$
$$\tau_\theta = \frac{\sigma_y - \sigma_x}{2}sin2\theta - \tau_{xy}\cos 2\theta \qquad (8.7)$$

τ_θ가 0이 되는 θ를 구하면 이때의 평면이 주응력면임은 재료역학에서 학습한 바와 같다. 즉, 다음 식과 같다.

$$\tan 2\theta = \frac{2\tau_{xy}}{\sigma_y - \sigma_x} \tag{8.8}$$

이때의 최대 및 최소 주응력 값을 구하면 다음과 같다.

$$\sigma_{max} = \frac{\sigma_y + \sigma_x}{2} + \sqrt{\frac{(\sigma_y - \sigma_x)^2}{2} + \tau_{xy^2}}$$
$$\sigma_{min} = \frac{\sigma_y + \sigma_x}{2} - \sqrt{\frac{(\sigma_y - \sigma_x)^2}{2} + \tau_{xy^2}} \tag{8.9}$$

식 (8.7)에서 $\tau_{xy=0}$이라면 앞에서 구한 식 (8.6)이 됨을 알 수 있다.

직접전단시험, 삼축압축시험 등에서는 일반적으로 주응력면에서 시험하므로 식 (8.6)을 사용하여 결과를 정리하는 것이 편리하다.

8.5 Mohr의 응력원

그림 8.5와 같이 지반의 미소 요소(small element)에 주응력(principal stress)이 작용하여 파괴가 일어나는 한계평형상태(limit equilibrium state)를 살펴보기로 한다. 그림 8.5에서 평형조건을 이용하여 파괴면에 작용하는 수직응력 및 전단응력의 크기를 구하는 과정을 제 8.4절에서 기술한 바 있으며 다음 식으로 정리할 수 있다.

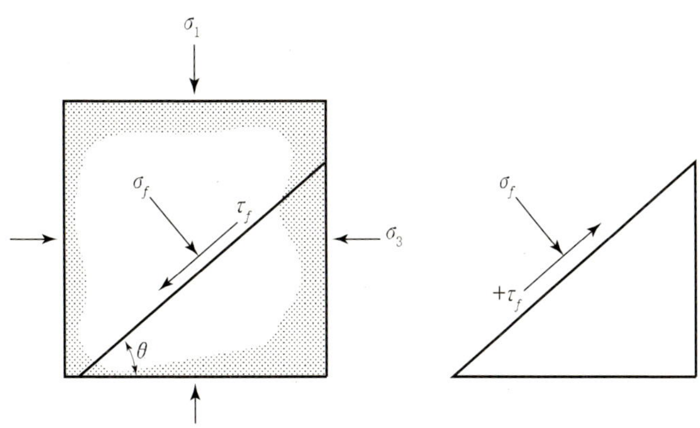

(a) 주응력면과 파괴면($\sigma_1 > \sigma_3$)　(b) 부호 표시방법

그림 8.5 가상 주응력면과 파괴면

$$\left[\sigma_f - \frac{1}{2}(\sigma_1 + \sigma_3)\right]^2 + [(\tau_f - 0)]^2 = \left[\frac{1}{2}(\sigma_1 - \sigma_3)\right]^2 \tag{8.10}$$

식 (8.10)은 중심이 $\left[\frac{1}{2}(\sigma_1+\sigma_3),\ 0\right]$이고, 반지름이 $\frac{1}{2}(\sigma_1-\sigma_3)$인 원의 방정식이 되는데, 이것은

1) 연직응력은 압축력이기 때문에 압축력이나 압축응력을 정(+)으로 한다.
2) 전단응력은 고려 중인 요소 중심 에서 반시계 방향이 정(+)으로 한다(그림 8.5(b) 참조).

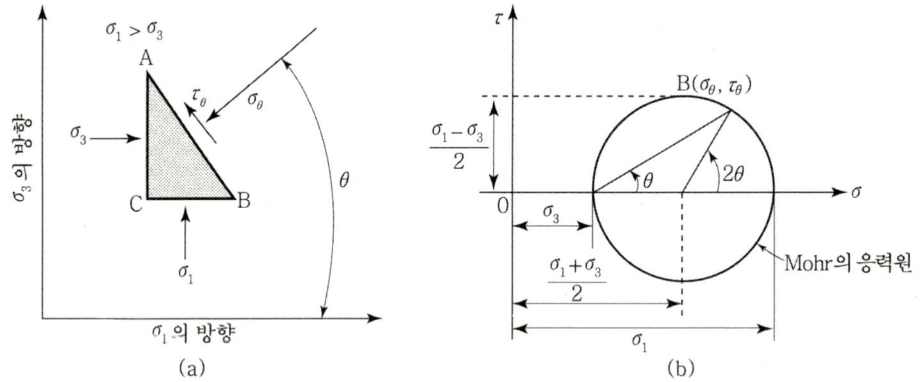

그림 8.6 응력 Mohr원에 의한 응력상태

이때 그림 8.6과 같이 $\sigma-\tau$ 좌표 평면에 나타낸 것을 Mohr의 응력원이라고 한다. 이것은 흙뿐만 아니라 모든 재료의 응력상태를 나타내는데 이용된다.

그런데 실제 지반에서는 중간 주응력 σ_2도 존재 하므로 3차원으로 표시하는 것이 이론상 타당하겠으나, 일반적으로 $\sigma_2=\sigma_3$로 하여 2차원으로 다루고 있다.

Mohr의 응력원을 이용하여 파괴면에 작용하는 연직응력과 전단응력을 구하는 방법을 살펴보자. 식 (8.2)에 식 (8.6)을 대입하여 정리하면 다음과 같다.

$$\left(\frac{\sigma_1-\sigma_3}{2}\right)\sin 2\theta = c+\left[\left(\frac{\sigma_1+\sigma_3}{2}\right)+\left(\frac{\sigma_1-\sigma_3}{2}\right)\cos 2\theta\right]\tan\phi \tag{8.11}$$

또는

$$\sigma_1=\sigma_3+\frac{\sigma_3\tan\phi+c}{\frac{1}{2}sin2\theta-\cos^2\theta\tan\phi} \tag{8.12}$$

그러므로 최소 주응력 σ_3와 점착력 c를 알게 되면, 파괴상태의 최대 주응력 σ_1을 구할 수 있는데, 식 (8.12)에서 σ_1이 최대가 되기 위해서는 σ_3와 $\sigma_3\tan\phi+c$가 상수이기 때문에 $\left(\frac{1}{2}\sin 2\theta-\cos^2\theta\tan\phi\right)$의 항이 최소가 되어야 하므로 다음과 같다.

$$\frac{d}{d\theta}\left(\frac{1}{2}\sin 2\theta - \cos^2\theta\tan\phi\right) = 0 \tag{8.13}$$

또는

$$\cos^2\theta - \sin 2\theta + 2\sin\theta\cos\theta\tan\phi = 0 \tag{8.14}$$

식 (8.14)를 만족하는 각을 파괴면의 각이라고 하며, 이것을 계산하면 다음과 같다.

$$\sigma_f(\theta) = 45° + \frac{\phi}{2} \tag{8.15}$$

임의평면에 작용하는 응력상태를 알아내는 데는 위에서 설명한 바와 같은 해석방법과 도해적 방법이 있으나, 전자의 경우는 배각(double angle)을 사용하게 되므로 다소 불편을 느끼게 된다. 그러므로 Mohr의 응력원에 의한 도해법을 더 많이 이용하고 있다. Mohr의 응력원을 그리는 데 있어서 평면기점(origin of plane) 또는 극점(pole)을 찾으면 얻고자 하는 응력이나 응력의 작용방향을 알아내기가 매우 쉽다. 그런데 극점 P는 다음 2가지 성질을 가지고 있다.

1) Mohr원(그림 8.6(b))의 최소 주응력점에서 최소 주응력면과 평행하게 그은 선이 Mohr 원과 만나는 점이 평면기점 A이다.
2) 평면기점 A에서 임의의 평면에 평행하게 그은 선은 반드시 Mohr원과 한 점에서 교차하게 되는데, 이 교차점 B의 좌표값이 그 평면에 작용하는 응력의 크기를 표시한다.

끝으로, 식 (8.11) 및 (8.12)를 사용하여 이 결과를 검산해야 한다. τ는 점 C의 가로축 위에 있기 때문에 정(+)이라는 점도 유의해야 한다. 35° 경사진 평면상의 τ는 그림 예 8.1(a) 및 (b)에 표시한 바와 같이 결정되는데, 이는 주어진 요소의 상부와 하부로 표시한다. 어느 부분이나 전단응력 τ의 부호규약을 적용한 결과 크기는 같으나 방향은 반대이다. 그러나 이들 상부 및 하부의 전단응력은 모두 정(+)이며 다른 부호의 규약과 일관성을 유지하고 있다.

8.6 전단강도의 측정

흙의 전단강도는 실험실에서 시험에 의하여 구하는 방법과 현장에서 직접 원위치 시험에 의하여 구하는 방법이 있다. 본 절에서는 실내시험에 대해서 주로 기술하고자 한다. 시료채취에 따른 교란을 예방할 목적으로 현장에서도 직접적인 방법 혹은 간접적인 방법으로 현장조건에 적합한 흙의 강도정수를 결정할 수 있다. 여기에는 베인전단(vane shear)시험, 각종 콘관입시험(cone penetration test), 표준관입시험(standard penetration test), 딜라토미터시험(Dilatometer test) 등 사운딩(sounding)에 의한 방법 그리고 공내재하시험(pressuremeter test) 등이 많이 이용된다. 현장 원위치시험 방법에 대해서는 16장 현장시험에서 자세히 다루기로 한다.

8.6.1 측정방법

전단강도를 실험적으로 결정하는 근본원리는 흙 시료에 3~4 단계의 구속(혹은 연직)하중을 적용하여 파괴가 일어날 때의 응력상태에 관한 Mohr의 응력원들을 그리고 난 후, 그 Mohr의 응력원들에 접하는 선을 그으면 이것이 Mohr-Coulomb의 파괴포락선(failure envelope)이 된다. 이 파괴포락선의 경사각과 절편을 읽어서 그 흙의 전단강도정수(shear strength parameter) ϕ 및 c를 결정한다.

전단강도는 흙의 종류에 따라 그림 8.7과 같이 3가지 유형으로 나타난다. 즉, 순수한 점토는 점착력 c, 순수한 모래는 내부마찰각 ϕ로 나타낼 수 있다. 대부분의 흙은 이들 양자의 성질을 갖고 있으므로 점착력과 내부마찰각의 2가지 성분의 합으로 표시된다.

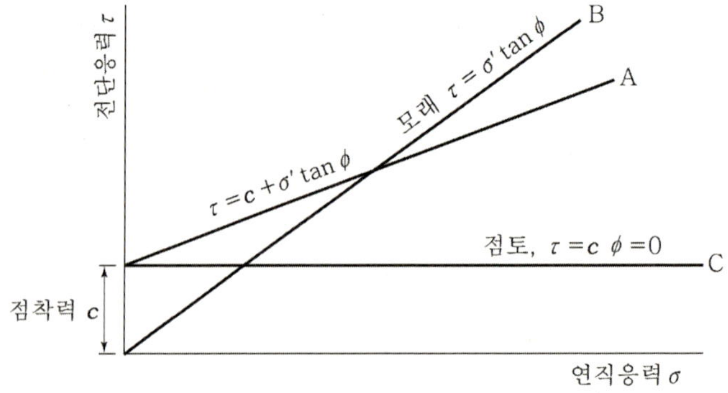

그림 8.7 흙의 종류와 전단강도

전단강도정수를 결정하기 위하여 일반적으로 사용되는 실내시험방법은 ① 직접전단시험(direct shear test), ② 삼축압축시험(triaxial compression test), ③ 일축압축시험(unconfined compression test) 등이 있다. 그런데 이들 시험방법들은 시료 내 공극수의 배수조건에 따라 시험결과가 달라질 수 있다. 즉 흙의 전단강도는 유효응력에만 지배되기 때문에 이의 결정에 있어서는 공극수압에 대해서 함께 고려하는 것이 매우 중요하다.

8.6.3 직접전단시험(direct shear test)

직접전단시험장치는 그림 8.8에 보인 바와 같이 수평방향으로 상하부가 갈라진 전단상자 속에 시료를 넣고, 수직하중을 가한 후에 전단상자의 갈라진 수평면을 따라 전단되도록 하단의 상자에 수평력을 가한다. 전단되었을 때에 수평력을 흙의 단면적으로 나누어 최대 전단응력을 계산하고 작용한 수직응력에 대한 최대 전단응력의 값을 구한다. 이와 같은 방법으로 연직하중을 다르게 하여 시험을 3~4회 반복하고, 그 결과를 그린다. 이 점들을 연결하면 거의 직선이 되는데, 이것이 바로 Mohr-Coulomb의 파괴포락선이므로 경사각과 절편으로부터 ϕ와 c를 얻을 수 있다.

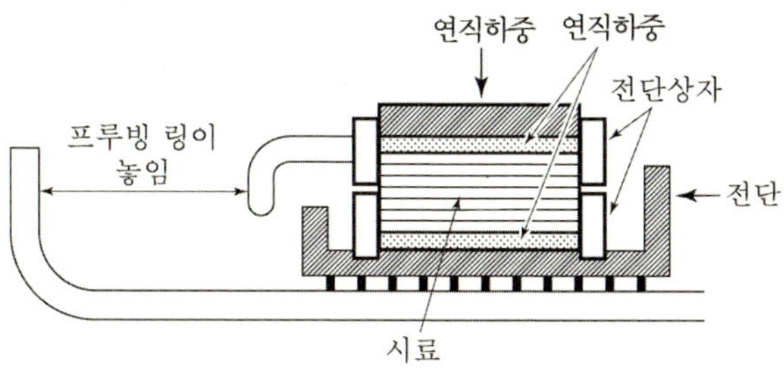

그림 8.8 직접전단 시험기

직접전단시험에서는 배수조건을 상하단에 놓이는 다공석(porous stone)으로 조절할 수 있다. 즉 배수시험에서는 다공석을 사용하되 비배수시험에서는 배수가 되지 않도록 다공석 대신에 불투수성 판으로 바꾸면 가능하다.

그러나 삼축압축시험에서와는 달리 배수조건을 철저히 제어하기가 힘들 뿐 아니라, 전단 때의 공극수압을 측정할 수가 없으며, 응력이 전단면(whole shearing area)에 균일하게 분포되지 않는다는 결점이 있다. 그러나 시험방법이 간단한 장점이 있다.

8.6.4 삼축압축시험

이 시험에서는 시료를 원기둥(column) 모양으로 깍고, 얇은 고무막(membrane)으로 싸서 이것을 압축실(cell)에 설치한다. 이때 시료의 상하 양단에는 다공석을 놓아 시료 내의 공극수압을 측정하거나 배수시킬 수 있도록 한다. 시료가 현장에서 받고 있던 압력을 압축실 안에서 구현해 주기위해서 구속압력(confining pressure 혹은 cell pressure), σ_3은 압축실에 증류수를 가득 채우고 압력장치를 이용하여 압력을 가한다. 이 과정에서 시료 내에는 가해진 구속압만큼의 과잉공급수압(excess pore water pressure)이 발생하게 된다.

이때 시료 상부에 피스톤을 통하여 축차응력(deviator stress), $\sigma_d(=\sigma_1-\sigma_3)$을 바로 가하여 전

단파괴를 시키는 전단과정을 진행하거나, 혹은 전단과정 전에 시료를 압밀시키는 압밀과정을 진행하고자 할 때는 시료상부 혹은 하부로 연결되어 있는 통로를 통하여 과잉공극수압을 완전히 배수시킨 다음에 피스톤을 통하여 시료에 축차응력, σ_d을 가해는 전단과정을 이어서 진행함으로서 전단파괴를 시킬 수 있다.

시료가 전단되는 동안 공극수압을 측정하고자 할 때에는 시료 내부와 작은 튜브로 연결되어 있는 공극수압계 혹은 자동계측장치를 사용할 수 한다.

그림 8.9에 삼축압축시험장치의 모식도를 나타낸 것이다. 이때 구속압, σ_3를 가하는 과정에서 먼저 배압(back pressure)을 작용시키는 경우도 있다. 이 방법은 시료 내의 공극수압을 임의대로 증가시킬 수 있는 특징이 있는데, 시료의 어느 한쪽 단부를 통하여 압력장치에 연결시켜 증가시킬 수 있다. 앞서 압밀단계를 실행하는 경우에서는 이 연결관을 열어 두면 과잉공급수압의 배수가 이루어진다.

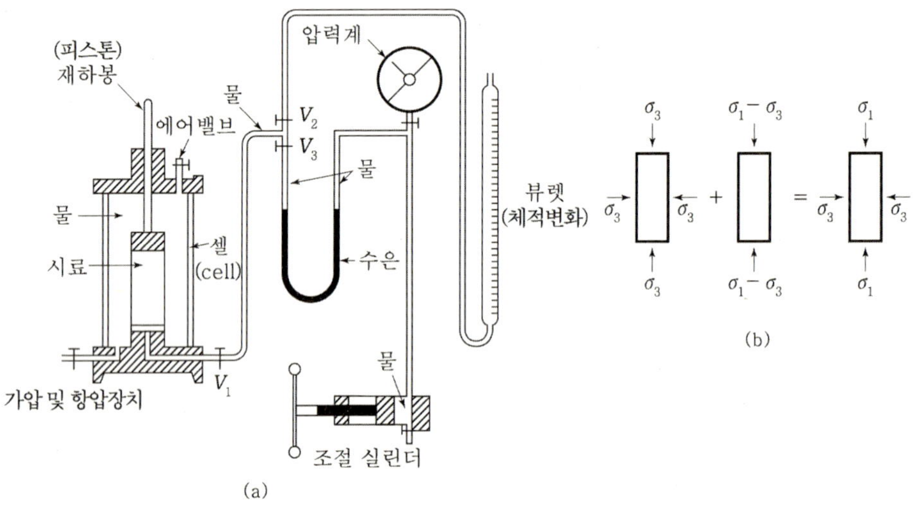

▌그림 8.9 ▌ 삼축압축 시험기

여기서, 배압을 가해주는 목적은 시료를 완전하게 포화시킬 수 있고, 현장에서 실제로 시료가 받고 있었던 공극수압조건을 재현시켜 주기 위한 것이다. 시료채취 과정에서 점토의 포화도는 현장응력의 감소로 인하여 100%에 미치지 못한다. 다짐시료도 100% 이하의 포화도를 갖는다. 포화도가 100%에 미치지 못하는 이양자의 경우 배압은 공극 내부의 공기를 공극수 속에서 용해상태로 만든다. 단, 배압은 구속응력보다는 작아야 한다.

이상과 같은 방법으로 시험을 하면 시료가 파괴될 때의 축차응력과 구속압으로 최대 주응력원 및 최소 주응력을 알 수 있으므로 Mohr의 응력원을 그릴 수 있고, 이 Mohr의 응력원에 공통 접선을 그으면 이것이 Mohr-Coulomb의 파괴포락선이 된다.

삼축압축시험은 이론상으로는 간단하지만 실제에 있어서는 시험기구의 조작과 시험방법이 복잡하여 숙련을 위한 노력이 필요하다. 이 시험에서는 실제 지반이 받고 있는 응력상태를 실험실에서 재현시킬 수 있고, 또한 압밀과정 및 전단과정 중에 배수조건을 완벽하게 제어할 수 있으므로 현장조건과 거의 일치된 결과를 얻을 수 있으므로 전단시험 중에서 가장 정확한 시험이기도 한다.

8.6.4 배수조건에 따른 시험 유형

삼축압축시험에 대한 설명 중에서 흙의 전단강도정수 결정시 압밀과정 및 전단과정 중에 시료내 공극수압의 배수조건에 대한 내용을 조금 더 자세히 설명하면 다음과 같다. 우선 배수조건에 따른 시험방법을 분류하면 다음과 같다.

① 비압밀비배수시험(unconsolidated undrained test, UU test)

삼축압축시험에서 흙 시료를 설치하고 구속압을 가한 다음, 시료를 압밀시키지 않고 바로 전단과정을 진행해 시료에 축차응력을 가하여 전단파괴를 시키는 시험방법이다. 이때 전단과정 도중에는 시료 내의 공극수가 배수되지 못하도록 비배수 상태로 실시한다. 따라서 이때 얻어지는 전단강도정수는 전응력(total stress) 상태에서의 값들이다.

② 압밀배수시험(consolidated drained test, CD test)

삼축압축시험에서 흙 시료를 설치하고 구속압을 가한 다음, 전단과정에 들어 가기에 앞서서 시료를 압밀시킨 후에(과잉공극수압이 '0'이 될 때까지 배수시킨다.) 축차응력을 가하여 시료를 전단파괴시키는 시험방법이다. 이때 전단과정 도중에는 시료 내에 과잉공극수압이 조금도 발생하지 않도록 매우 느린 속도로 천천히 피스톤의 하중을 증가시켜 전단파괴에 도달시켜야 한다. 이때 얻어진 흙의 전단강도정수도 유효응력(effective stress) 조건에서의 값들이다.

③ 압밀비배수시험(consolidated undrained test, CU or $\overline{CU}$ test)

삼축압축시험에서 흙 시료를 설치하고 구속압을 가한 다음, 시료를 압밀시킨 후에 축차응력을 가하여 시료를 전단파괴 시키는 시험방법으로서 압밀배수시험과 유사하다. 그러나 전단과정은 시료 내의 과잉공극수압이 발생되도록 비배수상태로 실시한다는 점이 압밀배수시험(CD test)과 다르다. 따라서 이 시험에서 산정된 흙의 전단강도정수도 전응력 상태에서의 값들이다. 이 시험을 압밀 비배수시험 중에서도 'CU 시험'이라 한다.

그런데 삼축압축시험 장치에서는 전단과정 중에 공극수압의 변화를 측정할 수 있다. 따라서 이때 측정된 공극수압을 이용하여 유효응력 조건으로 전단강도정수를 결정할 수 있으며, 이런 경우를 압밀비배수시험 중에서 '$\overline{CU}$ 시험'이라고 한다. 전단과정 중에 과잉공극수압의 발생을 고민하지 않는다면, 전단과정에 소요되는 시간이 매우 짧기 때문에 유효응력 조건에서의 흙의 전단강도정수를 구하고자 한다면 실무적인 차원에서는 $\overline{CU}$ 시험이 CD 시험보다는 효율적이라고 할 수 있다.

앞서 설명한 흙의 전단강도정수를 산정하는데, 어떤 배수 조건으로 시험방법을 택할 것인가는 요구되는 현지공사의 목적에 좌우된다. 원론적으로, 전단시험에서 배수조건은 실제로 흙이 응력을 받는 조건과 일치시켜야 한다.

비압밀비배수 시험결과는 응력이 변화하여도 즉각적인 함수비의 변화가 없고, 따라서 체적의 변화가 없는 경우에 이용된다. 점토지반에 제방을 쌓거나 기초를 설치 할 때 짧은 시공 기간에는 압밀이 거의 일어나지 않으므로 함수비의 변화를 무시할 수 있다. 이러한 경우의 초기 안정해석이나 지지력 계산에는 비압밀 비배수 시험에서 얻은 강도정수를 사용해야 한다.

압밀비배수 시험으로 얻은 강도정수는 지반이 완전히 하중을 받기 전에 압밀로 인하여 함수비의 변화가 상당히 크다고 예상되는 경우에 사용된다. 이 시험에서는 일반적으로 공극수압을 측정하고 전응력에서 공극수압을 빼내어 c', ϕ'의 값을 구한다. 이 강도정수는 흙댐에서의 수위 급강하 때의 안정문제 등에 적용할 수 있다.

압밀배수 시험은 전단에 소요되는 시간이 너무 길고, 그 결과 압밀비배수 시험에서 공극수압을 측정하는 '$\overline{CU}$ 시험'와 거의 같으므로 공극수압 측정이 어려울 때 혹은 중요한 공사에 관한 시험 이외에는 그다지 사용되지 않는다.

위에서 기술한 바와 같이 배수조건에 의한 분류 외에도 전단력을 가하는 방법에 따라 다음과 같이 2가지 유형으로 분류할 수 있다. 즉, 시료에 가하는 변형의 속도를 일정하게 하여 전단을 하고 변형률과 응력관계를 정리하는 변형제어방법(strain control type)과 시료에 가하는 응력을 단계적으로 일정한 속도로 점진적으로 증가시켜 응력과 변형률의 관계를 정리하는 응력제어방법(stress control type)이 있다. 참고로 우리나라의 경우 대부분이 변형제어방법을 채택하고 있다.

8.6.5 일축압축시험

삼축압축시험과 같이 원주형의 공시체에 대하여 축방향(σ_1)으로만 힘을 가하여 압축하는 시험을 일축압축시험이라 한다. 이 시험은 삼축압축에서 구속압, $\sigma_3 = 0$의 경우라고 할 수 있으며, 전단과정의 속도를 빠르게 가져가면 비배수 조건에서의 시험이라고 볼 수 있다. 포화된 점토를 대상으로 일축압축시험을 실시하면 비배수 조건의 전응력 항으로 정리하면 $\phi \fallingdotseq 0$이 되므로 Mohr-Coulomb의 파괴포락선은 수평으로 된다. 따라서 이경우의 전단강도와 점착력 및 일축압축강도 사이에는 다음 관계가 성립된다.

$$\tau = c = \frac{q_u}{2} \tag{8.18}$$

여기서, q_u: 일축압축강도

일축압축강도와 점토의 연경도(consistency) 사이에는 다음 표와 같은 관계가 있다.

표 8.1 점토의 컨시스턴시와 일축압축강도와의 관계

컨시스턴시	q_u(kg/cm^2)	현장관찰	N치
대단히 연약 (very soft)	〈0.25	주먹이 쉽게 10cm 들어간다.	〈2
연약(soft)	0.25~0.5	엄지손가락이 쉽게 10수cm 들어간다.	2~4
중간(medium)	0.5~1.0	노력하면 엄지손가락이 10수cm 들어간다.	4~8
견고(stiff)	1.0~2.0	엄지손가락으로 흙을 움푹 들어가게 할 수 있지만 흙속에 엄지손가락을 넣기는 힘들다.	8~15
대단히 견고 (very stiff)	2.0~4.0	손톱으로 흙에 자국을 낼 수 있다.	15~30
고결(hard)	〉4.0	손톱으로 자국을 내기 힘들다.	〉30

한편 일반적인 흙에 대한 일축압축시험에서 시료가 파괴될 때의 Mohr의 응력원은 그림 8.10과 같이 된다. 이때 파괴면의 각 θ를 알면 원점을 통하여 σ축과 θ의 각도를 갖는 직선을 그릴 수 있다.

이 직선과 Mohr원과의 교점을 A로하고 점 A에서 Mohr원에 접선을 그으면 이 접선이 식 (8.15)로 표시되는 파괴선이 된다. 따라서 점착력 및 내부마찰각은 다음 식으로 구할 수도 있다.

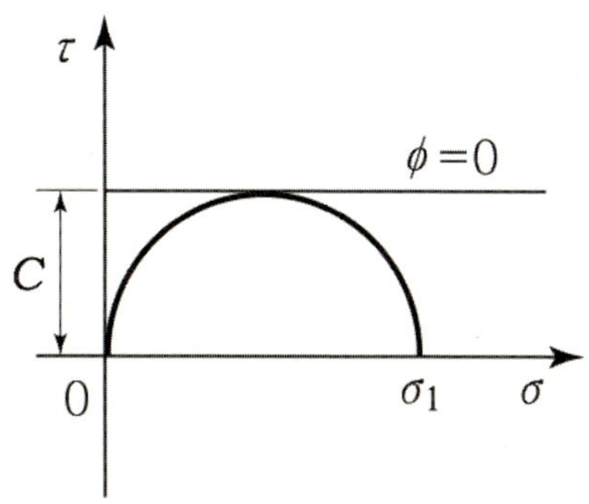

그림 8.10 일축압축의 응력상태

$$c = \frac{\sigma_1(1-\sin\phi)}{2\cos\phi} = \frac{\sigma_1\sqrt{K_a}}{2} = \frac{\sigma_1}{2\tan(45° + \frac{\phi}{2})} \tag{8.16}$$

단,

$$K_a = \frac{1-\sin\phi}{1+\sin\phi} = \tan^2(45 - \frac{\phi}{2})\text{임}$$

$$\theta_f = 45° + \frac{\phi}{2} \tag{8.17}$$

그러나 일반적으로 시험할 때 공시체의 단부구속조건의 영향 등으로 파괴면의 각도가 $\theta_f = 45° + \frac{\phi}{2}$를 만족하기는 어려우므로 일축압축시험으로부터 내부마찰각을 정확하게 구할 수는 없다.

8.6.6 예민비

자연상태에 있는 흙의 함수비를 일정하게 유지하고, 그 흙을 교란시키면 교란된 흙의 전단강도는 자연상태에 있는 불교란 시료의 전단강도보다 작아진다. 이는 흙의 구조배열이 바꾸어져서 토립자의 접촉면에서의 부착력(bond)이 파괴되기 때문이다. 동일한 시료에 대해서, 자연상태의 강도와 재성형 시킨 시료의 강도의 비를 예민비(sensitivity) S_t라고 하며, 일축압축강도 시험으로부터 다음과 같이 구한다.

$$S_t = \frac{q_u}{q_{ur}} \tag{8.19}$$

여기서, q_u : 자연상태시료의 일축압축강도

q_{ur} : 교란시켜 재성형한 상태시료의 일축압축강도

포화된 흙의 예민비는 보통 1.5 내지 100까지 이른다. 예민비가 큰 흙을 퀵 클레이라고 하며, 이런 흙은 스칸디나비아 또는 캐나다 북부에서 많이 볼 수 있다. 이것은 본래 해저에서 퇴적되어 면모구조를 이루고 있다가 육지의 융기로 말미암아 담수로 세척되어 형성된 것이다.

표 8.2는 예민비에 따른 점토의 분류를 나타낸 것이며, 표 8.3은 예민비와 안전율과의 관계를 나타낸 것이다.

표 8.2 대표적인 예민비 값

상 태	예민비의 범위	
	미국	스웨덴
낮은 예민성	2~4	〈 10
중간 예민성	4~8	10~30
높은 예민성	8~16	〉 30
퀵(quick)	〉 16	〉 50
엑스트라 퀵(extra quick)	–	〉 100

표 8.3 예민비와 안전율

예민비(성)	안전율	
	일시구조물	영구구조물
≧4(높음)	2.5	3.0
2~4(보통)	2.0	2.9
1~2(낮음)	1.8	2.5
≦1(비예민)	1.6	2.2

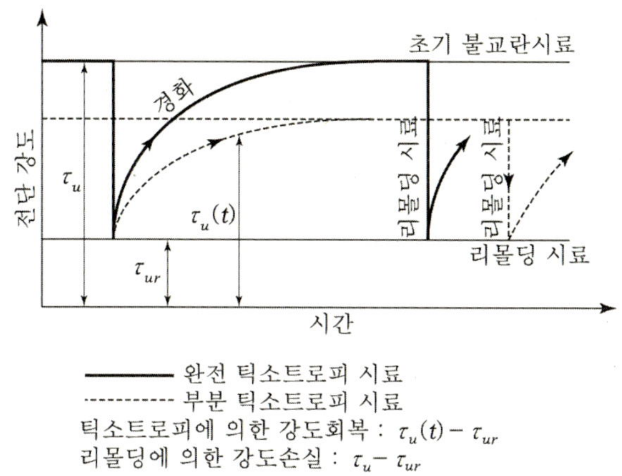

그림 8.11 완전 및 부분 틱소트로피의 모식도

한편 교란된 흙은 시간이 경과함에 따라 손실된 강도의 일부를 회복한다. 이러한 현상을 틱소트로피(thixotrophy)라고 한다. 이는 점토의 종류에 따라 강도의 회복능력이 다른데 일반적으로 몬모리로나이트(montmorillonite)와 같이 물을 많이 흡수할 수 있는 점토광물은 카오리나이트(kaolinite)와 같은 점토광물에 비하여 틱소트로피 효과가 늦다. 그리고 교란으로 인하여 손실된 점토의 전단강도는 그림 8.11과 같이 시간의 경과에 따라 강도가 완전히 회복된 것과 일부만 회복되는 2종류가 있다.

8.6.7 유효상재하중과 비배수 전단강도

Skempton(1957)은 흙의 비배수 전단강도와 유효상재하중 P 그리고 소성지수 I_p사이의 관계를 다음과 같이 나타내었다.

$$\frac{c_u}{p} = 0.11 + 0.0037(I_p) \tag{8.20}$$

여기서, I_p의 단위는 백분율이다.

또한, Ladd(1977)은 과압밀점토의 비배수 점착력을 다음과 같이 제시하였다.

$$c_u = (0.11 + 0.0037 I_p) p (OCR)^{0.8} \tag{8.21}$$

여기서, OCR : 과압밀비

식 (8.20) 및 식 (8.21)은 아주 유용한 관계식으로, 정규압밀 및 과압밀 퇴적점토의 소성지수를 안다면 깊이에 따른 비배수 점착력의 변화를 대략적으로 평가할 수 있을 것이다. 그러나 이는 예비설계를 위한 개략치로 활용하는 것이 타당하며, 보다 정밀한 설계를 위한 상수는 관련 시험의 결과치로부터 구하여 사용하여야 한다. 그 밖에 관련 경험식을 표 8.7에 요약하였다.

표 8.7 흙의 종류에 따른 강도정수 상관관계식

Soil type	Equations	References
Normally consolidated clays	$\left(\frac{s_u}{\sigma'_z}\right)_{nc} = 0.11 + 0.0037 \cdot I_P$	Skempton(1957)
Overconsolidated clays	$\frac{(s_u/\sigma'_z)_{oc}}{(s_u/\sigma'_z)_{nc}} = (OCR)^{0.8}$	Ladd et al.(1977)
	$\frac{s_u}{\sigma'_z} = (0.23 \pm 0.04) \cdot (OCR)^{0.8}$	Jamilokowski et al.(1985)
All clays	$\frac{s_u}{\sigma'_{zc}} = 0.22$	Mesri(1975)
Clean quartz sand	$\phi'_p = \phi'_{cs} + 3D_r(10 - \ln p'_f) - 3$	Bolton(1986)

8.6.8 점성이 없는 흙의 전단강도

모래나 자갈과 같은 입상토의 전단강도는 그림 8.11과 같이 활동마찰(sliding friction) 및 회전마찰(rolling friction)로 생기는 마찰저항과 억물림(interlocking)으로 인한 구조적 저항의 두 성분으로 이루어져 있다.

모래가 느슨하게 엉켜있는 경우 이것이 전단을 일으킬 때 입자는 서로 미끄러져(활동저항), 활동면은 거의 같은 평면에 놓인다. 그러나 모래가 촘촘하게 다져져 있다면, 입자가 전단면을 따라 활동하는 경우뿐만 아니라 서로 상하로 움직이거나 회전하는 경우도 있다(회전마찰). 후자는 억물림의 정도가 매우 크다. 이와 같은 마찰저항이나 구조적 저항은 유효연직응력에 크게 영향을 받는다.

깨끗한 입상토는 점착력이 없으므로 Mohr-Coulomb의 파괴규준은 다음과 같이 표시된다.

$$\tau = \sigma' \tan\phi' \tag{8.22}$$

여기서, σ' : 전단면에 작용하는 유효 연직응력
ϕ' : 유효응력으로 정리한 내부마찰각

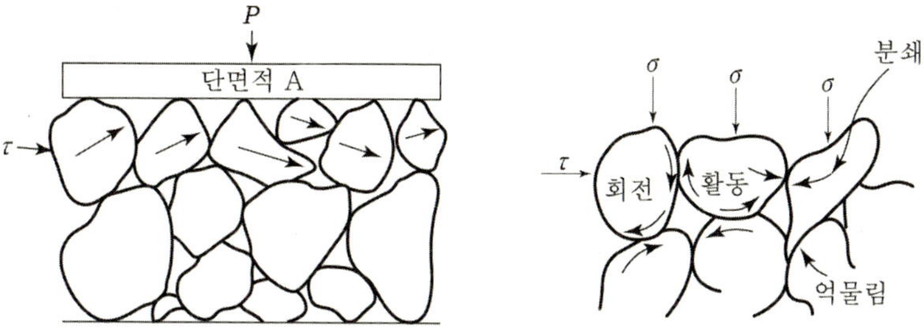

그림 8.12 입상토가 전단될 때의 거동

식 (8.22)는 배수시험으로 측정하였을 경우의 전단저항값으로 모래의 전단강도는 내부마찰각의 크기에 비례함을 알 수 있다. 그러나 비압밀 비배수시험으로 포화된 세립의 모래는 전단했을 때에는 ϕ값이 0이 되어 c값밖에 나타나지 않는다는 것을 주목해야 한다.

자연상태에 있는 입상토는 대체적으로 투수계수가 커서 쉽게 배수되므로 실제로는 $\phi = 0$인 경우는 거의 없다.

한편, 가는 모래는 모관현상 때문에 약간의 점착력을 가질 수 있다. 그러나, 완전히 포화시키면 이 점착력은 없어지므로 이것을 겉보기 점착력(apparent cohesion)이라고도 한다.

물이 입자사이에 있으며 입자간에 마찰계수는 상당히 감소하는 것이 사실이지만, 유효응력으로 표시한 ϕ'는 물의 영향을 거의 받지 않는다. 만일 공극비를 일정하게 하고 포화된 모래와 건조한 모래에 대하여 배수전단시험을 하였다고 하면, 포화된 모래는 건조한 모래에 비하여 내부마찰각은 $1° \sim 2°$정도 감소하게 된다. 이것은 물이 윤활효과는 있지만 흙의 전단저항각에 대하여는 거의 영향을 주지 않고 있다는 것을 의미 한다.

또한 입상토의 내부마찰각은 흙의 다져진 상태, 흙 입자의 형상, 입도분포, 입자의 크기와 같은 인자에 영향을 받는다. 표 8.4는 ϕ'의 크기를 추정하는 데 이용될 수 있는 Holtz와 Gibbs(1956)의 연구결과를 보인 것이다.

표 8.4 입상토의 개략적인 내부마찰각

입자의 크기	다짐 상태	ϕ' (°)	
		둥근 입자 입도분포 균등	모난 입자 입도분포 양호
중간모래	대단히 느슨함	28~30	32~34
	중간 정도 촘촘함	32~34	36~40
	대단히 촘촘함	35~38	44~46
모래(S) 및 자갈(G)			
65%G ~35%S	느슨함	–	39
65%G ~35%S	중간 정도 촘촘함	37	41
80%G ~20%S	촘촘함	–	45
80%G ~20%S	느슨함	34	–
암 편		40~55	

8.6.9 전단시의 체적변화

전단시험 중에 모래의 체적변화를 측정하게 되면, 모래는 다져진 정도에 따라 체적이 팽창하기도 하고 감소하기도 한다는 것을 알 수 있다. 이와 같이 체적이 변하는 과정을 다이러턴시(dilatancy)라고 한다. 그림 8.13에서와 같이 촘촘한 모래의 경우, 전단응력–변형률 관계곡선을 그려보면, 어느 변위까지는 전단응력이 증가하여 최대값 τ_{max}에 이르게 되고, 그 이후에 변위에서는 전단응력이 감소하여 최종단계에서는 거의 일정한 값을 보인다. 한편, 느슨한 모래는 변위가 증가하는 동안 전단응력은 일정한 값이 될 때까지 계속하여 증가한다. 동일한 흙의 극한 전단응력 τ_{ult}의 값은 모래의 상태에 관계없이 일정한 값을 보인다.

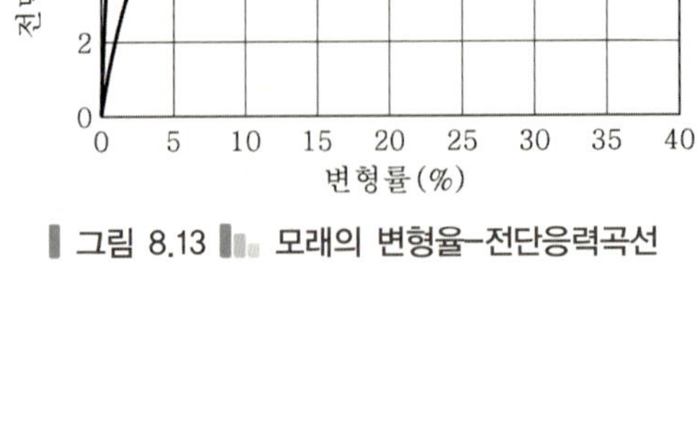

그림 8.13 모래의 변형율–전단응력곡선

그림 8.14는 전단 변위에 대한 공극비의 변화를 보인 것이다. 촘촘한 모래의 공극비는 처음에는 약간 감소하였다가 전단이 진행됨에 따라 점차로 증가하나 느슨한 모래의 공극비는 점차로 감소한다. 변위가 상당히 커지면 두 곡선은 어떤 일정한 값으로 수렴되며 더 이상의 체적의 변화가 일어나지 않는다. 이때의 공극비를 한계공극비(critical void ratio)라고 한다. 자연상태의 흙의 공극비가 한계공극비보다 큰가 작은가에 따라 흙의 전단강도는 크게 영향을 받는다.

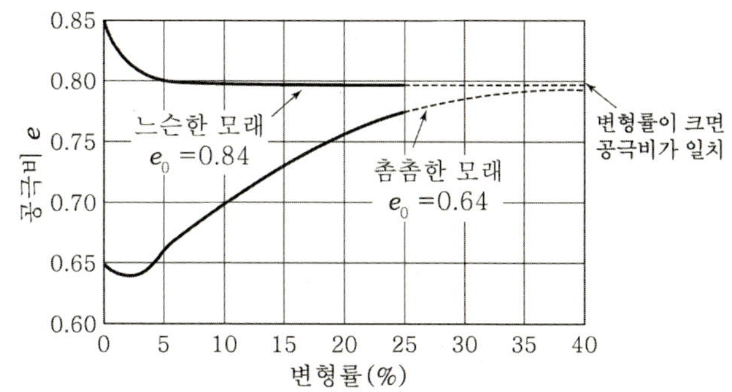

그림 8.14 모래의 공극비-변형률 관계

8.7 점성토의 전단강도

8.7.1 비배수강도

점성토는 투수계수가 작아서 배수가 쉽게 되지 않으므로, 비배수 조건에서의 강도정수의 결정이 매우 중요하다.

비배수 조건에서 연직하중이나 전단력이 작용할 때 과잉공극수압이 발생한다. 완전히 포화된 점성토에 대하여 비압밀비배수 삼축압축시험을 하였다면, 구속응력이 증가한 값만큼 공극수압이 증가하며 구속응력에 관계없이 그 흙을 전단시키는 축방향 유효응력은 일정하다.

즉 구속응력, σ_3가 어떤 응력수준이든, 파괴 때의 축차응력, σ_d은 동일한 값이므로 동일한 크기를 갖는 직경의 Mohr의 응력원이 그려져서 그림 8.15에 보인 바와 같이 가로축에 평행한 Mohr-Coulombd의 파괴포락선을 얻는다.

이 그림에서 알 수 있는 바와 같이, 포화점토의 비압밀비배수 시험에서는 $\phi = 0$이고 $c_u = s_u = \frac{1}{2}(\sigma_1 - \sigma_3)$이다. 여기서 비배수 조건에 대한 전단강도 s_u를 비배수 전단강도(undrained shear strength) 또는 간단히 비배수 강도라고 한다. 이 결과를 이용하여 토목구조물의 안정을 해석하는 방법을 $\phi = 0$ 해석이라고 하며(Skempton, 1948), 이것은 공극수압이 빠져나가는 속도보다 더 빨리 시공하는 경우에 대한 안정해석에 많이 쓰인다.

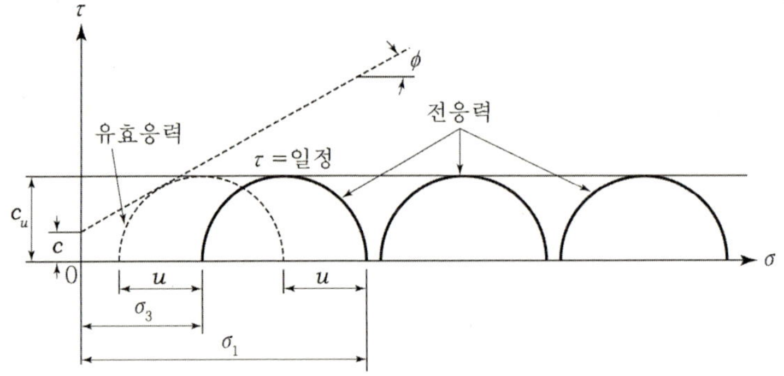

그림 8.15 포화된 점토의 비배수 전단강도

비압밀비배수 시험에서 공극수압을 측정한다면 최대 및 최소 유효응력은 연직응력에 관계없이 항상 일정하다는 것을 알 수 있다. 그러므로 유효응력으로 시험결과를 정리하면 한 개의 Mohr의 응력원만이 그려진다.

그러나 불포화토에 비압밀비배수 시험을 하면 그림 8.16과 같이 파괴 때의 축차응력은 구속응력이 증가함에 따라 증가하게 되므로 포화점토에서와 같이 수평선이 되지 않는다.

이는 구속응력을 증가시킬수록 공극공기가 용해됨에 따라서 흙이 압축되기 때문이다. 그러나 구속응력을 상당히 크게 하면 흙속에 있는 공기는 모두 용해되어 포화된 점토와 동일해지므로, Mohr의 포락선은 수평선이 된다. 낮은 응력 수준에서는 포락선이 곡선이 되고 높은 응력 수준에서는 직선이 되므로 일정값의 전단저항값은 존재하지 않는다.

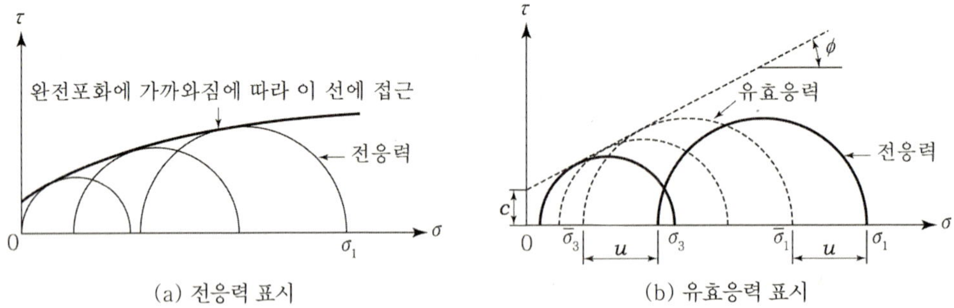

그림 8.16 불포화 점토의 비배수전단 시험

한편, 구속응력을 바꾸어 가면서 흙 시료를 완전히 압밀시킨 후에 배수상태에서 전단하면(압밀배수 시험) Mohr-Coulomb의 파괴포락선은 비압밀비배수 시험과는 전혀 다른 양상을 보인다. 포화된 점토를 구속응력으로 압밀하였다면 이 구속응력의 크기에 따라 함수비가 변화되며, 그 결과 공극비도 감소될 것이다.

이와 같이 압밀된 시료를 비배수 상태에서 전단하면 비압밀비배수 시험에서와 같이 $c = \frac{1}{2}(\sigma_1 - \sigma_3)$의 값만 얻게 된다. 그러나 이 값은 압밀압력의 크기에 따라 달라지며 압밀압력이 클수록 c 값은 커질 것 이므로 이를 Mohr의 응력원으로 표시하여 각 Mohr의 응력원의 접선을 그으면 어떤 경사를 갖는 직선이 된다. 따라서 점성토의 전단강도는 압밀압력의 증가에 따라 증가한다.

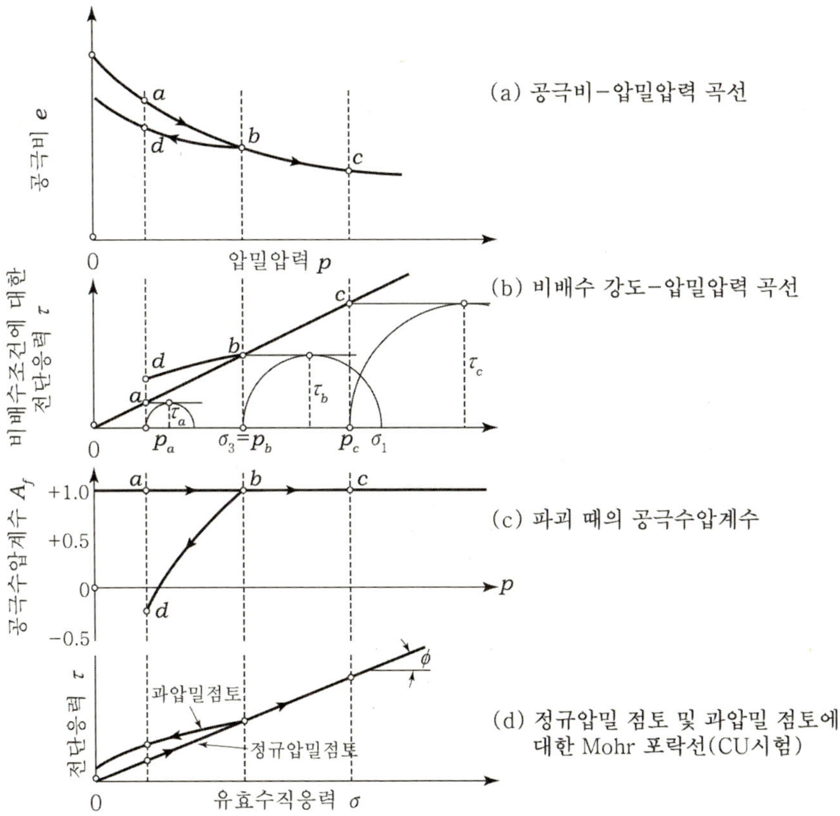

그림 8.17 과압밀 점토의 전단강도

한편 그림 8.17에 보인 바와 같이, 만일 흙 시료에 p_b만큼 연직하중이 작용한 후에 p_a로 감소되었다면 이 흙은 과압밀되었다고 하는데, 과압밀 점토의 전단강도는 정규압밀 점토의 전단강도보다 약간 커진다. 그 이유는 이미 흙이 더 큰 압력을 받았으므로 함수비가 감소되었기 때문이다. 압밀비배수 시험 때에 공극수압을 측정(즉, $\overline{CU}$ test)하여 그 결과를 유효응력의 항으로 표시하면 Mohr의 응력원은 공극수압의 증가량만큼 왼쪽으로 이동하므로, Mohr-Coulomb의 파괴포락선은 더욱 기울기가 급하게 되어서 전응력의 항으로 정리한 것보다 전단저항각이 더욱 커진다.

압밀비배수 시험에서 얻어진 강도정수는 c_{cu}, ϕ_{cu}로 표시하고, $\overline{CU}$시험에서 얻은 강도정수는 c', ϕ'로 표시한다.

8.7.2 배수강도

배수시험에서는 전단할 때에 공극수압이 전혀 발생하지 않아야 한다. 전형적인 배수시험의 예는 자갈이나 모래에 대한 전단과정이라고 할 수 있다. 이와 같은 입상토는 투수계수가 매우 크므로 보통 속도로 전단되면서 체적이 변화하여도 공극수압이 발생하지 않는다. 그러나 점토층은 재하속도보다 압밀속도가 더 빠를 경우에만 배수조건으로 취급할 수 있다.

포화점토에 대하여 압밀배수 시험을 하였다고 가정하여 보자. 처음에 시료를 구속응력, σ_3로 압밀한 다음 유효응력이 항상 전응력과 같은 값이 되도록 축차응력을 서서히 증가시킨다. 이와 같은 방법으로 σ_3만을 증가시켜 가면서 시험을 되풀이하면 유효응력의 항으로 파괴를 나타내는 Mohr의 응력원을 그릴 수 있다. 정규압밀 점토에 대한 Mohr-Coulomb의 파괴포락선은 원점을 통과하지만 과압밀점토의 경우는 항상 점착력이 있으며, 이 값의 크기는 과압밀비에 의존한다. 이때의 Mohr-Coulomb의 전단강도 식은 다음과 같다.

$$s = c_d + \sigma' \tan\phi_d \tag{8.23}$$

여기서, c_d와 ϕ_d는 각각 배수조건에 대한 점착력과 내부마찰각을 의미하며, 이들은 유효응력의 항으로 정리한 압밀비배수 시험의 강도정수와 거의 같다는 것이 여러 시험결과로부터 밝혀졌다(즉, $\bar{c} = c_d$, $\bar{\phi} = \phi_d$). 따라서 점토를 배수조건으로 시험하기 위해서는 시간이 너무 많이 걸리므로, $\overline{CU}$ 시험에서 얻은 강도정수를 배수 조건에 대한 정수로 대신 활용하는 것이 효율적이다.

그림 8.18은 배수조건으로 시험한 삼축압축시험 결과를 보인 것이다. 점토가 선행압밀하중을 받아 점착성분을 얻게 되는 현상은 제2장에서 기술한 바와 같이 점토표면에 있는 흡착수의 존재와 관련이 깊다. 압밀과정 중에 공극비가 감소하여 입자가 서로 가까이 접촉함에 따라 흡착수 층의 점성저항(viscous resistance)이 더 커져서 큰 점착력을 발휘하게 되는 것이다.

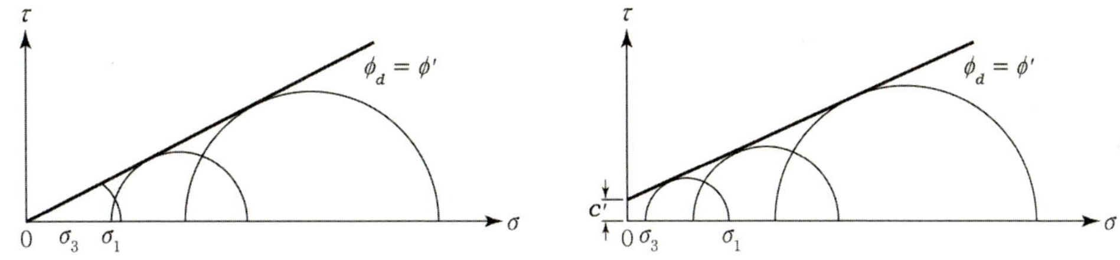

(a) 정규압밀 점토 (b) 과압밀 점토

그림 8.18 점토의 배수시험

그림 8.19는 앞에서 기술한 배수조건과 시료상태별 점착력 및 전단저항각과의 관계를 종합하여 나타낸 것이다.

배수조건	흙의상태	전응력	유효응력	비 고
비압밀 비배수 시 험	포화토	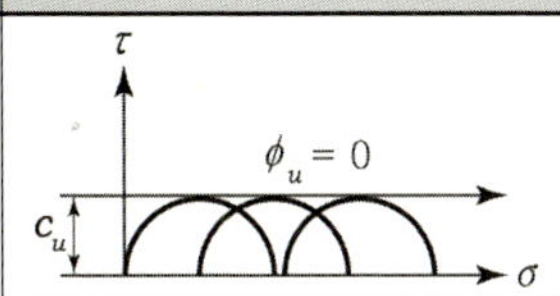	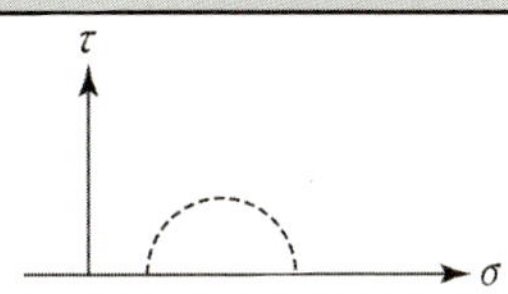	유효응력으로 나타내면 파괴원은 하나만이 얻어진다.
	불포화토	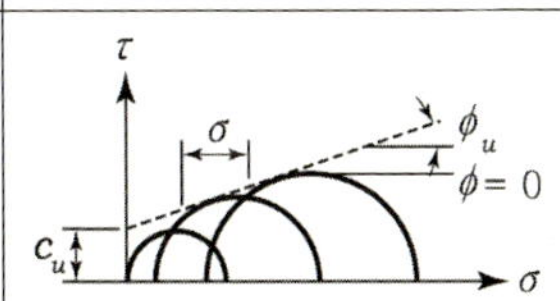	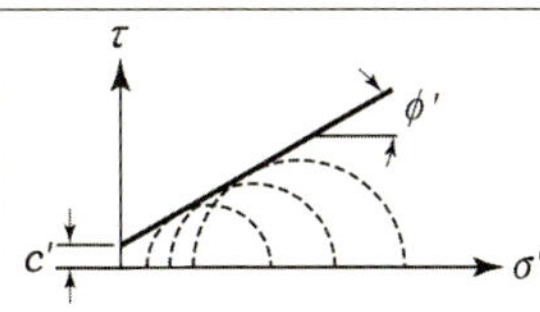	c_u, ϕ_u는 응력σ의 범위를 나타내고 응력이 커지면 포화된 ϕ_u는 0이 된다.
압 밀 비배수 시 험	포화토 불포화토	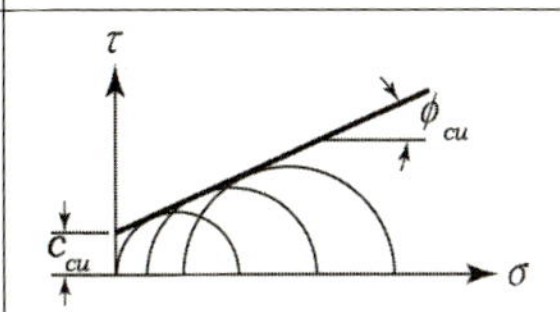	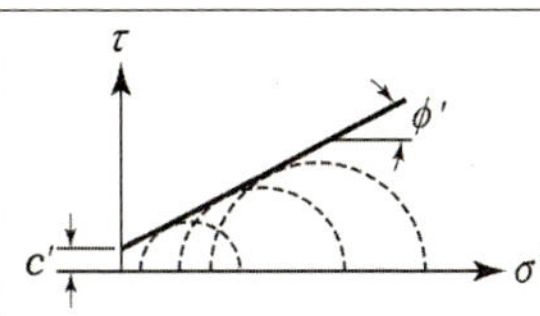	
배 수 시 험	포화토 불포화토	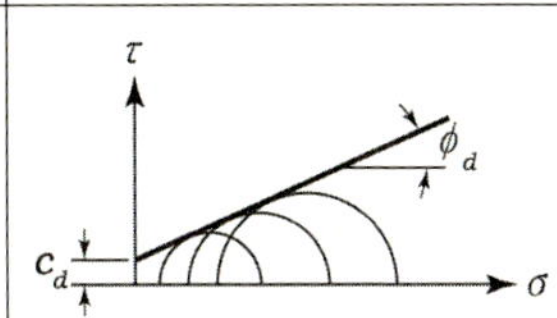		측정응력은 유효응력이다. 점토에서는 $c_d = \bar{c}$ $\phi_d = \bar{\phi}$

그림 8.19 배수조건과 전단저항각

8.8 공극수압계수

점토에 압력을 가하면 과잉공극수압이 발생생한다. 전응력의 변화에 대한 공극수압의 변화량의 비, $\Delta u/\Delta\sigma$를 공극수압계수(porewater pressure parameter)라고 한다. 이 계수는 실내실험에서 경계조건을 고려하여 구할 수 있으며, 유사한 응력상태인 현장의 공극수압을 예측하는 데 이용할 수 있다.

8.8.1 등방압축 상태에서의 공극수압

그림 8.20과 같이 전주응력 σ_1, σ_2 및 σ_3들이 평형을 이루고 공극수압이 u_0인 체적 V_0과 공극률 n인 흙 요소를 생각한다. 요소는 각 방향에서 Δu_3만큼의 공극수압 증가를 일으킨다. 즉, 각 방향에서의 유효응력의 증가$=\Delta\sigma_3-\Delta u_3$, 흙의 체적감소$=C_cV(\Delta\sigma_3-\Delta u_3)$가 된다. 여기서, C_c: 등방 유효응력 증분에서의 흙의 압축계수, 한편, 공극의 체적감소 $=C_v nV\Delta u_3$이다. 여기서, C_v: 등방압력 증분에서의 공극 내 유체의 압축계수

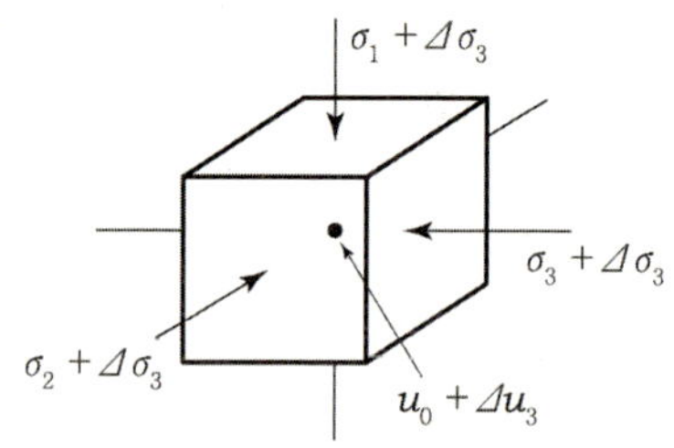

그림 8.20 등방압축을 받는 흙 요소

흙입자는 비압축성이고 공극 유체의 배수가 일어나지 않는다면 흙의 체적감소는 공극의 체적감소와 같다. 즉 $C_cV(\Delta\sigma_3-\Delta u_3)=C_vnV\Delta u_3$이다.

그러므로 $\dfrac{\Delta u_3}{\Delta\sigma_3}=1/[1+n(C_v/C_c)]=B$라고 하면 다음과 같은 표현이 가능하다.

$$\Delta u_3=B\cdot\Delta\sigma_3 \tag{8.24}$$

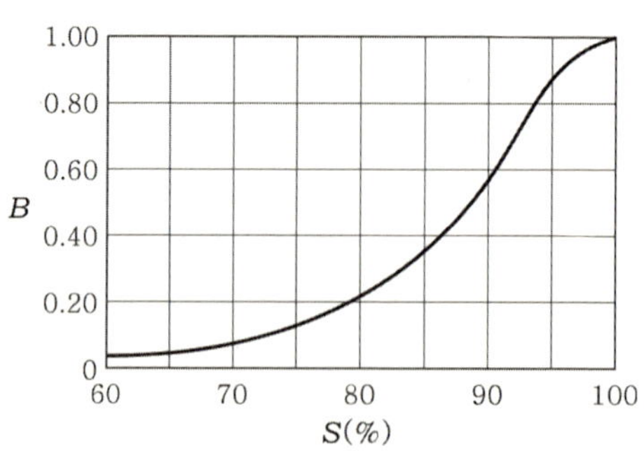

그림 8.21 B계수와 포화도의 관계

완전포화토의 경우 공극수의 압축성은 흙의 압축성에 비하여 무시할 수 있으므로 $C_v/C_c = 0$이고 B=1일 때 식 (8.24)는 구속응력의 증가만큼 공극수압의 증가로 나타난다. 불포화토에서는 공극의 공극공기가 존재하므로 공기의 압축으로 인하여 공극 유체의 압축성은 크다. 그러므로 $C_v/C_c > 0$이고 B〈1이다.

특정 흙의 포화도에 따른 B값은 삼축시험으로부터 측정할 수 있다. 즉, 시료를 임의의 구속압력으로 장치해 두고, 가능하면 압밀이 끝난 후에 공극수압을 측정한다. 비배수 조건에서 초기값으로부터 공극수압의 변화를 측정하면 식 (8.24)으로부터 공극수압계수 B의 값을 얻을 수 있다.

8.8.2 일축압축 상태에서의 공극수압

그림 8.22와 같이 전최대주응력 방향에서만 $\Delta\sigma_1$이 증가하고 그에 따라 즉시 Δu_1만큼의 공극수압이 증가한다고 생각한다.

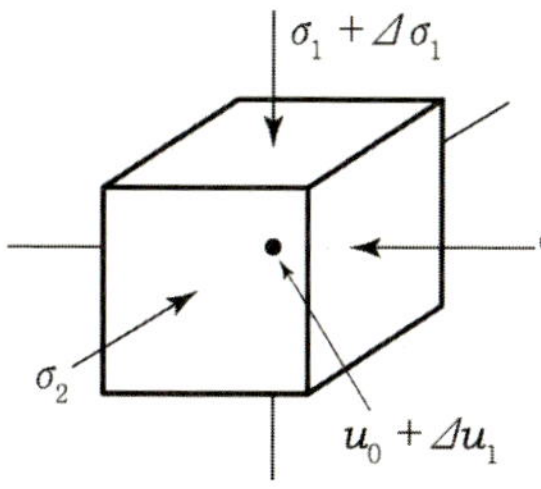

그림 8.22 최대주응력 증분을 받고 있는 흙요소

이때 유효응력의 증가는 다음과 같다.

$$\Delta\sigma_1{}' = \Delta\sigma_1 - \Delta u_1$$

$$\Delta\sigma_3{}' = \Delta\sigma_2{}' = -\Delta u_1$$

흙이 탄성체로서 거동한다면 흙의 체적 감소는 다음과 같다.

$$C_c V(\Delta\sigma_1 - \Delta u_1) + 2C_e V(-\Delta u_1)$$

여기서, C_e는 체적 팽창지수이다.

또한, 공극의 체적감소는 다음과 같다.

$$C_v n V \Delta u_1$$

다시 이들 두 체적 감소는 비배수조건에서 같아야 된다. 즉,

$C_c V(\Delta\sigma_1 - \Delta u_1) + 2C_e V(-\Delta u_1) = C_v n V \Delta u_1$이 된다.

그러므로 다음 식과 같이 된다.

$$\frac{\Delta u_1}{\Delta\sigma_1} = \frac{1}{1 + nC_v/C_c + 2C_e/C_c} = D$$

여기서, D는 공극수압계수이고 흙이 탄성체라고 가정하면, $C_c = C_e$ 이다.

$$\frac{\Delta u_1}{\Delta\sigma_1} = \frac{1}{n(C_v/C_c) + 3} = D$$

그러나 흙은 탄성체가 아니므로 위 식(.)을 D=AB로 다시 쓰면 일반적으로 다음과 같이 표현할 수 있나.

$$\Delta u_1 = AB\Delta\sigma_1 \tag{8.25}$$

여기서, A는 실험적으로 결정된 공극수압계수이며, 완전포화토인 경우($B = 1$),다음과 같다.

$$\Delta u_1 = A\Delta\sigma_1 \tag{8.26}$$

완전포화토인 경우, A값은 삼축시험의 비배수조건에서 축차응력이 가해지는 동안에 공극수압을 측정하여 얻을 수 있다. 전주응력의 변화는 작용된 축차응력과 같으며, 공극수압의 변화를 측정할 수 있다면 A값은 식 (8.26)으로부터 계산할 수 있다. 시험이 진행되는 동안 임의의 단계서 A계수의 값을 결정할 수 있으나 파괴시의 값이 가장 관심의 대상이 된다. 표 8.5에서 정규 압밀 점토와 같은 압축성이 큰 흙의 경우 A값은 0.5~1.0 범위에 있게 된다. 예민비가 큰 점토인 경우 최대 주응력의 증가는 흙 구조의 파괴를 유발시켜 공극수압이 매우 크게 되고 A값은 1보다 커진다. 약간 과압밀된 점토와 같이 압축성이 낮은 경우 A값은 0.3~0.7사이에 분포하게 된다. 점토가 심하게 과압밀되면 최대 주응력이 증가함에 따라 흙이 팽창하려는 경향이 있지만 공극수가 흙 내부로 들어갈 수가 없으므로 부(−)의 공극수압(negative pore pressure)이 생길 수도 있다. 심하게 과압밀된 점토의 A값은 −0.5~0 사이에 있다. 완전포화점토에 대한 파괴시의 A값과 과압밀화의 관계를 그림 8.23에 나타내었다. 수평변위가 없는 상태인 경우 체적 감소는 최대 주응력 방향에서만 가능하다. C_{s0}이 비배수조건에서의 흙의 일축방향의 압축계수라고 하면 다음 관계가 성립한다.

$$\Delta C_{s0} V(\Delta\sigma_1 - \Delta u_1) = C_1 n V \Delta u_1$$

표 8.5 A계수의 대표치

흙의 종류($S=100\%$)	A의 대표치(파괴시)
대단히 느슨한 고운 모래	2~3
예민한 점토	1.5~2.5
정규압밀 점토	0.7~1.3
약간 과압밀된 점토	0.3~0.7
심히 과압밀된 점토	-0.5~0

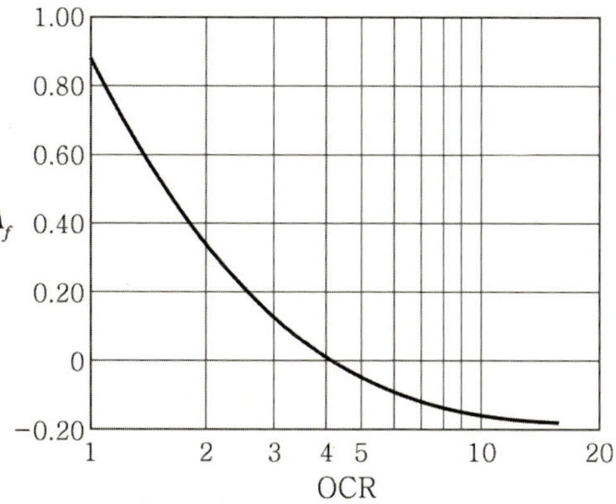

그림 8.23 파괴시의 A와 과압밀비와의 일반적인 관계

그러므로 다음과 같다.

$$\Delta u_1 = \Delta\sigma_1\left(\frac{1}{1+nC_v/C_{co}}\right) = A\Delta\sigma_1$$

여기서, $A = 1/[1+n(C_v/C_{co})]$가 되며, 완전포화토의 경우 수평변위가 생기지 않으면 $C_v/C_{co}=0$이고 $A=1$이 된다.

8.8.3 삼축압축 상태에서의 공극수압

그림 8.24에 보인 바와 같이 삼축압축시험 중의 하중상태는 등방압축과 일축압축을 합한 것이므로 삼축압축시험 중의 공극수압의 변화는 각 경우에 대한 공극수압의 변화를 중첩하여 계산할 수 있다. 다만 앞에서 기술한 일축압축 때의 $\Delta\sigma_1$은 축차응력 $\Delta\sigma_d=(\Delta\sigma_1-\Delta\sigma_3)$로 대치되어야 한다. 따라서 식 (8.24)과 (8.26)를 합하면 다음과 같다.

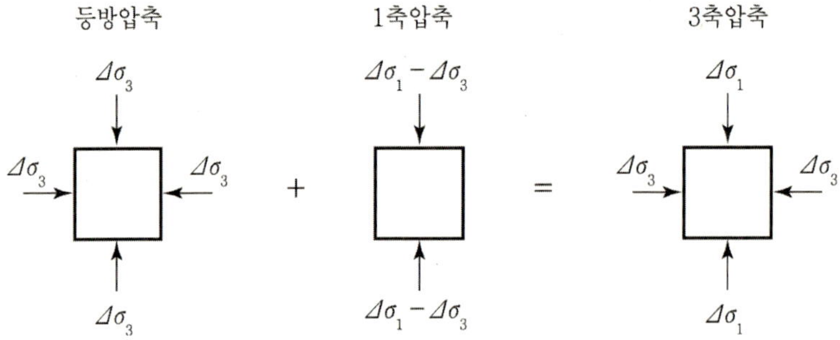

▌그림 8.24 ▌ 삼축압축때의 응력상태

$$\Delta u = B\left[\Delta\sigma_3 + A(\Delta\sigma_1 - \Delta\sigma_3)\right] \tag{8.27}$$

포화된 흙에서는 $B=1$이므로 식 (8.27)은 다음과 같이 표현할 수 있다.

$$\Delta u = \Delta\sigma_3 + A\left[\Delta\sigma_1 - \Delta\sigma_3\right] \tag{8.28}$$

여기서, 공극수압계수 A의 값은 앞서 언급한 바와 같이 삼축압축시험에서 구할 수 있다. 즉, 구속응력을 일정하게 유지하고 공극수압을 측정했다면 식 (8.21)로부터 다음 식이 얻어진다.

$$A = \frac{\Delta u - \Delta\sigma_3}{\Delta\sigma_1 - \Delta\sigma_3} = \frac{\Delta u}{\Delta\sigma_1} \tag{8.29}$$

즉 축차응력과 공극수압을 측정하면 A를 쉽게 구할 수 있다. 표 8.5에서 알 수 있는 바와 같이 공극수압계수 A는 응력경로나 체적변화에 따라 부(-)의 값으로부터 1이상의 광범위한 값으로 변화한다.

8.9 응력경로

8.9.1 σ_1'과 σ_3'와의 관계

응력경로는 삼축압축시험에서 시료에 축하중을 가해서 파괴에 이르기까지의 시료에 생기는 응력의 상태를 연결하는 곡선을 말하며, 이와 같은 응력경로를 그리는 방법에는 여러 가지가 있으나 두 가지만 설명하기로 한다.

그림 8.24는 응력경로의 한 예로서 삼축압축시험에서 시료에 작용하는 유효 최소주응력 σ_3'와 유

효 최대주응력 $\sigma_1{}'$의 관계를 나타낸 것이다. 공간대각선은 $\sigma_1{}'=\sigma_3{}'$(등방응력상태)이 되는 선을 나타낸다. 이 대각선은 수평과 45°를 이루고 있다.

$$\sigma_1{}' = \sigma_3{}'\tan^2(45° + \frac{\phi}{2}) + 2c\tan(45° + \frac{\phi}{2})$$
$$= \sigma_3{}'(\tan b') + a' \tag{8.30}$$

여기서, b'와 a'는 각각 다음과 같다.

$$\tan b' = \tan^2(45° + \frac{\phi}{2}) \tag{8.31}$$

$$a' = 2c\tan(45° + \frac{\phi}{2}) = 2c\sqrt{\tan b'} \tag{8.32}$$

따라서 $\sigma_3{}'$와 $\sigma_1{}'$의 관계도에서는 파괴포락선이 수평과 각 b'를 이루는 직선이다. 또 파괴포락선이 종축 $\sigma_1{}'$을 지나는 절편은 a'와 같다. 이와 같은 관계를 나타낸 것이 그림 8.25이다.

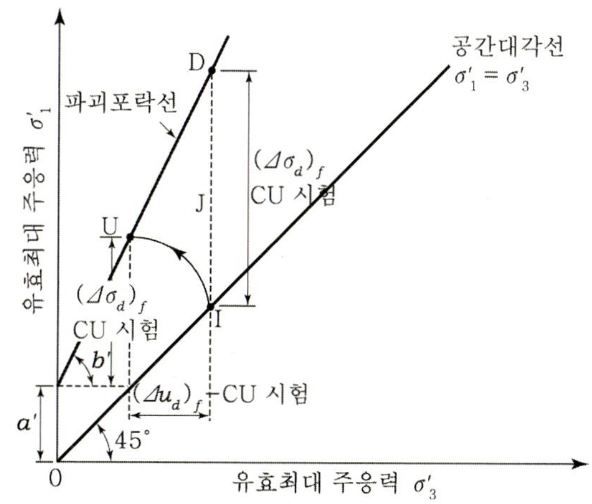

그림 8.25 응력경로(압밀배수 및 압밀비배수 삼축압축시험에서의 $\sigma_1{}'$과 $\sigma_3{}'$의 관계도)

삼축압축시험에서 축차응력이 작용하는 순간 주응력들은 다음과 같은 상태로 된다.

- 유효 최소주응력$= \sigma_3{}' = \sigma_3$
- 유효 최대주응력$= \sigma_1{}' = \sigma_3{}' + \Delta\sigma_d = \sigma_3 + 0 = \sigma_3$

이와 같은 응력상태가 그림 8.25의 대각선 위의 점 I로 나타나 있다. 구속응력 $\sigma_3{}'(=\sigma_3)$가 일정하게 유지되면서 축차응력이 점차 증가하게 되면, 시험 중 최대 및 최소주응력은 그림 8.25에서 점 J와 같이 그려진다. 이 점 J는 점 I를 통과하는 연직선의 위쪽으로 이동한다. 압밀배수상태에서 시험한 결과를 그리면 연직선 ID가 된다. 점 D는 $\sigma_1{}'=\sigma_3{}'+(\Delta\sigma_d)_f=\sigma_3+(\Delta\sigma_d)_f$와 $\sigma_3{}'=\sigma_3$의 좌표를 갖는 파괴조건을 나타낸다. 응력상태는 대각선 위의 점 I로 나타낼 수 있다. 그러나 시료에 비배수조건에서의 축차응력이 가해지면

$$\sigma_1{}'=\sigma_3+\Delta\sigma_d-\Delta u_d$$

$$\sigma_3{}'=\sigma_3-\Delta u_d$$

로 된다. 이들 $\sigma_1{}'$과 $\sigma_3{}'$의 값은 그림 8.25와 같이 그려지며, 이들을 연결하면 경로 IU가 된다. 점 U는 이 시료의 파괴상태를 나타낸다. 따라서 IU는 압밀비배수 삼축시험에 대한 응력경로를 나타낸다. 선분 OI가 수평면과 45°로 경사져 있으므로 IU의 수평투영(일반적으로 $\sigma_3{}'$의 변화를 나타냄)은 전단 중에 발생하는 공극수압의 변화와 같다. 또한, 점 U와 대각선간의 연직거리는 $(\Delta\sigma_d)_f$와 같다.

8.9.2 p'와 q'의 관계도

Lambe(1969)은 $p'-q'$관계를 나타낼 수 있는 형태의 응력경로를 제안하였다. p'와 q' 관계는 다음과 같다.

$$p'=\frac{\sigma_1{}'+\sigma_3{}'}{2} \tag{8.33}$$

$$q'=\frac{\sigma_1{}'-\sigma_3{}'}{2} \tag{8.34}$$

이와 같은 유형의 응력경로는 그림 8.26으로써 설명할 수 있다. 압밀배수 삼축압축시험에서의 정규압밀 점토를 생각한다. 축차응력이 작용하는 초기에서는 다음과 같다.

$$p'=\frac{\sigma_1{}'+\sigma_3{}'}{2}=\sigma_1{}'=\sigma_3{}' \tag{8.35}$$

$$q'=\frac{\sigma_1{}'-\sigma_3{}'}{2}=0 \tag{8.36}$$

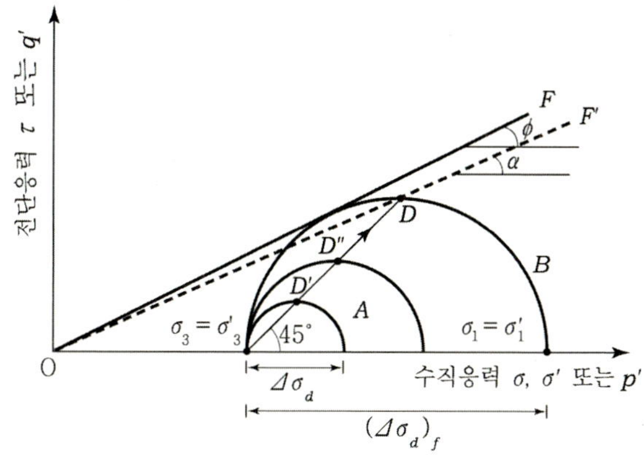

▌그림 8.26 ▌ 응력경로(정규압밀 점토의 압밀배수 삼축시험에서의 $p'-q'$ 관계도)

이와 같은 조건에서는 p'와 q'는 하나의 점(즉, 그림 8.26에서 I)으로 나타난다. 축차응력을 가하는 동안의 어느 시점에서 $\sigma_1' = \sigma_3' + \Delta\sigma_d$, $\sigma_3 = \sigma_3'$가 된다. 그림 8.26에서 A로 표시한 Mohr원은 이때의 응력상태에 해당 된다. 이러한 조건에서의 p' 및 q'값은 각각

$$p' = \frac{\sigma_1' + \sigma_3'}{2} = \frac{(\sigma_3' + \Delta\sigma_d) + \sigma_3'}{2} = \sigma_3' + \frac{\Delta\sigma_d}{2} = \sigma_3 + \frac{\Delta\sigma_d}{2} \tag{8.37}$$

$$q' = \frac{(\sigma_3' + \Delta\sigma_d) - \sigma_3'}{2} = \frac{\Delta\sigma_d}{2} \tag{8.38}$$

이들 $p'-q'$ 값을 그림 8.26에 그리면 Mohr의 응력원의 정점 D로 나타난다. 축차응력을 작용시킨 각 단계에서 $p'-q'$값을 그리고 연결하면 ID와 같은 직선이 된다. 이 직선 ID를 압밀배수 삼축압축시험에 대한 $p'-q'$관계를 나타내는 응력경로라고 하며 ID는 수평면과 45°를 이루고 있다. 점 D는 이 시점에서 파괴를 의미한다. 또한 Mohr의 응력원 B는 파괴응력상태를 나타내는 원이다.

정규압밀점토의 경우 파괴 포락선은 $\tau_f = \sigma' \tan\phi$로 되는데 이는 그림 8.26에 선분 OF이다. 또 수정 파괴포락선(modified failure envelope)은 선분 OF'로 정의되며 다음 식과 같이 표현된다.

$$q' = p' \tan\alpha \tag{8.39}$$

여기서, α: 수정 파괴포락선이 수평과 이루는 각

각 ϕ와 α와의 관계는 다음 식으로 결정한다.

$$\phi = \sin^{-1}(\tan\alpha) \tag{8.40}$$

그림 8.27은 압밀비배수 삼축시험에서의 정규압밀점토에 대한 $p'-q'$ 관계를 나타낸 것이다. 축차응력을 작용하는 순간에는 $\sigma_1' = \sigma_3' = \sigma_3$가 된다. 그러므로 $p' = \sigma_3'$이며 $q' = 0$이다. 이 좌표는 점 I로 나타난다. 축차응력을 계속하여 가하면

$$\sigma_1' = \sigma_3 + \Delta\sigma_d - \Delta u_d$$

$$\sigma_3' = \sigma_3 - \Delta u_d$$

가 된다. 따라서 다음 식과 같다.

$$p' = \frac{\sigma_1' + \sigma_3'}{2} = \sigma_3' + \frac{\Delta\sigma_d}{2} - \Delta u_d \tag{8.41}$$

$$q' = \frac{\sigma_1' - \sigma_3'}{2} = \frac{\Delta\sigma_d}{2} \tag{8.42}$$

이와 같이 계산한 p'와 q'는 그림 8.27에서 점 U''와 같은 점은 시험이 진행됨에 따라 p'와 q'값의 변화를 나타낸다. 시료가 파괴될 때 다음과 같다.

$$p' = \sigma_3 + \frac{(\Delta\sigma_d)_f}{2} - (\Delta u_d)_f \tag{8.43}$$

$$q' = \frac{(\Delta\sigma_d)_f}{2} \tag{8.44}$$

가 된다.

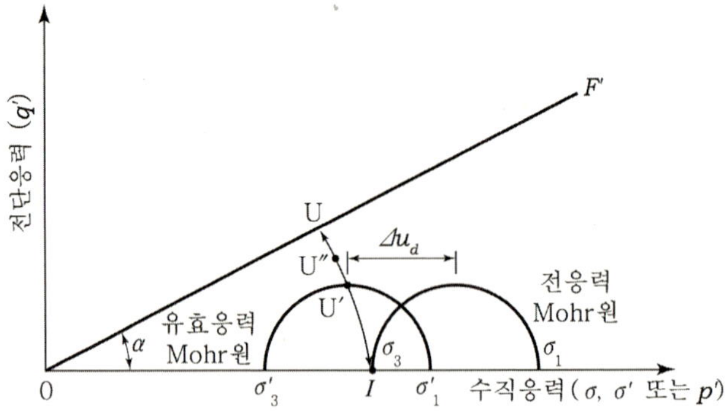

그림 8.27 응력경로(정규압밀 토에 대한 압밀 비배수 삼축시험에서 $p'-q'$ 관계도)

식 (8.37) 및 (8.38)로 구한 p' 및 q'의 값은 U와 같은 점으로 나타난다. 그러므로 압밀비배수 시험에서의 유효응력경로는 곡선 $IU'U$와 같은 점으로 나타낼 수 있다. 점 U는 수평과 α를 이루는

수정 파괴포락선 위에 위치하게 됨을 주목해야 한다. 그림 8.28은 Lagunillas 점토의 압밀비배수 삼축시험에서 구한 몇 가지의 응력경로를 나타낸 것이다.

Lambe(1969)은 이와 같은 방법으로 구한 응력경로를 이용하여 점토지반에서의 기초의 탄성 및 압밀침하를 계산하는 기법을 제안하였다.

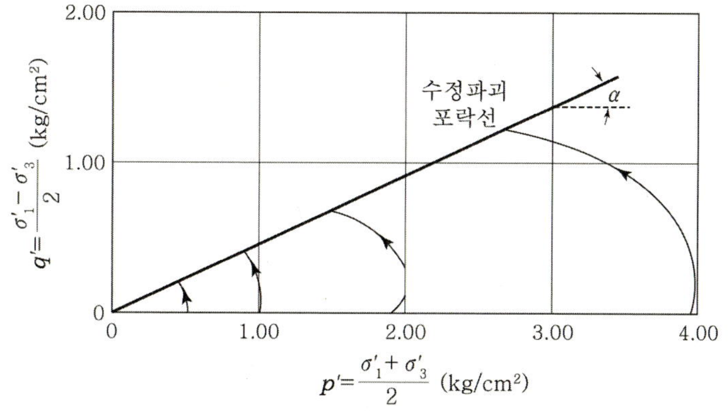

그림 8.28 Lagunillas 점토에 대한 응력경로(4종류의 압밀비배수 삼축시험에서 구한 $p'-q'$ 의 관계도(Lambe, 1969))

또한 $q'=\frac{1}{2}(\sigma_1{}'-\sigma_3{}')$와 $p'=\frac{1}{2}(\sigma_1{}'+\sigma_3{}')$관계를 그려서 얻은 더 일반적인 경우($c \neq 0$)의 응력상태를 그림 8.29에 나타낸다. 그림에 보인 바와 같이 Mohr의 응력원(점선) 대신에 응력점(이점들을 연속적으로 연결하면 응력경로가 됨)으로 나타낼 수 있다. 이와 같이 응력점을 연결하여 구한 수정 파괴포락선을 다음 식으로 나타낼 수 있다.

$$\frac{1}{2}(\sigma_1{}'-\sigma_3{}')=a'+\frac{1}{2}(\sigma_1{}'+\sigma_3{}')\tan\alpha \tag{8.45}$$

여기서, a' 및 α는 수정된 전단강도 정수이며 이들을 사용하여 전단강도 정수 c 및 ϕ는 식 (8.40) 및 다음 식으로 얻는다.

$$\phi'=\sin^{-1}(\tan\alpha) \tag{8.46}$$

$$c'=\frac{a'}{\cos\phi} \tag{8.47}$$

그림 8.29와 같이 이들 응력점에서 수평과 45°로 그린 직선은 주응력들($\sigma_1{}'$ 및 $\sigma_3{}'$)을 나타내는 점에서 수평축과 45°로 만난다.

또한, 삼축압축시험에서 시료에 구속압력을 가하여 압밀한 후, 축차응력을 가하여 전단시키는 과정에서 가하는 하중의 상태에 따라 여러 형태의 응력경로를 나타나게 되는데, 그림 8.30은 응력의 상태에 따른 여러 종류의 응력경로를 보여준다.

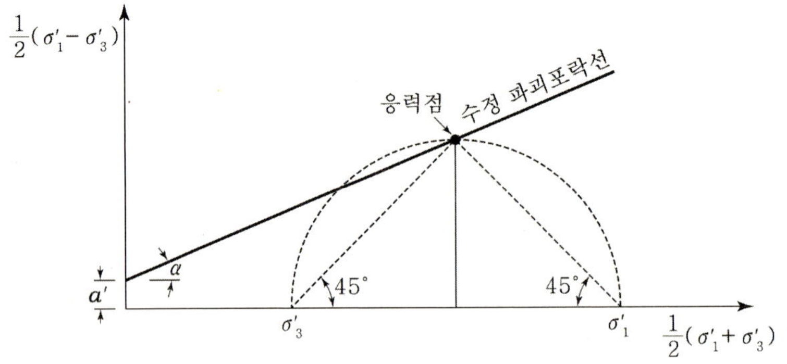

그림 8.29 응력조건의 표현

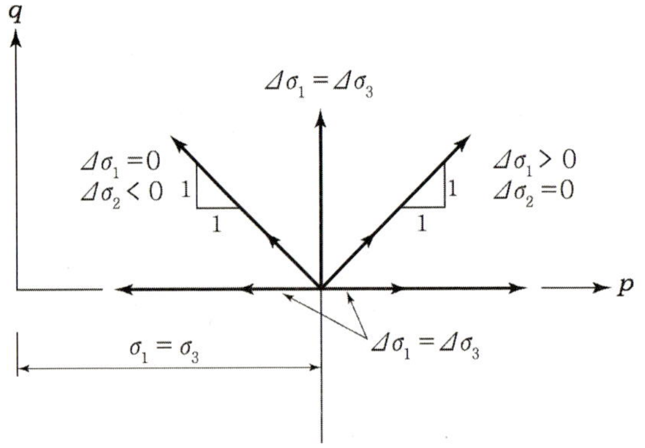

그림 8.30 $\sigma_1 = \sigma_3$인 점에서 시작하는 여러 응력경로

연습문제

8.1 그림 연 8.1과 같은 응력상태에 대하여 주응력의 크기와 방향(수평면과 이루는 각)을 구하여라.

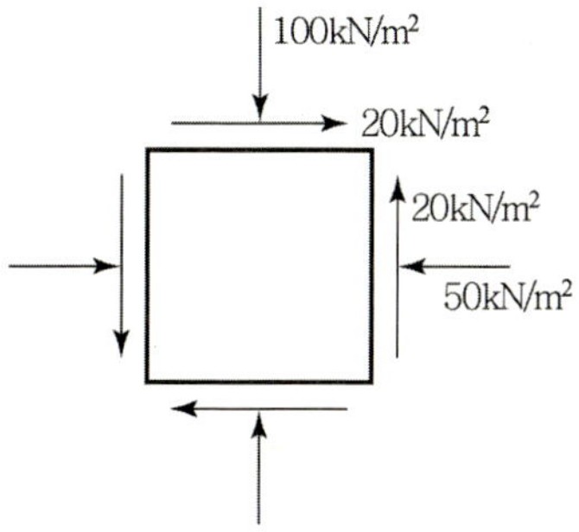

그림 연 8.1

8.2 어느 흙에 대하여 직접전단시험을 하여 수직응력 $\sigma = 6.0\text{kg/cm}^2$일 때, 전단강도 $\tau = 30\text{kg/cm}^2$를 얻었다. 정규압밀 점토로 가정하고 내부마찰각 ϕ와 최대 및 최소주응력을 계산하여라.

8.3 어떤 흙에 대한 일축압축시험 결과 파괴강도는 2.8kg/cm^2이었다. 이 공시체의 파괴면이 수평면과 이루는 각이 $54°$이면 이 흙의 점착력과 내부마찰각은 각각 얼마인가?

8.4 정규압밀 점토와 과압밀 점토의 전단특성을 비교 설명하여라.

8.5 다음과 같은 경우에 대하여 어떠한 배수조건에서 실내시험 또는 현장시험을 하여 전단 강도정수를 결정하는 것이 적합한지를 결정하고 그 이유를 밝혀라.

(a) 점토를 다져 축조한 흙의 장기적인 안정검토
(b) 점토를 다져 축조한 흙댐의 시공직후의 안정검토
(c) 연약한 정규압밀 점토상에 놓이는 제방의 설계
(d) 느슨하고 건조한 모래지반 위에 놓이는 건물기초의 설계
(e) 연약 점토지반을 절토할 때의 시공직후의 안정검토

8.6 완전포화점토 시험편에 비압밀 비배수 시험을 하여 다음의 결과를 얻었다. 강도정수 c_u와 ϕ_u를 결정하여라.

$\sigma_3(\text{kg/cm}^2)$	2.00	4.00	6.00
$\sigma_1 - \sigma_3(\text{kg/cm}^2)$	2.22	2.18	2.20

8.7 포화점토에 대한 압밀비배수 삼축시험을 하여 다음의 결과를 얻었다. 구속압력은 6.00$\mathrm{kg/cm^2}$로 유지하고 압밀은 2.00$\mathrm{kg/cm^2}$의 배압에서 진행되었다.

$\sigma_1-\sigma_3(\mathrm{kg/cm^2})$	0	0.08	1.58	2.14	2.79	3.19
$u(\mathrm{kg/cm^2})$	2.00	2.29	2.77	3.18	3.88	4.33

응력경로를 그리고 파괴시의 공극수압계수 A의 값을 구하여라.

8.8 전단강도정수가 $c'=1.05t/\mathrm{m}^2$, $\phi=21°$인 지반위에 제방을 축조하려고 한다. 삼축압축시험으로 얻은 공극수압계수는 A=0.5, B=0.90이었다. 제방높이를 3m에서 6m로 올린 직후의 제방 바닥면에서의 전단강도는 얼마인가? 단, 제방을 시공하는 도중에는 공극수압의 소실을 무시할 수 있고, 임의의 위치에서의 횡방향 토압계수는 정지토압계수($K_0=0.5$)를 적용하기로 하며 제방을 쌓는 흙은 $\gamma_t=1.6\mathrm{t/m^2}$이다.

8.9 포화점토 시료에 대하여 공극수압을 측정하면서 수행한 압밀비배수 시험에서 파괴시에 다음과 같은 결과를 얻었다. 강도정수 c' 및 ϕ'를 결정하여라.

구속압력($\mathrm{kg/cm^2}$)	축차압력($\mathrm{kg/cm^2}$)	공극수압($\mathrm{kg/cm^2}$)
1.5	1.92	0.80
3.0	3.41	1.54
4.5	5.04	2.22

8.10 삼축압축시험에 있어서 배압(back pressure)이란 무엇인가? 그리고 배압을 가하는 목적을 설명하여라.

8.11 어떤시료가 0.5$\mathrm{kg/cm^2}$의 구속응력 σ_3를 받고 있다. 다음 각각의 재하조건에 대한 응력경로를 그려라. 단, σ_v는 연직방향, σ_h는 수평방향의 응력을 각각 나타낸다.

(a) σ_v는 일정, σ_h는 1$\mathrm{kg/cm^2}$로 증가

(b) σ_v는 일정, σ_h는 1$\mathrm{kg/cm^2}$로 증가

(c) σ_v는 σ_h가 함께 1$\mathrm{kg/cm^2}$로 증가

(d) σ_v는 0.25$\mathrm{kg/cm^2}$ 증가하고, 동시에 σ_h는 0.25$\mathrm{kg/cm^2}$감소

8.12 삼축압축시험을 수행할 때 시료의 포화상태를 확인하는 방법과 시료를 포화시키는 방법에 대하여 설명하여라.

제 9 장 흙의 다짐

제 9 장

흙의 다짐

9.1 개설

넓은 지역에 흙을 쌓아서 택지를 조성하거나 도로를 건설하거나 제방을 축조하거나 흙 댐을 쌓는 등 흙을 성토하여 구조물을 만드는 경우, 필요로 하는 흙의 강도를 확보하고 지반의 침하를 억제하기 위해서 흙에 압력을 가해서 흙의 밀도를 높인다. 이와 같이 인위적으로 공극 내의 공기를 배출시켜 토립자간의 결합을 치밀하게 해서 단위 중량을 증가시키는 과정을 흙의 다짐(compaction)이라고 한다.

그러나 흙의 자중이나 성토하중 또는 구조물의 하중에 의해서 하부지반에서 공극수가 배출되면서 지반이 침하하고 밀도가 증가하는 압밀현상은 흙의 다짐에서 제외한다.

다짐은 불포화토의 공극공기가 감소하면서 체적이 감소하지만 압밀은 포화토의 공극수가 배출되면서 체적이 감소한다. 또한 지반에 말뚝을 박아서 말뚝의 체적만큼 흙이 주변지반으로 밀려나면서 지반의 밀도가 증가하는 현상도 흙의 다짐에서 다루지 않는다.

다짐의 목적은 흙의 강도를 증가시키고 공극비를 감소시켜 흙의 압축성을 낮게 하여 다져진 지반의 침하를 억제하고 투수성을 감소시키며 흙 구조물의 차수효과를 높이고 흙의 전단강도를 증가시켜 다져진 흙 구조물 또는 이를 지지하는 하부지반의 지지력을 증가시키며 파괴를 방지하는 것이다. 또한 공극비가 감소해서 지반이 치밀해지므로 투수성이 감소하고 동상을 억제할 수 있으며 물의 흡수에 따른 팽창이나 건조에 의한 수축 등도 억제할 수 있다.

9.2 함수비와 다짐특성

흙의 다짐은 조립토, 세립토 등 흙의 종류, 정적인 방법, 동적인 방법 등 다지는 방법, 흙에 가하는 다짐에너지의 대소 등에 따라서 많이 다져지거나 적게 다져지는 특성을 나타낸다.

흙의 종류, 다짐방법, 다짐에너지량 등이 모두 동일하다면 흙은 함수비의 변화에 따라서 다져지는 정도가 다르다. 흙의 함수비 변화에 대한 건조단위중량의 변화를 그래프로 그려서 다져진 정도를 나타내는 곡선을 다짐곡선이라고 한다.

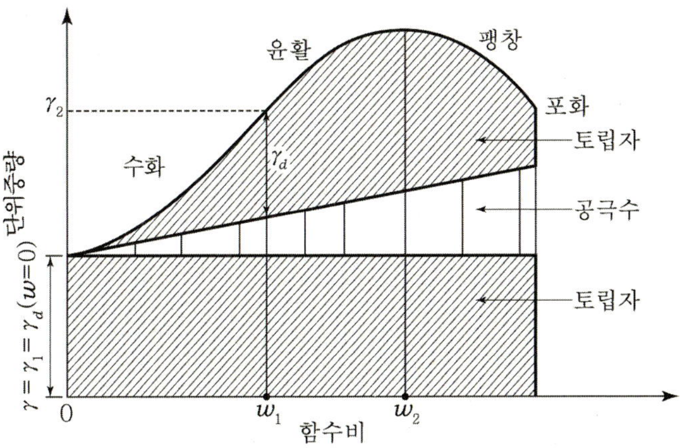

▌그림 9.1 ▌ 함수비의 변화에 따른 흙의 다짐

그림 9.1에는 흙이 건조상태에서 공극수가 증가하면서 습윤단위중량이 증가하다가 특정한 함수상태를 넘어서면 다시 습윤단위중량이 감소하는 과정을 나타내고 있다.

C. A. Hogentogler는 흙의 다짐 곡선에 대해서 함수비의 변화에 따른 건조단위중량의 추이를 직선의 곡선점에 의해 **'수화 → 윤활 → 팽창 → 포화'**의 4단계로 나누었다.

(1) 수화단계

제 1단계인 수화단계(水和段階, hydration)는 반고체상 영역으로 함수량의 절대량이 부족하여 흙 입자 간의 접착이 일어나지 않고 큰 공극으로 인해 건조단위중량이 작다.

(2) 윤활단계

제 2단계인 윤활단계(潤滑段階, lubrication)는 탄성체적 영역으로 물의 일부가 자유수가 되어 흙 입자 사이에 윤활 역할을 하게 된다. 이 단계의 최대 함수비 부근에서 최대건조단위중량이 나타나 다짐 효과가 가장 높다.

(3) 팽창단계

제 3단계인 팽창 단계(膨脹段階, swelling)는 소성적 영역으로 증가분의 물이 윤활 역할 뿐 아니라 다져진 순간에 잔류 공기를 압축하게 되며 이로 인해 흙이 압축되었다가 팽창하게 된다.

(4) 포화단계

제 4단계인 포화단계(飽和段階, saturation)는 반점성 유체적 영역으로 팽창 단계로부터 증가된 수분은 흙 입자와 치환되어 실제적으로 포화된 결과가 된다.

9.3 다짐시험

흙의 다짐을 합리적 근거를 세워서 고려하게 된 것은 1933년에 Proctor가 흙 댐의 시공과 관련하여 다짐시험의 의의와 공사에 적용하는 방법을 제안한 이후부터이다. Proctor가 제안한 다짐시험은 약간씩 수정되어 전 세계적으로 광범위하게 사용되고 있다. 우리나라에서는 한국 산업규격(KS F 2312 : 2001)에 규정되어 있으며 그 내용을 요약하면 다음과 같다.

다짐이란 램머를 자유 낙하시켜서 흙을 다지는 조작을 말한다. 최대입자지름은 시료가 모두 통과하는 시험용 체의 최소 호칭 치수로 표시한 흙의 입자지름이다.

(1) 다짐방법

다짐 방법은 가하고자 하는 에너지량의 많고 적음에 따라서 표 9.1과 같은 방법들 중의 한 방법으로 다진다.

표 9.1 다짐 방법의 종류

다짐방법의 호칭명	램머 질량 kg	몰드 안지름 cm	다짐층수	1층당 다짐 횟수	허용최대입자 지름mm
A	2.5	10	3	25	19
B	2.5	15	3	55	37.5
C	4.5	10	5	25	19
D	4.5	15	5	55	19
E	4.5	15	3	92	37.5

시료를 준비하는 과정에서 각 다짐방법 별로 허용최대입자지름에 해당되는 표준망체로 시료를 걸러서 준비하고 체에 잔류한 비율은 시험결과에 표기한다. 그림 9.2 및 그림 9.3에는 다짐방법에 따라서 사용하는 몰드와 램머의 규격이 나타나 있다.

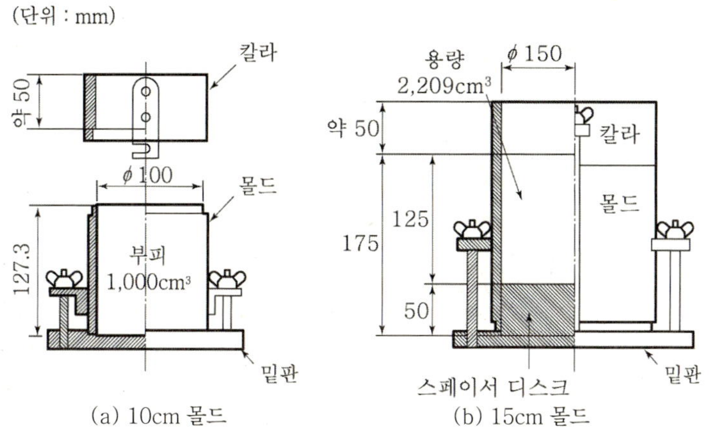

▌그림 9.2 ▌ 다짐에 사용되는 몰드, 칼라 및 밑판의 규격

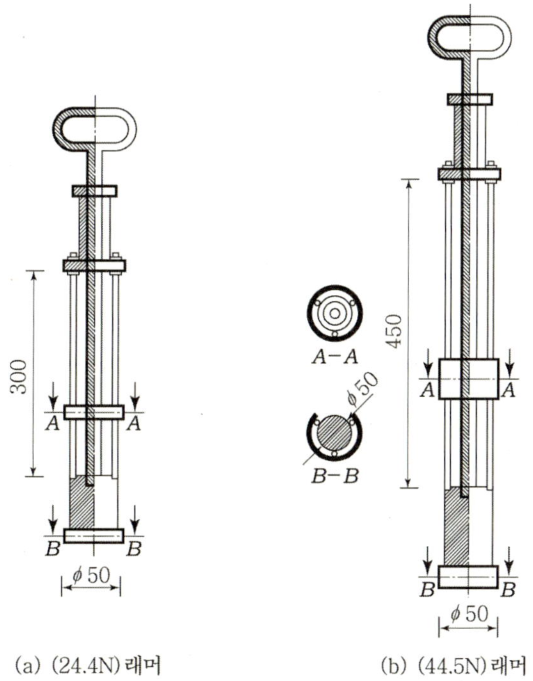

▌그림 9.3 ▌ 다짐시험용 램머의 규격

(2) 시료의 준비방법

– 건조법 : 건조법은 시료 전량을 최적 함수비를 얻을 수 있는 함수비까지 건조하고, 다질 때 물을 가하여 필요한 함수비로 조정하는 방법으로 일반적으로 많이 사용하는 방법이다. 급히 건조시

킬 경우 항온건조로에서 50℃ 이하의 온도로 건조시킬 수 있다.

- 습윤법 : 습윤법은 자연 함수비에서 건조 또는 물을 가함으로써 시료를 필요한 함수비로 조정하는 방법으로 시료를 건조하면 다짐 시험 결과에 영향을 미치는 흙에 사용한다.

- 반복법 : 반복법은 동일한 시료를 함수비를 바꾸어 반복 사용하는 방법으로 일반적으로 많이 사용하는 방법이다.

- 비반복법 : 비반복법은 항상 새로운 시료를 함수비를 조정하여 사용하는 방법으로 다짐에 의해 흙 입자가 부서지기 쉬운 흙이나 물을 가한 후에 물과 섞이는데 시간이 걸리는 흙에 사용한다. 물과 섞이는데 시간이 걸리는 흙의 함수비를 조정한 경우에는 조정 후 12시간이상 밀폐용기에 보관한다.

시험방법은 표 9.1 및 9.2에 나타나는 호칭명을 조합하여 표기한다. 예를 들어 D다짐방법을 사용하고 시료는 습윤법으로 비반복법을 사용했다면 D–c와 같이 표기한다.

표 9.2 시료의 준비 방법 및 사용 방법의 조합

조합의 호칭명	시료의 준비 방법 및 사용 방법
a	건조법으로 반복법
b	건조법으로 비반복법
c	습윤법으로 비반복법

(3) 일반식

다진 흙의 습윤단위중량(γ_t)는 다음 식 (9.1)에 따라 산출한다.

$$\gamma_t = \frac{m_2 - m_1}{V} \tag{9.1}$$

여기서, m_2 : 다진 후의 몰드, 밑판, 공시체 등의 전체 질량

m_1 : 몰드와 밑판의 질량

V : 몰드의 용량

(직경 10cm 몰드 $V = 1000\text{cm}^3$, 직경 15cm 몰드 $V = 2209\text{cm}^3$)

다진 흙의 건조단위중량(γ_d)은 다음 식 (9.2)에 따라 산출한다.

$$\gamma_d = \frac{\gamma_t}{1 + \frac{w}{100}} \tag{9.2}$$

여기서, w : 함수비(%)

함수비를 가로축, 건조단위중량을 세로축에 설정하고 다짐시험에서 측정값을 표시하여, 이들을 매끄럽게 연결한 곡선을 다짐곡선(또는 건조단위중량-함수비 곡선)이라고 한다.

최대건조단위중량($\gamma_{d(max)}$, M.D.D. : maximum dry density)란 다짐곡선의 정점에 해당되는 건조단위중량의 최대값이다. 최대건조단위중량에 대응하는 함수비를 최적함수비(O.M.C. : optimum moisture content)라 한다.

포화도 100%인 상태에서 흙의 내부는 비압축성인 흙입자와 물만으로 채워져 있다면, 특정조건에서 도달할 수 있는 이론적인 최대 다짐상태이다. 이러한 특정한 함수량과 흙입자의 양으로 다져진 전체 체적에서 공극 중에서 공기가 전혀 들어있지 않은 가상적인 상태를 영공기공극상태(zero air void state)라고 하며, 영공기공극상태에서의 함수비에 대한 건조단위중량을 다음 식 (9.3)에 따라 산출하고 부드럽게 연결한 곡선을 영공기공극곡선(zero air void curve)이라고 한다. 일반적으로 다짐곡선을 작성할 때, 항상 함께 그려 주는데, 다짐에너지에 의해서 토립자들이 공극이 없도록 배치되는 것은 실질적으로 불가능하기 때문에 다짐곡선은 항상 영공기공극곡선보다는 아래쪽에 위치한다.

$$\gamma_{d(sat)} = \frac{\gamma_w}{\frac{\gamma_w}{\gamma_s} + \frac{w}{100}} \tag{9.3}$$

여기서, $\gamma_{d(sat)}$: 영 공기 공극 상태의 건조단위중량

γ_w : 물의 단위중량

γ_s : KS F 2308에 따라 구한 흙 입자의 단위중량

w : 함수비(%)

그림 9.4에는 같은 흙에 대해서 A다짐방법으로 다졌을 때와 D다짐방법으로 다졌을 때의 습윤단위중량과 건조단위중량을 각각 나타낸 것이다. 습윤단위중량은 영공기공극곡선보다 위쪽에 있으나 건조단위중량는 다짐방법에 관계없이 모두 영공기공극곡선보다 아래쪽에 있다.

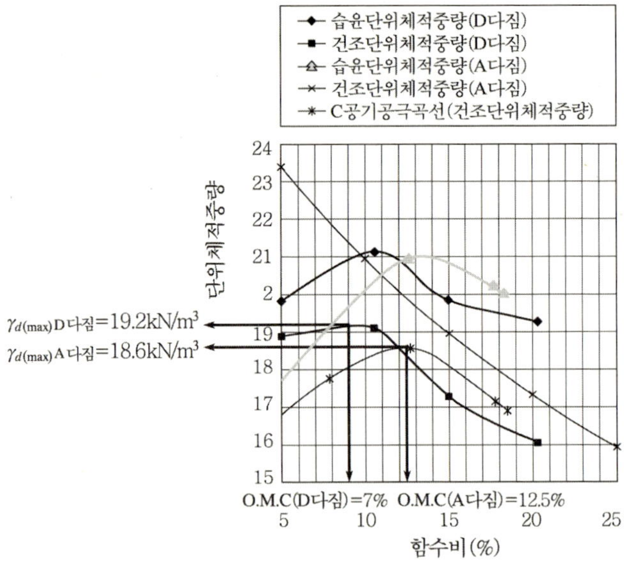

그림 9.4 같은 흙에 대한 A다짐 및 D다짐에 의한 다짐곡선과 영공기공극곡선

(4) 다짐에너지

특정함수비에서 다짐공시체를 성형하기 위해서 가한 다짐에너지는 다음과 같은 식으로 구한다.

$$E_c = \frac{W_R \cdot H \cdot N_B \cdot N_L}{V} \qquad (9.4)$$

여기서, E_c : 다짐에너지

W_R : 램머 무게

N_B : 1층당 다짐 횟수

H : 램머의 낙하높이

N_L : 다짐 층수

V : 몰드의 체적

KS F 2312에 규정된 각 다짐시험방법의 다짐에너지는 표 9.3에 나타난 바와 같이 A다짐과 B다짐이 다짐에너지가 비슷하고 C다짐, D다짐 및 E다짐이 다짐에너지가 비슷하다.

표 9.3 각 다짐시험 방법 별 다짐에너지

다짐방법	램머질량 (kg)	낙하높이 (cm)	다짐층수	1층당 다짐횟수	몰드체적 (cm^3)	다짐에너지 ($kg \cdot cm^3$)
A	2.5	30	3	25	1000	5.63
B	2.5	30	3	55	2209	5.60
C	4.5	45	5	25	1000	25.31
D	4.5	45	5	55	2209	25.21
E	4.5	45	3	92	2209	25.30

현장에서 가할 수 있는 다짐에너지의 대소에 따라서 A, B다짐 또는 C, D다짐 중에서 다짐시험방법을 결정한 다음에 다질 흙의 허용최대입자 크기에 따라서 A, B다짐 중에서 선택하거나 C, D, E다짐 중에서 선택한다. 최근에는 다짐장비의 대형화에 의해서 현장에서 큰 다짐에너지로 시공되고 있으므로 C, D, E다짐방법을 선호하는 경향이 크다.

[예제 9.1] KS에 규정된 다짐방법 중 D-a방법에 의해서 다짐시험을 한 결과 다음과 같은 측정값을 얻었다. 다짐곡선을 그리고 최적함수비와 최대 건조단위중량을 SI 단위로 구하라.

다짐횟수	다져진 습윤토 질량(kg)	다짐함수비(%)
1	4.00	10
2	4.30	12
3	4.50	14
4	4.55	16
5	4.35	18
6	4.05	20

풀이

D다짐몰드의 체적은 표 9.3에 의하면 2209cm^3이다.

습윤단위중량는 식 (9.1)에 의해서 구하고 건조단위중량는 식 (9.2)에 의해서 구한다.

다짐 횟수	다져진 습윤토 질량(kg)	다짐 함수비(%)	몰드의 체적(cm^3)	습윤단위중량 (kg/m^3)	건조단위중량 (kg/m^3)
1	4.00	10	2209	1810.77	1646.16
2	4.30	12	2209	1946.58	1738.02
3	4.50	14	2209	2037.12	1786.95
4	4.55	16	2209	2059.76	1775.65
5	4.35	18	2209	1969.22	1668.83
6	4.05	20	2209	1833.41	1527.84

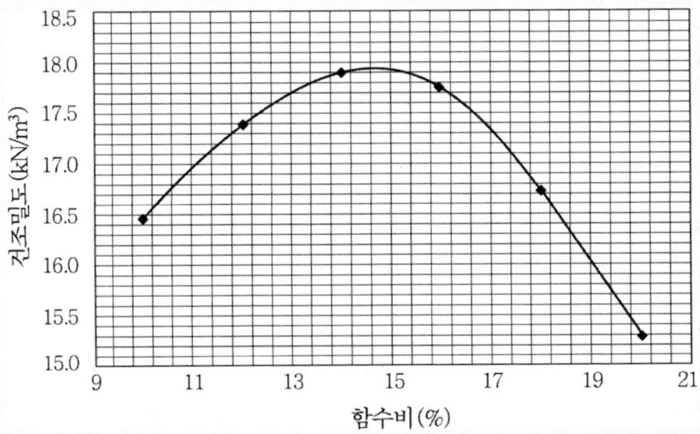

그림 예제 9.1

위 다짐곡선에서 최적함수비는 약 15%, 최대 건조단위중량는 약 1790kg/m^{3}가 된다.

[예제 9.2] 위 예제 9.1의 다짐곡선에 영 공기 공극곡선, 포화도 90%, 포화도 80%일때의 함수비와 건조단위중량의 관계를 SI 단위로 나타내어라.

풀이 영 공기 공극곡선 즉 포화도가 100%일 때의 다짐곡선은 식 (9.3)에 의해서 구하고 포화도가 S일 때의 건조단위중량($\gamma_{d(S)}$)는 흙의 기본적 성질에 관한 다음 식으로 구한다.

$$\gamma_{d(S)} = \frac{\rho_s}{1+\rho_s \cdot \dfrac{w}{S}}$$

다짐 횟수	다져진 습윤토 질량(kg)	다짐 함수비(%)	건조단위중량 (kg/m^3)	건조단위중량 (S=100%) (kg/m^3)	건조단위중량 (S=90%) (kg/m^3)	건조단위중량 (S=80%) (kg/m^3)
1	4.00	10	1646.16	2680.00	2680.00	2680.00
2	4.30	12	1738.02	2363.32	2332.69	2295.50
3	4.50	14	1786.95	2113.56	2065.07	2007.49
4	4.55	16	1775.65	1911.55	1852.53	1783.69
5	4.35	18	1668.83	1744.79	1679.67	1604.79
6	4.05	20	1527.84	1604.79	1536.31	1458.50

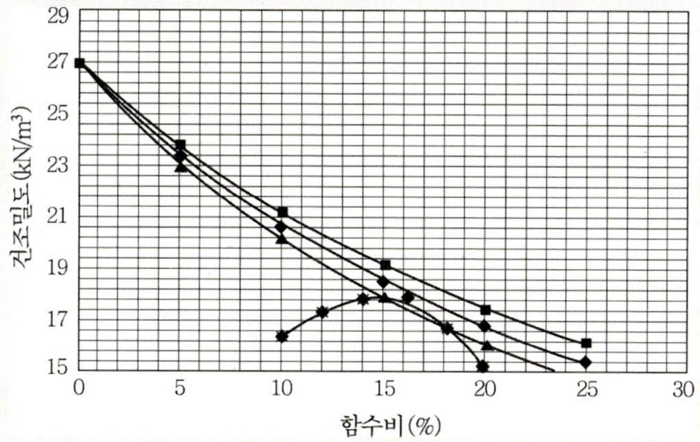

그림 예제 9.2

(5) 흙의 다짐에 따른 공학적 특성

그림 9.5는 각각의 포화도에서 함수비와 건조단위중량의 관계와 다짐곡선을 함께 나타낸 것이다. 포화도 100%인 곡선은 영공기공극곡선이다.

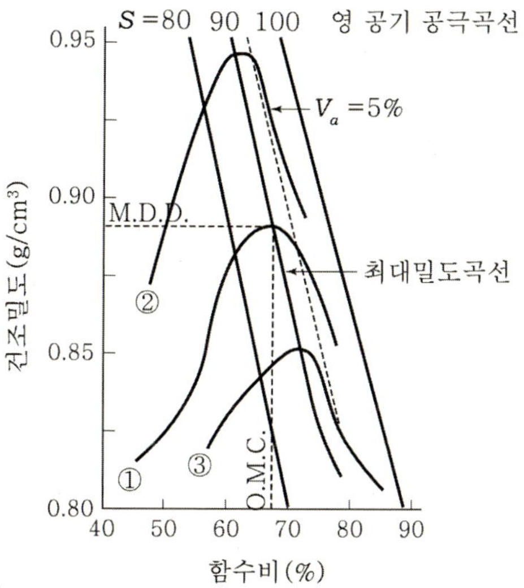

그림 9.5 다짐곡선의 특징

각각 다른 다짐곡선들에서 최대건조단위중량과 최적함수비를 나타내는 정점들을 연결한 곡선을 최적함수비선이라고 한다. 포화도가 90%, 80% 등등 일 때의 함수비와 건조단위중량의 관계를 나타내는 곡선을 그려보면 포화도 90% 전후의 곡선이 최적함수비곡선과 비슷한 경로를 통과한다.

그림 9.6은 사질토의 종류에 따른 다짐곡선을 나타낸 것이다. 입도배합이 좋고 세립분이 약간 함유된 롬(loam)질 모래가 다짐이 가장 잘 되고 입도배합이 불량한 모래는 다짐이 잘 되지 않는다.

사질토와 같이 다짐이 잘 되는 흙의 다짐곡선은 정점부근에서 가파른 모양이 된다. 점성토와 같이 다짐이 잘 되지 않는 흙은 사질토보다는 완만한 형태의 다짐곡선이 그려진다. 일반적으로 다짐이 잘 되는 흙일수록 최대건조단위중량은 증가하고 최적함수비는 작은 값을 나타낸다.

흙의 함수비 변화에 따른 역학적 성질의 변화는 매우 크다. 함수비가 2~3% 변화하면 동일한 다짐에너지에 대해서 건조단위중량도 2~3%밖에 변하지 않지만 흙의 강도는 매우 크게 변화한다.

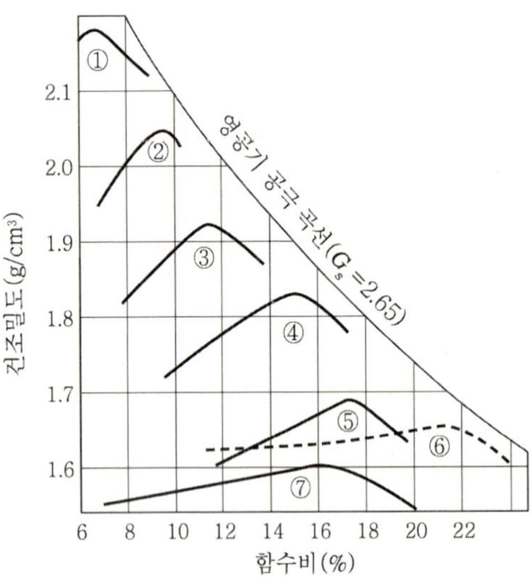

토질 명칭	입도조성				
	모래 (%)	실트 (%)	점토 (%)	LL	PI
① 입도배합이 좋은 롬질 모래	88	10	2	16	NP
② 입도배합이 좋은 사질롬	72	15	13	16	0
③ 사질롬	73	9	18	22	4
④ 사질점토	32	33	35	28	9
⑤ 실트	5	85	10	26	2
⑥ 중점토	6	22	72	67	40
⑦ 입도배합이 나쁜 모래	94	6		NP	NP

그림 9.6 흙의 종류에 따른 다짐곡선

그림 9.7은 함수비에 대한 다짐곡선과 일축압축강도의 관계들을 나타낸 것이다. 그림에서도 나타난 바와 같이 일반적으로 최적함수비보다 약간 건조쪽 함수비에서 다짐을 했을 때, 최대 강도가 얻어지는 것으로 알려져 있다.

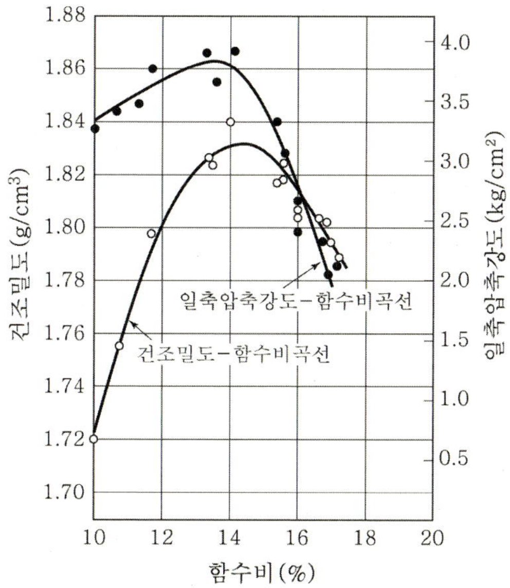

그림 9.7 다짐곡선과 일축압축강도와의 관계

그림 9.8은 공시체를 성형할 때 함수비가 달라도 건조단위중량이 일정하도록 다짐에너지를 조정하면서 공시체를 성형하여 일축압축시험을 한 결과를 나타낸 것이다. 건조단위중량이 일정하다면 함수비가 작을수록 일축압축강도는 크게 나타난다. 건조단위중량이 증가하면 일축압축강도도 증가하고 함수비에 따른 일축압축강도의 관계는 위쪽으로 평행 이동한 것과 비슷한 관계를 나타낸다.

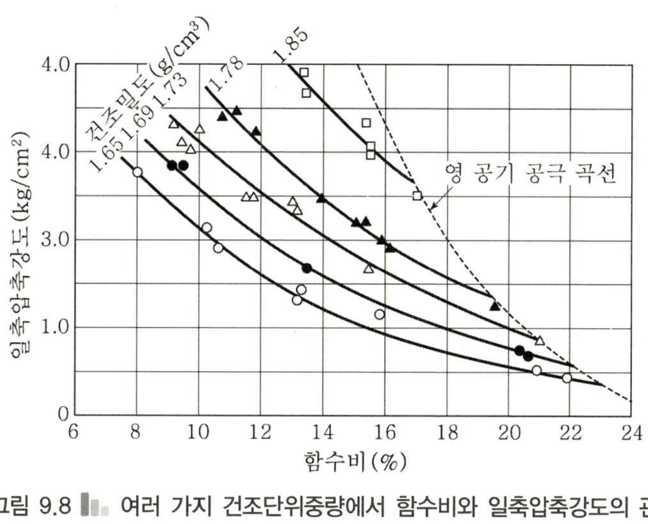

그림 9.8 여러 가지 건조단위중량에서 함수비와 일축압축강도의 관계

특정한 함수비에서 다짐에 의한 흙의 단위중량 증가가 대략 10%정도에 지나지 않을 경우에도 강도는 약 2.5배로 증가하는 특성을 고려할 때, 흙의 다짐은 점착성이 없는 흙의 성질을 개량하는데 유효하고 경제적인 방법이다.

그림 9.9는 정적방법, 진동방법 및 충격방법 각각의 방법에 의해서 다져진 점성토 시료의 함수비와 압축 변형율 5%일 때의 강도와의 관계를 표시한 그림이다. 함수비와 건조단위중량의 관계를 나타내는 다짐곡선은 가장 아래쪽에 나타나 있다. 최적함수비보다 낮은 함수비에서는 어떤 방법으로 다져도 다져진 흙의 골격구조가 면모구조로 되고 압축강도도 비슷한 값을 나타낸다. 포화도가 높으면 분산구조의 상태가 되고 강도가 작아진다. 또한 충격식 다짐방법에서는 램머가 흙 속에 관입할 때에 생기는 전단면에서 이 면에 접한 토립자가 평행하게 정렬되는 경향이 나타나지만 정적으로 다질 때에는 전단파괴가 일어날 가능성이 낮으므로 골격구조가 초기의 면모구조 상태에 좀 더 가깝게 유지된다. 따라서 흙의 압축강도 또한 면모구조에 좀 더 가까운 정적 및 진동 다짐을 할 경우에 더 크고, 분산구조를 나타내는 충격다짐의 경우에 작게 나타난다.

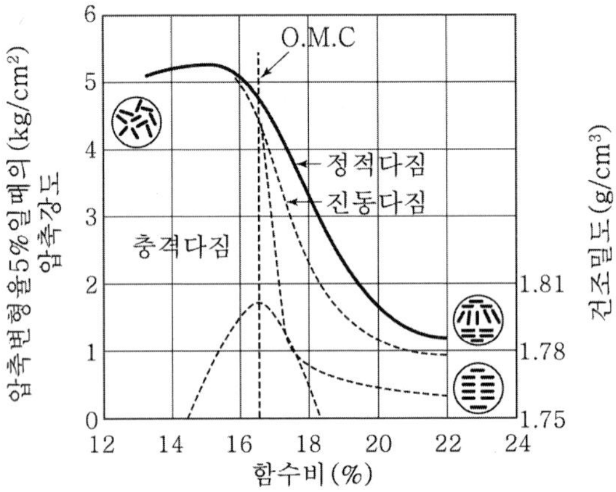

그림 9.9 다짐방법이 점토입자 배열에 미치는 영향

그림 9.10은 다짐에 따른 투수계수의 변화를 다짐곡선과 함께 나타낸 것이다. 최적 함수비보다 낮은 함수비에서는 함수비가 낮아지면 투수계수가 매우 크게 증가하고, 최적함수비보다 약간 큰 습윤쪽 함수비에서 가장 작은 투수계수를 나타낸다. 함수비가 계속해서 커지면 투수계수는 다시 완만하게 증가한다. 따라서 사력댐이나 제방과 같이 차수를 목적으로 하는 다짐공사에서는 건조단위중량을 기준으로 다짐관리를 하는 것과 동시에 함수비 상태도 습윤쪽에 유지되도록 유의해야 한다.

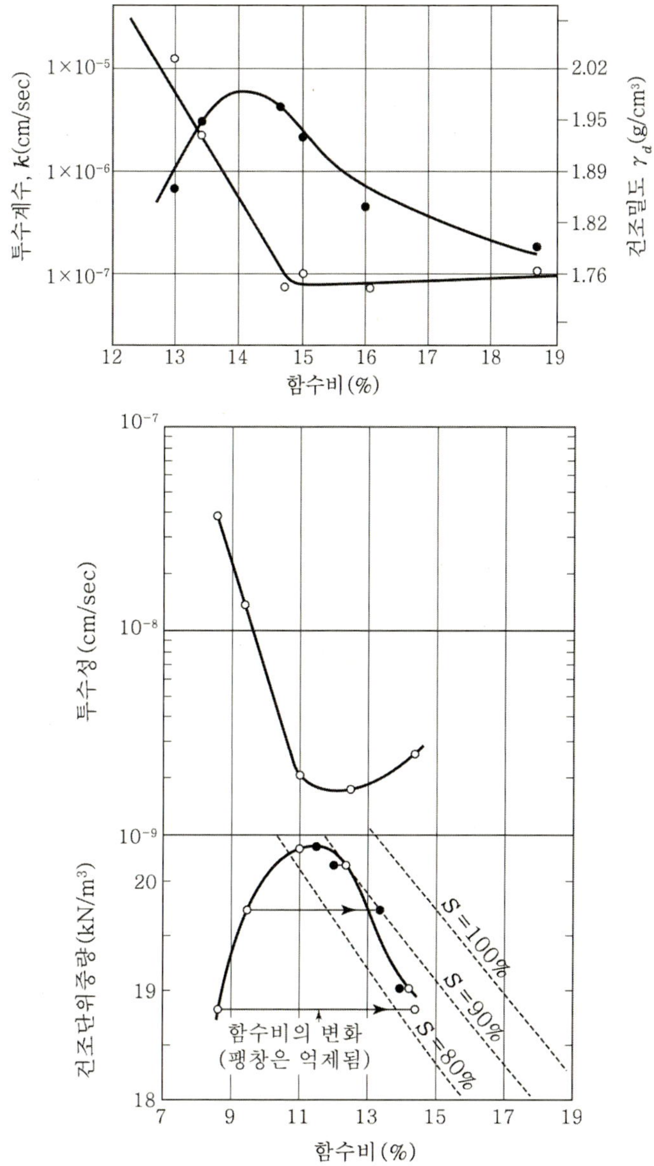

그림 9.10 **다져진 점성토의 투수계수**

실험실에서 실시하는 다짐시험은 램머의 충격에 의한 다짐이고 현장에서는 전압에 의해서 다지므로 최적함수비를 얻기 위한 다짐시험의 다짐방법이 다르다. 이러한 다짐방법의 차이 및 다짐에너지의 차이에 의해서 실험실에서 구한 최적함수비가 현장에서의 최적함수비보다 큰 것으로 알려져 있다. 그림 9.11은 이러한 차이를 잘 나타내고 있다.

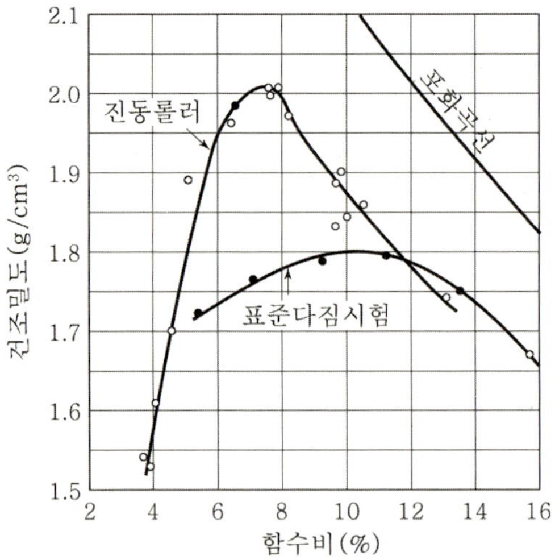

▌그림 9.11 ▌ 실내 표준다짐과 현장에서 진동롤러에 의한 다짐의 차이

과다짐, 과도전압 또는 과전압이라고 하는 현상은 최적함수비보다 높은 함수상태의 흙에 너무 큰 다짐에너지를 가하여 다질 경우 입자가 깨져서 결합력을 잃고 재배열되는 전단파괴현상을 말한다.

일반적으로 다짐에너지가 커지면 최적함수비는 감소하는 경향을 나타낸다. 현장에서 다질 흙의 함수비를 저하시키지 않고 다짐장비의 왕복 횟수만을 증가시켜서 다짐에너지를 증가시키면 최적함수비보다 큰 함수상태가 되어 과전압이 될 수 있으므로 주의하여야 한다. 실내에서 A, B다짐방법에 의해서 얻은 최적함수비를 현장에 적용할 경우에도 현장에서 주어지는 다짐에너지가 더 큰 경우가 많고 과전압이 발생할 우려가 있으므로 노상이나 노체 등 도로성토용 재료는 실내에서 D, E다짐 방법으로 다져야 한다.

9.4 현장에서의 다짐방법

(1) 시공현장에서 사용하는 다짐기계의 특징

현장에서 많이 사용되는 흙의 전압식 다짐장비들은 머캐덤롤러, 탠덤롤러, 탬핑롤러, 타이어롤러, 충격식 다짐기계, 진동다짐기계 등이 있다. 접지면이 매끄러운 머캐덤롤러(그림 9.12) 및 탠덤롤러(그림 9.13)는 사질토나 점성토의 마무리면을 다지는데 효과적이고 깊은 층을 다지는 경우에는 효과가 낮다. 타이어롤러(그림 9.14)는 머캐덤이나 탠덤롤러보다 더 큰 접지압으로 전압이나 되이김에 의해서 점성토나 사질토를 다질 때 적당하다. 탬핑롤러(그림 9.15)는 드럼에 달려있는 탬퍼에 의해서 집중하중으로 함수비가 높은 점성토를 다질 때 주로 사용하며, 쓰레기 매립장에서도 매립 쓰레기의 체적을 줄여주기 위한 압축장비로 많이 사용되고 있다.

진동롤러는 탠덤롤러, 타이어롤러 또는 탬핑롤러 등에 진동장치를 장착한 진동탠덤롤러, 진동타이어롤러, 진동탬핑롤러 등이 있다. 진동롤러는 사질토를 다질 때 효과적이다. 또한 좁은 장소를 다질 때 사용하는 소형 동력 진동판도 있다.

그림 9.12 머캐덤 롤러

그림 9.13 탠덤롤러

그림 9.14 타이어 롤러

그림 9.15 탬핑롤러

(2) 현장에서 다짐에 영향을 주는 요인들

현장에서 다짐에 영향을 주는 요소들은 흙의 종류와 함수비 이외에도 다지는 한 층(lift)의 두께, 다짐압력, 면적 등이 있다. 다짐압력은 지표면으로부터 깊이 들어갈수록 감소하여 다짐효과가 낮아진다. 흙의 건조단위중량은 롤러가 통과하는 횟수의 영향도 받는다. 일정한 함수비에서 건조단위중량은 일반적으로 다짐장비의 통과횟수가 많아질수록 증가하지만 특정한 횟수를 넘으면 크게 증가하지 않는다. 대부분의 경우에 이 회수는 10~15회 정도이다.

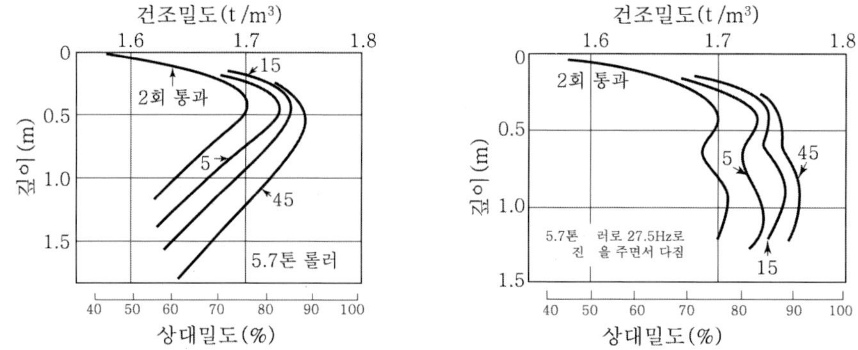

(a) 2m 두께의 토층에서 깊이에 따른 상대다짐도 (b) 1층의 두께 0.6m로 2층을 다질 때의 깊이에 따른 다짐효과

그림 9.16 5.7톤 진동 타이어롤러로 27.5Hz의 진동을 주면서 다진 현장시험결과

그림 9.16에서 D'Appolonia 등(1969)은 현장에서 진동타이어 롤러에 의한 다짐의 효과가 깊이에 따라서 어떻게 달라지는지 현장시험을 실시하고 5회 다지는 조건에서 깊이 0.75m까지 기준 상대밀도 75%이상이 확보되는 것을 확인한 후에 한 층의 두께를 0.6m로 2층을 다지고 깊이에 따른 상대밀도를 측정하여 토층의 경계에서도 5회다짐을 할 경우 기준 상대밀도 75%이상이 확보되는 것을 확인하였다. 이와 같이 현장에서 사용하도록 계획된 다짐장비를 사용해서 현장다짐시험을 하는 것이 다짐특성에 관한 가장 정확한 결과를 얻을 수 있다.

(3) 가장 효과적인 현장의 다짐함수비 결정방법

현장에서 가장 효과적인 다짐함수비를 설정하기 위해서 실내시험에서 주는 다짐에너지와 현장에서 시공하는 다짐에너지 및 다짐방법이 동일하다는 이상적인 조건을 전제로 한다. 그림 9.17에서 실내다짐시험에 의해서 곡선 ①을 얻었고 현장다짐관리 기준이 상대다짐도 90%라면 최대건조단위중량의 90% 단위중량에서 수평선을 그어서 만나는 함수비 a~c 사이의 함수비가 동일한 다짐에너지를 가할 때 현장에서 시공할 수 있는 함수비 범위이다.

현장에서 다짐에너지도 조정한다면 실내시험에서 최대건조단위중량의 90%단위중량에 다짐곡선의 정점이 오도록 다짐에너지를 감소시켜 다짐시험을 실시하여 곡선 ③을 얻는다. 현장에서 가장 경제적으로 다지는 방법은 함수비를 b로 조정하고 곡선 ③을 얻은 다짐에너지와 동일한 다짐에너지로 시공하는 것이다. 그러나 현장에서 이와 같이 정확하게 다짐에너지와 함수비를 조절하는 것이 곤란하므로 경제적인 다짐시공을 위한 건조단위중량와 함수비는 그림 9.17에서 빗금 친 영역이 될 것이다.

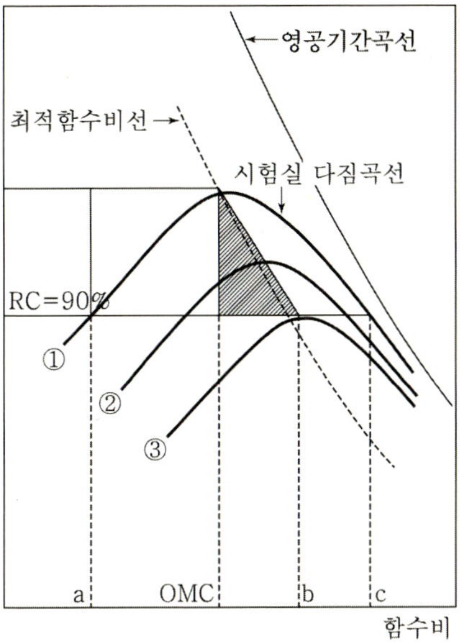

▌그림 9.17 ▌ 현장에서 경제적인 다짐함수비 결정방법

[예제 9.3] 그림 9.11의 현장에서 표준다짐시험결과를 기준으로 상대다짐도 97%로 현장의 다짐을 관리한다면 현장의 실제건조단위중량는 어느 범위에 있을 것으로 예상되는가?

풀이 그림 9.11에서 최대건조단위중량는 1.8g/cm^3이므로 상대다짐도 97%에 해당되는 건조단위중량는 약 $1.75\text{g/cm}^3(\approx 1.8 \times 0.97)$이므로 현장에서의 건조단위중량는 $1.75 \sim 1.8\text{g/cm}^3$의 범위에 있을 것으로 예상된다.

(4) 특수한 현장다짐시공방법

현장에서 시행하는 특별한 다짐방법으로 동다짐, 바이브로플로테이션, 폭파다짐 등이 있다.

동다짐은 그림 9.18(a)와 같이 좁은 장소를 동력램머를 이용해서 낙하 다짐하는 경우도 있고 그림 9.18(b)와 같이 중추 낙하에 의해서 넓은 조립토 지반을 다지는 경우도 있다. 동다짐의 다짐도는 사용하는 다짐 추의 무게, 낙하높이, 낙하시키는 좌우 간격 등에 의해서 영향을 받는다. Leonards, Cutter, 및 Holtz(1980)는 중추낙하에 의한 동다짐의 영향을 받는 깊이를 다음과 같은 식으로 제안하였다.

$$D \approx \frac{1}{2}\sqrt{W_H \cdot h} \tag{9.5}$$

여기서, D : 유효 동다짐 깊이

W_H : 다짐 추의 무게

h : 다짐 추의 낙하 높이

(a) 동력램머　　(b) 동다짐

▌그림 9.18 ▌ 충격식 다짐기계

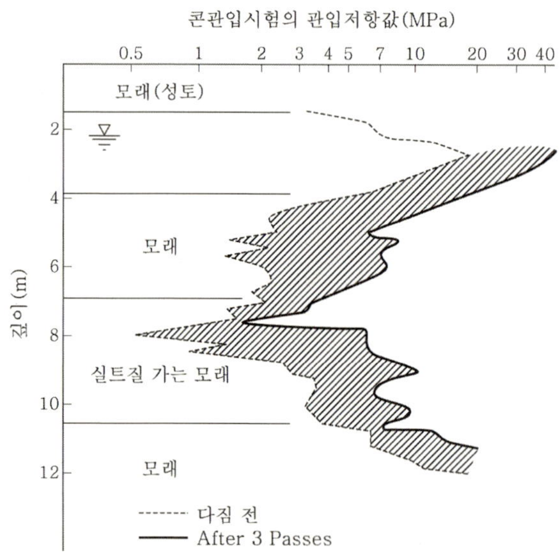

다짐횟수	낙하높이(m)	낙하횟수	방치기간(일)	다짐에 의한 평균침하량(mm)
1회	20	20		190
2회	35	20	20	140
3회	35	15	1	70

▌그림 9.19 ▌ 모래지반에서 깊이에 따른 동다짐에 의한 강도증가

그림 9.19에는 요코하마에서 모래지반에 대한 현장 동다짐시험을 실시하고 시험 전후의 깊이에 따른 콘관입저항값의 증가량을 나타낸 것이다. 그림에서 콘관입저항값의 증가량으로 측정된 동다짐에 의한 다짐효과는 10m 이상의 깊이에까지 영향을 나타내는 것을 알 수 있다.

바이브로플로테이션 방법은 느슨한 조립토로 구성된 두꺼운 토층을 다지는데 사용된다. 이 방법은 1930년대 독일에서 개발되었다. 이 방법에 사용되는 장비는 그림 9.20에 나타난 것과 같이 토층 속으로 들어가는 진동장치와 이 진동장치를 관입 또는 인발하면서 필요한 물과 동력을 공급해주는 연결관으로 이루어져 있다. 진동장치는 편심을 갖는 회전자가 회전하면 수평으로 진동을 하도록 되어 있다. 진동자의 위와 아래에는 물을 분사할 수 있는 노즐이 장착되어 있다. 따라서 이 장치를 진동사수 프로브(vibrofloating probe)라고 하고 이 공법을 진동사수공법이라고도 한다.

바이브로플로테이션 공법에 의한 다짐공정은 그림 9.21과 같이 4단계로 이루어진다.

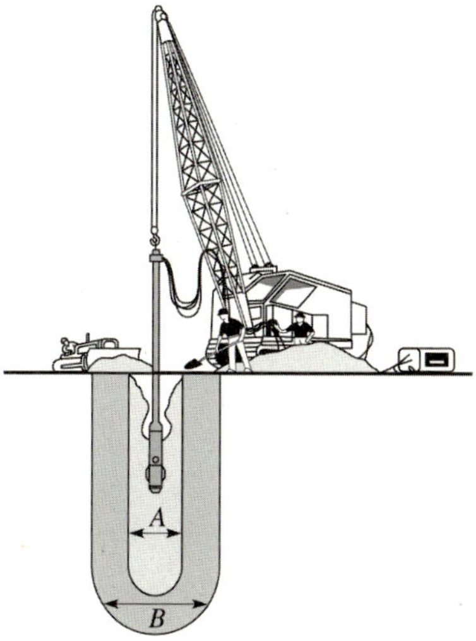

그림 9.20 바이브로플로테이션에 의한 다짐

1단계 : 진동사수장치에서 분사장치만 작동시켜 물을 분사하면서 다지려는 지반 속으로 내린다.

2단계 : 느슨한 사질토 지반이 물의 분사에 의해서 유효응력이 0이 되는 소위 퀵상태(quick condition)라고 하는 상태가 된다. 유효응력이 0이기 때문에 진동사수장치는 자중만으로도 지반 속으로 가라앉는다.

3단계 : 진동사수장치가 가라앉으면서 생긴 구덩이에 충진할 조립토를 붓는다. 진동수장치의 아래쪽 노즐에서 분사하던 물을 이번에는 위쪽에서 분사한다. 분사된 물은 위쪽에 부어진 충진용 조립토와 함께 진동사수장치와 지반 사이의 공간을 통해서 아래쪽으로 이동하면서 충진된다.

4단계 : 진동사수장치를 약 30cm 들어 올리고 약 30초 동안 진동시킨다. 이 과정을 지표면에 도달할 때까지 매 30cm 깊이마다 반복한다.

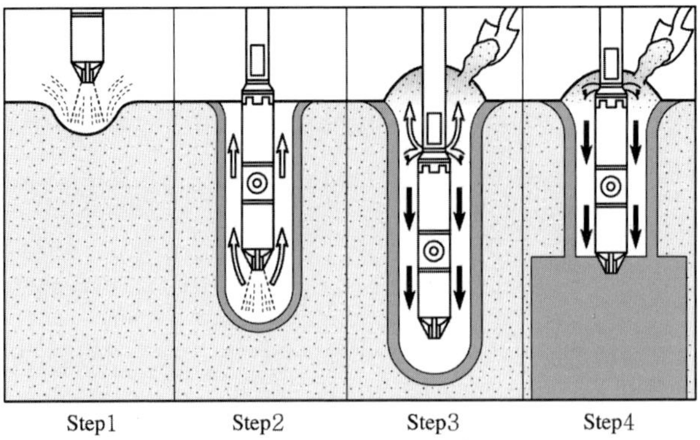

그림 9.21 바이브로플로테이션에 의한 다짐 공정

바이브로플로테이션공법의 다짐효과는 여러 가지 요인에 의해서 영향을 받지만 가장 중요한 인자는 지반의 입도분포이다. 그림 9.22에서 영역 1로 구분된 영역의 입도분포가 이 공법을 적용하기에 적합한 입도분포이다. 지반에 가는 모래나 실트가 많이 포함되어 있으면 목표로 한 상대밀도에 도달하기 위해서 매우 큰 노력이 필요하다. 그러므로 영역 2는 이 공법을 적용할 수 있는 세립토 쪽의 한계영역이다. 영역 3에는 상당히 많은 자갈이 포함되어 있다. 이러한 지반에서는 진동사수장치를 가라앉히는데 오랜 시간이 걸리기 때문에 비경제적이다.

Brown(1977)은 충진용 조립토로 사용하기에 적합한 정도를 정량적으로 S_N(suitability number)으로 정의하였다.

$$S_N = 1.7\sqrt{\frac{3}{(D_{50})^2}+\frac{1}{(D_{20})^2}+\frac{1}{(D_{10})^2}} \tag{9.6}$$

여기서 D_{50}, D_{20}, D_{10} : 가적통과율 50, 20, 10%에 해당되는 입경(mm)

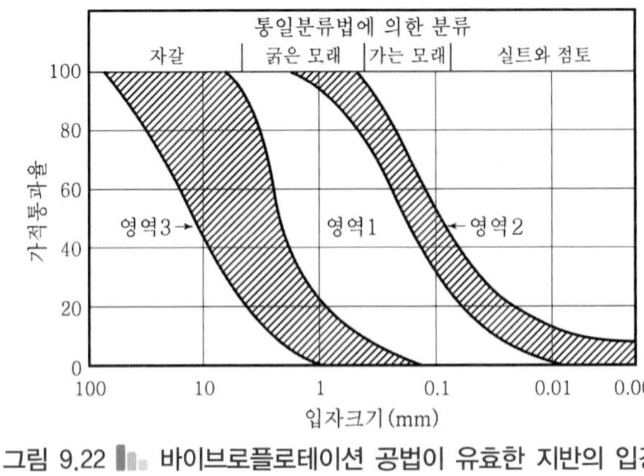

그림 9.22 바이브로플로테이션 공법이 유효한 지반의 입경범위

S_N이 0~30 사이에 있으면 충진재로 적합하고 30이상이면 부적합하다.

바이브로플로테이션 공법을 적용하는 것이 적합한 지반에는 또 다른 현장 다짐방법으로 폭파다짐 공법을 적용할 수도 있다. 이 공법은 포화된 사질토 지반에서 다지고자 하는 토층 두께의 2/3 깊이에 다이너마이트와 같은 폭약을 매설하고 폭파시키는 방법이다. 이 공법을 사용하면 넓은 지반에서 깊이 20m범위까지 상대밀도를 최대 80%까지 쉽게 도달하도록 할 수 있다.

9.5 흙의 단위중량 측정법

다짐시험을 하거나 현장에서 다짐시공관리를 하기 위해서는 기본적으로 흙의 습윤단위중량을 측정하고 함수비를 측정하여야 한다. 함수비를 측정하는 방법은 건조로를 이용하는 고전적인 방법이 많이 사용되고 있으나, 흙의 습윤단위중량을 측정하는 방법은 실내에서 측정하는 방법과 현장에서 측정하는 방법이 다르고 현장에서도 습윤단위중량을 측정하는 다양한 방법들이 있다.

(1) 실내에서 흙의 습윤단위중량 시험 방법(KS F 2593 : 2004)

실내에서 흙의 습윤단위중량을 측정하는 방법에는 직접측정법, 파라핀법, 체적치환법 등이 있다. 이 중에서 체적치환법은 자립성이 없는 연성의 흙에 대해서 수은을 이용해서 체적을 측정하는 방법이다. 이 방법은 수은의 취급에 따른 위험성 등으로 인해서 잘 사용되지 않고 직접측정법 및 파라핀법 만이 한국산업규격으로 규정되어 있다.

직접측정법은 자립성이 있는 흙을 대상으로 원통형, 각주형, 원판형으로 절단한 불교란 공시체의 직경과 높이를 직접 측정하여 습윤단위중량을 얻는 방법이다. 불교란 점토시료의 일축압축시험, 삼축압축시험, 압밀시험 등에 많이 사용되고 있다.

파라핀법은 비교적 자유로운 임의 형상의 시료를 파라핀으로 피막을 형성하고 물 속에서 측정한 질량과 공기 중에서 측정한 질량의 차이를 이용해서 습윤단위중량을 구하는 방법이다. 물의 흡수가 잘되는 흙, 부서지기 쉬워서 특정한 모양으로 공시체를 절단하기 어려운 사질토 등에 적용한다. 파라핀법에 의한 공시체의 체적은 다음 식 (9.7)에 따라 산출한다.

$$V = \frac{(m_1 - m_3 + m_2)}{\gamma_w} - \frac{(m_1 - m)}{\gamma_p} \tag{9.7}$$

여기서, m : 공시체의 질량

m_1 : 파라핀 도포 후 공시체의 질량

m_2 : 수중에서의 측정팬의 질량

m_3 : 수중에서의 공시체 및 측정팬의 질량

γ_w : 온도 T(℃)에서의 물의 단위중량

γ_p : 파라핀의 단위중량

(2) 현장에서 모래치환법에 의한 흙의 단위중량 시험(KS F 2311 : 2001)

최대 입자 지름이 53mm이하인 흙의 단위중량을 원 위치에서 측정하는 방법이다. 단위중량을 측정하고자 하는 대상 지역에서 흙의 일부를 채취하여 부피와 질량을 측정해서 단위중량을 산출할 수 있다.

흙의 질량은 비교적 용이하게 측정할 수 있지만 채취한 흙의 원래의 부피를 측정하는 것은 어려운 경우가 많이 있다. 따라서 원 위치에서 흙을 채취하고 채취한 구덩이에 미리 단위중량을 알고 있는 물질을 충진하여 충진된 질량으로부터 충진된 부피를 측정하는 것이 일반적이다.

모래치환법은 일정량의 흙을 채취한 구덩이에 특정한 형상의 용기에 담긴 모래를 자유낙하 방식으로 충진 시켜서 구덩이의 부피를 산출한다. 이때, 요기 속의 모래의 단위중량은 미리 측정해 둔다. 따라서 시료를 채취한 구덩이는 부피측정시험이 진행되는 동안 붕괴되지 않고 자립상태를 유지할 수 있어야 하고, 작은 응력의 변화에 민감해서 시료채취 후 구덩이의 체적이 변화하지 않아야 한다.

(3) 고무박막법에 의한 흙의 현장단위중량시험(KS F 2347 : 2007)

이 방법은 채취한 흙의 부피를 측정하기 위해서 물로 구덩이를 충진하는 방법이다. 물이 구덩이에서 흙에 흡수되지 않도록 고무재질의 얇은 막을 구덩이에 넣고 구덩이를 물로 충진한다. 측정용기는 물의 부피변화를 측정할 수 있도록 눈금이 새겨져 있고 내부에 압력을 가할 수 있으며 입구에 고무풍선과 같은 고무박막을 수밀성이 유지되도록 연결한 용기를 사용한다.

KS에서는 고무박막이 7cm^{3}의 시험 구덩이의 부피를 측정할 수 있어야 하는 것으로 규정되어 있다. 구덩이에 고무박막이 완전히 밀착되도록 용기 내부의 물의 눈금의 변화가 나타나지 않을 때까지 용기내부 압력을 증가시킨다. 이 때 용기가 위로 들뜨지 않도록 하기 위해서 용기를 위에서 아래로 눌러주는 추가적인 가압이 필요하다. 보통 용기내부에 주는 압력보다 약간 큰 압력으로 용기를 누를 수 있는 추를 용기에 올려놓는다.

(4) 절삭법에 의한 방법

얇은 관(core)을 박은 후 흙을 파내어 그 흙의 중량과 함수비를 측정하여 건조 단위 중량을 결정한다. 주로 수문학 분야에서 사용한다.

(5) γ선 산란형 단위중량계의 의한 방법

최근 대규모 공사의 다짐에 관한 품질관리에 많이 사용되며 밀도검층이라고도 하는 이 방법은 지반의 물리검층에 이용되는 방법으로 감마선 검층이다. γ선원에서 방출된 γ선은 지층 속의 전자에 충돌하여 콤프턴 산란에 의해 γ선 에너지가 손실되므로 검출기에 들어오는 γ선의 강도는 지반의 전자단위중량에 반비례하고 궁극적으로 습윤단위중량에 반비례한다. 따라서 함수비를 함께 측정하면 건조단위중량을 산출할 수 있다.

9.6 상대밀도와 다짐도

상대밀도(relative density)와 다짐도는 현장에서 흙의 다짐 상태를 평가하는데 사용된다. 특히 상대밀도는 사질토의 다짐관리에 많이 사용된다. 다져진 흙은 다지는 방법에 따라서도 투수성, 압축성, 강도 같은 공학적 특성이 달라질 수 있으므로, 다져진 흙의 공학적 특성 판단은 상대밀도와 다짐도 이외에도 여러 가지 공학적 개념을 종합하여 판단하여야 한다.

자연 상태 공극비와 최대 공극비의 차이를 최대 공극비와 최소 공극비 차이에 대한 비율(백분율 %)로 나타낸 것을 상대밀도라 하고 공극비로 나타내면 다음 식 (9.8)과 같다.

$$D_d = \frac{e_{\max} - e}{e_{\max} - e_{\min}} \times 100 \tag{9.8}$$

여기서, $e_{\max}$: 최소 건조단위중량에서의 공극비
e : 자연상태의 공극비
$e_{\min}$: 최대 건조단위중량에서의 공극비

상대밀도를 건조단위중량로 나타내면 다음 식 (9.9)와 같다.

$$D_d = \frac{\gamma_{d(\max)}(\gamma_d - \gamma_{d\min})}{\gamma_d(\gamma_{d(\max)} - \gamma_{d\min})} \times 100 \tag{9.9}$$

여기서, $\gamma_{d(\max)}$: 가장 조밀하게 다져진 상태에서의 흙의 건조단위중량
γ_d : 자연상태에서의 흙의 건조단위중량
$\gamma_{d\min}$: 가장 느슨한 상태에서의 흙의 건조단위중량

주어진 시료에서 자연 건조단위중량와 최대 건조단위중량의 비율을 다짐도라 하고 다음 식 (9.10)과 같다.

$$R_c = \frac{\gamma_d}{\gamma_{d(\max)}} \times 100 \tag{9.10}$$

상대밀도에 따른 흙의 상태는 표 9.4와 같이 5단계로 구분되어 있다.

표 9.4 상대밀도에 따른 흙의 상태

상대밀도(%)	흙의 상태
0~15	매우 느슨
15~50	느슨
50~70	중간
70~85	조밀
85~100	매우 조밀

(1) 비점성토의 상대밀도시험(KS F 2345 : 2004)

상대밀도시험에서 비점성토란 통일분류법에 따라 GW, GP, SW 및 SP로 분류되는 흙과 GM, SM으로 분류된 흙 중에서 소성지수가 0인 흙을 말한다. 시험에 사용하는 흙은 수분이 없는 것으로 건조시 질량의 100%가 75mm 체를 통과하고 85% 이상이 75㎛ 체에 남아 있어야 한다.

(가) 최대 건조단위중량의 경우

시험방법 A : 건조된 흙과 전기 자기식 수직 진동대를 사용하는 방법
시험방법 B : 젖은 흙과 전기 자기식 수직 진동대를 사용하는 방법
시험방법 C : 건조된 흙과 기계식 수직 진동대를 사용하는 방법
시험방법 D : 젖은 흙과 기계식 수직 진동대를 사용하는 방법

시험방법 B 또는 D에서 젖은 흙을 사용하는 경우에는 진동 중 흙에서 부풂이나 끓음이 일어나지 않도록 진동대의 진동수와 진폭을 조절하면서 젖은 시료를 천천히 채운다. 채운 후 시료표면에 약간의 자유수가 나타나야 하며 나타나지 않으면 물을 가한다. 진동이 끝난 후에 나타나는 자유수는 제거한다.

건조 또는 습식법에 의해서 진동준비가 끝나면 규정된 진폭으로 60Hz에서 8분, 50Hz에서 12분 동안 진동시킨다. 반복시험에 의해서 얻은 최대건조단위중량의 차이가 2%이내가 될 때까지 반복한다.

(나) 최소 건조단위중량의 경우

시험방법 a : 입자가 75mm체를 100%(건조질량) 통과하고 37.5mm체에 30%(건조질량) 이상 남는 흙에 적용하는 방법으로 채움장치 또는 스쿠프 또는 스푼으로 가장 느슨한 상태가 되도록 몰드에 흙을 채우고 최소건조단위중량을 산출한다.

시험방법 b : 입자가 19mm체를 100%(건조질량) 통과하는 흙에 적용하는 방법으로 채움장치 또는 스쿠프 또는 스푼으로 규정된 튜브에 우선 흙을 채우고, 흙이 채워진 튜브를 몰드에서 들어 올리는 방법으로 몰드에 흙을 채운 후 최소건조단위중량을 산출한다.

시험방법 c : 입자가 9.5mm 체를 100%(건조질량) 통과하고 2.0mm 체에 10%(건조질량) 이상 남는 흙에 적용하는 방법으로 모래 1000g을 눈금이 있는 2000mL 실린더에 넣고 실린더의 상부를 마개로 막은 다음 실린더를 뒤집었다가 되돌린다. 눈금실린더에 모래가 차지하는 부피를 측정해서 최소건조단위중량을 산출한다.

최소건조단위중량는 시험자에 따른 개인오차가 큰 것으로 알려져 있기 때문에 반복시험에 의해서 얻은 최소건조단위중량의 차이가 1% 이내가 될 때까지 반복한다.

[예제 9.4] 실험실에서 측정한 최대건조단위중량가 1800kg/m^3, 최소건조단위중량가 1600kg/m^{3}이고 현장에서 측정한 상대단위중량가 60%라면 다짐도는 얼마인가?

풀이 식 (9.9) 및 식 (9.10)으로부터

$$\gamma_d = \frac{\gamma_{d(\max)} \times \gamma_{dmin}}{\gamma_{d(\max)} - D_d \times (\gamma_{d(\max)} - \gamma_{dmin})} = \frac{1800 \times 1600}{1800 - 0.6 \times (1800 - 1600)} = 1714.29\text{kg/m}^3$$

9.7 흙의 동상현상

그림 9.23에 나타난 것과 같이 겨울철에 외기 온도가 0℃이하이고 지반 속의 물이 동결되는 층에 있으면 물이 얼어서 얼음층이 형성된다. 얼음 층이 발달하면 지표면 아래 흙 속의 물이 얼어 지표면이 부풀어 오르는데 이와 같은 현상을 동상(frost heaving)이라고 한다.

동상은 단순하게 물속의 수분이 얼어서 나타나는 현상이 아니고 생성된 얼음층에 지하수가 계속해서 공급되고 공급된 물이 얼음층과 결합하여 확대되는 과정의 반복에 의해서 일어난다. 흙 속의 얼음층은 균등하게 형성되는 것이 아니고 지반의 일부분에 불연속적으로 생성된다. 이러한 얼음층의 형상이 렌즈의 모양을 닮아서 아이스 렌즈(ice lens) 또는 빙정이라고 한다.

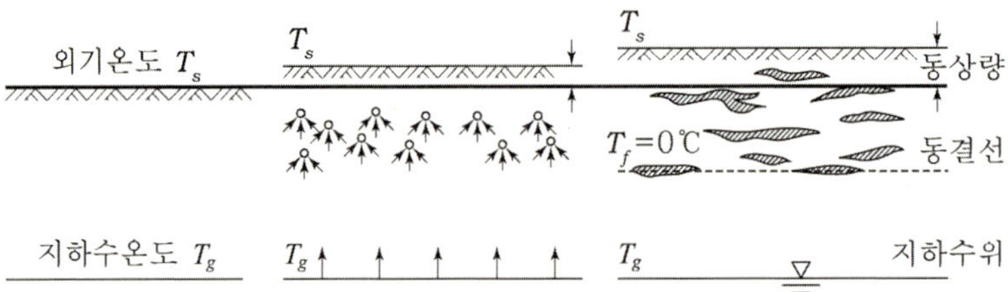

(a) 외기온도 $T_s < 0℃$

(b) 지표면 부근이 동결되면 깊은 곳에서 지표면 쪽으로 수분이 이동

(c) 동결선 위쪽으로 공급된 수분이 다시 동결되어 아이스렌즈(ice lens)가 형성됨.

그림 9.23 동상현상

아이스렌즈의 형성원인과 과정은 다음과 같다. 지표면 부근의 흙 속의 물이 얼면 토립자를 둘러싸고 있는 흡착수도 얼게 되므로 얼음 근처의 흙의 수분이 감소하고 건조해지므로 흙이 물을 흡수하려는 흡인력이 증가한다. 동결된 물은 이동할 수 없으므로 동결되지 않은 아래쪽에서 흙이 건조한 위쪽으로 수분이 이동하고 아이스렌즈의 아래쪽에 접촉하면 낮은 온도에 의해서 다시 동결된다. 이와 같은 현상이 지속적으로 반복되어 아이스렌즈가 점점 커지면서 지표면이 상승하는 동상현상으로 나타난다.

(1) 동상의 조건

동상현상이 나타나기 위해서는 우선적으로 0℃ 이하의 온도가 오랫동안 지속되어야 한다. 지반 속은 기온이 0℃이하로 떨어져도 곧바로 동결하는 것이 아니기 때문에 지반 내의 온도(T_f)가 0℃이하로 떨어지기 위해서는 기온이 0℃이하로 일정기간 이상 지속되어야 한다. 0℃이하의 기간이 지속되어 지표면 근처가 얼어도 지반 속의 동결된 영역으로 지속적인 물의 공급이 없으면 흙 속의 ice lens가 형성되지 않기 때문에 흙 속에 충분한 물의 공급이 되어야 한다.

물이 공급되기 위한 두 가지 조건으로 첫째, 지하수위가 지표면으로부터 깊지 않은 곳에 있어야 하고 둘째, 지하수위로부터 동결심도까지의 거리가 모관상승고보다 짧아야 한다.

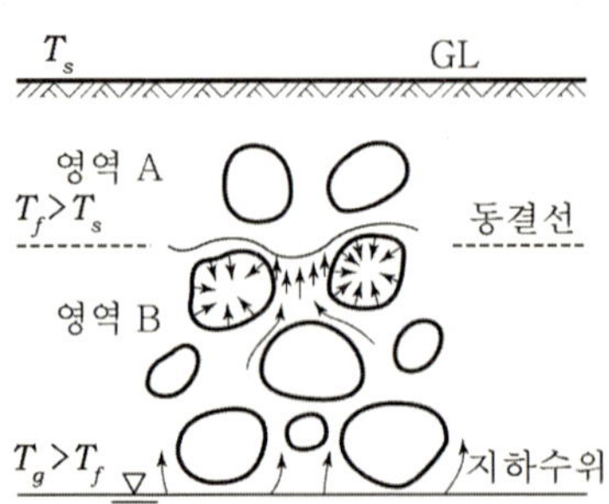

그림 9.24 동상의 발생 원리

그림 9.24에서 영역 A는 동결영역을 나타내고 영역 B는 지하수위로부터 모관상승이 일어나는 영역이다.

흙 속의 물의 공급은 모관상승고가 클수록 쉽게 이루어질 수 있다. 흙의 모관상승고는 공극의 크기가 작을수록 커진다. 그러나 흙 속에 세립분이 많을수록 공극의 크기는 작아지지만 투수계수도 작아지기 때문에 흙 속에서 물의 흐름이 원활하지 못해서 충분한 물이 동결층으로 공급되지 않는다. 따라서 영역 B가 입자 크기가 큰 사질토나 입자 크기가 매우 작은 점성토로 이루어져 있으면 모관상승고가 작거나 투수계수가 작아지고 물의 공급이 원활하지 못하다. 실트질 흙으로 이루어져 있을 때 물의 공급이 가장 원활하고 동상현상도 가장 잘 일어난다.

A. Casagrande는 불균등한 흙(균등계수 15이상)으로 0.02mm이하의 토립자가 3%이상 함유된 경우, 균등한 흙(균등계수 5이하)으로 10% 이상 함유된 경우에 동상이 일어나고 1%이하의 경우는 지하수위가 동결심도에 있어도 동상이 일어나지 않는다고 하였다. 이러한 Casagrande의 동상기준은 미국 유럽 등에서 실용상 신뢰성이 있는 것으로 인정되어 많이 사용되고 있다.

또한 Beskow는 흙이 항상 동상을 일으키기 위한 조건은 0.125mm이하의 입자가 35%이상, 혹은 0.062mm이하의 미립자가 25%이상 함유된 것으로 하고, 동상의 위험이 없는 것은 0.125mm이하의 입자를 22%이하, 혹은 0.062mm이하의 입자를 15%이하로 하고 있다. 이 외에서도 흙의 입도조성에 의한 판정기준으로 Morton 및 A. Dunker, Schaible 그리고 서독 도로동해대책지침 등이 제안되어 있다.

(2) 동상현상에 대한 방지대책

동상을 방지하기 위한 대책으로 다음과 같은 방법들이 있다.

① 치환공법 : 그림 9.24에서 동결깊이 내에 있는 영역 A의 흙을 동상이 잘 일어나지 않는 흙으로 치환한다.

② 차수공법 : 영역 B에 모관수의 상승을 차단할 수 있는 공극이 큰 자갈이나 투수성이 낮은 점성토층을 둔다.

③ 배수공법 : 배수시설을 설치하여 지하수위를 낮추어서 영역 B의 두께가 모관상승고보다 크게 하여 영역 A에 물이 공급되지 않도록 한다.

④ 단열층 : 지표면 부근에 단열재료를 매립하여 동결심도 내의 온도가 0℃이하로 떨어지지 않도록 한다.

⑤ 화학약품에 의한 방법 : 지표의 흙을 염화나트륨(NaCl)이나 염화마그네슘($MgCl_2$)이나 염화칼슘($CaCl_2$)과 같은 화학 약품으로 처리하여 동결 온도를 낮춘다.

(3) 동결깊이

동상을 방지하기 위해서는 동결깊이 아래쪽에 동상 방지층을 배치하는 것이 좋다. 따라서 동결깊이 산정을 위해서 데라다의 식 (9.11)를 사용한다.

$$Z = C\sqrt{F}(\text{cm}) \tag{9.11}$$

여기서, Z : 동결깊이(cm)

F : 동결지수. $F = \theta \cdot t$: 0℃ 이하의 온도×지속시간(day)

C : 토질조건에 따라서 적용하는 정수(3~5)

표 9.5 데라다의 식에서 토질조건에 따라 적용하는 상수 C값

토질조건	C값
음지, 산악도로, 용수, Silt질	5
양지, 토질, 배수조건이 좋은 곳	3
보통	4

동결지수와 토질조건에 따라서 적용하는 정수는 지역별로 차이가 있으므로 적용시 주의해야 한다. 가능하면 동결심도를 실측해서 확인하는 것이 좋다.

(4) 흙의 연화현상(frost boil)

흙이 동상현상을 일으키면 흙이 얼기 전에 함유하고 있던 수분량에 추가로 모관상승영역에서 공급된 수분을 함유하게 된다. 이러한 상태의 지반이 융해하면 흙 속의 수분이 너무 많아져서 지반이 연약해지고 강도가 떨어지는 현상을 연화현상(frost boil)이라 한다.

연화현상의 일차적인 원인은 동상현상이고 부가적으로 융해기에 다른 지역으로부터 융해수가 지표수로 유입되거나 지하수로 유입되어 지하수위의 상승 또는 유입된 융해수가 배수되지 않고 저류될 때 등이다.

연화현상을 방지하기 위해서는 동상현상이 일어나지 않도록 하는 것이 가장 우선시해야 할 대책이고 융해수의 유입을 차단하여 흙이 얼었던 부분의 함수량이 증가하지 않도록 억제하거나 융해수의 배제를 위해서 배수층을 동결 깊이 아랫부분에 설치하는 방법이 있다.

9.8 노상토의 지지력비

(1) 목적

노상토지지력비(CBR; California bearing ratio의 약자)는 한국산업규격(KS F 2320 : 2000)으로 규정되어 있다. 직경 50mm 관입봉을 이용한 관입 시험시에 규정된 관입량에서 표준 하중 강도에 대한 시험 하중 강도의 백분율로써 통상 관입량 2.5mm에서의 값을 말한다. 노상토지지력비 시험은 교란 시료, 비교란 시료 및 현장의 흙에 대하여 관입법으로 CBR(노상토지지력비)값을 얻기 위해서 실시하는 시험이다.

수정CBR은 기층 및 보조 기층용 재료나 성토 재료의 품질 기준을 나타내는 지표로서 규정된 다짐도에 상응하는 CBR을 말한다.

(2) CBR값의 결정

① 교란 시료의 준비

비 반복법으로 다짐시험(KS F 2312)을 하여 최적함수비와 최대건조단위중량을 구하고 시료를 최적함수비와 1%오차 범위 내에 들도록 함수비를 조정하여 최대건조단위중량을 얻은 방법과 동일한 다짐방법으로 CBR시험용 공시체를 규정된 몰드에 성형한다. 수정CBR을 얻을 목적이라면 허용 최대 입자 크기가 19mm일 경우에는 다짐 횟수를 5층 55회로 3개, 5층 25회로 3개, 5층 10회로 3개를 만들어 모두 9개의 공시체 몰드를 만든다. 허용 최대 입자 크기가 37.5mm일 경우 다짐 횟수를 3층 92회로 3개, 3층 42회로 3개, 3층 17회로 3개를 만들어 모두 9개의 공시체 몰드를 만든다. 공시체 위에 50N 또는 그 이상의 포장두께 무게만큼의 하중추를 공시체 상부에 가하면서 96시간 동안 물 속에 정치하는 팽창시험을 하여 팽창량을 기록한다.

② 비교란 시료의 준비

현장의 대표적인 곳에 커터를 부착한 몰드를 반력 장치와 쟉키를 이용하여 주의 깊게 밀어 넣어 자연 상태의 공시체를 채취한다. 몰드를 밀어 넣는 것이 불가능할 경우 원지반에서 흐트러지지 않도록 직경 15cm정도의 원주형으로 깍아서 몰드에 넣고 몰드와 시료 사이는 파라핀으로 충진하여 교란 시료와 동일한 방법으로 팽창시험을 한다.

③ 현장의 CBR 시험준비

현장에서 시험 위치의 표면을 지름 약 30cm의 수평한 면으로 다듬질한다. 평평하게 다듬질할 수 없는 곳에는 건조 모래를 얇게 깔아 고르고 평평한 면으로 다듬질한다.

④ 관입시험

실내시험용 관입시험장치에 팽창시험이 종료된 공시체 몰드를 장착한다. 이 때 공시체 표면에 50N의 하중 추를 올려놓는다. 현장CBR시험시에는 현장시험용 관입장치 및 반력장치를 다듬질한 표면에 거치한다. 관입장치는 직경 50mm인 관입봉이 1mm/min의 속도로 관입할 수 있어야 한다. 관입을 시작한 후 관입량이 12.5mm가 될 때까지 하중강도-관입량을 측정한다.

그림 9.25(a)와 같이 하중강도-관입량 곡선에 변곡점이 나타나지 않으면 수정을 하지 않고 2.5mm와 5.0mm의 하중강도를 구한다. 그림 9.25(b)와 같이 하중강도-관입량 곡선에 초기 변곡점이 생길 경우 변곡점에서 가로축으로 부드러운 직선으로 연장하여 만나는 관입량을 수정 원점으로 설정하고 곡선 전체를 왼쪽으로 이동시켜 관입량 0에 수정 원점이 오도록 한다. 수정된 곡선에서 관입량 2.5mm와 5.0mm일 때의 하중강도를 구해서 CBR값 계산에 적용한다.

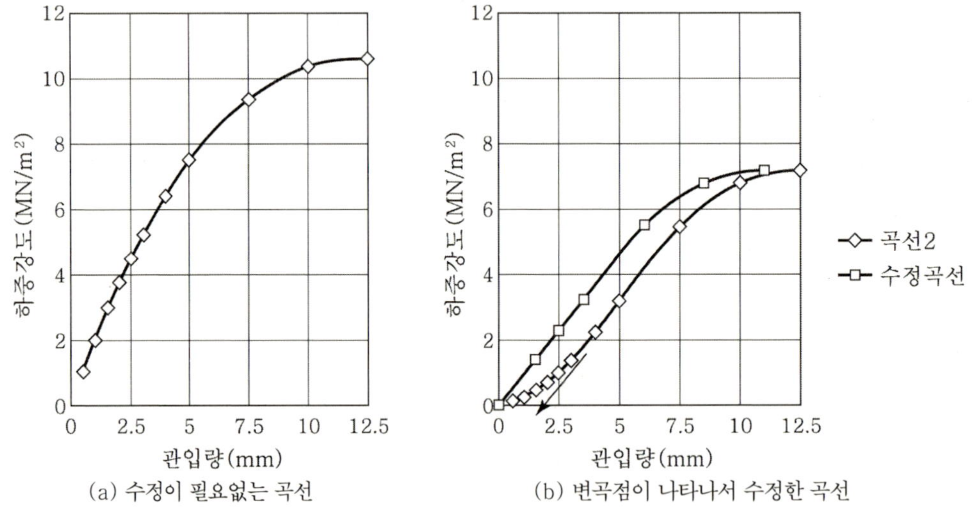

그림 9.25 CBR관입시험에 의한 하중강도-관입량 곡선

⑤ CBR

관입량 2.5mm, 5.0mm 각각에 대응하는 하중 강도를 수정된 또는 수정할 필요가 없는 하중강도-관입량 곡선에서 구한 후, 각 관입량에 대응하는 표준하중강도를 이용해서 다음 식 (9.12)에 의해서 계산한다.

$$\text{CBR} = \frac{q}{q_0} \times 100 \qquad (9.12)$$

여기서, q : 관입량에 따른 하중 강도

q_0 : 관입량에 따른 표준 하중 강도(관입량 2.5mm일 때 6.9MN/m^2, 관입량 5.0mm일 때 10.3MN/m^2)

관입량 2.5mm일 때의 $CBR_{2.5}$과 관입량 5.0mm일 때의 $CBR_{5.0}$ 중에서 큰 값을 CBR값으로 취한다. 일반적으로 $CBR_{2.5} > CBR_{5.0}$이지만 $CBR_{2.5} < CBR_{5.0}$일 때는 재시험을 하고 역시 $CBR_{5.0}$이 클 때는 이 값을 CBR값으로 한다.

⑥ 수정CBR

그림 9.26과 같이 중앙에 건조단위중량을 나타내는 세로축을 설정하고 세로축의 왼쪽에 가로축을 함수비로 설정하여 다짐곡선을 나타내고 세로축의 오른쪽에 가로축을 CBR로 설정하여 CBR곡선을 나타낸다. 규정된 다짐도(예를 들어 최대건조단위중량의 95%로 다짐관리)에 해당하는 건조단위중량에 대응하는 CBR곡선에서의 CBR값을 수정CBR이라 한다.

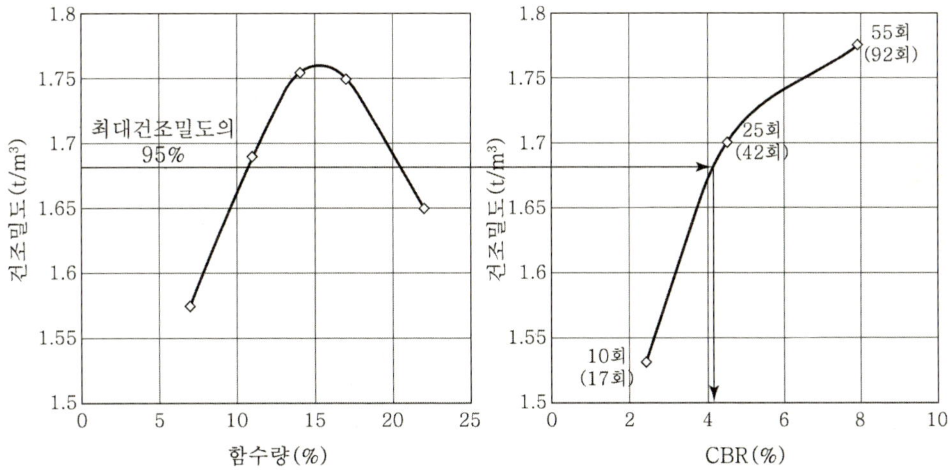

▌그림 9.26 ▌ 수정CBR을 구하는 방법

⑦ 팽창비

팽창시험이 종료된 후 공시체의 팽창비(γ_e)는 다음 식 (9.13)에 의해서 구한다.

$$\gamma_e = \frac{d_e}{h_0} \times 100 \tag{9.13}$$

여기서, d_e : 공시체의 흡수 팽창 시험 종료시의 팽창량(mm)

h_0 : 공시체의 최초의 높이(125mm)

연습문제

9.1 실내다짐시험에 사용한 몰드와 저판의 질량이 6.81kg인 몰드를 이용해서 D다짐시험을 하여 다음과 같은 결과를 얻었다.

다짐횟수	1	2	3	4
몰드+저판+습윤토 무게(g)	11075	11200	11480	11200
함수비 측정 Can No.	4100	4390	4670	4390
캔 무게	15	83	25	69
습윤토+함수비 무게(g)	16.41	14.79	15.52	14.92
건조토+함수비 무게(g)	92.39	48.85	60.82	72

다짐곡선을 그리고 최대건조단위중량와 최적함수비를 구하라.

9.2 위 문제 1의 다짐시험결과를 기준으로 현장에서 다짐도 95%를 관리기준으로 한다면 현장에서 허용되는 최소건조단위중량는 얼마인가?

9.3 위 문제 1에서 구한 최적함수비 상태에서 이론상 다져질 수 있는 최대건조단위중량는 얼마인가?

9.4 위 문제 1에서 시험한 흙을 흙 댐의 제체로 사용하려고 한다. 다짐도 97%관리한다면 현장에서 권장되는 함수비 범위는 얼마인가?

9.5 위 문제 1에서 시험한 흙을 큰 전단강도를 필요로 하는 구조물의 지지지반으로 사용하려 한다. 현장에서 권장되는 함수비 범위는 얼마인가?

9.6 그림 연 9.1은 다짐에너지의 대소에 따른 다짐곡선을 나타낸 것이다. D-a다짐에 의한 최적함수비는 8%, 최대건조단위중량는 1990$\mathrm{kg/m^3}$이고 각각의 다짐곡선은 다짐에너지를 5%씩 달리하여 다진 결과이다. 현장에서 다짐도 96%를 기준으로 시공관리를 한다면 현장에서 가장 경제적으로 다지기 위한 함수비 범위와 D다짐의 몇% 범위 내의 다짐에너지로 시공할 수 있는가?

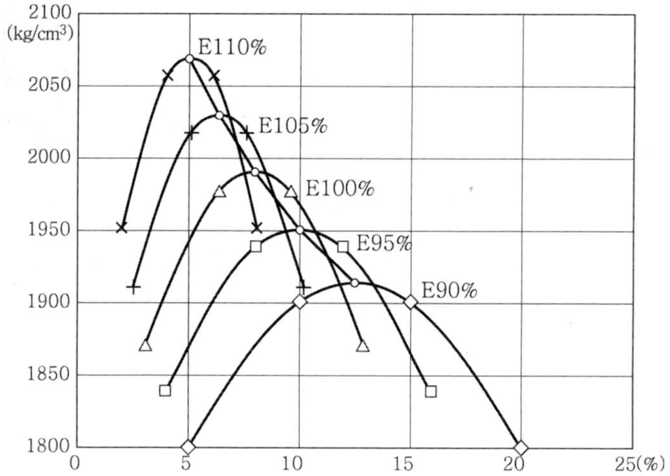

그림 연 9.1

9.7 현장에서 노상토지지력를 시험하여 다음과 같은 결과를 얻었다. 이 지반의 CBR은 얼마인가?

관입량	2.5mm	5.0mm
1회	3MN/m^2	5MN/m^2
2회	3.1MN/m^2	4.9MN/m^2
3회	3.3MN/m^2	5.2MN/m^2

9.8 수정CBR시험을 한 결과 다음과 같은 결과를 얻었다. 55회 다진 공시체의 건조단위중량는 D-a다짐시험의 최대건조단위중량와 동일하다는 이상적인 조건에서 현장에서 다짐도 95%를 기준으로 다짐시공관리를 한다면 수정CBR은 얼마인가?

다짐횟수	CBR(%)	건조단위중량(kg/m^3)
10	2.4	1530
25	4.5	1700
55	7.9	1775

제 10 장 토압론과 토류구조론

제10장

토압론과 토류구조론

10.1 개설

자연지반에 절성토를 하여 도로, 철도 등을 축조하거나 항만 구조물을 건설하고자 할 때는 횡방향에서 오는 흙의 압력에 저항하는 구조물을 설치해야 한다. 이들 구조물은 옹벽, 지하연속벽, 가설 흙막이벽, 널말뚝, 안벽, 방조제 등 여러 가지가 있으며 이와 같은 구조물을 모두 토류구조물(土留構造物, earth retaining structure)이라고 한다. 토류구조물을 설계할 때에는 이 구조물에 작용하는 힘을 정해야 한다. 이 힘은 배면토에 의하여 횡방향으로 작용되며 이것을 일반적으로 토압이라고 한다. 이때 옹벽의 배면에서 작용하는 토압의 방향과 크기 및 작용점을 구하는 것은 매우 중요한 과제이며 이는 흙의 종류, 지하수위, 재하조건 등에 따라 현저하게 달라진다. 이 밖에 연직방향의 지반응력도 토압에 포함된다.

지금까지 토압론에 대한 여러 가지 문제점을 보완하여 다양한 토압이론이 제안되어 왔으나 이들은 모두가 Rankine계에 속하거나 Coulomb계에 속하며 또는 양자의 개념을 종합하여 실험적 결과를 도입한 새로운 이론도 제시되고 있다.

토압의 크기는 옹벽 배면을 채우고 있는 흙의 강도정수 (strength parameter)와 관련이 깊다. 이 강도정수는 뒤채움의 배수조건에 따라 전응력으로 표시한 c_u, ϕ_u값을 사용하기도 하고 유효응력으로 표시한 c', ϕ'값을 사용하기도 하는데 현장에서의 배수조건을 고려하여 적정한 강도정수를 적용한다.

10.2 토압의 종류

그림 10.1에서와 같이 반무한의 수평인 지표면으로부터 깊이 z되는 곳에서의 연직응력은 다음 식으로 나타낼 수 있다.

$$\sigma_v = \gamma \cdot z \tag{10.1}$$

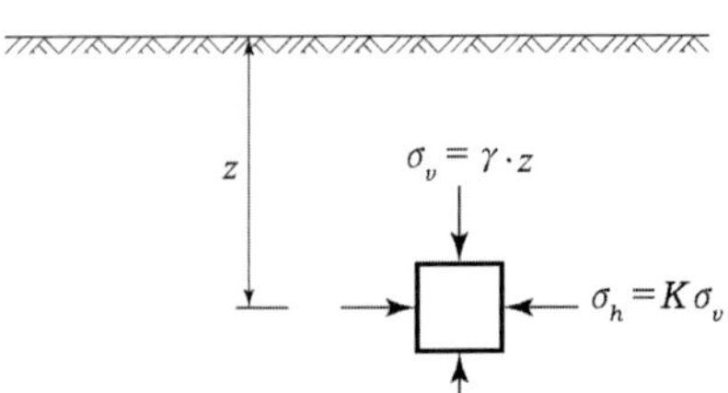

그림 10.1 지반 내의 한 요소에 작용하는 응력

이때 연직응력과 수평응력과의 비를 토압계수(coefficient of earth pressure)라고 한다. 즉, 토압계수는 다음과 같이 표현된다.

$$K = \frac{\sigma_h}{\sigma_v} \tag{10.2}$$

토압의 종류 즉, 그림 10.2(a)와 같이 벽체 AB의 변위가 전혀 일어나지 않고 뒤채움 흙이 정지되어 있을 때의 토압을 정지토압 P_0(lateral earth pressure at rest)라 한다. 그러나 일반적으로 옹벽과 같은 구조물은 약간의 변위를 허용함으로써 흙은 정지상태에 있지 않고 체적변화가 일어난다. 그림 10.2(b)와 같이 뒤채움 흙의 압력에 의하여 벽체가 흙으로부터 멀어지는 변위를 일으키는 경우에 뒤채움 흙은 수평방향으로 서서히 팽창하면서 결국 파괴가 일어나게 되는데, 이때의 토압을 주동토압 P_a(active earth pressure)라 한다. 또한 어떠한 외력으로 벽체가 그림 10.2(c)와 같이 뒤채움 흙쪽으로 변위를 일으켜서 흙이 수평방향으로 서서히 수축하는 경우에도 파괴가 일어나는데, 이때의 토압을 수동토압 P_p(passive earth pressure)라 한다.

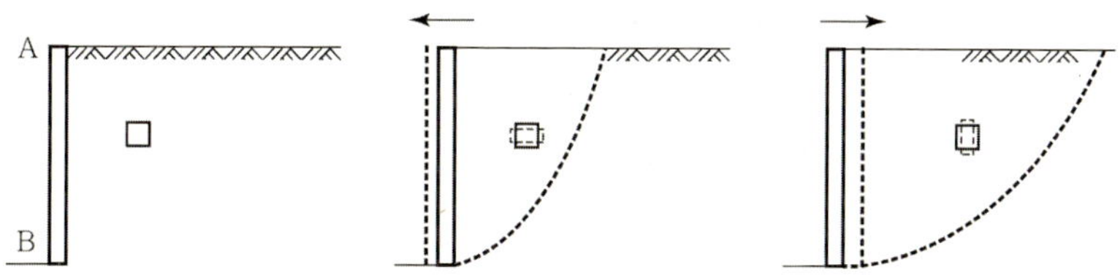

그림 10.2 토압의 종류

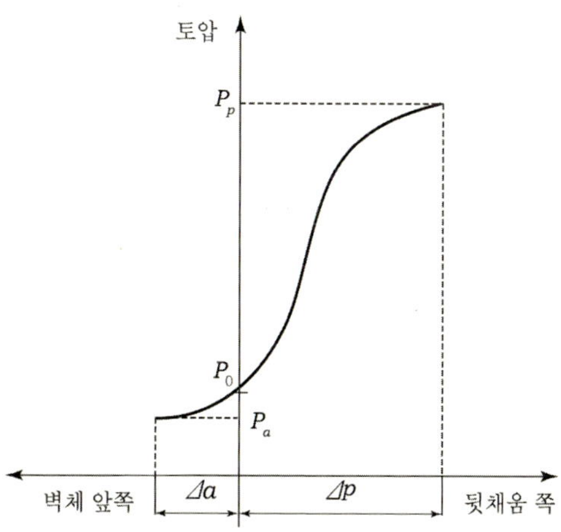

그림 10.3 벽체 변위와 토압과의 관계

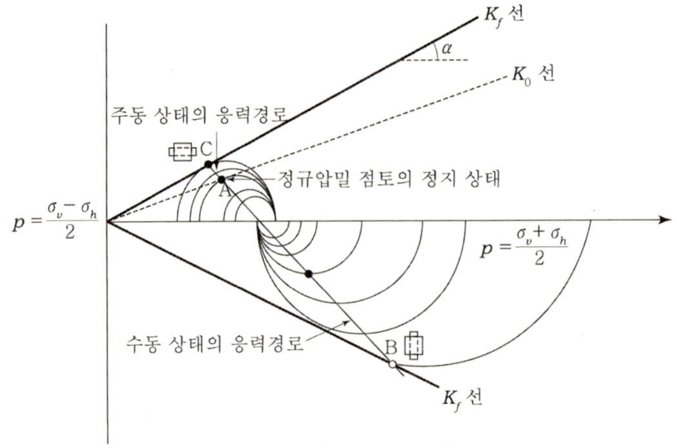

그림 10.4 정지(A), 주동(AC), 수동(AB) 상태의 응력경로

정지토압은 파괴되지 않는 탄성평형상태(state of elastic equilibrium)에 있고, 주동토압과 수동토압은 극한평형상태(state of limiting equilibrium)를 나타낸다.

위의 설명을 도해적으로 나타내면 그림 10.3과 같다. 그림에서 수동토압을 일으키는 데 필요한 변위 Δp가 주동토압을 발생시키는 변위 Δa보다 일반적으로 크다는 것이 Tien(1976) 등에 의하여 밝혀졌다.

그림 10.4에 정지상태(단, 정지토압계수 $K_0\langle 1$)로부터 주동상태와 수동상태에 대한 응력경로를 나타낸 것이 각각 AC, AB이다.

한편, 지표면이 수평이고 흙이 균질인 자연상태에 있는 지반내의 응력을 검토해 보자. 흙이 균질하므로 그 단위중량은 일정하며, 식 (10.1)에서 연직응력은 지표면으로부터의 깊이가 증가함에 따라 일정하게 증가한다.

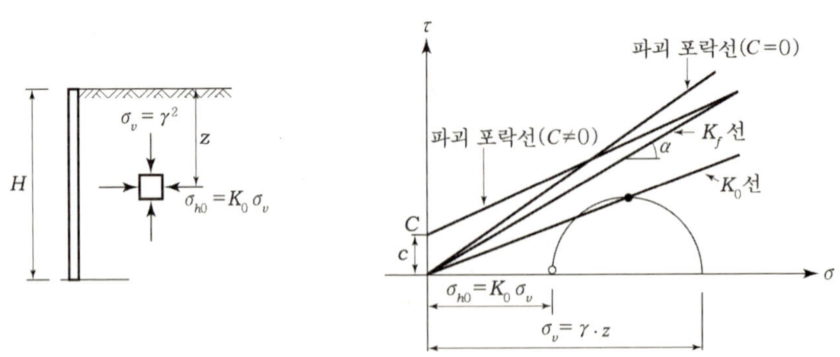

그림 10.5 정지 상태에서 흙 요소의 응력과 Mohr원

그림 10.5에는 파괴포락선(failure envelope), K_f선 및 K_0선을 나타내었다. 응력경로해석으로부터 구한 K_f 또는 K_0선(여기서, K_0선은 정지상태에서의 Mohr원의 최대 전단응력점을 연결한 선이다)의 기울기 α는 K_f나 K_0 자체가 아니고 $\tan\alpha = \dfrac{1-K}{1+K}$임을 주목해야 한다. 그림에서 탄성론에 의하여 Hooke법칙을 이용하면 정지토압계수 K_0는 다음 식으로 표시된다.

$$K_0 = \frac{\mu}{1-\mu} = f(\mu) \tag{10.3}$$

여기서, μ : 흙의 포아송비

한편, Jaky(1948)에 의하여 모래 및 정규압밀 점토의 경우 정지토압계수를 구하는 식을 다음과 같이 제안하였다.

$$K_0 = 1 - \sin\phi' \tag{10.4}$$

여기서, ϕ' : 유효전단저항각

그림 10.6은 Brooker와 Ireland가 점토의 소성지수(I_p)와 과압밀비(OCR)에 따른 K_0값의 변화를 실험적으로 구한 결과를 나타내고 있다. 그림에서 보는 바와 같이 과압밀비가 클수록 K_0값이 증가함을 알 수 있고 약 3 정도에 가까운 값도 존재한다.

또한, Alpan(1967)은 정규압밀 점토인 경우 소성지수에 따른 K_0값의 경험식을 다음과 같이 제안하였다.

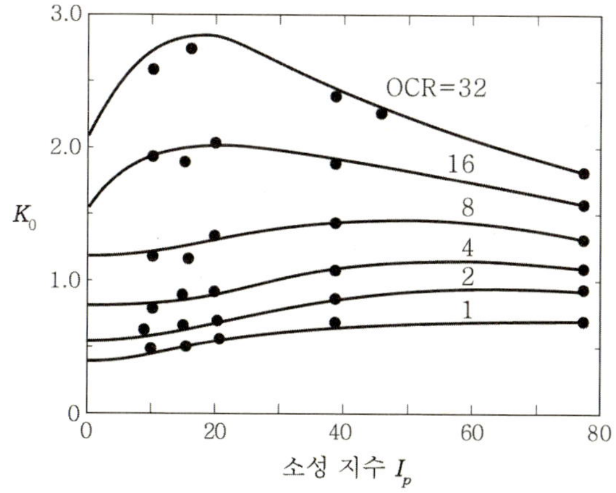

그림 10.6 소성지수와 과압밀비에 따른 K_0의 변화

$$K_0 = 0.19 + 0.233\log(I_p) \tag{10.5}$$

이밖에도 Sherif와 Ishibashi(1981)는 K_0의 경험식을 다음과 같이 발표하였다.

$$K_0 = \lambda + \alpha(OCR - 1) \tag{10.6}$$

여기서, $\lambda = 0.54 + 0.00444(w_l - 20)$

$\lambda = 1.0(w_l > 110\%)$

$\alpha = 0.09 + 0.00111(w_l - 20)$

$\alpha = 0.19(w_l > 110\%)$

또한, K_0값은 3축압축시험에서 공시체의 수평 변형률이 0이 되도록 등방응력과 축응력을 동시에 증가시켜 얻은 값으로부터 실험적으로 구할 수 있다. 대표적인 흙의 K_0값은 표 10.1과 같다(Bjerrum과 Anderson, 1972).

표 10.1 정지토압계수

흙	K_0
촘촘한 모래	0.35
느슨한 모래	0.6
정규압밀 점토(노르웨이)	0.5~0.6
점토 OCR=3.5(런던)	1.0
점토 OCR=20(런던)	2.8

10.3 Rankine의 토압이론

10.3.1 이론적 배경

Rankine(1856)은 흙을 중력만이 작용하는 균질하고 등방인 반무한체로 가정하여 지반이 소성평형상태에 있을 때의 지반내 응력을 계산하였다. 옹벽 배면은 마찰이 없는 것으로 가정하고, 소성평형상태는 지반이 파괴되기 직전의 상태로서 지반내의 응력을 나타내는 Mohr원이 파괴포락선에 접하는 상태이며, 이때의 응력상태를 이용하여 옹벽에 작용하는 토압을 구한다. 이러한 토압은 지표에 평행한 것으로 가정한다.

10.3.2 뒤채움 흙이 수평이고 사질토인 경우

그림 10.4 및 10.5에서 설명한 바와 같이 임의 깊이 z에서 흙 요소에 작용하는 연직응력은 σ_v이며, 수평응력은 σ_{h0}이다. 벽체가 흙의 외측으로 점점 이동하게 되면 연직응력은 변함이 없으나 수평항방으로 흙이 팽창되므로 수평응력은 서서히 감소되어, 결국 파괴포락선에 접하는 최소주응력(σ_{ha})으로 된다. 이러한 상태를 Rankine의 주동상태라 하고, 이때의 Mohr원은 그림 10.7의 왼쪽 원과 같다.

그림에서 주동토압계수 K_a는 다음과 같다.

$$K_a = \frac{\sigma_{ha}}{\sigma_v} = \frac{\overline{OO_1} - R_a}{\overline{OO_1} + R_a} = \frac{\overline{OO_1} - \overline{OO_1}\sin\phi}{\overline{OO_1} + \overline{OO_1}\sin\phi} = \frac{1-\sin\phi}{1+\sin\phi} = \tan^2(45^\circ - \frac{\phi}{2}) \quad (10.7)$$

여기서, R_a : 주동상태 Mohr원의 반경

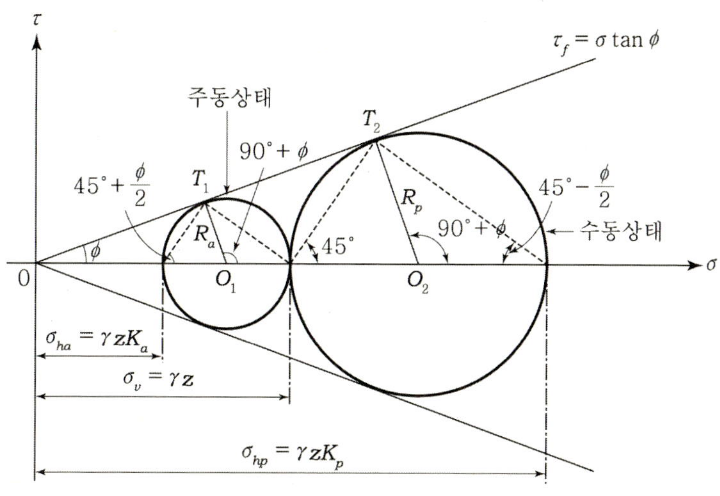

그림 10.7 Rankine의 주동 및 수동 상태의 Mohr원

따라서 이때의 수평토압이 주동토압이 되며 식 (10.7)로부터 주동토압은 다음 식이 된다.

$$\sigma_{ha} = \sigma_v K_a = \gamma z K_a \quad (10.8)$$

흙이 균질하다면 토압은 깊이 z에 비례하므로 σ_{ha}는 삼각형 분포가 되며, 높이 H인 옹벽에 작용하는 전주동토압 P_a는 다음과 같이 얻는다.

$$P_a = \int_0^H \sigma_{ha} dz = \int_0^H \gamma z K_a dz = \frac{1}{2}\gamma H^2 K_a \quad (10.9)$$

토압의 합력의 작용점은 옹벽 저면으로부터 $\frac{H}{3}$ 되는 곳이다. 그림 10.7에서 Mohr의 파괴규준이론과 Mohr원의 성질로부터 점 T_1의 좌표가 주동상태에서 파괴면에 작용하는 연직응력과 전단응력을 나타내며, 파괴면이 최대주응력면(수평면)과 이루는 경사는 $45° + \frac{\phi}{2}$ 이며 그림 10.8과 같다.

주동토압과는 반대로 벽체가 점차 흙쪽으로 이동하게 되면 연직응력은 변함이 없으나 수평방향으로 흙이 압축되므로 수평응력은 서서히 증가되어 오히려 연직응력보다 커진다. 수평응력은 결국 파괴포락선에 접하는 Mohr원의 최대 주응력 σ_{hp}로 되고, 연직응력이 최소 주응력이 된다. 이러한 경우를 Rankine의 수동상태라 하고, 이때의 Mohr원은 그림 10.7의 오른쪽 원과 같다.

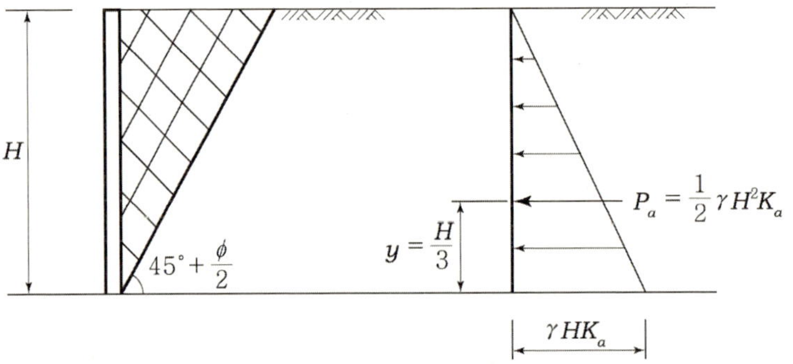

그림 10.8 주동토압 분포와 작용 위치 및 파괴원

수동토압계수 K_p는 주동토압의 경우와 같은 방법으로 다음과 같이 표시된다.

$$K_p = \frac{\sigma_{hp}}{\sigma_v} = \frac{\overline{OO_2} + R_p}{\overline{OO_2} - R_p} = \frac{\overline{OO_2} + \overline{OO_2}\sin\phi}{\overline{OO_2} - \overline{OO_2}\sin\phi} = \frac{1+\sin\phi}{1-\sin\phi} = \tan^2(45° + \frac{\phi}{2}) = \frac{1}{K_a} \tag{10.10}$$

여기서, R_p는 수동상태 Mohr원의 반경이며 이때의 수평토압이 수동토압이 되고, 식 (10.10)으로부터 수동토압은 다음과 같다.

$$\sigma_{hp} = \sigma_v K_p = \gamma z K_p \tag{10.11}$$

따라서, 전수동토압 P_p는 다음 식으로 나타낸다.

$$P_p = \int_0^H \sigma_{hp} dz = \int_0^H \gamma z K_p dz = \frac{1}{2}\gamma H^2 K_p \tag{10.12}$$

주동토압과 마찬가지로 수동토압의 분포도 삼각형이며, 역시 옹벽 저면으로부터 $\frac{H}{3}$ 되는 곳이다.

그림 10.7에서 점 T_2의 좌표는 수동상태에서 파괴면에 작용하는 연직응력과 전단응력을 나타낸다. 파괴면이 최대 주응력면(연직면)과 이루는 경사가 $45° + \frac{\phi}{2}$이므로 수평면과는 $45° - \frac{\phi}{2}$를 이룬다는 것에 주목해야 한다. 위의 설명을 나타낸 것이 그림 10.9이다.

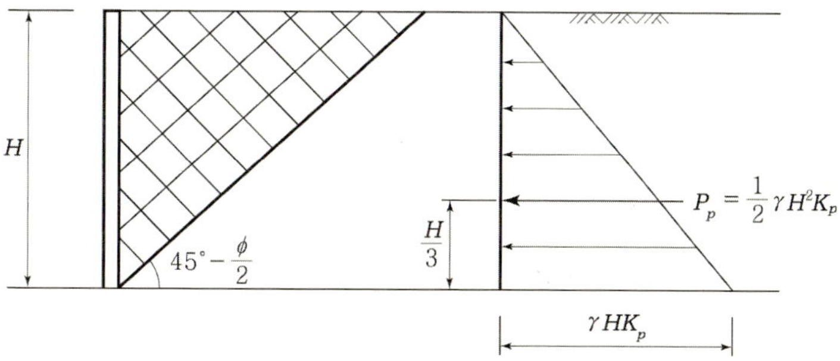

그림 10.9 수동토압 분포와 작용 위치 및 파괴면

표 10.2 Rankine의 주동 및 수동토압계수

a) 주동토압계수(K_a)

ϕ \ i	26	28	30	32	34	36	38	40	42
0	0.3905	0.3610	0.3333	0.3073	0.2827	0.2596	0.2319	0.2174	0.1982
5	0.3959	0.3656	0.3592	0.3105	0.2855	0.2620	0.2399	0.2172	0.1991
10	0.4134	0.3802	0.3475	0.3210	0.2944	0.2696	0.2464	0.2247	0.2044
15	0.4480	0.4096	0.3130	0.3405	0.3108	0.2834	0.2581	0.2346	0.2129
20	0.5152	0.4605	0.4142	0.3739	0.3381	0.3060	0.2769	0.2504	0.2262
25	0.6999	0.5127	0.4936	0.4336	0.3847	0.3431	0.3010	0.2750	0.2465
30	0.0000	0.0000	0.8660	0.5741	0.4776	0.4105	0.3582	0.3151	0.2784
35	0.0000	0.0000	0.0000	0.0000	0.0000	0.5971	0.4671	0.3906	0.3340
40	0.0000	0.0000	0.0000	0.0000	0.0000	0.0000	0.0000	0.7660	0.4668

b) 수동토압계수(K_p)

ϕ \ i	26	28	30	32	34	36	38	40	42
0	2.5611	2.7698	3.0000	3.2546	3.5171	3.8518	4.2031	4.5989	5.0447
5	2.5070	2.7145	2.9431	3.1951	3.4757	3.7875	4.1360	4.5272	4.9684
10	2.3463	2.5507	2.7748	3.0216	3.2946	3.5979	3.9365	4.3161	4.7437
15	2.0826	2.2836	2.5011	2.7401	3.0024	3.2925	3.6154	3.9766	4.3827
20	1.7141	1.9175	2.1318	2.3618	2.6116	2.8857	3.1888	3.5262	3.9044
25	1.1736	1.4343	1.6641	1.8942	2.1352	2.3938	2.6758	2.7867	3.3328
30	0.0000	0.0000	0.8660	1.3064	1.5705	1.8269	2.0937	2.3802	2.6940
35	0.0000	0.0000	0.0000	0.0000	0.0000	1.1238	1.4347	1.7177	2.0088
40	0.0000	0.0000	0.0000	0.0000	0.0000	0.0000	0.0000	0.7660	1.2570

$K_a = \cos i \frac{\cos i - \sqrt{\cos^2 i - \cos^2\phi}}{\cos i + \sqrt{\cos^2 i - \cos^2\phi}}$, $K_p = \cos i \frac{\cos i + \sqrt{\cos^2 i - \cos^2\phi}}{\cos i - \sqrt{\cos^2 i - \cos^2\phi}}$, i는 지표면의 경사각

10.3.3 상재하중이 있는 경우

그림 10.10과 같이 옹벽 뒤의 지표면에 등분포하중 q가 작용할 때, 임의의 깊이 z에서의 수평응력을 흙만에 의한 수평응력 $\gamma z K_a$와 등분포하중에 의한 수평응력 qK_a의 합으로 나타내면 전수평응력은 다음과 같다.

$$\sigma_h = (\gamma z + q)K_a$$

이 된다. 따라서 높이 H인 옹벽에 작용하는 전주동토압 및 전수동토압은 각각 식 (10.13), (10.14)와 같다.

$$P_a = \int_0^H \sigma_{ha} dz = (\frac{\gamma H^2}{2} + qH)K_a \tag{10.13}$$

$$P_p = \int_0^H \sigma_{hp} dz = (\frac{\gamma H^2}{2} + qH)K_p \tag{10.14}$$

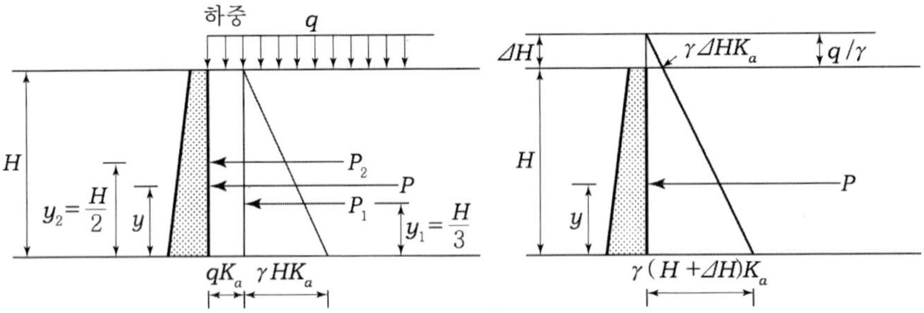

그림 10.10 등분포하중이 작용할 때의 주동토압 분포

식 (10.13), (10.14)에서 알 수 있는 바와 같이 토압은 뒤채움 흙만에 의한 토압 P_1과 등분포하중에 의한 토압 P_2의 합과 같으며, 여기서, P_1과 P_2는 각각 다음과 같다.

$$P_1 = \frac{1}{2}\gamma H^2 K_a \tag{10.15}$$

$$P_2 = qHK_a \tag{10.16}$$

합력의 작용점은 그림 10.10에서 다음 식으로 표현된다.

$$y = \frac{P_1 y_1 + P_2 y_2}{P} = \frac{H}{3}\frac{\gamma H + 3q}{\gamma H + 2q} \tag{10.17}$$

한편, 그림 10.10과 같이 등분포하중을 뒤채움 흙으로 가정하여 지표면에 등가높이 $\Delta H = \frac{q}{\gamma}$로 흙이 쌓여 있는 것으로 생각하여 계산해도 된다.

즉, 토압은 다음과 같다.

$$P = \frac{\gamma(H+\Delta H)^2}{2}K_a - \frac{\gamma(\Delta H)^2}{2}K_a = \frac{\gamma H}{2}(H+2\Delta H)K_a \tag{10.18}$$

합력의 작용점은 다음과 같이 얻는다.

$$y = \frac{H}{3}\frac{H+3\Delta H}{H+2\Delta H} \tag{10.19}$$

식 (10.18) 및 (10.19)는 결국 식 (10.15), (10.16) 및 (10.17)의 결과와 동일하다.

10.3.4 선하중이 있는 경우

지표면에 등분포하중이 작용할 경우 Rankine의 방법에서는 등분포하중에다 토압계수를 곱한 크기만큼 증가한다는 것을 이미 설명하였다. Coulomb방법에서는 상재하중을 흙쐐기의 무게 W에 포함시켜 같은 방법으로 토압을 구할 수 있다.

그러나 선하중(line load)이나 집중하중(concentrated load)이 지표면에 작용할 때 토압을 정확하게 구하는 것은 매우 어렵다. 만일 상재하중이 크지 않으면 이것은 활동면에 그다지 영향을 끼치지 않으나, 하중이 클 때는 그림 10.11(b)에 보인 바와 같이 2개의 활동면이 합성된 모양이 될 수도 있다.

선하중의 경우에는 Rankine방법으로서는 해석이 불가능하나, Coulomb방법에서는 흙쐐기의 하중에 포함시켜 토압을 구할 수 있다. 이때에는 Culmann의 도해법을 사용하면 보다 편리하다.

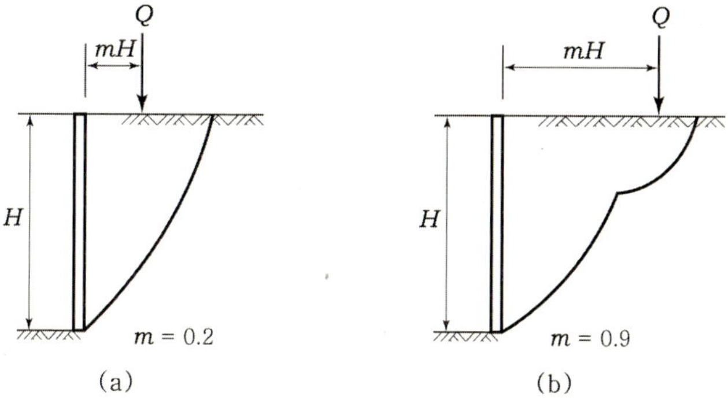

그림 10.11 선하중이 작용할 때의 파괴면

10.3.5 뒤채움 흙의 조건과 토압

뒤채움 흙이 단위중량이나 전단저항각이 서로 다른 여러 지층으로 형성되어 있을 때에는 다음과 같은 개념으로 토압을 계산할 수 있다. 즉, 가장 윗층에 있는 흙에 대한 토압은 앞에서 기술한 방법을 그대로 이용하여 계산하고 아래층부터는 그 층 위의 물 무게를 상재하중(overburden load)으로 간주하여 토압을 계산한 후 합성하는 것이다.

위와 같은 방법으로 토압을 얻으면 그림 10.12와 같이 위층보다 아래층의 토압계수가 작은 경우는 톱니 형태(그림 10.12(a) 참조)로 되고 아래층의 토압계수가 큰 경우는 계단 형태(그림 10.12(b) 참조)가 된다.

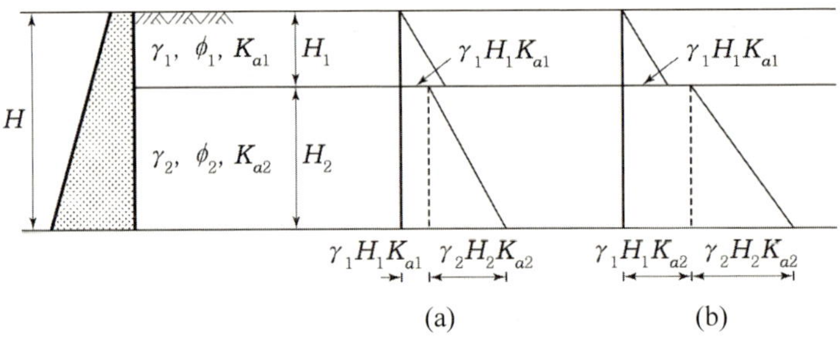

그림 10.12 뒤채움이 이질토층인 경우의 주동토압 분포

또 뒤채움 흙에 지하수위가 있는 경우도 동일한 방법이 적용될 수 있다. 뒤채움을 균질의 모래로 가정한 그림 10.13과 같은 옹벽의 경우, 지하수위 아래의 경우에도 모래의 전단저항각은 거의 차이가 없으므로 토압계수는 지하수위에 관계없이 동일하게 생각한다.

지표면으로부터 $H_1 + H_2$되는 곳, 즉 옹벽 저면에서의 유효연직응력은

$$\sigma_v = \gamma_t H_1 + \gamma_{sub} \cdot H_2 \tag{10.20}$$

이 되며 따라서, 유효수평응력은

$$\sigma_{ha}' = (\gamma_t H_1 + \gamma_{sub} H_2) K_a \tag{10.21}$$

이 되고, 이 깊이에서의 공극수압은 연직응력과 수평응력 모두

$$u = \gamma_w H_2 \tag{10.22}$$

이므로, 이 옹벽에 작용하는 전주동토압은 그림 10.13에서와 같이 토압과 수압을 합한 것과 같다.

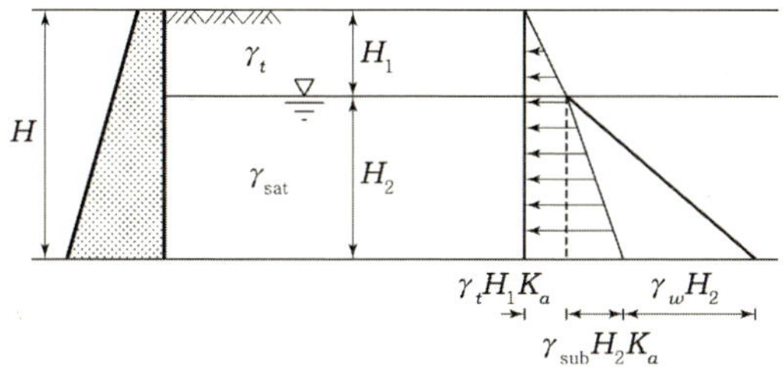

그림 10.13 지하수위가 있을 경우의 주동토압 분포

[예제 10.1] 다음 그림 예 10.1에서 옹벽에 작용하는 전주동토압과 그 작용 위치를 계산하여라. (단, 등분포하중 q=9.81 kN/m^2, $\phi_1 = 30^o$, $\phi_2 = 36^o$, γ_t=15.70 kN/m^3, γ_{sat}=18.64 kN/m^{3}이다.)

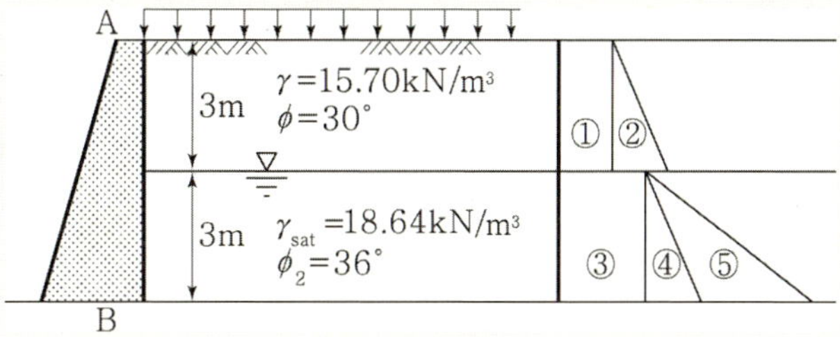

그림 예제 10.1

풀이

각 층의 토압계수를 구하면

$$K_{a1} = \tan^2(45° - \frac{30°}{2}) = 0.333$$

$$K_{a2} = \tan^2(45° - \frac{36°}{2}) = 0.260$$

그림 예제 10.1 우측을 참조하면서 토압을 계산하면 아래와 같다.

No.	토압(P_i) kN/m	옹벽 저면 B로부터의 작용 위치(m)
①	$(9.81)(3)(0.333) = 9.80$	$3+\frac{3}{2}=4.5$
②	$\frac{1}{2}(15.7)(3)^2(0.333) = 23.53$	$3+\frac{3}{3}=4.0$
③	$(9.81)(3)(0.26)+(15.70)(3)(0.260)(3) = 44.39$	$\frac{3}{2}=1.5$
④	$\frac{1}{2}(18.64-9.81)(3)^2(0.260) = 10.33$	$\frac{3}{3}=1.0$
⑤	$\frac{1}{2}(9.81)(3)^2 = 44.15$(수압)	$\frac{3}{3}=1.0$
Σ	132.20	

옹벽 저면으로부터의 작용점의 위치는 다음과 같다.

$$y = \frac{(9.81)(4.5)+(23.53)(4.0)+(44.39)(1.5)+(10.33)(1.0)+(44.15)(1.0)}{132.20}$$

$$= \frac{44.10+94.12+66.59+10.33+44.15}{132.20} = 1.961\text{m}$$

10.3.6 점성토인 경우

점성이 있는 흙의 전단강도는 $\tau_f = c + \sigma\tan\phi$이므로 그림 10.14에서와 같이 Mohr– Coulomb의 파괴포락선은 원점을 지나지 않는다. 이 그림에서 주동상태의 Mohr원은 왼쪽 원이다. 그림의 삼각형 AO_1T_1에서 다음 식이 성립한다.

$$\sin\phi = \frac{\frac{1}{2}(\sigma_v - \sigma_{ha})}{c\cot\phi + \sigma_{ha} + \frac{(\sigma_v - \sigma_{ha})}{2}} \tag{10.23}$$

이를 정리하면 다음과 같다.

$$\sigma_{ha}(1+\sin\phi) = \sigma_v(1-\sin\phi) - 2c\cos\phi$$

따라서 σ_{ha}는 다음과 같다.

$$\begin{aligned}\sigma_{ha} &= \gamma z\frac{1-\sin\phi}{1+\sin\phi} - 2c\frac{\cos\phi}{1+\sin\phi} = \gamma z\tan^2(45^\circ - \frac{\phi}{2}) - 2c\tan(45^\circ - \frac{\phi}{2}) \\ &= \gamma z K_a - 2c\sqrt{K_a}\end{aligned} \tag{10.24}$$

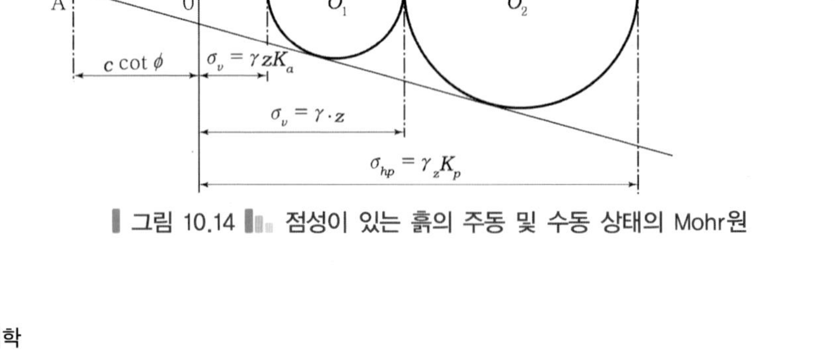

그림 10.14 점성이 있는 흙의 주동 및 수동 상태의 Mohr원

식 (10.24)에서 알 수 있는 바와 같이 점성토의 주동토압은 뒤채움 흙이 모래질인 경우의 삼각형 분포에서, 깊이에 관계없이 반대 방향으로 작용하는 $2c\sqrt{K_a}$의 크기로 일정하게 분포하는 토압을 더해주면 된다. 그림 10.15는 이의 토압분포를 나타낸 것이다.

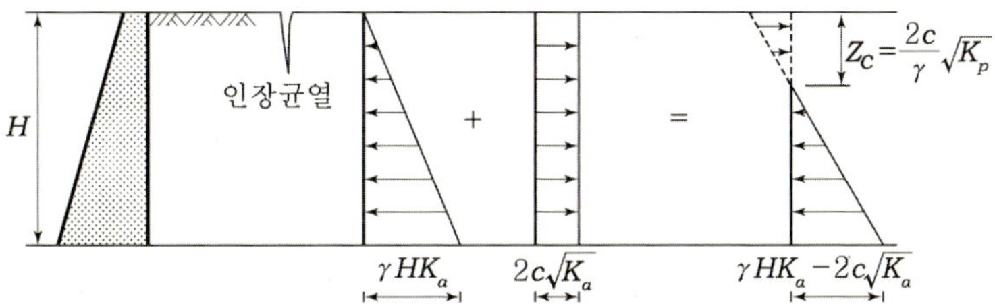

그림 10.15 점성이 있는 흙의 주동토압 분포

그러므로 점성이 있는 경우의 주동토압계수를 K'_a로 표시하면 다음과 같다.

$$K'_a = \frac{\sigma_{ha}}{\gamma z} = \tan^2(45° - \frac{\phi}{2}) - \frac{2c}{\gamma z}\tan(45° - \frac{\phi}{2}) = K_a - \frac{2c}{\gamma z}\sqrt{K_a} \tag{10.25}$$

점성이 없는 사질토의 주동토압계수 K_a와 점성이 있는 점성토의 주동토압계수 K'_a는 같지 않다는 점을 유의해야 한다.

높이 H의 옹벽에 작용하는 전주동토압은 이론상 다음과 같다.

$$P_a = \int_0^H \sigma_{ha}\, dz = \frac{\gamma H^2}{2}K_a - 2cH\sqrt{K_a} \tag{10.26}$$

한편, 그림 10.15에서 뒤채움 흙에 점성이 있는 경우, 어느 깊이까지 부(負)의 응력(인장응력)이 작용하고 있음을 알 수 있고, 이 깊이를 점착고(cohesion height)라고 하며 이를 계산하기 위하여 식 (10.24)를 다음과 같이 0으로 한다.

$$\gamma z \tan^2(45° - \frac{\phi}{2}) - 2c\tan(45° - \frac{\phi}{2}) = 0$$

따라서 점착고(粘着高) z_c는 다음과 같다.

$$z_c = \frac{2c}{\gamma}\tan(45° + \frac{\phi}{2}) = \frac{2c\sqrt{K_p}}{\gamma} \tag{10.27}$$

흙은 인장응력을 거의 받지 못하므로 z_c깊이까지는 인장균열(tension crack)이 발생할 수 있다.

따라서 실제로 토압을 계산할 경우에는 z_c까지의 토압을 무시한다. 그러므로 식 (10.26)을 그대로 사용하지 않고, $(H-z_c)$ 깊이에 작용하는 주동토압만을 고려한 식 (10.28)을 사용한다. 그림 10.15에서, P_a는 다음과 같다.

$$P_a = \frac{1}{2}(\gamma H K_a - 2c\sqrt{K_a})(H-z_c)$$

위의 식에 식 (10.27)을 대입하여 정리하면 다음과 같이 주동토압 P_a를 계산할 수 있다.

$$P_a = \frac{1}{2}\gamma H^2 K_a - 2cH\sqrt{K_a} + \frac{2c^2}{\gamma} \tag{10.28}$$

합력의 작용점은 옹벽 저면으로부터 y만큼 떨어진 곳에 작용하며, 여기서, y는 다음과 같다.

$$y = \frac{1}{3}(H-z_c) \tag{10.29}$$

또한, 이론상 전토압의 합이 0인 깊이, 즉 負(인장)의 토압과 正의 토압이 같은 $2z_c$ 깊이까지는 연직으로 굴착할 수 있다. 이 연직굴착 가능 깊이를 한계깊이(critical depth)라 하며, 이는 다음 식과 같다.

$$H_c = 2z_c = \frac{4c}{\gamma}\sqrt{K_p} \tag{10.30}$$

그러나 실제로 굴착을 함에 있어서는 인장균열로 인하여 $2z_c$까지는 불가능하고 다만 z_c까지만 연직 굴착이 가능하다고 볼 때도 있으며 Terzaghi는 경험에 의하여 한계 깊이를 다음과 같이 수정하였다.

$$H_c = \frac{2.67c}{\gamma}\sqrt{K_p} = 1.335\,z_c \tag{10.31}$$

한편, 수동상태의 Mohr원은 그림 10.14의 오른쪽 원이다. 그림의 삼각형 AO_2T_2에서 주동토압의 경우와 같은 방법으로 식을 유도하면, 수동토압은 다음과 같다.

$$\sigma_{hp} = \gamma z \tan^2(45° + \frac{\phi}{2}) + 2c\tan(45° + \frac{\phi}{2}) = \gamma z K_p + 2c\sqrt{K_p} \tag{10.32}$$

점성이 있는 경우의 수동토압계수를 K'_p로 표시하면 다음과 같다.

$$K'_p = \frac{\sigma_{hp}}{\gamma z} = \tan^2(45° + \frac{\phi}{2}) + \frac{2c}{\gamma z}\tan(45° + \frac{\phi}{2}) = K_p + \frac{2c}{\gamma z}\sqrt{K_p} \tag{10.33}$$

주동토압계수와 마찬가지로 사질토인 경우의 수동토압계수 K_p와 점성이 있는 경우의 수동 토압계수 K'_p도 같지 않다. 수동토압의 경우 토체가 항상 수평압축되므로 인장균열은 발생되지 않는다. 높이 H에 작용하는 전수동토압은 다음 식으로 나타낼 수 있다.

$$P_p = \int_0^H \sigma_{hp} dz = \frac{1}{2}\gamma H^2 K_p + 2cH\sqrt{K_p} \tag{10.34}$$

[예제 10.2] 그림 예 10.2와 같은 옹벽에서 한계깊이, 주동토압의 크기 및 작용점의 위치를 계산하여라.(단, c=14.09 kN/m^2, $\phi = 26^o$, γ_t=17.07 kN/m^3 이다.)

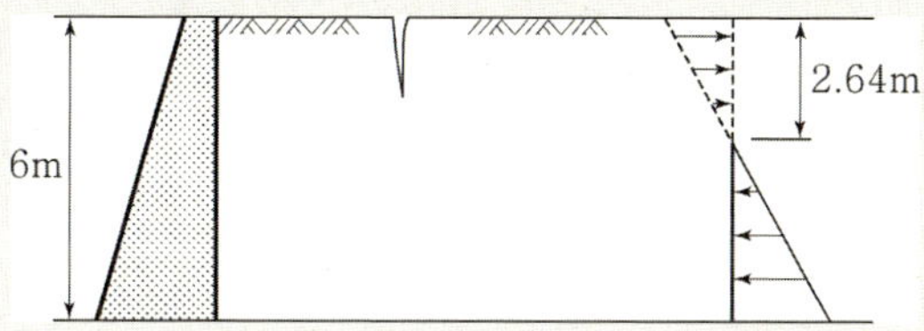

그림 예 10.2

풀이

토압계수를 계산한다.

$K_a = \tan^2(45° - \frac{26}{2}) = 0.39$

$\sqrt{K_p} = 0.625$

점착고 $z_c = \frac{(2)(14.09)}{(17.07)(0.625)} = 2.64(\text{m})$

Terzaghi의 경험식에 의하면

$H_c = 1.355 z_c = 3.52(\text{m})$

이론상 주동토압의 크기는 식 (10.26)에 의하여

$P_a = \frac{(17.07)(6)^2}{2}(0.39) - (2)(14.09)(6)(0.625) = 119.83 - 105.68 = 14.18(\text{kN/m})$

그러나, 균열이 발생 후 토압의 크기는 식 (10.28)에 의하여

$P_a = \frac{1}{2}(17.07)(6)^2(0.39) - 2(14.09)(6)(0.625) + \frac{2(14.09)^2}{(17.07)} = 119.83 - 105.68 + 23.25$

$= 37.43(\text{kN/m})$

옹벽 저부로부터의 작용 위치는 식 (10.29)에 의하여

$y = \frac{6 - 2.64}{3} = 1.12(\text{m})$

[예제 10.3] 다음 그림과 같이 서로 다른 지층의 지표면에 20 kN/m^{2}의 등분포하중이 작용할 때 옹벽의 뒷면에 가하여지는 전 주동토압력과 합력의 작용점을 구하라.

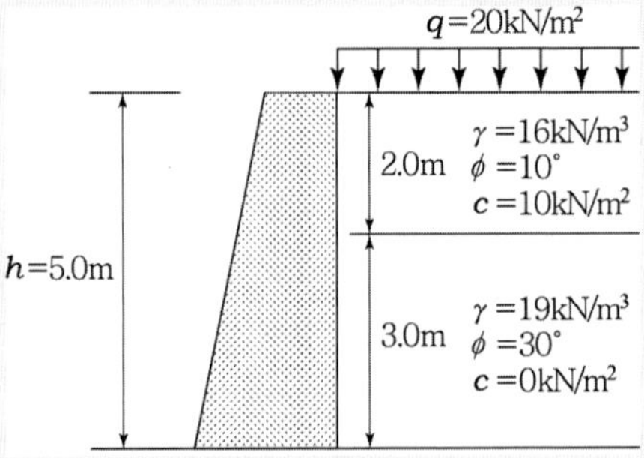

그림 예 10.3

풀이

(1) 옹벽뒷면에 작용하는 연직응력 분포

−지표면, $\sigma_{v0} = 20$

−1층 하부 2m 아래, σ_{v1L}=20 × 16 × 2=52.0

−2층 상부, σ_{v2U}=20 × 16 × 2=52.0

−2층 하부 3m 아래, σ_{v2L}=52 + 19 × 3=109.0

(2) 옹벽에 작용하는 주동토압계수

$$R_{a1} = \tan^2(45 - \frac{\phi}{2}) = 0.704$$

$$R_{a2} = \tan^2(45 - \frac{\phi}{2}) = 0.333$$

(3) 각각의 층에 작용하는 주동토압

$\sigma_{a11} = R_{a1} \times \sigma_{v0} - 2c_1 \times \sqrt{R_{a1}} = -2.7$

$\sigma_{a12} = R_{a1} \times \sigma_{v1L} - 2c_1 \times \sqrt{R_{a1}} = 19.83$

$\sigma_{a21} = R_{a2} \times \sigma_{v2U} - 2c_2 \times \sqrt{R_{a2}} = 17.33$

$\sigma_{a22} = R_{a2} \times \sigma_{v2L} - 2c_2 \times \sqrt{R_{a2}} = 36.33$

(4) 각층에 작용하는 주동토압의 합력은 다음과 같다.

$$P_{a11} = \frac{1}{2}(\sigma_{a11} + \sigma_{a12}) \times H_1 = 17.13 \text{ kN/m}$$

$$P_{a22} = \frac{1}{2}(\sigma_{a21} + \sigma_{a22}) \times H_2 = 80.50 \text{ kN/m}$$

전 주동토압

$$P_a = P_{a11} + P_{a22} = 97.63 \text{ kN/m}$$

(5) 주동토압의 작용위치는 모멘트 평형을 기초로 구한다.

a) 저면을 기준으로 하였을 경우에 점착력에 의한 단면 1차모멘트(상부)

$$-16.78\times 2.0\times(\frac{1}{2}\times 2.0+3.0)=-134.26\,kN/m\cdot m$$

b) 저면을 기준으로 하였을 경우에 마찰(사다리꼴 분포)에 의한 단면 1차모멘트(상부)

$$\frac{1}{2}\times(14.08+36.61)\times 2.0\times[\frac{1}{3}\times 2.0\times(\frac{2\times 14.08+36.61}{14.08+36.61})+3.0]=195.27\,kN/m\cdot m$$

c) 저면을 기준으로 하였을 경우에 토압 (사다리꼴 분포)에 의한 단면 1차모멘트(하부)

$$\frac{1}{2}\times(17.33+36.33)\times 3.0\times[\frac{1}{3}\times 3.0\times(\frac{2\times 17.33+36.33}{17.33+36.33})]=106.5\,kN/m\cdot m$$

따라서 전합력의 작용위치는 다음과 같다.

$$h=\frac{-134.26+195.27+106.5}{97.63}=1.72m$$

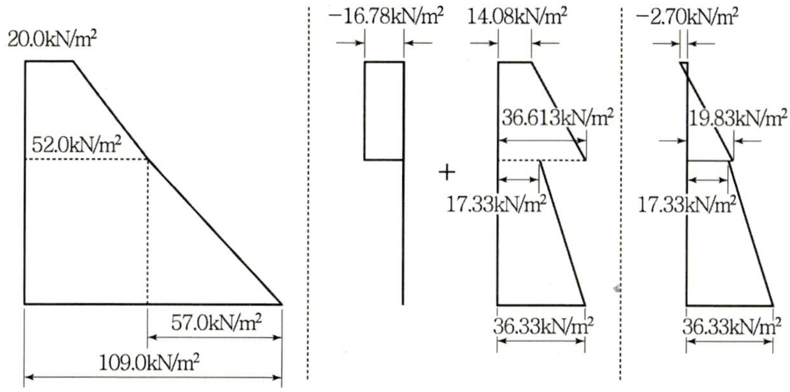

연직응력의 토압분포 점착력 + 연직응력 = 주동토압 분포

10.3.7 인장균열을 고려한 토압

앞 절의 Rankine토압론에서 설명한 바와 같이, 뒤채움 흙이 점성토일 때에는 지표면 가까이에 있는 흙은 인장을 받으므로 인장균열이 발생한다. 인장균열이 생기는 깊이까지는 전단강도가 있을 수 없으므로, 이것을 포함하여 토압을 계산하고자 할 때에는 그림 10.16(a)의 토체 ABcd의 평형을 고려해야 한다.

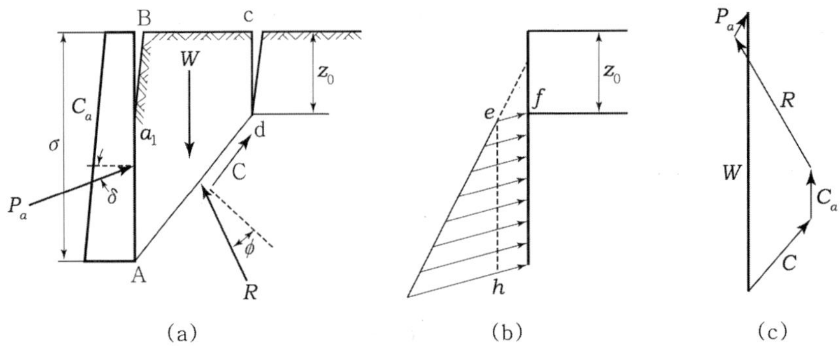

▌그림 10.16 ▌ 인장균열을 고려한 토압 계산방법

인장균열이 깊이 z_0까지 생긴다고 가정하면 파괴면 Ad는 d지점에서 인장균열과 교차할 것이다. 그러면, 흙쐐기 ABcd의 무게는 AB면의 벽체와 흙 사이의 부착력(adhesion) C_a, 주동토압 P_a, Ad면상에 작용하는 전점착력 C 및 W와 반력 R로 평형을 이룬다. P_a는 벽면의 수선에서 δ만큼 아래쪽으로 기울어져서 상향으로 작용한다. 전점착력은

$$C = c(\overline{Ad})$$

로 구하고, 벽면과 흙 사이의 부착력은

$$C_a = c_a(\overline{a_1 A})$$

가 된다.

여기서, c : 단위 면적당 점착력
c_a : 벽체와 흙 사이의 부착력

W, C 및 C_a는 크기와 방향을 알고, P_a와 R는 방향을 알고 있으므로, 힘의 다각형(force polygon)을 그리면 그림 10.16(c)와 같이 된다. 이와 같이 하여 그린 힘의 다각형에서 최대의 값을 갖는 P_a가 주동토압이다.

주동토압의 분포는 그림 10.16(b)에 보인 바와 같이, z_0까지는 0이고 그 아래에서는 $\overline{eh}$의 왼쪽 부분과 같이 토압은 선형으로 증가한다. 인장균열의 깊이 위에 있는 흙은 $\overline{a_1 d}$면에 작용하고 있는 상재하중이라고 생각할 수 있으므로 이로 인한 토압의 증가량은 $\overline{ef}$와 같아져서 사다리꼴 분포를 하게 된다.

10.3.8 지표면이 경사진 경우

연직벽에 뒤채움 흙의 지표면이 수평면과 일정한 각 i만큼 경사져 있는 경우도 Rankine의 이론이 적용된다. 그림 10.17과 같이 주동토압이나 수동토압의 방향은 경사면과 평행한다고 가정한다. 깊이 z되는 지점에서 흙의 한 요소의 두 면은 지표면과 평행하고 다른 두면은 연직인 마름모꼴로 된 요소에 작용하는 응력을 생각해 보자. 이 응력은 각각의 평면에 대하여 연직이 아니고 또한 연직응력(σ_v)과 연직면에 작용하는 응력(σ_{ha} 또는 σ_{hp})은 각각 다른 쪽의 면에 평행하기 때문에 이들은 서로 공액응력(conjugate stress : 하나를 알면 다른 하나를 계산할 수 있는 관계)이다. 가정에 의하여 연직면에 작용하는 응력이 주동토압 또는 수동토압이 된다. 그림에서 보는 바와 같이 연직응력 σ_v는 다음과 같다.

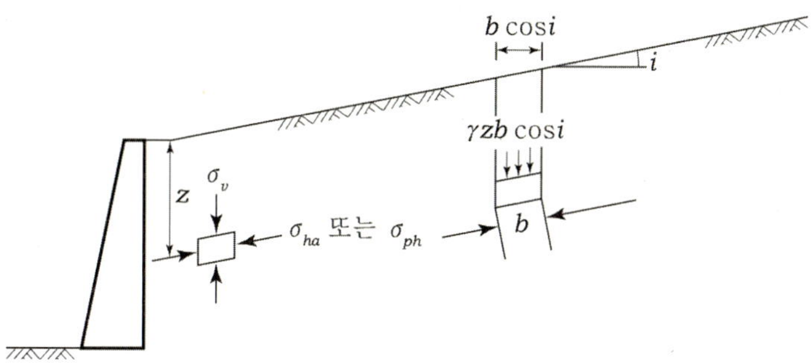

그림 10.17 지표면이 경사진 경우의 흙 요소에 작용하는 응력

$$\sigma_v = \frac{\gamma z b \cos i}{b} = \gamma z \cos i \tag{10.35}$$

그림 10.18에서 σ_v를 OA의 길이로 나타내면 B'점이 평면기점 또는 극점 O_p가 된다. O_p에서 주동토압이 작용하는 면인 연직방향으로 선분을 그어 Mohr의 원과 만나는 B점의 좌표가 연직면에 작용하는 응력을 나타낸다. 즉, OB의 길이가 σ_{ha}의 값이다. 그림 10.18에서 $\Delta AB'C$는 이등변 삼각형이므로 $B'D$의 길이와 AD의 길이가 같으므로 다음과 같다.

$$K_a = \frac{\sigma_{ha}}{\sigma_v} = \frac{\overline{OB}}{\overline{OA}} = \frac{\overline{OB'}}{\overline{OA}} = \frac{\overline{OD} - \overline{AD}}{\overline{OD} + \overline{AD}} \tag{10.36}$$

그런데, $\overline{OD} = \overline{OC}\cos i$이고

$$\overline{AD} = \sqrt{\overline{AC}^2 - \overline{CD}^2} = \sqrt{\overline{CF}^2 - \overline{CD}^2} = \sqrt{(\overline{OC}\sin\phi)^2 - (\overline{OC}\sin i)^2}$$
$$= \overline{OC}\sqrt{(1-\cos^2\phi) - (1-\cos^2 i)}$$
$$= \overline{OC}\sqrt{\cos^2 i - \cos^2\phi}$$

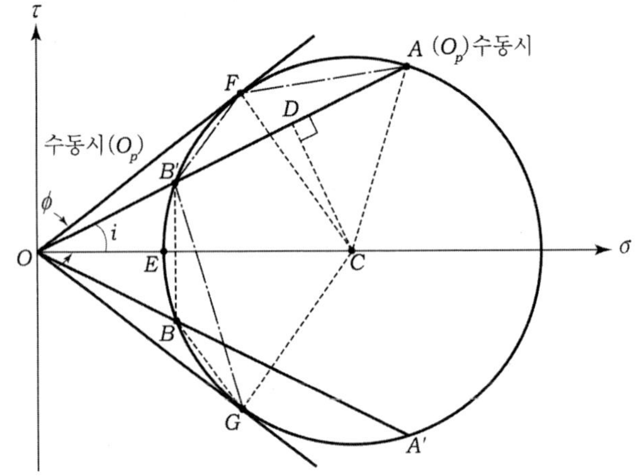

▌그림 10.18 ▐▌ 지표면이 경사진 경우의 주동과 수동 상태의 Mohr원

이므로, 식 (10.36)에 대입하여 정리하면 다음과 같다.

$$K_a = \frac{\cos i - \sqrt{\cos^2 i - \cos^2\phi}}{\cos i + \sqrt{\cos^2 i - \cos^2\phi}} \tag{10.37}$$

식 (10.35), 식 (10.36)으로부터 주동토압은 다음과 같다.

$$\sigma_{ha} = \sigma_v K_a = \gamma z \cos i\, K_a \tag{10.38}$$

그러므로 높이 H의 옹벽에 작용하는 전주동토압 P_a는 다음과 같다.

$$P_a = \int_0^H \sigma_{ha}\, dz = \frac{\gamma H^2}{2}\cos i\, K_a \tag{10.39}$$

P_a는 지표면에 평행하게 작용하며, 토압분포는 삼각형이고, 합력의 작용점은 옹벽 저면으로부터 $\frac{H}{3}$ 되는 곳이다. 그림 10.18의 Mohr원에서 B'가 O_p점이므로 파괴면은 $B'F$, $B'G$면에 평행하며 이를 그림으로 나타내면 그림 10.19(a)와 같다.

한편 그림 10.18에서 σ_v를 OB'의 길이로 나타내면 A점이 O_p가 된다. 여기서, 수동토압이 작용하는 연직방향으로 선분을 그어 Mohr원과 만나는 A'점의 좌표가 연직면에 작용하는 수동토압을 나타낸다. 즉 OA'의 길이가 σ_{hp}이다.

$$K_p = \frac{\sigma_{hp}}{\sigma_v} = \frac{\overline{OA'}}{\overline{OB}}$$

이므로, 식 (10.36)으로부터 알 수 있듯이 수동토압계수는 토압계수 K_a의 역수가 된다.

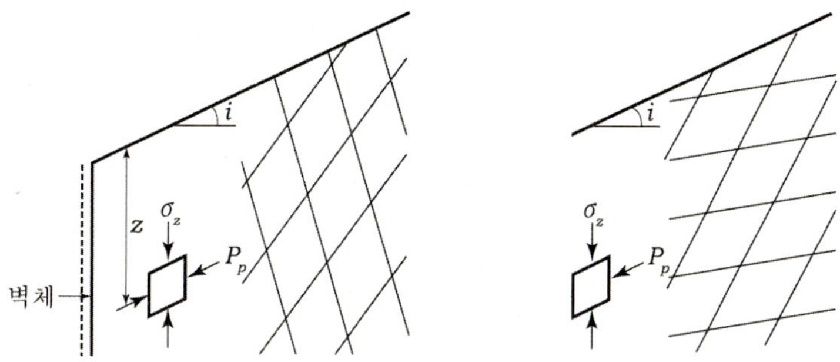

그림 10.19 지표면이 경사진 경우의 주동 및 수동 파괴면

따라서, 수동토압계수는 다음과 같다.

$$K_p = \frac{\cos i + \sqrt{\cos^2 i - \cos^2\phi}}{\cos i - \sqrt{\cos^2 i - \cos^2\phi}} = \frac{1}{K_a} \tag{10.40}$$

그러므로 수동토압은 다음과 같다.

$$\sigma_{hp} = \sigma_v K_p = \gamma z \cos i\, K_p \tag{10.41}$$

높이 H인 옹벽에 작용하는 전수동토압 P_p는 다음과 같다.

$$P_p = \frac{\gamma H^2}{2} \cos i\, K_p \tag{10.42}$$

P_p는 지표면에서 평행하게 작용하며 토압분포는 삼각형이고, 작용위치도 옹벽 저면으로부터 $\frac{H}{3}$ 되는 지점이다.

그림 10.18의 Mohr원에서 점 A가 O_p이므로 파괴면은 면 AF면 AG에 평행이며 이것을 그림 10.19(b)에 나타내었다.

[예제 10.4] 6m의 연직 옹벽에 $\gamma_t = 17.66\,kN/m^3, \phi = 40°$인 사질토로 지표면이 20°만큼 경사져서 뒤채움되어 있다. 이 옹벽에 작용하는 주동토압의 크기를 구하고 파괴면의 방향을 각각 구하여라.

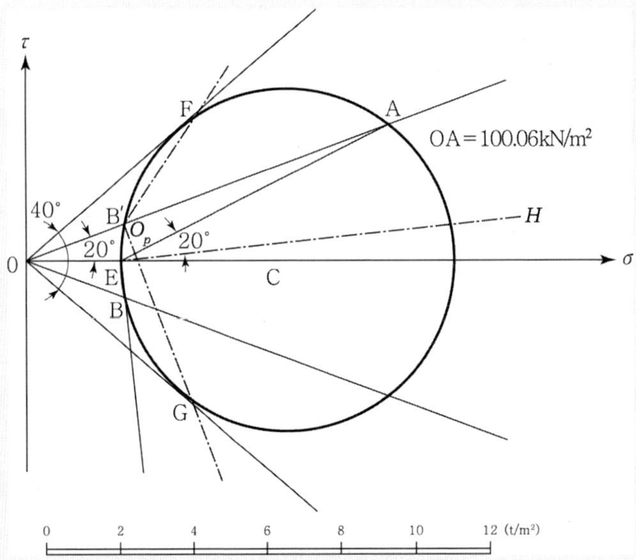

그림 예 10.4

풀이

$$K_a = \frac{\cos 20° - \sqrt{\cos^2 20 - \cos^2 40}}{\cos 20° + \sqrt{\cos^2 20 - \cos^2 40}} = 0.265$$

$$K_p = \frac{1}{K_a} = \frac{1}{0.265} = 3.774$$

$$P_a = \frac{1}{2}(17.66)(6)^2 \cos 20°(0.265) = 79.46\,(\text{kN/m})$$

$$P_p = \frac{1}{2}(17.66)(6)^2 \cos 20°(3.774) \fallingdotseq 1132.07\,(\text{kN/m})$$

Mohr 응력원을 나타낸 것이 그림 예 10.4이다.

그림에서 $\sigma_{ha} = 26.49(\text{kN/m}^2)$

$$\therefore P_a = \frac{1}{2}(26.49)(6) = 79.46\,(\text{kN/m})$$

주동인 경우의 파괴면인 $B'F$, $B'G$가 수평면으로부터 각각 59°및 71°이다.

10.4 Coulomb의 토압이론

토압에 대한 최초의 이론은 1773년에 Coulomb이 발표하였다. Coulomb은 뒤채움 흙이 사질토이고, 벽체가 약간 앞으로 기울어질 때 그림 10.20에서 흙쐐기 ABC 는 평면인 파괴면을 따라 활동하며 흙쐐기가 하향으로 이동하면 $\overline{AB}$ 면을 따라 생기는 힘 P_a와 파괴면 $\overline{AC}$를 따르는 반력 R에 의하여 저항된다고 가정하였다. 힘 P_a의 극한치는 $\overline{AB}$ 면과 $\overline{AC}$ 면을 따라 발생하는 저항력이 전단응력과 동일할 때 일어나며, 이것이 주동토압이다.

흙의 극한평형상태(limit equilibrium state)를 생각할 때에는 $\overline{AB}$ 면에 작용하는 힘 P_a는 벽체와 흙과의 마찰각 δ만큼 아래쪽으로 기울어져 상향으로 작용하고, 힘 R은 파괴면과의 수선에 ϕ만큼 기울어져 작용한다. 흙쐐기의 무게 W는 크기와 방향을 알며, 힘 P_a와 R는 방향은 알지만 크기는 모른다. 그러나 힘의 삼각형을 그리면 이 두 힘의 크기도 알 수 있다. 여러 개의 파괴면을 가정하여 P_a를 구하였을 때 이 중 최대치를 주는 P_a가 주동토압이 된다.

또한 주동토압 P_a의 값은 해석적으로도 구할 수 있다. 즉, P_a는 그림 10.20(b)에서 다음식이 성립한다.

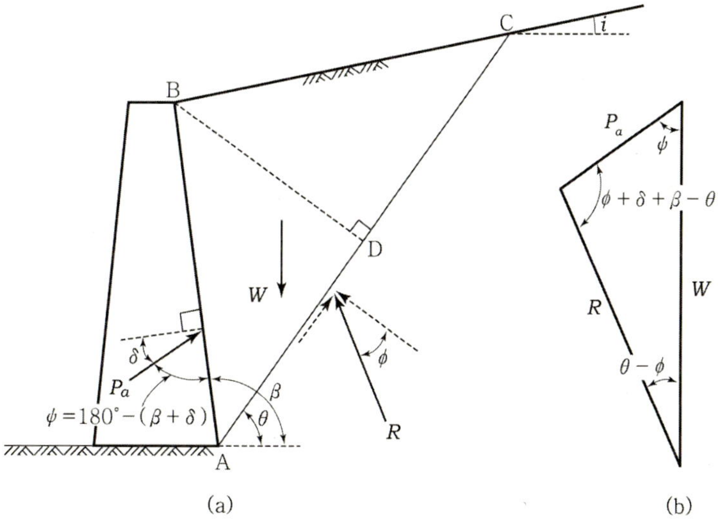

그림 10.20 Coulomb의 토압이론

$$P_a = W\frac{\sin(\theta-\phi)}{\sin(\phi+\delta+\beta-\theta)} \tag{10.43}$$

여기서, δ는 벽면 마찰각이다. ϕ와 δ가 일정하다고 하면, P_a는 θ의 값에 따라 달라지므로 최대치를 갖는 P_a는 식 (10.43)을 θ에 관하여 편미분하고, $\partial P_a/\partial\theta = 0$으로 하여 계산할 수 있다. 이때 W는 θ의 함수가 되는 것에 주목해야 한다.

따라서 P_a는 다음과 같다.

$$P_a = \frac{\gamma H^2}{2}\left[\frac{\sin(\beta-\theta)\operatorname{cosec}\beta}{\sqrt{\sin(\beta+\delta)}+\sqrt{\dfrac{\sin(\phi+\delta)\sin(\phi-i)}{\sin(\beta-i)}}}\right]^2 = \frac{\gamma H^2}{2}K_a \tag{10.44}$$

여기서, K_a를 Coulomb의 주동토압계수라고 한다. 이 식으로부터 알 수 있는 바와 같이 주동토압은 벽체와 흙의 마찰각 δ에 크게 영향을 받는다. 표 10.3은 δ가 0인 특별한 경우의 K_a값을 나타내고 있다. δ의 값은 흙의 극한파괴상태(ultimate failure state)를 취했을 때의 ϕ의 값과 거의 동일하다고 한다(Lambe, 1969). 그러므로 느슨한 모래인 경우에는 δ는 ϕ의 값과 같다고 보며, 촘촘한 모래에 있어서는 δ는 ϕ보다 작다. 일반적으로 δ의 값은 30° 이하로 취하고 있다.

위의 식 (10.44)는 이용하기가 대단히 복잡하므로 실제적인 문제에서는 그림 10.21과 같은 도표를 이용하여 K_a를 계산하거나 다음 절에 설명하는 도해법을 이용하여 토압을 얻는 것이 편리하다.

표 10.3 Coulomb의 주동토압계수 K_a의 값

$i=$		−30°	−12°	±0	+12°, 1:4.7	+30°, 1:1.7
$\phi=20°$	$\beta'=+20°$		0.57	0.65	0.81	
	$\beta'=+10°$		0.50	0.55	0.68	
	$\beta'=\pm0°$		0.44	0.49	0.60	
	$\beta'=-10°$		0.38	0.42	0.50	
	$\beta'=-20°$		0.32	0.35	0.40	
$\phi=30°$	$\beta'=+20°$	0.34	0.43	0.50	0.59	0.17
	$\beta'=+10°$	0.30	0.36	0.41	0.48	0.92
	$\beta'=\pm0°$	0.26	0.30	0.33	0.38	0.75
	$\beta'=-10°$	0.22	0.25	0.27	0.31	0.61
	$\beta'=-20°$	0.18	0.20	0.21	0.24	0.50
$\phi=40°$	$\beta'=+20°$	0.27	0.33	0.38	0.43	0.59
	$\beta'=+10°$	0.22	0.26	0.29	0.32	0.43
	$\beta'=\pm0°$	0.18	0.20	0.22	0.24	0.32
	$\beta'=-10°$	0.13	0.15	0.16	0.17	0.24
	$\beta'=-20°$	0.10	0.10	0.11	0.12	0.16

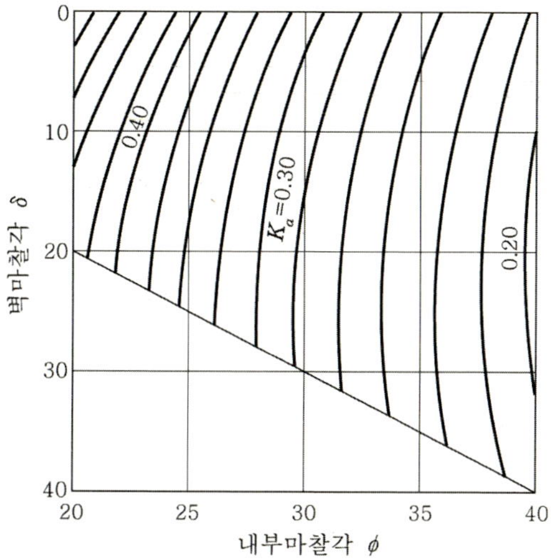

그림 10.21 벽마찰을 고려시의 주동토압계수

수동토압인 경우에는 주동토압과 반대로 옹벽이 뒤채움 흙쪽으로 압축됨에 따라 흙쐐기 ABC가 위쪽으로 활동하려고 한다. 그러므로 그림 10.22와 같이 벽면 $\overline{AB}$에 작용하는 힘 P_p는 $\overline{AB}$의 수선에서 벽면마찰각 δ만큼 상향으로 기울어져 아래쪽으로 작용한다. 주동토압과 같은 방법으로 수동토압 P_p를 구하면 다음과 같다.

$$P_p = \frac{1}{2}\gamma H^2 K_p \tag{10.45}$$

여기서, K_p는 Coulomb의 수동토압계수라 하며 다음 식으로 구한다.

$$K_p = \left[\frac{\sin(\beta+\phi)\,\mathrm{cosec}\beta}{\sqrt{\sin(\beta-\delta)} - \sqrt{\dfrac{\sin(\phi-\delta)\sin(\phi+i)}{\sin(\beta-i)}}} \right]^2$$

마찰이 없고 연직인 벽이며 뒤채움이 수평인 경우 즉, $\delta=0°$, $\beta=90°$, $i=0°$을 대입하면 토압계수는 각각 다음과 같다.

$$K_a = \frac{1-\sin\phi}{1+\sin\phi} = \tan^2\left(45° - \frac{\phi}{2}\right)$$

$$K_p = \frac{1+\sin\phi}{1-\sin\phi} = \tan^2\left(45° + \frac{\phi}{2}\right)$$

이것은 Rankine의 토압계수와 같다.

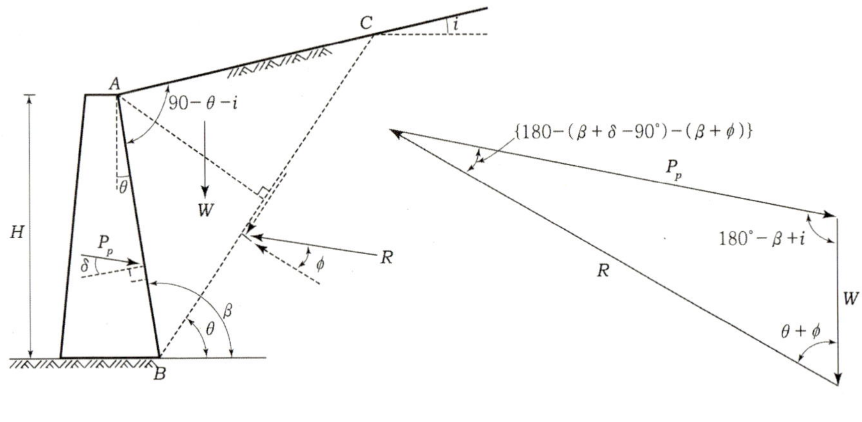

▌그림 10.22 ▌▌ 수동 상태에서 흙쐐기에 작용하는 법

10.5 Culmann의 도해법

Coulomb의 이론에 따라 도해법으로 토압을 계산하는 방법이 Culmann에 의하여 제안되었다. Culmann의 방법은 뒤채움 흙의 지표면 형상이 복잡한 경우나 뒤채움 흙위에 상재하중이 있는 경우에도 적용할 수 있어서 응용 범위가 매우 넓고 실용성을 지니고 있다. 이와 같이 Culmann의 도해법에 의하여 주동토압을 계산하려면 그림 10.23(a)에서 벽체의 하단 B를 지나고 수평면과 내부마찰각 ϕ와 같은 각을 이루는 직선 BS를 그린다. 이 선은 경사선(slope line)이라 부르며 벽체의 뒤채움 재료의 자연경사를 표시하는 것이다.

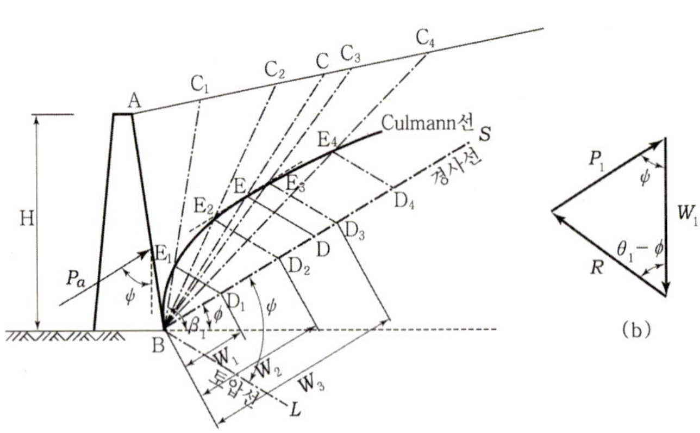

▌그림 10.23 ▌▌ Culmann의 도해법에 의한 주동토압을 구하는 방법

다음에 경사선 BS와 각 ψ를 이루도록 직선 BL을 그리고 이 선을 토압선(earth pressure line)이라고 한다. 이 각 ψ는 주동토압의 합력 P_a에 대한 벽면 반력의 작용선과 연직면 사이의 각이다. 따라서 각 ψ는 $\psi=[180°-(\beta+\delta)]$이다.

임의의 활동면 $\mathrm{BC_1}$을 가정하고 흙쐐기 $\mathrm{ABC_1}$의 중량 W_1의 크기를 적당한 축척으로 선 BS위에 표시한다($\overline{\mathrm{BD_1}}$). 다음에 $\mathrm{D_1}$에서 토압선 BL에 평행한 선을 긋고 선 $\mathrm{BC_1}$과의 교점을 $\mathrm{E_1}$이라고 하면 그림 10.23(b)와 같이 $\triangle\mathrm{BD_1E_1}$은 흙쐐기 $\mathrm{ABC_1}$에 작용하는 힘의 삼각형과 닮은꼴이 되므로 $\overline{\mathrm{D_1E_1}}$은 활동면 $\mathrm{BC_1}$을 가정한 경우의 주동토압의 합력 P_1을 표시한다.

가정한 활동면의 기울기를 변화시키면서 위의 방법을 반복하고 각각의 활동면에 대응하는 $\mathrm{E_i}$을 구하여 이들 $\mathrm{E_i}$점을 연결하는 곡선(이를 Culmann선이라고 부름)을 그린다. P_a의 최대치는 선분 $\overline{\mathrm{BL}}$에 평행하게 그은 접점(tangent line)을 구함으로써 쉽게 결정될 수 있다. 그림 10.23(a)에서는 $\overline{\mathrm{DE}}$가 주동토압이 된다.

이와 같이 얻은 주동토압의 값은 벽면마찰이 없다고 가정한 Rankine토압보다 훨씬 작다. 그러나 앞에서 언급한 바와 같이 Rankine토압에서는 파괴면을 직선으로 가정하였으나 실제로는 직선이 아니다. 실제의 파괴면을 따라 토압을 계산한다고 하면 이 값은 또한 Coulomb의 토압과 차이가 있을 것이다. 그러나 주동토압에 있어서는 이 차이는 그다지 크지 않다고 알려져 있으므로 공학적 관점에서는 이 방법으로 토압을 계산한다 하여도 만족스러운 결과를 기대할 수 있다.

Culmann의 도해법으로 수동토압을 구하는 데는 옹벽 배면의 수평선에서 아래 방향으로 ϕ의 각도로 경사선을 그리고 이 선에서 ψ만큼 다시 하향으로 토압선을 그어 각 파괴선에 대하여 흙쐐기에 의한 수동토압 P_p를 결정한다. 이때 최소의 P_p가 수동토압이 된다.

10.6 토압에 의해 발생되는 현상

10.6.1 융기(Heaving) 현상

연약한 점토지반을 굴착할 때 토류벽 뒷면의 흙의 무게가 굴착면 이하의 지반지지력보다 크게 되어 지반내의 흙이 미끄러져 굴착면 바닥이 부풀어 오르는 현상을 융기현상(heaving)이라고 한다.

Terzaghi(1934)는 굴착면 바닥의 한쪽에서 파괴면의 각도는 그림 10.24와 같이 45°로 원호형태의 파괴면이 형성되고 붕괴면의 폭은 굴착폭의 $B_1=0.7B$ 가 된다고 하였다.

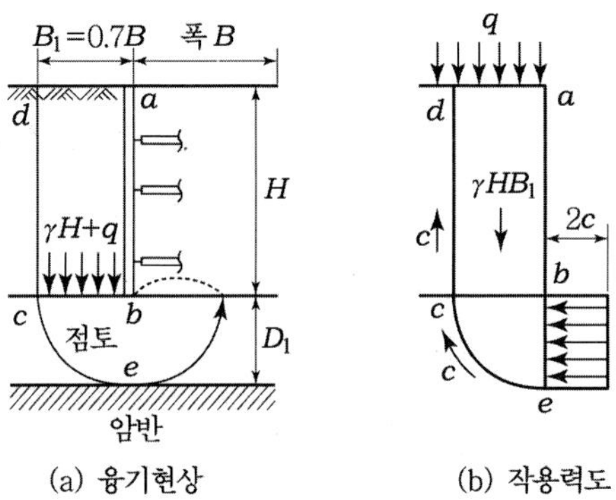

그림 10.24 점토지반에서의 융기현상

굴착면 바닥에서의 극한지지력은 다음과 같다.

$$q_{ult} = cN_c \tag{10.46}$$

여기서 N_c=5.7(완전강성기초일 경우), N_c=5.14(완전 미끄러운 기초일 경우)

굴착면 바닥에서 작용하는 단위길이당 연직하중은 다음과 같다.

$$q = \gamma HB_1 - cH = \gamma H - cH/0.7B \tag{10.47}$$

따라서 안전율은 다음과 같다.

$$F_s = \frac{q_{ult}}{q} = \frac{cN_c}{\gamma H - cH/0.7B} \tag{10.48}$$

만약 굴착벽 양옆에 상재하중 q 가 작용할 경우에 안전율은 다음과 같다.

$$F_s = \frac{q_{ult}}{q} = \frac{cN_c}{\gamma H + q - cH/0.7B} \tag{10.49}$$

10.6.2 지반조건에 따른 활동선의 영향

Rankine은 벽체가 미끄러워서 벽체 배면과 흙 사이의 마찰이 전혀 없다고 가정하고 토압공식을 유도하였으나, 실제로는 벽면과 흙 사이에 마찰이 존재하므로 벽체면 부근에서는 수평면이나 연직면이 주응력면이 되지 않는다. 이와 같은 마찰 성분이 토압의 작용방향과 활동선(slip line)에 영향을 준다.

그림 10.25는 벽마찰로 인하여 활동선이 달라지는 모양을 설명하고 있다. 그림 10.25(a)와 같이 벽체가 A점을 중심으로 왼쪽으로 회전하여 파괴에 이르렀다면, 활동선은 직선 부분과 곡선 부분으로 이루어진다. 즉, 벽체에서 떨어진 지표면 부근에서는 연직면과 수평면에 전단력이 없기 때문에 활동선은 최대 주응력면과 $45° + \dfrac{\phi}{2}$의 각도를 이루나, 벽체를 따라서는 전단력이 존재하며 이것은 뒤채움의 위치에 따라 크기가 달라지기 때문에 곡선이 된다.

벽체가 회전으로 파괴될 때는 토체 ABC는 하향으로 움직인다. 그러므로 AB면과 AC면을 따라 마찰이 일어난다. 그 결과 AB면에 작용하는 반력, 즉 주동토압은 AB면의 수선과 δ만큼 아래쪽으로 기울어져 상향으로 작용하는 것이 분명하다. 여기서, δ는 흙과 벽체 사이의 마찰각이다.

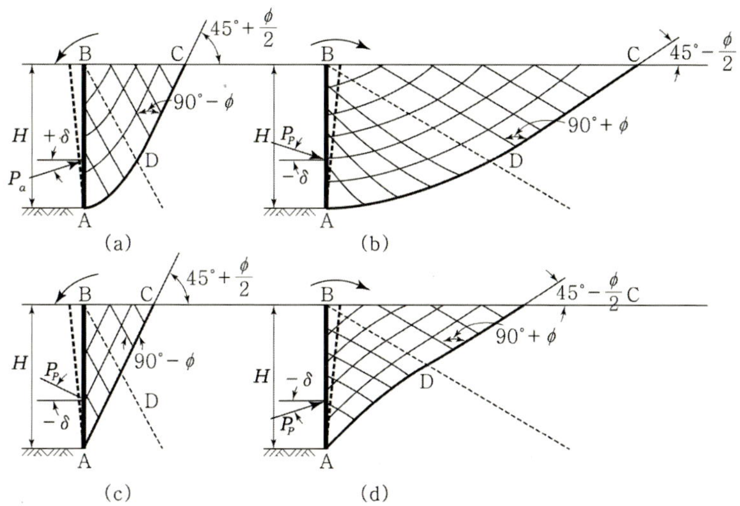

그림 10.25 활동선의 형상

한편, 뒤채움을 향해 벽체를 밀었다면 뒤채움은 수동상태가 되며, 흙이 파괴될 때의 활동선은 그림 10.25(b)와 같이 된다. 뒤채움 흙이 수동토압을 받을 때는 토체 ABC는 상향으로 움직여서 이 토압은 AB면의 수선과 δ만큼 하향으로 작용한다.

연약지반 위에 옹벽을 설치하여 이 옹벽이 아래로 침하하였다면 하향으로 전단력이 작용하기 때문에 주동토압의 방향은 하향이 되고, 활동선은 위로 약간 볼록한 모양이 된다. 그리고 이때의 그림 10.25(c)와 같이 벽면 마찰각 δ는 負(−)의 값을 갖게 된다. 수동토압의 경우도 벽체와 흙의 상대적인 변위를 생각하면 토압의 작용 방향은 상향이 되고 활동선의 모양은 그림 10.25(d)와 같이 됨을 쉽게 알 수 있다.

10.7 옹벽에 작용하는 토압

10.7.1 콘크리트 옹벽

옹벽은 자연사면을 가파르게 깎거나 쌓기를 하여 도로나 철도 또는 건물 등을 축조하기 위한 공간을 확보하기 위하여 이용된다.

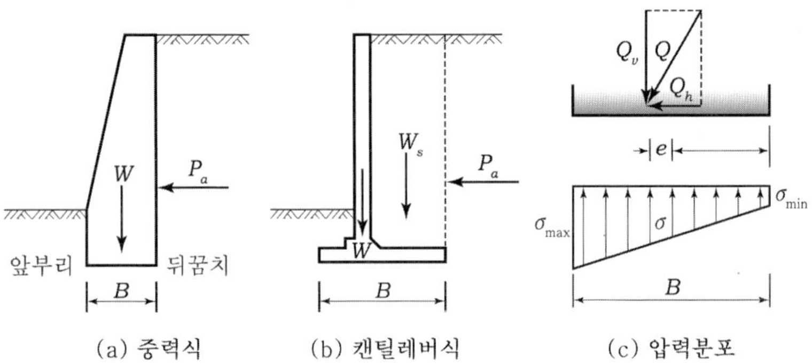

그림 10.26 중력식 옹벽과 캔틸레버식 옹벽

옹벽에 많이 쓰이는 형식은 그림 10.26(a)와 같은 중력식과 그림 10.26(b)와 같이 L형, 역T형 등의 캔틸레버식이 있다. 중력식은 자중으로 횡방향토압에 저항하도록 설계되므로 재료가 많이 소요된다. 그러나 캔틸레버식은 저판위에 있는 성토가 자중으로 작용하기 때문에 중력식보다 경제적이다.

옹벽을 설계하기 위해서는 우선 Rankine 또는 Coulomb의 방법으로 토압을 계산하고 이것을 연직 및 수평성분으로 나눈다. 벽체는 여기에 작용하는 토압에 구조적으로 안전하도록 설계되어야 하고, 저판의 폭은 시행착오법(trial and error method)으로 결정하되 다음의 기본요구 조건이 만족되어야 한다.

① 옹벽은 활동(sliding)에 대하여 안전해야 한다. 옹벽의 저판과 그 아래에 있는 흙의 전단저항각을 ϕ라고 하면 활동에 대한 안전율은 다음 식으로 얻는다.

$$F_s = \frac{Q_v \tan\phi}{Q_h} \tag{10.50}$$

여기서, Q_v는 옹벽의 자중과 옹벽저판 위의 흙의 무게 및 토압의 연직분력을 포함하는 모든 연직력의 합이고, Q_h는 수평력의 합이다. 옹벽 앞부리(toe)에 동원될 수 있는 수동토압이 작은 경우는 이를 무시하여 옹벽의 안전을 높이는 경우도 많다. 활동에 대한 최소안전율은 보통 1.5로 한다.

② 옹벽은 전도(overturning)에 대하여 안전해야 한다. 편심량 e가 $B/6$를 초과하지 않는다면 합력은 저판의 중앙 $\frac{1}{3}$ 이내에 있으므로 전도에 대하여 안전하다. 합력이 중앙 $\frac{1}{3}$을 벗어나면 저판의 일부(주로 뒷부리 부분)가 인장을 받게 되므로 앞부리에서의 응력이 그 아래 흙의 허용지지력 이상으로 커질 수 있는 위험이 있다.

③ 옹벽 앞부리에서의 응력, 즉 접지압(contact pressure)은 허용지지력(allowable bearing capacity) 이내에 들도록 하여 침하(settlement)에 대하여 안전해야 한다. 그림 10.26(c)와 같이 저판 아래의 응력이 직선분포를 한다고 가정하면 저판이 받는 최대 및 최소응력은 다음 식으로 계산할 수 있다.

$$\sigma_{max} = \frac{Q_v}{B}\left(1 + \frac{6e}{B}\right),\ \sigma_{min} = \frac{Q_v}{B}\left(1 - \frac{6e}{B}\right) \tag{10.51}$$

여기서, B : 저판의 폭

e : 편심거리

저판 바닥의 임의 점(주로 앞부리(toe) 또는 뒷부리(heel))에 대한 모든 외력의 1차 모멘트를 취하면 합력 R의 위치가 결정되므로 편심 e는 쉽게 구해진다.

[예제 10.5] 그림 예 10.5(a)에 보인 캔틸레버식 옹벽의 저판 아래에서 최대 및 최소응력과 활동에 대한 안전율을 계산하여라. 단, 등분포하중은 39.24 kN/m^2, 뒤채움 흙의 강도정수는 $c'=0$, $\phi'=40°$, $\gamma_t = 16.68\,kN/m^3$이고, 지하수위는 저판보다 아래에 있다. 흙과 저판의 마찰각은 30°로 취하고 콘크리트의 단위중량은 $23.54\,kN/m^3$으로 가정한다.

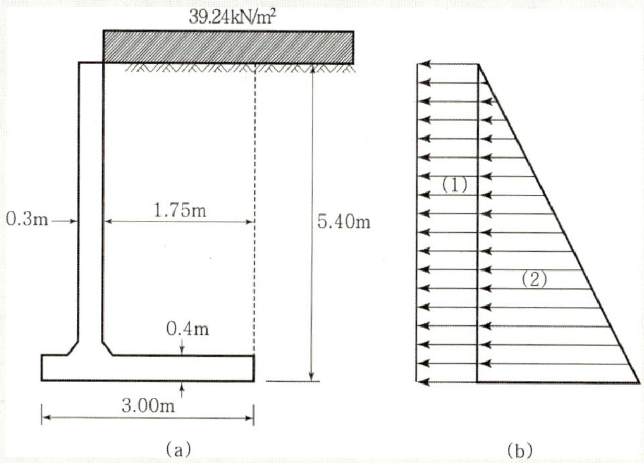

그림 예 10.5

풀이 식 (10.7)에 의하여 $\phi=40°$, $K_a=0.22$(Rankine)이고, 토압분포는 그림 예 10.5(b)에 나타내었다.

또한 편심거리는 다음과 같다.

$$e=\frac{B}{2}-\frac{M_r-M_o}{Q_v}=1.5-\frac{538.93-222.17}{278.18}=0.36<\frac{B}{6}=0.5$$

그러므로 합력은 $\frac{B}{3}$ 이내에 있다.

단위길이(m)당 하중(kN)	앞부리에 대한 팔(m)	모멘트(kN·m)
(1) $0.22\times39.24\times5.40=46.62$	2.70	125.87
(2) $\frac{1}{2}\times0.22\times16.68\times5.4^2=53.50$ $Q_h=100.18$	1.80	96.3 $M_o=222.17$
(벽체) $5.0\times0.3\times23.54=35.31$	1.15	40.49
(자판) $3.0\times0.4\times23.54=28.25$	1.50	42.38
(흙) $5\times1.75\times16.68=145.95$	2.125	310.14
(상재하중) $1.75\times39.24=68.67$ $Q_v=278.18kN$	2.125	145.92 $M_r=538.93kN\cdot m$

전도에 대한 안전율은 다음과 같다.

$$F_s=\frac{M_r}{M_o}=\frac{538.93}{222.17}=2.43$$

$$\sigma=\frac{Q_v}{B}\left(1\pm\frac{6e}{B}\right)=\frac{278.18}{3.0}\left(1\pm\frac{6\times0.36}{3.0}\right)=92.73(1\pm0.72)$$

$\sigma_{\max}=159.50(\mathrm{kN/m^2})$, $\sigma_{\min}=25.96(\mathrm{kN/m^2})$

활동에 대한 안전율은 다음과 같다.

$$F_s=\frac{Q_v\tan\phi}{Q_h}=\frac{278.18\times\tan30°}{100.18}=1.60$$

10.7.2 보강토 옹벽

Vidal이 개발한 보강토 옹벽은 유연성(flexible)이 있는 옹벽으로서, 얇은 벽체를 사용하여 높이가 높은 토류구조물을 형성할 수 있는데, 주요 구성요소는 다음과 같다.

1) 뒤채움 : 사질토
2) 보강재 : 일정한 간격으로 설치되는 얇고 넓은 금속재 플라스틱 제품 등 띠(tie)모양의 형상
3) 벽체(cover) : 뒤채움 흙이 압출하지 못하도록 옹벽 앞면에 설치하는 흙막이 전면판으로서 외판재(skin)라고도 한다.

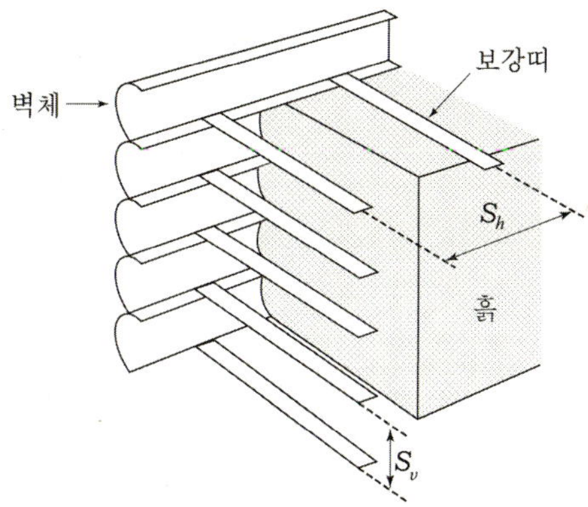

그림 10.27 보강재를 사용한 옹벽

보강토 옹벽은 그 구성요소에 따라서 크게 패널식 및 블록식 보강토 옹벽으로 분류할 수 있다. 그림 10.27은 패널식 보강토 옹벽의 일종으로서 보강재는 수평과 연직으로 각각 중심 간격 S_h 및 S_v로 설치되어 있다. 옹벽 외판재는 비교적 유연성이고, 얇은 재질로 되어 있다. 블록식 보강토 옹벽은 대부분 높이 20cm의 몰탈블록과 전면포설형 보강재를 사용한다. 블록식 보강토 옹벽은 패널식 보강토 옹벽과 유사하지만 토목섬유 보강재를 사용하여 배면의 보강토체를 먼저 시공한 다음 전면블록을 설치하는 방식에서 차이가 있다.

보강토 옹벽의 설계 시에는 외적파괴, 내적파괴 그리고 전체사면의 활동에 의한 파괴 등이 발생하지 않도록 보강재의 길이, 강도 및 간격 등을 결정해야 한다.

보강토 공법에 의하여 축조된 조립식 옹벽은 보강된 토체가 일반 철근콘크리트 중력식 옹벽 구조물과 동일한 기능을 한다. 따라서 보강토 옹벽의 외적안정성 검토는 중력식 옹벽과 동일한 개념으로 활동, 전도, 지반지지력에 대한 안정해석을 실시하여 검토한다.

(1) 외적안정성 검토를 위한 토압

보강토 옹벽의 배면에는 그림 10.28과 같이 각 층별 보강재의 끝단에 연결한 가상의 벽면에 토압이 작용하는 것으로 가정하여 토압을 계산한다. 이때 배면토압의 계산 시 주동토압계수 K_a는 Coulomb의 주동토압계수를 사용하여 계산할 수 있다. 그러나 옹벽의 벽면경사가 수직이고 상부에 성토사면이 없이 수평인 경우에는 Rankine의 주동토압계수를 사용할 수 있다.

(2) 보강재가 받는 최대의 힘

그림 10.28(a)는 깊이 $z=0,\ S_v,\ 2S_v,\ \cdots,\ NS_v$에 보강재가 설치된 옹벽의 단면을 나타낸다.

옹벽의 높이는 $nS_v = H$이다. Rankine의 토압은 식 (10.24)로부터 얻는다.

$$\sigma_a = \sigma_v K_a - 2c\sqrt{K_a} \tag{10.52}$$

여기서, σ_a : 깊이 z에서의 주동토압

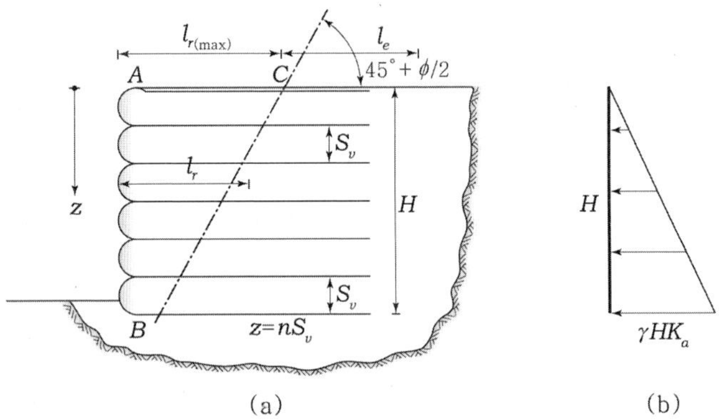

그림 10.28 보강재를 사용한 옹벽의 해석

상재하중이 없는 건조한 사질토의 경우, $c = 0$, $\sigma_v = \gamma z$, $K_a = \tan^2(45 - \frac{\phi}{2})$이므로, 주동토압은 다음과 같이 된다.

$$\sigma_a = \gamma z K_a \tag{10.53}$$

그림 10.28(b)는 주동토압 분포를 나타낸다.

이 설계방법에서는 깊이 z에서 보강재가 받는 힘 T(깊이 z의 주동토압×보강재에 의하여 지지되는 옹벽의 면적)는 다음과 같이 표시된다.

$$T = (\gamma z K_a)(S_v S_h) \tag{10.54}$$

보강재가 받는 힘은 하단, 즉 $z = H$에서 최대이다. 즉, $T_{\max}$는 다음과 같다.

$$T_{\max} = (\gamma H K_a)(S_v S_h) \tag{10.55}$$

여기서, $T_{\max}$: 보강재가 받아야 할 최대의 힘

(3) 보강재의 파괴에 대한 안전율

보강재는 보강재의 절단(tie breaking) 및 보강재의 인장(tie pullout)에 의하여 파괴된다. 보강재의 절단에 대한 안전율은 다음과 같다.

$$F_{(B)} = \frac{w\,t f_y}{\gamma H K_a S_v S_h} \tag{10.56}$$

여기서, w : 보강재의 폭
t : 보강재의 두께
f_y : 보강재의 항복강도

안전율은 대체적으로 2.5~3으로 한다.

깊이 z에 있는 보강재에 발생되는 마찰력이 보강재가 받는 힘보다 작을 때 옹벽은 인발에 의해서 파괴된다. 이러한 마찰저항이 발생되는 보강재의 유효길이(effective length)는 Rankine의 주동파괴영역을 넘어선 나머지 보강재의 길이라고 생각한다. 이 영역은 그림 10.28(a)의 ABC이고, 파괴면 BC선은 수평선과 $45° + \frac{\phi}{2}$의 각도를 이루게 된다. 깊이 z에서 보강재에 작용하는 최대 마찰력 F_R을 구하면 다음 식과 같다.

$$F_R = 2 l_e w \sigma_v \tan\phi_u = 2 l_e w \gamma z \tan\phi_u \tag{10.57}$$

여기서, l_e : 유효길이
ϕ_u : 보강재와 흙과의 마찰각

따라서 깊이 z에서 보강재의 안발에 대한 안전율 $F_{s(p)}$는 다음과 같다.

$$F_{S(p)} = \frac{F_R}{T} \tag{10.58}$$

식 (10.55), 식 (10.57)을 식 (10.58)에 대입하면 다음과 같다.

$$F_{S(p)} = \frac{2 l_e w \gamma z \tan\phi_u}{\gamma z K_a S_v S_h} = \frac{2 l_e w \tan\phi_u}{K_a S_v S_h} \tag{10.59}$$

시공의 편의상 모든 깊이에서 보강재의 길이는 일정하게 하며, 보강재의 총길이 L은 Rankine주동파괴 영역까지의 길이 l_r과 유효길이 l_e의 합이다.

그러므로 L은 다음과 같이 된다.

$$L = l_r + l_e$$

주어진 안전율에 대하여, 식 (10.59)로부터 다음과 같이 된다.

$$l_e = \frac{F_{S(p)} K_a S_v S_h}{2w \tan\phi_u} \tag{10.60}$$

l_r의 최대치 $l_{r(\max)}$는 옹벽 상단에서 생기는데, 그림 10.28(a)의 AC가 된다. 즉, $l_{r(\max)}$는 다음과 같다.

$$l_{r(\max)} = \overline{AC} = \frac{H}{\tan(45° + \frac{\phi}{2})} \tag{10.61}$$

식 (10.60) 및 식 (10.61)를 정리하면 다음과 같다.

$$L = H\tan(45° - \frac{\phi}{2}) + \frac{F_{S(p)} K_a S_v S_h}{2w \tan\phi_u} \tag{10.62}$$

[예제 10.7] 보강토 옹벽의 높이가 8m이고, 뒤채움 흙의 단위중량, $\gamma_t = 16.58\,\text{kN/m}^3$, 내부마찰각 $\phi = 30°$이며 보강재의 항복강도 $f_y = 2.404 \times 10^5\,\text{kN/m}^2$, $\phi_u = 20°$일때 보강재를 설계하여라(단, $F_{S(B)} = 3$, $F_{S(p)} = 3$으로 한다).

풀이 먼저 $S_v = 0.5\text{m}$, $S_h = 1.0\text{m}$, $w = 75\text{mm}$로 가정한다.

$K_a = \tan^2(45° - \frac{\phi}{2}) = \tan^2(45° - 30/2) = \frac{1}{3}$

따라서 식 (10.55)로부터 다음과 같이 계산한다.

$T_{\max} = \gamma H K_a S_v S_h = (16.58)(8)(\frac{1}{3})(0.5)(1) = 22.11\,kN$

식 (10.56)를 정리하여 t를 얻는다.

$t = \frac{(\gamma H K_a S_v S_h)(F_{S(B)})}{w f_y} = \frac{22.11 \times 3}{(\frac{75}{1000})2.40 \times 10^5} = 0.00368 = 3.68(\text{mm})$

부식속도가 0.025mm/year이고, 구조물의 수명이 50년이라면, 보강재의 설계두께는 다음과 같다.

$t = 3.68 + (0.025)50 = 4.93\text{mm} = 5.0(\text{mm})$

보강재의 길이는 다음과 같다. 즉, 식 (10.62)로부터

$$L = H\tan(45° - \frac{\phi}{2}) + \frac{F_{S(p)}K_a S_v S_h}{2w\tan\phi_u}$$

$$= 8(0.577) + \frac{3(1/3)(0.5)(1)}{(2\times 0.075)\tan 20°}$$

$$= 4.62 + 9.16 = 13.78(\mathrm{m})$$ 가 된다.

따라서, 옹벽 단위길이(m)당 길이 13.78m, 연직간격 0.5m의 보강띠 16개(수평간격 1.0m)를 설치하면 된다.

(4) 보강재의 종류에 따른 일반적인 설계법

보강토 옹벽의 설계를 위한 실용적인 설계법은 주동토압 발생시 뒤채움 흙의 변형에 대한 보강재의 상대적인 강성을 기준으로 크게 복합중력식방법(coherent gravity method)과 타이백 웨지법(tieback wedge method)이 주로 사용되고 있다.

보강재의 상대적 강성은 강재 보강재는 비신장성 보강재 그리고 토목섬유 및 고분자재 계열의 보강재는 신장성 보강재로 분류하고 있는데, 일반적으로 비신장성 보강재는 복합중력식방법(coherent gravity method) 그리고 신장성 보강재는 타이백 웨지법(tieback wedge method)으로 설계하고 있다.

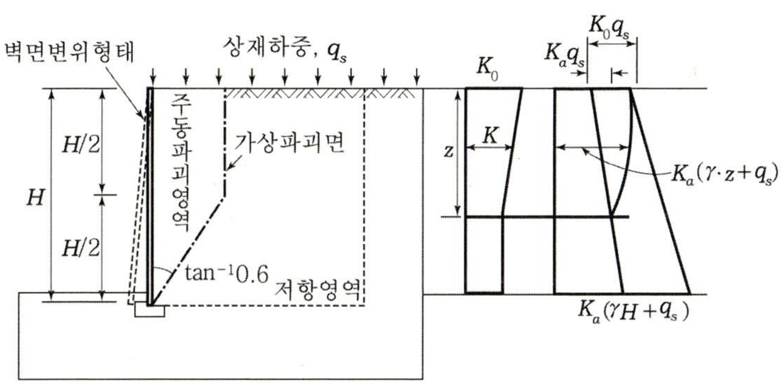

그림 10.29 복합중력식방법(coherent gravity method)에 의한 설계법

복합중력식방법(coherent gravity method)은 강재와 같은 비신장성 보강재는 토압에 대한 저항성이 우수하기 때문에 보강토 옹벽 상단에서 수평변형을 억제시켜 보강토 옹벽 상단을 중심으로 회전한다고 가정한다. 여기서 보강토 옹벽의 가상 파괴면은 반경험적인 방법으로 그림 10.29와 같이 두 개의 직선으로 가정하고, 토압계수는 보강토 옹벽 상단의 K_o에서 K_a까지 변화하며, 깊이 6m 이상이면 K_a로 일정하다고 가정한다.

한편 신장성 보강재는 주동토압발생시 흙의 변형률보다 큰 변형이 발생되어 보강토 옹벽 배면에서 일반 옹벽과 같은 주동상태가 발생하게 되고 보강토 옹벽 하단을 중심으로 회전한다고 가정한다. 따라서 가상파괴면은 그림 10.30과 같이 수평면과 $45° + \frac{\phi}{2}$의 각을 이루는 사선으로 나타나게 되며, 토압계수는 깊이와 상관없이 항상 K_a를 적용한다.

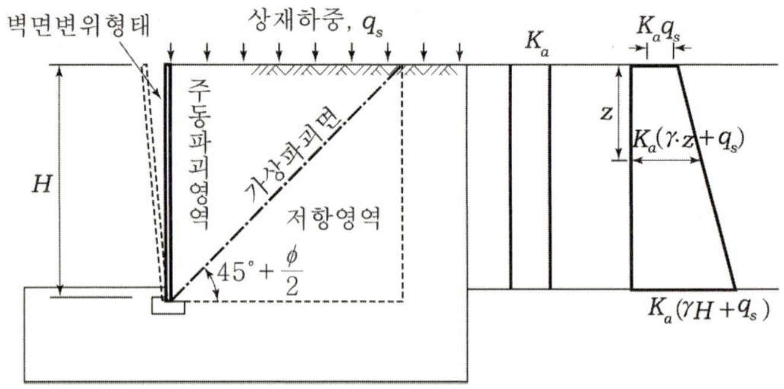

그림 10.30 타이백 웨지법(tieback wedge method)에 의한 설계법

10.8 토류벽에 작용하는 토압

10.8.1 토류구조물

지하철이나 빌딩의 지하실을 만들기 위하여 굴토할 때에는 일시적으로 흙을 지지하도록 하기 위하여 그림 10.31과 같은 토류 구조물을 보통 설치한다.

먼저, 널말뚝이나 H형강 엄지말뚝(soldier beam)을 두 줄로 박고 그 사이에 있는 흙을 파낸다. 이와 같은 토류벽에 띠장(wale)과 버팀대(strut)를 설치하여 변위가 일어나지 않도록 한다.

처음에 어느 정도 흙을 파내면 바로 가장 위에 잇는 띠장과 버팀대를 설치하므로 그림 10.31(a)에서 A의 변위는 거의 일어나지 않는다. 그러나 굴토가 계속되면 점차 변위가 더 크게 일어나는데(그림 10.31(a)의 점선), 이와 같이 벽체 변위에 관계되는 토류벽의 경우, 그림 10.32(a)와 같이 대수나선형(log spiral)의 파괴면이 발생되고, 이에 대한 토압분포도는 그림 10.32(b)처럼 포물선 형태로 나타나서 주동토압의 작용위치는 $H/3$보다 위에 있게 되며, 이 위치는 이론과 현장측정 결과에 의하면 $0.55H$ 정도 되는 것이 보통이다.

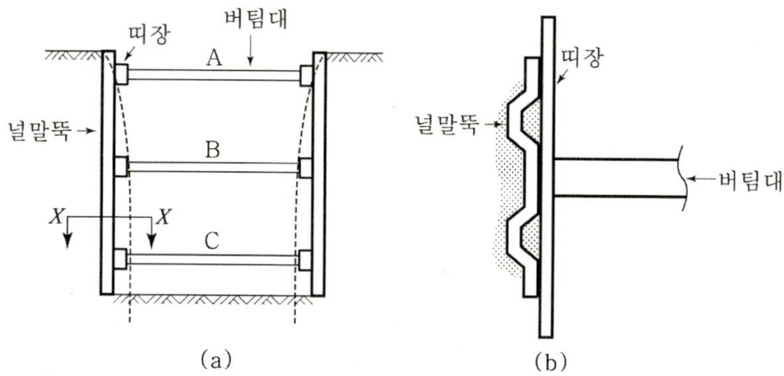

그림 10.31 버팀대로 받친 토류벽

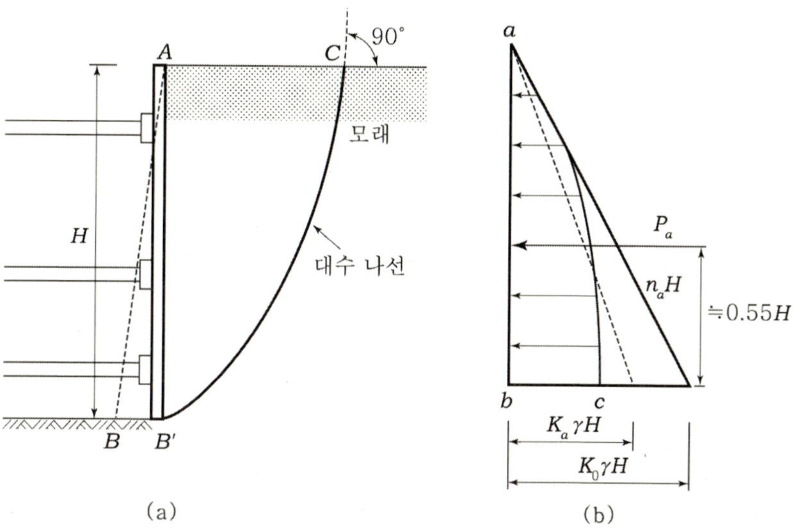

그림 10.32 활동 파괴면과 토압분포

10.8.2 사질토인 경우

Terzaghi(1941)의 흙쐐기 이론에 의하여 주동토압을 구하는 일반적인 과정은 다음과 같다. 그림 10.33(a)에서 활동파괴면은 대수나선형이고 주동토압의 작용위치는 n_aH라고 가정할 때 활동면은 수평인 지표면과 직각을 이룬다. 시행쐐기해석(trial wedge method)을 하기 위하여 점 b_1을 선택하고 점 b_1으로부터 지표면과 ϕ의 경사로 선분 bb_1'를 그린다.

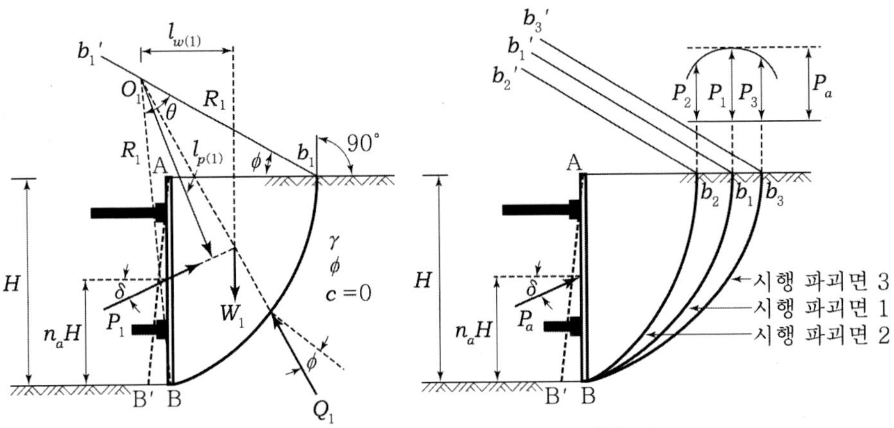

▌그림 10.33 ▌ 사질토인 경우 버팀대에 작용하는 주동토압의 결정방법

그런데 대수나선의 식은 $R_1 = R_0 e^{\theta \tan\phi}$ 이고, 이 경우 $O_1 b_1 = R_0$, $O_1 B = R_1$이다. 파괴상태에서 흙쐐기의 평형을 고려하면, 토류벽의 단위 길이당 힘은 다음과 같다.

① W_1=흙쐐기 ABb_1의 무게=면적 $ABb_1 \times \gamma \times 1$
② P_1=개착 바닥면으로부터 $n_a H$인 점에서 수평과 δ의 각도를 이루며 작용하는 주동토압
③ Q_1=파괴면에 작용하는 반력(R_1의 작용선은 대수나선의 성질상 점 O_1에 통과한다)

점 O_1에 대하여 위의 세 힘의 모멘트를 취하면 다음과 같다.

$$W_1(l_{w(1)}) + Q_1(0) - P_1(l_{p(1)}) = 0 \tag{10.63}$$

$$\therefore P_1 = \frac{W_1(l_{w(1)})}{l_{p(1)}} \tag{10.64}$$

여기서, $l_{w(1)}$, $l_{p(1)}$: W_1 및 P_1의 모멘트 팔이며, $l_{p(1)}$은 도해법으로 구할 수 있으며, $l_{w(1)}$도 단면 ABb_1의 무게 중심을 구하여 자(scale)로 측정할 수 있다.

위에서 설명한 방법으로 여러 시행 흙쐐기에 대응하는 주동토압(P_1, P_2, P_3……)을 구하여 그림 10.33(b)와 같이 윗부분에 일정한 축척으로 점을 찍어 그 최대값으로부터 주동토압 P_a를 구할 수 있다.

10.8.3 포화점토인 경우

포화점토인 경우, 개착시 토류벽에 작용하는 주동토압을 얻는 방법은 사질토의 경우와 유사하다.

대수나선식 $R_1 = R_0 e^{\theta \tan\phi}$는 비배수 조건에서 $\phi = 0$이므로 $R_1 = R_0$가 되어 결국 원의 방정식이 된다. 따라서, 활동면 Bb의 원호곡선도 그림 10.34(a)에서와 같이 지표면의 연장선 위에 중심이 있다. 흙쐐기 ABb의 평형상태를 고려하기 위한 단위 길이당의 힘 중에서 W_1, P_1, Q_1은 사질토인 경우와 같고, 점착력과 부착력으로 인한 두 힘만 더 고려하면 된다. 즉,

$c_u R_1 \theta_1$ =활동면에 작용하는 점착력

$c_a H$=흙과 벽면 사이에 작용하는 부착력

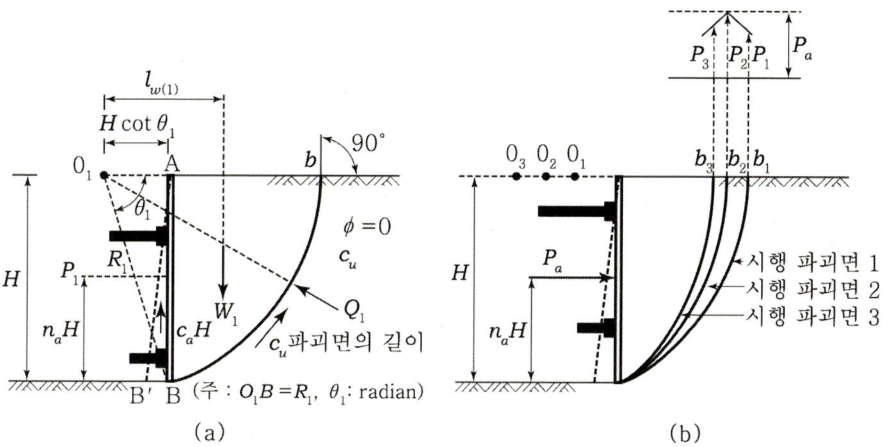

그림 10.34 점성토인 경우 버팀대에 작용하는 주동토압의 결정방법

점 O_1에 관하여 이를 5개 힘의 모멘트를 취하면 다음과 같다.

$$W(l_{w(1)}) + R(0) - c_u R_1 \theta_1 (R_1) - c_a H(H\cot\theta_1) - P_i[(1-n_a)H] = 0 \tag{10.65}$$

$$P_1 = \frac{1}{H(1-n_a)}[W_1 l_{w(1)} - c_u R \theta_1 - c_a H^2 \cot\theta_1] \tag{10.66}$$

사질토인 경우와 마찬가지로 여러 시행 흙쐐기에 대응한 주동토압에서 그림 10.34(b)과 같이 최대값을 찾으면 주동토압 P_a를 얻을 수 있다. 그러나 보통 설계를 할 때에는 Peck이 제안한 그림 10.35와 같은 경험적인 토압분포를 이용한다.

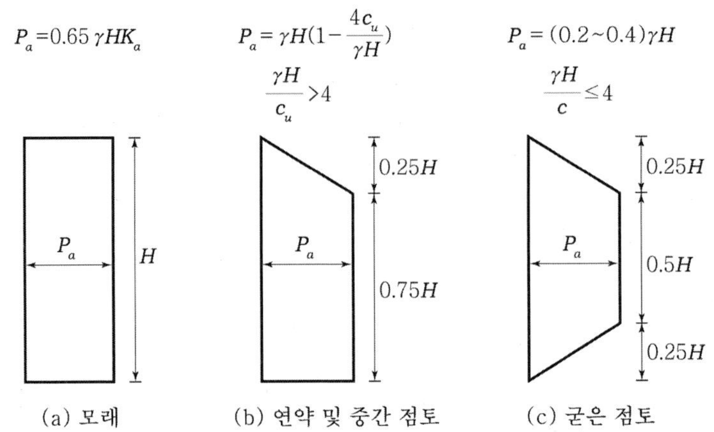

그림 10.35 개착 토류벽에 작용하는 Peck의 토압분포

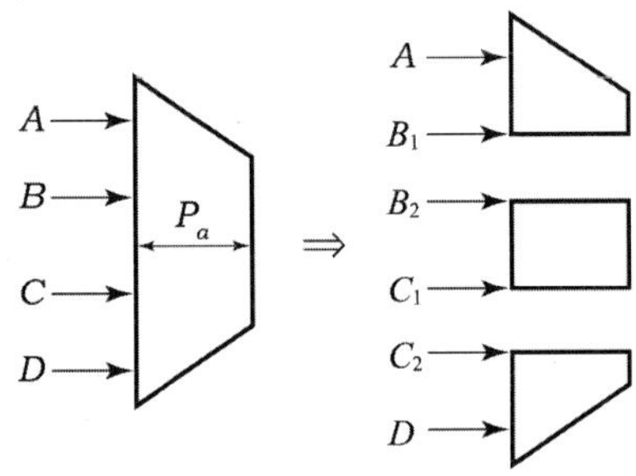

그림 10.36 버팀대에 작용하는 하중의 결정방법

그리고 버팀대에 작용하는 하중은 각 구간을 그림 10.36과 같이 내민보와 단순보로 가정하여 그 반력을 합성하면 된다.

10.9 널말뚝에 작용하는 토압

10.9.1 널말뚝

앵커(anchor)가 시공된 널말뚝 벽은 부두 구조물에 많이 사용된다. 소요 위치에 널말뚝을 타입하여 벽체를 형성한 후 널말뚝의 전면에 필요한 깊이까지 준설하거나 널말뚝의 뒷면에 뒷채움을 한다. 벽체는 배면의 임의 거리에 있는 흙 속의 타이로드(tie rod)나 케이블로써 지표면 부근에서 지지된다. 안정은 앵커장치에 의한 지지와 함께 벽체의 전면에서 발생된 수동토압에 의한다. 앵커가 시공된 널말뚝벽의 거동은 말뚝의 유연성으로 인한 흙과 구조물의 상호관계 때문에 매우 복잡하지만 실제 설계에서는 상당히 단순화하고 있다.

10.9.2 자유지지 방법(free earth support)

이 해석법에서는 준설면 아래의 관입 깊이가 말뚝의 하부 선단에서 고정되는 데 불충분하다고 가정한다. 토압분포는 Rankine이론에 의하며 벽체가 하부 선단부근에서 회전이 자유롭기 때문에 휨 모멘트도는 그림 10.37에 나타낸 형태이다. 수동 저항력에 대한 안전율을 설계에서 사용해야 한다. 즉, 동원된 전응력 저항력 P_{pm}은 일반적으로 그보다 작지 않게 선택한 안전율로 나눈 전유효수동저항력(Rankine 이론에 의한 저항력)과 같다. 동원된 수동저항력의 분포는 그림 10.37에서 삼격형 abc라고 가정한다. 또는 동원된 수동 저항력을 사다리꼴 adec로 나타낼 수 있으며 이 사다리꼴은 유효수동저항력의 분포를 나타내는 삼각형 afc의 일부이다. 그리고 앵커 지점에 관한 모멘트의 대수합은 0이 된다는 조건으로부터 평형에 필요한 관입깊이 d를 구한다. 즉, 주동측의 모멘트의 합은 수동측의 모멘트의 합과 같아야 한다. 이 조건은 d의 3차식이 되는데 반복법에 의하여 해를 구할 수 있다.

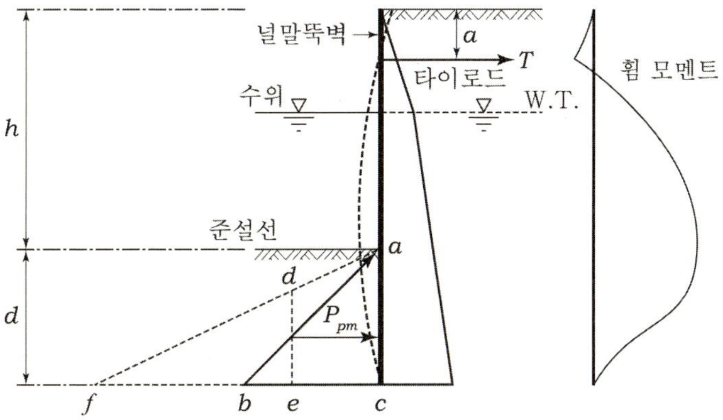

그림 10.37 앵커된 널말뚝

관입깊이를 구하게 되면 단위 길이당의 타이로드 힘 T는 수평력의 대수합이 0이 되어야 한다는 조건으로부터 계산할 수 있다. 끝으로, 휨 모멘트를 작도한다. 최대 휨모멘트는 말뚝단면을 지배한다. 연약한 흙의 국부적인 존재, 과도한 준설, 그리고 세굴(洗掘) 등을 방지하기 위하여 관입깊이 d를 약 20% 정도 증가시켜야 한다.

10.9.3 타이 로드와 케이블 앵커

타이로드(tie rod)는 그림 10.38과 같이 벽체의 배면에 있는 보, 판 또는 콘크리트 블록속에 정착된다. 타이 로드가 받는 힘은 앵커(anchor)에 의하여 동원된 수동저항으로 저항하게 되며, 주동토압 때문에 감소하게 된다. 그리고 앵커에 과도한 항복이 일어나는 것을 예방하기 위하여 그보다 큰 안전율을 적용한다. 앵커의 높이 b가 지표면으로부터 앵커바닥까지의 1/2보다 작지 않으면, 앵커도 깊이 d_0 이상에서 수동저항을 발휘한다고 가정할 수 있다. 앵커의 수동쐐기가 벽체 배면에 있는 주동쐐기를 침해하지 않도록 하기 위하여 평면 그림 10.38(a)의 YZ를 지나서 앵커가 설치되어야 한다. 즉 다음 지지방법이 설계에 채택된다면 주동쐐기의 하부 선단 X는 벽체 바닥에 있어야 한다. 또한 앵커 높이 b가 너무 작으면 수동저항을 발휘하지 못한다.

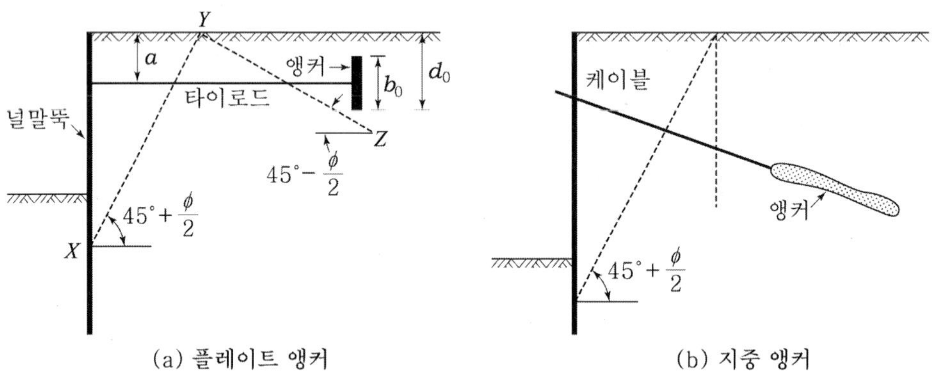

그림 10.38 타이로드와 앵커

T = 벽의 단위 길이당 타이 로드가 받는 힘, S = 타이 로드의 간격, F_s = 안전율, 그리고 l = 타이 로드당의 앵커폭이라고 하면 다음의 관계가 성립된다.

$$TS = \frac{\gamma d_0^2 l}{2F_s}(K_p - K_a) \tag{10.67}$$

앵커가 타이 로드마다 사용된다면 수동 쐐기의 측면에 작용하는 전단저항은 앵커저항을 부가적으로 발생시킨다. 그림 10.38(b)와 같이 시멘트 그라우트나 그라우트 처리된 흙 속에 앵커된 인장 케이블이 널말뚝 벽을 지지하는 데 사용될 수도 있다.

10.9.4 아칭효과

그림 10.39에서 자유지지 방법은 매우 간단하지만 앵커된 널말뚝 벽의 실제 거동을 근사적으로

나타내고 있다. 모형실험과 현장측정 자료는 휨성 벽에 대한 토압분포가 그림 10.39와 같이 Rankine이론으로 예측한 결과와는 다르다는 것을 나타내고 있다. 즉, 벽의 휨성이 클수록 그 차이는 커진다. 벽체에서 가장 많이 항복되는 부분(준설면과 앵커 지점 사이)의 토압은 감소하며 비교적 항복이 작은 부분(준설선 아래와 앵커부근)의 토압은 Rankine값에 비하여 증가된다. 이러한 토압의 재분포는 아칭(arching)현상의 결과이다.

Terzaghi는 아칭을 다음과 같이 정의하였다. 즉, "흙을 지지하고 있는 한 부분이 항복을 일으키고, 그 외의 나머지 부분이 원위치에 있을지라도 항복부에 있는 흙은 인접된 정지상태의 흙을 바깥쪽으로 움직인다. 흙 속에서의 상대변위는 항복매체와 정지매체 사이의 접촉지역에서의 전단저항에 의하여 억제되고 있다. 전단저항은 항복매체를 본래의 위치에 유지시키려는 경향이 있으므로, 지지부의 항복되는 압력은 부분적으로 감소하고 이와 반대로 정지부의 압력은 증가된다. 이와 같이 항복되는 부분으로부터 인접한 비항복 부분의 흙으로 전달되는 이러한 압력의 전이현상(load transfer)을 아칭효과라고 한다. 또한 흙을 지지하고 있는 어떤 부분이 인접한 부분보다 더 많이 항복할 때 아칭이 발생한다."

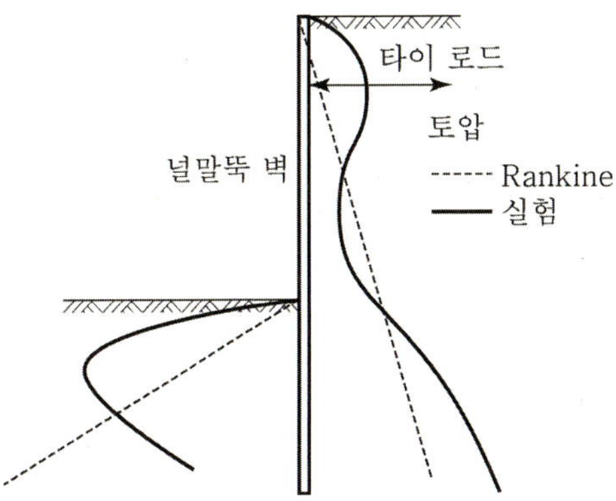

그림 10.39 아칭효과

앵커된 널말뚝이 굴곡될 때 이 널말뚝에는 아칭 발생조건이 존재하게 된다. 앵커가 항복되면, 항복의 정도에 따라 아칭효과는 크게 감소한다. 벽체의 수동측에서는 흙속에서 더욱 큰 변위가 일어나므로 압력은 준설면 바로 아래에서부터 증가된다. 뒤채움한 벽체의 경우 앵커위치까지 뒤채움을 한 후에야 아칭이 부분적으로 유효하다. 아칭효과는 실트나 점토에서보다 모래에서 더 크며, 느슨한 모래에서보다 촘촘한 모래에서 더 크다.

10.10 지중 구조물에 작용하는 토압

10.10.1 지중 매설관

지중 매설관은 치수·형상·재료·용도가 여러 가지이다. 여기서는 직경 1m 전후의 직경이 작은 관에 작용하는 토압의 기초적인 사항에 대하여 설명하고자 한다.

이와 같은 크기의 관의 설치방법으로서는 그림 10.40에서와 같이 주로 자연지반을 굴착한 홈 속에 설치한 후 피복한 것(홈형), 자연지반 위에 설치하고 그 위에 성토하는 것(돌출형)과 자연지반을 관 직경 정도 굴착하고 그 위에 성토하는 것(절충형) 등이 있다. 이와 같이 각각의 경우에 따라 관에 피복중량이 걸리는 방향이 다르고 연직토압의 크기가 다르다. 또 관이 강성(rigid) 또는 휨성(flexible)인가에 따라서도 다르다.

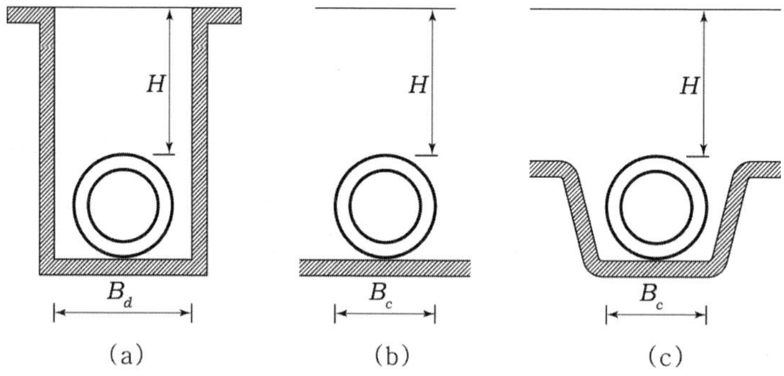

그림 10.40 지중매설의 유형

(1) 강성의 관에 작용하는 토압

그림 10.40(a)와 같은 홈형 일 때에 작용하는 연직토압은 다음 식으로 계산한다.

$$W = \gamma_t B_d^{\,2} C_d \tag{10.68}$$

$$C_d = \frac{1 - e^{-\alpha H}}{2K_a \tan\delta} \tag{10.68a}$$

$$\alpha = \frac{2K_a \tan\delta}{B_d} \tag{10.68b}$$

여기서, K_a : $\tan^2(45° - \frac{\phi}{2})$

γ_t : 다시 파묻은 흙의 단위체적중량

B_d : 홈의 폭

δ : 홈의 옆면과 다시 파묻은 흙 사이의 마찰각[$(0.8\sim1)\phi$]

H : 지표면에서 관 상부까지의 깊이

또, 그림 10.40(b)와 같은 돌출형에 작용하는 경우 연직토압은 다음과 같다.

$$W = \gamma_t B_c^{\,2} C_c \tag{10.69}$$

$$C_c = \frac{e^{\beta H} - 1}{2K_a \tan\delta} \tag{10.69a}$$

$$\beta = \frac{2K_a \tan\delta}{B_c} \tag{10.69b}$$

여기서, B_c : 관의 폭(원형단면일 때에는 외경)

$\delta = \phi$

그림 10.40(c)와 같은 경우에는 흙덮기 중량이 전부 작용한다고 생각하며 W를 다음과 같이 계산한다.

$$W = \gamma_t B_c H \tag{10.70}$$

수평토압은 이것을 무시하는 것이 안전 측이므로 단면이 작은 관에 대해서는 무시한다. 그러나 단면이 큰 관에서는 수평토압을 무시하면 비경제적이므로 수평토압을 고려하거나 실제로는 정지토압이 작용함에도 불구하고 안전 측의 관점에서 주동토압이 걸리는 것으로서 계산한다.

(2) 휨성의 관에 작용하는 토압

휨성의 관에 작용하는 연직토압은 관의 연직방향의 압축성과 주변 흙의 연직방향의 압축성 중 어느 쪽이 큰가에 따라 크게 달라진다. 또한 연직토압에 의한 측방변형 때문에 수평토압도 커진다. 휨성의 관에 작용하는 토압에 관해서는 분명치 못한 점이 많으나 홈형, 돌출형에 관계없이 연직토압이나 수평토압은 피복의 중량과 같다고 생각할 수 있다.

[예제 10.8] 그림 예 10.6과 같이 외경 100cm인 강성의 관을 깊이 3m, 폭 1.5m의 홈 속에 설치하여 피복하였을 때, 관에 작용하는 연직토압을 구하여라. 단 피복토는 $\gamma_t = 17.66\,kN/m^3$, $c = 0$, $\phi = 30°$로 한다.

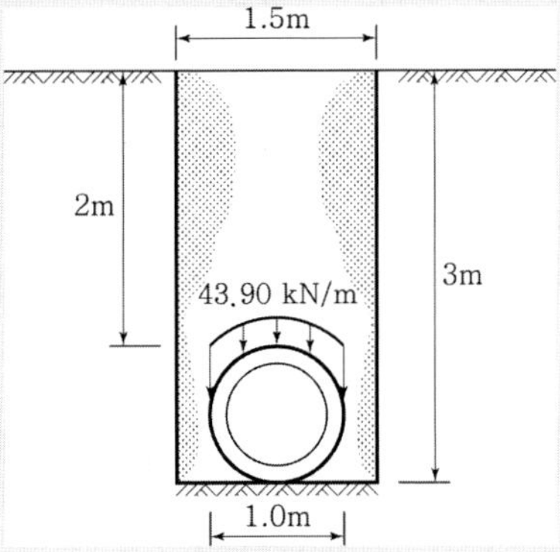

그림 예 10.6

풀이 식 10.68, 10.68(a), 10.68(b)에서 $\delta = 0.8\phi$라고 하면

$K_a = \tan^2(45° - 15°) = 0.333$

$$\alpha = \frac{2 \times 0.333 \times \tan 24°}{1.5} = 0.198$$

$$C_d = \frac{1 - e^{-0.198 \times 2}}{2 \times 0.333 \times \tan 24°} = 1.105$$

따라서 연직토압 W는

$W = 17.66 \times 1.5^2 \times 1.105 = 43.90(\text{kN/m})$

10.10.2 박스 칼버트

지하실의 벽체, 지하 배수구, 또는 도로제방 아래를 관통하는 박스 칼버트(box culvert)는 벽체의 변위를 허용하지 않는 구조물이므로 토압을 산정할 때는 정지토압계수 K_0를 사용한다.

이때 과압밀된 점토의 K_0는 과압밀비의 증가에 따라 증가하는 것으로 알려져 있다. 이 경우 식 (10.5) 또는 다음 식으로 추정할 수 있다.

$$K_0 = (1 - \sin\phi')(OCR)^{0.5} \qquad (10.71)$$

그림 10.41은 박스 칼버트의 토압분포를 나타낸 것이며 토압은 다음 식으로 구한다.

상면 연직방향 토압

$$P_{vy} = \gamma h_1 + q + \frac{W_1}{B}$$

측면에 작용하는 토압

$$P_{h1} = K_0(\gamma h_1' + q) \ \cdots \ (\text{상단})$$
$$P_{h2} = K_0(\gamma h_2' + q) \ \cdots \ (\text{하단})$$

바닥 슬래브에 작용하는 반력

$$P_{vz} = P_{v1} + \frac{W_2}{B} \tag{10.72}$$

여기서, K_0 : 정지토압계수($K_0 = 1 - \sin\phi$)
W_1 : 박스 상부 슬래브 자중
W_2 : 박스 하부 슬래브 자중
P_{v1} : 상면 연직방향 토압
P_{v2} : 하면 연직방향 토압

만약 박스바닥 슬래브보다 지하수위가 높을 때는 이 수압을 고려해야 한다.

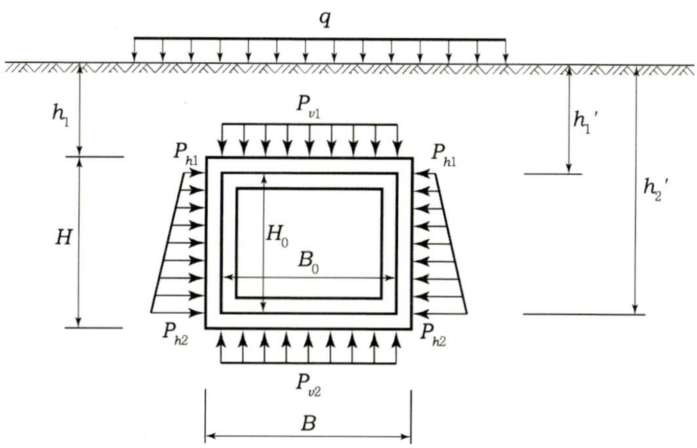

그림 10.41 박스 칼버트의 토압분포

연습문제

10.1 배면이 연직인 옹벽의 높이가 5.0m이고 뒤채움 흙의 건조단위중량과 포화단위중량은 각각 17.66 $\mathrm{kN/m^3}$와 19.62$\mathrm{kN/m^3}$이다. 그리고 i=0이고 전단강도 정수는 각각 $c=0$, $\phi=35°$이다.

(a) 뒤채움을 건조상태라고 가정하고 주동토압의 분포와 전주동토압의 크기 및 옹벽 저부로 부터의 작용점의 위치를 계산하여라.

(b) 옹벽 상부까지 지하수위가 상승했다고 가정하고 (a)를 다시 계산하여라.

10.2 지표면이 수평이고 높이가 6m인 연직옹벽에 γ=20.01$\mathrm{kN/m^3}$, c_u =164.81$\mathrm{kN/m^2}$인 연약점토로 뒤채움되어 있다. 주동토압의 크기와 한계깊이 및 옹벽 저부로부터의 작용점의 위치를 계산하여라.

10.3 토압계산에 있어서 Rankine이론과 Coulomb이론의 차이점을 설명하라.

10.4 아칭효과와 응력전이를 관련하여 설명하여라.

10.5 다음 그림 연 10.1에 있어서 Rankine과 Coulomb방법으로 주동토압의 크기와 작용점의 위치를 구하여라. 단, q=19.62$\mathrm{kN/m^2}$,γ=15.70$\mathrm{kN/m^3}$,$\phi=45°$,$\delta=30°$,$i=10^0$ 이다.

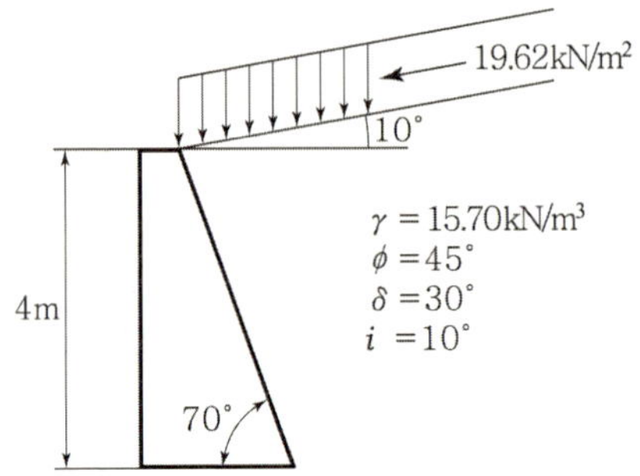

그림 연 10.1

10.6 옹벽 배면이 수평면과 $95°$로 경사진 5m 높이의 옹벽이 있다. 지표면이 수평이고 뒤채움 흙이 γ= 18.64$\mathrm{kN/m^3}$, $\phi=40°$인 사질토의 경우, $\delta=20°$로 가정하여 주동 토압의 크기를 Culmann의 도해법으로 구하여라.

10.7 그림 연 10.2와 같은 중력시 옹벽의 안정검토를 하여라. 단, $\delta=\frac{2}{3}\phi$이고, 콘크리트의 단위중량은 22.56$\mathrm{kN/m^3}$, γ_1=17.95$\mathrm{kN/m^3}$, $\phi_1=32°$ c_1 =0.0$\mathrm{kN/m^2}$, γ_2=17.66$\mathrm{kN/m^3}$, $\phi_2=24^o$, c_2 =29.43$\mathrm{kN/m^2}$ 이다.

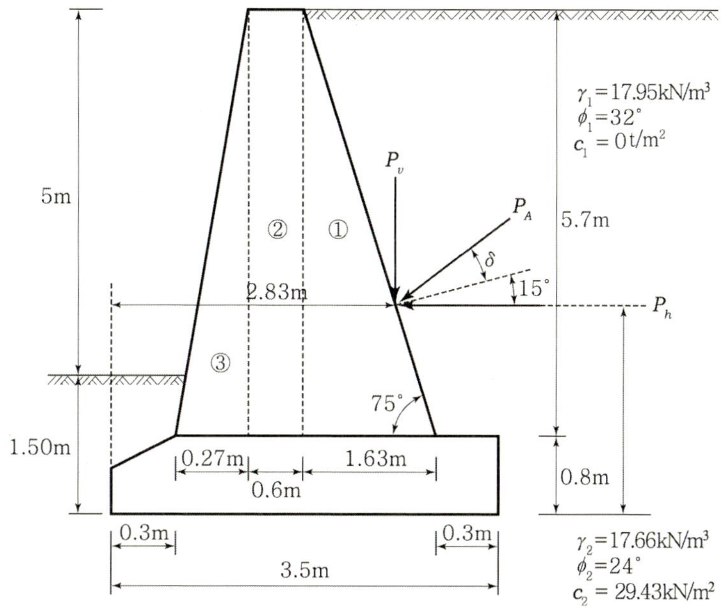

그림 연 10.2

10.8 보강토옹벽에서 비신장성 보강재와 신장성 보강재의 설계법의 차이를 설명하여라.

10.9 그림 연 10.3과 같은 개착공법(open cut)을 위한 토류벽을 설치하려고 한다. $\gamma=18.64\text{kN/m}^3$, $\phi=30°$인 사질토인 경우 버팀대(strut)에 작용하는 하중을 계산하여라(단 버팀대의 간격은 2.5m이다).

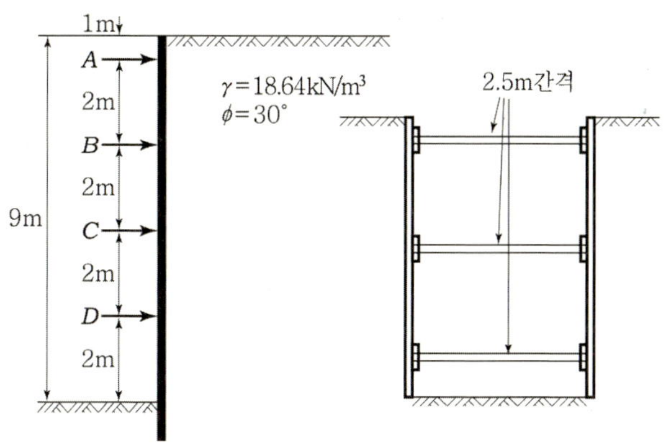

그림 연 10.3

10.10 그림 연 10.4에 있는 앵커된 널말뚝 벽의 양측에 있는 흙의 단위중량이 $\gamma=19.62\text{kN/m}^3$ 이고 지하수위 위에 있는 흙의 단위중량이 $\gamma=16.68\text{kN/m}^3$이며 전단강도 정수가 $c'=0$이고 $\phi=30°$이다. 전면에 있는 해수면과 벽체 배면의 지하수위하는 1.5m이다. 자유지지(free earth support)방법을 사용하여 수동저항에 대한 안전율과 각 타이 로드(tie rod)에 작용하는 힘을 구하여라.

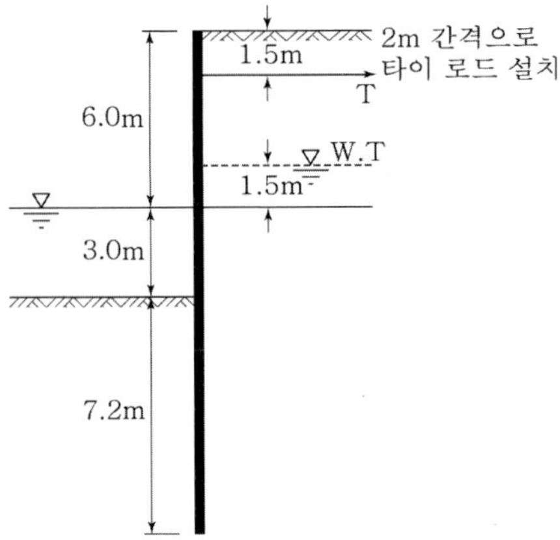

그림 연 10.4

10.11 그림 연 10.5(a)의 관은 성토후 수직으로 절토한 다음 매설하였고, (b)관은 성토와 병행하여 매설하였다. 각각의 경우에 대하여 이들 관이 받는 연직압력의 차이가 생기는 이유에 대하여 설명하여라.

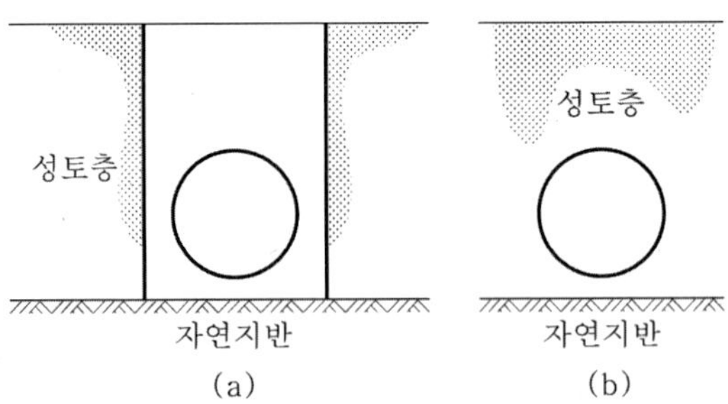

그림 연 10.5

10.12 그림 연 10.6과 같이 고속도로 아래에 설치된 박스 칼버트에 작용하는 연직 및 수평토압을 계산하여라. 단, q=14.72kN/m^2, 콘크리트의 단위중량은 23.54kN/m^3, $\gamma_1=17.66\text{kN/m}^3$, $\gamma_{sat}=19.62\ \text{kN/m}^3$, $\phi_1=30°$

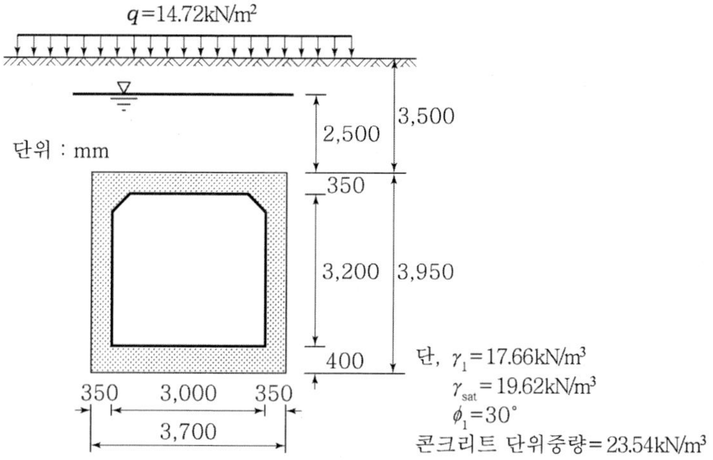

그림 연 10.6

10.13 역 T형 옹벽 저판에서 활성방지벽(shear key)의 저항력 산정방법 2가지를 제시하여라.

제 11 장 사면의 안정

제 11 장

사면의 안정

11.1 개설

사면(비탈면)이란 지형의 형태가 자연적으로 경사져 있거나, 인공적으로 만든 성토 또는 절토로 이루어진 경사지 지형을 포함하여 말하는 것으로 전자는 자연사면, 후자는 인공사면이라고 한다. 그러나 이러한 사면들은 중력성분이 크게 작용할 때 활동에 의한 파괴가 일어나 재해가 발생하므로 사면의 안정을 도모하기 위하여 적절한 경사를 유지시키는 것이 매우 중요하다. 사면의 안정성은 경사의 정도, 지층의 구성상태, 지질, 토질, 식생, 지하수 및 기상상황의 영향을 받게 된다.

일반적으로 사면은 직립사면, 반무한사면, 무한사면 및 유한사면으로 분류되며, 유한사면은 활동면의 깊이가 사면의 높이에 비하여 비교적 큰 것을 말하고, 무한사면은 활동면의 깊이가 사면의 높이에 비하여 작은 것을 말한다. 본장에서는 사면의 형태별 안정성을 검토하는 방법에 대하여 기술하고자 한다.

11.2 사면의 종류

사면의 활동형태는 그림 11.1과 같이 무한사면의 경우는 주로 직선 평면활동을 일으키고, 유한사면은 원호, 대수나선, 또는 복합나선 등의 모양을 이룬다.

사면이 활동으로 인하여 파괴되는 원인을 명확히 밝히기는 어려우나 활동면에 작용하는 전단응력이 전단강도보다 커질 때 사면이 붕괴되기 쉬우므로 사면의 안정은 흙속에서 최대전단응력이 작용하는 면의 위치와 크기를 정하고 이에 따른 전단저항력을 구해야 한다. 그리고 사면이 붕괴될 가능성이 가장 큰 면은 임계면이라고 하며 그 면이 원형일 때는 임계원이라고 한다. 그림 11.2는 사면파괴가 원호일 때의 파괴위치별 형태를 표시한 것으로 그림 11.2(a)는 파괴면이 사면선단을 지나는 사면선파괴이고, (b)는 사면파괴, (c)는 저부파괴를 의미한다.

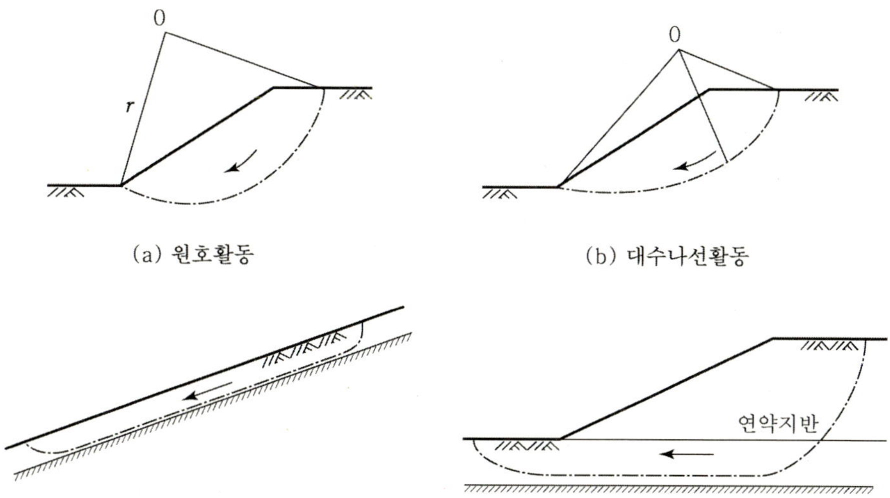

(a) 원호활동 (b) 대수나선활동

(c) 직선활동(무한사면) (d) 복합곡선활동

그림 11.1 사면의 활동형태

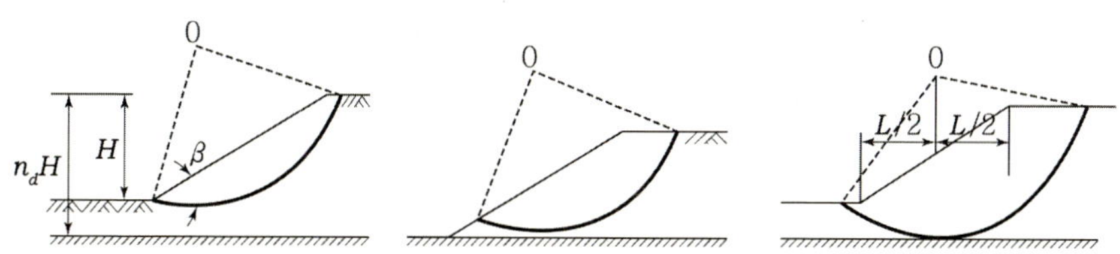

(a) 사면선파괴 (b) 사면파괴 (c) 저부파괴

그림 11.2 사면의 파괴 위치별 형태

11.3 사면의 안전율

사면의 안전율은 활동파괴에 대한 안정성의 정도를 나타내는 기준으로 사용되며 주로 Coulomb의 법칙에 근거를 두고 계산된다. 안전율은 사면에 대한 활동면을 여러 가지로 변화시켜 구한 값 중 최소값으로 한다. 사면의 안전율은 일반적으로 활동면 전체에 걸쳐 일어나는 전단강도와 전단응력의 비로 표시할 수 있다. 즉,

$$F_s = \frac{s}{\tau} = \frac{c + \sigma \tan\phi}{\tau} \tag{11.1}$$

여기서, F_s : 안전율

s : 전단강도($= c + \sigma \tan\phi$) (kN/m^2)

τ : 전단응력 (kN/m^2)

c : 흙의 점착력 (kN/m^2)

ϕ : 흙의 내부마찰각(°)

전단강도는 점착력과 내부마찰각으로 이루어지므로 점착력에 관한 안전율은

$$F_c = \frac{c}{c_d} \tag{11.2}$$

이고, 내부 마찰각에 관한 안전율은

$$F_\phi = \frac{\tan\phi}{\tan\phi_d} \tag{11.3}$$

이며, 여기서, c_d와 ϕ_d는 예상 파괴면을 따라 일어나는 점착력과 내부마찰각이다. F_c와 F_ϕ가 같게 될 때 강도에 관한 안전율이 되므로

$$\frac{c}{c_d} = \frac{\tan\phi}{\tan\phi_d} \tag{11.4}$$

이 된다. 따라서 안전율은 다음과 같이 된다.

$$F_s = F_c = F_\phi \tag{11.5}$$

이 방법은 마찰원 방법과 같은 도해법에 많이 적용된다.

그리고 파괴되는 토체의 원호의 중심에 관한 활동모멘트와 흙의 전단강도에 저항하는 모멘트의 비로서도 안전율을 계산한다.

$$F_s = \frac{M_r}{M_d} \tag{11.6}$$

여기서, M_r : 저항모멘트

M_d : 활동모멘트

식 (11.6)은 안전율을 해석적으로 결정할 때 주로 많이 사용한다. 설계에 필요한 안전율은 적용

구조물과 각 기관에 따라 다르지만 일반적으로 1.2 이상의 값을 갖도록 한다.

표 11.1은 설계를 위한 안전율의 대표적인 값이다.

표 11.1 안전율의 대표적인 값

안전율	의 미
$F_s < 1.0$	불안정
$F_s = 1.0 \sim 1.2$	안정하지만 다소 불안
$F_s = 1.3 \sim 1.4$	절토와 성토사면에는 안정, 흙댐에는 불안정
$F_s > 1.5$	흙댐에도 안정

11.4 사면의 안정해석

사면의 안정해석은 파괴에 대한 안전성을 안정계산으로 검토하는 것을 말하며, 일반적으로 활동면을 여러 가지로 가정하여 활동토체에 작용하는 힘의 평형을 생각하고 안전율을 계산하며 안전율 중 최소치를 택하여 그 사면의 안전율을 정한다. 사면안정 해석법의 종류는 표 11.2와 같다.

사면안정 해석법을 선택하는 요령은 다음과 같이 설명할 수 있다.

(1) 무한사면법은 활동면이 지표면과 평행인 균일하고 긴 사면에 적합하다.
(2) 절편법은 활동면의 깊이가 얕고 긴 평면이며 지표면과 평행하지 않은 사면에 적합하다.
(3) 활동면이 2개 또는 3개의 평면으로 된 경우, 예비해석 단계에는 절편법을, 정확도를 높이기 위하여는 Janbu의 간편법을, 보다 정확한 해석을 위해서는 흙쐐기 방법을 사용하는 것이 좋다.
(4) 원호 활동면인 경우 예비해석 단계에는 절편법을, 보다 정확한 해석을 위해서는 Bishop의 간편법을 사용하는 것이 좋다.
(5) 활동면이 임의의 형상일 때, 예비해석 단계에는 Janbu의 간편법을, 보다 정확한 해를 얻기 위하여서는 Janbu법, Spencer법, 및 Morgenstern과 Price법 등을 사용한다.

사면의 안정계산법은 파괴면의 형태를 여러 가지로 가정한 계산법으로 유용성과 신뢰성이 높은 한계평형해석법이 절성토 사면설계에 널리 사용되고 있다. 그리고 지진이 발생하거나 저수지의 수위가 급강하할 때는 하중의 변화에 따른 전단으로 흙의 체적변화가 생길 여유가 없어 강도의 변화를 생각할 필요가 없는 경우를 단기안정문제라 하고, 이것을 생각할 필요가 있는 경우는 장기안정문제로 구별하여 취급한다. 이 문제에 관하여는 일어날 수 있는 가장 위험한 배수조건에 대응하는 강도정수를 그대로 사용하는 방법 즉, 비배수 전단강도시험으로 얻은 강도정수(c_u, ϕ_u)를 사용하여 해석하는 전응력 해석법과 유효응력으로 얻은 강도정수(c', ϕ')와 공극수압을 사용 해석하는 유효응력 해석법이 있다.

표 11.2 안정해석법의 분류

<table>
<tr><th>파괴면의 형태</th><th>안정해석법</th><th>기본가정</th><th>적용 제한조건 및 용도</th><th>해법의 형식</th></tr>
<tr><td rowspan="2">직선</td><td>무한사면법</td><td>사면은 제한없이 일정하고, 절편사이의 힘은 사면에 평행함</td><td>활동길이가 깊이에 대하여 충분히 큰 사면에 적합하고, 비점착성 모래</td><td>해석적</td></tr>
<tr><td>흙쐐기법</td><td>수평력이 있는 활동 블록으로 가정함</td><td>경사가 제한되어 있음</td><td>반도해적
해석적</td></tr>
<tr><td rowspan="4">원형</td><td>마찰원법</td><td>파괴원호에 작용하는 힘의 합력은 반경 $R\sin\phi_m$ 인 마찰원에 접합</td><td>균질사면에 적합하고, 비엄밀법이며 수계산으로 실용적인 해를 얻음</td><td>해석적
도해적</td></tr>
<tr><td>절편법
(Sweden 법, Fellenius법)</td><td>각 절편에 작용하는 수평력은 같음</td><td>모든 종류의 흙 및 비균질 사면에 적합함. 엄밀법이며 컴퓨터 프로그램의 해가 가장 실용적임</td><td>반도해적
수치적</td></tr>
<tr><td>Bishop법</td><td>각 절편측면에 작용하는 모든 힘을 고려함</td><td>모든 종류의 흙 및 비균질 사면에 적합, 엄밀법이며 컴퓨터 프로그램의 해가 가장 실용적임</td><td>해석적
수치적</td></tr>
<tr><td>Bishop의 간편법</td><td>모든 힘을 단순화함</td><td>모든 종류의 흙 및 비균질 사면에 적합, 반엄밀법이며, 수계산이 실용적임</td><td></td></tr>
<tr><td rowspan="3">원형 또는 비원형</td><td>Morgenstern 과 Price법</td><td>Bishop법의 가정이 기초가 됨</td><td>모든 종류의 흙 및 비균질 사면에 적합, 반엄밀법이며, 수계산이 실용적임</td><td></td></tr>
<tr><td>Spencer법</td><td>절편 사이의 힘은 평행함</td><td>모든 종류의 흙 및 비균질 사면에 적합. 엄밀법이며, 컴퓨터가 필요함</td><td></td></tr>
<tr><td>Janbu법</td><td>절편 사이의 힘을 허용함</td><td>모든 종류의 흙 및 비균질 사면에 적합. 비원형사면에 널리 사용되고, 엄밀법으로는 컴퓨터가 좋으나 도표이용시 손계산으로 실용적인 해를 얻음</td><td></td></tr>
<tr><td>대수나선형</td><td>Log-Spiral법</td><td>가정은 없고, 靜定임</td><td>모든 종류의 흙 및 비균질 사면에 적합. 해석적. 컴퓨터 프로그램이 유용함</td><td>해석적</td></tr>
</table>

일반적으로 사면의 안정계산법은 모두 활동면상의 점에서 동시에 활동을 시작하고 소위 전반전단 파괴를 생각하지만 실제로는 가장 약한 곳, 또는 응력을 집중적으로 받는 곳으로부터 파괴되어 점차로 다른 부분으로 전파되는 진행성 파괴를 일으키는 경우가 많다.

11.4.1 무한사면의 안정해석법

무한사면의 안정해석 방법은 활동면의 형태를 사면 표면에 평행한 직선으로 가정한 계산법으로 활동면의 길이가 활동면의 깊이에 비하여 충분히 큰 사면의 안정계산에 사용된다. 흙의 성질과 지하수위 조건은 전체 사면에 걸쳐 변하지 않는 것으로 가정하고 지표면까지 침투수가 있을 때 가장 위험하다.

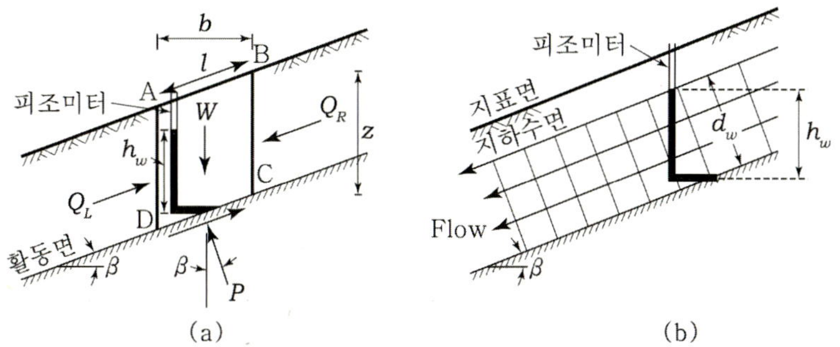

그림 11.3 무한사면의 안정해석

그림 11.3(a)에서 요소 ABCD(柱狀부분)를 생각하여 사면의 경사각을 β, 흙의 점착력 c', 내부마찰각 ϕ', 흙의 단위 중량 γ라 하면 요소의 중량 $W=\gamma z b$, 공극수압 $u=\gamma_w h_w$, 공극수의 단위중량은 $\gamma_u = \dfrac{u}{\gamma z}$이다. 요소에 작용하는 연직응력을 σ, 전단 응력을 τ라 하면 사면이 무한이므로 $Q_L = Q_R$이다.

활동면에 작용하는 힘의 연직성분은 $P= W\cos\beta=\sigma l$이며, $l=b/\cos\beta$이므로

$$\sigma = \frac{W}{b}\cos^2\beta = \gamma z\cos^2\beta \tag{11.7}$$

활동면에 작용하는 힘의 수평성분은 $T= W\sin\beta = \tau l$이므로,

$$\tau = \frac{W}{b}\sin\beta\cos\beta = \gamma z\sin\beta\cos\beta \tag{11.8}$$

이다.

사면의 파괴기준이 되는 전단강도는

$$s = c' + (\sigma - u)\tan\phi' \tag{11.9}$$

이고, 안전율을 F_s라 하면

$$F_s = \frac{s}{\tau} \tag{11.10}$$

안전율은

$$F_s = \frac{s}{\tau} = \frac{c' + (\sigma - u)\tan\phi'}{\gamma z \sin\beta \cos\beta} = \frac{c' + (\gamma z \cos^2\beta - u)\tan\phi'}{\gamma z \sin\beta \cos\beta}$$

$$= \frac{c'/\gamma z + (\cos^2\beta - \frac{u}{\gamma z})\tan\phi'}{\sin\beta \cos\beta} \tag{11.11}$$

이다.

그림 11.3(b)와 같이 정상침투류가 사면에 평행하게 흐른다면 $h_w = d_w \cos^2\beta$이고 $c' = 0$, $d_w = z$라면, 이 경우의 안전율은

$$F_s = (1 - \frac{\gamma_\omega}{\gamma})\frac{\tan\phi'}{\tan\beta} = \frac{\gamma_{sub}}{\gamma_{sat}}\frac{\tan\phi'}{\tan\beta} \tag{11.12}$$

여기서, γ_{sub} : 수중단위중량

γ_{sat} : 포화단위중량

만일 지표면과 활동면 사이의 흙이 전혀 포화되지 않는 경우, 즉 $c' = 0$, $d_w = 0$라면 안전율은 다음과 같다.

$$F_s = \frac{\tan\phi'}{\tan\beta}$$

[예제 11.1] 어느 사면의 경사각이 25°, 사면의 깊이는 5.0m, 흙의 점착력 $c' = 9.81\,\text{kN/m}^2$, 흙의 내부마찰각 $\phi' = 38°$, 흙의 단위중량 $\gamma = 16.68\,\text{kN/m}^3$일 때 지하수위가 지표면과 같고 사면에 평행하게 침투하여 흐를 때의 안전율을 계산하여라.

풀이 식 (11.7)로부터

$\sigma = \gamma z \cos^2\beta = 16.68 \times 5.0 \times \cos^2 25° = 68.471$

식 (11.8)로부터

$\tau = \gamma z \sin\beta \cos\beta = 16.68 \times 5.0 \times \sin 25° \cos 25° = 31.944$

공극수압

$u = \gamma_\omega h_w = \gamma_\omega z \cos^2\beta = 9.81 \times 5.0 \times \cos^2 25° = 40.270$

식 (11.9)로부터

$s = c' + (\sigma - u)\tan\phi' = 9.81 + (68.471 - 40.270)\tan 38° = 31.843$

$F_s = \frac{s}{\tau} = \frac{31.843}{31.944} = 0.997$

11.4.2 $\phi_u = 0$ 방법

ϕ_u=0은 Fellenius가 처음 제안하였으며 Terzaghi는 포화점토의 비압밀 비배수강도가 ϕ_u=0인 것을 실험으로 확인하였고 Skempton이 적용예를 발표한 바 있으며 때문에 연약점토 지반상에 축조된 제방의 단기안전해석에 널리 사용되며, 원호활동면에 대한 안정해석법 중 가장 간단하며 사면의 파괴는 활동면보다 윗부분에 있는 흙덩어리가 회전함으로써 발생하고, 활동면에는 비배수강도 c_u가 작용하며, 안전율은 활동원호의 중심에 대한 모멘트를 취하여 구한다. 점착력은 교란되지 않은 시료에 대하여 일축압축시험, 현장베인 시험 및 콘 시험 등으로 구한다.

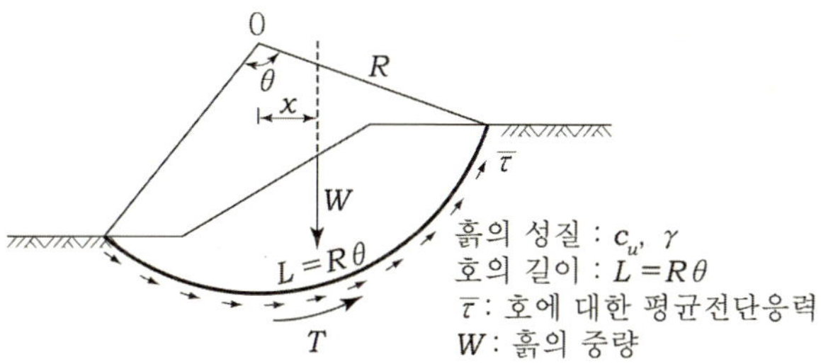

그림 11.4 $\phi_u = 0$법

그림 11.4에서 c_u : 흙의 비배수강도, γ : 흙의 단위중량, L : 활동원호의 길이($= R\theta$), $\bar{\tau}$: 활동원호에 대한 평균전단응력, T : 전단저항력($= \bar{\tau}L$), W : 흙의 중량으로 하면 활동원호의 중심 O에 대한 전도 모멘트는 Wx이고, 저항 모멘트는 TR이다.

동원되어야 할 전단강도는 $\bar{\tau} = \dfrac{c_u}{F_s}$이다. 여기서, F_s는 안전율이므로, 평형조건에서

$$Wx = TR$$

$$Wx = \bar{\tau}LR = \frac{c_u LR}{F_s}$$

따라서, F_s는 다음 식으로 구할 수 있다.

$$F_s = \frac{c_u LR}{Wx} \tag{11.13}$$

11.4.3 마찰원법

마찰원법은 그림 11.5와 같이 경사가 일정한 사면의 안정계산에 사용되는 원호활동면법의 하나로서 사면내의 가상 원호활동면에 작용하는 마찰력의 합력 P의 작용선(연직응력 σ_n과 ϕ 각도로 이루어지는 선)이 활동원의 중심에서 $R\sin\phi$를 반경으로 하여 그린 원에 접하게 되며 이 원을 마찰원 또는 ϕ원이라고 한다.

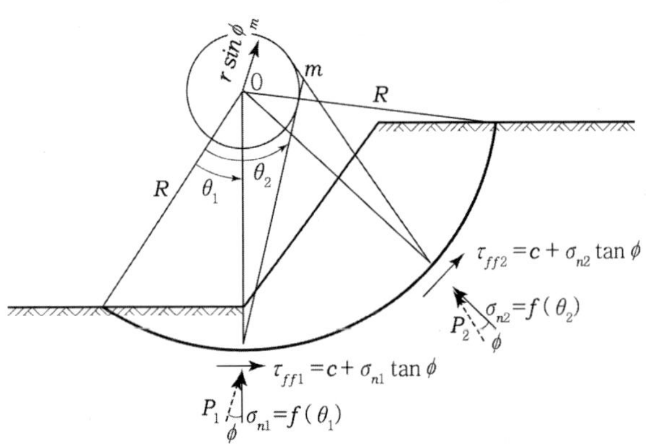

그림 11.5 ϕ-원

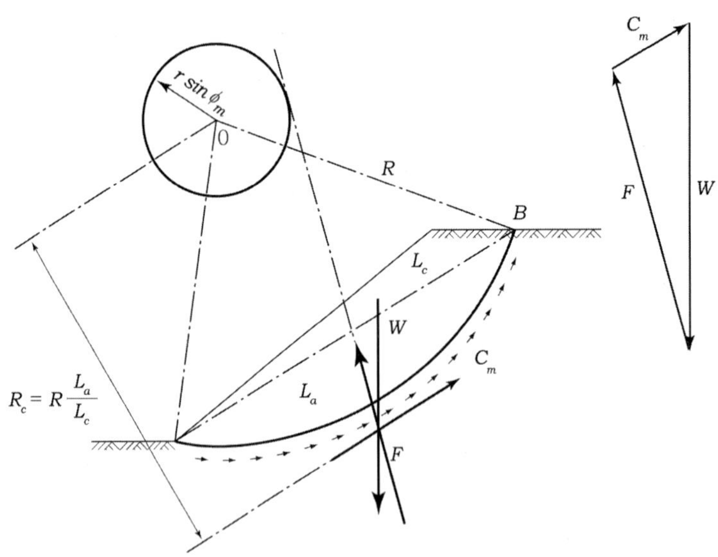

그림 11.6 마찰원 방법

그림 11.6에서,

R : 활동원의 반경
L_a : 활동원의 호 길이
L_c : 활동원의 현 길이
R_c : 활동원의 중심으로부터 c_m의 작용선까지의 거리

마찰성분에 관한 안전율과 점착력에 관한 안전율은 각각 다음 식과 같이 쓸 수 있다.

$$F_\phi = \frac{\tan\phi}{\tan\phi_m} \tag{11.14}$$

$$F_c = \frac{c}{c_m} \tag{11.15}$$

여기서, ϕ_m : 마찰에 의하여 동원된 마찰각
c_m : 마찰에 의하여 동원된 점착력

마찰원법은 Taylor(1948)에 의하여 개발되었으며 안전율 계산 순서는 다음과 같다.

(1) $\phi_m = \tan^{-1}\dfrac{\tan\phi}{F_\phi}$가 되도록 F_ϕ를 가정하여 ϕ_m을 계산한다.
(2) 활동원을 가정하여 그 중심 O에서 반경 $R\sin\phi_m$되는 원을 그린다.
(3) 활동원 내의 흙덩이의 중량 W와 방향을 결정한다.

W = 흙의 단위중량×원호로 둘러싸인 사면의 단면적

흙의 중량의 방향은 공극수압이 없을 때는 연직으로 작용하고, 공극수압이 있을 때는 중량과 크기가 달라질 것이다.

(4) 호 $\widehat{AB}$에 따른 각 요소에 작용하는 점착력 성분은 현 $\overline{AB}$에 평행한 성분과 수직한 성분으로 나눌 수 있으며, AB에 수직한 성분의 합력은 0이 되고, 평행한 성분의 전체 점착력은 다음과 같다.

$$c_m = \frac{cL_c}{F_c} \tag{11.16}$$

c_m의 작용위치는 다음 식으로 구한다.

$$R_c = R\frac{L_a}{L_c} \tag{11.17}$$

(5) W와 c_m의 교점으로부터 마찰원에 접선을 그리면 이것은 활동원의 반력 F의 작용방향이 된다. W와 c_m, F로 힘의 다각형을 그려 c_m의 값을 결정한다.

(6) 식 (11.16)에 의하여 점착력에 관한 안전율은 다음 식으로 계산한다.

$$F_c = \frac{cL_c}{c_m} \tag{11.18}$$

(7) F_c와 F_ϕ는 일치하지 않으므로 F_ϕ를 적당히 다시 가정하여 (1)~(6)의 작업을 반복 실시하여 F_c를 구한다. 이 경우에는 그림 예 11.1(c)와 같은 F_c와 F_ϕ의 관계곡선을 그리고 원점으로부터 45° 방향으로 그린 점선과 이 곡선이 만나는 점에서 안전율은

$$F_s = F_c = F_\phi$$

가 된다.

(8) 활동원호를 다시 가정하여 반복법으로 최소 안전율을 결정한다.

[예제 11.2] 그림 예 11.1과 같은 사면의 안전율을 마찰원법으로 구하여라. 단, $\phi = 17°, c = 15.40\,\text{kN/m}^2$, $\gamma = 18.05\,\text{kN/m}^3$이다.

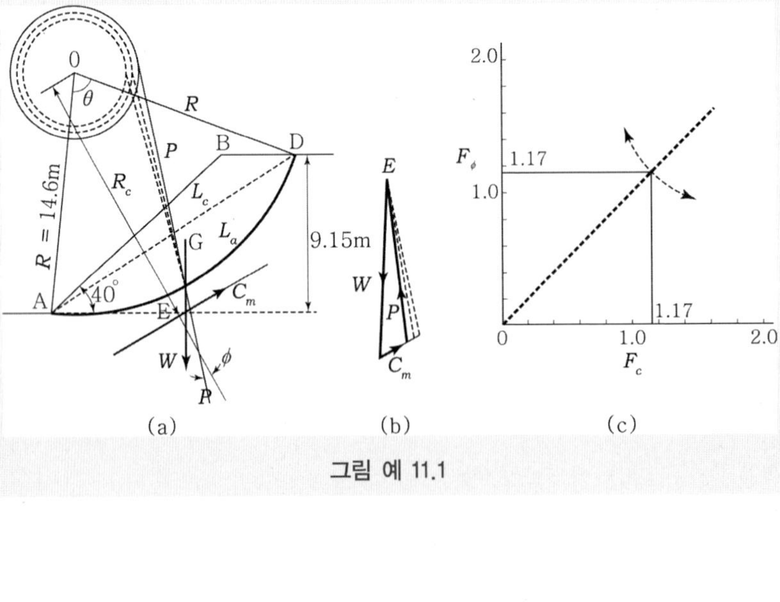

그림 예 11.1

풀이 그림 예 11.1(a)에서 원호 $\widehat{AD}$를 활동원호로 가정하면 R=14.6m이고, 중심각 $\theta=\angle AOD=75°=1.31\text{rad}$, 호 $\widehat{AD}=L_a=R\theta$=14.6×1.31=19.1m, 현 $\overline{AD}=L_c=2R\sin\frac{\theta}{2}=2\times14.6\sin37.5°=17.8\text{m}$이다. 활동원호로 잘려지는 사면의 면적 $ABD=57.6\text{m}^2$(planimeter로 측정함)이다. 흙덩이 중량 $W=57.6\times18.05=1039.70\text{kN/m}$이다.

합력 c_m의 위치는 원의 중심으로부터

$R_c=R\dfrac{L_a}{L_c}=14.6\times\dfrac{19.1}{17.8}=15.67\text{m}$ 이다.

$\phi_m=\tan^{-1}(\dfrac{\tan\phi}{F_\phi})=\tan^{-1}(\dfrac{\tan17°}{F_\phi})$에서 $F_\phi=1.0$으로 가정하면

$\phi_m=\tan^{-1}(\tan17°)=17°$

이다. 원의 중심 O에서 반경 $R\sin\phi_m=14.6\times\sin17°=4.27\text{m}$ 되는 마찰원을 그린다. c_m의 방향은 현 $\overline{AD}$에 평행이고 그 위치는 원점 O에서 $R_c=15.67\text{m}$에 있으므로 그 교점 E에서 마찰원에 접선을 그리면 반력 P의 방향이 된다. 그림 예 11.1(b)와 같이 힘의 삼각형을 그리면 $c_m=196.0\text{kN/m}^2$ 된다. 따라서

$F_c=\dfrac{cL_c}{c_m}=\dfrac{15.40\times17.8}{196.0}=1.40$

이 된다. 같은 방법으로 $F_\phi=1.14$, $F_\phi=1.32$에 대한 F_c값을 계산하면 다음 표와 같다.

F_ϕ	ϕ_m	$R\sin\phi_m$(m)	c_m(kN/m)	$F_c=\dfrac{cL_c}{c_m}$
1.0	17°	4.27	196.00	1.40
1.14	15.01°	3.78	227.98	1.20
1.32	13.02°	3.29	259.97	1.05

표에서 F_ϕ와 F_c 값의 관계곡선은 그림 예 11.1(c)와 같이 그려 $F_c=F_\phi$인 값을 찾으면 F_s=1.17이 된다. 이 값이 최소안전율인지 확인하기 위하여 몇 개의 활동원을 가정하여 위와 같은 방법으로 반복 계산한다.

11.5 Fellenius 방법 (Sweden법)

절편법은 비균질 토층의 사면안정해석에 많이 사용되는 방법으로 그림 11.7에서와 같이 가정한 활동파괴면을 중심이 O이고 반경이 r인 원호로 가정하고, 원호로 잘리는 흙덩이 ABCD를 폭이 b인 몇 개의 절편으로 수직 분할한다. 분할편 밑면은 수평방향과 α만큼 경사지게 되는 직선으로 가정하고, 분할편의 도심을 지나는 연직방향의 높이를 h로 한다. 이 절편에 작용하는 힘들은 다음과 같다.

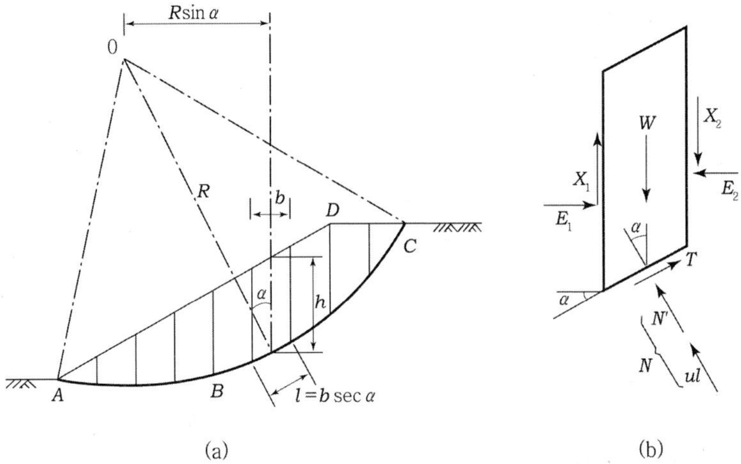

그림 11.7 절편법

① 절편의 중량 $W = \gamma b h$

② 절편 밑면에 작용하는 수직력 N은 두 성분이다. 즉 유효수직력 $N' = \sigma' l$과 공극수압 $U = ul$이다. 여기서 u는 단위공극수압이고 l은 절편 밑면의 길이이다.

③ 절편 밑면에 작용하는 전단력 $T = \tau l$

④ 절편 양측면에 작용하는 수직력 E_1, E_2

⑤ 절편 양측면에 작용하는 전단력 X_1, X_2

위의 힘들은 평형방정식의 수보다 미지수가 많으므로 정역학적으로는 해석이 불가능하다. 따라서 정역학적 해석을 하기 위하여는 부정정 차수만큼 E와 T에 대한 가정을 해야 한다.

절편법에 의한 안정해석 순서는 다음과 같다.

① 활동하는 토괴를 보통 5~10개 정도의 연직한 절편으로 나눈다.

② 절편의 밑면에서 일어나는 전단력은 T이다.

③ 활동원의 중심에 대한 저항모멘트 M_r와 활동모멘트 M_d를 구한다.

④ 각 절편에 대한 저항모멘트의 합과 활동모멘트의 합과의 비를 계산하여 안전율로 하고 사면의 안정 각도를 검토한다.

활동원의 중심에 대한 모멘트의 평형을 고려한 안전율은 다음과 같다.

$$F_s = \frac{M_r}{M_d} \tag{11.19}$$

활동모멘트는 절편의 중량이 W이고, 모멘트팔은 $R\sin\alpha$이며 절편의 측면에 작용하는 외력이 상쇄된다면 다음 식이 성립된다.

$$M_d = \sum WR\sin\alpha \tag{11.20}$$

저항모멘트는 Coulomb의 파괴기준을 적용하여 다음 식으로 계산한다.

$$M_r = R\sum T = R\sum \tau l = R \cdot \sum (c' + \sigma' \tan\phi')l \tag{11.21}$$

식 (11.20)과 식 (11.21)을 식 (11.19)에 대입하여 안전율을 구하면 다음과 같다.

$$F_s = \frac{c' L_a + \sum N' \tan\phi'}{\sum W\sin\alpha} \tag{11.22}$$

식 (11.21)에서 N'를 정확히 계산하면 정확한 안전율을 얻을 수 있지만 가정이 있어야만 정역학적 조건을 만족시킬 수 있으므로 절편법으로 정확한 해를 찾는 것은 어려울 것이다.

Fellenius 방법 (Sweden 방법)은 그림 11.7과 같이 절편의 양측면에 작용하는 수직력과 전단력의 합을 0으로 가정하는 것이다. 즉,

$$X_1 - X_2 = 0, \quad E_1 - E_2 = 0$$

절편의 밑면에 수직으로 작용하는 수직력은

$$N' = W\cos\alpha - ul \tag{11.23}$$

식 (11.23)을 식 (11.22)에 대입하면 안전율은 다음 식과 같다.

$$F_s = \frac{c' L_a + \tan\phi' \sum (W\cos\alpha - ul)}{\sum W\sin\alpha} \tag{11.24}$$

이 방법은 사면에 대한 최소 안전율을 얻기 위하여 여러 개의 활동원을 가정하고 반복계산을 해야 하므로 노력과 시간을 요하게 된다. 그리고 이 방법으로 구한 안전율은 가정조건 때문에 정해보다 약 5~20% 작은 경향이 있다.

전응력법으로 해석하면 u=0이고 강도정수는 c_u, ϕ_u를 사용한다. 특히 ϕ_u=0이고 점착력이 같으면 식 (11.24)는 다음과 같이 된다.

$$F_s = \frac{c_u L_a}{\sum W\sin\alpha} \tag{11.25}$$

여기서, L_a : 원호 ABC의 길이

11.6 Bishop의 간편법

이 방법은 각 절편에 작용하는 힘의 평형을 고려하므로 Fellenius법보다 정밀한 안정계산법이다.

이 방법은 그림 11.7과 같이 절편의 양측면에서 연직으로 작용하는 힘의 합력을 0으로 가정하여 해석한다. 즉,

$$X_1 - X_2 = 0$$

절편의 밑면에 작용하는 전단력은 다음 식과 같다.

$$T = \frac{1}{F_s}(c'l + N'\tan\phi') \tag{11.26}$$

그리고 연직방향으로 작용하는 힘은 다음 식들과 같다.

$$\begin{aligned} W &= N'\cos\alpha + ul\cos\alpha + T\sin\alpha \\ &= N'\cos\alpha + ul\cos\alpha + \frac{c'l}{F_s}\sin\alpha + \frac{N'}{F_s}\tan\phi'\sin\alpha \end{aligned} \tag{11.27}$$

$$N' = \frac{W - c'l/F_s\sin\alpha - ul\cos\alpha}{\cos\alpha + (\tan\phi'\sin\alpha/F_s)} \tag{11.28}$$

$l = b\sec\alpha$이므로 이것을 식 (11.28)에 대입하고 식 (11.27)을 식 (11.22)에 대입하여 정리하면

$$\begin{aligned} F_s &= \frac{1}{\sum W\sin\alpha}\sum[c'b + (W - ub)\tan\phi']\left[\frac{\sec\alpha}{1 + (\tan\alpha\tan\phi'/F_s)}\right] \\ &= \frac{1}{\sum W\sin\alpha}\sum[c'b + (W - ub)\tan\phi']\frac{1}{M(\alpha)} \end{aligned} \tag{11.29}$$

여기서,

$$M(\alpha) = \cos\alpha(1 + \frac{\tan\alpha\tan\phi'}{F_s}) \tag{11.30}$$

식 (11.29)는 Fellenius 방법보다 더 복잡하고 F_s가 식의 양변에 있으므로 처음에 F_s의 값을 임의로 가정하고 c', ϕ, u 및 α를 식 (11.29) 우변에 대입하여 F_s를 구한 후 가정한 값과 차이가

나면 다시 가정하여 반복 계산하는 시행착오법으로 F_s를 결정한다. 그리고 이 계산과정을 줄이기 위하여 Janbu가 제안한 그림 11.8을 이용한다. Bishop방법도 가정조건 때문에 정확한 해가 될 수는 없지만 거의 정확치에 가깝다고 하며, 사면의 기하학적 구조가 복잡하고 토성이 다르며 공극수압이 작용하는 경우에도 전산 프로그래밍을 이용하면 안전율을 쉽게 구할 수 있어 최근에 많이 사용되는 방법이다.

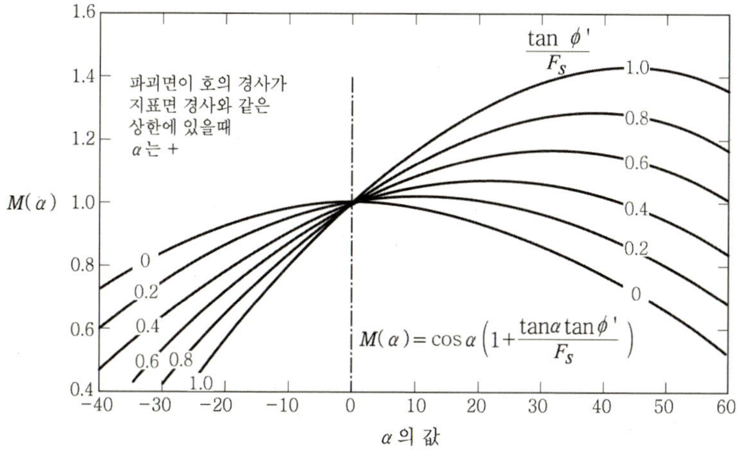

그림 11.8 $M(\alpha)$ 값

[예제 11.3] 그림 예 11.2와 같은 사면을 Fellenius법과 Bishop의 간편법으로 안전율을 계산하여라. 단, $c' = 9.81\,kN/m^2$, $\phi' = 50°$, $\gamma_t = 17.66\,kN/m^3$이고 각 절편에 작용하는 공극수압은 각 절편 밑에 기입되어 있다.

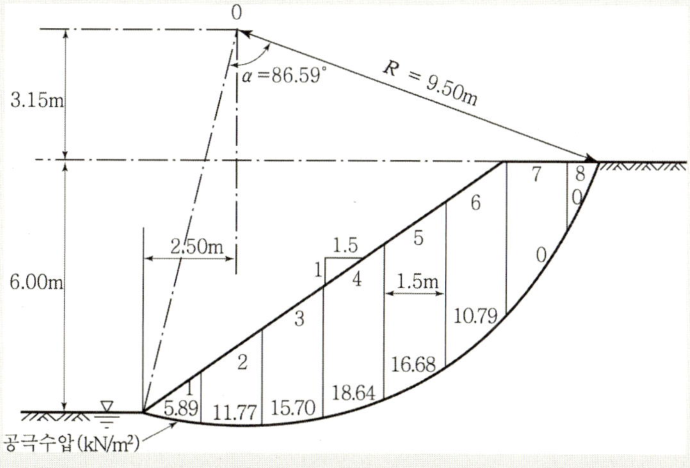

그림 예 11.2

풀이 각 절편은 폭 1.5m로 나누고, 각 절편의 중량 $W=\gamma_t A=\gamma_t bh$로 계산한다. 여기서 A는 절편의 면적으로 절편의 중심에서의 높이 h에 폭 b를 곱하여 구하며 계산과정은 다음과 같다.

Slice	b = Width of Slice(m)	A = Area of Slice(m^2)	α(°) = Direction angle of slices
1	1.50	$\frac{1}{2}\times1.33\times1.50=0.98$	$\tan^{-1}(\frac{0.33}{1.68})=-11.11°$
2	1.50	$\frac{1}{2}(1.33+2.33)\times1.50=2.72$	$\tan^{-1}(\frac{0.05}{1.85})=-1.55°$
3	1.50	$\frac{1}{2}(2.33+3.15)\times1.50=4.11$	$\tan^{-1}(\frac{0.25}{1.75})=8.13°$
4	1.50	$\frac{1}{2}(3.15+3.66)\times1.50=5.11$	$\tan^{-1}(\frac{0.45}{1.45})=17.24°$
5	1.50	$\frac{1}{2}(3.66+3.92)\times1.50=5.69$	$\tan^{-1}(\frac{0.45}{0.80})=29.36°$
6	1.50	$\frac{1}{2}(2.92+3.70)\times1.50=5.72$	$\tan^{-1}(\frac{0.70}{0.90})=37.87°$
7	1.50	$\frac{1}{2}(3.70+2.00)\times1.50=4.23$	$\tan^{-1}(\frac{1.15}{0.95})=54.44°$
8	0.95	$\frac{1}{2}\times2.00\times0.95=0.95$	$\tan^{-1}(\frac{1.17}{0.60})=62.85°$
Total			

(1) Fellenius 방법

Slice	A (m^2)	γ_t (kN/m^3)	$W=A\times\gamma_t$(kN/m)	α(°)	$\sin\alpha$	$W\sin\alpha$ (kN/m)	$\cos\alpha$	$W\cos\alpha$ (kN/m)	u (kN/m^2)	$l=b\sec\alpha$ (m)	ul (kN/m)
1	0.98	17.66	17.31	−11.11	−0.193	−3.341	0.981	16.981	5.89	1.529	8.999
2	2.72	17.66	48.04	−1.55	−0.027	−1.297	0.999	47.992	11.77	1.501	17.667
3	4.11	17.66	72.58	8.13	0.141	10.234	0.989	71.785	15.70	1.515	23.786
4	5.11	17.66	90.24	17.24	0.296	26.712	0.955	86.182	18.64	1.571	29.283
5	5.69	17.66	100.49	29.36	0.490	49.238	0.872	87.623	16.68	1.721	28.706
6	5.72	17.66	101.02	37.87	0.614	62.023	0.789	79.701	10.79	1.900	20.501
7	4.23	17.66	74.70	50.44	0.771	57.595	0.637	47.585	0.00	2.355	0.000
8	0.95	17.66	16.78	62.85	0.890	14.932	0.456	7.650	0.00	2.082	0.000
Total						216.096		445.499		14.174	128.942

$$L_a=2\pi\times\frac{\theta}{360}\times r=2\times3.14\times\frac{86.00}{360}\times9.5=14.25\text{m}$$

$$F_s=\frac{\Sigma c'l+\tan\phi'\Sigma(W\cos\alpha-ul)}{\Sigma W\sin\alpha}=\frac{9.81\times14.25+\tan30°\times(445.499-128.942)}{216.096}=1.493$$

(2) Bishop의 간편법

(1) Slice	(3) b (m)	(4) u (kN/m^2)	(5) ub (kN/m)	(6) W (kN/m)	(7) W-ub (kN/m)	(8) (7)× $\tan\phi'$ (kN/m)	(9) [c' ×(3)] + (8)	(10) M_a			(11) (9)÷(10)		
								F_s =1.50	F_s =1.60	F_s =1.70	F_s =1.50	F_s =1.60	F_s =1.70
1	1.50	5.89	8.84	17.31	8.47	4.890	19.60	0.907	0.912	0.916	21.62	21.50	21.41
2	1.50	11.77	17.66	48.04	30.38	17.529	32.24	0.988	0.989	0.990	32.64	32.60	32.57
3	1.50	15.70	23.55	72.58	49.03	28.292	43.01	1.043	1.059	1.055	41.24	40.61	40.77
4	1.50	18.64	27.96	90.24	62.28	35.937	50.65	1.068	1.062	1.055	47.43	47.69	48.01
5	1.50	16.68	25.02	100.45	75.47	43.543	58.26	1.059	1.048	1.037	55.01	55.59	56.18
6	1.50	10.70	16.05	101.04	84.97	49.020	63.74	1.025	1.010	0.997	62.19	63.11	63.93
7	1.50	0.00	0.00	74.70	74.70	43.100	57.82	0.933	0.933	0.898	61.97	61.97	64.39
8	0.95	0.00	0.00	16.78	16.78	9.680	24.40	0.798	0.777	0.758	30.57	31.40	32.19
Total											352.670	354.470	360.446

위 표의 Column(10)과 Column(11)의 계산 방법

Slice	$M(\alpha)=\cos\alpha\left(1+\dfrac{\tan\alpha\tan\phi'}{F_s}\right)$
	$F_s=1.50$
1	$\cos(-11.1)[1+\dfrac{\tan(-11.1)\times\tan30}{1.5}]=0.981[1+\dfrac{-0.196\times0.577}{1.5}]=0.907$
2	$\cos(-1.55)[1+\dfrac{\tan(-1.55)\times\tan30}{1.5}]=0.999[1+\dfrac{-0.027\times0.577}{1.5}]=0.988$
3	$\cos8.13[1+\dfrac{\tan8.13\times\tan30}{1.5}]=0.989[1+\dfrac{0.143\times0.577}{1.5}]=1.043$
4	$\cos17.24[1+\dfrac{\tan17.24\times\tan30}{1.5}]=0.955[1+\dfrac{0.310\times0.577}{1.5}]=1.068$
5	$\cos29.36[1+\dfrac{\tan29.36\times\tan30}{1.5}]=0.871[1+\dfrac{0.562\times0.577}{1.5}]=1.059$
6	$\cos37.87[1+\dfrac{\tan37.87\times\tan30}{1.5}]=0.789[1+\dfrac{0.777\times0.577}{1.5}]=1.025$
7	$\cos50.44[1+\dfrac{\tan50.44\times\tan30}{1.5}]=0.637[1+\dfrac{1.210\times0.577}{1.5}]=0.933$
8	$\cos62.85[1+\dfrac{\tan62.85\times\tan30}{1.5}]=0.456[1+\dfrac{1.950\times0.577}{1.5}]=0.798$

Slice	$M(\alpha)=\cos\alpha\left(1+\dfrac{\tan\alpha\tan\phi'}{F_s}\right)$
	$F_s=1.60$
1	$\cos(-11.1)[1+\dfrac{\tan(-11.1)\times\tan30}{1.6}]=0.981[1+\dfrac{-0.196\times0.577}{1.6}]=0.912$
2	$\cos(-1.55)[1+\dfrac{\tan(-1.55)\times\tan30}{1.6}]=0.999[1+\dfrac{-0.027\times0.577}{1.6}]=0.989$

Slice	$M(\alpha)=\cos\alpha\left(1+\frac{\tan\alpha\tan\phi'}{F_s}\right)$
	$F_s=1.60$
3	$\cos 8.13[1+\frac{\tan 8.13\times\tan 30}{1.6}]=0.989[1+\frac{0.143\times 0.577}{1.6}]=1.059$
4	$\cos 17.24[1+\frac{\tan 17.24\times\tan 30}{1.6}]=0.955[1+\frac{0.310\times 0.577}{1.6}]=1.062$
5	$\cos 29.36[1+\frac{\tan 29.36\times\tan 30}{1.6}]=0.871[1+\frac{0.562\times 0.577}{1.6}]=1.048$
6	$\cos 37.87[1+\frac{\tan 37.87\times\tan 30}{1.6}]=0.789[1+\frac{0.777\times 0.577}{1.6}]=1.010$
7	$\cos 50.44[1+\frac{\tan 50.44\times\tan 30}{1.6}]=0.637[1+\frac{1.210\times 0.577}{1.6}]=0.915$
8	$\cos 62.85[1+\frac{\tan 62.85\times\tan 30}{1.6}]=0.456[1+\frac{1.950\times 0.577}{1.6}]=0.777$

Slice	$M(\alpha)=\cos\alpha\left(1+\frac{\tan\alpha\tan\phi'}{F_s}\right)$
	$F_s=1.70$
1	$\cos(-11.1)[1+\frac{\tan(-11.1)\times\tan 30}{1.7}]=0.981[1+\frac{-0.196\times 0.577}{1.7}]=0.916$
2	$\cos(-1.55)[1+\frac{\tan(-1.55)\times\tan 30}{1.7}]=0.999[1+\frac{-0.027\times 0.577}{1.7}]=0.990$
3	$\cos 8.13[1+\frac{\tan 8.13\times\tan 30}{1.7}]=0.989[1+\frac{0.143\times 0.577}{1.7}]=1.055$
4	$\cos 17.24[1+\frac{\tan 17.24\times\tan 30}{1.7}]=0.955[1+\frac{0.310\times 0.577}{1.7}]=1.055$
5	$\cos 29.36[1+\frac{\tan 29.36\times\tan 30}{1.7}]=0.871[1+\frac{0.562\times 0.577}{1.7}]=1.037$
6	$\cos 37.87[1+\frac{\tan 37.87\times\tan 30}{1.7}]=0.789[1+\frac{0.777\times 0.577}{1.7}]=0.997$
7	$\cos 50.44[1+\frac{\tan 50.44\times\tan 30}{1.7}]=0.637[1+\frac{1.210\times 0.577}{1.7}]=0.898$
8	$\cos 62.85[1+\frac{\tan 62.85\times\tan 30}{1.7}]=0.456[1+\frac{1.950\times 0.577}{1.7}]=0.758$

$F_s=1.50$으로 가정했을 때 : $F_s=\frac{352.670}{216.096}=1.632$

$F_s=1.60$으로 가정했을 때 : $F_s=\frac{354.470}{216.096}=1.640$

$F_s=1.70$으로 가정했을 때 : $F_s=\frac{360.446}{216.096}=1.668$이므로

∴ 안전율은 $F_s=\frac{360.446}{216.096}=1.668$ 로 결정한다.

11.7 Janbu의 간편법(1956)

이 방법은 비원호 활동면에 적용할 수 있는 비교적 간편한 사면안정 해석법이다. 그림 11.9에서 각 절편의 측면에 작용하는 내부전단력 X_R, X_L은 0으로 가정하나 보정계수 f_0를 도입한다. 그리고 절편 밑면에 작용하는 연직력은 연직방향의 힘의 평형조건으로 구하므로 Bishop의 간편법과 같다. 이 방법을 사용할 경우 절편의 폭은 좁게 잡는 것이 좋다.

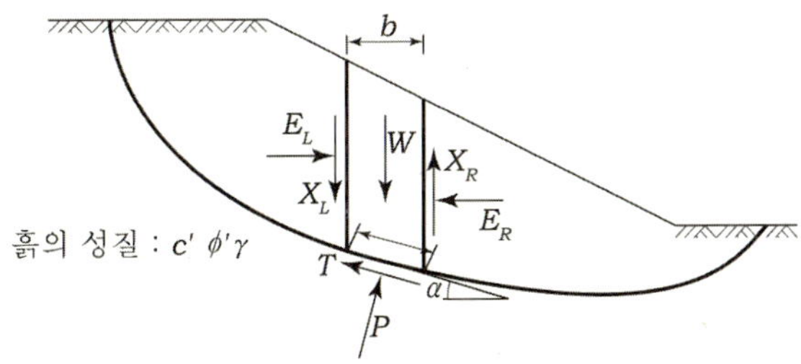

그림 11.9 Janbu의 간편법

그림 11.9에서 연직응력 σ, 전단응력 τ, 공극수압을 u라 하면, 파괴기준은 $s = c' + (\sigma - u)\tan\phi'$ 이고, $\tau = s/F_s$이다.

$P = \sigma l$, $T = \tau l$이므로

$$T = \frac{1}{F_s}\{c'l + (P - ul)\tan\phi'\} \tag{11.31}$$

절편 밑의 연직력은

$$P\cos\alpha + T\sin\alpha = W - (X_R - X_L) \tag{11.32}$$

여기서, $X_R = X_L = 0$으로 가정한다.
식 (11.31)을 식 (11.32)에 대입하여 정리하면 다음과 같다.

$$P = \{W - \frac{1}{F_s}(c'l\sin\alpha - ul\tan\phi'\sin\alpha)\}/M(\alpha) \tag{11.33}$$

여기서,

$$M(\alpha) = \cos\alpha(1 + \tan\alpha \frac{\tan\phi'}{F_s})$$

절편 밑의 수평력은

$$T + (E_R - E_L)\cos\alpha = \{W - (X_R - X_L)\}\sin\alpha \tag{11.34}$$

$X_L = X_R = 0$으로 가정하고 T 대신 식 (11.31)을 식 (11.34)에 대입하여 정리하면 다음 식과 같다.

$$E_R - E_L = W\tan\alpha - \frac{1}{F_s}\{c'l + (P - ul)\tan\phi'\}\sec\alpha \tag{11.35}$$

지표하중이 없다면 전체 힘의 평형은 $\Sigma(E_R - E_L) = 0$이므로

$$\Sigma(E_R - E_L) = \Sigma W\tan\alpha - \frac{1}{F_s}\Sigma\{c'l + (P - ul)\tan\phi'\}\sec\alpha = 0$$

따라서

$$F_s = \frac{\Sigma\{c'l + (P - ul)\tan\phi'\}\sec\alpha}{\Sigma W\tan\alpha} \tag{11.36}$$

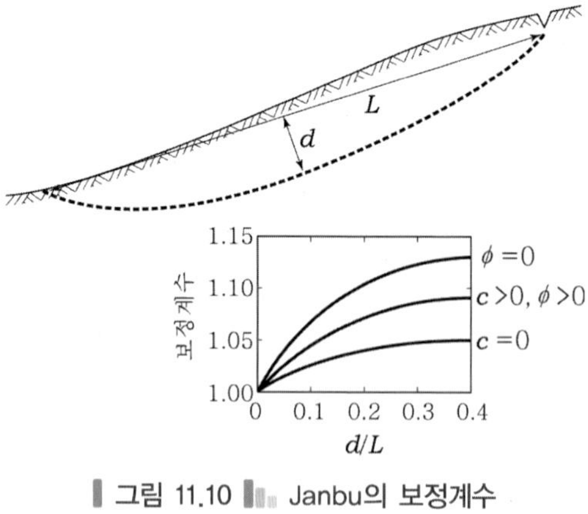

그림 11.10 Janbu의 보정계수

절편 내부의 전단력을 설명하기 위하여 그림 11.10에서 구할 수 있는 보정계수를 사용한다. 즉,

$$F_s = f_0 F_0$$

$$F_0 = \frac{\sum\{c'b + (W - ub)\tan\phi'\} \cdot 1/n_a}{\sum W\tan\alpha} \quad (11.37)$$

여기서, $n_a = \cos\alpha M(\alpha)$이다.

이외에도 Spencer 방법(1967)과 Morgenstern and Price(1965) 등이 사용되고 있다.

11.8 얇은 연약층에서의 안정해석

앞절에서는 원호활동으로 사면이 파괴될 때의 안정해석을 행하는 방법을 제시하였으나 활동면이 원호가 아닌 경우도 많이 있다. 흙의 성질이나 공극수압이 위치마다 현저히 다르거나 흙의 강도가 극히 비등방성인 때에는 활동형상이 원호와 차이가 생길 수 있다. 이러한 경우에 대한 안정해석방법은 Janbu(1954)와 Morgenstern and Price(1965) 등이 제시하였다. 대단히 연약한 얇은 점토층이나 공극수압이 큰 얇은 모래층(sand seam)이 사면내에 존재할 때에는 그 지층을 따라 활동이 일어나는 경향이 있다. 그림 11.11은 연약층이 견고한 지층사이에 끼어 있는 사면을 보인다. 이러한 사면을 해석할 때에는 원호활동으로 가정하는 것보다도 다음과 같은 방법으로 자유 물체 abdc의 토괴가 연약층을 따라 활동한다고 가정하는 것이 더 불안측일 수 있다.

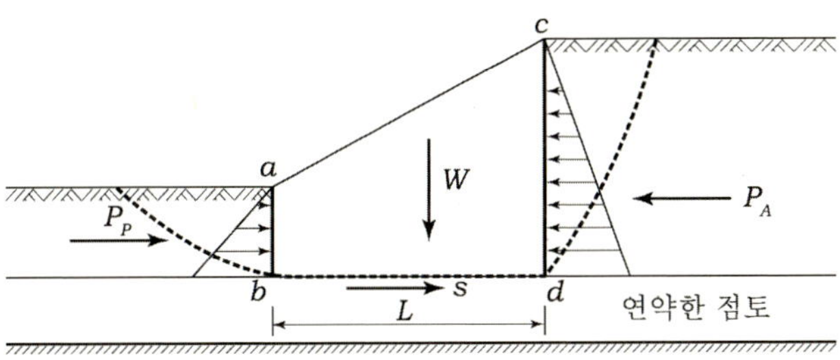

그림 11.11 토괴의 활동

토괴(土塊)에 작용하는 힘은 자중 W, dc면에 작용하는 주동토압 P_A 및 ab면에 작용하는 수동토압 P_P이다. 토압은 일반적으로 Rankine방법으로 계산하므로 토압의 작용방향은 가정한 작용면과 수직이다. 이러한 가정을 기초로 하여 안전율을 계산하면

$$F_s = \frac{s}{P_A - P_P} \tag{11.38}$$

가 된다.

여기서, s는 bd면을 따르는 전전단강도이다. 비배수 조건에서는 $s = c_u L$이고, 배수조건에서는 $s = c'L + (W - uL)\tan\phi'$로 계산하면 된다.

11.9 성토사면 및 굴착사면의 장기안정해석

11.9.1 흙댐 사면의 안정

그림 11.12는 흙댐의 축조기간 동안의 댐 내에 전단응력, 공극수압 및 안전율의 변화를 나타낸 것이다. 흙댐을 설계할 때는 사면의 가장 위험한 상태에 대하여 안전율을 정해야 한다. 상류사면의 경우 가장 위험한 상태는 그림 11.12의 하단에 있는 시간–안전율 곡선에서와 같이 시공직후 수위 급강하시이며, 하류사면은 시공직후 정상침투일 때이다. 흙댐 시공 중에는 하중의 증가로 가상 활동면상의 전단응력과 공극수압은 댐이 완공될 때까지 증가하며 완공 후에는 과잉공극수압이 증가된다. 이때 정상침투 상태가 되며, 만수시 수위를 급강하시키면 제체 내에 응력의 변화가 일어나 가상 활동원의 한 점 P에서 전단응력은 증가한다. 이때 안전율은 떨어진다. 이와 같이 댐이 존재해 있는 동안 전단응력이나 공극수압은 여러 차례 증감할 수 있다.

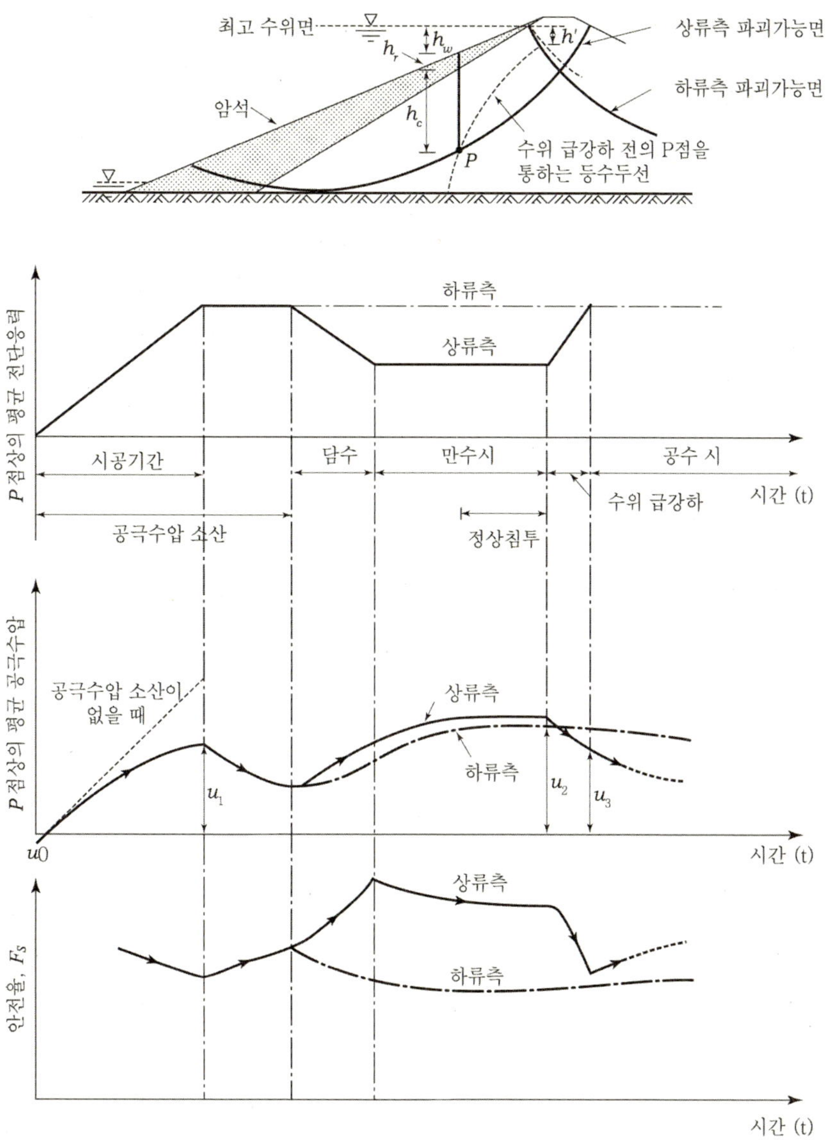

그림 11.12 흙댐의 시공 중 및 시공 후의 전단응력, 공극수압 및 안전율의 변화

11.9.2 굴착사면의 안정

점토지반을 굴착하여 제방을 만들 경우 정상 침투시 상류측 사면의 안전율이 가장 작아질 수 있으며 공극수압의 변화율은 다음 식과 같다.

$$\Delta u = B\{\Delta\sigma_3 + A(\Delta\sigma_1 - \Delta\sigma_3)\} \tag{11.39}$$

여기서, Δu : 공극수압의 변화량

B : 등방압축시의 공극수압계수($=\dfrac{\Delta u}{\Delta \sigma_3}$)

$\Delta \sigma_3$: 최소 주응력의 증가량

A : 삼축압축시의 공극수압계수($=\dfrac{D}{B}=\dfrac{\Delta u/\Delta \sigma_1}{\Delta u/\Delta \sigma_3}=\dfrac{\Delta \sigma_3}{\Delta \sigma_1}$)

D : 일축압축시의 공극수압계수($=\dfrac{\Delta u}{\Delta \sigma_1}$)

$\Delta \sigma_1$: 최대 주응력의 증가량

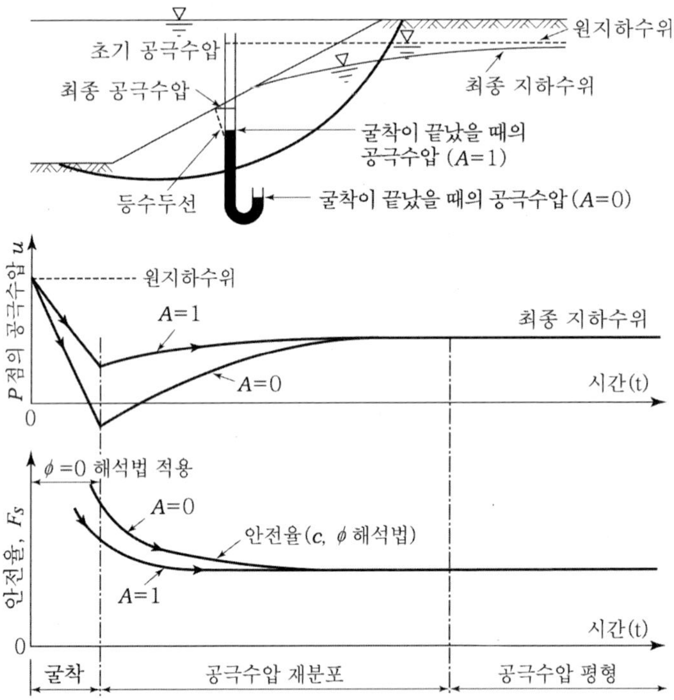

▌그림 11.13 ▌ 점토 지반을 굴착할 때 공극수압 및 안전율 변화

점토가 완전히 포화되어 있으면 $B=1$이므로 식 (11.39)는 다음과 같이 된다.

$$\Delta u=\frac{1}{2}(\Delta \sigma_1+\Delta \sigma_3)+(A-\frac{1}{2})(\Delta \sigma_1-\Delta \sigma_3) \tag{11.40}$$

그림 11.13의 상단의 P점은 굴착이 진행됨에 따라 $\Delta\sigma_1$과 $\Delta\sigma_3$는 음의 값이 되므로 식 (11.40)의 제 1항은 음의 값이 되고, $A < \frac{1}{2}$이면 제 2항도 음의 값이 된다. 굴착 직후 공극수압의 변화는 음의 값을 갖는다. 그러나 굴착 완료후 시간의 경과에 따라 Δu는 점차 증가하게 되므로 정상침투 상태가 된 다음에 안전율이 최소로 된다. 그림 11.13은 점토지반 굴착시 공극수압 및 안전율의 변화를 나타낸 것으로 굴착완료시까지는 전응력 해석법이 사용되고, 정상침투 상태에서는 유효응력 해석법을 사용한다. 그러나 굴착사면 내에 파괴된 흔적이 있으면 안전율은 잔류 전단강도 정수를 이용하여 계산한다.

11.10 전응력과 유효응력에 의한 안정해석

11.10.1 전응력 해석법과 유효응력 해석법

전응력 해석법은 일어날 수 있는 가장 위험한 배수조건에 대응하는 강도정수를 사용하는 안정해석법, 즉 비배수 강도시험으로 얻은 강도정수 c_u와 ϕ_u를 써서 해석하는 방법으로 공극수압은 고려하지 않으며 보통 공극수압 변화의 예측이 어렵기 때문에 단기적 안정문제의 해석에 간편하다. 비배수 강도만으로 해석한다면 이는 $\phi = 0$ 해석법이라고 한다. 유효응력 해석법은 배수조건의 차이에 따른 강도변화가 흙 속의 유효응력차로 귀착된다는 원리로 해석하는 방법이며, 유효응력으로 얻은 강도정수 c' 및 ϕ'와 공극수압을 사용하여 안정해석을 하는 방법이다. 이 두 방법은 어느 것을 적용해도 동일한 사면에 대한 안전율은 이론상 차이가 없으므로 여기서는 여러 조건에 대한 각 방법의 적용시 단위중량과 공극수압 결정법을 설명한다.

11.10.2 부분수중 상태인 사면의 해석

부분 수중 상태란 그림 11.14(a)와 같이 사면의 내외부의 일부에 정수위가 있고 활동원의 일부도 내외부 수면 또는 지하수면 밑을 통과하는 것을 말한다. 예를 들면, 하천제방의 침윤선이 완만한 경사라면 수면과 같은 높이에 있는 지하수위로 가정하여 그림 11.14(a), (c)와 같은 부분 수중 상태로 본다.

이때 안정해석을 위한 공극수압과 흙의 단위중량은 다음 두 가지로 생각할 수 있다.

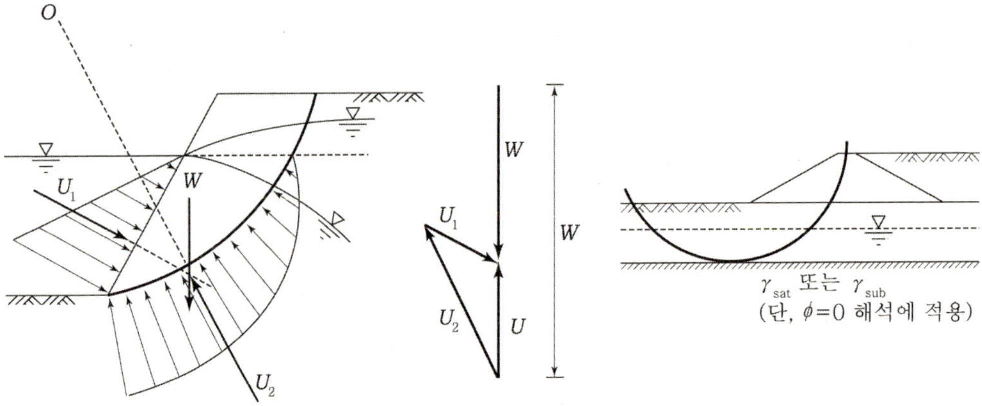

(a) 활동토괴에 작용하는 수압　(b) 힘의 다각형　(c) 지하수위가 사면 아래 있는 경우

그림 11.14 부분수중상태

(1) 수면 아래의 수압을 무시하고 물속에 잠긴 부분의 흙은 수중단위중량으로 한다. 수압은 정수압으로 활동면에 작용하는 수압의 분포는 그림 11.14(a)와 같다. 흙덩이 외측에는 U_1이 작용하고 내측에는 U_2가 작용하므로 이들을 합성하면 그림 11.14(b)와 같이 그 합력은 양압력 U로 된다. 따라서 수면 위에 있는 흙의 단위중량은 γ_t, 수면 밑의 것은 γ_{sub}를 사용한다. 이 방법은 그림 11.14(a), (c)의 경우에 $\phi=0$ 해석과 유효응력 해석시 적용할 수 있으나 전응력 해석에는 적용할 수 없다. 그 이유는 $\phi>0$인 흙에 대하여 그림 11.15(b)와 같이 전응력을 기준으로 했을 때 전단강도는 S_A이고 유효응력을 기준으로 했을 때는 S_B로 그 값이 서로 다르기 때문이다. 그러나 $\phi=0$해석에서는 그림 11.15(a)와 같이 연직응력이 달라도 전단강도는 변하지 않는다.

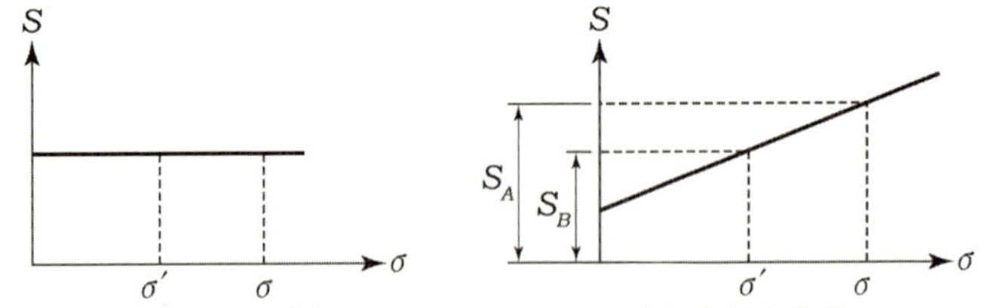

(a) $\phi=0$ 해석　(b) 전응력 해석

그림 11.15 단위중량의 정확한 사용법

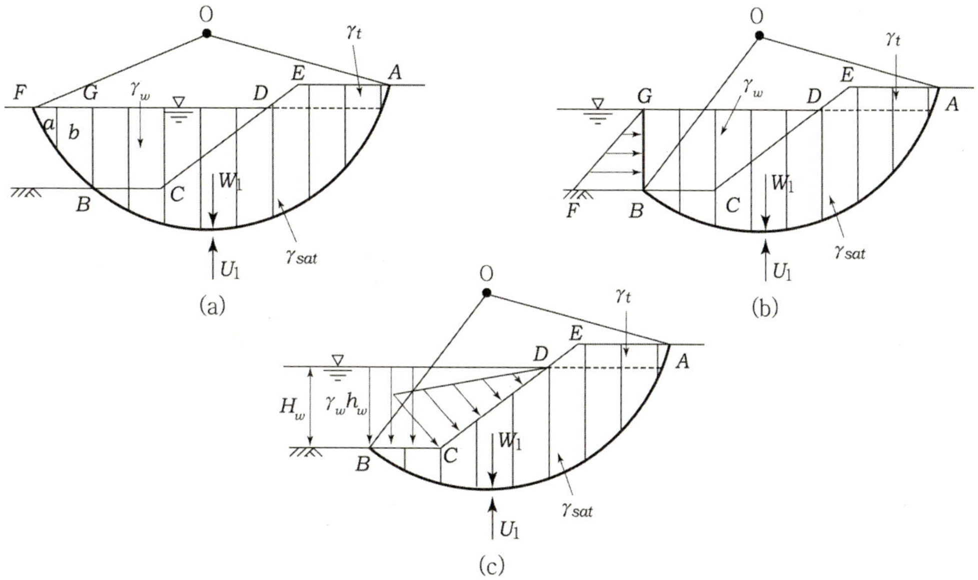

그림 11.16 절편법에 의한 수중 사면안정 해석

(2) 수압을 고려하고 수면 아래의 흙은 포화단위중량으로 계산한다. 즉 활동토괴의 경계면에 작용하는 수압을 고려하고, 제체내에서 수면 위는 γ_t, 수면 아래는 γ_{sat}을 사용한다.

절편법에 의한 수중 사면안정해석은 그림 11.16과 같이 세 가지 경우를 생각할 수 있다. 그림 11.16(a)의 경우, 절편 a, b에 대하여 $\gamma_t = \gamma_w$, $c = 0$, $\phi = 0$인 흙으로 간주한다. 그림 11.16(b)는 △FBG와 같은 삼각형의 수압 분포를 가정한다. 그림 11.16(c)는 사면 CD를 따라 수압이 분포한다고 가정하는 것이다. 세 경우 모두 계산 결과는 같다.

11.10.3 정상침투 상태의 안정해석

정상침투의 경우에는 제체의 유선망을 그릴 수 있으므로 그 유선망의 침윤선 위의 흙은 γ_t, 침윤선 밑의 흙은 완전 포화되었다고 가정하고 γ_{sat}이고, 공극수압의 분포를 결정하여 유효응력 해석법으로 강도정수 c'와 ϕ'를 사용하여 계산한다. 즉 그림 11.17과 같은 경우 활동면 AB 위의 한 점 C에서 공극수압은 $\gamma_w h$이고, 그 분포도는 A'C'B'와 같이 된다.

11.10.4 수위 급강하 상태의 안정계산

정상침투후 댐 상류의 수위가 급강하하면 흙의 수중단위중량 γ_{sub}가 전체단위중량 γ_t로 바뀌므로 활동토괴의 중량이 증가하고, 응력의 변화로 공극수압이 커지므로 활동면에 따른 전단저항이 감소하여 안전율이 최소로 될 수 있다.

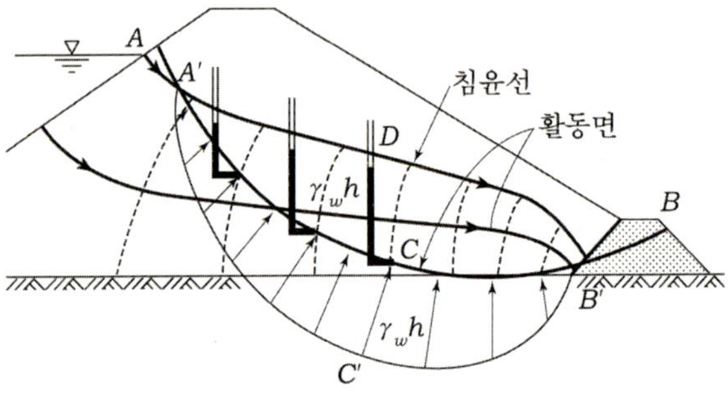

그림 11.17 정상침투시의 유선망과 활동면을 따르면 공극수압의 분포

그림 11.18에서 수위강하 이전에 상류 사면의 한 점에서 공극수압 u_0는 다음 식과 같다.

$$u_0 = \gamma_w(h_f + h_w - h') \tag{11.41}$$

여기서, 이 식의 기호는 그림 11.18에 있다.
수위 급강하 후 변화된 공극수압 u는 다음과 같다.

$$u = u_0 + \Delta u \tag{11.42}$$

공극수압비

$$\overline{B} = \frac{\Delta u}{\Delta \sigma_1} \tag{11.43}$$

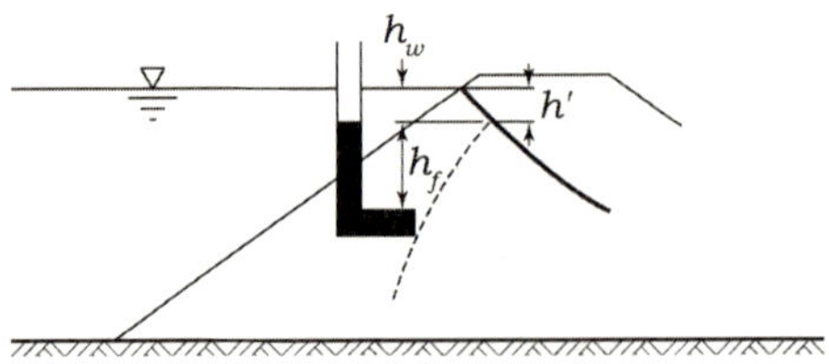

그림 11.18 수위강하전 상류측 제체의 공극수압

라 하고, 생각하는 점의 최대 주응력이 그 점 위의 흙의 중량과 같다고 하면

$$\Delta \sigma_1 = -\gamma_w h_w \tag{11.44}$$

식 (11.43)과 (11.44)에서

$$\Delta u = \overline{B}\Delta\sigma_1 = -\overline{B}\gamma_w h_w \tag{11.45}$$

따라서 수위 급강하 후 잔류 공극수압은 식 (11.45)와 식 (11.41)을 식 (11.42)에 대입하여 정리하면 다음과 같다.

$$u = u_0 + \Delta u = \gamma_w\{h_f + h_w(1-\overline{B}) - h'\} \tag{11.46}$$

이 식에서 u는 $\overline{B}$에 의존한다는 것을 알 수 있다. Bishop(1954)은 $\overline{B}=1$로 해도 안전측이며 실제와도 잘 맞는다고 하였다. $\overline{B}=1$, $h'=0$으로 하면 식 (11.46)은 다음과 같이 된다.

$$u = \gamma_w h_f \tag{11.47}$$

따라서 수위 급강하시 안전율 계산에는 가상 활동면에 따르는 공극수압은 보통 식 (11.47)로 계산하고, 강도정수는 압밀 비배수 시험에서 얻은 강도정수 c_{cu}, ϕ_{cu}를 쓰며 공극수압은 고려하지 않는다.

11.10.5 시공 직후

시공 직후의 사면안정해석은 $\phi=0$해석에서는 s_u값만을 강도정수로 사용하고, 불포화된 흙에 대하여는 비압밀 비배수 시험으로 얻은 c_u, ϕ_u를 쓰며 공극수압은 고려하지 않는다.

유효응력 해석법을 사용할 때는 다음과 같이 공극수압을 결정한다. 성토 시공시 공극수압의 소산을 거의 무시한다면, 과잉공극수압은 다음 식으로 계산한다.

$$\Delta u = \overline{B}\Delta\sigma_1 \tag{11.48}$$

성토시에는 흙이 포화되지 않으므로 $\overline{B}<1$이고 보통 $A<1$이므로 $\overline{B}$는 1보다 작아진다. 만일 공극수압이 소산된다면 과잉공극수압은 압밀도 U를 고려하여 다음 식으로 계산한다.

$$\Delta u = \overline{B}\Delta\sigma_1(1-U) \tag{11.49}$$

11.10.6 인장균열의 영향

인장균열은 점토지반에서 발생할 수 있으며, 이것이 활동면내에 존재하면 사면의 안정에 영향을 주게 된다. 이 경우 가상 활동원과 접하는 깊이의 점까지는 전단강도가 없으므로 활동은 이 점에서 시작하는 것으로 본다. 만일 균열내에 물이 차면 그림 11.19와 같이 그 깊이까지 정수압이 존재하며 이 힘은 활동모멘트로 작용한다. 인장균열이 사면의 안전율 계산에 미치는 영향은 미소하지만 균열을 통하여 물이 침투하므로 지반의 전단강도가 약해진다는 것은 고려할 필요가 있다.

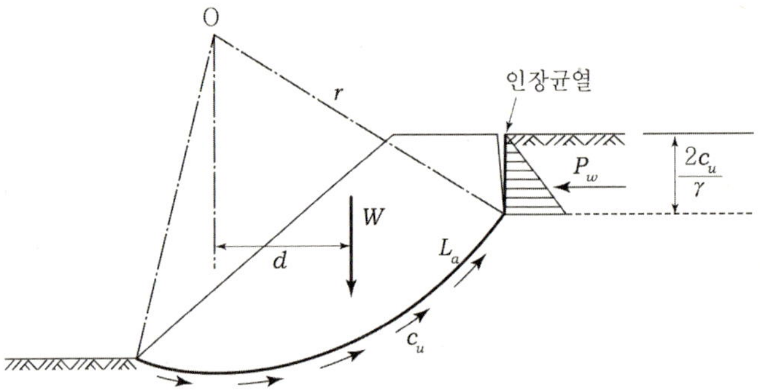

그림 11.19 인장균열의 영향

11.11 도표에 의한 안정해석

안정도표는 주로 예비설계 단계나 사면안정해석 결과의 개략적 검토에 이용되며 다른 계산법보다 계산과정에서 시간과 노력을 줄일 수 있는 이점이 있다.

Taylor는 마찰원법에 근거한 안정도표를 제시하였으며 이것은 사면이 한계평형상태에 있다면, 안정수, 경사각 및 강도정수 사이에 일정한 관계가 성립한다는 조건에 따라 작성된 것이다.

안정수 N_s는 깊이계수 D와 관계되는 값으로 안전율을 최소한 $F_s = 1$로 유지하는 데 요구되는 사면의 높이에 대한 점착력성분의 비율이라고 할 수 있으며 다음 식으로 표시된다.

$$N_s = \frac{c_u}{\gamma_t H} \tag{11.50}$$

여기서, N_s : 안정수(무차원)

c_u : 점착력(kN/m^2)

γ_t : 흙의 단위중량(kN/m^3)

H : 사면의 높이(m)

$$D = \frac{DH}{H} \tag{11.51}$$

여기서, D : 깊이계수

DH : 지표면으로부터 암반까지의 깊이

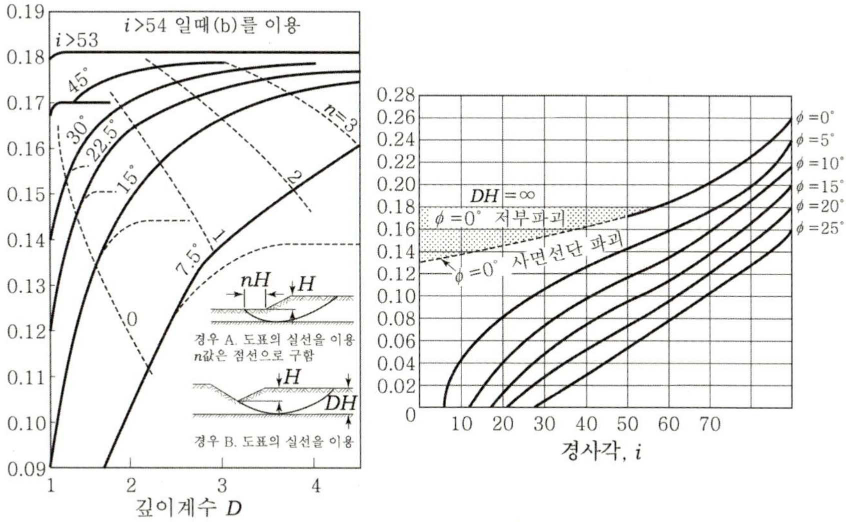

(a) $\phi=0$인 흙 (b) $\phi>0$인 흙

그림 11.20 전응력 해석을 위한 Taylor의 안정도표

그림 11.20(a)는 $\phi=0$, 및 $\phi>0$인 균질 점토사면의 안전율을 계산하기 위하여 인장균열, 상재하중 및 외측수압을 고려한 감소계수를 구할 수 있는 안정도표를 제시하였으며 이 도표는 적용범위가 넓어 많이 사용되고 있다.

그리고 Cousins는 마찰원법을 기초로 하여 공극수압비를 고려한 균질사면의 경사 45°까지 적용할 수 있는 안정도표를 제시하였다.

11.12 암반사면의 안정해석

토목공사중에 암반의 절취시 토층과 암반의 특성 및 그 지역의 불연속면의 발달상태를 고려함이 없이 지반 강도에 따라서 일률적으로 사면 경사를 선정하기 때문에 사면의 붕괴로 인한 인명과 재산피해 뿐만 아니라 경제적으로 막대한 손실을 초래하고 있다. 최근 도로, 철도, 댐, 터널, 단지조성 등과 같은 대규모 건설공사로 안정을 유지하고 있는 지반이 굴착에 의해 지반상태가 이완됨에 따라 대규모의 붕괴가 발생하고 있다. 이는 굴착에 의한 응력해방으로 균열이 발생하고 균열된 부분에 지표수나 지하수가 침투하기 때문에 사면붕괴와 활동이 발생하게 된다.

특히 단층파쇄대와 습곡 등은 과거에 변형을 발생시킨 장소이고 응력이 집중하게 되어 대규모의 굴착을 하는 경우 기반암이 이완되어 사면붕괴와 활동을 유발시키게 된다. 따라서 조사, 설계 및 시공과정에서 발생되는 문제점과 대책을 분석하고 보강대책을 강구하여 암반사면의 붕괴 위험가능성을 사전에 예방하여야 한다.

암반사면 절취시 주변 암반의 안정성 분석은 암반내에 존재하는 단층 또는 절리와 같은 구조면을 얼마나 정확하게 판단하느냐에 따라 해석결과의 신뢰성이 좌우된다. 따라서 이러한 구조면을 갖는 사면은 우선 평사투영법을 이용하여 암반 비탈면의 안정성을 분석한 후에 위험하다고 판단되는 경우에 한계평형법 및 유한요소법 등을 통하여 암반사면의 안정성을 해석한다.

암반의 거동은 토질과 다르게 불연속면의 발달특성에 따라서 영향을 받으므로 암반을 절취하는 경우에 사면안정성에 미치는 영향을 고려하여야 한다. 토질은 비교적 균일한 특성을 지니지만 암반사면은 암반내에 불규칙하게 발달하고 있는 불연속면 때문에 암석덩어리는 크기와 모양이 다양하고 부분적으로 불안한 양상을 띄는 것이 특징이다.

암반사면의 안정 검토는 암석의 강도 보다는 불연속면의 발달상태(불연속면의 방향, 간격, 연속성, 거칠기, 강도, 틈새, 충진물질, 투수, 불연속면군의 수, 암괴의 크기 및 모양 등)를 조사하여 판단하여야 한다.

암반사면의 안정성을 판단하기 위해서 불연속면의 요소를 초기 조사시에 모두 고려하는 것은 많은 면적의 암반절취면에서는 부적합하기 때문에 중요한 요소만 우선적으로 고려하고 추후에 불안정하게 판단된 부분만 나머지 요소를 모두 고려하여 정밀한 안정성평가가 수행되어야 한다.

암반사면에서 안정해석은 현장조사에서 수집된 자료를 바탕으로 불연속면의 방향을 고려하여 1 차적으로 평사투영법(예 : Dips 등)에 의한 개략적인 안정성을 평가한 후 1 차 해석결과에 따라 파괴발생 가능성 내지 잠재적 파괴 가능성을 가진 사면에 대해 한계평형해석 프로그램(예 : Swedge, RocPlane 등)을 활용하여 안전율을 계산한다. 또한 한계평형해석의 단점을 보완하고 사면의 전반적인 역학적 거동을 파악하여 안정성을 최종적으로 확인하기 위해 탄소성요소, 경계요소, 개별요소 등 다양한 요소를 사용하여 최대한 현장 조건에 가까운 모델링을 통한 수치해석(예 : UDEC 등)이 이용하고 있다. 또한, 낙석 수치모형 해석을 통한 사면의 형태와 낙석의 상관성을 분석하는 통계처리해석(예 : RocFall 등)이 있다.

11.12.1 평사투영법

암반내에 발달하고 있는 불연속면들의 분포상태 및 암반의 역학적 특성을 손쉽게 기하학적으로 파악하기 위해서 평사투영망을 이용하여 암반사면의 전반적인 안정성 상태를 파악한다.

초기 조사시의 안정성평가는 불연속면의 방향과 마찰각의 역할이 크므로 이 두요소와 절개면의 방향을 고려하여야 하는데 이를 기하학적으로 손쉽게 해석하기 위한 기법이 평사투영방법(stereographic projection method)이다.

평사투영법이란 불연속면이나 절개면과 같은 3차원적인 형태를 2차원적인 평면상에 투영하는 방법이다. 절개면의 주향과 경사를 고려하여 평사투영망인 원안에 불연속면은 한개의 점으로 절개면은 한개의 곡선으로 각각 표시하고 평사투영망에 불연속면의 마찰각과 상기의 위험조건들을 기하학적으로 도시한 후에 위험조건들에 부합된 지역을 평면파괴, 쐐기파괴, 전도파괴로 설정한다.

암반사면의 붕괴형태는 사면에 발달하고 있는 불연속면의 상태에 따라서 결정되는데, 원형파괴(circular failure)는 불연속면이 불규칙하게 발달하여서 뚜렷한 구조적인 특징이 없으면 토층과 같은 형태로 발생한다.

평면파괴(plane failure)는 불연속면(절리면)의 주향과 비탈면의 주향이 20° 이내로 거의 평행한 방향을 가지고 절리면의 경사가 마찰각보다 클 경우 발생한다.

쐐기파괴(wedge failure)는 굴착방향으로 경사져 있는 두 불연속면의 교선 경사가 마찰각보다 크고 비탈면 경사보다는 작을 경우 불연속면에 놓여있는 쐐기형 암반이 교선을 따라 아래로 미끄러질 때 발생한다.

전도파괴(toppling failure)는 절개면과 절리면의 경사방향과 불연속면의 경사방향이 반대이거나 절리면의 주향과 절개면의 주향이 비슷한 경우에 발생한다.

활동파괴 위험지역을 해석할 때 주의할 점은 위험지역에 표시되는 불연속면의 극점이나 불연속면의 교선의 극점은 항상 활동파괴 형상이라고 판단하면 안되고, 암괴의 판상이나 주상형태이면 활동파괴가 아니라 오히려 전도파괴가 발생할 수도 있으므로 현장조사를 다시 하여 암괴의 모양을 확인해야 한다.

절취면의 방향과 불연속면의 방향, 불연속면의 전단강도로서 암반사면 안정성을 평가하는 평사투영법은 암반사면의 안정 상태를 초기에 신속하고 간단하게 파악할 수 있는 장점이 있으나, 실제 현장에 적용할 때에는 평사투영해석법의 문제점을 충분히 파악하여 검토한 후 적용하여야 한다.

특히 상기의 3가지 요소 외에 암반사면에 영향을 주는 불연속면의 발달상태 요소들이 안정성 판단에 중요한 변수가 될 수도 있기 때문에 정밀조사에서는 자세히 고려되어야 한다. 예를 들면 절리면의 연속성이 짧은 경우에는 내부마찰각뿐만 아니라 점착력도 고려하여야 하고, 불연속면의 틈새가 벌어지거나 지하수가 침투하여 있으면 마찰각을 충분히 작게 해야 하기 때문에 평사투영해석법에 의한 분석의 한계를 이해하고 해석하여야 한다.

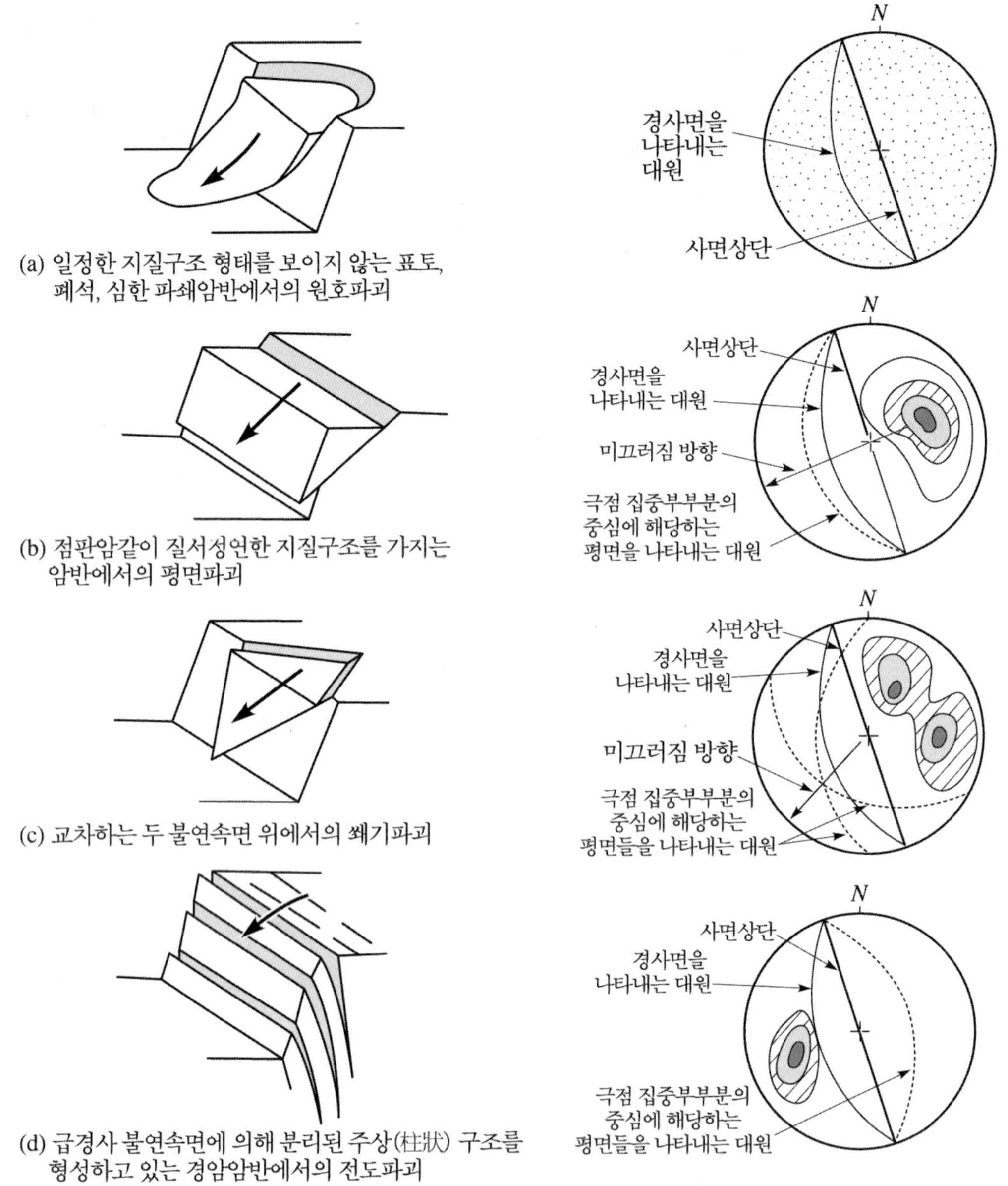

그림 11.21 암반의 파괴형태 및 평사투영법

11.12.2 한계평형해석

평사투영법을 이용하여 암반사면을 개략적으로 평가한 후 결정된 붕괴형태에 따라 한계평형해석을 실시하여 안전율을 산정한다. 한계평형해석은 현장조사 및 실내시험 결과를 토대로 지반정수를 산정하며 암괴의 자중, 절리면의 마찰각 및 점착력, 공극수압 등을 고려하여 활동파괴면을 따라 미끄러지려는 암괴에 대한 안정성을 안전율(safety factor)로 나타낸다.

한계평형해석 프로그램인 Swedge, RocPlane 등은 정역학적인 평형방정식(미끄러짐을 유발하는 합력과 저항하는 합력의 비)의 원리를 이용한 것으로 절토사면 높이와 경사방향, 활동암괴를 형성하는 주 절리(joint)의 경사, 경사방향, 점착력, 마찰각, 지하수위 등을 입력함으로 활동암괴의 형상을 알 수 있고 안전율을 구할 수 있는 프로그램이다. 평사투영법의 결과에서 쐐기파괴의 가능성이 있는 경우에는 Swedge 프로그램을, 평면파괴의 가능성이 있는 경우에는 RocPlane 프로그램 등을 통해 안전율을 구하고 허용안전율(건기시 1.5, 우기시 1.2)을 초과하는 경우 안전한 것으로 판단한다.

11.13 사면안정대책공법의 선정

사면안정대책공법의 선정에 있어서는 지형, 지질이나 기후조건, 보호공법에 기대되는 효과에 대해 충분히 파악함과 동시에 경제성, 시공성을 고려한 최적공법을 선정하여야 한다.

일반적으로 사면안정대책공법 선정은 개략설계, 상세설계 및 시공시점에서 검토할 필요가 있으며 동일한 사면내에서도 지반상태, 용수상태가 다르기 때문에 각각의 조건에 적합한 방법을 선정하여야 한다. 그리고 시험시공으로 사전에 유사한 사면에 안정대책공법을 실시한 시공실적이 있으면 그 결과를 가지고 공법을 선정하는 것이 효과적이다.

사면안정대책공법은 크게 억제공과 억지공으로 대별된다. 억제공은 지형, 지하수 등의 자연조건을 개량하여 활동을 안정화시키려고 하는 공법으로 장기간 안정에 효과적이다. 억지공은 인공구조물에 의해 활동력에 대항하려고 하는 공법으로 만일 억지공이 파괴된 경우에는 급격한 활동이 되기 때문에 높은 안전율이 요구된다. 대책공법으로는 억지공과 억제공의 병용이 바람직하다.

11.13.1 대책공법 선정에 관한 유의점

① 활동토괴의 두께가 5-10m인 비교적 얕은 경우에는 강우량이 밀도와 관련되기 때문에 지표수 배제공과 지하수 배제공의 병용하는 것이 효과적이다.

② 지하수에는 천층지하수와 심층지하수가 있기 때문에 각각에 적합한 배수공법을 선택한다.

③ 장기간의 강우와 융설이 사면활동에 관련되는 경우에는 심층지하수배제공이 적합하다.

④ 이동량이 1㎜/일을 초과하는 경우에는 응급대책공과 억제공을 먼저 시행하여 움직임을 경감시킨 후에 억지공을 한다. 억지공은 소규모 활동과 정지상태의 대규모 활동에 적합하다.

⑤ 하부 융기부는 굴착하면 안정도가 현저히 저하되기 때문에 융기부의 사면을 보호하고 압성토를 실시하는 효과적이다.

⑥ 활동암괴가 하나인 경우, 상단부에서는 배수공, 하단부에서는 압성토공과 심층지하수 배제공이

효과적이다.

⑦ 활동토괴가 사면의 경사방향으로 몇개의 블록으로 나뉘어져 있는 경우 하단부는 압성토공과 지하수배제공이 효과적이다.

11.13.2 대책공법의 선정

대책공법들은 토층 및 암반사면에 적용하는 공법으로 시공조건과 경제성 등을 고려하여 대상사면에 적합한 공법을 사용하여야 한다.

사면절취시 충분한 안정성을 고려했다고 하더라도 예상치 못한 불연속면이나 연약한 층이 발생하여 안정성에 문제가 되는 경우가 있다. 사면안정을 확보하기 위한 보강공법에는 여러 형태가 있으며 일반적으로 하나의 공법이 시공되나 사면의 상태를 따라 여러가지 공법이 복합적으로 시공되기도 한다.

특히, 사면붕괴는 흙깎기 비탈면에서의 붕괴가 많이 발생하고 있기 때문에 흙깎기 비탈면의 대책공법을 분류하면 크게 보호공법과 보강공법으로 구분할 수 있다. 보호공법은 흙깎기 비탈면이 현시점을 기준으로 허용 안전율을 확보하고 있으나, 향후 우수나 풍화 진행 등으로 흙깎기 비탈면의 안전율이 감소되는 것을 방지하기 위한 것으로 대표적인 공법으로는 낙석방지망, 낙석방지울타리, 낙석방지옹벽, 식생공, 배수공 등이 있다. 보강공법은 흙깎기 비탈면 활동에 대한 저항력을 증가시키거나 비탈면의 활동력을 감소시켜 일정 기준의 허용 안전율을 확보하기 위한 공법으로 대표적인 공법으로는 흙깎기, 앵커, 계단식(화단)옹벽 등이 있다.

표 11.3 흙깎기 비탈면의 대책공법

목적	대책공법
활동하중 경감	흙깎기 / 상부흙깎기 / 면정리 / 이완암제거 / 뜬돌제거 / 라운딩
활동 억제	록앵커 / 어스앵커 / 록볼트 / 쏘일네일링 / 말뚝공 버트리스 / 의지식옹벽 / 의지식 식생옹벽 계단식옹벽 / 계단식화단옹벽 / 와이어로프 걸기
낙석 제어	낙석방지망 / 포켓식 낙석방지망 / 기능형 낙석방지망/ 낙석방지울타리 / 고강도특수방지울타리 / 낙석방호울타리 / 낙석방지옹벽 / 낙석방지울타리옹벽 / 돌망태옹벽
표면 보호	식생공 / 격자블록 / 격자블록+고정핀 / 사방공 숏크리트
수리 제어	산마루측구 / 전단면배수로 / 소단배수로 / 전단면소단배수로 도수로 / 수평배수공 / L, U, J형 측구 / 맹암거(암거)
기타	피암터널 / 도로확폭 / 그라우팅 / 모르타르 / 사방댐 상시계측시스템 / 암파쇄방호시설

국내에서 많이 사용되는 주요 흙깎기 비탈면 대책공법은 다음과 같다.

(1) Rock Anchor 공법

현장타설말뚝 (CIP공법, SCW공법), 엄지말뚝 및 토류판, 지중연속벽, sheet pile 등으로 지중에 벽체를 먼저 설치 후 굴착해 내려가면서 anchor을 설치하여 토압을 지지시키는 공법이다. 사면절취 시에는 앵커를 시공하면서 굴착면을 shotcrete, 콘크리트판 등으로 보호하여 사면을 안정시키는 방법으로 암반 비탈면에는 록앵커(rock anchor), 토사 비탈면에는 어스앵커(earth anchor)를 적용한다.

이 공법은 비탈면 경사가 급한 경우에도 시공 가능하고, 시공 위치를 다소 자유롭게 선택 및 구간별 시공 가능하며, 대심도 붕괴 예상 지역에 적용한다.

(2) Rock Bolt 공법

암반과 보호공과의 일체화 혹은 불연속면을 경계로 하여 암반이 일체화되도록 보강하는 공법이다. 록 볼트의 작용효과는 부재의 전단강도나 원지반과의 인발저항에 의한 직접적인 보강뿐만 아니라 간접적으로 원지반의 물성을 강화하는 효과도 있으므로 보강토공법과 유사하다. 그러나 록 볼트는 부식하기 쉽고 강산성 토양지반이나 변전소 부근에서의 사용은 피해야 한다.

(3) Soil Nailing 공법

절취지반에 강봉을 삽입하여 그라우팅을 실시하고 표면처리는 shotcrete 또는 texsol 등으로 처리하는 공법으로 높이와 폭의 비는 0.5-0.7이며, 간격은 0.5-1.5m^2 당 1개씩으로 한다. 흙깎기 급경사 비탈면에 적용 가능한 보강 공법이고 지하수위가 높은 현장에는 부적절하다.

(4) 버트리스 공법

흙깎기 비탈면 하부가 지지력을 상실하여 공간이 발생되었을 경우에 콘크리트 등을 채움으로써 지지력을 확보하는 공법이다. 비탈면 하부 발파에 의한 이완암 부분을 보강하고 안정된 상부 비탈면을 가진 경우에 비탈면 하부를 대상으로 적용하는 소규모 공법이다.

(5) 의지식 옹벽 공법

원지반에 기댄 콘크리트 구조물의 자중에 의해 활동면에 저항하는 공법으로 소규모 이완된 암괴구간에 콘크리트 벽체를 설치하여 이완암을 고정한다. 비탈면에 기댄 형상으로 자중에 의하여 비탈면 하부 지지력을 확보하고 앵커와 병행시공시 높은 안정성을 가지기 때문에 구간별 소규모 시공으로 공사비를 절감할 수 있다.

(6) 계단식 옹벽 공법

비탈면의 활동 예상 구간, 파쇄대 구간, 함몰 공간 등에 계단 형식의 콘크리트 벽체를 설치하여 지지력을 증대하고 안정성 확보하는 공법이다. 비탈면 하부 세굴 및 지지력 상실 구간에 적용함으로서 효율성이 높고 계단 부분에 화단을 조성하여 식생에 의한 친환경적 공법이다.

(7) 낙석방지대책(rockfall protection)공법

절취사면 및 자연사면에서 풍화진행, 지진, 호우 등에 의해 상부 비탈면에서 이완된 암블록의 낙석 방지, 낙석시 도로유입 차단, 이격거리 내로 유도하는 공법이다. 낙석방지대책공의 선정은 사면의 지형, 지질 및 식생상황 등의 조사결과에 따라서 대책공의 기능, 내구성, 시공성, 유지관리, 경제성 등을 충분히 검토함과 동시에 현지조건에 가장 적합한 대책공법을 선정하여야 한다.

(8) 콘크리트 블록격자공법

우수에 의한 침식이나 풍화가 현저한 지반조건 등에 침식을 방지하고 식생이 부적합한 조건에 사용되는 공법으로 격자 내 비탈면은 녹생토, 돌붙임공을 통해 친환경적인 비탈면을 조성할 수 있다.

(9) 식생공법

식물성장에 적합한 특성을 지닌 coir mesh 등을 이용하여 잔디를 식생시켜 사면유실이나 붕괴를 방지하기 위한 공법으로 비교적 시공이 간단하고 시공비가 저렴한 장점을 가지고 있다.

(10) Shotcrete 공법

시멘트, 모래, 물이 혼합된 모르타르를 현장타설에 의해 비탈면 표층부에 피복하는 공법으로 사면에 전체적으로 용수가 없고 풍화를 받기 쉬운 암질, 풍화하여 붕괴할 위험이 있는 암질, 균일, 절리가 많아 낙석의 위험성이 있는 암질 및 식생에 부적합한 지역 등에 사용한다.

(11) 배수처리공법

사면붕괴는 강우시 암반에 물을 함유하고 있는 상태에서 발생할 가능성이 높으므로 암반사면내 또는 주변의 원활한 배수가 이루어지도록 배수시설을 설치하는 것이 중요하다. 사면내부의 불연속면에 작용하는 수압을 낮추어야 사면의 안정성을 높여 보강효과를 얻을 수 있기 때문에 수압을 낮추기 위해서는 먼저 지표수가 인장균열이나 절리 등의 틈새를 통하여 사면내부로 들어오지 못하도록 하여야 한다. 잠재적인 사면의 파괴면 부근에 수압이 작용하고 있으면 적절한 지표배수 및 지하배수 등을 통하여 수압을 완화시켜 주어야 한다. 이러한 배수공법으로는 산마루 측구, 소단배수로, 배수터널, 수평배수 boring 공법, 강제배수공법, 외부배수로 설치 등이 있다.

(12) 사방댐 공법

집중강우 및 태풍에 의한 계곡부에서 토석류의 이동 피해를 방지하기 위해 흙, 돌, 콘크리트 등을 이용하여 비탈면과 비탈면 사이의 골짜기에 설치하는 공법이다.

(13) 피암터널(rock shed) 공법

강재나 철근 콘크리트 등으로 도로 상에 터널을 설치하여 낙석 발생 피해를 예방하는 공법으로 도로 인근에 여유 폭이 없고, 낙석 발생의 가능성이 있는 급경사(1:0.3 이상) 비탈면 가운데 높이가 30m 이상으로 높거나, 낙석의 규모가 커 비탈면 보호 및 보강공법의 적용이 용이하지 못한 경우 사용하는 공법이다.

11.14. 프로그램에 의한 안정해석

사면안정해석에 이용하는 방법은 한계평형해석법, 유한요소법, 유한차분법 등의 수치해석법이 이용되고 있다.

한계평형해석법을 이용한 프로그램은 SLOPE/W, SoilWorks, TALREN 등이 실무현장에서 많이 사용되고 있으며 해석과정에 필요한 일반적인 절차는 다음과 같다.

(1) 해석방법의 결정 : 간이 Bishop 방법, Ordinary 방법, Janbu 방법, Spencer 방법, Morgenstern-Price 방법 등을 결정한다.
(2) 지하수위 조건의 결정 : 강우를 고려한 지하수위를 고려한다.
(3) 기하학적 형상을 생성한다.
(4) 지반물성치의 입력 : 단위중량, 내부마찰각, 점착력 등을 입력한다.
(5) 경계조건의 결정 : 파괴면 탐색, 원호 및 비원호 해석, 공극수압, 집중하중, 등분포하중, 보강재의 특성, 지진하중 등을 입력한다.
(6) 상류 및 하류사면에서의 안전율과 예상 피괴면을 그래프를 통하여 확인 :
성토의 경우 기준안전율(Fs)은 건기시$>$1.5, 우기시$>$1.3, 지진시$>$1.1, 단기$>$1.1 이고,

절취사면의 경우 기준안전율(Fs)은 건기시〉1.5, 우기시〉1.2(지하수위 명확한 경우) 또는 1.3(지하수위 불명확), 지진시〉1.1, 단기〉1.1 이다.

연약지반 성토의 경우 기준안전율(Fs)은 건기시〉1.3, 우기시〉1.2, 지진시〉1.1, 단기〉1.1으로 적용한다.

안정해석 프로그램들은 여러 프로그램으로 구성되어 있고 서로 연계해서 해석할 수 있다.

예를 들면 SLOPE/W 프로그램은 사면안정해석을 수행하고 이 결과를 불러와서 공극수압을 고려한 침투해석을 SEEP/W 프로그램으로 연계 해석할 수 있다.

침투해석 프로그램은 지반내에 존재하는 공극수압의 분포를 구하는 것으로 포화 및 불포화지반의 흐름, 정상류 및 비정상류 해석 등을 수행할 수 있는 2차원 유한요소해석 프로그램이다. 침투해석을 수행하기 위한 일반적인 절차는 다음과 같다.

(1) 댐 상류사면의 경계조건과 하류사면의 유량경계조건 입력 : 상류측 전수두 조건, 하류사면의 잠재적인 침투수면 조건, 초기지하수위 조건, 시간에 따른 변화조건. 수위급강하 조건 등을 입력한다.
(2) 정상류 조건과 비정상류 조건(수위 급강하시)에서 안정해석의 수행 : 수위급강하시 상류사면은 안정에 (+)요인으로 작용하던 수위가 급강하 하면서 제체내의 공극수압은 그대로 남아있기 때문에 사면의 안전율이 감소하게 된다. 제체의 공극수압 소산은 투수성에 영향을 받는데 수위급강하시 안정성 검토는 유효응력 관점에서 접근한다.
(3) 정상류 해석을 위한 투수계수함수(Hydraulic conductivity function)와 비정상류 해석을 위한 체적함수곡선(Volumetric water contents function)의 입력 : 입력상수는 실험에 의해 구하기도 하고 프로그램에 내장되어 있는 데이터베이스를 이용하기도 한다.
(4) 해석이 종료되면 사용자가 정해놓은 단계별로 결과물을 확인한다.

현장사면의 응력과 변형을 해석하기 위해서는 유한요소법과 유한차분법에 의한 프로그램을 이용한다. 이 프로그램은 사면의 진행성 파괴거동에 대한 분석이 가능하고 적용 분야는 기초의 침하, 굴착면 주변지반의 횡방향 거동, 굴착면 바닥면의 히빙현상, 압밀해석 등에 적용한다.

해석유형은 배수 및 비배수 전응력과 유효응력, 평면변형 및 축대칭 모델, 압밀 및 팽창 등이 있고, 해석모델은 선형 및 비선형 탄성, 탄소성, Cam clay, Modified Cam-clay 모델 등이 사용된다.

유한요소해석의 일반적 절차는 다음과 같다.

(1) 요소와 및 모델링 : 절점수, 형상함수의 선택, 구성모델식, 재료물성치를 확정하여 입력한다.
(2) 요소강성행렬 : 모델요소에 대하여 각 요소의 강성행렬을 산정한다.

(3) 하중 및 변위 경계조건 : 하중을 입력하여 절점하중벡터를 산정하고 모델 경계에서 절점변위 조건을 입력하여 시스템 방정식을 조정한다.

(4) 시스템 방정식 구성 : 요소의 강성행렬이 모두 구해지면 한 개의 시스템 방정식으로 구성하고, 각 절점에서의 변위를 구한 다음 응력과 변형률을 산정한다.

(5) 해석결과를 확인한다.

연습문제

11.1 어느 무한사면의 경사각이 $17°$이고, 이 사면의 침윤면은 지표면과 일치하고 있으며 흙의 성질이 다음과 같다. 이 사면의 안전율을 계산하여라. 단, 흙의 단위중량은 $19.23\,\mathrm{kN/m^3}$, 흙의 수중단위중량은 $10.01\,\mathrm{kN/m^3}$, 흙의 내부마찰각은 $25°$이다.

11.2 그림 연 11.1과 같은 사면의 안정율을 $\phi_u = 0$법으로 계산하여라. 흙의 성질은 다음과 같다. 단, 흙의 단위중량은 $19.03\,\mathrm{kN/m^3}$, 흙의 점착력은 $c_u = 64.94\mathrm{kN/m^2}$, 흙의 내부마찰각은 $\phi_u = 0$이다.

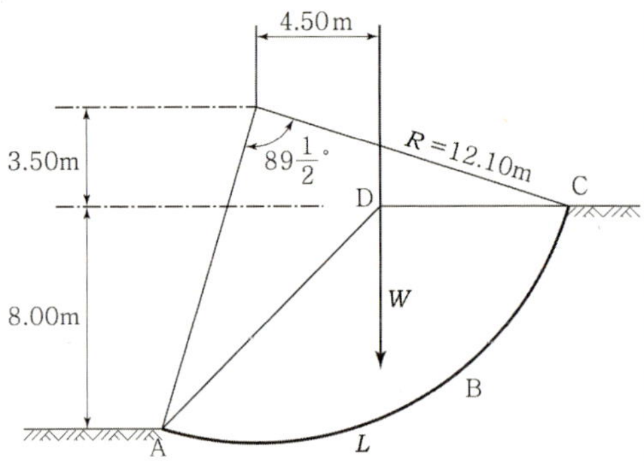

그림 연 11.1

11.3 그림 연 11.2와 같은 사면의 안전율을 Fellenius법과 Bishop의 간편법으로 각각 계산하여라. 단, 흙의 단위중량은 $20.01\mathrm{kN/m^3}$, 흙의 점착력은 $10.01\mathrm{kN/m^2}$, 흙의 내부마찰각은 $29°$이다.

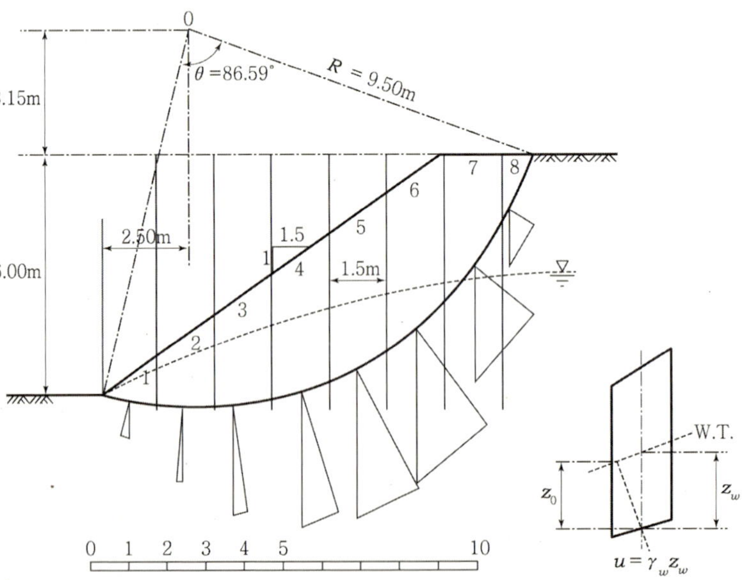

그림 연 11.2

11.4 그림 연 11.3과 같은 사면에서 안전율을 Taylor의 도표를 이용하여 계산하여라. 단, 흙의 단위중량은 $16.68\mathrm{kN/m^3}$, 흙의 내부마찰각은 $0°$이다.

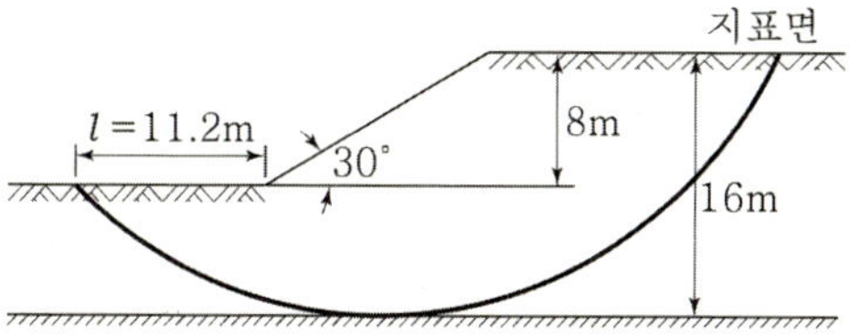

그림 연 11.3

11.5 흙의 내부마찰각 $\phi = 0°$인 점토층에 깊이 6m의 연직 절토면이 있다. 이 흙의 단위중량은 $15.70\mathrm{kN/m^3}$이고 점착력은 $68.67\mathrm{kN/m^2}$이다. 이 연직사면의 한계고와 안전율을 계산하여라.

제 12 장 흙의 지지력 및 얕은 기초

제 12 장

흙의 지지력 및 얕은 기초

12.1 기초의 형식 및 구비조건

기초란 상부구조물의 하중을 지반에 전달하여 구조물의 안정성과 기능성을 유지하는 기능을 가진 하부구조물을 일컫는다. 넓은 의미의 기초는 구조물의 하부구조는 물론 그 영향권 안의 지반까지를 의미하므로 기초설계에는 가끔 지반보강설계가 포함되기도 한다.

기초의 종류는 그림 12.1과 같이 얕은 기초(직접기초)와 깊은 기초로 대분류할 수 있다. 과거에는 기초의 폭을 B, 지표면으로부터의 근입깊이를 D_f라면, $\frac{D_f}{B} \leq 1$인 기초를 얕은 기초로 분류하였으나 현재는 그림 12.2와 같은 기초의 형상에 따라서 얕은 기초를 분류하고 있다. 지지층 심도가 6m 이내인 경우에는 직접기초의 적용성을 우선적으로 검토한다. 다만 $\frac{D_f}{B} \leq 1$인 경우에 기초와 지반의 측면저항이 작기 때문에 지지력 산정에서 측면저항을 고려하지 않아도 된다.

얕은기초는 직접기초라고도 하며 확대기초(spread footing)와 전면기초(mat foundation)로 구분된다. 확대기초에는 독립확대기초, 복합확대기초, 벽기초 등이 있다. 복합확대기초는 2개 이상의 확대기초가 하나의 슬래브 위에 있는 것이며 두 개의 확대기초가 가로보로 연결된 cantilever footing도 복합 확대기초에 포함된다. 전면기초는 구조물의 슬래브가 지지지반에 직접 접해있는 기초이다. 보상기초는 구조물의 전체 하중에 해당하는 깊이만큼 근입깊이를 갖는 기초이며 기초 슬래브가 지지지반에 직접 접해 있으므로 전면기초로 분류할 수 있다. 그림 12.2에는 확대기초의 종류에 따른 지지방식이 나타나 있다.

[예제 12.1] 크기가 30m × 40m인 전면 기초가 점성토 지반 위에 설치되었다. 기초에 작용하는 하중의 합은 164,808kN이고, 점성토의 단위 중량이 19.62kN/m^{3}일 때, 완전보상기초(compensated foundation)가 되기 위한 기초의 깊이는 얼마인가?

풀이 보상기초는 기초저면에 작용하는 압력이 기초저면의 시공 전 유효상재압력과 일치하는 기초를 말하므로 지표면으로부터 상재압력이 기초의 접지압과 같아지는 깊이를 구한다.

기초의 접지압은 $164808/(30\times 40)=137.34\text{kN/m}^2$

$19.62\times D=137.34$, $D=7\text{m}$

따라서 굴착깊이는 7m이다.

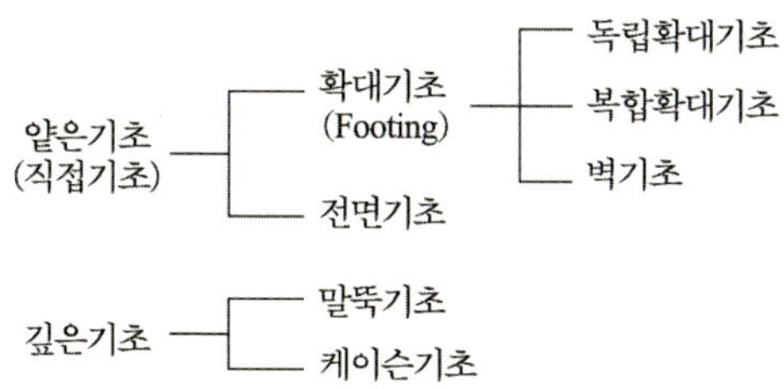

그림 12.1 기초의 형식

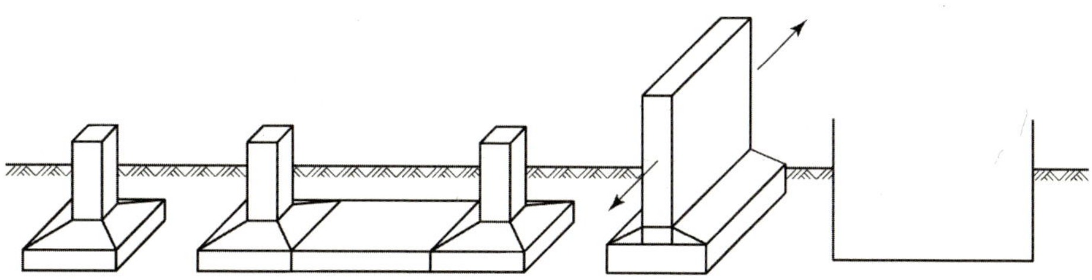

(a) 독립확대기초 (b) 복합확대기초 (c) 벽기초 (d) 전면기초

그림 12.2 얕은 기초의 종류

12.2 기초의 설계법

국토교통부에서 제정한 구조물기초설계기준(2016)에서는 설계일반에 관한 규정으로 기초설계는 허용응력법, 한계상태법 또는 관측설계법을 적용할 수 있으며 발주자 또는 설계자가 해당 기초의 설계방법을 정하도록 규정하고 있다. 2018년부터 적용하는 국가건설기준 설계기준 지반설계 일반사항(KDS 11 10 05 : 2016)에서는 설계기준은 허용응력설계법(일반설계법) 또는 한계상태설계법(한계설계법) 중 설계자가 택일하여 적용할 수 있으며 이 때 설계기준에 대한 명확한 근거자료를 발주자에게 제시하고 협의하여 승인을 득한 후에 적용하도록 규정하고 있다. 구조물의 역학적인 안정성을 검토하는 방법 중에서 과거에는 허용응력법을 주로 사용하였으나 해석기술의 발전에 따른 자신감으로

최근에는 많은 분야에서 한계상태법을 도입하고 있다. 그러나 이러한 해석 방법들은 대부분 지반이 균질하다는 조건에서 적용할 수 있는 방법이므로, 지반이 불균질하고 지반조사의 불확실성을 해결하기 위해서 공사 중에 설계를 수정하는 관측설계법도 많이 사용되고 있다.

(1) 허용응력법

허용응력법은 지반의 허용지지력을 q_a, 극한지지력을 q_{ult}, 전체 안전율을 F_s, 기초가 지반에 전달하는 접지압을 q라면 다음 식 (12.1)과 같은 조건이 만족되도록 설계하는 것이다.

$$q < q_a = \frac{q_{ult}}{F_s} \tag{12.1}$$

허용응력설계법은 한계평형법이나 한계해석법 또는 수치해석법 등으로 산정한 극한지지력(ultimate bearing capacity)을 식(12.1)과 같이 안전율로 나누어서 지반에 허용되는 응력의 상한값을 구한다. 고정하중과 활하중에 대한 안전율은 3.0을 적용하고 지신, 눈, 바람 등 활하중의 일부가 일시적으로 작용할 때는 2.0을 적용한다. 설계일반에 관한 규정에서 안전율은 일반적으로 3을 적용하지만 구조물의 중요도, 하중조건, 지반정보의 신뢰성 등을 감안하여 적합하게 조정할 수 있다고 규정하고 있다. 침하에 대한 검토를 추가로 실시하여 허용침하량에 대응하는 접지압과 허용지지력 중에서 작은 값을 설계의 기준이 되는 허용지내력이라고 한다. 한계평형법이나 한계해석법에서는 지반의 변위를 알 수 없기 때문에 지중응력분포에 관한 Boussinesq의 방정식 등을 사용하여 탄성침하량과 Terzaghi 등의 압밀침하량 및 2차 압축침하 등을 산출하여 지반의 허용침하량과 비교하고 지내력을 결정해야 하다. 그러나 지반이 연약하다면 전단변형에 의한 침하량은 이 방법으로 산출할 수 없다. 지반을 연속체로 해석하는 수치해석법을 이용하면 응력과 변형을 동시에 고려할 수 있다.

① 한계평형법(limit equilibrium method)

극한지지력 q_{ult}는 지반을 역학적으로 해석하는 방법 중에서 한계평형법(limit equilibrium method)에 의해서 해석한다. 이 해석법은 지반공학분야에서 가장 많이 사용되는 방법이다. Mohr-Coulomb의 파괴기준과 같은 적절한 파괴기준을 적용하고 가능성이 큰 파괴기작(failure mechanism)을 설정한 후 정역학적인 평형방정식을 이용하여 파괴하중을 구한다. 지반의 지지력에서는 이 파괴하중이 극한지지력이 된다. 이때 정역학적인 평형조건들 중에서 일부만 만족하도록 해석하기도 한다. 이 해석법에서 흙은 균질하고 완전강체(rigid-perfectly)인 소성재료로 취급하기 때문에 해석에 변위는 포함되지 않는다. 즉 외력이 증가해도 변형이 일어나지 않고 힘을 받기 전 상태를 유지하다가 파괴하중에 도달하면 정역학적인 평형조건을 만족시킬 수 없게 되어서 무한한 변형이 발생하는 것으로 가정한다. 한계평형법으로 극한지지력을 구할 수 있지만 파괴메커니즘에는 필연적으로 많은 단순화 과정이 포함되어 있다. 이 방법의 신뢰성이 낮기 때문에 이 방법으로 극한지지력을 구한 경우에는 허용응력 설계법을 적용해야 한다.

② 극한해석법(limit analysis method)

극한지지력을 구하는 방법에는 한계평형법 이외에도 극한해석법(limit analysis method)와 수치해석법(numerical analysis method) 등이 있다. 극한해석법(limit analysis method)은 앞에서 언급한 한계평형법의 낮은 신뢰성을 개선하기 위해서 만들어진 방법이다. 이 방법에서는 에너지보존법칙이 적용되어 파괴응력에 대한 상한계와 하한계가 제시된다. 상한계는 외력에 의해서 파괴될 때의 일률과 내부 에너지 소산률이 같다는 조건에 의해서 구해진다. 하한계는 토괴의 임의의 위치에서 응력분포가 외력과 균형을 이루고 있고 파괴기준을 넘지 않는 상태라면 외력이 안전하게 지탱될 수 있다는 조건으로부터 산출된다.

예를 들어서 직립사면에서 보강을 하지 않고 연직굴착을 할 수 있는 한계 깊이(Hc)에 관한 해석에서 한계평형해석에서는 $Hc = 1.5 \cdot \pi \cdot s_u / \gamma$로 유도된다. 극한해석법에서는 $2 \cdot s_u / \gamma \le Hc \le 4 \cdot s_u / \gamma$의 범위로 유도된다. 실제로는 굳은 과압밀점토에서 보강을 하지 않고 연직굴착을 할 수 있는 한계깊이(Hc)는 $3.8 \cdot s_u / \gamma$를 넘지 않는 것으로 알려져 있다. 한계평형법은 실제보다 크게 나타나고 극한해석법은 올바른 범위를 제시하고 있음을 알 수 있다.

그림 12.3에 나타낸 것처럼 이 단원에서 다루는 얕은 기초의 지지력을 근사화를 많이 한 원호활동 파괴메커니즘1에서 극한해석법으로 연구한 결과에 의하면 파괴하중 F_c는 $4 \cdot B \cdot c_u \le F_c \le 2 \cdot \pi \cdot B \cdot c_u$의 범위에 있고 중간값 $F_c \approx 5.14 \cdot B \cdot c_u$의 ±20%의 범위이다. 동일한 조건에서 한계평형해석을 하면 $F_c = 6.28 \cdot B \cdot c_u$가 된다. 기초저면의 삼각형 쐐기가 꺽어진 직선 경로를 따라서 이동하는 좀 더 개선된 파괴메커니즘2에 대해서 극한해석법에서 상하한계는 $2(1+\sqrt{2}) \cdot B \cdot c_u \le F_c \le 6 \cdot B \cdot c_u$의 범위로 좁혀지고 중간값 $F_c = 5.41 \cdot B \cdot c_u$의 ±11%의 범위로 좁혀진다. 한계평형해석을 하면 $F_c = 5.52 \cdot B \cdot c_u$가 된다. 좀 더 개선한 파괴메커니즘3에서는 극한해석법에서는 상하한계가 $F_c = (2+\pi) \cdot B \cdot c_u$로 동일해진다. 한계평형해석에서 발전된 순서대로 나열하면 $\phi = 0°$일 때 Terzaghi의 지지력계수 $N_c = 5.7$, 수정지지력계수 $N_c'' = 5.3$, Meyerhof의 지지력계수 $N_c = 5.1$, Hansen과 Vesic의 지지력계수 $N_c = 5.14$로 발전되어 왔고 극한해석법은 Hansen과 Vesic의 결과와 일치한다.

과학의 목적은 자연법칙을 발견하는 진리탐구이지만 공학에서는 실제와 완벽하게 동일한 역학적 모델을 구현하고 해석하는 것은 불가능하기 때문에 필연적으로 근사화 과정을 통해서 직면한 문제에 대한 합당한 수준에서의 해를 제시하게 된다. 공학의 발전은 이러한 근사화 과정을 현실적인 범위 내에서 개선하는 방향으로 진행되어 오고 있다.

극한해석법은 파괴하중에 대한 상하한계를 제시하지만 흙을 균질하고 완전강체(rigid-perfectly)

인 소성재료로 취급하기 때문에 한계평형법과 마찬가지로 변위에 대해서는 알 수 없다. 최근에는 유한요소법에 의한 수치해석법과 극한해석법을 결합한 유한요소극한해석법(finite element limit analysis method)도 이용되고 있다.

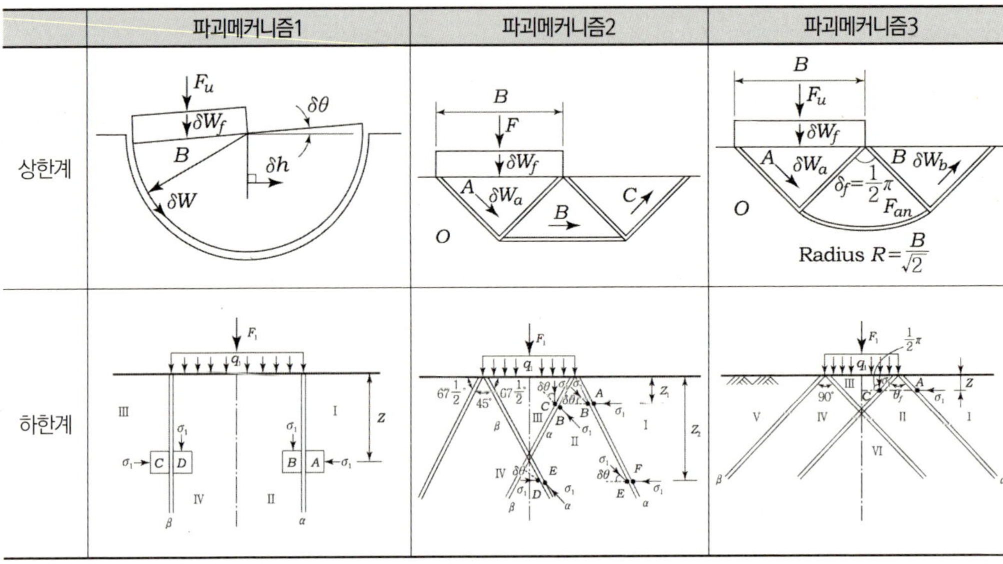

그림 12.3 얕은기초에 대한 극한해석의 예

(2) 한계상태법

한계상태법은 예상되는 몇 가지의 한계상태(limit state)에 대하여 기초가 요구조건들을 충족하도록 설계한다. 극한상태(ultimate limit state)는 구조물에 붕괴나 주요 손상을 초래하는 한계기준을 말하며 사용한계상태(serviceable limit state)는 구조물의 국부적 손상 또는 기능장애를 초래할 수 있는 침하를 그 한계기준으로 한다. 이러한 기준을 충족시키기 위하여 전단강도정수에 부분안전율(partial factor of safety)을 적용하여 설계에 반영하고, 고정하중과 활하중에는 하중계수(load factor)를 곱한다. 단, 발주처와 협의한 경우에는 하중저항계수설계법(LRFD : Load and Resistance Factor Design)을 적용할 수 있다. 설계 시에 검토할 한계상태는 다음과 같다.

① 지지층의 지지력 부족에 의한 지지력 파괴
② 지지층 내부의 깊은 활동파괴
③ 경사하중에 의하여 발생하는 기초의 활동파괴
④ 과도한 침하나 융기
⑤ 기초 부재의 구조적 파괴 또는 흙과 구조물의 복합적 파괴
⑥ 지반의 액상화

허용응력 설계법은 지금까지 널리 사용되어온 익숙한 방법이지만 점성토나 사질토에서 지반의 거동을 결정하는 전단강도 정수의 신뢰성이 다르고 그 계수들이 기초의 안정성에 미치는 중요도가 다르므로 각 영향계수 별로 부분안전율을 적용하는 한계상태법이 이론적으로 더 합리적이라 할 수 있다.

한계상태법에서도 파괴하중을 한계평형법(limit equilibrium method)이나 극한해석법(limit analysis method)으로 구할 수 있지만 허용응력법과 한계상태법의 차이를 단순화해서 표현하면 허용응력법은 계산절차를 통해서 최종적으로 산출된 값(극한지지력)을 안전율로 나누어 사용하고, 한계상태법은 입력정수(점착력, 내부마찰각 : 하중)의 값을 부분안전율로 나누거나 하중계수로 곱해서 계산한다는 것이다. 이때 나누거나 곱하는 부분안전율과 하중계수는 설계기준의 엄격성에 관련된 문제이며, 구조물의 중요도, 손상피해의 심각성, 설계에 사용한 각종 계수와 지반 모델링의 정확성, 해석기법의 정확성, 시공조건(수중이나 해상공사, 극지 또는 오지, 그리고 기타 시공환경이나 조건이 열악한 경우에는 일반적인 안전율보다 큰 안전율 적용)과 시공자의 능력(예상되는 시공오차) 등을 감안하여 신중하게 채택해야 한다. 한계상태법에는 아직도 연구하고 극복하여야 할 과제가 남아 있기 때문에 모든 구조물 기초를 한계상태법으로 설계할 수는 없는 실정이다.

(3) 관측설계법

지반의 거동을 추정하는 것이 어려울 때는, 공사 중에 실시한 계측 결과로부터 설계정수를 재평가하고 설계를 재검토하는 관측설계법을 적용할 수 있다. 관측설계법은 Terzaghi(1948)에 의해서 제안되었으며 현장에 적용할 경우에는 다음 사항을 검토하여야 한다.

① 허용할 수 있는 거동의 범위
② 실제 발생할 거동의 확률이 허용치 이내에 있는지 여부
③ 실제의 거동이 허용치 이내인지를 확인할 수 있는 계측계획(계측위치, 빈도 등)
④ 계측결과의 신속한 분석체계
⑤ 이상 거동발생 시를 대비한 대처방안

지반에 시공한 구조물에 아무런 문제도 일어나지 않을 것이라는 확신을 할 수 있는 설계법은 존재하지 않기 때문에 일반적으로 최악의 조건을 설계에 적용한다. 따라서 많은 경우에 실제보다 과다설계가 되므로 중립적인 조건을 가정하고 설계한 후에 시공중에 지반의 거동을 계측하고 계측결과를 역해석해서 설계정수를 재평가하고 필요할 경우에 설계를 수정한다면 불필요한 과다설계를 억제할 수 있을 것이다. 그러나 중립적인 조건을 적용하므로 시공 중이나 준공 후에 발생할 가능성이 있는 문제에 대한 대응책을 준비할 수 없는 경우라면 관측설계법을 사용하지 않는 것이 바람직하다. 관측설계법은 계측결과를 설계변경에 반영하므로 시공현장의 안정관리만을 목적으로 하는 정보화계측과는 구분되는 개념이지만 지반에 계측기를 매설하여 거동을 감시한다는 측면에서는 비슷한 개념이다.

따라서 지반계측이 매우 중요하며 거동을 대표할 수 있고 조기에 알 수 있는 위치에서 적절한 시간간격으로 계측하는 것이 매우 중요하다.

계측치를 이용한 역해석은 현장계측치와 계산치의 차이를 최소화하는 목적함수를 만들어서 수행한다. 계산치는 정해석에 사용한 방정식을 그대로 사용하여 구한다. 설계변수를 가정하여 입력하고 응답변수를 계산한 다음, 그 응답변수와 계측치의 차이를 구하고 그 차이가 최소화되도록 설계변수를 수정하여 다시 계산하는 반복과정을 거쳐 최적의 설계변수를 구한다. 반복과정을 최소로 하면서 효율적으로 설계변수를 구하는 최적화 방법들이 개발되어 있다. 계측결과를 정확하게 해석하기 위해서는 지반과 지하수의 상호관계를 잘 이해하고 있어야 한다. 지반계측에 관한 자세한 사항은 정보화시공 분야에서 다룬다.

(4) 수치해석법(numerical analysis method)

한계평형법이나 극한해석법 등 고전적인 파괴메커니즘 해석법은 2차원 평면조건을 기본으로 하여 특정 형상에 대한 수정계수를 도입하고 있고 지반을 균질하고 완선강체인 소성체로 설정하고 있다. 따라서 미리 정의되어 있는 형상과 다른 기초 구조물이나 지반이 불균질한 여러 지층으로 구성되어 있는 경우에는 고전적인 해석법을 적용할 수 있는 방법이 현재까지는 개발되어 있지 않다. 지반을 완전강체이며 소성체로 설정하고 있기 때문에 응력의 변화에 의한 지반의 변위도 해석할 수 없다. 파괴메커니즘이나 해석조건이 복잡한 경우에는 풀이과정이 완전한 형태의 정해로 풀이될 수 없는 경우도 있다.

수치해석법은 이상과 같은 문제를 풀이과정의 근사화에 의해서 해결한다. 근사적 수치를 구하는 방법은 크게 유한차분법(finite difference method : FDM), 유한요소법(finite element method : FEM), 경계요소법(boundary element method : BEM) 등이 있다. 이 중에서 유한차분법(FDM)은 미분방정식을 대수방정식 형태의 근사해를 얻는 방법이다. 유한요소법(FEM)은 해석대상의 형상에 대한 자유로움으로 인해서 공학과 과학 분야에서 가장 많이 사용되는 수치해석기법이다. 경계요소법(BEM)은 적분방정식의 근사해를 구하는 방법이다. 따라서 미분방정식은 우선 적분방정식으로 변환되어야 하고 다시 경계요소법(BEM)으로 근사화한 대수방정식을 얻게 된다. 경계요소법은 말뚝기초의 해석에 일부 사용되기도 하지만 유한요소법(FEM)이나 유한차분법(FDM)처럼 많이 사용되지는 않는 방법이다.

이들 수치해석법은 매우 많은 수의 대수방정식으로 근사화되기 때문에 단순하지만 분량이 많은 계산을 하여야 한다. 2차 세계대전 당시에 원자탄을 개발한 맨하튼(Manhattan) 프로젝트에서는 많은 사병들을 수치해석 행열에 맞춘 책상에 배치하고 연산 종류별로 색상을 달리한 계산용지를 순차적으로 돌리면서 단순한 계산을 반복하도록 하여 수치해석을 실시하기도 하였다. 사람을 이런 단순반복 작업에 이용하였기 때문에 처음에는 능률이 낮았으나 사병들이 계산의 목적과 의미에 대한 설명을 듣고는 자신들이 중요한 역할을 하면서 전쟁을 수행하고 있음을 실감하여 자발적으로 휴식을 줄이고 문제점을 개선하면서 열정적으로 계산을 수행하였다고 한다. 현재는 이러한 과정을 범용화된 컴퓨터 소프트웨어로 실행하고 있다.

지금까지 한계평형법, 극한해석법, 허용응력설계법, 한계상태설계법 등에 대해서 간략하게 소개하였고, 수치해석 기법들도 언급하였으나 이 교재에서는 주로 한계평형법에 대한 내용을 기술하고 다른 방법들은 고급토질역학 과정에서 다룬다.

12.3 얕은 기초의 도심에 작용하는 하중에 대한 지반의 극한 지지력이론

지표부근의 지반은 건조수축이나 습윤팽창, 지하수위 변동, 지반의 동결이나 풍화 등의 영향을 받아서 부피가 변하여 지반 내 각 점의 위치가 달라진다. 따라서 얕은 기초는 기초의 지지력에 대한 검토결과 안전한 것으로 판명되었어도 이러한 영향을 받지 않도록 최소한의 근입깊이를 갖도록 설치해야 한다.

① 지반의 지지력이 충분히 크지 않은 경우에는 기초하중을 지반에 균등하게 분포시킬 수 있는 면적으로 기초 폭에 해당하는 깊이까지 지반을 굴착하여 모래나 자갈로 치환하고 충분히 다지거나 빈배합의 콘크리트를 타설한 후에 기초를 설치한다.

② 지반의 건조수축에 의한 침하와 습윤팽창 및 동결에 의한 융기를 방지하기 위하여 항상 함수비 변화선 및 동결선 아래 일정한 깊이에 기초를 설치한다. 세립토 함유율이 3% 미만인 굵은 모래나 자갈 등의 조립토 지반은 지하수면의 위에서는 물을 보유할 수가 없으므로 동결작용이 일어나지 않는다.

③ 지반풍화의 영향을 받지 않도록 기초를 깊게(평지에서는 1.2m, 경사지에서는 0.6~1.0m이상) 설치한다.

④ 인접한 기초는 응력이 중첩되지 않도록 인접 기초 사이의 고저차를 제한한다.

근사화시킨 가정하에 산정하는 방법 이외에는 극한지지력을 얻을 수 있는 다른 방법이 현재까지는 없다. 또한 그나마 이렇게 가정에 기초한 많은 이론들도 단변의 길이 25~75mm, 장변의 길이 25~200mm 정도 되는 축소 모형실험에 근거해서 제안되었다. 한 변의 길이가 1m정도 되는 실물크기의 확대기초는 파괴시험을 위해서 약 3000~4000kN의 극한하중이 필요하기 때문에 비용이 많이 소요되지만 축소모형은 약 400kN정도의 극한하중이 필요하므로 상대적으로 쉽게 실험을 할 수 있다. 그러나 모형실험은 특히 모래지반에서는 축척효과(scale effects) 때문에 실제 현장에 적용할 수 있는 신뢰할만한 결과를 얻지 못한다. 예를 들어서 모래는 구속되었을 때 큰 지지력을 발휘할 수 있다. 25×50mm인 모형 확대기초 아래쪽에서 구속되는 영역은 1m×2m인 실제 확대기초 아래쪽에서 구속되는 영역에 비하면 무시할 수 있을 정도로 작은 영역이므로 모형시험에서는 모래의 구속에 의한 효과가 작게 나타난다. 이러한 결점에도 불구하고 적절한 대안이 없기 때문에 현재까지도 기초의 지지력에 대한 모델시험에 의한 연구가 광범위하게 시행되고 있다.

모형시험의 단점을 보완한 시험방법으로 원심모형시험이 있다. 이 시험은 모형지반 및 모형확대기초를 수평으로 회전시킬 수 있는 원심모형시험장치를 이용하여 중력을 모사한다. 회전속도를 조절할 수 있으므로 중력의 크기도 자유롭게 모사할 수 있는 장점이 있지만 극히 일부 기관에서만 시험 장비를 보유할 수 있을 정도로 비용이 많이 소용된다. 또한 흙의 모사에 관한 실질적인 많은 이유에 의해서 원심모형시험은 폭넓게 받아들여지지는 않고 있다.

(1) Terzaghi의 극한지지력

Terzaghi(1943)의 지지력 공식은 편심이 아닌 수평기초에 적용하는 것이 적합하며, 경사하중이나 편심하중에 의하여 모멘트가 작용하는 기둥이나 경사기초 등에는 적합하지 않다. 그러나 지반의 파괴에 대한 저항력을 과소평가하여 안전한 쪽으로 계산이 되며 계산이나 도표이용이 용이하므로 아직 널리 이용되고 있다. 특히 점착력이 큰 지반에 설치된 얕은 기초에 주로 이용된다. 최근까지 Terzaghi의 지지력이론을 수정한 많은 이론들이 발표되었다. 그러나 수정된 이론을 적용하는 과정의 복잡함과 번거로움을 감수하면서 수정된 이론으로 산정한 극한지지력의 정확도 향상이 지반의 불확실성으로 인해서 크지 않기 때문에 현재까지도 Terzaghi의 지지력이론이 많이 사용된다. 그러나 Terzaghi의 지지력 공식이 경사하중이나 편심하중이 작용하는 곳에도 적용되는 등 지나치게 많이 사용되는 경향이 있다.

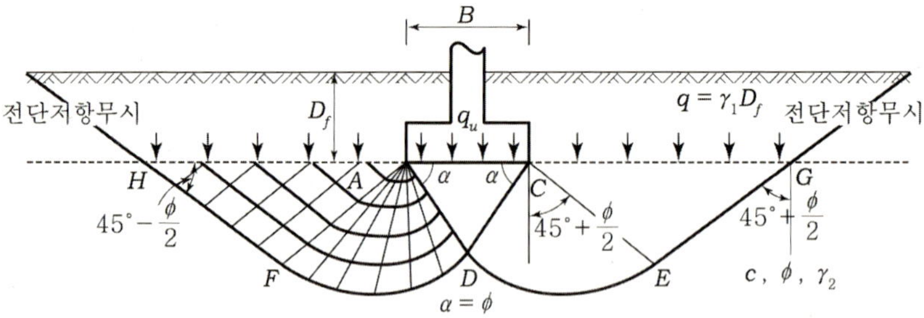

그림 12.4 Terzaghi의 극한 지지력 모델

Terzaghi의 극한지지력이론은 다음과 같은 가정에 기초해서 만들어졌다.

- 그림 12.4에서 기초의 근입깊이(D_f) 〈 기초의 폭(B)
- 기초저면은 거칠고 수평이다.
- 벽기초를 기본으로 한 평면변형율 조건이다. 다른 기초형상에 대해서는 형상계수를 적용하여 수

정하여야 한다.

- 연직하중이 확대기초의 도심에 작용한다.
- 지반은 균질하고(homogeneous) 전단강도에 관해서 등방성(isotropic)이다.
- 지표면은 수평이다.
- 기초저면보다 위쪽에 있는 두께 D_f의 지반은 전단저항은 무시하고 상재하중 ($q = \gamma \cdot D_f$)만 고려한다.
- 기초저면은 토압의 거동에 따라서 세 영역으로 구분할 수 있다. 기초저면의 삼각형 쐐기 ACD는 탄성영역이다. 기초의 옆면에 있는 삼각형영역 AFH 및 CGE는 좌우대칭이며 Rankine의 수동영역이다. 두 영역의 사이에 있는 AFD 및 CDE는 방사상의 전단영역(radial shear zone)이다. 곡선 DF 및 DE는 대수나선곡선(logarithmic spiral curve)이고 다음과 같은 식에 의해서 구할 수 있다. $r = r_0 \times e^{(\theta \times \tan\phi')}$, r_0는 직선 AD 또는 CD의 길이이고 A 또는 C를 기준으로 이 직선으로부터 각 θ만큼 바깥쪽으로 회전했을 때의 곡선 DF까지의 거리가 r이다. 수동영역을 나타내는 FH 및 EG는 직선이다.
- 기초저면의 주동영역 ACD에서 각 α는 $\alpha = \phi$이다. 반면에 다른 지지력이론에서는 각 $\alpha = 45 + \frac{\phi}{2}$로 보고 있다. Terzaghi의 이론 이후에 모형시험 및 실제현장관측 등에 의한 많은 연구에서 α는 $45 + \frac{\phi}{2}$에 가까운 것으로 밝혀져 있다. 수동영역에서 $\angle HAF = \angle AHF$ 이고 $\angle GCE = \angle CGE$ 이다. 일부 이론에서는 각 α를 주동영역과 연관시켜 $\alpha = 45 + \frac{\phi}{2}$로 생각하고, $\angle HAF$, $\angle AHF$, $\angle CGE$ 및 $\angle GCE$ 를 수동영역과 연관시켜 $45 - \frac{\phi}{2}$로 보기도 한다. 그러나 8장에서 언급한 것과 같이 흙의 파괴각은 주응력평면에 대해서 $45 + \frac{\phi}{2}$를 이루는 것으로 보는 것이 일관된 방법이다.

이상과 같은 조건에서 식 (12.2)가 유도되었다.

$$q_{ult} = \alpha \cdot c \cdot N_c + \beta \cdot \gamma_2 \cdot B \cdot N_\gamma + \gamma_1 \cdot D_f \cdot N_q \tag{12.2}$$

여기서, α, β는 기초의 형상에 따라 결정되는 형상계수

c : 점착력

γ_1 : 기초저면 위쪽 지반의 단위중량

γ_2 : 기초저면 아래쪽 지반의 단위중량

식 (12.2)는 중첩의 원리를 적용해서 구성되었다. 우변의 첫 번째 항은 점착력(c)이 지지력을 발휘하는 항이다. 두 번째 항은 기초폭 B에 의한 흙 쐐기의 크기 및 무게(γ)에 의해서 지지력을 발휘하는 항이다. 세 번째 항은 기초저면 위쪽의 흙 무게에 의한 상재하중(q)이 지지력을 발휘하는 항이다. 전체지지력은 이러한 세 가지 작용이 중첩에 의해서 합산될 수 있다고 전제한다.

지반의 단위중량을 γ_1 및 γ_2로 구분하는 것은 기초저면 아래쪽 지반은 일반적으로 원지반인 경우가 많고 기초저면 위쪽 지반은 굴착하여 확대기초를 시공한 후에 되메우기를 하여 다진 지반인 경우가 많기 때문이다.

표 12.1 Terzaghi의 극한지지력이론에서 기초의 형상계수

형상계수	연속기초	원형기초	정사각형기초	직사각형기초
α	1.0	1.3	1.3	$1+0.3\frac{B}{L}$
β	0.5	0.3	0.4	$0.5-0.1\frac{B}{L}$

B : 직사각형 기초의 단변의 길이
L : 직사각형 기초의 장변의 길이

기초의 형상계수는 연속기초와 정사각형기초를 기본으로 한다. 직사각형기초에 대한 형상계수에 $B=L$을 대입하면 정사각형기초의 형상계수와 같아지고 $L=\infty$를 대입하면 연속기초의 형상계수와 같아진다.

N_c, N_γ, N_q는 지지력계수이며 지반의 파괴형태에 따라서 각각 다른 값을 사용한다.

① 전반전단파괴(general shear failure)

그림 12.5(a)는 조밀한 모래나 굳은 점토지반의 표면에 위치한 연속기초를 나타낸 것이다. 하중이 가해지면 기초는 침하한다. 기초에 가해지는 하중강도에 따른 침하량의 관계를 그림 12.5(b)에 나타내었다. 기초에 가해지는 하중강도가 q_u에 도달하면 기초를 지지하던 지반이 급격하게 전단파괴를 일으키고 강도가 낮아져서 급격하게 파괴가 진행된다. 파괴면은 그림 12.5(a)에 나타난 것과 같이 기초의 아래쪽에서부터 발달하여 지표면으로 확장된다. 이와 같이 조밀한 모래나 굳은 점토지반이 급격한 전단파괴를 일으키고 파괴면이 지표면까지 확장되는 파괴를 전반전단파괴라 한다. 전반전단파괴가 예상되는 지반에서는 Terzaghi의 극한지지력이론에 적용하는 지지력계수는 다음과 같이 적용한다.

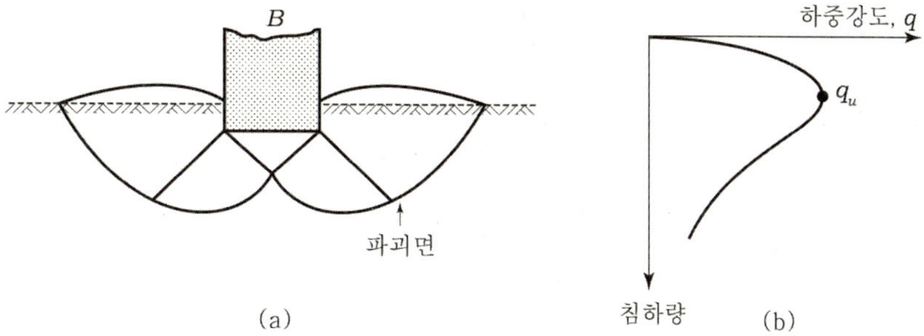

그림 12.5 전반전단파괴의 특징

$$N_c = \cot\phi\,[N_q - 1] \tag{12.3}$$

$\phi = 0$일 때는 $\cot\phi$가 정의되지 않으므로 $\phi = 0$일 때 $N_c = 1.5\pi + 1$로 별도로 정하고 있다.

$$N_\gamma = \frac{1}{2} \cdot \left[\frac{K_p}{\cos^2\phi} - 1\right] \cdot \tan\phi \tag{12.4}$$

$$N_q = \frac{a^2}{a\cos^2\left(45 + \frac{\phi}{2}\right)}$$

$$a = e^{(0.75\pi - \frac{\phi}{2})\tan\phi} \tag{12.5}$$

위 식 (12.5)에서 ϕ의 단위는 radian이다.

K_p는 수동토압계수가 아니다. Terzaghi는 K_p를 어떻게 얻었는지 설명한 적이 없고, 다만 ϕ가 0°, 34° 및 48°일 때의 N_γ의 값과 함께 ϕ와 N_γ의 관계를 나타내는 작은 곡선그래프를 제시하였다. 제시된 각도를 이용해서 내부마찰각과 K_p관계를 역해석하면 가로축에 내부마찰각을 보통축척으로 표시하고 세로축에 K_p를 log 축척으로 표시했을 때 포물선에 가까운 비선형관계를 나타내어 수식화하는 것이 곤란하다. 따라서 N_γ를 식 (12.4)를 이용해서 직접 계산할 수 있는 방법이 없다.

[예제 12.2] 내부마찰각이 30°, 점착력이 9.81kN/m², 기초저면 아래쪽의 단위체적중량이 18.639kN/m³, 기초저면 위쪽의 단위체적중량이 17.658kN/m³이고 근입 깊이가 1m일 때의 연속기초, 원형기초, 정방형기초와 1m × 1.2m인 장방형 기초 중에서 전반전단파괴에 대한 Terzaghi의 극한지지력이 가장 큰 기초 형식부터 순서대로 나열하라.

풀이

기초 형식	점착력 c (kN/m²)	지지력계수 (내부마찰각 $\phi = 30°$)			γ_1 (kN/m³)	γ_2 (kN/m³)
		N_q 식(12.5)	N_c 식(12.3)	N_r 표 12.2		
연속기초	9.81	22.456	37.162	19.7	18.639	17.658
원형기초	9.81	22.456	37.162	19.7	18.639	17.658
정방형기초	9.81	22.456	37.162	19.7	18.639	17.658
장방형기초	9.81	22.456	37.162	19.7	18.639	17.658

기초 형식	B	L	α (표12.1)	β (표12.1)	D_f (m)	$q_{(ult)}$ 식(12.2)
연속기초	1.0	∞	1.000	0.500	1.0	957.047
원형기초	1.0	1.0	1.300	0.300	1.0	996.844
정방형기초	1.0	1.0	1.300	0.400	1.0	1031.630
장방형기초	1.0	1.2	1.250	0.417	1.0	1019.200

따라서 극한지지력은 정방형기초〉장방형기초〉원형기초〉연속기초 순이다.

② 국부전단파괴(local shear failure)

그림 12.6(a)는 확대기초가 중간정도 다진 모래 또는 점토지반에 놓여 있는 경우이다. 그림 12.6(b)에서 기초지반에 전달되는 하중강도가 증가하면 침하가 발생하면서 지반의 응력도 지속적으로 증가한다. 이 때 그림 12.6(a)에서 실선으로 나타난 것과 같이 지반의 파괴면은 기초의 중앙 저면으로부터 전이영역까지 점진적으로 발달한다. 하중강도가 $q_{u(1)}$에 도달하면 기초의 움직임이 급격해지고 점선으로 표시된 파괴면과 같이 지표면까지 파괴면이 연장되면서 하중강도는 극한하중강도 q_u에 도달한다. 하중강도가 q_u를 넘어서 증가하면 기초에 매우 큰 침하가 발생하여 기초의 기능을 상실하게 된다. Vesić(1963)은 $q_{u(1)}$을 1차 파괴하중이라고 하였다. 이러한 형태의 파괴에서는 하중강도

의 첨두가 나타나지 않으며 국부전단파괴라고 한다.

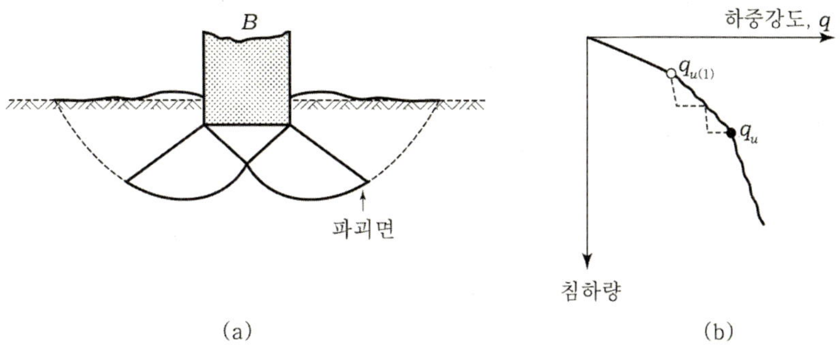

그림 12.6 국부전단파괴의 특징

국부전단파괴에 대한 극한지지력 산정식은 제시되어 있지 않으며 점착력과 마찰각에 강도감소정수를 식 (12.6) 및 식 (12.7)과 같이 적용하여 식 (12.3)~식 (12.5)에 의해 지지력계수 N_c, N_γ, N_q를 구하고 식 (12.2)에 대입한다.

$$c' = \frac{2}{3} \cdot c \tag{12.6}$$

$$\phi' = \tan^{-1}\left(\frac{2}{3}\tan\phi\right) \tag{12.7}$$

따라서 국부전단파괴에 대한 강도감소정수는 $\frac{2}{3}$이다.

그림 12.7과 표 12.2에는 식 (12.3)~식 (12.7)을 적용한 계산결과가 나타나 있다. 지지력계수를 직접 계산하는 것이 번거로운 경우에는 아래의 그림 12.7과 표 12.2를 이용하는 것이 쉽다.

[예제 12.3] 예제 12.2에서 주어진 조건에서 내부마찰각이 10°, 20°, 30°, 및 40°일 때 정방형기초의 국부전단파괴에 대한 지지력은 전반전단파괴에 대한 지지력의 몇%인가?

풀이

	점착력 c (kN/m²)	내부 마찰각 (deg)	지지력계수			γ_1 (kN/m³)	γ_2 (kN/m³)
			N_q 식(12.5)	N_c 식(12.3)	N_r 표(12.2)		
전반전단파괴	9.81	10	2.694	9.605	1.2	18.639	17.658
	9.81	20	7.439	17.690	4.0	18.639	17.658
	9.81	30	22.456	37.162	19.7	18.639	17.658
	9.81	40	81.271	95.663	100.4	18.639	17.658

B	α(표12.1)	β(표12.1)	D_f(m)	$q_{(ult)}$ 식(12.2)
1.0	1.300	0.400	1.0	181.174
1.0	1.300	0.400	1.0	392.508
1.0	1.300	0.400	1.0	1031.630
1.0	1.300	0.400	1.0	3443.941

국부 전단 파괴	점착력 c' (kN/m^2) 식(12.6)	내부 마찰각 (deg) 식(12.7)	지지력계수			γ_1 (kN/m^3)	γ_2 (kN/m^3)
			N_q 식(12.5)	N_c 식(12.3)	N_r 표(12.2)		
	6.54	6.705	1.943	8.024	0.302	18.639	17.658
	6.54	13.639	3.875	11.850	0.791	18.639	17.658
	6.54	21.052	8.310	18.991	2.016	18.639	17.658
	6.54	29.223	20.504	34.866	5.311	18.639	17.658

B	α 표(12.1)	β 표(12.1)	D_f (m)	$q_{(ult)}$ 식(12.2)	전반전단파괴에 대한 비(%)
1.0	1.300	0.400	1.0	106.572	58.82
1.0	1.300	0.400	1.0	178.565	45.49
1.0	1.300	0.400	1.0	330.587	32.05
1.0	1.300	0.400	1.0	716.125	20.79

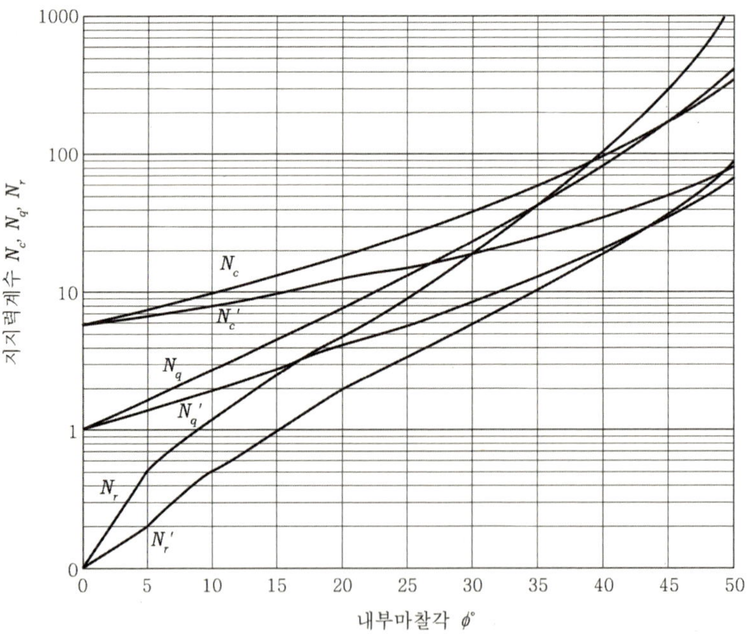

N_c, N_q, N_r : 전반전단파괴에 대한 지지력 계수

N_c', N_q', N_r' : 국부전단파괴에 대한 지지력 계수

그림 12.7 전반전단파괴와 국부전단파괴에 대한 Terzaghi의 지지력계수 그래프

표 12.2 전반전단파괴와 국부전단파괴에 대한 Terzaghi의 지지력계수 값

내부마찰각(°)	N_c/N_c'	N_γ/N_γ'	N_q/N_q'
0	5.7/5.7	0.0/0.0	1.0/1.0
5	7.4/6.7	0.5/0.2	1.6/1.4
10	9.6/8.0	1.2/0.5	2.7/1.9
15	12.9/9.7	2.5/0.9	4.5/2.7
20	17.7/11.8	4.0/1.7	7.4/3.9
25	25.2/14.8	9.7/3.2	12.7/5.6
30	37.2/19.0	19.7/5.7	22.5/8.3
35	57.8/25.2	42.5/10.1	41.4/12.6
40	95.7/34.9	100.4/18.8	81.3/20.5
45	172.3/51.2	297.5/37.7	173.3/35.1
48	258.3/66.8	780.1/60.4	287.9/50.5
50	347.5/81.3	1153.2/87.1	415.1/65.6

③ 관입전단파괴(punching shear failure)

Terzaghi는 관입전단파괴에 대한 지지력산출방법은 제안하지 않았다 그러나 기초지반의 파괴형태에서 전반전단파괴 및 국부전단파괴와 더불어 관입전단파괴도 지반의 파괴형태로 분류될 수 있고 이러한 파괴조건에 대한 많은 연구들이 수행되었다. 관입전단파괴에서 그림 12.8(a)와 같이 확대기초가 상당히 느슨한 지반 위에 있다면 하중강도에 대한 침하량의 관계는 그림 12.8(b)와 같이 된다. 이 경우에 지반의 파괴면이 지표면 쪽으로 확장되지는 않는다. 하중강도가 극한지지력 q_u를 넘으면 하중강도-침하량 곡선의 기울기는 가파르게 되고 곡선은 사실상 직선에 가까워진다.

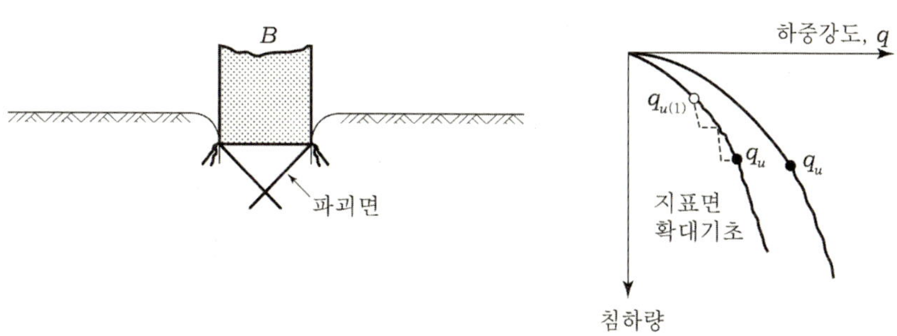

(a) (b)

그림 12.8 관입전단파괴의 특징

Vesić(1963)은 모래지반에서 얕은기초에 대한 실내모형시험을 실시하여 상대밀도가 70%이상이면 전반전단파괴가 발생한다고 하였다. 그림 12.9는 Vesić의 실험결과로부터 제안된 상대밀도와 파괴형태의 관계이다. 여기서 그래프상의 B°는 식 (12.8)로 구한다.

$$B^\circ = \frac{2BL}{B+L} \tag{12.8}$$

여기서, B : 기초의 단변의 길이

L : 기초의 장변의 길이, 원형기초의 경우는 직경 $= B = L$이다.

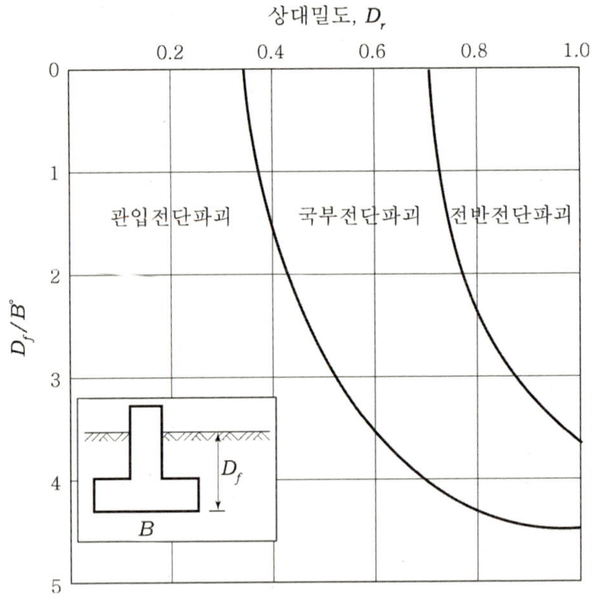

그림 12.9 모래지반에서 상대밀도에 따른 기초지반의 파괴형태

[예제 12.4] 예제 12.3에서 불합리한 점을 위 그림 12.9의 연구와 관련시켜서 지적하라.

풀이 전반전단파괴와 국부전단파괴는 지반의 견고하고 약한 상태에 따라서 달라지는 파괴거동이다. 그러나 예제 12.3에서는 국부전단파괴 계산은 일괄적으로 강도감소계수 2/3를 적용하므로 낮은 강도와 높은 강도 모두에서 각각 국부전단파괴와 전반전단파괴를 산정하고 있다. 그러나 마찰각이 작은 경우에는 국부전단파괴가 발생할 가능성이 크고 마찰각이 큰 경우에는 전반전단파괴가 발생할 가능성이 크므로 동시에 계산하여 지지력의 비율을 비교하는 것은 무의미하다.

④ 수정 지지력 산정

Terzaghi의 지지력 산정식에서는 지지력계수가 전반전단파괴와 국부전단파괴에 대해 각기 다르게 주어져 있으나, 그림 12.9와 같은 연구결과에도 불구하고 실제의 파괴가 내부마찰각의 크기에 따라 어떤 형태로 일어날 것인지 예측하는 것은 어렵다. 따라서 Terzaghi는 이후에 두 가지 파괴 형태를 모두 수용할 수 있도록 내부마찰각이 작을 때에는 국부전단파괴에 대한 식이 적용되고 내부마찰각이 어느 값에 도달하면 전반전단파괴식이 적용되도록 합성된 실용적인 수정지지력계수를 그림 12.10 및 표 12.3과 같이 제시하였다.

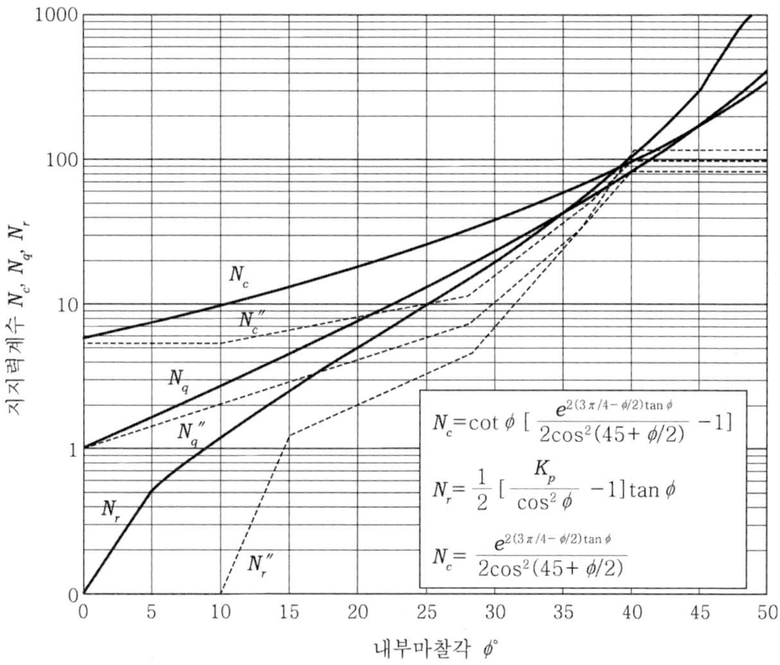

N_c, N_q, N_r: 전반전단파괴에 대한 지지력 계수

N_c'', N_q'', N_r'': 수정 지지력 계수

그림 12.10 Terzaghi의 수정지지력계수 그래프

표 12.3 몇몇 마찰각에 대한 Terzaghi의 수정지지력계수 값

지지력계수	$\phi=0$	5	10	15	20	25	28	32	36	40 이상
N_c''	5.3	5.3	5.3	6.5	7.9	9.9	11.4	20.9	42.2	95.7
N_r''	0	0	0	1.2	2.0	3.3	4.4	10.6	30.5	114.0
N_q''	1.0	1.4	1.9	2.7	3.9	5.6	7.1	14.1	31.6	81.2

(2) Meyerhof의 지지력

Meyerhof(1951, 1963)는 Terzaghi의 지지력공식과 비슷하지만 기초의 형상, 깊이, 하중방향의 연직축에 대한 기울기 등을 고려할 수 있는 식을 제안하였다. 이 식에서 그림 12.11과 같이 기초지반의 전단파괴에 대한 메카니즘을 설정하고 다음과 같은 조건들을 가정하였다.

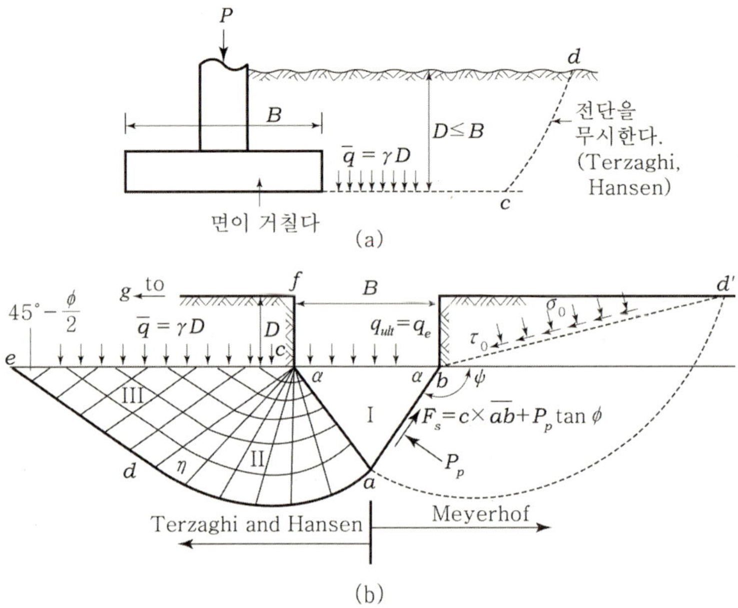

$\theta = \measuredangle ace$ or $\measuredangle abd'$ For Hansen & Meyerhof : $\alpha = 45 + \frac{\phi}{2}$

$\psi = \measuredangle acd$ or $\measuredangle abd'$ Terzaghi : $\alpha = \phi$

$\widehat{ad}$ or $\widehat{ad'} =$ log spiral for $\phi > 0$

$\eta = 90° - \phi$

그림 12.11 Terzaghi 및 Hansen과 Meyerhof의 기초지반의 파괴 메카니즘 비교

- $D_f < B$
- 지반은 균질하고(homogeneous) 전단강도에 대해서 등방성(isotropic)이다.
- 지하수위가 d_0 아래에 있다.
- 연직하중이 확대기초 도심에 작용한다.
- 확대기초 측면의 부착력과 마찰력은 무시한다.
- 기초지반의 토질 정수는 점착력이 c, 내부마찰각이 ϕ, 단위체적중량이 γ 이다.

여기서, D_f : 기초의 근입깊이

B : 확대기초의 폭

d_0 : 기초저면 아래 전단 파괴면의 최대 깊이

그림 12.11(b)에서 Terzaghi및 Hansen은 기초지반 아래 지반의 거동을 세 영역으로 구분하였으나 Meyerhof는 두 영역으로 구분하였다. 그림 12.11(a)에서 기초지반 위쪽에 있는 파괴면에서의 전단저항은 무시하였으나 Meyerhof는 그림 12.11(b)의 오른쪽 그림에서 기초지반 아래쪽의 파괴면을 지표면까지 확장하여 기초지반 위쪽에 있는 파괴면에서의 전단저항을 고려하였다.

기초저면의 삼각형 주동영역에서 선분 ab가 수평선과 이루는 각 $\alpha = 45 + \frac{\phi}{2}$로 하였다.

이상과 같은 과정을 통해서 Meyerhof는 지반이 수평인 연속기초에 대해서 극한지지력을 산정하는 식 (12.9)을 제안하였다.

$$q_{ult} = c \cdot N_c + \frac{1}{2} \cdot \gamma_2 \cdot B \cdot N_\gamma + \gamma_1 \cdot D_f \cdot N_q \tag{12.9}$$

이 식은 기본적으로 전반전단파괴를 일으키는 연속기초에 대한 Terzaghi의 극한지지력공식과 비슷한 형태이다. 그러나 주동영역이 지면과 이루는 각도를 ϕ가 아닌 $45 + \frac{\phi}{2}$로 하였고 기초저면 위쪽의 파괴면에서의 전단저항을 고려했기 때문에 지지력 계수 N_γ 및 N_q가 Terzaghi의 지지력계수와는 다르다.

$N_c = \cot\phi(N_q - 1)$는 Terzaghi의 공식 식 (12.3)과 같다.

그러나 $\phi = 0$일 때는 $N_c = \pi + 2$이다.

$$N_\gamma = (N_q - 1)\tan(1.4 \times \phi) \tag{12.10}$$

$$N_q = e^{(\pi \tan\phi)} \times \tan^2\left(45 + \frac{\phi}{2}\right) \tag{12.11}$$

식 (12.3), 식 (12.10) 및 식 (12.11)의 계산결과가 그림 12.12 및 표 12.4에 나타나 있다. 연속기초에 대한 식 (12.9)는 다음과 같은 인자들을 포함한 경우의 지지력 산정을 위해서 수정될 수 있다.

근입계수 : 기초저면의 위쪽에 발생하는 파괴면에서의 전단저항의 영향을 고려

형상계수 : 직사각형기초 및 원형기초 형상에 대한 수정

하중경사계수 : 하중의 방향이 연직선으로부터 기울어져서 작용할 때의 지지력 산정을 위한 수정

이상과 같은 수정계수들을 포함하여 지지력을 산정하는 공식이 식 (12.12)이다.

$$q_{ult} = c \cdot N_c \cdot \lambda_{cs} \cdot \lambda_{cd} \cdot \lambda_{ci} + \frac{1}{2} \cdot \gamma_2 \cdot B \cdot N_\gamma \cdot \lambda_{\gamma s} \cdot \lambda_{\gamma d} \cdot \lambda_{\gamma i} \\ + \gamma_1 \cdot D_f \cdot N_q \cdot \lambda_{qs} \cdot \lambda_{qd} \cdot \lambda_{qi} \tag{12.12}$$

여기서, $\lambda_{cs}, \lambda_{qs}, \lambda_{\gamma s}$: 형상계수

$\lambda_{cd}, \lambda_{qd}, \lambda_{\gamma d}$: 근입계수

$\lambda_{ci}, \lambda_{qi}, \lambda_{\gamma i}$: 하중경사계수

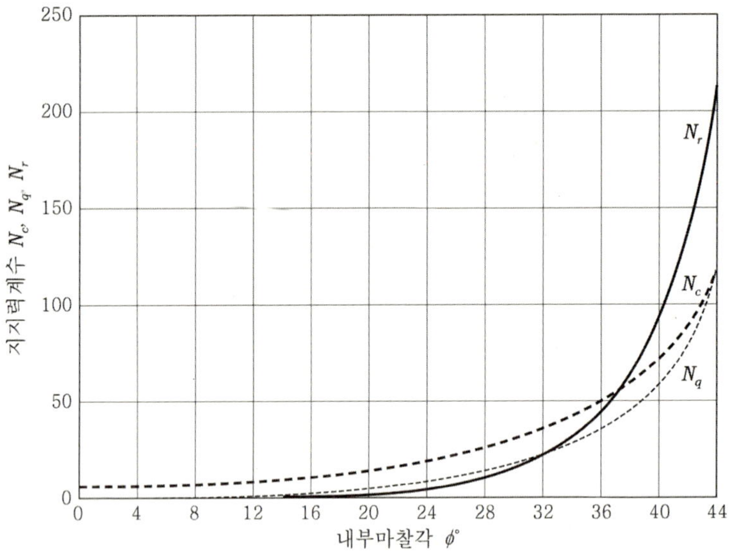

▌그림 12.12 ▌ Meyerhof의 지지력계수 그래프

▌표 12.4 ▌ Meyerhof의 지지력계수 값

지지력계수	$\phi=0$	5	10	15	20	25	30	35	40	45
N_c	5.1	6.5	8.3	11.0	14.8	20.7	30.1	46.1	75.3	133.9
N_r	0.0	0.1	0.4	1.1	2.9	6.8	15.7	37.1	93.7	262.7
N_q	1.0	1.6	2.5	3.9	6.4	10.7	18.4	33.3	64.2	134.9

그림 12.13에는 직사각형 기초에 대한 형상계수, 근입계수, 하중경사계수 등에 관한 식이 주어져 있다. Meyerhof의 식을 포함한 극한지지력에 관한 많은 계수들은 기본이론으로부터 유도된 것이 아니고 수많은 실험결과를 근거로 수정된 실험공식들이다. $\frac{D_f}{B} < 1$ 인 범위에서는 Meyerhof의 극한

지지력은 Terzaghi의 극한지지력과 크게 다르지 않지만 $\dfrac{D_f}{B}$가 커지면 극한지지력도 현저하게 달라진다.

형상계수

For $\phi = 0°$:

$$\lambda_{cs} = 1 + 0.2\left(\frac{B}{L}\right)$$

$$\lambda_{qs} = 1$$

$$\lambda_{rs} = 1$$

For $\phi' \geq 10°$:

$$\lambda_{cs} = 1 + 0.1\left(\frac{B}{L}\right)\tan^2\left(45 + \frac{\phi'}{2}\right)$$

$$\lambda_{qs} = \lambda_{rs} = 1 + 0.1\left(\frac{B}{L}\right)\tan^2\left(45 + \frac{\phi'}{2}\right)$$

근입계수

For $\phi = 0°$:

$$\lambda_{cd} = 1 + 0.2\left(\frac{D_f}{B}\right)$$

$$\lambda_{qd} = \lambda_{rd} = 1$$

For $\phi' \geq 10°$:

$$\lambda_{cd} = 1 + 0.2\left(\frac{D_f}{B}\right)\tan\left(45 + \frac{\phi'}{2}\right)$$

$$\lambda_{qd} = \lambda_{rd} = 1 + 0.1\left(\frac{D_f}{B}\right)\tan\left(45 + \frac{\phi'}{2}\right)$$

하중경사계수

$$\lambda_{ci} = \left(1 - \frac{\alpha°}{90°}\right)^2$$

$$\lambda_{qi} = \left(1 - \frac{\alpha°}{90°}\right)^2$$

$$\lambda_{ri} = \left(1 - \frac{\alpha°}{\phi'°}\right)^2$$

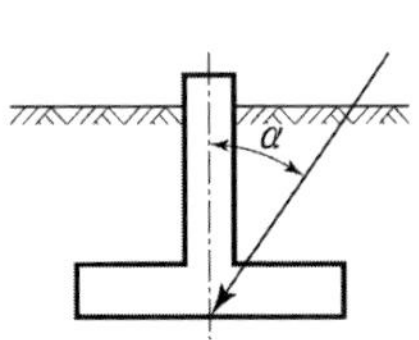

[a] B=기초의 단변의 길이 ; L=기초의 장변의 길이

그림 12.13 직사각형기초에 대한 Meyerhof의 수정계수

[예제 12.5] 예제 12.2의 조건에 대해서 원형기초를 제외한 나머지 기초형상에 대한 Meyerhof의 극한지지력을 구하면 각각 Terzaghi극한지지력의 몇%인가?

풀이

	B (m)	L (m)	c $(\mathrm{kN/m^2})$	ϕ (radians)	N_q 식(12.11)	N_c 식(12.3)	N_r 식(12.10)	γ_2	γ_1	D_f
연속기초	1		9.8	0.524	18.401	30.140	15.668	17.658	18.639	1
정방형기초	1	1	9.8	0.524	18.401	30.140	15.668	17.658	18.639	1
장방형기초	1	1.2	9.8	0.524	18.401	30.140	15.668	17.658	18.639	1

	그림 12.12									$q_{(ult)}$	비율
	λ_{cs}	λ_{cd}	λ_{ci}	λ_{rs}	λ_{rd}	λ_{ri}	λ_{qs}	λ_{qd}	λ_{qi}		
연속기초	1	1.346	1	1.00	1.173	1	1.00	1.173	1	962.364	100.556%
정방형기초	1.6	1.346	1	1.30	1.173	1	1.30	1.173	1	1370.380	132.836%
장방형기초	1.5	1.346	1	1.25	1.173	1	1.25	1.173	1	1302.377	127.784%

(3) Hansen 및 Vesić의 극한 지지력

Hansen(1970)은 Meyerhof의 지지력공식을 더욱 확장하여 일반화한 지지력공식 (12.13)을 제안하였다. 이 식은 Hansen의 초기제안(1957, 1961)을 확장한 것이다. 이 식은 기초 자체가 기울어져 있는 경우에 대한 기초경사계수, 기초를 지지하는 지반이 기울어져 있는 경우에 대한 지반경사계수 등을 포함하여 확장되었다.

$$q_{ult} = c \cdot N_c \cdot s_c \cdot d_c \cdot i_c \cdot g_c \cdot b_c + \frac{1}{2}\gamma_2 \cdot B \cdot N_\gamma \cdot s_\gamma \cdot d_\gamma \cdot i_\gamma \cdot g_\gamma \cdot b_\gamma + \gamma_1 \cdot D_f \cdot N_q \cdot s_q \cdot d_q \cdot i_q \cdot g_q \cdot b_q \qquad (12.13)$$

지지력계수 N_c, N_γ 및 N_q는 다음과 같다.

$N_c = \cot\phi(N_q - 1)$는 Terzaghi 및 Meyerhof의 공식 식 (12.3)과 같다.

$N_q = e^{(\pi\tan\phi)} \times \tan^2\left(45 + \frac{\phi}{2}\right)$는 Meyerhof의 공식 식 (12.11)과 같다.

$$N_\gamma = 1.5(N_q - 1)\tan\phi \tag{12.14}$$

형상계수(s_c, s_γ, s_q), 근입계수(d_c, d_γ, d_q), 하중경사계수(i_c, i_γ, i_q), 지반경사계수(g_c, g_γ, g_q) 및 기초경사계수(b_c, b_γ, b_q)는 그림 12.14(a)~그림 12.14(d)에 나타나 있다.

경사하중이 주어질 때는 하중을 연직방향에서 작용하는 H_V 성분, 기초의 단방향으로 작용하는 H_B 성분 및 기초의 장방향으로 작용하는 H_L 성분으로 각각 분해하고 각각의 분력에 대해서 기초의 형상계수(s_c, s_γ, s_q)를 단방향에 대한 형상계수($s_{c,B}$, $s_{\gamma,B}$, $s_{q,B}$)와 장방향에 대한 형상계수($s_{c,L}$, $s_{\gamma,L}$, $s_{q,L}$)로 구분하여 각각 구한다. 또한 근입계수(d_c, d_γ, d_q)도 단방향에 대한 근입계수($d_{c,B}$, $d_{\gamma,B}$, $d_{q,B}$)와 장방향에 대한 근입계수($d_{c,L}$, $d_{\gamma,L}$, $d_{q,L}$)로 구분하여 각각 구한다.

Vesić(1973, 1975)은 세 가지만을 제외하고 기본적으로 Hansen의 공식과 동일한 식을 제안하였다. 첫 번째로 지지력 계수가 N_γ가 Hansen의 식과 다르다. 두 번째로 경사하중이 주어질 때 기초의 형상계수를 장방향 하중과 단방향 하중에 대해서 각각 구하지 않으므로 Hansen의 식에 비해서 간편하다. 세 번째로 하중경사계수, 지반경사계수 및 기초경사계수가 그림 12.14(d)와 같이 Hansen의 식과 다르다.

$N_c = \cot\phi(N_q - 1)$는 Terzaghi, Meyerhof 및 Hansen의 공식 식 (12.3)과 같다.

$N_q = e^{(\pi\tan\phi)} \times \tan^2\left(45 + \dfrac{\phi}{2}\right)$는 Meyerhof 및 Hansen의 공식 식 (12.11)과 같다.

$$N_\gamma = 2(N_q + 1)\tan\phi \tag{12.15}$$

Hansen 및 Vesić의 식을 $\dfrac{D_f}{B} > 1$인 깊은 기초에 적용하는 것이 묵시적으로 허용된다.

형상계수	근입계수
$S'_{c(H)} = 0.2\dfrac{B'}{L'} \quad (\phi = 0°)$ $S_{c(H)} = 1.0 + \dfrac{N_q}{N_c} \cdot \dfrac{B'}{L'}$ $S_{c(V)} = 1.0 + \dfrac{N_q}{N_c} \cdot \dfrac{B}{L}$ $S_c = 1.0$(연속기초)	$d'_c = 0.4k' \quad (\phi = 0°)$ $d'_c = 1.0 + 0.4k$ $k = D/B$ for $D/B \leq 1$ $k = \tan^{-1}(D/B)$ for $D/B > 1$ k(라디안)
$S_{q(H)} = 1.0 + \dfrac{B'}{L'}\sin\phi$ $S_{q(V)} = 1.0 + \dfrac{B}{L}\tan\phi$	$d_q = 1 + 2\tan\phi(1-\sin\phi)^2 k$ k(위와 같다)
$S_{\gamma(H)} = 1.0 - 0.4\dfrac{B'}{L'} \geq 0.6$ $S_{\gamma(V)} = 1.0 - 0.4\dfrac{B}{L} \geq 0.6$	$d_\gamma = 1.00$ (모든 ϕ에 대해서)

Vesić의 식이 아닌 Hansen의 식에서만 기초의 유효길이 L' 및 B'를 사용한다.
위 식은 연직하중(V)만 작용하거나 연직하중(V)과 단변방향으로의 수평하중(H_B)이 함께 작용할 때 적용한다. H_B의 유무에 관계없이 연직하중(V)과 장변방향으로의 수평하중(H_L)이 작용할 때는 얕은 기초의 설계에 관한 보다 전문적인 문헌을 참고해야 한다.
근입계수산정시에는 유효길이를 사용하지 않는다.

그림 12.14 (a) Hansen 및 Vesić의 지지력공식에 사용되는 형상계수 및 근입계수 $\phi = 0$일 때의 s'_c, d'_c 는 Hansen의 지지력공식에만 적용한다. 아래첨자 H 및 V는 Hansen 및 Vesić의 식을 나타낸다.

하중경사계수	지반경사계수
$i'_c = 0.5 - 0.5\sqrt{1 - \dfrac{Hi}{A_f C_a}} \quad (\phi = 0°)$ $i_c = i_q - \dfrac{1 - i_q}{N_q - 1}$ $i_q = \left[1 - \dfrac{0.5H_i}{V + A_f c_a \cot\phi}\right]^{\alpha_1}$ $2 \leq \alpha_1 \leq 5$	$g'_c = \dfrac{\beta°}{147°}$ $g_c = 1.0 - \dfrac{\beta°}{147°}$ $g_q = g_\gamma = (1 - 0.5\tan\beta)^5$
	기초경사계수
$i_\gamma = \left[1 - \dfrac{0.7H_i}{V + A_f c_a \cot\phi}\right]^{\alpha_2}$ $i_\gamma = \left[1 - \dfrac{(0.7 - \eta°/450°)H_i}{V + A_f c_a \cot\phi}\right]^{\alpha_2}$ $2 \leq \alpha_2 \leq 5$	$b'_c = \dfrac{\eta°}{147°} \quad (\phi = 0)$ $b_c = 1 - \dfrac{\eta°}{147°} \quad (\phi > 0)$ $b_q = \exp(-2\eta\tan\phi)$ $b_\gamma = \exp(-2.7\eta\tan\phi)$ η(라디안)

위 식에서 H_i 는 H_B 또는 H_L로 치환하고 $H_L > 0$일 때는 H_B 또는 H_L 모두 구한다.
c_a, η, β, D, 및 H_i는 그림 12.14(c)를 참조

그림 12.14(b) Hansen의 하중경사계수 및 지반경사계수

$\beta+\eta \leq 90°$ (β 및 η 모두 방향에 따른 기초가 있다.)

$\beta \leq \phi$

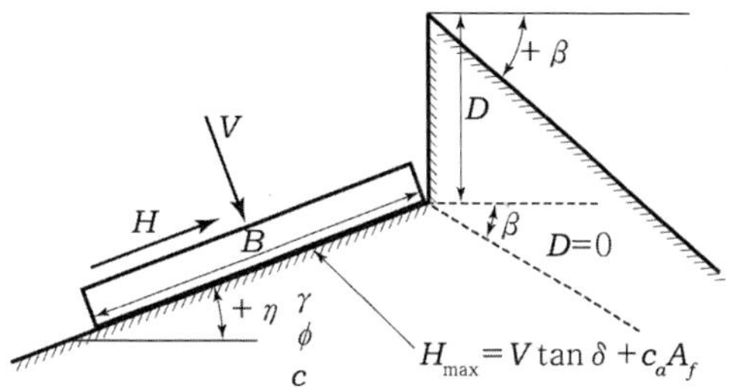

$L/B \leq 2$ use ϕ_{tr}

$L/B > 2$ use $\phi_{ps} = 1.5\phi_{tr} - 17°$

$\phi_{tr} \leq 34°$ use $\phi_{tr} = \phi_{ps}$

ϕ_{tr} : 삼축압축시험에 의한 내부마찰각

ϕ_{ps} : 평면변형조건(직접전단시험)에 의한 내부마찰각

δ = 기초바닥과 흙사이의 마찰각

($0.5\phi \leq \delta \leq \phi$)

$A_f = B'L'$ (유효면적)

$B' = B - 2e_Y$

$L' = L - 2e_X$

e_X, e_Y : X, Y 축에 대한 편심거리

c_a = 기초바닥의 부착력(0.6 to 1.0c)

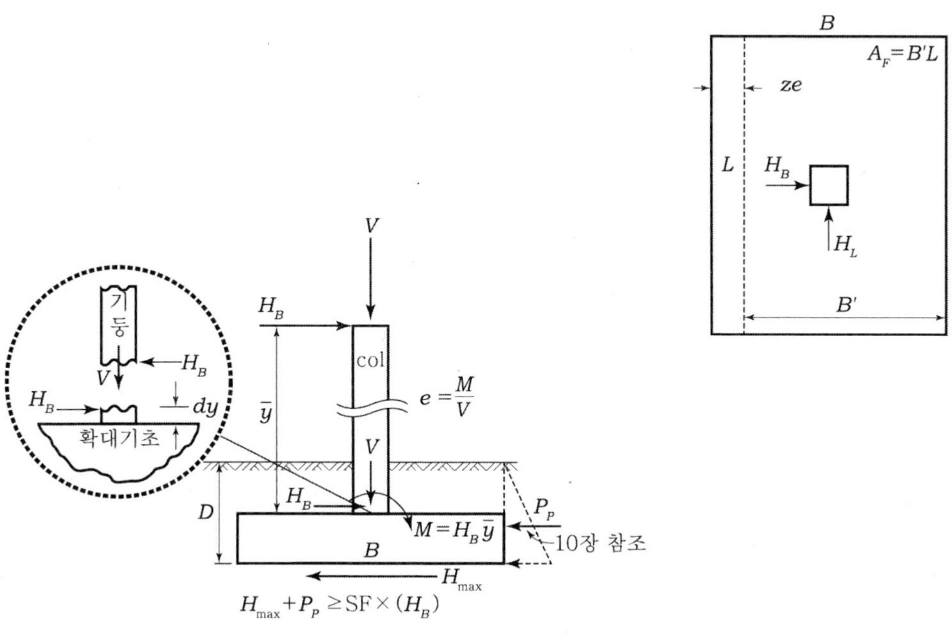

그림 12.14(c) Hansen 수정계수의 기호정의

하중경사계수	지반경사계수
$i'_c = 1 - \frac{mH_i}{A_f c_a N_c}$ $(\phi = 0)$	$g'_c = \frac{\beta}{5.14}$ β(라디안)
$i_c = i_q - \frac{1-i_q}{N_q - 1}$ $(\phi > 0)$	$g_c = i_q - \frac{1-i_q}{5.14\tan\phi}$ $\phi > 0$
i_q 및 m은 아래에	i_q는 오른쪽에
$i_q = \left[1.0 - \frac{H_i}{V + A_f c_a \cot\phi}\right]^m$	$g_q = g_\gamma = (1.0 - \tan\beta)^2$
	기초경사계수
$i_\gamma = \left[1.0 - \frac{H_i}{V + A_f c_a \cot\phi}\right]^{m+1}$	$b'_c = g'_c$ $(\phi = 0)$
$m = m_B = \frac{2 + B/L}{1 + B/L}$	$b_c = 1 - \frac{2\beta}{5.14\tan\phi}$
$m = m_L = \frac{2 + L/B}{1 + L/B}$	$b_q = b_\gamma = (1.0 - \eta\tan\phi)^2$

$\phi = 0$이고 $\beta \neq 0$일때 $N_\gamma = -2 \times \sin(\pm\beta)$를 적용한다.

H_i가 H_B이면 m에 m_B를 적용하고 H_L이면 m에 m_L을 적용한다.

H_B와 H_L 모두 있으면 $m = \sqrt{m_B{}^2 + m_L{}^2}$ 을 적용한다.

L 및 B 는 유효길이가 아닌 실제 길이를 적용한다.

i_q 및 i_γ는 H_i가 1보다 작을 때에만 적용한다.

그림 12.14(d) Vesić의 하중저항계수, 지반반력계수, 기초경사계수

표 12.5 점토지반에서의 극한지지력

기초의 형상	극한지지력	제안자
연속기초($D_f = 0$)	$q_u = (\pi + 2) \times c = 5.14 \times c$	Prandtle(1920)
	$q_u = 6.28 \times c$	Jaky(1938) Tschebotarioff (1951)
연속기초(D_f가 클때)	$q_u = 8.30 \times c$	Meyerhof(1950)
원형기초($D_f = 0$)	$q_u = 5.68 \times c$	Berezancev(1952)
정방형기초($D_f = 0$)	$q_u = 5.71 \times c$	Shield(1953)
장방형기초($D_f = 0$)	$q_u = (0.84 + 0.16B/L) \times N_{cc}$	Skempton(1951)
	$B/L < 0.53 : q_u = (5.14 + 0.66B/L) \times c$ $B/L > 0.53 : q_u = (5.24 + 0.47B/L) \times c$	Shield(1953) B : 단변 L : 장변

(4) 기타 지지력이론

이상과 같은 지반의 지지력이론 이외에도 많은 지지력이론이 제안되었으나 잘 사용되지는 않는다. $\phi=0$인 비배수조건 즉 점성토지반에서의 지지력은 앞에서 설명한 이론들에 $\phi=0$을 대입하여 적용하거나 표 12.5와 같은 다양한 이론들이 있고 여러 이론들을 검토하여 안전에 가장 불리한 이론을 적용하는 것이 일반적이다.

12.4 지하수위의 영향에 대한 수정 지지력

기초의 지지력은 기초저면으로부터 기초의 폭만큼의 깊이까지만 영향을 받는다고 가정하고 지지력 공식에 지하수위에 의해 변화된 단위중량을 적용한다.

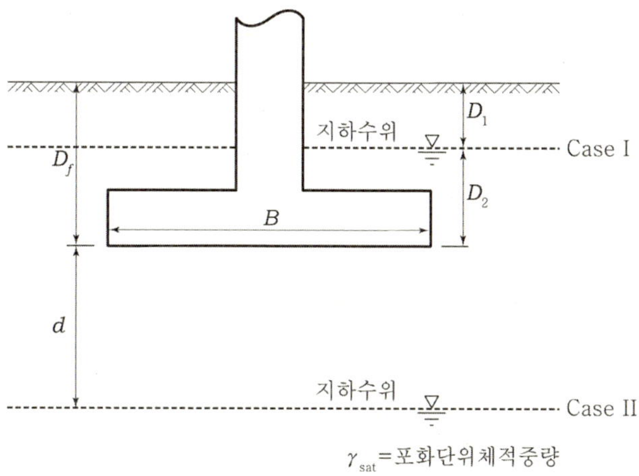

그림 12.15 지지력공식의 수정을 위한 지하수위 구분

그림 12.15에서 지하수위가 case I에 해당된다면 식 (12.2), (12.9), (12.12) 또는 (12.13)에서 두 번째 항의 γ_2는 γ_{sub}로 치환하고 세 번째 항의 기초저면 위쪽의 상재하중을 산출하는 $\gamma_1 \cdot D_f$은 $D_1 \cdot \gamma + D_2 \cdot \gamma_{sub}$로 치환한다. γ_{sub}는 수중단위중량이다.

지하수위가 case Ⅱ에 해당된다면 식 (12.2), (12.9), (12.12) 또는 (12.13)에서 두 번째 항의 γ_2는 $\gamma_{sub}+\dfrac{d}{B}(\gamma-\gamma_{sub})$로 치환하고 세 번째 항은 변화가 없다.

지하수위가 기초저면으로부터 기초의 폭보다도 더 아래쪽에 있다면 지하수위의 영향은 없는 것으로 한다.

12.5 현장시험에 의한 지지력

현장에서 극한지지력을 얻는 가장 확실한 방법은 재하시험을 실시하는 것이다. 만일 시험이 실물크기 기초에 대한 시험이라면 직접적으로 지지력을 얻을 수 있다. 그러나 실물크기 시험은 엄청나게 큰 재하 하중이 필요하기 때문에 일상적으로 실시되지는 않는다. 이러한 시험을 위해서 두 개의 인장말뚝과 가로보를 이용해서 반력보를 만들고 유압잭으로 하중을 가한다. 그림 12.16에는 현장재하시험의 개략적인 배치가 나와 있다.

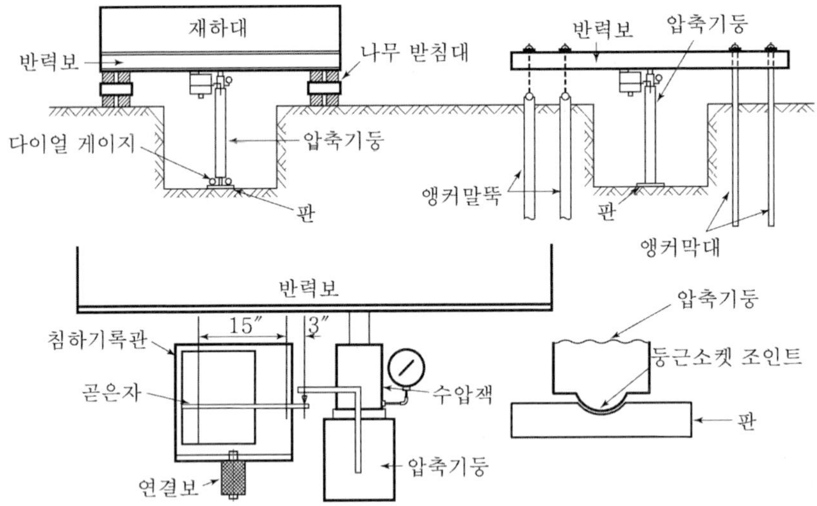

그림 12.16 현장재하시험을 위한 시험기구 배치

이 시험은 비용이 많이 소요되므로 시험 전에 고려해야 될 중요한 요소 중의 한 가지이다. 또한 이 시험은 시험에 사용한 기초의 크기와 동일한 크기에 대해서만 적용이 가능하다 만일 동일 현장에 크기가 다른 기초들이 있다면 각각의 크기와 형식에 대해서 모두 재하시험을 해야 되므로 비용은 급격히 증가한다. 따라서 현장에서 작은 규모의 시험을 하여 지지력을 직, 간접적으로 추정하는 다양한 방법들이 사용되고 있다. 이 단원에서는 이러한 시험결과를 이용해서 지지력을 추정하는 방법에 대해서 설명한다.

(1) 평판재하시험

실물기초에 대한 재하시험의 대안으로 직경 30cm, 40cm, 또는 75cm이고 두께가 2.5cm이상인 강철판에 재하하는 평판재하시험을 한다. 현장 지반에 직접적으로 재하하므로 여러 가지 불확실한 요소를 배제할 수 있으며 적은 비용으로 실시할 수 있는 장점이 있어서 자주 사용되고 있다.

평판재하시험은 시험 결과의 사용목적에 따라서 다양한 시험 방법이 있고, 한국산업규격에는 다음과 같이 4가지 평판재하시험이 규정되어 있다. 시험의 목적에 따라서 시험방법이 약간씩 다르게 규정되어 있으나 시험의 결과물은 모두 하중 및 시간에 따른 침하곡선이다.

① 확대기초에서 정적 하중에 대한 흙의 지지력 시험 방법(KS F 2444)
② 도로의 평판재하시험(KS F 2310)
③ 흙과 가요성 포장의 반복 평판재하 시험(KS F 2338)
④ 흙과 가요성 포장의 비반복 평판재하 시험(KS F 2339)

(가) 극한하중의 결정

원칙적으로 하중–침하곡선의 최대 곡률점을 찾아서 극한지지력을 구한다. 재하판에 인접한 지반에 설치한 변위계의 측정치가 수렴하거나, 처음에는 침하하다가 융기되면서 초기치에 도달하는 순간이 극한하중이 된다. 그러나 대개의 시험에서는 최대곡률점이 쉽게 찾아지지 않으며 재하량이 부족하여 극한 지지력이 구해지지 않는 경우가 있는데, 이때에는 측정치를 침하–대수시간($S-\log t$), 하중 – 대수침하속도($P-\dfrac{dS}{d(\log t)}$), 대수하중 – 대수침하($\log P-\log S$) 등으로 곡선을 그려서 이들 곡선이 꺾어지는 부분을 항복하중으로 하고 항복하중의 1.5배를 취하여 극한하중으로 하거나 재하판 직경의 10% 즉, $0.1B$ 의 하중강도를 극한하중으로 한다.

(나) 허용지지력의 결정

일반적으로 기초의 지지력을 구할 때에 장기허용지지력과 단기허용지지력으로 구분하며 허용지지력은 극한하중을 안전율로 나누어서 구한다. 보통 가시설 등에 적용하는 단기허용지지력은 항복하중강도로 하며 영구구조물 등에 적용하는 장기허용지지력은 항복하중강도를 안전율 2로 나눈 값과 극한지지력을 안전율 3으로 나눈 값을 비교하여 작은 값을 취한다.

구조물 기초 폭의 2배에 해당하는 깊이까지 균질한 지반인 경우에는 다음과 같이 지지력을 구할 수 있다.

① 건물의 장기허용지지력

극한지지력의 1/3 또는 항복하중의 1/2 중에서 작은 값을 P라고 하면

$$q_a = P + \frac{1}{3} N'_q \cdot \gamma \cdot D_f \qquad (12.16)$$

평판재하시험은 지표면에서 실시하므로 근입깊이 $D_f = 0$이다. 따라서 P는 식 (12.2), 식 (12.9)나 식 (12.12)의 정방형 또는 원형기초에서 우변의 첫 번째와 두 번째 항의 합을 안전율로 나눈 값에 해당된다. 식 (12.16)의 우변에서 두 번째 항은 근입깊이에 의한 지지력을 안전율로 나눈 것이다.

② 건물의 단기허용지지력

극한지지력의 2/3 또는 항복하중 중에서 작은 쪽을 P'라 하면

$$q_a = P\,' + \frac{1}{3} N\,'_q \cdot \gamma \cdot D_f \tag{12.17}$$

③ 토목구조물의 상시 허용지지력

극한지지력의 1/3(단, 수평력이 작을 경우)

④ 토목구조물의 지진시 허용지지력

극한지지력의 1/2(단, 수평력이 작을 경우)

⑤ 토목구조물의 침하를 기준으로 할 경우

침하를 기준으로 장기허용지지력을 정할 경우에는 침하량 20mm 또는 25mm에 해당하는 하중의 절반값을 장기허용지지력으로 정한다. 또한 앞에서 구한 장기허용지지력과, 침하를 기준으로 정한 장기허용지지력을 비교하여 작은 값을 취하여 허용지지력(allowable bearing value)을 정한다.

(다) 평판재하시험 결과 적용시 유의사항

지반의 지지력은 지반의 성질 이외에도 기초의 근입깊이와 형상, 폭, 길이 및 지하수위 등에 의해 영향을 받으므로 실제 기초보다 크기가 작은 재하판으로 행한 평판재하시험의 결과를 실제 기초에 그대로 적용하기는 어려우며 다음의 영향에 유의한다.

① 지반의 두께

재하판의 크기에 따라 지반 내 응력변화 범위가 다르므로 재하판의 영향이 미치지 않는 깊이에 연약지반이 있으면 재하시험에서는 그 영향이 나타나지 않으나 실제기초에서는 그 영향으로 기초침하가 예상보다 크게 발생될 수 있다. 따라서 연약층의 전단 및 압축특성을 파악한 후에 실제기초의 지지력을 산출한다.

② 지하수위

지하수위가 지표에 가까운 지반에서 지하수위가 상승하면 지반의 지지력이 대략 반감하므로 이를 고려하여 기초의 지지력을 판정한다.

③ 크기 효과(scale effect)

기초구조에 의하여 지중응력이 증가되는 범위는 대체로 기초구조물의 2배 깊이이므로 재하시험에서 재하판의 크기에 의한 영향을 크게 받는다. 따라서 기초 폭의 2배 깊이의 지반성상은 지반조사를 통하여 파악하고 있어야 한다. 그런데 평판재하시험은 실제보다 작은 크기의 규격화된 재하판으로 실시하므로 실제기초의 지지력은 기초의 크기에 의한 영향을 고려하여 시험치를 보정해야 한다.

점토지반에서 지지력은 재하판의 크기에 무관하다.

모래지반에서 지지력은 재하판의 크기에 비례해서 증가한다.

(2) 간접적인 현장시험에 의한 지지력의 추정

간접적인 현장시험은 현장시험에 의해서 지지력을 측정하는 것이 아니고 흙의 강도정수를 추정할 수 있는 물리량을 간접적으로 측정한다. 이렇게 측정한 물리량으로부터 흙의 강도정수를 추정하고 추정한 강도정수를 지반의 지지력 산정 이론식들에 대입하여 지반의 지지력을 추정한다.

(가) 표준관입시험(SPT)

① 내부마찰각 ϕ의 추정

표준관입시험은 현재까지 지반의 조사목적으로 가장 많이 사용되는 시험방법들 중의 한 방법으로 한국산업규격(KS F 2307)으로 규정되어 있다. 이 시험은 사질토 및 점성토에 모두 적용이 가능하지만 매우 연약한 지반에서는 신중하게 적용해야 한다. 이 시험은 폭넓게 시험되고 있으므로 시험 결과 값인 N 값을 이용해서 간접적으로 지반강도정수(내부마찰각 ϕ)를 추정하는 많은 방법들이 제시되어 있다. 내부마찰각을 추정한 후에 전 단원에서 설명한 극한지지력공식들에 적용하여 지반의 지지력을 계산한다.

② Terzaghi & Peck 의 방법(1974)

사질토 지반에서의 허용지지력은 최대침하량 25mm를 전제로 그림 12.17에서 추정할 수 있다. 이 그림은 지하수위가 매우 낮은 곳에서 기초의 지지력에 영향을 미치지 않는 조건에서 만들어졌다. 지하수위가 기초저면까지 상승한다면 그림 12.17에서 얻은 허용지지력의 50%를 허용지지력으로 한다. 이 그림은 근입깊이 5m에 해당되는 유효상재하중 100kPa를 기준으로 보정한 것이다. 다른 깊이에서 얻은 N값은 그림 12.17에 사용하기 전에 그림 12.18에서 기준 유효상재하중에 대응하는 N값으로 바꿔야 한다.

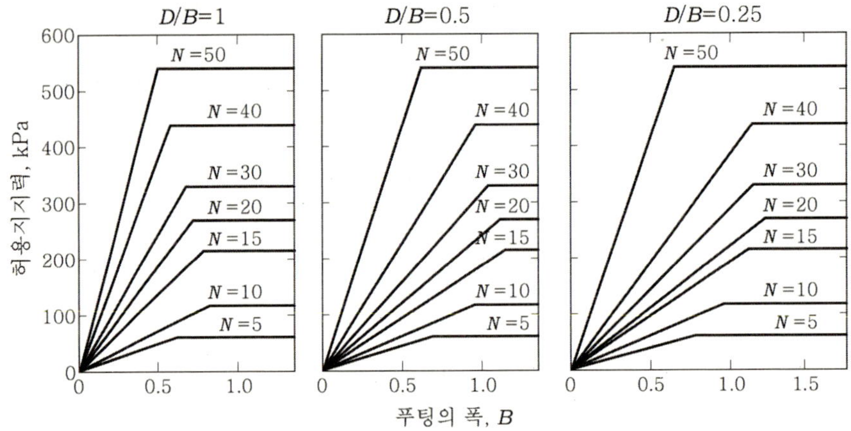

▌그림 12.17 ▌ 사질토 위의 확대기초 설계표(Peck et. al., 1974)

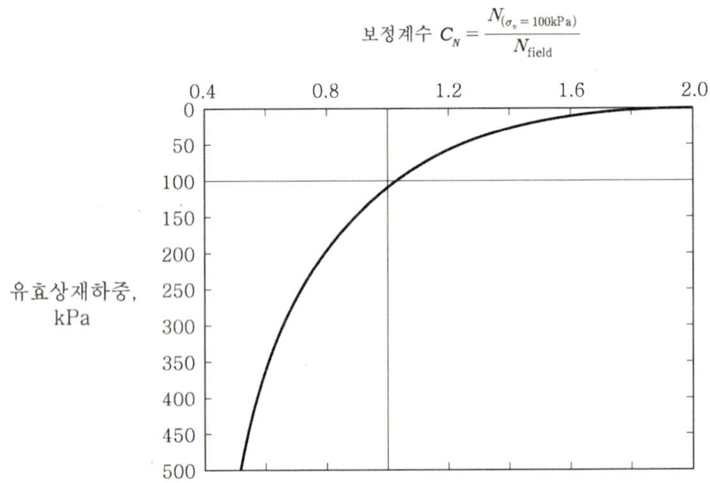

▌그림 12.18 ▌ N값의 근입깊이에 대한 보정계수(Peck et. al., 1974)

③ 수정 Meyerhof의 방법(1965)

Meyerhof는 최대침하량 25mm를 전제로 한 허용지지력(q_{all}, kPa)을 추정하는 식을 제시하였다.

$$q_{all} = 19NK_d \qquad B < 1.2\text{m}인 경우 \tag{12.18a}$$

$$q_{all} = 12NK_d\left(\frac{B+0.3}{B}\right)^2 \qquad B \geq 1.2\text{m}인 경우 \tag{12.18b}$$

여기서, N : 보정된 표준관입시험의 타격횟수(효율60%로 보정한 값을 의미하지만 국내 실정에서 효율을 실측하고 성과표에 명시하는 경우가 많지 않으므로 보정이 어려움)

K_d : 깊이 계수

$$K_d = 1 + \frac{D}{3B} \qquad D < B\text{인 경우} \tag{12.18c}$$

$$K_d = 1.3 \qquad D \geq B\text{인 경우} \tag{12.18d}$$

여기서, D : 근입깊이(m)

B : 확대기초의 폭(m)

④ 적용시 유의사항

표준관입시험은 현재 기초지반을 조사하고 교란시료를 채취하는 과정에서 가장 많이 시행하는 현장시험이다. 현재까지 N값을 이용해서 흙의 내부마찰각을 추정하는 많은 공식들이 제안되었다(제17장 참조). 그러나 역설적으로 이렇게 많은 내부마찰각 추정 공식들이 발표된 것은 기존 공식들의 신뢰성이 낮았기 때문이다. 특히 점성토 지반에서는 표준관입시험은 부적절한 시험이다. 그러나 기초지반조사를 하는 거의 모든 현장에서 표준관입시험이 실시되고 있고, 설계자 입장에서는 N값을 손쉽게 얻을 수 있으므로 추가적인 흙의 전단강도시험을 실시하지 않고 N값을 이용해서 흙의 내부마찰각을 추정하여 기초설계에 적용하고 있다. 그러나 N값의 낮은 신뢰성을 항상 염두에 두고 추가적인 정보를 종합적으로 취합, 판단하여 기초설계에 적용하여야 한다.

(나) 콘관입시험

콘 관입시험은 연약한 점토지반에서 콘 관입저항값에 의해서 지반의 강도정수를 간접적으로 측정하는 방법이다. 한국산업규격(KS F 2592)에는 전기식 콘 관입 시험방법이 규정되어 있다. 단면적이 10cm^2이고 콘의 각도가 60°인 표준 콘을 사용할 때 근입깊이 1m에서 얕은 기초의 허용지지력(q_{all})은 다음 식 (12.19)와 같다.

$$q_{all} = 0.1 \times q_c \tag{12.19}$$

여기서, q_c : 콘의 전단저항

식 (12.19)는 전술한 간단한 조건에 대해서 개략적으로 평가할 때 사용한다. 위 조건과 다른 경우에는 그림 12.19를 이용해서 지반의 허용지지력을 추정한다.

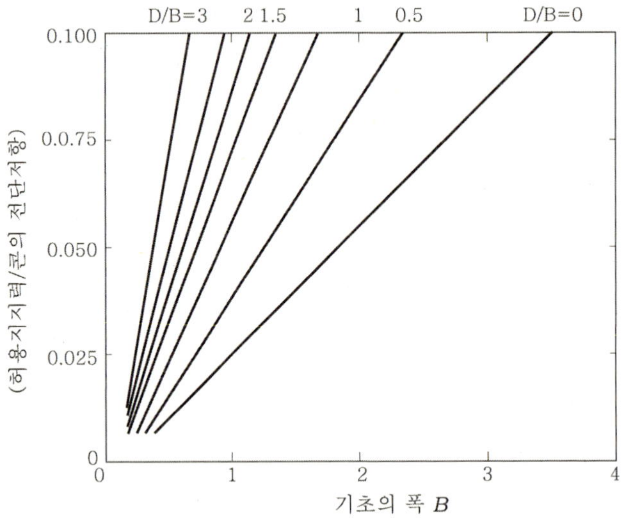

그림 12.19 콘 관입시험에 의한 허용지지력의 추정

(다) 베인시험

베인시험은 '+'형 날개를 점성토지반에 관입시킨 후 수평방향으로 날개를 회전시켜서 회전 토크로부터 연약점토지반의 비배수 전단강도를 직접 측정하는 시험으로 한국산업규격(KS F 2342)에 규정되어 있다. 지반의 극한 지지력은 다음 식 (12.20)으로 추정한다.

$$q_{ult} = 5 \cdot \mu \cdot \tau_u (1 + 0.2\frac{D}{B})(1 + 0.2\frac{B}{L}) + \sigma_0 \tag{12.20}$$

여기서, q_{ult} : 지반의 극한지지력

μ : 베인전단강도 저감계수(그림 12.20)

σ_0 : 기초 저면 깊이에서의 상재하중

τ_u : 베인전단강도

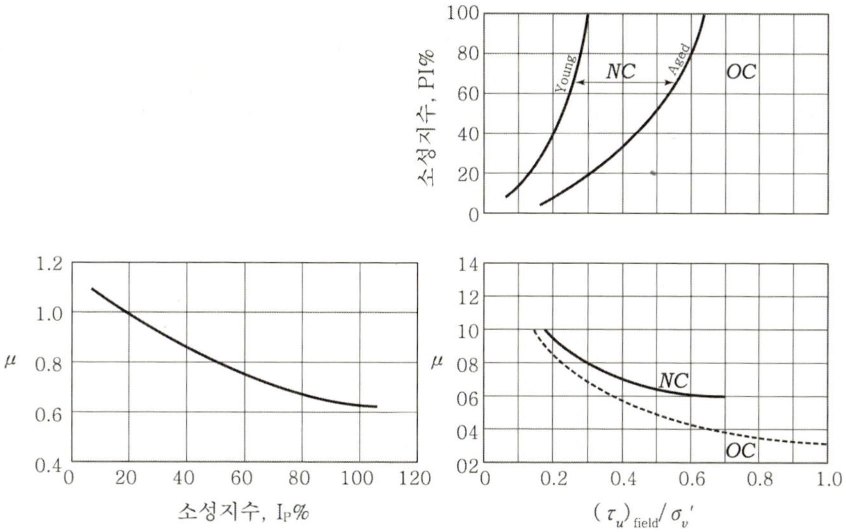

(a) Bjerrum이 제안(1972)　　(b) Aas at al. 제안(1986)

그림 12.20 베인 저감계수

12.6 얕은 기초의 침하

건물, 교량, 타워, 발전소, 기타 고가의 구조물에서 기초의 침하는 매우 신중하게 산정되어야 한다. 매립, 사력댐, 하천제방, 버팀굴착이나 옹벽 등에서는 상대적으로 큰 침하량 오차도 구조물의 기능상 허용될 수 있다. 지반이 침하하는 동안 재하하중에 의해서 응력상태도 변화하게 된다. 이러한 응력의 상태변화는 기초지반 바로 아래의 영향권에 있는 토립자들이 회전, 활동, 부서짐, 탄성비틀림 등의 변화가 나타나도록 한다. 이러한 변화가 시간에 따라 누적되어서 기초지반의 침하를 일으킨다. Bowles는 '관계된 방향으로의 이동의 통계적인 축적이 침하'라고 하였다.

(1) 침하의 종류

침하를 정량적인 관점에서 살펴보면, 재하 하중에 의해 발생하는 전체 침하량은 제7장에서 설명한 탄성침하, 압밀침하 및 이차압축침하와 제5장에서 다룬 전단변형에 의한 침하 등으로 구성되어 있다. 침하를 정성적인 관점에서 살펴보면 균등침하, 기울음, 및 부등침하 등으로 구분할 수 있다.

탄성침하는 지반의 탄성적인 성질에 의해서 나타나는 침하로 재하 즉시 침하하기 때문에 즉시침하라고도 한다. 전체 침하량 중에서 탄성침하량은 작은 부분을 구성한다. 탄성침하량은 전체침하량을 산정하는 과정에 잠재되어 있는 다른 불확실한 요소들에 의해서 발생하는 추정침하량의 오차범위보다도 작은 경우가 많다.

압밀침하는 사질토 지반과 점성토 지반에서 그 거동이 각각 매우 다르다. 사질토 지반에서는 그 크기가 작고 매우 빠른 기간 내에 일어나며 탄성침하량과 구분도 잘 되지 않는다. 점성토 지반에서는 그 크기가 크고 오랜 기간에 걸쳐서 서서히 일어난다. 압밀침하는 기초의 전체침하량 중에서 큰 부분을 구성하므로 매우 신중하게 산정하여야 한다. 2차압축침하는 압밀침하가 종료된 후 시작되는 침하로 알려져 있다. 2차압축침하는 압밀침하에 비해서 침하량이 작고 매우 오랜 기간에 걸쳐서 압밀침하속도 보다 훨씬 더 느리게 진행된다. 기초가 받치고 있는 구조물의 설계수명 기간 동안에 발생하는 2차압축침하량은 매우 작다. 압밀침하와 2차압축침하는 제7장에서 설명한 방법에 의해서 산정한다.

기초하중에 의해서 지반이 연직으로 재하되면 흙의 응력에 따른 변형거동 특성에 의해서 지반이 측면으로 밀려나가는 전단거동을 하고 기초저면은 측면으로 밀려나간 만큼 침하한다. 이 침하량을 전단변형에 의한 침하량이라고 한다. 전단변형에 의한 침하량은 기초의 허용침하량에 대해서도 매우 중요하고 지반의 지지력 파괴에 대해서도 매우 중요한 침하량이다. 지반에서 측면으로 밀려나가는 변위에 의해서 발생하는 연직방향의 침하량은 유한요소법과 같은 컴퓨터를 이용한 수치해석에 의해서 산정할 수 있다.

(2) 한계깊이

압축성 지반이 충분히 두텁고 변형계수가 일정한 반무한 탄성체인 경우에 상재하중에 의해 발생된 지반 내 응력 σ_{zp}가 지반의 자중에 의한 지반내 응력 σ_{zg}의 20% 즉 $0.2\sigma_{zg} = \sigma_{zp}$가 되는 깊이를 그림 12.21에 나타낸 바와 같이 한계깊이 z_{cr}(critical depth)라고 하며 $\sigma_{zp} \geqq 0.2\sigma_{zg}$인 범위의 지반에 대하여 침하를 계산한다. 암반 등 비압축성 지반이 한계깊이 이내에서 시작되면, 한계깊이는 비압축성 지반이 시작되는 깊이가 된다. 압축성이 아주 큰 연약한 지층이 한계깊이 위치에 분포하면 한계깊이 이하에 있는 연약한 지층의 침하를 계산해야 한다.

한계깊이는 일반적으로 $B \leqq z_{cr} \leqq 2B$ 사이에 있으며, 연성기초의 접지압과 같은 등분포접지압에서는 접지압이 커질수록 깊어진다.

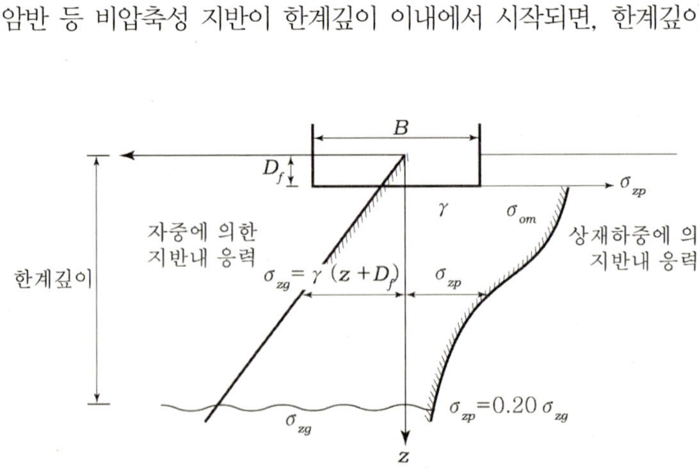

그림 12.21 한계깊이

(3) 탄성침하

탄성침하량 산정방법은 탄성이론에 의한 방법, 변형계수를 이용하는 방법, 및 평판재하시험에 의한 방법 등이 있다. 일반적으로 탄성침하량은 점성토 지반 보다는 사질토 지반에서 전체침하량에서 차지하는 비율이 비교적 크기 때문에 사질토 지반에서 주요 검토사항이다.

(가) 탄성이론에 의한 침하량 산정

지반에서 기초의 접지압과 침하량 분포는 기초의 성질이 강성인지 연성인지와 지반이 점성토 지반인지 사질토 지반인지에 따라서 각각 다른 특성을 나타낸다. 점성토 지반 위에 있는 강성기초 및 연성기초와 사질토 지반 위에 있는 강성기초는 탄성이론에 의한 거동특성을 보인다. 그러나 사질토 지반 위에 있는 연성기초는 탄성이론과는 다른 거동양상을 나타낸다. 그림 12.22는 점성토 지반과 사질토 지반에서 각각 강성기초 및 연성기초에 의한 접지압분포와 침하형태를 나타낸 것이다.

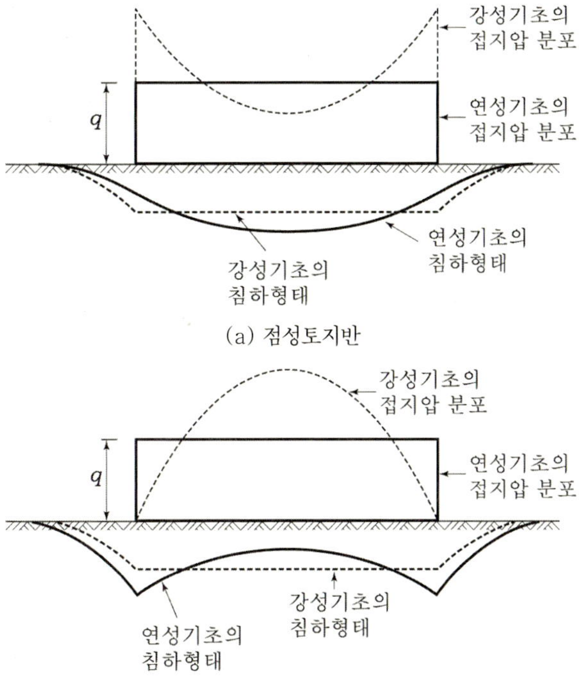

그림 12.22 기초와 지반의 성질에 따른 접지압과 침하형태

탄성이론에 의한 지반의 침하량(S)은 다음 식 (12.21)로 산정한다.

$$S = q \cdot B \cdot \frac{1-\nu^2}{E} \cdot I_s \tag{12.21}$$

여기서, q : 기초저면의 접지압

B : 기초의 폭

E : 지반의 탄성계수

ν : 지반의 포아송 비(Poisson's ratio)

I_s : 탄성침하의 영향계수

표 12.6 각종 흙의 탄성계수와 포아송비

흙의 종류	탄성계수(MPa)	포아송 비
느슨한 모래	10~24	0.20~0.40
중간정도 촘촘한 모래	17~28	0.25~0.40
촘촘한 모래	35~55	0.30~0.45
실트질 모래	10~17	0.20~0.40
모래 및 자갈	69~172	0.15~0.35
연약한 점토	2~5	
중간 점토	5~10	0.20~0.50
견고한 점토	10~24	

그림 12.23에서 근입깊이 $D_f = 0$이고 두께 $H = \infty$인 압축성지반에 연성기초가 놓여있다면 직사각형 연성기초의 모서리에서의 영향계수 I_s는 식 (12.22)에 의해서 구한다.

$$I_s = \frac{1}{\pi}\left[\ln\left(\frac{\sqrt{1+{m_1}^2}+m_1}{\sqrt{1+{m_1}^2}-m_1}\right) + m_1 \cdot \ln\left(\frac{\sqrt{1+{m_1}^2}+1}{\sqrt{1+{m_1}^2}-1}\right)\right] \tag{12.22}$$

여기서, $m_1 = \dfrac{L}{B}$

B : 기초의 폭

L : 기초의 길이

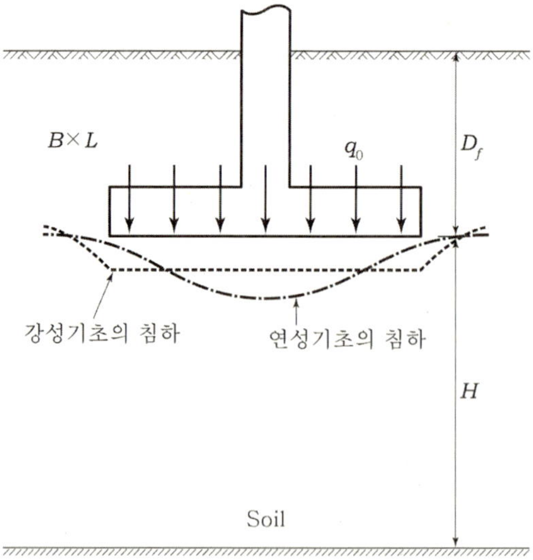

그림 12.23 압축성 지반의 두께가 유한할 때 강성기초와 연성기초의 침하

식 (12.21)로 산정하는 침하량은 중첩의 원리가 적용될 수 있다. 따라서 직사각형 기초의 중심에서 탄성침하량은 그림 12.24(a)와 같이 4등분해서 $B/2$와 $L/2$를 각각 새로운 한 변으로 하는 작은 사각형에 대한 침하량을 구해서 4배하면 된다. 기초 내 임의의 점에서의 탄성침하량은 그림 12.24(b)와 같이 그 점을 기준으로 분할한 4개의 기초에 대한 각각의 침하량을 구해서 모두 합하면 된다.

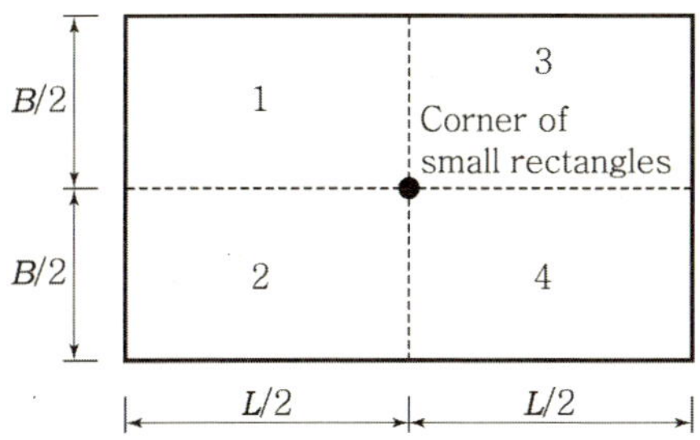

(a) 직사각형 기초의 중심에 대한 침하량 산정

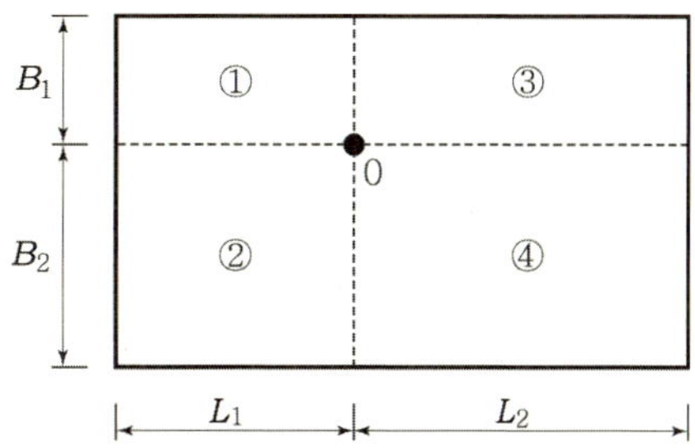

(b) 직사각형 기초 내부의 임의의 위치에 침하량 산정

그림 12.24 탄성침하량 산정에 적용하는 중첩의 원리

[예제 12.6] 단변의 길이 $B=2\text{m}$, 장변의 길이 $L=3\text{m}$, 기초의 접지압 $q=250\text{kN/m}^2$, 포아송비 $\nu=0.25$, 탄성계수 $E=17000\text{kN/m}^2$이고 지반의 두께가 무한할 때, 연성기초의 중심에서는 모서리에서의 탄성침하량의 몇 %의 침하가 일어나는가? 먼저 침하량을 계산하지 않고 산정한 후에 각각의 침하량을 구하라.

풀이 지반의 탄성침하량은 식(12.21)로 구할 수 있다. 그림 12.24(a)를 참고해서 단변의 길이를 $2B$, 장변의 길이를 $2L$이라고 하면 기초의 모서리에서의 침하량(S_1)은 $S_1 = q \cdot 2B \cdot \dfrac{1-\nu^2}{E} \cdot I_{s1}$이다. 기초의 중심에서의 침하량($S_2$)은 기초를 4등분한 모서리에서의 침하량($S$)의 4배이므로 $S_2 = 4 \cdot S = q \cdot B \cdot \dfrac{1-\nu^2}{E} \cdot I_s$이다. 두께가 무한대인 지반에서 근입깊이가 0일 때 영향계수는 식 (12.42)에서 m_1에 관한 함수이다.

$m_1 = \dfrac{L}{B} = \dfrac{2L}{2B}$이므로 $I_{s1} = I_s$이다. 따라서 S_1/S_2는

$$\frac{S_1}{S_2} = \frac{q \cdot 2B \cdot \dfrac{1-\nu^2}{E} \cdot I_s}{4 \cdot q \cdot B \cdot \dfrac{1-\nu^2}{E} \cdot I_s} = \frac{1}{2}$$

$m_1 = 1.5$, $I_s = 1.35758$이므로

$$S_1 = 250 \cdot 2 \cdot \frac{1-0.25^2}{17000} \approx 0.0374\text{m}, \quad S_2 = 4 \cdot 250 \cdot 1 \cdot \frac{1-0.25^2}{17000} \approx 4 \cdot 0.0187 \approx 0.0749$$

따라서 $\dfrac{S_1}{S_2} \approx \dfrac{0.0374}{0.0749} \approx \dfrac{1}{2}$

그림 12.23에서 근입깊이 $D_f = 0$이고 두께 $H < \infty$인 압축성지반에 연성기초가 놓여 있다면 직사각형 연성기초의 모서리에서의 영향계수 I_s는 식 (12.23)에 의해서 구한다.

$$I_s = \frac{1}{2}\left[(1-\nu^2)F_1 + (1-\nu-2\nu^2)F_2\right] \tag{12.23}$$

식 (12.23)에서 다양한 조건에 대한 F_1 및 F_2가 그림 12.25에 나타나 있다.

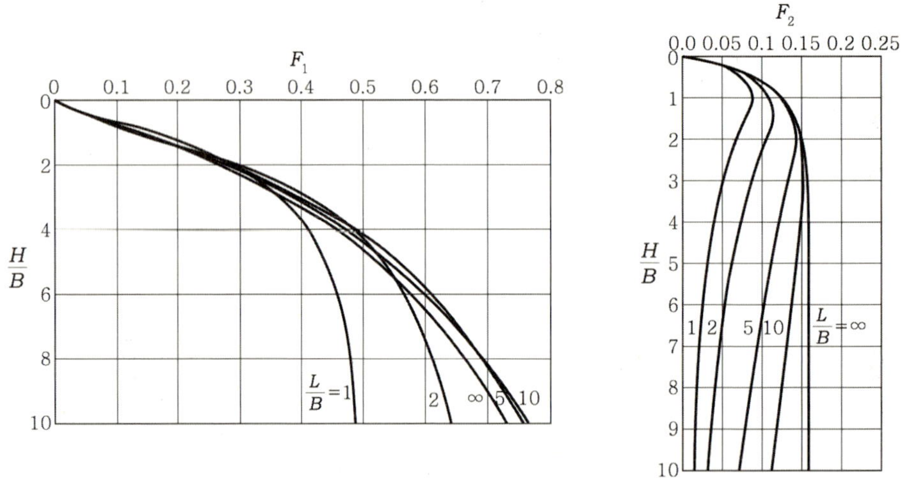

(a) H/B에 따른 F_1 (b) H/B에 따른 F_2

그림 12.25 식 (12.23)및 그림 12.23에서 다양한 F_1 및 F_2

(나) 평판재하시험에 의한 침하량 산정

평판재하시험은 보통 조립토에서 시행하는데 재하판 또는 기초의 크기와 침하량과는 다음과 같은 비선형적인 비례관계가 있다.

$$S_2 = S_1 \cdot \left(\frac{2}{1 + \frac{B_1}{B_2}} \right)^2 \tag{12.24}$$

여기서, S_1 : B_1 크기의 기초 또는 재하판으로 재하하면서 실측한 침하량

S_2 : B_2 크기의 기초 또는 재하판으로 S_1을 측정할 때와 같은 크기의 하중으로 재하하면 일어날 것으로 예상되는 침하량

점토지반에서는 지지력이 재하판의 크기에 무관하기 때문에 침하량은 재하판의 폭에 비례한다.

(4) 허용침하량

구조물의 허용침하는 구조물의 기능 및 안정성이나 미관상의 피해가 허용치 이내로 일어나는 침하량으로 정한다. 균등한 침하에 대한 허용침하량은 구조물의 형태나 기능에 따라 정한다. 침하에 의한 구조물의 손상은 대체로 부등침하에 의해서 발생되므로 상부구조물의 구조형식, 철근보강형태, 지반의 변형형태 등을 고려하여 허용치를 정한다.

허용침하량은 각 주관기관의 기준에 따라서 약간씩 다르므로 일괄적인 기준을 제시하기 어렵다. Sower(1962)는 최대 허용침하량을 표 12.7과 같이 제시하고 있다.

구조물에 하중이 가해져서 침하가 균등하게 발생하는 경우에는 구조물이 손상되기 보다는 구조물의 기능이 문제가 된다. 그러나 침하가 균등하지 않으면 이로 인한 힘이 구조물에 추가로 작용하게 되어 구조물이 손상되는 수가 있다.

표 12.7 최대 허용침하량(Sower 1962)

침하 형태	구조물의 종류	최대침하량(cm)
전체 침하	배수 시설	15~30
	출입구	30~60
	부등침하의 가능성	
	– 석축 및 벽돌구조	2.5~5.0
	– 뼈대구조	5.0~10
	– 굴뚝, 사이로, 매트	7.5~30
전도	탑, 굴뚝	0.004S
	물품 적재	0.01S
	크레인 레일	0.003S
부등침하	빌딩의 벽돌 벽체	0.0005S~0.002S
	철근콘크리트 뼈대구조	0.003S
	강 뼈대구조(연속)	0.002S
	강 뼈대구조(단순)	0.005S
S : 기둥사이의 간격 또는 임의의 2점 사이의 거리		

이러한 부등침하로 인한 구조물의 손상은 구조물과 지반의 상대적인 강성도에 따라 다르므로 일반화하여 수치로 나타내기가 어렵기 때문에 허용부등침하는 대개 경험적으로 정한다. 부등침하량은 기울기로 정의되고 표 12.8 및 12.9에는 여러 연구자들이 제시한 허용부등침하에 대한 기울기가 제시되어 있다.

표 12.8 Skempton & MacDonal(1955)의 허용부등침하량

기준		단독기초	전면기초
각변위(δ/L)		1/300	
최대 부등침하	점토	3.38(3.81)	
	모래	3.18(2.54)	
최대침하	점토	7.62(6.35)	7.62~12.7(6.35~10.16)
	모래	5.08(3.81)	5.08~7.62(3.81~6.35)
( )안의 값은 추천하는 최대값			

표 12.9 Bjerrum(1963)의 허용부등침하량

구분	각변위(δ/L)
침하에 예민한 기계기초의 작업곤란 한계	1/750
경사진 재료가 갖는 뼈대의 위험한계	1/600
균열을 허용할 수 없는 빌딩에 대한 안전 한계	1/500
칸막이 벽에 첫 균열이 예상되는 한계	1/300
고가 크레인의 작업 곤란이 예상되는 한계	1/300
강성의 고층 빌딩의 전도가 눈에 띄일수 있는 한계	1/250
칸막이 벽이나 벽돌벽의 상당한 균열 한계	1/150
가요성 벽돌벽의 안전 한계	1/150
일반적인 건물의 구조적 손상이 예상되는 한계	1/150

12.7 얕은 기초의 지지력에 다양한 해석법 및 설계기준의 적용

지금까지 얕은기초의 지지력과 침하를 산정하는 고전적인 방법에 대해서 기술하였다. 이 절에서는 그림 12.26과 같은 얕은 기초에 대해서 다양한 해석방법과 설계기준을 적용하고 비교하여 각 방법들의 의미를 생각해보고자 한다.

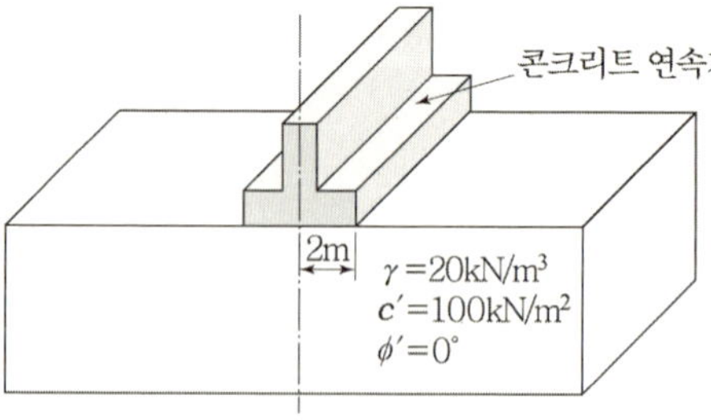

그림 12.26 해석 대상 얕은 기초의 형상과 지반정수

(1) 한계평행법과 극한해석법의 비교

표 12.10은 그림 12.26의 얕은기초 조건에 대해서 고전적인 한계평형해석을 한 결과이다. 이론의 발전 순서에 따라서 정렬하였으며 극한 지지력은 570kN/m^{2}에서 파괴메커니즘이 정교해짐에 따라서 514 kN/m^{2}으로 약간씩 감소하였다.

표 12.10 한계평형해석에 의한 극한지지력 해석결과

	Terzaghi의 지지력계수 적용	Terzaghi의 수정지지력계수 적용	Meyerhof의 지지력계수 적용	Hansen 또는 Vesić의 지지력계수 적용
극한지지력 (kN/m^2)	570	530	510	514

표 12.11은 앞의 12.2절에서 기술한 극한해석법에 의해서 해석한 결과이다. 한계평형해석과 극한해석법의 파괴메커니즘이 정교해지면 결국에는 비슷한 값으로 수렴함을 알 수 있다.

표 12.11 극한해석법에 의한 파괴응력 해석결과

	하한계 (kN/m^2)	상한계 (kN/m^2)	중간값 (kN/m^2)
파괴메커니즘1	400	628	514
파괴메커니즘2	483	600	541
파괴메커니즘3	514	514	514

(2) 허용응력설계법과 한계상태설계법의 비교

표 12.12는 얕은기초를 한계상태법으로 해석하기 위해 유럽연합(EU)에서 규정하고 있는 Eurocode 7의 부분계수들을 나타낸 것이다. 흙의 비선형성으로 인해서 EC7 DA1을 적용할 경우에는 DA1/1과 DA1/2를 동시에 계산하여 작은 값을 사용하도록 하고 있다. 이 외에도 저항력과 붕괴력의 균형 상태를 찾기 위해서 하중을 증가시킬 것인지, 지반의 강도를 약화시킬 것인지와 안전율을 구하는 방식 등 세부적인 해석방식에 따라서 DA2 와 DA3가 규정되어 있다.

표 12.12 Eurocode 7의 한계상태 계수

		EC7 DA1/1	EC7 DA1/2
부분하중계수	Permanent unfavourable load	1.35	1.0
	Variable unfavourable load	1.5	1.3
	Permanent favourable load	1.0	1.0
부분저항계수	c'	1.0	1.25
	$\tan\phi'$	1.0	1.25
	c_u	1.0	1.4
저항계수		1.0	1.0

표 12.13은 앞에서 해석한 얕은기초를 Eurocode 7 DA1을 적용하여 한계상태법으로 해석한 결과이다. 기초지반에 허용되는 연직하중은 367kN/m^{2}이다. 한계평형법이나 극한해석법에서 구한 결과에 허용응력설계법을 적용하면 기초지반에 허용되는 연직하중은 171kN/m^{2}으로 한계상태 설계법에 의한 값이 거의 두 배 정도 크다.

허용응력설계법은 안정성 검토 방법에 자신감이 낮아서 안전율을 충분히 크게 설정하고 구조물에 작은 응력만을 허용하는 방식이다. 한계상태설계법은 공학기술의 발달에 의해서 해석에 대한 자신감이 높아졌기 때문에 각 요소별로 중요성과 불확실성을 구분하고 부분안전율을 차등 적용하여 역학적으로 불필요한 군살을 제거하였다. 따라서 예전에 허용응력설계법을 적용한 구조물은 기둥과 보 등 구조체가 두껍고 외형상 둔해 보이며 자중이 크기 때문에 규모가 크고 높은 구조물을 만드는데 한계가 있었다. 한계상태법을 적용한 구조물들은 꼭 필요한 부분에 필요한 만큼만 안전율을 반영하였기 때문에 전반적으로 구조물이 날씬하고 자중이 감소하여 이전보다 경제적으로 더 크고 높은 구조물을 만들 수 있게 되었다.

표 12.13 Eurocode7을 적용한 얕은 기초에 대한 한계상태 해석결과

	EC7 DA1/1	EC7 DA1/2
design actions (E_d) $E_d = V + W$ V : 연직하중, W : 자중	$\mathbf{1.35} \times (V+W)$	$\mathbf{1.0} \times (V+W)$
design resistance (R_d) $R_d = 5.14 \cdot B \cdot c_u$	$\dfrac{5.14 \times 4 \times \dfrac{100}{\mathbf{1.0}}}{\mathbf{1.0}}$	$\dfrac{5.14 \times 4 \times \dfrac{100}{\mathbf{1.4}}}{\mathbf{1.0}}$
R_d (kN/m)	2056	1468.57
$E_d < R_d$	$E_d < 1522.96$	$E_d < 1468.57$
$\dfrac{E_d}{B}$ (kN/m2) 〈	381	367
자중과 연직응력의 합은 다음 값보다 작아야 한다.	367(kN/m^2)	

국가건설기준 설계기준 얕은기초의 설계기준(한계상태법)(KDS 11 50 10 : 2016)에서 하중계수는 교량 설계하중조합(한계상태설계법)(KDS 24 12 11 : 2016)와 교량설계하중(한계상태설계법)(KDS 24 12 21 2016)에 규정된 하중계수를 사용하도록 규정하고 있다. 저항계수는 현 단계에서는 외국사례를 사용하도록 하되, 향후 우리나라 실정에 적합한 값을 구하기 위한 연구개발이 이루어져야 한다고 명시하고 있다. 사용한계상태에 대한 저항계수는 1.0을 적용하며 극한한계상태에 대한 저항계수 중 일부가 다음과 같이 규정되어 있다.

표 12.14 얕은기초의 극한한계상태에 대한 저항계수(KDS 11 50 10 표 2.5-1)

방법 / 흙 / 조건			저항계수
지지력	ϕ_b	이론적방법(Munfakh et al., 2001), 점성토	0.50
		이론적방법(Munfakh et al., 2001), 사질토, CPT 사용	0.50
		이론적방법(Munfakh et al., 2001), 사질토, SPT 사용	0.45
		반경험적방법(Meyerhof, 1957), 모든 지반	0.45
		암반위에 설치된 기초	0.45
		평판재하시험	0.55
활동	ϕ_τ	사질토 위에 설치된 프리캐스트 콘크리트	0.90
		사질토 위에 설치된 현장타설 콘크리트	0.80
		점성토 위에 설치된 프리캐스트 콘크리트 또는 현장타설 콘크리트	0.85
		흙 위에 흙이 존재하는 경우	0.90
	ϕ_{ep}	활동에 저항하는 수동토압	0.50

(3) 유한요소법(FEM)으로 해석한 결과의 비교

그림 12.26에 주어진 단위체적중량이 20kN/m^{3}이고 지표면에 얕은 벽기초가 놓여 있으며 지반에 탄성계수가 257000kN/m^2, 포아송비는 0.286, 점착력이 100kN/m^{2}이고 내부마찰각이 0°인 전응력 조건으로 Mohr-Coulomb 모델을 적용하고 기초는 완전강체로 설정한 후에 기초에 주어지는 응력을 증가시키면서 유한요소법(FEM)에 의해서 수치해석을 하였다.

그림 12.27은 지반해석용 상용 소프트웨어인 SoilWorks를 이용하여 해석대상을 모델링한 것이다. 해석대상이 좌우대칭이므로 계산 자원을 절약하기 위해서 대칭축의 우측만을 유한요소로 모델링하고 경계조건을 부여하였으며 기초 저면에서 강체변위(0.125m)를 일으키는 방식으로 하중을 부여하였다. 기초 저면의 변위가 0.125m가 될 때까지 강체변위를 50단계로 구분하여 기초에 작용하는 하중을 50단계까지 증가되도록 해석을 하였다.

그림 12.28은 전체 50단계의 재하단계에서 13단계, 16단계, 50단계에서의 전체변위를 비교한 것이다. 13단계까지는 강체변위절점 오른쪽에 접한 지표면이 융기하지 않지만 16단계에서는 융기하는 것이 관찰되고 마지막 50단계에서는 0.147m의 최대변위가 발생하였다. 50단계에서의 기초저면의 연직변위가 0.125m이므로 지반이 기초저면 변위보다 더 크게 우측 상향으로 밀려 올라갔다. 한계평형해석을 하는 Terzaghi나 Meyerhof의 파괴 메커니즘과 직접적인 비교를 하는 것이 적절하지는 않지만 평가를 위해서 살펴보면 기초저면의 삼각형의 형상은 유사하지만 파괴면의 형상은 차이가 있음을 알 수 있다.

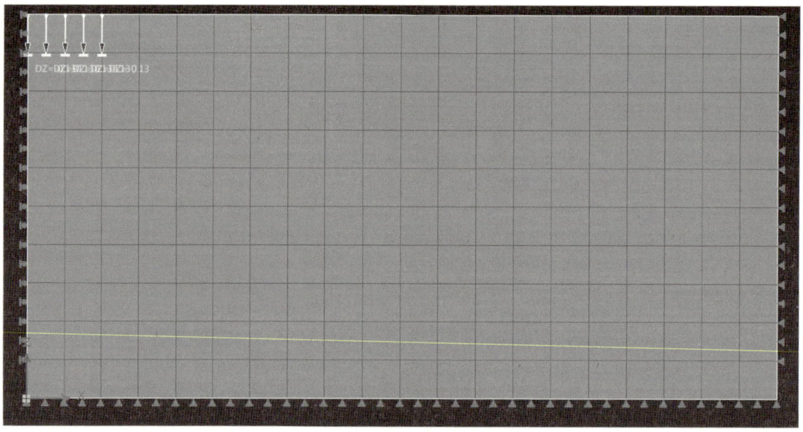

그림 12.27 유한요소법에 의한 얕은 기초 모델링

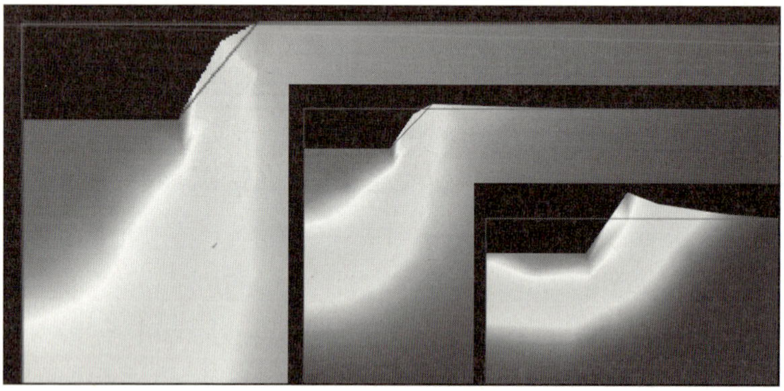

그림 12.28 13, 16, 50단계에서 전체 변위에 대한 해석결과

그림 12.29는 응력의 증가에 따른 기초 저면의 침하량의 증가를 나타낸 것이다. 16단계에서 응력이 590kN/m^2에 근접하면 하중의 증가량이 작아도 기초 저면의 침하량이 매우 크게 증가하므로 파괴상태에 도달하였다는 것을 알 수 있다. 따라서 수치해석에 의한 극한지지력은 약 600kN/m^2으로 생각할 수 있다. 한계평형법이나 극한해석법으로 얻은 극한지지력과는 약 14% 전후의 오차가 발생하고 있다. 이것은 유한요소해석과 한계평형해석 또는 극한해석법의 근본적인 차이에 기인한 것으로 생각할 수 있다.

허용응력설계법의 안전율 3.0을 적용한다면, Mohr-Coulomb의 파괴기준을 적용하고 전응력해석에 의한 유한요소해석의 허용지지력은 약 200kN/m^2이다. 또한 변위와 응력이 함께 해석되므로 얕은기초 구조물의 허용침하량이 0.125m보다 작은 경우에도 그림 12.29에서 허용침하량에 대응하는 지지력 즉 지내력을 쉽게 구할 수 있다.

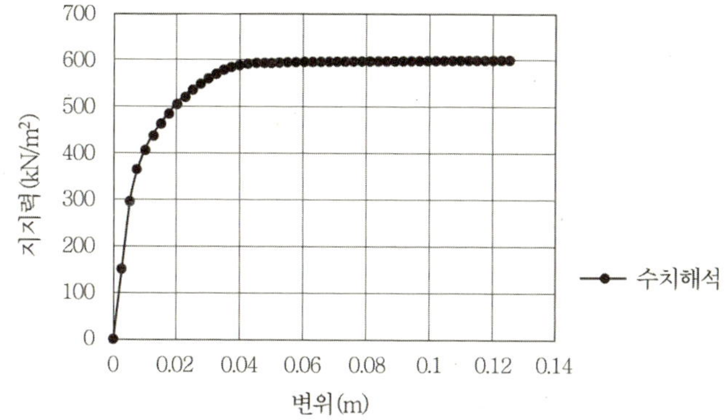

그림 12.29 수치해석에 의한 한계평형 극한지지력 해석 결과

한계상태 설계법을 수치해석에 적용하기 위해서는 부분계수들을 반영하여 입력정수들을 산정해야 하다. DA1/1을 적용하는 경우에 비배수 점착력에 곱하는 부분안전계수는 1.0이므로 변화가 없기 때문에 변위와 지지력과의 관계는 그림 12.29와 동일하고 R_d/B는 600kN/m^{2}이 된다. 그러나 영구 파괴하중계수가 1.35이므로 설계응력 E_d/B는 444kN/m^2(=600/1.35) 이하이다. DA1/2를 적용하면 비배수 점착력에 곱하는 부분안전계수가 1.4이므로 소프트웨어에 입력하는 점착력은 71kN/m^2(=100/1.4)이다. 이와 같이 DA1/2를 적용한 수치해석결과를 그림 12.30에 나타내었다. R_d/B는 약 420kN/m^{2}으로 산출되었다. 영구파괴하중계수가 1.0이므로 설계응력 E_d/B는 420kN/m^2 이하이다. 따라서 설계응력 E_d/B는 DA1/1과 DA1/2 중에서 값이 작은 420kN/m^2 이하가 된다.

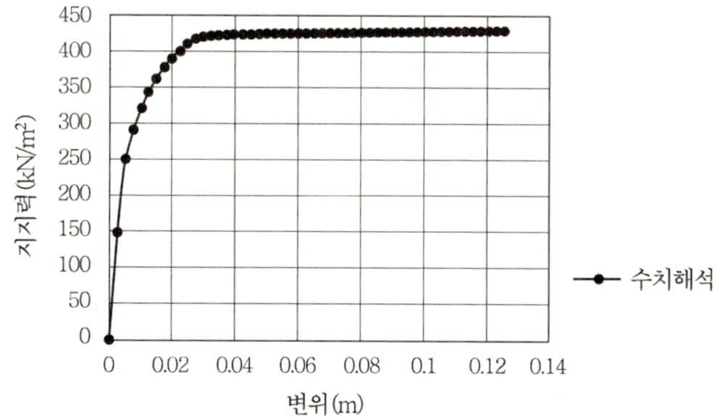

그림 12.30 Eurocode 7 DA1/2를 적용한 유한요소해석결과

표 12.15는 지금까지 해석한 모든 결과들을 정리한 것이다. 한계평형법에 의한 허용응력설계법에서 유한요소법에 의한 한계상태설계법으로 해석기술이 정교해질수록 설계의 기준이 되는 지반의

응력은 증가하였다. 앞에서 기술한 것처럼 기술의 발달은 설계를 점점 더 한계에 가깝게 몰아가고 있다. 420은 171에 비해서 무려 2.5배 큰 값이며 한계평형법과 허용응력설계법의 안전율 개념으로는 1.2 밖에 되지 않는 값이다. 차이가 너무 커서 실무에서 한계상태법과 유한요소법을 동시에 설계에 적용하는 것이 기피될 정도이다. 과거에 지반이 균질하지 않고 지반조사기술이 미흡해서 허용응력설계법으로 시공된 지반구조물들도 파괴된 사례가 빈번하기 때문에 해석기술이 많이 발달했음에도 불구하고 실무에서 설계자들은 여전히 허용응력설계법과 고전적인 해석법을 선호하고 고전적인 해석법을 적용할 수 없는 복잡한 문제에 대해서 마지못해 수치해석법을 사용하려는 경향이 강하다.

표 12.15 설계기준과 해석방법에 따른 설계응력의 비교

설계기준	해석방법	극한지지력 (kN/m^2)	허용지지력(설계응력) (kN/m^2)
허용응력설계법	한계평형법	514	171
	극한해석법	514	171
	유한요소법	600	200
한계상태설계법	한계평형법		367
	유한요소법		420

그림 12.31은 실제 현장에서 접하게 됨직한 현실적인 얕은 기초 조건을 나타낸 것이다. 기초의 형상은 벽기초, 원형, 정방향 장방형 기초 등이 될 수 있을 것이다. 2차원 유한요소해석 소프트웨어는 평면변형조건인 벽기초만을 해석할 수 있으므로 다른 형상에 대해서는 3차원해석이 가능한 고급 소프트웨어가 필요하다. 차선책으로 예제 12.2에서 살펴본 것처럼 연속기초의 극한지지력이 가장 작으므로 2차원 평면조건에 대한 수치해석결과가 안전하다면 다른 형상에 대해서도 안전율은 약간 증가하겠지만 역시 안전할 것으로 판단하여 활용할 수도 있다. 반면에 한계평형해석에서는 이미 정의되어 있는 기초의 형상계수를 적용할 수 있지만 여러 지층으로 기울어져 있는 지반을 해석에 반영할 방법은 현재까지 존재하지 않으며 좌측의 굴착 경사면을 반영하는 것도 복잡한 일이다. 또한 굴착에 의한 지반의 응력변화를 고려할 수도 없다. 이상과 같은 이유로 인해서 실무에서 유한요소해석 소프트웨어에 대한 의존도는 점점 높아지고 있으나 수치해석법의 이론적 배경을 잘 이해하고 해석해야 하며 그 결과를 한계평형해석에 대한 풍부한 경험과 비교할 수 있어야 한다.

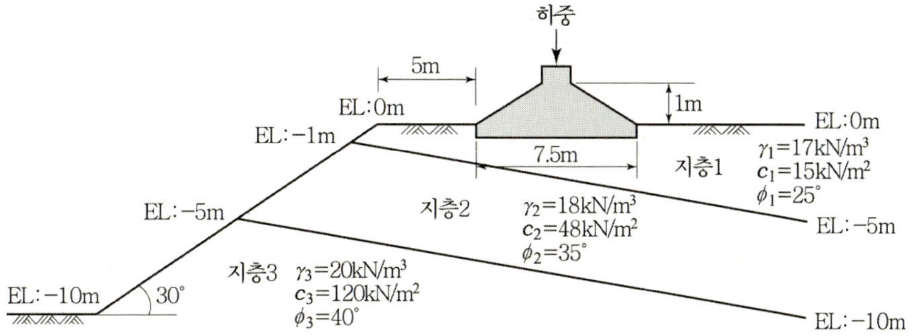

그림 12.31 사면에 인접하고 여러 지층으로 구성된 지반에 놓인 얕은 기초

연습문제

12.1 폭이 2m인 정사각형 확대기초가 두꺼운 다짐 모래층에서 1m 깊이에 매설되어 있다. 모래층의 내부마찰각 $\phi=30^\circ$, 습윤단위체적중량 $\gamma_t=18\mathrm{kN/m^3}$, 포화단위체적중량 $\gamma_{sat}=19\mathrm{kN/m^3}$이다. 하중은 기초의 도심에 연직으로 주어지는 조건으로 제한한다. 지하수위가 각각 (a) GL-5m, (b) GL-1m, (c) GL-0m 인 경우에 Terzaghi, Meyerhof, Hansen and Vesic의 방법에 대해서 각각 허용응력설계법과 Eurocode7, KDS 11 50 10 : 2016을 적용한 설계하중을 구하시오.

12.2 문제1에서 하중은 기초의 도심에 작용하지만 연직축으로부터 10° 기울어져 있다면 Meyerhof, Hansen and Vesic의 방법에 의한 허용응력설계법의 극한지지력은 하중이 연직인 경우에 비해서 어떻게 되는지 비교하시오.

12.3 다음과 같은 배수로 사면에 사면보호공법으로 블록공법과 돌망태공법을 고려하고 있다. 배수로 사면의 비배수전단강도 $c=90\mathrm{kPa}$이고, $\phi=0$이다. 대형블럭은 크기가 1m×1m×0.15m이고 중량이 3.5kN이다. 돌망태는 크기는 1m×1m×0.3m이고 중량이 5.8kN이다. 배수로 경사면이 블록이나 돌망태를 지지할 수 있는지를 허용응력설계법으로 검토하시오. 배수로 사면보호공법의 안정성을 판단하려면 이 교재 전체에서 다루고 있는 내용 중에서 지지력 이외에도 어떤 항목들을 검토해야 할 것인지 논해보시오.

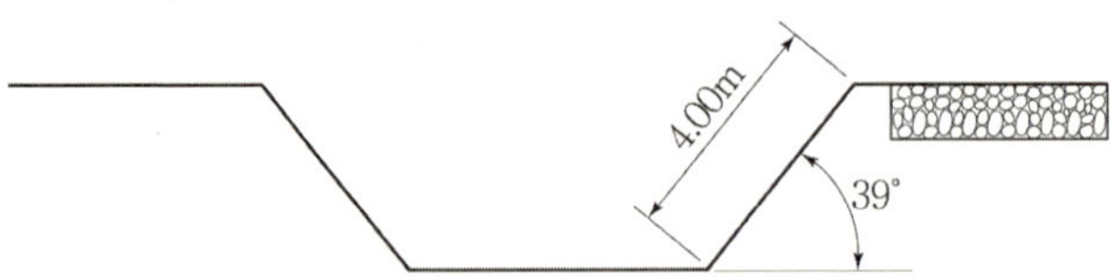

12.4 아래 그림은 사용종료 쓰레기 매립장의 안정성을 판단하기 위해서 실시한 여러 가지 시험 중에서 지표면에서 직경 0.3m인 원형 재하판으로 실시한 평판재하시험 결과를 나타낸 것이다. 허용지지력을 구하시오. 지하수위는 GL-2.0m에 있다. 지하수위의 영향을 받지 않는 확대기초의 최대폭을 구하고, 이보다 크기가 더 큰 기초폭의 허용지지력에 대해서 논하시오. 단, SI단위로 환산하시오.

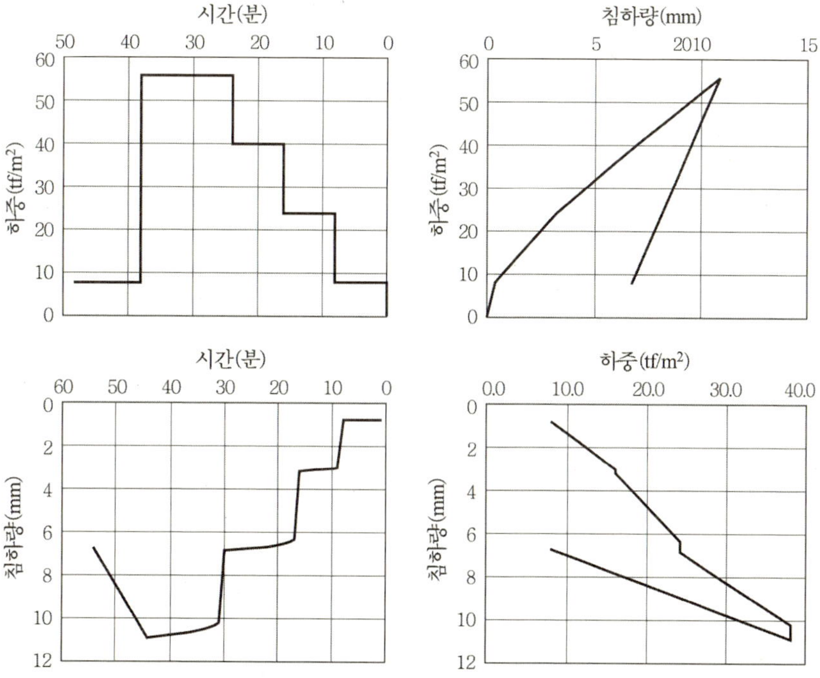

12.5 아래 그림은 문제4에 기술된 현장에서 실시된 표준관입시험결과를 나타낸 것이다. 기초폭 1m인 정방형 확대기초를 설치한다면 표준관입시험 깊이별 허용지지력을 본문에서 기술한 3가지 방법으로 구하시오.

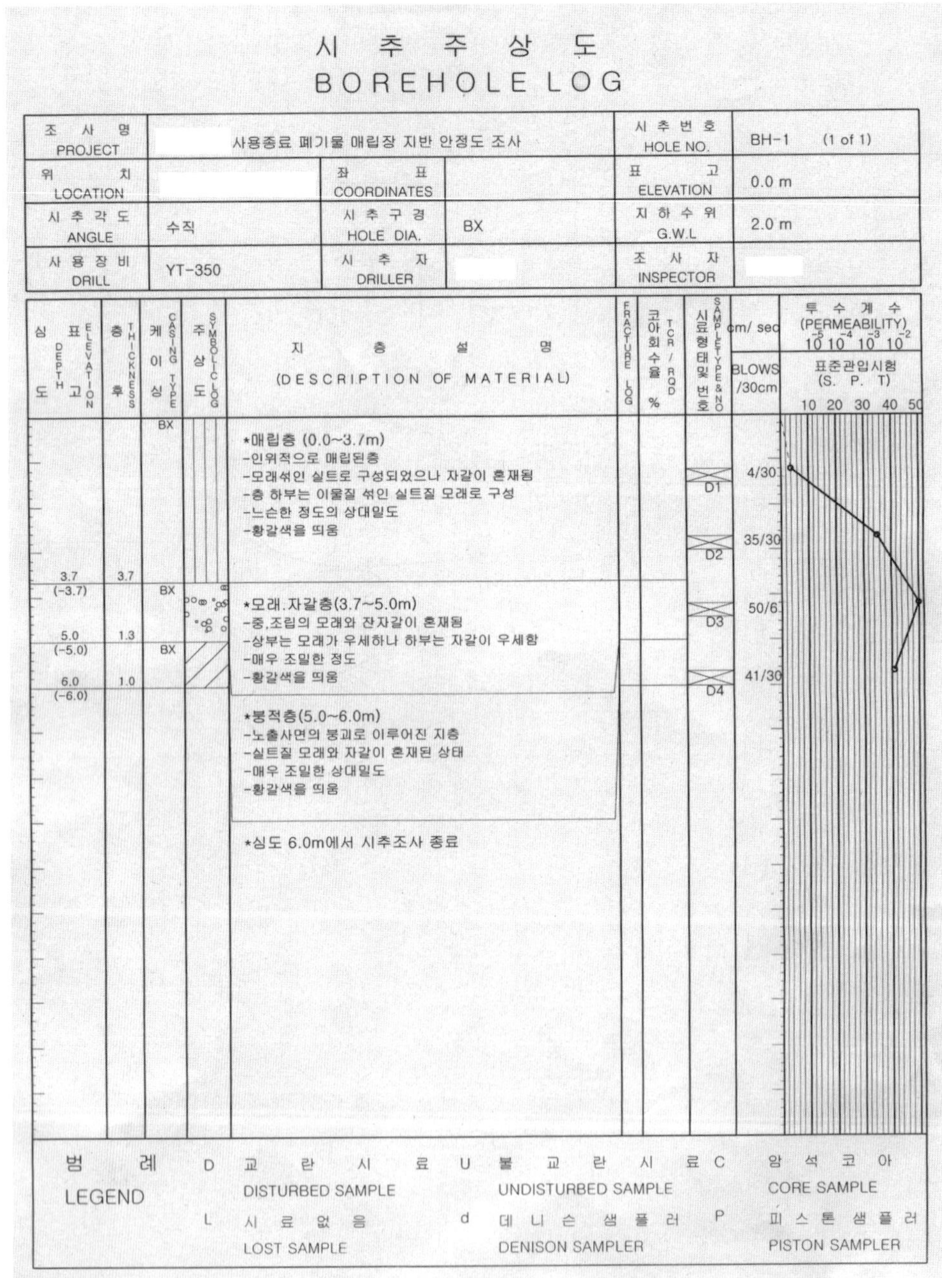

12.6 아래 그림은 피에조콘 관입시험결과를 나타낸 것이다. 콘관입저항력(콘지지력)과 마찰력 관입간극수압이 전자식으로 동시에 측정되므로 시험결과로부터 지반의 심도별 토질을 추정할 수 있다. 이 지반에 폭 2m인 정방형 확대기초를 근입깊이 2m로 설치할 경우에 허용지지력을 구하시오. 단, SI단위로 환산하시오.

피죠콘 관입시험 결과표
Piezocone Penetrometer Test Report

조사명			제1공구 지반조사		PENETROMETER TG 73-200(PAGANI)	조사일지	년 06월
공 번	관29	표고(EL)		m		조사자	

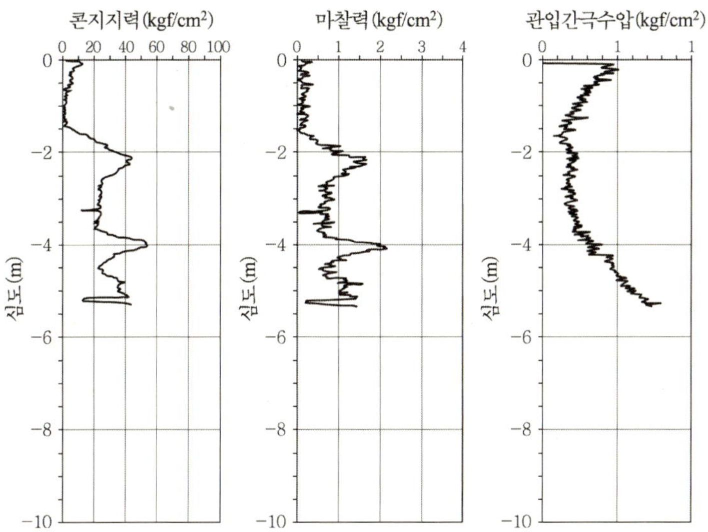

심도 (m)	지층구분 (Robertson외, 1990)
-0.5	
-1.0	
-1.5	
-2.0	
-2.5	
-3.0	
-3.5	
-4.0	
-4.5	
-5.0	

12.7 오른쪽 그림은 지반의 베인전단시험결과를 나타낸 것이다. 지하수위는 GL-2.0m이고 있고 시험심도도 GL-2.0m이다. 베인날의 폭은 5cm, 높이는 10cm이다. 폭이 2m이고 근입깊이가 2m인 정방형 확대기초를 설치할 경우의 허용지지력을 구하시오. 습윤단위체적중량은 19kN/m3이고, 소성지수는 10인 정규압밀 점성토이다.

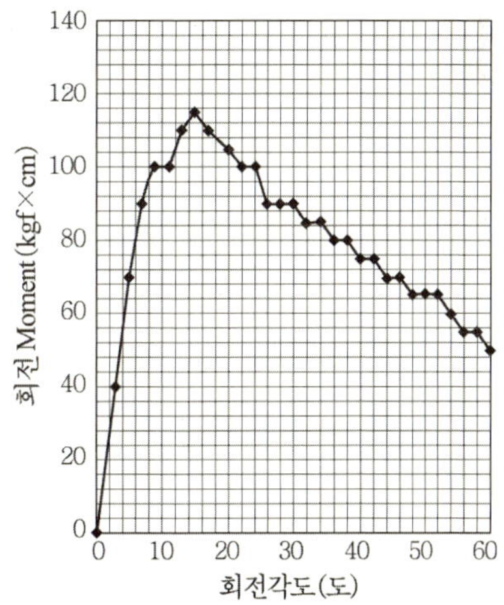

12.8 문제4에서 직경이 2m인 원형 확대기초를 설치할 경우에 허용지지력에 대응하는 침하량을 구하고 이 지반에 설치할 수 있는 구조물의 종류를 최대허용침하량을 기준으로 논하시오.

제 13 장 깊은 기초

제 13 장

깊은 기초

기초가 지지하는 구조물의 저면에서 구조물을 지지하는 지지층까지의 깊이가 기초의 최소폭에 비해 비교적 큰 기초를 깊은 기초로 분류한다. 깊은 기초는 다시 제12장의 그림 12.1에 나타난 것과 같이 말뚝기초와 케이슨 기초로 구분할 수 있고 각각의 기초는 지지형식과 재질 또는 시공방식 등에 따라서 다양하게 분류된다. 상부구조물이 아무리 견고할지라도 기초가 하부 지지지반으로 하중을 안전하게 전달하지 못하면 상부구조물은 파괴될 수밖에 없다. 그림 13.1은 신축 중인 건물의 말뚝기초가 충분한 수량이 설치되지 않아서 지지력부족으로 부등침하가 발생한 실패사례를 보여주고 있다.

그림 13.1 신축 중인 오피스텔 부등침하에 의한 붕괴현장

13.1 깊은 기초의 설계

13.1.1 설계 체계

그림 13.2는 깊은 기초의 설계 체계를 나타낸 것이다. 주로 말뚝기초의 설계 체계에 해당하며, 케이슨 기초의 설계 절차는 말뚝기초보다 단순하다. 깊은 기초를 설계할 때 크게 지지력과 변위에 대해서 검토해야 한다. 또한 말뚝이 타입 시공인 경우 말뚝과 지반의 동적거동평가를 해야 한다. 타입시공으로 계획된 경우에 과거에는 기술자의 경험에 의해서 타입장비와 관입량 등 시공효율과 관련된 사항들을 검토하고 계획을 세웠으나 최근에는 지반조사결과에 파동이론분석을 실시하여 타입장비를 선정하고, 타입 시공관입성 등을 예측할 뿐만 아니라 지반의 축방향 극한압축지지력까지 산출할 수 있다. 그러나 이 과정에 불확실한 요소들이 포함되어 있으므로 동적거동측정(동재하시험)을 통해서 설계값을 확인해야 한다.

깊은 기초의 지지력은 축방향지지력과 수평방향지지력으로 구분된다. 대부분 깊은 기초는 축방향 압축지지력을 받지만 상부구조물에 수평하중이 주어지는 경우에는 깊은 기초도 수평응력에 저항해야 하며 수중에 설치되는 경우는 유수나 선박의 충돌 등에 의한 수평방향 응력이 발생할 수 있다. 또한 구조물의 기능상 주로 전도모멘트에 저항하는 상부구조물의 깊은 기초는 한쪽에서는 압축응력이 발생하지만 반대쪽에서는 인발응력이 발생하기도 하다.

말뚝에 작용하는 축방향압축응력은 우선 콘크리트나 강관 등 재료에 따른 말뚝본체의 구조역학적인 허용압축응력보다 작아야 한다. 또한 축방향압축응력은 설계 가능한 지반의 극한지지력보다 작아야 하다.

극한지지력은 설계 초기 단계에서 시험말뚝을 시공하고 실물재하시험을 하여 설계정수를 얻는 방법이 가장 바람직하다. 재하시험도 말뚝의 압축정재하시험방법(KS F 2445)이 지지력을 예측하는 여러 가지 방법 중 가장 신뢰성이 높아서 현실적으로 말뚝지지력의 기준값(참값)을 얻을 수 있는 것으로 여겨지고 있다. 그러나 정재하시험은 대규모시험으로 상대적으로 시험시간이 길고 비용이 많이 소요된다. 따라서 말뚝을 타입 시공할 경우에는 해머, 변형률계, 가속도계 및 항타분석기 등을 이용한 말뚝의 동적 재하시험방법(KS F 2591)을 실시하는 것이 효율적이다.

공사규모가 작거나 제반 여건상 시험말뚝 시공과 압축재하시험이 곤란한 경우에는 지반조사와 토질시험 결과를 이용한 정역학적 지지력공식을 이용하거나 표준관입시험(SPT), 정적콘관입시험(CPT), 공내재하시험(프레셔미터시험 : PMT) 등과 같은 원위치시험결과를 이용한 경험식에 의하여 축방향 극한 지지력을 계산할 수 있다. 그러나 이들 방법의 신뢰도는 극히 낮기 때문에 공사 초기에 실제 말뚝을 대상으로 압축재하시험을 실시하여 지지력을 확인해야 한다. 실제 사용할 말뚝에 대해서 극한지지력까지 재하하면 말뚝이 파괴되므로 설계상 허용압축지지력까지만 재하하고 지지가능 여부를 확인한다. 항타공식에 의해서 지지력을 산정하는 경우에는 해머의 효율에 큰 영향을 받으므로 동재하시험으로 해머의 효율을 주기적으로 실측하여 반영해야 하다.

한계상태설계법을 적용하기 위한 말뚝의 극한지지력은 허용응력설계법에서와 같이 지반 조사, 실내 및 현장 원위치시험, 해석적 방법, 말뚝재하시험, 그리고 지반의 과거 이력상태를 참조하여 결정한다. 이렇게 산출된 지지력에 적절한 저항계수를 적용하고 상부에서 전해지는 응력과 비교한다. 국내 기준에서는 타입말뚝과 현장타설말뚝에 대해서만 규정되어 있으므로 다른 형태의 깊은 기초에 대해서는 외국 기준을 참고할 수 있다.

수평방향지지력은 말뚝의 형태가 긴말뚝 또는 짧은말뚝 여부에 따라서 해석방법이 구분된다. 충분히 길어서 말뚝의 하단부가 회전에 대해서 고정되어 있는 경우에는 말뚝이 횡방향으로 휘어지는 것으로 보고 말뚝에 발생하는 휨응력이 말뚝 본체 재료의 허용휨응력 이내에 있는지 검토한다. 긴말뚝이 횡방향 응력을 받으면 말뚝과 지반의 상호작용이 깊이별로 다르기 때문에 매우 복잡한 거동을 나타낸다. 따라서 말뚝에 발생하는 휨응력은 횡방향재하시험을 하는 것이 가장 바람직하지만 조건이 여의치 않을 경우에는 해석적방법이나 프레셔미터시험 결과를 활용할 수 있다. 짧은 말뚝은 말뚝머리에 작용하는 횡방향 하중에 대해 말뚝이 회전할 정도로 지반에 얕게 박혀 있는 말뚝이다. 이 경우에는 말뚝에 발생하는 휨응력이 허용범위 이내에 있어야 할 뿐만 아니라 말뚝의 횡방향 응력이 지반의 횡방향극한지지력에 안전율을 적용한 횡방향허용지지력보다 작아야 한다.

깊은 기초의 변위도 상부구조물의 허용범위 이내에 있는지를 검토해야 한다. 축방향변위나 수평방향변위도 압축정재하시험에 의해서 확인하는 것이 가장 바람직하지만 차선책으로 침하량 산정 공식이나 해석적 기법 등을 적용할 수도 있다.

깊은 기초의 설계에서는 이론적인 해석법보다는 실물에 대한 재하시험이 중요하게 다루어지고 있음을 강조하기 위해서 전체 설계체계에 대해서 간략하게 기술하였다. 우리나라의 말뚝기초 설계의 경우 2002년까지는 거의 대부분 시험시공을 실시하지 않았고 설계하중도 말뚝본체 허용압축하중의 40~60% 정도에 머물러 있었다. 그러나 2003년 이후 구조물기초설계기준에서 말뚝기초의 시험시공을 적극 권장하면서 시험시공에 의한 설계하중확정이 일반화되었으며 최근에는 말뚝본체 허용압축하중의 80%를 넘는 수준까지 향상되고 있다. 이처럼 현장재하시험이 활성화된 것은 동일 현장에서 여러 개가 시공되기 때문에 그 중의 하나에 실물실험을 해 볼 수 있고 1개를 추가로 설치하는 비용이 크지 않다는 말뚝 자체의 특성에 기인하기도 하고, 일반적으로 말뚝기초에 의해서 지지되는 상부구조물이 중요 구조물이라는 특성에 기인하기도 한다. 한편으로는 지반이 균질하지 않고 조사결과도 불확실하며 말뚝과 지반의 상호작용이 매우 복잡하고 시공방식이나 지지형식 또는 말뚝의 형상에 따라서 상호작용이 달라지기 때문에 직면하게 되는 이론적 접근방식의 한계를 인식한 결과로 생각할 수도 있다. 결론적으로 지반조사 방법이나 이론적인 해석방법에 획기적인 발전이 이루어지지 않는다면 깊은 기초 설계에서는 실물 실험에 의해 설계를 확정하려는 경향은 지속될 것이다.

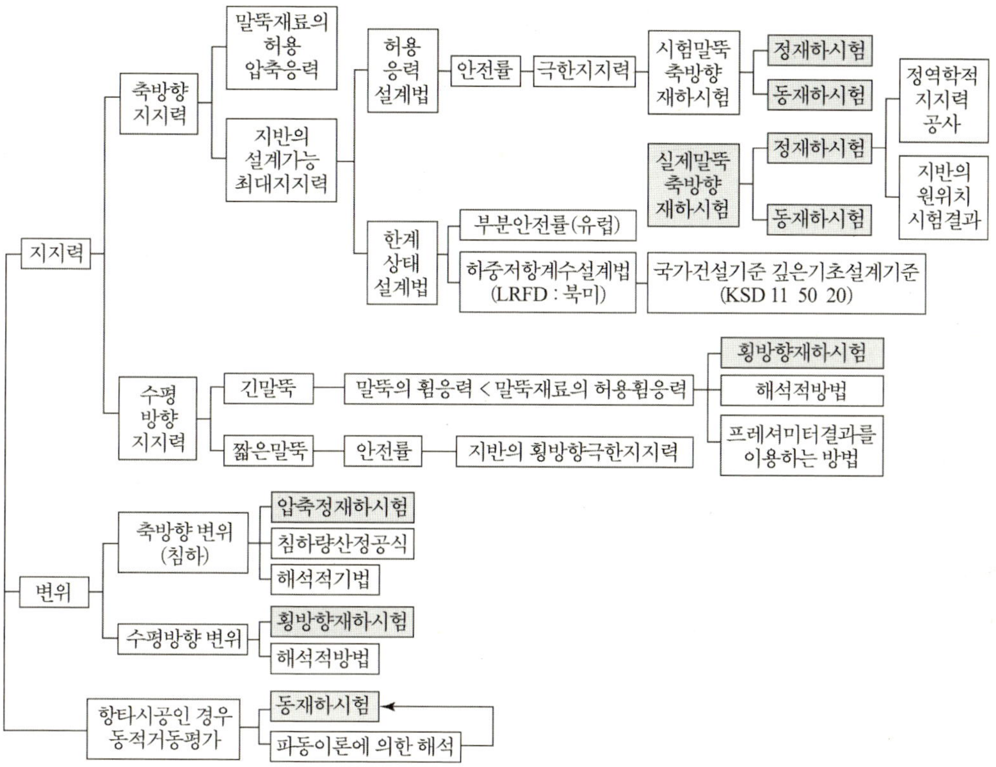

그림 13.2 깊은 기초의 설계 체계

13.1.2 허용응력설계법과 한계상태설계법

건설설계기준은 허용응력설계법에서 강도설계법을 거치고 현재는 한계상태설계법까지 발전되어 왔다. 국토교통부에서 제정한 구조물기초설계기준(2016)이나 2018년부터 적용되는 국가건설기준 깊은 기초 설계기준에서도 두 방법을 모두 규정하고 있다. 식 (13.1)에서 깊은 기초의 극한지지력 (R_{ult})를 산정하고 규정된 안전율로 나누어서 허용지지력을 구하는 방법이 일반적인 허용응력설계법이다. 허용응력설계법의 안전율(F_s)은 3.0을 기본으로 하지만 극한지지력을 산정하는 방법의 신뢰도에 따라서 적절한 값을 적용할 수 있다. 표 13.1에는 미국 공도국(AASHTO)의 기준을 예로 나타내고 있고, 표 13.2에는 미국 육군공병단에서 제안한 안전율을 나타낸 것이다. 정역학적 지지력공식과 동적 지지력공식을 중복해서 검토한 경우에도 안전율을 3.5로 규정하고 있다. 이것은 지지력공식에 대한 신뢰도를 우리나라보다 낮게 평가하고 있다는 것을 나타낸다.

$$R_a \leqq \frac{R_{ult}}{F_s} \tag{13.1}$$

▌표 13.1 ▌ 시공관리시방에 기초한 AASHTO의 안전율

시공관리시방	시행여부				
	I	II	III	IV	V
지반조사	○	○	○	○	○
정역학적 지지력 공식에 의한 계산	○	○	○	○	○
동적 지지력 공식에 의한 계산	○				
파동 방정식에 의한 분석		○	○	○	○
동적인 측정 및 분석			○		○
말뚝정재하시험				○	○
적용 가능한 안전율	3.50	2.75	2.25	2.00	1.90

▌표 13.2 ▌ 미국 육군공병단에서 제안한 말뚝지지력에 대한 안전율

지지력 산정방법	재하조건	최소안전율	
말뚝재하시험에 의해서 확인한 이론적인 또는 실험적인 방법	일반적인 경우	2.0	2.0
	특별한 경우	1.5	1.5
	극단적인 경우	1.15	1.15
파동방정식 해석에 의해서 확인한 이론적인 또는 실험적인 방법	일반적인 경우	2.5	3.0
	특별한 경우	1.9	2.25
	극단적인 경우	1.4	1.7
재하시험에 의해서 확인한 이론적인 또는 실험적인 방법	일반적인 경우	3.0	3.0
	특별한 경우	2.25	2.25
	극단적인 경우	1.7	1.7

한계상태설계법에는 제12장에서 설명한 부분안전율을 적용하는 방법과 하중계수와 저항계수를 적용하는 방법이 있다. 두 가지 방법은 모두 본질적으로 같은 원리에 의한 방법이고 전자는 유럽에서 선호하고 후자는 한국과 미국에서 선호하는 방법이다. 이 장에서는 하중저항계수설계법(Load Resistance Factor Design : LRFD)에 대해서 설명한다. 좀 더 정확하게 명명한다면 '하중계수 및 저항계수 설계법'이 적합할 것이다. 식 (13.2)와 같이 공칭저항(R_n)에 저항계수(ϕ)를 곱한 값이 활하중, 고정하중 등 기초에 작용하는 각각의 하중(Q_i)과 이에 대응하는 하중계수(r_i)를 곱한 값들의 합(Σ)보다 커야 되는 조건을 만족하도록 설계하는 방법이 하중저항계수설계법(LRFD)이다.

$$\Sigma\{r_i \cdot Q_i\} \le \phi \cdot R_n \tag{13.2}$$

여기서, ϕ : 저항계수

R_n : 공칭저항; 일반적으로 극한지지력(R_{ult})과 같다.

r_i : 하중계수

Q_i : 설계하중

식 (13.2)의 조건에 부합되도록 하는 방법으로 각각의 설계하중(Q_i)를 감소시키는 방법과 공칭저항(R_n)을 증가시키는 방법이 있다. 일반적으로 하중은 자연조건 및 기초로 지지할 상부구조물을 만드는 목적에 의해서 결정되므로 공칭저항(R_n)을 증가시키는 방법을 많이 사용한다.

한계상태설계법에서는 하중계수(r_i) 및 저항계수(ϕ)가 매우 중요한 요소이므로 충분한 검토를 거쳐서 기준이 제시되어야 한다. 한계상태설계법은 현재까지 개발되어 온 설계법 중에서 가장 합리적인 설계법으로 인식되고 있으며 국제적으로 많이 채택되고 있다. 모든 부분들이 국제화되고 있는 추세이므로 건설분야의 설계기술도 한계상태설계법이 기술표준으로 자리 잡을 것으로 예상되며 국내 기초설계기준도 과도기적으로 허용응력설계법과 한계상태설계법을 모두 규정하고 있다. 그러나 앞으로 국제적인 추세에 맞추어서 한계상태설계법에 필요한 각종 세부기준 확립에 필요한 근거를 확보하여야 한다. 표 13.3~13.6에는 국가건설기준 얕은기초 설계기준(한계상태설계법) (KDS 11 50 10 : 2016)에서 규정하고 있는 깊은 기초에 대한 저항계수들이 나타나 있다. 각 소관부처별로 관리되었던 국가건설기준이 통합되고 코드화되면서 각 규정에서 중복되는 부분은 모두 제거되어 깊은 기초에 관한 내용도 얕은 기초에서 규정하면 깊은 기초에 관한 규정에서는 중복규정하지 않고 얕은 기초에 있는 내용을 인용하고 있다. 이 단원에서는 식(13.2)의 저항계수에 대해서만 설명한다. 하중계수는 상부 구조물의 종류에 따라서 각각 규정된 하중계수를 사용하므로 동일한 깊은 기초 형식일지라도 상부구조물의 종류와 기능에 따라서 하중계수는 달라질 수 있다. 또한 사용한계상태와 극한한계상태도 동일한 기초형식도 상부구조물에 따라서 다르게 규정될 수 있다. 사용한계상태(serviceability limit state)는 그 한계를 초과하면 기능이 손상되는 변위나 회전각 또는 침하량 등 변형에 관한 한계를 규정한다. 극한한계상태(ultimate limit state)는 저항할 수 있는 응력, 모멘트 등의 최대값으로 규정된다. 따라서 파괴시키려는 응력이나 모멘트 등이 저항할 수 있는 최대값을 초과하면 구조물의 전면적인 파괴가 발생한다.

표 13.3 축하중을 받는 타입말뚝의 극한한계상태에 대한 저항계수

조건 / 지지력 결정 방법		저항계수
외말뚝의 연직압축저항-동역학적 해석법과 정재하시험, ϕ_{dyn}	정재하시험에 의해 항타관리기준이 검증된 경우. 동재하시험이나 보정된 파동방정식 또는 재하시험에 사용된 해머의 최소 항타저항으로서 항타관리를 수행함.	아래의 표 13.4참조
	교각 당 한개 이상 또는 표 2.5-4에서 제시된 횟수 이상의 말뚝에 대해서 초기 재항타시 동재하시험의 결과를 신호분석해석을 이용하여 항타관리기준을 설정한 경우. 잔여 말뚝은 상기 설정된 항타관리기준이나 동재하시험으로 항타관리를 수행함	0.65
	말뚝의 응력파 측정 없이 파동방정식해석	0.40
	FHWA 수정 Gates 공식	0.40
	Engineering News Record 공식	0.10

표 13.3 축하중을 받는 타입말뚝의 극한한계상태에 대한 저항계수 (계속)

<table>
<tr><th colspan="2">조건 / 지지력 결정 방법</th><th>저항계수</th></tr>
<tr><td rowspan="3">외말뚝의
연직압축저항력-정역학적 해석법과
정재하시험, ϕ_{stat}</td><td>주면마찰력과 선단지지: 점성토와 혼합토
α방법 (Tomlinson, 1987; Skempton, 1951)
β방법 (Esrig과 Kirby, 1979; Skempton, 1951)
λ방법 (Vijayvergiya와 Focht, 1972; Skempton, 1951)</td><td>0.35
0.25
0.40</td></tr>
<tr><td>주면마찰력과 선단지지: 사질토
Nordlund/Thurman 방법 (Hannigan et al., 2005)
SPT 방법 (Meyerhof)</td><td>0.45
0.30</td></tr>
<tr><td>CPT 방법 (Schmertmann)
암반에 선단근입된 경우(Canadian Geotech. Society, 1985)</td><td>0.50
0.45</td></tr>
<tr><td>블록파괴, ϕ_{bl}</td><td>점성토</td><td>0.60</td></tr>
<tr><td>외말뚝의
인발저항력, ϕ_u</td><td>Nordlund 방법
α방법
β방법
λ방법
SPT 방법
CPT 방법
재하시험</td><td>0.35
0.25
0.20
0.30
0.25
0.40
0.60</td></tr>
<tr><td>무리말뚝의
인발저항력, ϕ_{ug}</td><td>사질토와 점성토</td><td>0.50</td></tr>
<tr><td>외말뚝 또는
무리말뚝의 횡방향
저항</td><td>모든 토질과 암반</td><td>1.0</td></tr>
<tr><td>구조한계상태</td><td colspan="2">강관말뚝(KDS 24 14 31(4.1.4.2) 참조)
콘크리트 말뚝(KDS 24 14 21(1.4.3.2) 참조)
본 한계상태설계법에는 목교편 생략</td></tr>
<tr><td>말뚝의 항타
관입성 분석, ϕ_{da}</td><td colspan="2">강관말뚝(KDS 24 14 31(4.1.4.2) 참조)
콘크리트 말뚝(KDS 24 14 21(1.4.3.2) 참조)</td></tr>
</table>

표 13.4 현장에서 수행하는 정재하시험 횟수와 저항계수의 관계(Paikowsky et al., 2004)

<table>
<tr><th rowspan="3">현장 정재하시험
수행횟수</th><th colspan="3">저항계수, ϕ</th></tr>
<tr><th colspan="3">현장 변동성</th></tr>
<tr><th>낮음*</th><th>보통*</th><th>높음*</th></tr>
<tr><td>1</td><td>0.80</td><td>0.70</td><td>0.55</td></tr>
<tr><td>2</td><td>0.90</td><td>0.75</td><td>0.65</td></tr>
<tr><td>3</td><td>0.90</td><td>0.85</td><td>0.75</td></tr>
<tr><td>≥4</td><td>0.90</td><td>0.90</td><td>0.80</td></tr>
</table>

* : 변동계수(coefficient of variation : COV)의 값으로써 아래와 같이 구분됨.
1) COV 〈25% : 낮음
2) 25 ≤ COV 〈40% : 보통
3) COV ≥ 40% : 높음

표 13.5 현장에서 수행하여야 하는 동재하시험 횟수(Paikowsky et al., 2004)

현장 변동성	낮음*	보통*	높음*
현장내의 말뚝 수	신호분석해석을 포함한 동재하시험 수행 횟수(초기 재항타)		
≤15	3	4	6
16~25	3	5	8
26~50	4	6	9
51~100	4	7	10
101~500	4	7	12
〉500	4	7	12

* : 변동계수(COV, coefficient of variation)의 값으로써 아래와 같이 구분됨.
1) COV 〈25% : 낮음
2) 25 ≤ COV 〈40% : 보통
3) COV ≥ 40% : 높음

표 13.6 축하중을 받는 현장타설말뚝의 극한한계상태에 대한 저항계수

방법/흙/조건			저항계수
외말뚝의 연직압축 저항, ϕ_{stat}	점성토의 주면마찰력	α방법(O"Neill과 Reese, 1999)	0.45
	점성토의 선단지지력	전응력(O"Neill과 Reese, 1999)	0.40
	사질토의 주면마찰력	β방법(O"Neill과 Reese, 1999)	0.55
	사질토의 선단지지력	O"Neill과 Reese (1999)	0.50
	IGM의 주면마찰력	O"Neill과 Reese (1999)	0.60
	IGM의 선단지지력	O"Neill과 Reese (1999)	0.55
	암반의 주면마찰력	Horvath와 Kenney (1979) O"Neill과 Reese (1999) Carter와 Kulhawy (1988)	0.55 0.55 0.50
	암반의 선단지지력	Canadian Geotech. Society (1985) 프레셔미터 시험법(Canadian Geotech. Society, 1985) O"Neill과 Reese (1999)	0.50
외말뚝의 인발저항력, ϕ_u	점성토	α방법(O"Neill과 Reese, 1999)	0.35
	사질토	β방법(O"Neill과 Reese, 1999)	0.45
	암반	Horvath와 Kenney (1979) Carter와 Kulhawy (1988)	0.40
무리말뚝의 인발저항력	사질토와 점성토		0.45
블록파괴, ϕ_{bl}	점성토		0.55
외말뚝 또는 무리 말뚝의 횡방향 저항	모든 재료		1.0

표 13.6 축하중을 받는 현장타설말뚝의 극한한계상태에 대한 저항계수 (계속)

방법/흙/조건		저항계수
정재하시험(압축), ϕ_{load}	모든 재료	표 13.4 참조 (단, 0.70보다 크지 않아야 함)
정재하시험(인발), ϕ_{upload}	모든 재료	0.60
블록파괴, ϕ_{bl}	점성토	0.55
외말뚝 또는 무리 말뚝의 횡방향 저항	모든 재료	1.0
정재하시험(압축), ϕ_{load}	모든 재료	표 13.4 참조 (단, 0.70보다 크지 않아야 함)
정재하시험(인발), ϕ_{upload}	모든 재료	0.60

13.1.3 기초 설계에서의 불확실성

기초 설계에서 확실한 것은 아무것도 없다. 설계과정의 모든 측면들은 불확실성을 내포하고 있다. 자연적으로 형성된 지반 자체가 불균질하다. 이러한 지반을 조사한 결과도 연속적이지 않고 일정한 간격에 따라서 조사하므로 불확실성이 존재한다. 시료채취 및 토질정수를 얻기 위한 실험도 원지반 상태와 완벽하게 동일한 조건을 실내에서 재현할 수 없으므로 불확실성이 존재한다. 표 13.7에는 토질정수들에 대한 전형적인 변동계수 값이 나타나 있다. 변동계수는 표준편차를 평균으로 나눈 값이다. 동일한 흙에 대해서 동일한 시험을 반복했을 경우에 결과값이 심할 경우 평균값의 90%까지 차이가 날 수 있다는 의미이다. 흙의 거동에 대한 우리의 지식도 완전하지 않다. 결과적으로 설계에는 파괴의 위험성이 항상 내재되어 있다. 기초를 설계할 때 불확실성이 어느 부분에 더 많이 포함되어 있으며 안전하고 경제적인 기초를 설계하기 위해서 이러한 불확실성을 어떻게 감소시킬 수 있는지를 이해해야 한다. 이러한 노력의 일환으로 변동계수의 높고 낮음에 따라서 표 13.4에서는 저항계수를 다르게 사용하도록 규정하고 있으며 표 13.5에서는 동재하시험 횟수를 다르게 규정하고 있다.

표 13.7 토질정수들에 대한 전형적인 변동계수 값

토질정수	변동계수 (coefficient of variation COV)
단위체적중량	3 ~7%
수중단위중량	0 ~10%
첨두 내부마찰각	2 ~ 13%
한계상태 내부마찰각	0 ~ 3%
비배수전단강도	13 ~40%
압축지수	10 ~ 37%

표 13.7 토질정수들에 대한 전형적인 변동계수 값 (계속)

토질정수	변동계수 (coefficient of variation COV)
선행압밀응력	10 ~ 35%
포화점토의 투수계수	68 ~ 90%
압밀계수	33 ~ 68%
표준관입시험	15 ~ 45%
전기식 콘 관입시험	5 ~15%
기계식 콘 관입시험	15 ~37%
베인전단시험	10 ~20%

기초설계에 확률을 적용할 때 그림 13.3과 같은 종형곡선(bell curve)인 정규분포를 가정한다. 이 곡선 아랫부분의 면적은 1이며 전체 출현확률이다. 종형곡선의 정점은 평균값의 출현확률이다. 따라서 곡선의 폭이 좁고 정점부가 날카롭게 뾰족하다면 표준편차가 작아서 자료들이 평균값에 가깝게 모여 있다는 것을 나타내고 폭이 넓고 정점부가 완만하다면 표준편차가 커서 자료들이 평균값 주변에 넓게 흩어져 있다는 것을 나타낸다.

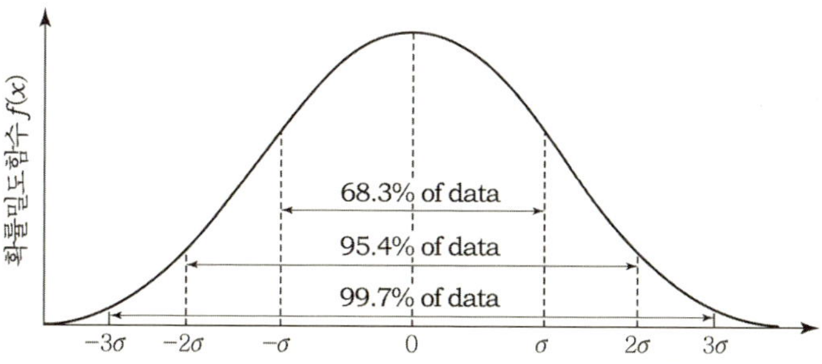

그림 13.3 토질정수들에 관한 확률밀도함수의 정규분포

표준편차 또는 변동계수의 대소는 파괴확률에 큰 영향을 미친다. 그림 13.4는 이러한 차이를 나타내고 있다. 하중과 저항은 다른 값들처럼 확률밀도함수로 나타낼 수 있다. 기초가 안전하기 위해서는 저항이 하중보다 커야 하므로 저항을 나타내는 확률밀도함수는 하중을 나타내는 확률밀도함수보다 오른쪽에 있어야 한다. 평균 저항값을 나타내는 오른쪽 곡선의 정점과 평균 하중값을 나타내는 왼쪽 곡선의 정점 사이의 간격이 기초의 안전율과 관계된다. 안전율은 간격이 넓을수록 커진다. 정규분포 곡선의 가로축 범위는 $-\infty$ ~ $+\infty$ 이므로 저항 평균이 하중 평균보다 아무리 커도 어쩔 수 없이 교차하는 부분이 반드시 존재한다. 확률밀도함수곡선에서 아랫부분의 면적이 확률을 나타내므로 교차하는 부분의 면적이 파괴확률이 된다. 그림 13.4에서 평균이 각각 동일한 하중과 저항에 대해서 위쪽 그래프는 표준편차가 큰 확률밀도함수이고 아래쪽 그래프는 표준편차가 작은 확률밀도함수이다. 표준편차가 커지면 확률밀도함수가 서로 교차하는 부분의 면적도 커진다. 따라서 파괴되었을 경우의 예상되는 피해를 고려하여 파괴영역의 크기를 결정하면 하중과 저항에 관한 확률밀도함수에 하중계수나 저항계수를 곱하여 좌우로 이동시키는 방식으로 교차되는 면적의 크기를 규정된 파괴영역의 크기와 같게 할 수 있다. 이런 방식으로 각각 다른 형태의 확률밀도함수를 갖는 조건들에 대해서 동일한 파괴확률이 산출될 수 있도록 조정된 저항계수가 표 13.3과 표 13.6에 제시되어 있다. 현재로서는 신뢰성 이론을 효과적으로 사용하기에는 자료가 충분하지 않기 때문에 하중저항계수설계법에서 하중계수보다는 저항계수에 연구가 집중되고 있다. 계속해서 양질의 현장시험 및 실내시험 자료가 축적되고 있기 때문에 앞으로 저항계수는 변경될 수 있다.

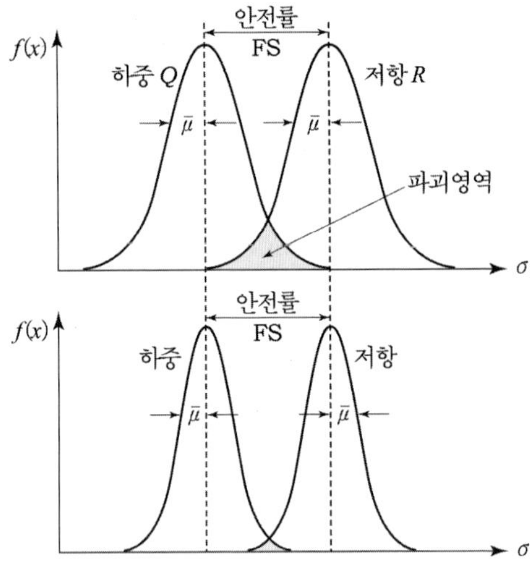

그림 13.4 하중과 저항의 확률분포 및 안전율 비교

13.2 말뚝기초

13.2.1 말뚝기초의 분류

(1) 시공법에 의한 분류

말뚝기초를 시공법에 따라서 분류하면 타입말뚝, 매입말뚝, 현장타설 콘크리트말뚝(cast-in-place concrete pile)으로 분류할 수 있다. 타입말뚝은 공장에서 미리 제작한 기성말뚝을 해머에 의한 타격이나 진동기에 의한 진동으로 지반에 관입 시공하는 말뚝이다. 매입말뚝은 오거(auger)로 먼저 지반을 굴착한 후에 시멘트 밀크를 주입하고 공장에서 미리 제작한 기성말뚝을 밀어 넣어서 시공하는 말뚝이다. 원심력콘크리트말뚝에 대한 타입공법과 매입공법 시공표준이 한국산업규격(KS F 7001)으로 규정되어 있다. 연직하중이 1,000~2,000kN인 경우에 기성말뚝이 적합하다.

현장타설 콘크리트 말뚝(cast-in-place concrete pile)은 오거(auger)로 지반을 굴착한 후에 현장 또는 공장에서 제작한 철근망을 굴착공에 넣고 콘크리트를 타설하여 말뚝을 현장에서 제작 시공하는 말뚝이며 그림 13.5에는 말뚝기초를 시공하는 다양한 공법들이 열거되어 있다. 연직하중이 5,000~7,000kN인 경우에는 현장타설 콘크리트 말뚝이 적합하다.

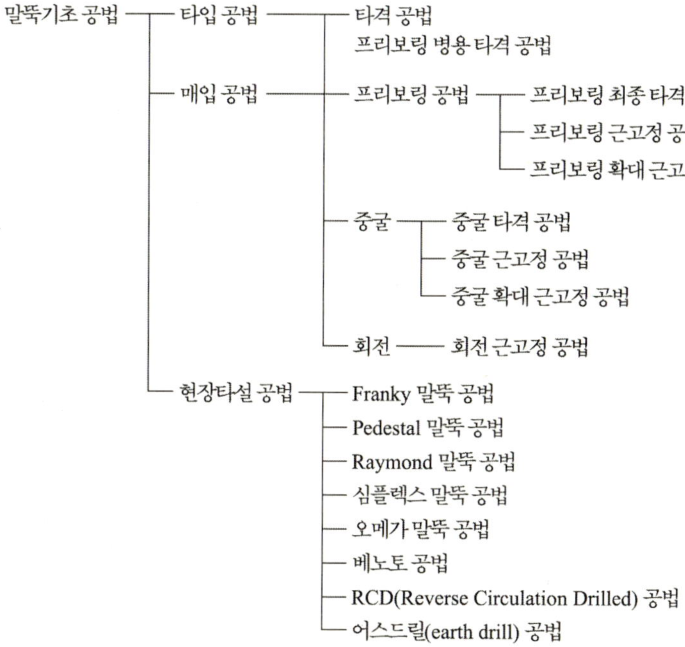

그림 13.5 말뚝기초 시공법의 종류

(2) 재질에 의한 분류

말뚝을 재료에 따라서 분류하면 나무말뚝, 강말뚝, 철근콘크리트말뚝, 합성말뚝 등이 있다. 그림 13.6은 재질에 따라 분류한 말뚝의 종류를 나타내고 있다. 나무말뚝의 길이는 10~20m의 범위에서 사용되고 최대 하중은 200~300kN 이내로 제한된다. 강재말뚝은 단면의 형상이 원형인 강관말뚝(KS F 4602)과 단면이 H형으로 된 H형 강말뚝(KS F 4603)이 있다. 강재말뚝은 이어박기가 용이해서 근입 깊이에 제한이 없고 재질의 무게 대비 강성이 뛰어나 대규모 하중에 잘 견딜 수 있는 장점이 있다. 반면에 부식의 우려가 있고 값이 비싼 것들이 단점이다. 철근콘크리트 말뚝은 원심력 R.C.말뚝(KS F 4301), 프리텐션 방식 원심력 P.C.말뚝(P.S.C. 말뚝 : KS F 4303), 프리텐션 방식 진동 P.C.말뚝(KS F 4307), 프리텐션 방식 원심력 고강도 콘크리트 말뚝(P.H.C. 말뚝 : KS F 4306) 등이 있다. R.C.말뚝은 말뚝모양을 한 원관형 철제 거푸집에 철근망을 넣고 콘크리트를 타설한 후에 종축방향을 중심으로 회전시켜서 강한 원심력을 발생시키면 콘크리트가 치밀해진다. 또 양생시간을 단축하기 위해서 다른 프리캐스트 콘크리트 제품과 마찬가지로 증기양생을 하기도 한다. P.C.말뚝은 R.C.말뚝과 비슷한 방법으로 제작하며 인장력에 대한 보강방법으로 철근 대신에 프리스트레스를 가한 제품도 있다. P.H.C말뚝은 P.C.말뚝 중에서 콘크리트 압축강도가 78.4MPa이상 되도록 한 고강도 말뚝을 말한다. 철근콘크리트 말뚝은 운반의 제약에 의해서 그 길이가 15m로 제한되고 있다. 합성말뚝은 서로 다른 두 개 이상의 재질을 함께 사용하여 시공되는 말뚝이다. 예를 들면 SC말뚝(Steel Concrete Pile : 콘크리트 강관 합성말뚝)은 강관 내부에 콘크리트를 채우고 원심력을 가해서 양생한 말뚝으로 외곽의 강관이 내부콘크리트의 거푸집기능과 강관파일 기능을 한다. 또한 말뚝에서 항상 지하수위 아래에 놓이게 되는 부분은 나무말뚝으로 구성하고 그 위쪽은 콘크리트 말뚝으로 구성하여 경제적이면서도 나무의 부식문제를 해결하는 말뚝도 합성말뚝의 한 종류이다. 그러나 합성말뚝은 서로 다른 두 재료의 이음부에서의 신뢰성이 낮은 경우가 많기 때문에 널리 쓰이지는 않는다. 최근에는 유리섬유 등을 이용한 신소재를 말뚝재료로 사용하여 견고하면서도 가벼운 말뚝을 만들고자 하는 연구들이 진행되고 있다.

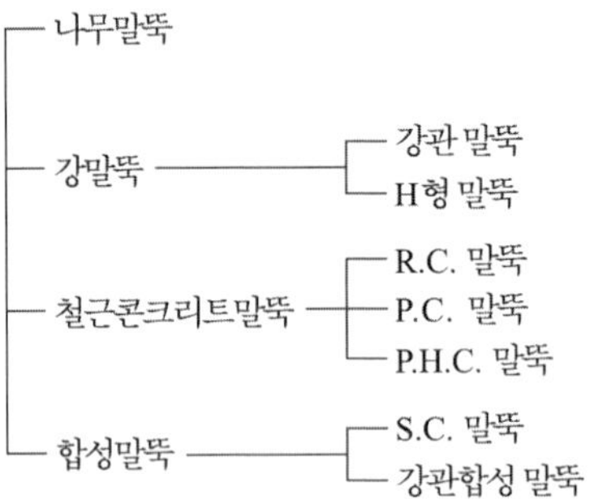

그림 13.6 재질에 따른 말뚝의 분류

(3) 시공시 발생하는 지반의 횡변위량에 의한 분류

말뚝기초를 포함한 깊은 기초를 시공할 때 지반의 횡방향 거동은 기초의 지지력을 산정하는데 매우 중요한 역할을 한다. 시공시 발생하는 지반의 횡방향 거동에 따라서 말뚝기초는 큰 변위말뚝, 작은 변위말뚝 및 무변위말뚝으로 분류될 수 있다. 큰 횡변위말뚝은 끝이 막혀있는 기성말뚝을 타입공법으로 시공하는 말뚝을 말한다. 큰 변위말뚝은 말뚝이 지중에 박히는 체적만큼 지반을 횡방향으로 밀어내어 지반을 다지는 효과가 있으므로 수동토압이 발생되고 그 크기는 정지토압의 최대 2배까지 커질 수도 있다. 따라서 큰 변위말뚝은 다른 조건이 동일하다면 말뚝의 주면마찰력을 크게 하여 큰 지지력을 얻을 수 있다. 말뚝의 끝이 열려 있는 말뚝과 말뚝의 단면적이 상대적으로 작은 H형 강말뚝은 타입식으로 시공하여도 지중에 박히는 부분의 체적이 큰 변위말뚝보다는 작으므로 작은 횡변위말뚝이라고 한다. 작은 변위말뚝의 주면에서는 정지토압의 0.75~1.25배 정도의 토압이 발생한다.

무변위말뚝은 매입공법으로 시공되는 말뚝이다. 말뚝의 단면적보다 크거나 같은 양의 흙을 굴착한 후에 시공하므로 말뚝의 주면에 작용하는 토압은 최대 정지토압정도이다. 시공 중에 지반이 느슨해질 경우가 많으므로 오히려 정지토압보다 작은 토압이 작용하는 경우도 있으므로 주면에 작용하는 토압은 정지토압의 2/3~1배 정도이다. 이와 같은 문제점을 방지하기 위해서 말뚝의 직경보다 작은 직경의 오거를 이용해서 미리 굴착을 하고 말뚝을 압입하는 방법들이 사용될 수 있다. 이러한 방법으로 시공이 되면 작은 변위말뚝으로 분류된다.

(4) 하중전달 방법에 의한 분류

말뚝에 작용하는 하중의 방향에 따라서 말뚝의 종류를 연직압축말뚝, 수평말뚝, 인장말뚝으로 분류하기도 한다. 연직압축말뚝은 말뚝의 종축방향으로 상부구조물 하중을 하부지반에 전달하는 말뚝이다. 수평말뚝은 말뚝을 옆으로 이동시키려는 힘에 저항하는 말뚝이다. 인장말뚝은 말뚝의 종축방향으로 하중이 작용하지만 그 방향은 중력에 반대방향으로 작용해서 말뚝을 뽑으려는 힘에 저항하는 말뚝이다. 이 중에서 연직말뚝은 다시 그림 13.7과 같이 말뚝의 끝이 견고한 암반에 도달해 있는 선단지지말뚝, 지지지반에 일부 관입된 말뚝의 하단부에 작용하는 주면마찰력과 선단지지력으로 지지하는 하부지반지지말뚝, 말뚝에서 지중에 관입되어 있는 부분 전체에 작용하는 주면마찰력과 선단지지력으로 지지하는 마찰말뚝, 느슨한 지반의 다짐을 목적으로 하는 다짐말뚝 등으로 분류할 수 있다.

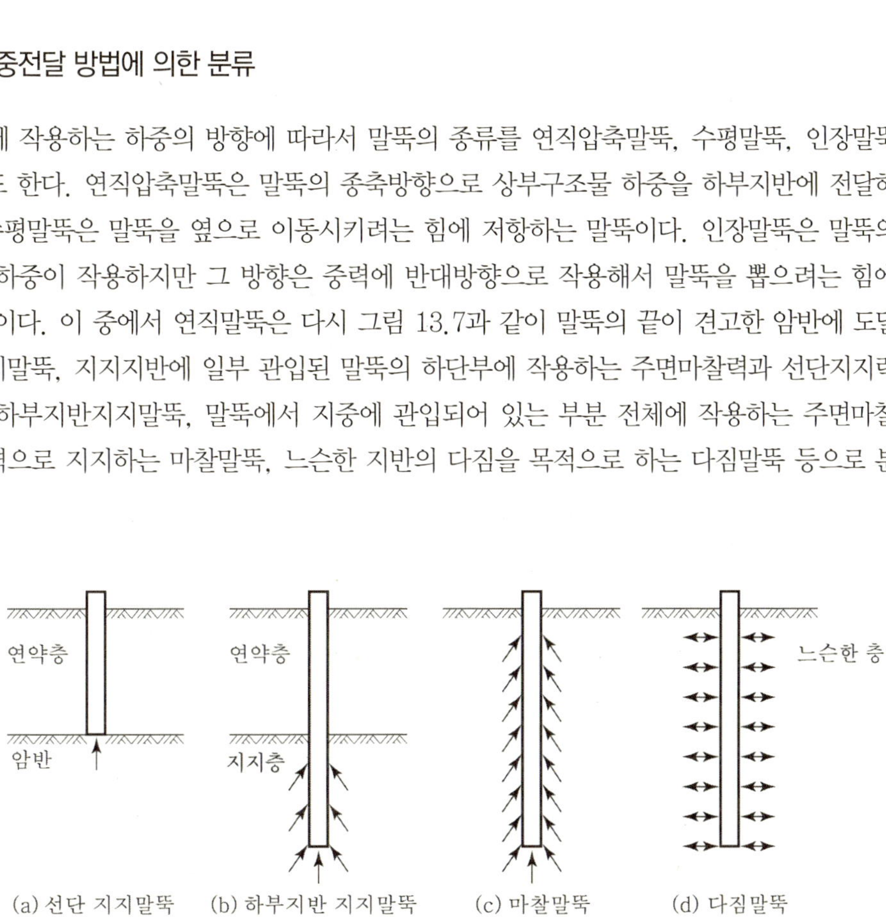

그림 13.7 하중전달방법에 따른 말뚝의 분류

13.2.2 말뚝의 축방향 지지력

말뚝의 축방향 허용지지력은 말뚝재료 자체가 받을 수 있는 허용하중과 지반의 허용지지력 중에서 작은 값 이하로 하여야 한다. 일반적으로 말뚝 재료의 강도보다는 지반이 지지할 수 있는 하중이 작기 때문에 지반의 허용지지력을 말뚝의 축방향 지지력으로 한다.

(1) 말뚝 본체의 허용압축하중

말뚝 본체의 허용압축하중은 말뚝재료의 허용압축응력에 본체의 유효단면적을 곱한 값에 말뚝이음 또는 장경비(말뚝직경에 대한 길이의 비)에 의한 지지하중 감소를 고려하여 결정한다. 말뚝이음은 이음이 없는 경우에 비해서 품질이 저하될 수 있는 다양한 경우가 있을 수 있으므로 이음방법에 따라서 적절하게 감소율을 적용한다. 말뚝이음에 의한 지지하중 감소율은 표 13.8과 같다.

표 13.8 말뚝이음에 의한 허용하중 감소율

이음방법	용접이음	볼트식 이음	충전식 이음
감소율	5% / 이음개소	10% / 이음개소	최초 2개소 20% / 이음개소 3개소 째부터 30% / 이음개소

긴 말뚝은 연직으로 곧게 세우기 어렵고 편심을 받거나 휨이 일어날 가능성이 크다. 따라서 말뚝이 길어지면 적절한 감소율을 허용하중에 적용해야 한나. 장경비가 큰 말뚝은 아래의 식 (13.3)과 표 13.9를 적용하여 말뚝재료의 허용응력을 감소시켜 적용한다.

$$\mu = \left[\frac{L}{d} - n\right] \tag{13.3}$$

여기서, μ : 장경비에 의한 말뚝의 허용응력 감소율(%)

L/d : 말뚝길이/말뚝직경=장경비

n : 허용응력을 감소시키지 않아도 되는 L/d의 상한 값

표 13.9 장경비에 의한 허용응력 감소의 한계치

말뚝종류	n	장경비의 상한계
RC말뚝	70	90
PC말뚝	80	105
PHC말뚝	85	110
강관말뚝	100	130
현장타설콘크리트말뚝	60	80

장경비가 크고 이음부가 있는 경우에는 두 가지 감소율을 모두 적용한다.

현재 국내에서 많이 사용되는 강말뚝 재료의 허용압축응력은 137MPa~186MPa정도이다. 강말뚝에서는 강재의 부식률을 고려해야 한다. 해수 또는 강재 부식이 심한 지하수 조건이 아닌 경우에는 부식속도는 0.02mm/년 정도이므로 내용년수 100년을 고려한 2mm의 부식두께를 공제한다. 해수 또는 강재부식이 심한 조건에서는 더 큰 부식두께를 공제할 수도 있고 강재부식에 대한 신뢰할만한

자료가 있다면 2mm보다 작은 부식두께를 공제할 수도 있다.

RC말뚝은 콘크리트압축강도의 최대 25%까지를 말뚝재료의 장기 허용압축응력으로 한다. 일반적인 RC말뚝은 부식의 우려가 없지만 국내에서 많이 사용되고 있는 PC말뚝이나 PHC말뚝은 아직까지 부식의 영향이 명확하게 규명되지 않았기 때문에 경험적인 방법으로 장기 허용압축하중을 결정할 수밖에 없다.

현장타설 콘크리트 말뚝은 지하수가 없고 품질관리가 잘 되는 경우에는 RC말뚝과 마찬가지로 콘크리트 압축강도의 최대 25%까지를 장기 허용압축응력으로 하며 그 값은 5.88MPa보다는 작아야 한다. 지하수가 존재하고 품질관리가 열악한 조건에서는 최대 20%까지로 하고 4.9MPa 이하이다. 보강철근의 허용압축응력은 항복강도의 40%로 한다.

(2) 지반의 축방향 허용압축지지력

외말뚝 조건에서 지반의 축방향 허용압축지지력은 축방향 극한압축지지력을 소정의 안전율로 나눈 값으로 한다. 그러나 축방향 극한압축지지력을 산정하는 각각의 방법들이 신뢰도가 다르므로 허용압축지지력을 산정하는 안전율은 극한압축지지력을 산정하는 방법의 신뢰도에 따라서 다른 안전율을 적용한다. 안전율은 극한지지력을 대상으로 할 경우 $F_s = 3$으로 하고 항복하중상태를 대상으로 할 경우에는 $F_s = 2$로 한다. 일정한 규모 이상의 공사에서는 시험 말뚝을 설치하고 압축재하시험을 실시하여 지반의 축방향 극한압축지지력을 확인하여야 한다.

(3) 파동방정식 해석

타입공법에 의해서 말뚝을 시공할 경우에 주어진 재료의 말뚝으로 관입 가능한 깊이를 파악하는 것은 말뚝의 지지력 산정에서 중요한 역할을 한다. 이와 같이 현장에서 말뚝의 관입 가능한 한계 및 시공의 용이성 등을 시공관입성(driveability)이라고 한다. 설계시에 말뚝의 시공관입성을 잘못 판단하면 현장 시공시에 준비한 말뚝길이를 다 관입시키지 못하고 절단하여 재료의 낭비를 초래하거나 계획된 깊이보다 더 깊은 관입이 필요해서 공사비용이 추가로 소요되기도 한다. 또한 계획된 깊이보다 얕게 관입된 경우에는 말뚝의 설계지지력을 과소 추정했을 수 있고 더 깊게 관입된 경우에는 과다 추정했을 수 있다. 과거에는 말뚝의 시공관입성을 실질적으로 판단할만한 적당한 수단이 없었다. 그러나 최근에는 말뚝의 타격관입과정을 컴퓨터에서 적절하게 모사할 수 있게 되었다.

말뚝의 파동방정식 해석은 말뚝조건, 지반조건 및 타격장비조건을 컴퓨터 소프트웨어에 수치로 입력한 다음 컴퓨터상에서 말뚝 관입을 재현하는 방법이다. 구체적으로는 해머가 말뚝을 타격하여 발생하는 응력파가 말뚝 축을 따라 일차원적으로 전파되는 현상을 파동방정식을 이용하여 해석하는 것이다. 이 해석에는 말뚝 타입시공에 관련되는 모든 구성요소의 질량과 강성, 에너지의 발생과 전파 및 소멸에 관한 많은 입력 자료가 필요하다. 즉 해머에 대해서는 램의 질량과 낙하고, 타격에너지,

타격속도 등이, 말뚝 캡과 쿠션에 관해서는 그들의 질량과 강성 그리고 반발계수 등이, 말뚝에 대해서는 재료와 말뚝 크기, 질량과 강성이, 그리고 지반조건에 대해서는 변형특성(quake)과 감쇄특성이 필요하다. 따라서 신뢰성 있는 파동방정식 해석을 하기 위해서는 이러한 입력 자료들의 신뢰성 있는 선정 및 입력이 가장 중요하다.

설계에 쓸 수 있는 지반 자료는 한정된 위치에서의 조사 자료이므로 실제 말뚝이 시공되는 위치의 지반조건과 다를 수 있다. 이는 파동방정식 해석결과와 상이한 말뚝 거동을 나타낼 수 있는 원인이 된다. 파동방정식에 입력되는 타입장비의 조건은 과거에 수집된 정보들의 개략적인 평균치를 사용하지만 장비의 노후 또는 개별 장비의 특성 등으로 인해서 입력하는 자료와 실제 장비의 특성과는 차이가 있을 수 있다. 시간 경과에 따른 말뚝지지력 변화는 타입할 때의 지지력 보다 4~5배 이상 증가하는 경우도 나타나고 있으며 항타시 지지력 보다 감소하는 경우도 발생한다. 따라서 시간 경과에 따른 말뚝지지력 변화를 설계시에 반영하여야 하지만 현재의 기술수준으로는 실제 시공하고 재하시험을 하는 방법 이외에는 시간경과효과를 추정할 수 있는 방법이 없다.

(4) 동재하시험에 의한 축방향 허용압축지지력 산정

파동방정식 해석의 한계를 극복하기 위해서 설계단계에서 시험시공을 실시하고 시공시 동적거동 측정을 실시하는 방안이 있다. 동적거동측정이란 흔히 동재하시험이라고도 하며 말뚝머리 부근에 변형률계(strain transducer)와 가속도계(accelerometer)를 부착하고 타격에너지를 가하면서 항타 중에 말뚝머리에 발생하는 응력과 변형률 그리고 가속도를 측정하는 방법이며 한국산업규격(KS F 2591)으로 그 시험 방법이 규정되어 있다. 그림 13.8에는 동재하시험을 위해서 강관말뚝에 부착된 계측센서와 센서신호를 측정하는 장비가 나타나 있다. 1994년에 도입된 이래 현재 국내에서 가장 많이 실시되는 말뚝의 품질평가방법이다. 말뚝의 지지력은 말뚝을 시공한 시점으로부터 시간경과 효과에 의해 경과한 시간에 따라 증가하거나 감소할 수 있다. 또한 매입말뚝의 지지력은 말뚝을 시공한 시점으로부터 양생에 의해 지지력이 달라질 수 있다. 그러므로 시공 중 재하시험이 실시된 말뚝에 대하여 1~2주 후에 재항타 동재하시험이 이루어져야 한다.

구조물기초설계기준(2016)에서는 시공 중 동재하시험의 최소실시 빈도는 지반조건이 큰 변화가 없는 경우에 전체 말뚝개수(공수)의 1% 이상(말뚝이 100개 미만인 경우에도 구조물별로 최소 1개 수행)을 실시하도록 하고 있다.

동재하시험에서 측정된 결과는 과거의 자료로부터 말뚝지지력을 추정하는 방법 또는 파동방정식해석법을 이용하여 정밀하게 컴퓨터 소프트웨어로 해석하는 방법으로 분석하여 말뚝의 지지력 및 여러 가지 정보를 얻어낸다. 이 방법은 기존의 정재하시험보다 훨씬 간편 신속하고 저렴한 비용으로 재하시험을 할 수 있기 때문에 파동방정식 해석법의 한계를 극복하고 신뢰성 있는 설계를 할 수 있다. 특히 지지력 이외에도 정재하시험으로는 확인할 수 없는 말뚝의 품질에 관한 많은 항목들을 측정할 수 있으며, 시간경과에 대한 말뚝지지력 변화를 확인하는 방법으로는 거의 유일한 방법이다. 이 방법은 말뚝의 지지력 측정뿐만 아니라 항타 중에 말뚝에 발생하는 응력과 항타에너지를 결정하고 해머 효율을 관리하며 말뚝 결함을 확인할 수 있는 장점을 갖고 있기 때문에 말뚝의 시공관리에 필수적이다.

동재하시험은 실시 기술자의 자질에 따라 그 신뢰도가 크게 영향을 받는다. 이러한 문제점을 해결하기 위하여 시험 말뚝을 시공하여 동재하시험을 먼저 실시한 후에 동일 말뚝에 대해서 정재하시험을 실시하고 그 결과를 비교함으로써 동재하시험 결과를 검증할 수 있다.

(a) 강관 파일에 부착된 동재하시험 계측센서

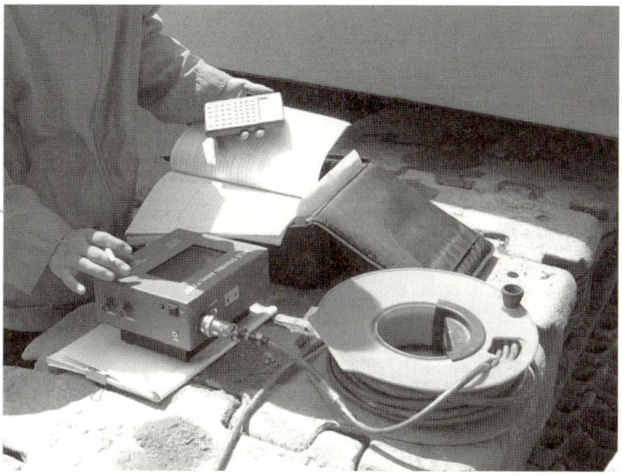
(b) 계측센서 신호 측정장치

그림 13.8 강관말뚝의 동재하시험

(5) 정재하시험에 의한 축방향 허용압축지지력 산정

구조물기초 설계기준(2016)에서는 지반조건이 비교적 큰 변화가 없으며 동일 구조물에 많은 말뚝이 시공되는 경우에는 말뚝개수의 1% 이상, 개수가 100개 미만인 경우에도 구조물별로 1개는 정재하 시험을 하도록 규정하고 있다. 정재하시험방법은 한국산업규격(KS F 2445)에 규정되어 있다. 정재하시험은 매우 큰 하중에 대한 반력보를 확보해야 하므로 대규모 시험이 된다. 그림 13.9의 (a)에는 실하중을 반력보로 사용하는 방법이 예시되어 있다. (b)에는 좌우에 인접한 말뚝머리에 반력보를 연결하여 인장말뚝에 의한 반력보가 예시되어 있다. (c)에는 인장말뚝 대신에 앵커를 설치한 모습이다. 현장타설콘크리트말뚝은 기성말뚝보다 직경이 커서 매우 큰 재하하중이 필요하므로 이러한 방식으로 반력보를 확보하는 것이 곤란하다. 이러한 문제를 해결하기 위해서 철근망을 조립할 때 유압잭을 특정 깊이에 매설하고 현장타설콘크리트말뚝이 완성된 후에 말뚝에 매입되어 있는 유압잭을 작동시켜서 정적축하중재하시험을 하는 방법을 Osterberg cell 시험이라고 한다. (d)에는 이 시험방법의 개념과 유압잭이 설치된 철근망을 매입하기 직전상태가 나타나 있다.

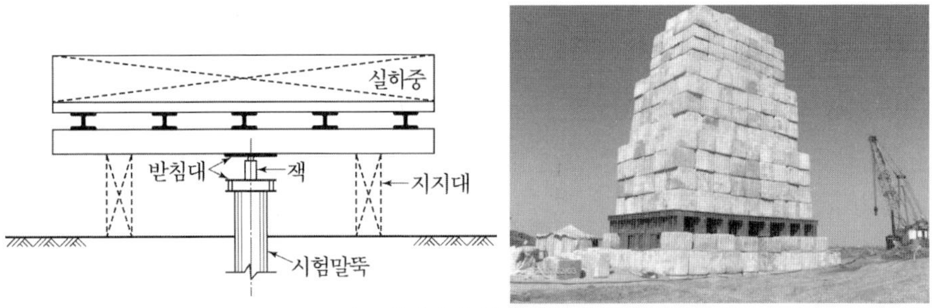

(a) 실하중에 의한 정적 재하시험

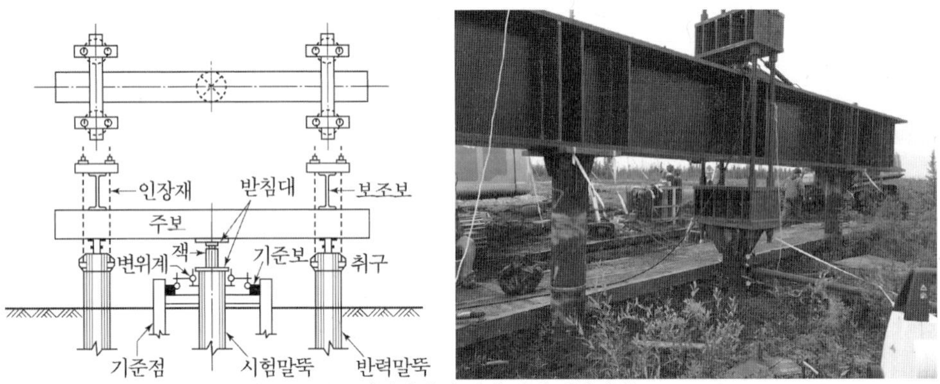

(b) 반력말뚝에 의한 정적 재하시험

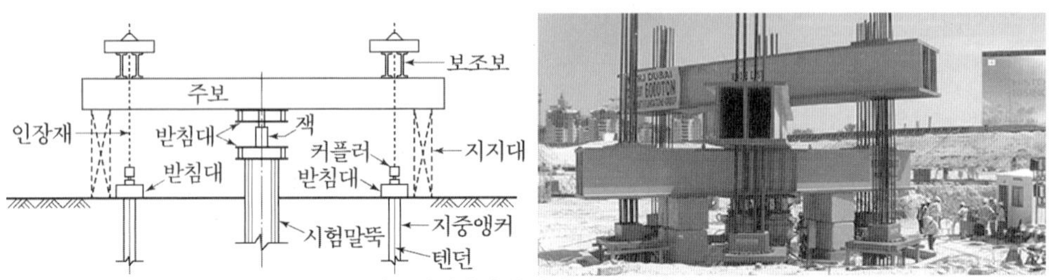

(c) 지중앵커반력에 의한 정적 재하시험

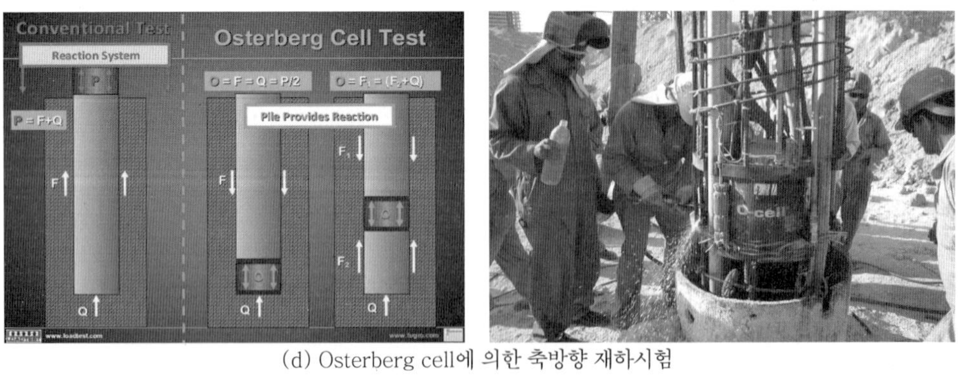

(d) Osterberg cell에 의한 축방향 재하시험

그림 13.9 재하하중 지지방식에 따른 말뚝의 정적 재하시험

말뚝이 지반에 관입된 후에 시간이 경과하면서 어떤 경우에는 말뚝의 지지력이 증가하고 어떤 경우에는 말뚝의 지지력이 감소하는 것으로 알려져 있다. 관입 후 시간이 경과하면서 지지력이 증가하는 지반에서 시공 직후의 지지력이 설계조건을 만족하도록 기준을 설정한다면 과잉설계가 될 수 있다. 반면에 지반에 말뚝 관입 후 시간이 경과하면서 지지력이 감소하는 지반에서 시공 직후의 지지력이 설계조건을 만족하도록 기준을 설정한다면 공사가 완료된 이후에 구조물에 심각한 손상을 초래할 것이다. 따라서 앞에서 제시한 기준에 따라서 말뚝의 일부에 재하시험을 한 후에 최소 1~2주가 경과한 후 같은 말뚝에 대해서 다시 재하시험을 하여 시간경과에 따른 지지력의 변화 여부를 확인하여야 한다.

하중의 증가량 없이 변위량이 무한대로 되는 상태를 극한상태라고 한다. 그림 13.10에 나타난 말뚝재하시험에 의한 하중–침하량곡선에서 극한상태는 곡선이 세로축과 평행한 수직인 상태이다. 그러나 많은 하중–침하량 곡선에서 극한상태를 뚜렷하게 인식할 수 있는 경우는 드물다. 이러한 경우에 Hansen(1963)은 말뚝에 극한하중이 재하되었을 때의 침하량은 극한하중의 90% 하중재하시 발생하는 침하량의 2배가 된다는 인위적 가정에 입각한 판정법을 제시하였다. 우선 임의의 극한하중을 가정하고 이때의 침하량이 가정한 극한하중의 90% 하중에서의 침하량의 2배가 되는지 확인하고 일치할 때까지 극한하중을 변화시키며 가정–확인을 반복한다. 하중–침하량 곡선이 세로축과의 평행여부나 Hansen의 방법으로 극한하중을 판정할 수 없는 경우에는 말뚝의 침하량이 말뚝직경의 10%에 도달하면 이를 극한 지지력으로 보는 방법도 있다. 말뚝재하시험에서 극한지지력이 결정되면 이를 안전율 $F_s = 3$으로 나누어 허용압축지지력으로 한다.

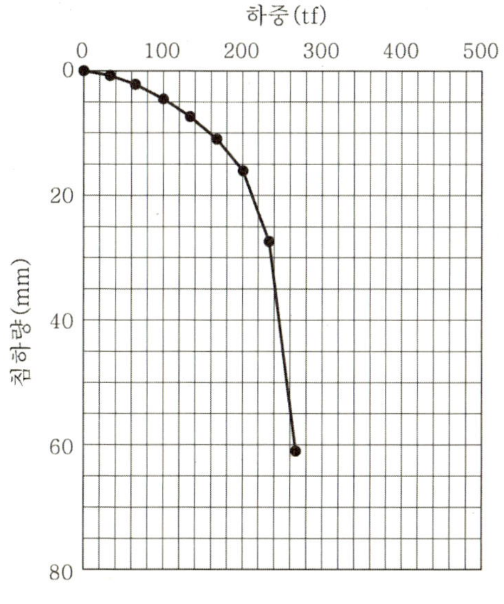

그림 13.10 말뚝재하시험에 의한 하중–침하량곡선

말뚝재하시험에서 충분한 하중을 가하지 못하거나 지반의 특성에 의해서 하중–침하량 곡선에서 극한지지력이 분명하게 드러나지 않는 경우들이 종종 있다. 이러한 경우에는 하중(P)과 시간(t) 및 침하량(S)의 거동특성에 의해서 항복(yield)하중을 구하여 판정한다. 허용압축지지력은 항복하중으로 산출할 경우에는 안전율 $F_s = 2$를 적용한다. 그림 13.11에는 항복하중을 결정하는 몇 가지 방법들이 나타나 있다.

그림 13.11(a)는 $S-\log t$분석법에 의한 항복하중 결정방법을 나타낸 것이다. 각 재하하중별 시간에 따른 침하곡선을 가로축에 시간을 대수축척으로 나타내고, 침하량을 세로축에 보통축척으로 나타낸다. 재하하중이 낮은 단계에서는 $S-\log t$곡선은 직선으로 나타난다. 재하하중이 항복하중을 넘으면 $S-\log t$는 곡선을 나타낸다. 그림 13.11(a)에서 재하7단계에서 곡선으로 나타나기 시작하므로 230tf정도를 항복하중으로 결정할 수 있다.

그림 13.11(b)는 $dS/d(\log t)-P$분석법을 나타낸 것이다. 즉 그림 13.11(a)의 $S-\log t$직선의 기울기를 세로축에 표시하고, 대응하는 재하하중을 가로축에 나타낸 곡선이 급격하게 기울어지는 위치의 하중을 항복하중으로 한다.

그림 13.11(c)는 $\log P-\log S$분석법을 나타낸 것이다. 하중(P)와 대응하는 침하량(S)를 모두 대수축척으로 세로축과 가로축에 나타내었을 때 그림 13.11(c)와 같이 두 직선이 교차하는 점의 하중이 항복하중이 된다. 반복재하방식의 재하시험을 하였을 경우에는 하중을 제거했을 때 회복되지 않는 잔류침하량(소성침하량)과 하중과의 관계를 나타내는 곡선이 얻어진다. $\log P-\log S$분석법에서 침하량 대신에 잔류침하량을 사용하면 항복하중 결정이 명확해질 때가 있다. 이 방법은 말뚝머리의 탄성변형량이 큰 강말뚝에 대한 재하시험에서 사용할 경우에 효과적이다.

지반의 응력이 계속해서 증가하면 지반의 변형이 탄성영역에서 탄소성영역을 거쳐 소성영역에 도달하고 이때를 극한상태라고 한다. 독일의 산업규격(DIN 4026)에서는 말뚝직경의 2.5%에 해당되는 순침하량을 소성상태에 도달한 것으로 보고 이때의 하중을 극한하중으로 결정하면 여기에 안전율 $F_s = 2$를 적용하여 허용압축지지력으로 결정하도록 하고 있다.(극한하중을 판정했음에도 안전율 $F_s = 2$를 적용하도록 하고 있다.)

그림 13.11(d)는 Davisson(1973)의 극한지지력판정법을 나타낸 것이다. 이 판정법은 직경 600mm미만의 말뚝에서 극한지지력을 [3.81(말뚝의 탄성압축량)+D/120]mm의 침하량에 대응하는 하중으로 정의하고 있다. 직경 600mm 이상인 말뚝에서는 [말뚝의 실제 탄성압축량+D/30]mm의 침하량에 대응하는 하중을 극한하중으로 정의하고 있다. 허용압축지지력은 DIN 4026에서와 같이 안전율 $F_s = 2$를 적용한다.

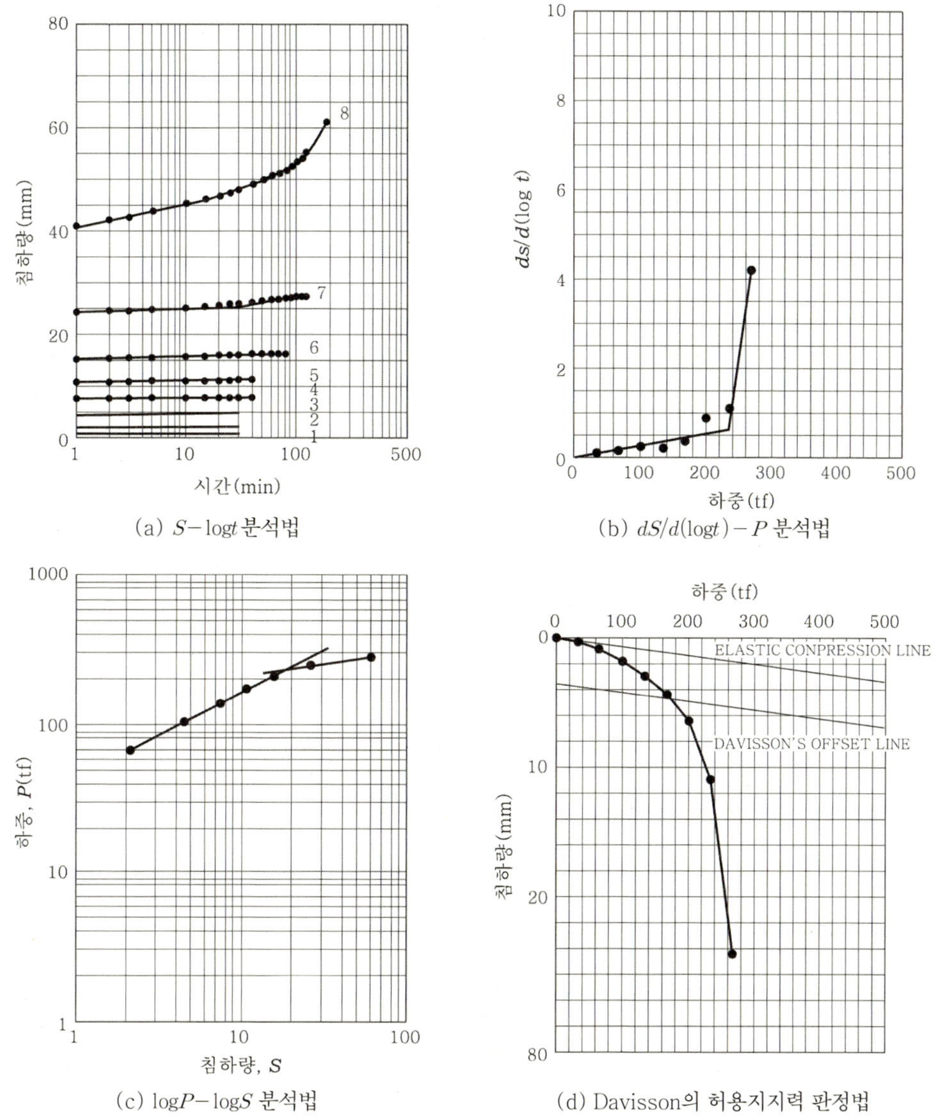

(a) $S-\log t$ 분석법

(b) $dS/d(\log t)-P$ 분석법

(c) $\log P-\log S$ 분석법

(d) Davisson의 허용지지력 판정법

그림 13.11 말뚝재하시험에 의한 하중–침하량곡선에서 다양한 극한지지력 결정방법

(6) 정역학적 지지력공식에 의한 축방향 극한지지력 산정

외말뚝의 축방향 극한지지력을 산정하는 정역학적인 지지력 공식의 기본 틀은 식 (13.4)와 같다.

$$Q_u = Q_p + Q_s = q_p \cdot A_p + \int_0^l \{f_z \cdot U_z\} dz \qquad (13.4)$$

여기서, Q_u : 외말뚝의 축방향 극한지지력

Q_p : 극한 선단지지력

Q_s : 극한 주면마찰력

A_p : 말뚝 선단 지지면적

U_z : 깊이 z에서 말뚝 둘레의 길이

A_s : 말뚝 주면적($A_s = \int_0^l U_z dz$)

q_p : 단위면적당 최대 선단지지력, 식 (13.5)

f_z : 깊이 z에서 단위면적당 주면마찰력, 식 (13.6)

$$q_p = c \cdot N_c^* + \sigma_v' \cdot N_q^* \tag{13.5}$$

여기서, c : 말뚝지지층의 점착력

N_c^* : 깊은 기초에 대한 지지력계수(그림 13.12 : 대부분 $d/B \geq 4.5$이므로 $N_c^* = 9$를 적용할 수 있다.

N_q^* : 깊은 기초에 대한 지지력계수(표 13.10)

σ_v' : 말뚝 선단 깊이에서의 유효상재압

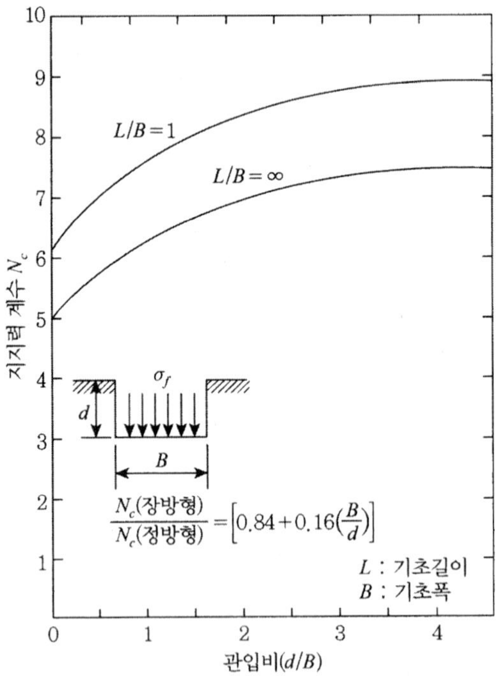

그림 13.12 깊은 기초의 지지력계수 N_c^*

표 13.10 내부마찰각에 따른 깊은 기초의 지지력계수(N_q^*)

ϕ(°)	0	26	28	30	31	32	33	34	35	36	37	38	39	40
N_q^* (타입말뚝)	0	10	15	21	24	29	35	42	50	62	77	86	120	145
N_q^* (현장타설말뚝)	0	5	8	10	12	14	17	21	25	30	38	43	60	72

$$f_z = c_z + K_z \cdot \sigma_z{}' \cdot \tan\delta_z \tag{13.6}$$

여기서, c_z : 깊이 z에서 말뚝과 주변 흙 사이의 점착력

K_z : 깊이 z에서 말뚝면에 작용하는 법선토압 계수(표 13.11)

$\sigma_z{}'$: 깊이 z에서 말뚝주변 지층의 유효 상재압

δ_z : 깊이 z에서 말뚝과 주변 흙 사이의 마찰각(표 13.12)

표 13.11 말뚝주면마찰력 산정을 위한 토압계수 K_z

말뚝형태	K_z	
	느슨한 모래	촘촘한 모래
타입 H말뚝	0.5	1.0
타입치환말뚝	1.0	1.5
타입치환쐐기형말뚝	1.5	2.0
타입사수말뚝	0.4	0.9
굴착말뚝($B \le$ 1500mm)	0.7	

표 13.12 말뚝표면과 흙의 마찰각 δ

말뚝재료	δ
강말뚝	20°
콘크리트말뚝	(3/4)ϕ
나무말뚝	(3/4)ϕ

말뚝의 끝이 열려있는 개단말뚝이라도 말뚝이 지지층 속으로 5D 이상 관입한 경우에는 강말뚝의 선단지지면적(A_p)은 폐쇄면적으로 취한다. 따라서 주면적(A_s)은 폐쇄면적의 외주만을 적용해서 산정한다. 그림 13.13에는 강관말뚝과 H형 강말뚝의 폐쇄면적을 명시적으로 나타내고 있다.

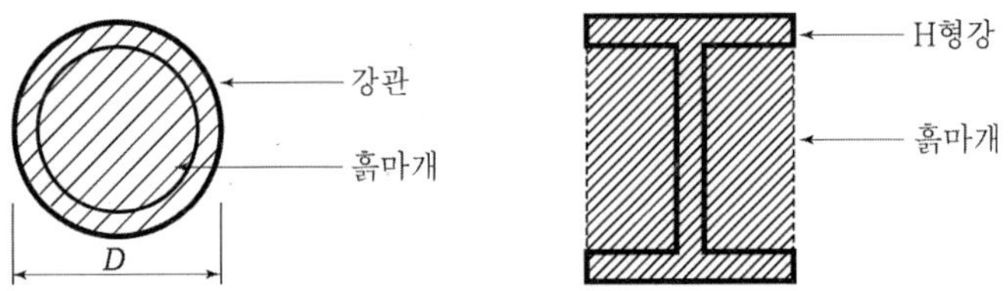

(a) 개단 강관말뚝 단면　　　(b) H형 강말뚝 단면

그림 13.13 강말뚝의 선단지지면적

(7) 선단지지력

(가) 사질토지반

사질토지반의 극한 선단지지력은 식(13.5)에 점착력 $c=0$을 적용한다. 말뚝의 관입깊이가 깊어지면 유효상재응력이 커지므로 선단부의 극한지지력도 선형적으로 비례해야 한다. 그러나 Vesić이나 Meyerhof 등은 말뚝의 실제 극한선단지지력은 관입깊이가 깊어짐에 따라서 조기에는 직선증가 구간이 나타나지만 어느 정도의 깊이가 되면 그 값이 한계에 도달하고 그 이상의 깊이가 되어도 더 이상 증가하지 않는 한계관입깊이(critical depth of penetration)가 존재한다고 하였다. 일부 연구에서는 주면마찰력에 대해서도 한계관입깊이가 존재하는 것으로 기술하고 있다. 그러나 최근의 연구에서는 이 한계관입깊이에 대한 여러 의구심이 제기되고 있으므로 현재의 기술수준에서는 Meyerhof가 제안한 표준관입시험에 의해 말뚝의 극한지지력을 추정하는 방법으로 산출한 값보다 크지 않은 범위에서 설계를 해야 한다.

(나) 점성토지반

점성토지반의 극한 선단지지력은 식(13.5)에 $\phi=0$이므로 $N_q^*=0$을 적용한다.

(다) 흙의 점착력과 내부마찰각이 모두 0이 아닌 지반

식(13.5)에 적절한 N_c^*와 N_q^*를 적용하며 일반적으로 내부마찰각은 $\phi \le 30°$로 제한한다.

(라) 암반에 근입된 강관말뚝의 선단지지력

강관말뚝이 암반에 말뚝직경 정도 근입되는 조건이 만족되는 경우에 암반근입부의 주면마찰력을 포함한 극한선단지지력 Q_p(kN)는 경험식인 식 (13.7)로 구하도록 하고 있다.

$$Q_p = 443 \cdot q_u^{1/2} \cdot A_t^{2/5} \cdot A_i^{1/3} \tag{13.7}$$

여기서, q_u : 암반의 일축압축강도(kPa)($q_u \leq 10000$kPa)

A_t : 강관말뚝의 선단부 순단면적(m^2)(그림 13.14)

A_i : 강관말뚝의 선단심부면적(m^2)(그림 13.14)

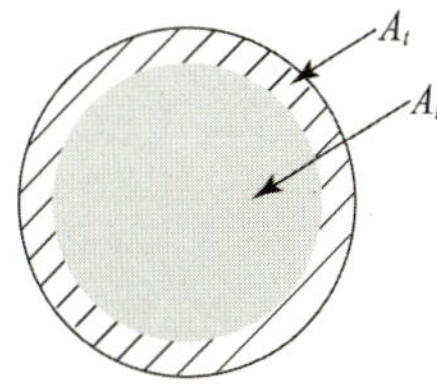

그림 13.14 강관파일 선단부의 순단면적(A_t)와 심부면적(A_i)

(마) 암반에 근입된 현장타설콘크리트말뚝의 지지력

기초 암반 위 또는 암반 속으로 근입하여 설치한 현장타설 콘크리트말뚝은 고층빌딩이나 중요 산업시설 및 교량과 같이 큰 하중을 받는 경우에 보편적이고 효과적인 기초형식이다. 표 13.13에는 여러 가지 경험식들이 제시되어 있다. 지지층 암반의 극한파괴강도를 구할 수 있을 때에는 극한파괴강도의 20%를 최대 허용지지력으로 볼 수 있다. 그러나 현장에서 암코어를 채취하여 실내에서 실험한 극한파괴강도는 현장의 균열, 절리 및 구조적인 불연속성 등의 영향을 반영하지 못하므로 일축압축강도의 1/8 ~ 1/5의 범위에 허용지지력이 있는 것으로 추정하지만 적절한 감소율을 선정하기 위해서는 고도의 전문지식과 경험이 필요하다. 암반을 굴착하고 현장타설콘크리트말뚝을 설치한 경우에는 암반과 접한 말뚝의 주면에 마찰력이 존재하는 것으로 볼 수 있으나 현재까지 정확한 산출방법은 제시되지 않고 있으며 표 13.13의 FHWA에 있는 방법을 적용할 수 있다.

표 13.13 암반에 근입된 현장타설 콘크리트말뚝의 극한지지력

구분	제안자	경험식
단위면적당 선단지지력	Rowe and Armitage	$q_p = 2.7q_u$
	Zhang and Einstein	$q_p = 4.83q_u^{0.51}$(MPa)
	Canadian Foundation Engineering Manual	$q_p = 3q_u \times K_{sp} \times d$ $K_{sp} = \dfrac{3 + s_d/D}{10\sqrt{1 + 300t_d/s_d}}$ 공내재하시험의 한계압 이용 $q_p = K_b(p_l - p_0) + \sigma_v$

〈표 계속〉

구분	제안자	경험식
단위면적당 주면마찰력	NAVFAC	$f_s(\mathrm{kPa}) = (6.0-7.9)f_w{}'^{0.5}$: 말뚝직경〉400mm $f_s(\mathrm{kPa}) = (7.9-10.5)f_w{}'^{0.5}$: 말뚝직경〈400mm)
	FHWA	$f_s = 0.65p_a\left(\frac{q_u}{p_a}\right)^{0.5} \le 0.65p_a\left(\frac{f_c'}{p_a}\right)^{0.5}$:매끈한 소켓 $f_s = 0.8\left\{\frac{\Delta r}{r}\left(\frac{L'}{L}\right)\right\}^{0.45} \times q_u$: 거친 소켓
	Canadian Foudnation Engineering Manual	$f_s = \mu \times p_a\left(\frac{q_u}{p_a}\right)^{0.5}, f_s = 0.05f_c'$

(8) 주면마찰력

(가) 사질토 지반

$c=0$인 사질토의 주면마찰력은 식(13.6)을 적용한다.
사질토의 극한주면마찰력(Q_s)는 식 (13.8)과 같다.

$$Q_s = \int_0^l f_z U_z dz \tag{13.8}$$

구조물기초설계기준(2016) 이전에는 주면마찰력에도 한계관입깊이 개념을 적용하여 전체 주면마찰력을 구하였으나 최근 연구에서 상반된 논의들이 진행되고 있으므로 주면마찰력은 유효응력의 증가에 선형비례적으로 증가하는 것으로 가정하여 σ_z'을 전체 관입깊이에 대한 평균값($\overline{\sigma_z'}$)을 이용할 수도 있다.

(나) $\phi=0$인 점성토의 주면마찰력

① α계수법(비배수조건)

말뚝이 포화된 점토층에 박혀 있을 때 비배수 조건에서 $\phi=0$이므로 $\delta=0$이 된다. 따라서 식(13.6)은 $f_z=c_z$가 된다. 깊이에 따라서 점착력이 변화가 없다고 설정하면 $f_z=f=\alpha \cdot c_u$가 된다고 가정하고 비배수 점착력 c_u에 대한 α의 관계를 정립한 것이 α계수법이다. 그림 13.15에는 비배수 점착력에 따른 계수 α가 제시되어 있다.

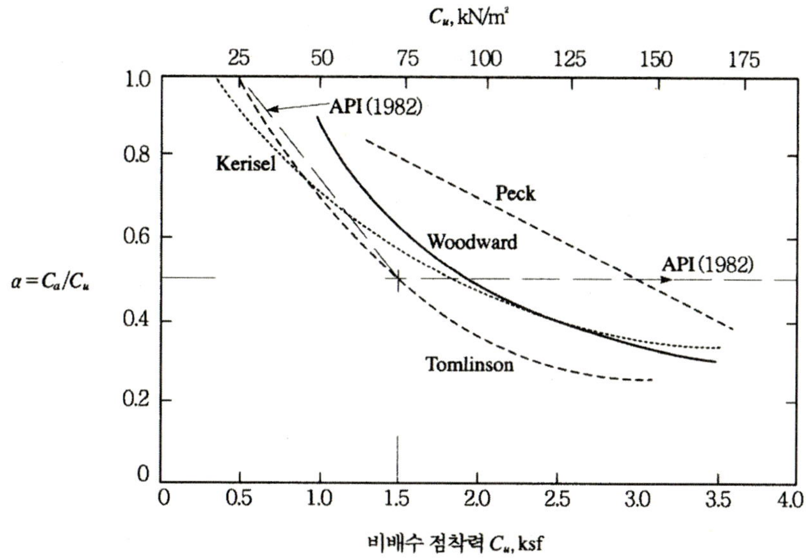

그림 13.15 여러 연구자들의 말뚝의 주면마찰력 산정을 위한 α 계수

② β계수법(유효응력해석법)

점토지반에 말뚝을 관입하면 지반이 말뚝의 체적만큼 압축이 되므로 과잉간극수압이 발생한다. 이 과잉간극수압은 시간이 지나면서 서서히 소산된다. 말뚝을 관입한 직후의 과잉간극수압이 높을 때와, 관입 후 오랜 경과시간이 경과하여 과잉간극수압이 낮을 때 각각에 대해서 말뚝재하시험을 하면 과잉간극수압이 낮은 경우에 더 큰 지지력을 보인다. 과잉간극수압이 소산된 이후의 말뚝의 주면마찰력을 산정하기 위해서 식 (13.6)을 적용한다면 깊이에 따른 마찰력을 평균화하여 식(13.9)와 같이 나타낼 수 있다.

$$f_s = c_r' + K_s \cdot \overline{\sigma_v'} \cdot \tan\phi_r' \qquad (13.9)$$

여기서, f_s : 깊이에 따른 단위면적당 주면마찰력의 평균값

c_r' : 교란된 점토가 재압밀된 후의 점착력

ϕ_r' : 교란된 점토가 재압밀된 후의 배수내부마찰각

$\overline{\sigma_v'}$: 마찰력이 작용하는 지층의 평균 유효상재압

K_s : 말뚝의 주면에 연직으로 작용하는 토압계수

Burland(1973)는 위 식에서 $c_r' = 0$으로 가정하고 정규압밀점토에 대해서 $K_s = K_0 = 1 - \sin\phi_r'$ 및 과압밀점토에 대해서 $K_s = K_0 = (1 - \sin\phi_r')\sqrt{OCR}$로 가정하고 β계수법에 관한 식

(13.10)을 제안하였다. 여기서, OCR은 과압밀비이다.

$$f_s = K_s \cdot \tan\phi_r{}' \cdot \overline{\sigma_v{}'} \\ = \beta \cdot \overline{\sigma_v{}'} \tag{13.10}$$

여기서,

$$\beta = K_s \cdot \tan\phi_r{}' \tag{13.11}$$

③ λ계수법

이 방법은 Vijayvergiya 및 Forcht(1972)에 의해서 제안되었으며 정규압밀된 점토와 과압밀된 점토를 대상으로 한다. 말뚝을 박을 때 발생하는 흙의 횡변위가 모든 깊이에서 수동토압을 발생시키므로 평균적인 마찰력은 다음과 같이 되는 것으로 하고 있다.

$$f_{av} = \lambda(\overline{\sigma_v{}'} + 2c_u) \tag{13.12}$$

여기서, λ는 말뚝의 길이에 따라서 변하는 값이며 그림 13.16에서 찾아 적용한다. 그림 13.16의 λ값은 수많은 말뚝재하시험결과로부터 회귀식을 산정하여 만든 결과이다.

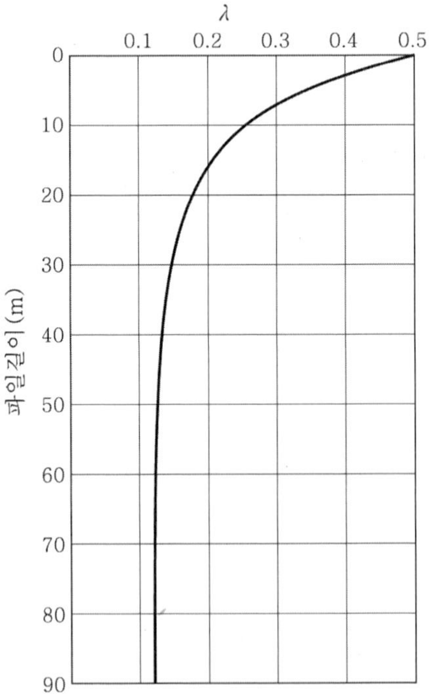

그림 13.16 파일길이에 따른 λ값(McClelland, 1974)

(9) 현장 원위치시험에 의한 말뚝의 지지력 산정

(가) 표준관입시험(SPT)(KS F 2307)에 의한 말뚝의 지지력 산정

Meyerhof는 사질토 지반에서 표준관입시험결과를 이용해서 말뚝의 지지력을 추정하는 방법을 식 (13.13)으로 제안하였다.

$$Q_u = m \cdot N_{60}' \cdot A_p + n \cdot \overline{N_{60}} \cdot A_s \tag{13.13}$$

여기서, Q_u : 말뚝의 극한 지지력(kN)

A_p : 말뚝 선단면적(m^2)

A_s : 사질토 지반에 묻힌 말뚝의 겉면적(m^2)

$N_{60}' = C_N \cdot N_{60}$

N_{60} : 말뚝선단부의 N값(표준관입시험에서 해머의 타격에너지효율을 실측하여 60%로 보정한 N값)

$\overline{N_{60}}'$: 말뚝주면부 사질토 지반의 평균 N값(표준관입시험에서 해머의 타격에너지 효율을 실측하여 60%로 보정한 N값)

$$C_N = 0.77 \times \log_{10}\frac{20}{\sigma_v'} \quad (\text{단 } \sigma_v' \geq 23.9\text{kN/m}^2)$$

타입말뚝에서 m, n은 다음과 같은 값을 사용한다.

$m = 60\left(\frac{L_B}{D}\right) \leq 300$ (단, $m \cdot N_{60}' \leq 15000\text{kPa}$), 개단강관말뚝에 대해서는 폐색효과를 감안하여 그림 13.17을 적용한다.

여기서, L_B : 말뚝이 지반에 매입된 길이(m)

D : 말뚝의 직경(m)

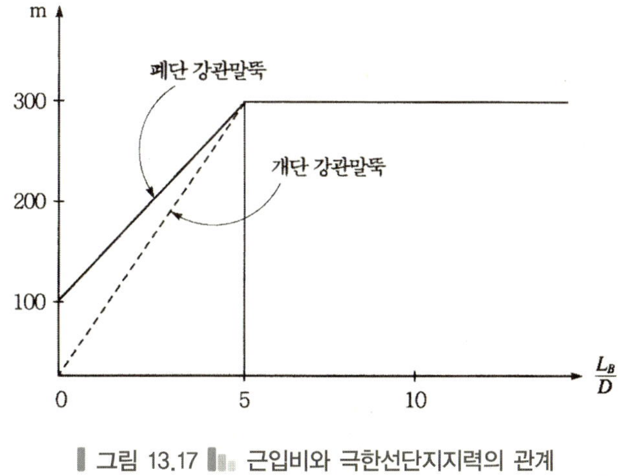

그림 13.17 근입비와 극한선단지지력의 관계

$n = 2$(단, $n \cdot \overline{N_{60}}' \leq 100\mathrm{kPa}$)

매입말뚝에서는 선굴착직경, 주면의 고정여부, 선단부 고정을 위한 시멘트풀 주입여부, 최종 항타의 정도에 따라서 각각 다른 m 및 n을 다르게 사용하여야 한다. 일반적으로 매입말뚝의 선단지지력은 타입말뚝의 1/3~1/2정도이고, 주면마찰력은 1/2정도 되는 것으로 알려져 있다.

현장타설 콘크리트말뚝은 지반을 굴착하여 만든 연직 구멍 속에 콘크리트를 타설하여 만든 기초형식이므로 말뚝주변과 선단지반을 이완시키는 경향이 있다. 따라서 재하시험을 실시하는 것이 바람직하지만 공사규모가 작아서 시험시공과 재하시험이 곤란한 경우에는 식(13.4)의 정역학적 지지력 공식을 사용하여 설계를 할 수 있으나 이 경우에도 공사 초기에 현장재하시험을 실시하여야 한다. 표 13.14에 매입말뚝과 현장타설 콘크리트말뚝의 지지력 산정방법을 요약하였다.

표 13.14 매입말뚝 및 현장타설 콘크리트말뚝의 지지력 산정방법

구분	단위면적당 극한선단지지력 q_p(kN/m^2)	단위면적당 극한주면마찰력 f_s(kN/m^2)
매입말뚝	$200 \times N (\leq 12000)$(사질토) $6 \times c_u (\leq 12000)$(점성토)	$2.5 \times N (N \leq 50)$(사질토) $0.8 \times c_u (c_u \leq 125)$(점성토)
	$250 \times N (N \leq 60)$	$2.0 \times N$(사질토) $5.0 \times q_u$(점성토)
현장타설 콘크리트말뚝	$57.4N$(미보정$N \leq 75$) 4309.2(미보정$N > 75$) (극한값 또는 선단직경의 5% 침하량에서의 값)	$f_s = \beta \cdot \sigma_v'$ $\beta = 1.5 - 0.245\sqrt{Z}$, $0.25 < \beta < 1.20$ Z, σ_v'은 각각 임의 토층 중앙부 위치의 깊이 및 유효응력, f_s의 한계값은 200kPa
	$q_p = 100 \times \overline{N}$(사질토) $\overline{N}$: 말뚝선단에서 아래로 D, 위로 D 사이의 평균 N값 (D : 말뚝직경) $q_p = 6 \times c_u$(점성토)	$f_s = 3.3N$ (상한 N=50)(사질토) $f_s = c_u$ (상한 c_u=1000)(점성토)

N : SPT의 N값, c_u : 비배수전단강도(kPa), q_u :일축압축강도(kPa)

(나) 정적콘관입시험(CPT)에 의한 말뚝의 지지력 추정

정적콘관입시험(KS F 2592)은 시험하는 동안의 콘의 움직임이 하중을 받는 말뚝의 움직임과 비슷하므로 말뚝기초의 지지력을 산정하는데 있어서 적합한 현장 원위치시험방법 중의 하나이다. 이 시험법은 매우 치밀한 사질토지반이나 자갈층을 제외한 대부분의 지반에 적용할 수 있다.

타입말뚝에 대한 말뚝의 단위면적당 선단지지력과 주면마찰력은 각각 식 (13.14)및 식 (13.15)로 구한다.

$$q_p = q_c (\leqq 15000\text{kPa}) \tag{13.14}$$

$$f_s = f_c (\leqq 100\text{kPa}) \tag{13.15}$$

여기서, q_c : 콘지수

f_c : 콘마찰저항값

매입말뚝에 대해서는 식 (13.14) 및 식 (13.15)에서 구한 값의 1/2을 사용한다.

(다) 프레셔미터시험(PMT)에 의한 말뚝의 지지력 추정

프레셔미터시험은 표준관입시험이나 콘관입시험보다 최근에 개발된 원위치시험방법으로 시료채취가 곤란한 사질토층, 연암층, 잔적토층, 빙적토층 등에 적용하면 효율적이다. 프레셔미터시험에 의한 말뚝의 단위면적당 선단지지력은 식(13.16)으로 구할 수 있다.

$$q_p = \overline{P_{oh}} + k_g \times (P_L - \overline{P_{oh}}) \tag{13.16}$$

여기서 $\overline{P_{oh}}$: 정지상태의 수평응력(시험에서 측정)

P_L : 극한 또는 한계압(시험에서 측정)

k_g : 표 13.15의 지지력계수(1.8~9.0)

표 13.15 깊은 기초의 프레셔미터 지지력 계수 k_g

지반조건	구분	P_{Ln}(MPa)	지지력계수 k_g	
			타입말뚝	매입말뚝
연약 내지 중간 점토	1	0~2.0	2.0	1.8
느슨한 점토		0~0.7		
느슨한 모래	2	0.4~0.8	3.6	3.2
조밀한 실트		1.2~3.0		
굳은 점토		1.8~4.0		
연약하고 잘 부스러지는 풍화암		1.0~3.0		
중밀의 모래자갈	3	1.0~2.0	5.8	5.2
중간굳기의 풍화암		4.0~10.0		
매우 조밀한 모래자갈	4	3.0~6.0	9.0	7.1
중간내지 굳은 암		6.0~10.0		

순한계압 $P_{\text{Ln}} = P_L - \overline{P_{oh}}$

프레셔미터시험에 의한 말뚝의 극한주면마찰력은 그림 13.18로 구할 수 있다. 사질토 지반에 말뚝을 시공할 때 지반의 횡방향 압축변위를 일으키지 않는 말뚝은 곡선A를 적용하고 지반의 횡방향압축변위를 일으키는 말뚝은 곡선B를 적용한다. 점성토 지반에 말뚝을 시공할 때 콘크리트말뚝이나 나무말뚝은 곡선A를 적용하고 강말뚝은 곡선A의 75%를 적용한다.

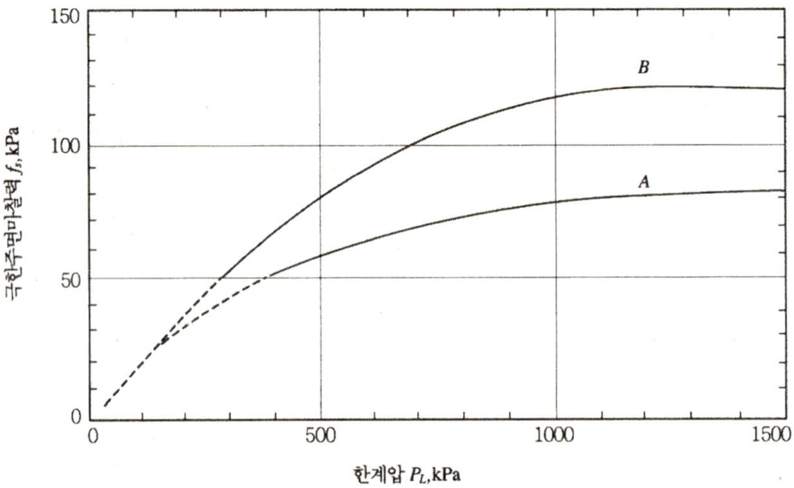

그림 13.18 프레셔미터시험에 의한 말뚝의 극한주면마찰력

(10) 항타공식에 의한 축방향 허용압축지지력 추정

구조물기초설계기준(2016)에서는 항타공법으로 말뚝을 시공하는 경우에는 파동이론분석을 실시하여 항타장비선정, 항타 시공관입성 및 지반의 축방향 극한압축지지력 등을 검토하고 시험말뚝 시공시 동적 거동측정을 실시하여 이를 확인하도록 규정하고 있다.

항타공식은 해머의 효율에 따라 압축지지력이 큰 영향을 받기 때문에 동적거동측정(동재하시험)으로 해머의 효율을 실측하는 경우를 제외하고는 사용하지 않아야 한다. 동적 거동측정을 실시하여 그 결과인 실측 해머 효율을 적용하고 시간경과효과를 추가로 고려하는 경우에도 항타공식 계산 결과는 시공관리 목적으로만 사용할 수 있다. 다만 동일 현장에서 실시한 여러 개의 말뚝에 대한 항타시 동재하시험 결과와 항타공식 계산 결과를 비교하여 일정한 관계가 성립하는 경우에는 항타공식을 시공관리의 목적으로 사용할 수 있다.

많은 연구에서 항타공식은 신뢰성이 매우 낮은 것으로 알려져 있으나 타입식으로 시공하는 모든 말뚝으로부터 항타정보를 얻을 수 있으므로 시공되는 말뚝 전체에 대한 유일한 품질관리방법이기도 하며, 현재 약 450개 이상의 항타공식이 제안되어 있다. 따라서 항타공식의 신뢰성을 향상시킬 수 있는 연구결과를 얻게 된다면 타입식 말뚝의 설계 및 시공 기술 분야에서 획기적인 발전이 이루어질 것으로 예상된다. 이 단원에서는 관련된 기준의 엄격한 제한을 고려하여 대표적인 항타 공식들을 간단하게 나열하였다.

항타공식에 의한 지지력 산정을 위해서 항타시 최종 관입량 및 리바운드량을 측정하여 최종 10회 이상의 타격에 의한 평균값으로 동적 지지력을 산출하고 타격을 중지한다. 총 타격횟수는 RC말뚝의 경우 1000회 이내, PC말뚝 및 PHC말뚝의 경우 3000회 이내로 하는 것을 기본으로 하고 상황에 따라서 판단한다. 측정방법은 그림 13.19와 같이 섹션 페이퍼를 말뚝에 붙여 수평으로 놓은 가이드재를 따라 연필을 가로 방향으로 이동시킨다.

자주 사용하는 동력학적 지지력 산정식에는 다음과 같은 것들이 있는데 동재하시험 결과와 항타공식 계산 결과를 비교하여 일정한 관계식이 성립하는 경우에만 시공관리의 목적으로 사용할 수 있다.

① 건축 기준법 시행령 및 일본건설성 고시식(J2)

$$Q_a = \frac{F}{5 \cdot S + 0.1} \tag{13.17}$$

여기서, Q_a : 말뚝 장기 허용 지지력(kN)
F : 해머의 타격 에너지(kN · m)
S : 말뚝의 최종 관입량(m)

② 도로교 시방 서식

$$Q_a = \frac{1}{3}\left(\frac{A \cdot E \cdot K}{e_0 \cdot L_1} + \frac{\overline{N} \cdot U \cdot L_2}{e_f}\right) \tag{13.18}$$

여기서, A : 말뚝의 순 단면적(m^2)
E : 말뚝의 탄성계수(kN/m^2)
L_1 : 동적 선단 지지력 산정상의 말뚝 길이(m)로 아래 표와 같다.
L : 말뚝의 앞 끝에서 해머 타격 위치까지의 길이(m)
L_m : 말뚝의 앞 끝에서 리바운드 측정 위치까지의 길이(m)

e_0의 값	L_1의 값
$1 \leqq e_0$	L_m
$L_m/L \leqq e_0 < 1$	L_m/e_0
$e_0 \leqq L_m/L$	L

e_0, e_f : 보정계수로 아래 표와 같다.

말뚝 종류	시공 방법	e_0	e_f	비고
PHC말뚝	타입공법	$2.0 W_H / W_P$	2.5	
	중굴 최종 타격	$4.0 W_H / W_P$	10.0	
PHC말뚝	타입공법	$(1.5 W_H / W_P)^{1/5}$	2.5	유압 해머에 적용

W_H / W_P : 해머와 말뚝의 중량비로서 항타 보조기를 사용하는 경우에는 W_P는 말뚝과 항타 보조기의 중량이 합산된 값으로 한다.

U : 말뚝의 둘레 길이(m)

$\overline{N}$: 말뚝 둘레면의 평균 N값

K : 리바운드량(m)

③ Hiley의 식

$$Q_u = \frac{e_h \cdot W_H \cdot H \cdot \left[1 - \dfrac{W_P}{W_H + W_P}(1 - e^2)\right]}{S + \dfrac{1}{2}(C_c + C_p + C_q)} \tag{13.19}$$

여기서, Q_u : 타입 공식에서 구한 극한 지지력(kN)

e_h : 해머 효율, 드롭 해머의 $e_h = 0.5$, 디젤해머의 $e_h = 0.7$

W_H : 말뚝의 중량(kN)

H : 해머의 낙하 높이(m)

e : 반발계수, 콘크리트 말뚝의 $e = 0.25$

S : 말뚝의 최종 관입량(m)

C_c : 말뚝머리 부착물의 탄성변형량(m)

C_p : 말뚝재료의 탄성변형량(m)

C_q : 지반의 탄성변형량(m) $C_q = \dfrac{R_u \cdot L}{A \cdot E_p}$

E_p : 말뚝의 탄성계수(kN/m^2)

④ Weissenbach의 공식

$$Q_u = \frac{A \cdot E}{L}\left(-S + \sqrt{S^2 + W_H \cdot H \cdot \frac{2L}{A \cdot E}}\right) \tag{13.20}$$

⑤ Engineering News Record의 식

드롭해머

$$Q_u = \frac{W_H \cdot H}{S + 2.5} \tag{13.21a}$$

단동증기해머

$$Q_u = \frac{W_H \cdot H}{S + 0.25} \tag{13.21b}$$

복동증기해머

$$Q_u = \frac{H(W_H + A_p P)}{S + 0.25} \tag{13.21c}$$

여기서, P : 해머에 작용하는 증기압(kN/m²)

A_p : 피스톤의 면적(m²)

Engineering News Record 공식에서 안전율은 6정도를 사용한다.

⑥ Sander의 공식

$$Q_a = \frac{W_H \cdot H}{8 \cdot S} \tag{13.22}$$

위 식에서 안전율은 8이다.

⑦ Danish의 공식

$$Q_u = \frac{e_f \cdot W_H \cdot H}{S + C_1} \tag{13.23}$$

여기서, $C_1 = \sqrt{\dfrac{e_f \cdot W_H \cdot H \cdot L}{2A \cdot E_p}}$

⑧ Gate공식

$$Q_u = 4.0\sqrt{e_f \cdot W_H \cdot H}\log(0.25/S) \tag{13.24}$$

식 (13.17)~식 (13.24)의 공식에서 설명되지 않은 기호는 앞에 설명된 기호로 대신한다.

(11) 무리말뚝효과

많은 경우에 말뚝들은 무리말뚝으로 시공된다. 무리말뚝의 극한지지력을 산정하는 것은 극히 복잡한 문제이고 아직까지 완전하게 해결되지 못하고 있다. 말뚝을 무리말뚝으로 설계하는 경우에는 무리말뚝효과를 검토하여야 한다. 무리말뚝효과의 영향을 최소화하기 위하여 말뚝간 간격은 말뚝직경의 2.5배 이상이 되도록 한다. 무리말뚝의 축방향 압축지지력은 외말뚝의 축방향 압축지지력에 말뚝 및 지반 조건에 따라 적절한 무리말뚝효과를 적용하는 방법으로 산정한다. 무리말뚝의 효율을 산정하는 방법은 두 가지가 있다.

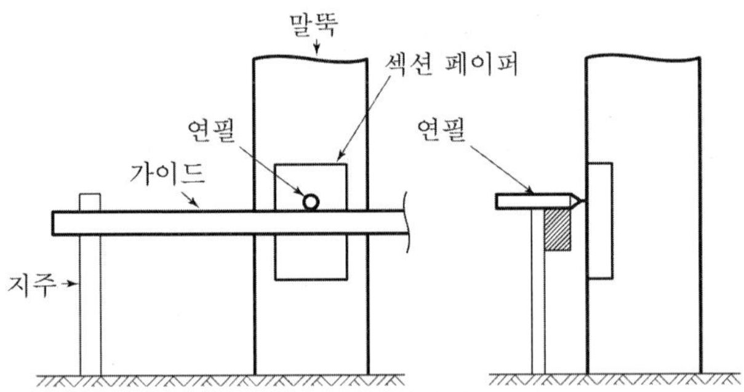

(a) 측정방법의 예

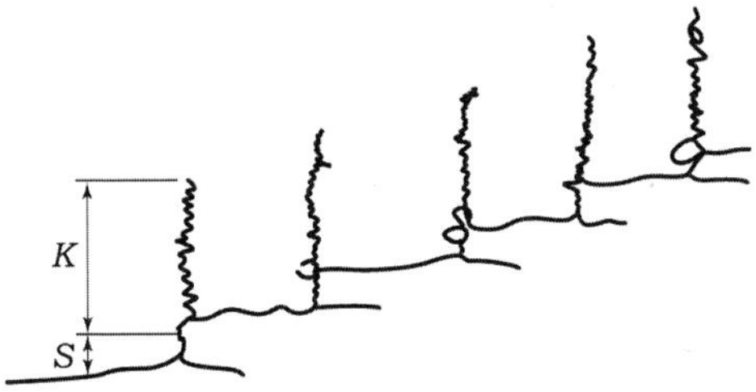

K : 리바운드량
S : 관입량
(b) 관입량, 리바운드량의 예

그림 13.19 최종관입량 및 리바운드량 측정방법

첫 번째 방법은 외말뚝의 지지력을 합한 값에 무리말뚝효율을 곱하여 구하는 방법이다. 이때 무리말뚝의 효율은 식 (13.25)에 있는 η로 정의된다.

두 번째 방법은 무리말뚝의 바깥을 연결한 가상케이슨의 지지력을 구하는 방법으로 식 (13.29)와 같다.

두 가지 방법으로 구한 지지력 중에서 작은 값을 무리말뚝의 지지력으로 한다.

$$Q_{g(u)} = \eta \times (\Sigma Q_u) \tag{13.25}$$

여기서, η : 무리말뚝효율

$Q_{g(u)}$: 무리말뚝의 극한지지력

ΣQ_u : 외말뚝들의 지지력의 합

η는 다음과 같은 식들이 제안되어 있다.

한때 많이 사용되었던 Converse-Labarre의 식 (13.26)은 현재는 잘 사용되지 않지만 미공도국(AASHTO)에서는 여전히 이 식을 추천하고 있다.

$$\eta = 1 - \left[\frac{(n_1 - 1)n_2 + (n_2 - 1)n_1}{90 \cdot n_1 \cdot n_2} \right] \cdot \theta \tag{13.26}$$

여기서, $\theta = \left\{ \tan^{-1}\left(\frac{D}{d}\right) \right\} (\deg)$

d : 말뚝의 중심간 거리

D : 말뚝의 직경

n_1 : 가로방향 말뚝의 본수

n_2 : 세로방향 말뚝의 본수

Los Angeles Group Action 공식은 식 (13.27)과 같다.

$$\eta = 1 - \frac{D}{\pi \cdot d \cdot n_1 \cdot n_2} \left[n_1(n_2 - 1) + n_2(n_1 - 1) + \sqrt{2}(n_1 - 1)(n_2 - 1) \right] \tag{13.27}$$

Seiler-Keeney의 식은 식 (13.28)과 같다.

$$\eta = \left\{ 1 - \left[\frac{11d}{7(d^2 - 1)} \right] \left[\frac{n_1 + n_2 - 2}{n_1 + n_2 - 1} \right] \right\} + \frac{0.3}{n_1 + n_2} \tag{13.28}$$

여기서, d는 ft단위이다.

사질토 지반에 시공된 무리말뚝의 지지력은 일반적으로 무리말뚝 효과를 고려하지 않는다. 선단지지말뚝은 지지층 내의 응력집중이 지지력에 큰 영향을 미치지 않으므로 무리말뚝효과를 고려할 필요가 없고, 마찰말뚝은 관입시에 주변지반을 다져서 전단강도를 증가시키게 되고 이렇게 증가한 지지력과 무리말뚝 효과에 의해서 감소되는 지지력이 상쇄되어 무리말뚝 효과를 고려하지 않아도 된다. 말뚝의 간격이 말뚝직경의 3배 이상으로 타입된 무리말뚝의 경우 효율을 1.0으로 본다. 말뚝의 간격이 말뚝직경의 3배 정도로 매입된 무리말뚝의 경우 효율을 2/3~3/4으로 본다.

점성토 지반에 시공된 무리말뚝의 지지력은 무리말뚝효과를 고려한다. 무리말뚝을 가상케이슨으로 가정하고 식 (13.29)에 의해서 지지력을 산정한다. 앞에서 설명한 두 번째 방법인 이렇게 산정한 지지력과 외말뚝의 극한지지력과 무리말뚝의 효율을 적용하는 첫 번째 방법으로 산정한 지지력을 비교하여 작은 지지력을 무리말뚝의 극한지지력으로 한다.

$$Q_{g(u)} = q_p \cdot A_g + \overline{f_s} \cdot A_s \tag{13.29}$$

여기서, $Q_{g(u)}$: 무리말뚝을 케이슨으로 간주했을 때의 극한지지력

q_p : 케이슨 바닥면의 극한지지력

A_g : 케이슨 바닥면의 면적

$\overline{f_s}$: 평균 주면마찰력

A_s : 가상케이슨의 주면적

q_p 및 $\overline{f_s}$는 앞에서 설명한 다양한 정역학적 또는 원위치 시험에 의한 지지력 산정공식을 사용한다.

경사진 암반에 무리말뚝이 시공된 경우에는 기초저면 아반의 활동파괴에 대한 검토가 필요하지만 말뚝의 지지력에 대해서는 무리말뚝 효율을 고려하지 않는다.

(12) 부주면마찰력(하향력)

말뚝이 점토층을 관통하여 설치된 경우에 점토층에 하중이 재하되거나 지하수위의 감소 등에 의해서 점토층에 작용하는 유효상재하중이 말뚝이 설치된 이후에 증가하면 지반이 압밀침하를 하게 된다. 이 때 말뚝과 지반이 접하고 있는 주면에 작용하는 마찰력에 말뚝을 아래쪽으로 끌어내리려는 힘이 작용하게 된다. 이 힘은 평상시에 말뚝의 지지력의 일부로 작용하는 마찰저항과 반대방향이므로 부주면마찰력이라고 한다. 깊은기초의 한계상태설계법에서는 하향력으로 명명하고 있다. 말뚝이 압밀침하 가능성이 있는 지반에 설치되는 경우에는 항상 부주면마찰력에 대해서 검토해야 한다.

말뚝주면에서의 깊이에 따른 압밀침하량은 압밀층의 가장 아래쪽에서는 0이 되고 지표면에 가장 가까운 압밀층에서 최대가 된다. 반면에 말뚝의 침하는 모든 깊이에서 일정하다. 따라서 압밀층의 가장 아래쪽에서는 말뚝이 침하하고 주변 지반이 마찰력에 의해서 말뚝의 침하를 억제하지만 이 지점으로부터 위쪽으로 올라오면서 말뚝의 침하와 지반의 침하가 같아져서 상대적인 변위가 존재하지 않는 깊이가 존재하게 된다. 이 깊이의 말뚝의 위치를 중립점이라고 한다. 따라서 중립점보다 아래쪽

에는 주면마찰력이 작용하고 중립점보다 위쪽에는 부주면마찰력이 작용한다. 말뚝에 작용하는 압축응력도 지표면으로부터 아래로 내려갈수록 상부구조물의 하중에 부주면마찰력이 더해져서 점차로 증가하여 중립점 위치에서 최대가 되고 중립점보다 아래쪽에서는 하중에 반대방향의 주면마찰력이 작용하여 압축응력이 감소한다. 따라서 항상 중립점 위치에서 하중에 의한 말뚝 본체의 손상여부가 검토되어야 한다.

외말뚝에 작용하는 부주면 마찰력의 크기는 식 (13.30)으로 산정한다.

$$Q_{ns} = f_n \cdot A_s' \tag{13.30}$$

여기서, Q_{ns} : 부주면마찰력

A_s' : 부주면마찰력이 작용하는 부분의 말뚝 주면적

f_n : 단위면적당 부주면 마찰력으로 점토와 점토질 실트의 단기거동 해석에는 α계수법을 사용하고, 점토와 사질토의 장기거동 해석에는 β계수법을 사용한다.

부주면마찰력이 작용하는 경우에 말뚝의 축방향 허용지지력은 식(13.31) ~ 식(13.34) 중에서 택할 수 있다. 식(13.31)은 암반층에 근입된 대구경의 강성 말뚝과 같이 구조물에 의한 상재하중으로 발생되는 말뚝의 침하가 작을 경우에 안전측으로 허용하중을 산정하는 방법이다.

$$Q_a = \frac{Q_p + Q_{ps}}{FS} - Q_{ns} \tag{13.31}$$

식(13.32)는 구조물에 의한 상재하중으로 말뚝의 침하가 어느 정도 예상될 때 사용하는 방법으로 상부 구조물에 손상이 발생하지 않는 허용침하량 이내로 침하가 예상될 경우 사용된다.

$$Q_a = \frac{Q_p + Q_{ps} - Q_{ns}}{FS} \tag{13.32}$$

여기서 Q_p : 극한선단지지력

Q_{ps} : 중립면 아래에서 저항하는 극한 정주면마찰력

Q_{ns} : 중립면 상부에 작용하는 극한 부주면마찰력

FS : 안전율(극한지지력에 대해서는 3.0, 항복지지력에 대해서는 2.0을 적용)

부주면마찰력이 하중으로 작용하여 허용지지력을 감소시키지 않는다는 이론을 적용한다면 식(13.33)과 식(13.34)를 사용할 수 있다.

$$Q_t + Q_l \leq Q_a = \frac{Q_p + Q_s}{FS} = \frac{Q_u}{FS} \tag{13.33}$$

$$(Q_t + Q_{ns}{}') = (Q_p{}' + Q_s{}') \leq Q_a \tag{13.34}$$

여기서 Q_a : 허용지지력

$Q_{ns}{}'$: 중립면 위에 작용하는 부주면마찰력

Q_p : 극한선단지지력

Q_s : 극한정주면마찰력

$Q_p{}'$: 선단지지력

$Q_s{}'$: 정주면마찰력

Q_t : 말뚝에 작용하는 고정하중

Q_l : 말뚝에 작용하는 활하중

FS : 안전율(극한지지력에 대해서는 3.0, 항복지지력에 대해서는 2.0을 적용)

(13) 말뚝의 허용 인발저항력

콘크리트 박스형 구조물을 지하수위 아래쪽에 설치할 때나 강우에 의해서 지하수위가 상승하면 박스형 구조물에 부력이 작용하여 들어 올려 진다. 아파트 건설현장에서 지하주차장 시공 중에 장마철 집중호우에 의해서 지하수위가 상승하고 이로 인한 부력으로 지하주차장 구조물이 부상한 경우도 보고되어 있다. 이러한 경우에 말뚝머리를 구조물의 하단부에 고정시켜 놓으면 구조물이 들어올려질 경우에 말뚝에는 인발저항력이 작용하게 된다. 또한 우리나라에서는 드물지만 팽창성 점토지반에 지반팽창에 대비해서 설치하는 말뚝도 인발저항력을 발휘하게 된다. 이와 같이 말뚝의 축방향으로 인발저항력을 발휘하는 말뚝을 인장말뚝이라고 한다. 외말뚝의 허용인발저항력은 지반의 축방향 허용인발저항력에 말뚝의 무게를 더한 값으로 하고, 그 값이 말뚝 본체의 허용 인발하중보다는 작아야 한다. 지반의 축방향 허용인발저항력은 말뚝의 인발정재하시험을 실시하여 판정하는 것이 가장 바람직하다. 인발정재하시험이 곤란할 경우에는 압축재하시험에서 얻은 극한주면마찰력을 극한인발저항력으로 한다.

무리말뚝에 대해서는 무리말뚝의 영향을 고려하여야 한다.

사질토의 경우에는 다음의 두 가지 중에서 작은 값을 택한다.

① 무리말뚝을 구성하는 각 말뚝의 외말뚝으로서의 허용인발저항력의 합.

② 그림 13.20(a)에서 빗금친 부분의 무게

점성토의 경우에는 다음의 두 가지 중에서 작은 값을 택한다.

① 무리말뚝을 이룬 각 말뚝의 외말뚝으로서의 허용인발저항력의 합.

② $T_{u(g)} = L' \cdot (B+L) \cdot \overline{c_u} + W$ (13.35)

여기서, $T_{u(g)}$: 무리말뚝의 극한인발저항력

L' : 말뚝머리 아래의 무리말뚝 깊이

B : 무리말뚝의 단변의 폭

L : 무리말뚝의 장변의 폭

$\overline{c_u}$: 점착력의 평균값

W : 말뚝, 말뚝캡, 무리말뚝에 포함된 흙 무게의 합

허용인발저항력을 구하기 위한 안전율은 단기하중에 대해서는 2.0을 적용하고 장기하중에 대해서는 3.0을 적용한다.

외말뚝에 대한 인발저항력은 주면마찰력과 말뚝의 무게에 의해서 발휘되는 것으로 설정하고 정역학적 지지력 산정방법에서 주면마찰력산정방법으로 인발저항력을 산정하는 방법이 있다. 또한 Das 등은 사질토에서의 말뚝의 인발저항력(1975년) 및 점성토에서의 말뚝의 인발저항력(1982년)을 산정하는 식들을 제안하였다. 그러나 국내에서 인발정재하시험 이외의 다른 산정방법들은 그 사용이 권장되지 않고 있다.

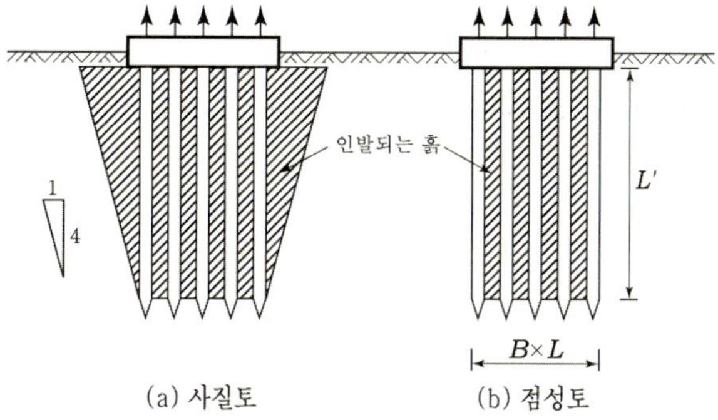

그림 13.20 무리말뚝의 인발저항력 추정

13.2.3 말뚝기초의 침하

말뚝의 침하를 판정할 때에는 외말뚝의 침하량, 무리말뚝의 침하량, 부주면마찰력에 의한 외말뚝의 침하량, 부주면마찰력에 의한 무리말뚝의 침하량 및 부등침하량 값 및 기울어진 각도 등을 상부구

조물의 특성과 연계한다. 외말뚝의 침하량은 압축 정재하시험을 실시하여 판정하는 것이 가장 바람직하고 압축정재하시험을 실시할 수 없을 경우에는 침하량 산정공식을 적용하여 추정할 수 있다. 말뚝의 허용침하량은 일괄적인 기준으로 제시될 수 없고 상부구조물의 구조형식, 사용재료, 용도, 중요성 및 침하의 시간적 성격 등에 따라서 각각 달라진다.

(1) 외말뚝의 침하량

외말뚝의 침하량은 압축정재하시험을 실시하여 판정하는 것이 가장 바람직하다. 압축 정재하시험 결과를 얻을 수 없는 경우에는 침하량 산정 공식이나 해석적 기법을 이용하여 추정할 수 있다.

축하중을 받는 외말뚝의 전체침하량(S)은 식 (13.36)과 같이 세 가지 침하량의 합으로 나타난다.

$$S = S_1 + S_2 + S_3 \tag{13.36}$$

여기서, S_1 : 말뚝의 탄성침하량

S_2 : 말뚝의 끝에서 작용하는 하중에 의한 지반의 침하량, 즉 선단지지력에 대응하는 침하량

S_3 : 말뚝의 주면에서 지반으로 전달된 하중에 의해서 말뚝 끝 주변의 지반에 일어나는 침하량, 즉 말뚝의 선단부 주변 지반에서 주면마찰저항력에 대응하는 침하량

말뚝의 재질이 탄성이라면 탄성이론에 의한 식 (13.37)로 말뚝의 탄성침하량(S_1)을 구할 수 있다.

$$S_1 = \frac{(Q_\wp + \xi \cdot Q_{ws}) \cdot L}{A_p \cdot E_p} \tag{13.37}$$

여기서, $Q_\wp$: 상부구조물로부터 전달되는 하중 중에서 말뚝의 끝을 통해서 지반에 도달되는 하중

Q_{ws} : 상부구조물로부터 전달되는 하중 중에서 말뚝의 주면을 통해서 지반에 전달되는 하중

A_p : 말뚝의 단면적

L : 말뚝의 길이

E_p : 말뚝재질의 탄성계수

계수 ξ는 주면에 작용하는 단위면적당 주면마찰력이 말뚝의 깊이에 따라 분포하는 형태에 의해서 결정된다. 그림 13.21는 말뚝의 깊이별 단위면적당 주면마찰력의 분포형태에 따른 ξ값들을 나타낸 것이다(Vesić, 1977).

말뚝의 끝에서 지반에 전달되는 하중에 의한 침하량은 얕은 기초에서의 침하량과 비슷하게 식 (13.38)로 나타낼 수 있다.

$$S_2 = \frac{q_{\wp} \cdot D}{E_s}(1-\mu_s^{\ 2}) \cdot I_{\wp} \tag{13.38}$$

여기서, D : 말뚝의 직경이나 폭

$q_{\wp}$: 말뚝의 끝에 작용하는 단위면적당 힘($= Q_{\wp}/A_p$)

E_s : 말뚝의 끝 아래쪽에 있는 지반의 탄성계수

μ_s : 지반의 포아송비

$I_{\wp}$: 영향계수(≈ 0.85)

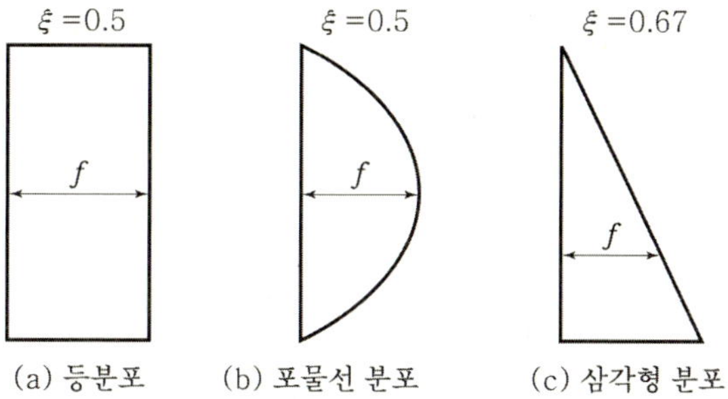

그림 13.21 말뚝의 깊이별 단위면적당 주면마찰력의 분포형태에 따른 ξ값

Vesić(1977)은 S_2를 산정하는 반 경험 공식 (13.39)를 제안하였다.

$$S_2 = \frac{Q_{\wp} \cdot C_p}{D \cdot q_p} \tag{13.39}$$

여기서, q_p : 단위면적당 최대 선단지지력

C_p : 경험계수(표 13.16)

표 13.16 Vesić(1977)의 반-경험공식에서의 전형적인 C_p값

흙의 종류	타입말뚝	매입말뚝
모래(조밀 ~ 느슨)	0.02 ~ 0.04	0.09 ~ 0.18
점토(굳은 ~ 연약)	0.02 ~ 0.03	0.03 ~ 0.06
실트(조밀 ~ 느슨)	0.03 ~ 0.05	0.09 ~ 0.12

말뚝의 주면을 통해서 전달되는 하중이 말뚝 끝 주변의 지반에 일으키는 침하(S_3)는 식 (13.38)과 비슷하게 식 (13.40)으로 나타낼 수 있다.

$$S_3 = \left(\frac{Q_{ws}}{U \cdot L}\right)\frac{D}{E_s}(1-\mu_s^2) \cdot I_{ws} \tag{13.40}$$

여기서, U : 말뚝의 주면길이

L : 말뚝이 지반에 관입되어 있는 길이

$$I_{ws} : \text{영향계수}\left(I_{ws} = 2 + 0.35\sqrt{\frac{L}{D}}\right) \tag{13.41}$$

Vesić(1977)은 식 (13.39)와 비슷한 단순한 경험식 (13.42)를 제안하였다.

$$S_3 = \frac{Q_{ws} \cdot C_s}{L \cdot q_p} \tag{13.42}$$

여기서, C_s : 경험상수 $\left(C_s = \left(0.93 + 0.16\sqrt{\frac{L}{D}}\right) \cdot C_p\right)$ (13.43)

식 (13.43)에서 C_p는 표 13.16의 값을 적용한다.

(2) 무리말뚝의 침하량

점성토지반에서 무리말뚝에 의한 압밀침하량은 제7장에서 설명한 방법에 의해서 산정한다. 이때 압밀토층에 작용하는 유효상재하중 증가량은 제5장에서 설명한 2:1 분포법을 사용하여 각 토층두께의 중앙을 기준으로 산정한다. 무리말뚝 기초의 바닥은 무리말뚝 관입길이의 2/3 깊이에 있는 것으로 가정한다. 점성토지반에서 무리말뚝의 압밀침하량을 산정하는 개략적인 내용이 그림 13.22에 나타나 있다.

사질토층에서 무리말뚝의 침하량은 외말뚝에 대한 침하량을 산정하고 여기에 무리말뚝 효과를 고려한다. 무리말뚝의 침하량 산정에 관한 많은 연구에서 넓은 범위의 다양한 결과들을 나타내고 있다. 이들 중에서 Vesić(1969)은 식 (13.44)를 제안하였다.

$$S_{g(e)} = \sqrt{\frac{B_g}{D}} \cdot S \tag{13.44}$$

여기서, $S_{g(e)}$: 무리말뚝의 탄성침하

B_g : 무리말뚝의 단변의 폭(그림 13.22 참조)

D : 무리말뚝을 구성하는 외말뚝의 폭 또는 직경

S : 무리말뚝을 구성하는 외말뚝에 무리말뚝에 작용하는 단위면적당 하중과 같은 단위면적당 하중이 작용했을 때 일어날 것으로 산정된 침하량

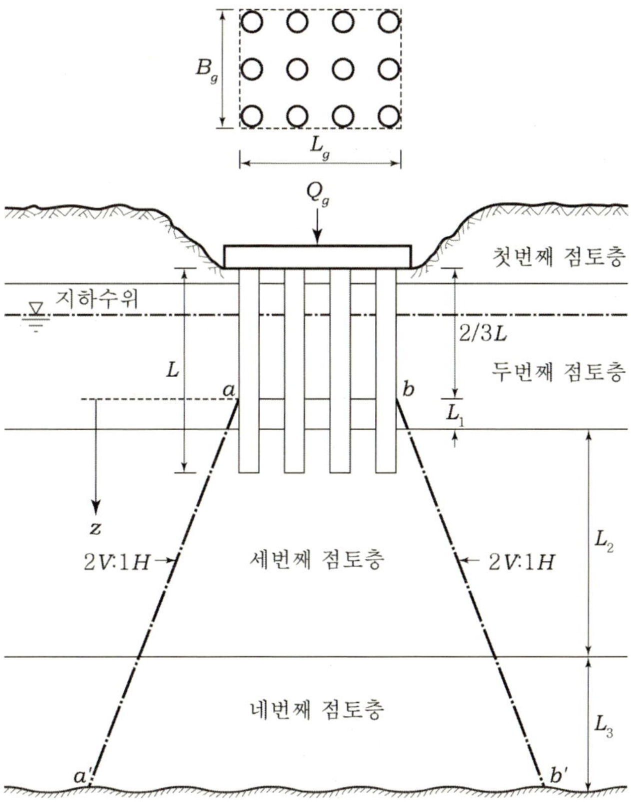

그림 13.22 무리말뚝의 압밀침하량 산정

13.2.4 말뚝의 횡방향 지지력

연직으로 지반에 관입되어 있는 말뚝이 측면에서 힘을 받게 되면 말뚝의 반대쪽에 접한 지반에 수동토압을 발생시켜서 측면에서 작용하는 힘에 저항하게 된다. 이와 같이 말뚝의 측면에 작용하는 힘에 대한 지지력을 횡방향 지지력이라고 한다.

말뚝의 횡방향 지지력은 말뚝에 발생하는 휨응력이 말뚝재료의 허용휨응력 이내가 되는 값이며 말뚝머리의 횡방향 변위량이 상부구조에서 정해지는 허용 횡방향 변위량을 넘어서지 않는 조건을 만족시키는 가장 큰 값으로 한다. 외말뚝의 횡방향 허용지지력은 횡방향 재하시험을 실시하여 결정하는 것이 가장 바람직하다. 말뚝의 횡방향 재하시험을 실시하더라도 실제 구조물의 하중조건과 다른 경우에는

그 결과를 적절한 방법으로 해석하여야 한다. 횡방향 재하시험을 실시할 수 없는 경우에는 탄성보방법과 극한평형법과 같은 해석적 방법 또는 프레셔미터시험 결과를 이용한 방법으로 추정할 수 있다.

무리말뚝의 효과에 대해서는 무리말뚝의 횡방향 재하시험을 실시하여 확인하는 것이 가장 바람직하며 모형시험을 실시할 수도 있다. 구조물기초설계기준(2016)에서는 하중이 작용하는 방향의 말뚝 중심간 거리가 말뚝직경의 8배 이하일 때에는 무리말뚝효과를 고려하며, 하중직각방향의 말뚝간 거리가 말뚝직경의 2.5배 이상이면 그 방향의 무리말뚝 효과를 고려하지 않아도 되며, 무리말뚝의 횡방향 재하시험을 실시할 수 없는 경우에는 해석적 방법으로 추정할 수 있다고 설명하고 있다. 무리말뚝의 횡방향 거동에 대한 이론은 아직까지 개발되어 있지 않지만 단말뚝에 대한 무리말뚝의 종방향, 횡방향, 사선방향 감소계수들이 연구되어 있으므로 이를 적용할 수 있다.

(1) 재하시험에 의한 말뚝의 횡방향 지지력 산정

말뚝의 횡방향 외력에 대한 지지력을 결정하기 위한 가장 적합한 방법은 실제로 재하시험을 하는 것이다. 그러나 횡방향재하시험의 결과는 시험조건에 따라서 크게 달라진다. 재하시험결과로부터 실제구조물에 의한 말뚝의 거동을 추정하고자 한다면 구조물에서의 말뚝의 하중조건을 정확하게 재현할 수 있는 경우로 제한된다. 그러나 이와 같이 시험을 하는 것은 쉽지 않은 경우가 많다. 재하시험에 의해서 실제구조물에 대한 거동을 올바르게 추정하고자 한다면 재하시험결과를 적절한 방법으로 해석해서 말뚝의 거동해석에 중요한 변수들을 산정하고 이 변수들을 실제구조물의 하중에 대한 말뚝거동을 해석하는 자료로 활용하는 것이 바람직하다.

그림 13.23에 나타낸 것과 같은 말뚝의 횡방향 재하시험을 하면 횡방향 하중에 대한 말뚝의 횡방향 변위 곡선을 얻는다. 횡하중에 따른 횡방향 변위는 명확한 항복점이 나타나지 않고 하중이 증가하면 변위도 지속적으로 증가한다. 따라서 재하시험에 의한 횡방향 허용지지력은 상부구조물의 횡방향 허용변위와 같은 크기의 말뚝의 횡방향 변위에 대응하는 횡방향 하중이 된다.

그림 13.23 말뚝의 횡방향 재하시험

(2) 해석적 방법에 의한 말뚝의 횡방향 지지력 산정

(가) 탄성지반반력법

그림 13.24(a)와 같이 연직으로 관입되어 있는 말뚝의 머리에 횡방향 하중(Q_g)과 모멘트(M_g)가 작용하는 경우에 나타나는 말뚝의 변위와 지반의 반력이 그림 13.24(b)에 나타나 있다. 이러한 경우에 지반을 탄성스프링으로 모사할 수 있다.

$$E_p \cdot I_p \cdot \frac{d^4 x}{dz^4} + kx = 0 \tag{13.45}$$

여기서, E_p : 말뚝재료의 탄성계수

I_p : 말뚝의 단면이차모멘트

k : 수평지반반력계수

식 (13.45)를 풀어서 말뚝의 특정한 깊이(z)에서 그림 13.24(c)에 나열되어 있는 말뚝의 변위, 기울기, 모멘트, 전단력, 지반반력 등을 구할 수 있다. 과거에는 정규화한 해와 정규화계수에 대한 해석 그래프를 이용하는 방법들이 사용되었으나 최근에는 범용구조해석 전산프로그램을 이용해서 쉽게 해를 얻을 수 있다.

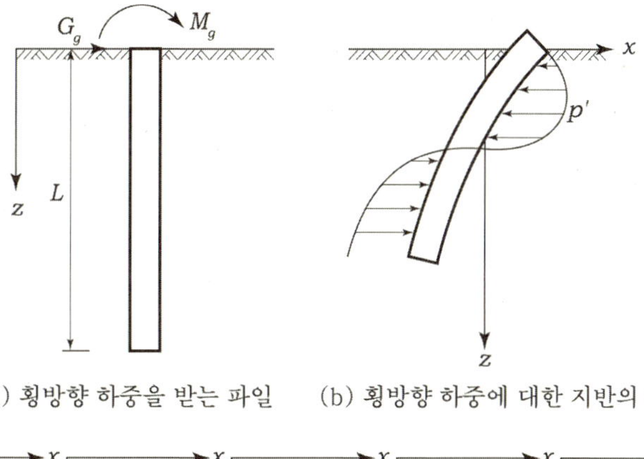

(a) 횡방향 하중을 받는 파일 (b) 횡방향 하중에 대한 지반의 반력

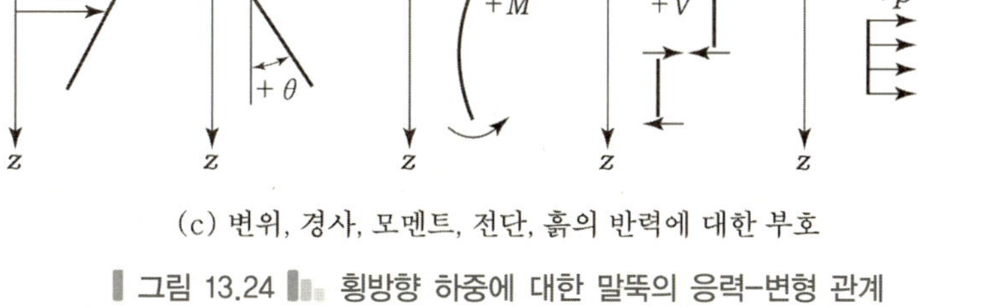

(c) 변위, 경사, 모멘트, 전단, 흙의 반력에 대한 부호

그림 13.24 횡방향 하중에 대한 말뚝의 응력-변형 관계

(나) 극한평형법(Brom의 방법)

Brom(1965)은 말뚝을 단말뚝과 장말뚝으로 구분하고 단말뚝은 지반의 전단파괴에 의해서 말뚝의 변위가 발생하는 것으로 가정하고 장말뚝은 말뚝의 휨에 의해서 말뚝의 변위가 발생하는 것으로 가정하여 극한 횡방향 지지력($Q_{u(g)}$)에 대한 해를 제시하였다. 자세한 방법은 생략하지만 적용대상이 제한된다는 것은 인식해야 한다. Broms의 해법은 짧은 말뚝, 중간말뚝, 말뚝머리가 자유로운 말뚝, 말뚝머리가 구속된 긴 말뚝 중에서 지중부 최대휨모멘트가 항값에 도달할 때까지 말뚝머리 휨모멘트가 항복값을 유지하며 변형될 수 있는 경우에 적용하고 여기에 해당하지 않는 말뚝은 탄성지반반력법을 적용한다. 그러나 짧은 말뚝은 긴말뚝에 비해서 말뚝머리 변위가 크게 되고, 전도의 위험도 있다. 또 말뚝머리 변위나 휨모멘트가 근입길이의 영향을 받기 때문에 긴말뚝의 경우보다 예측이 어렵다. 더구나 짧은 말뚝은 일반적으로 크리프나 반복하중에 대해서도 불리하다. 그러므로 횡향력을 지지하는 말뚝으로서 짧은 말뚝을 사용하는 것은 가급적 피하는 것이 좋다.

(다) 지반응답(p-y)곡선에 의한 방법

말뚝의 변위가 커지면 지반반력이 항복에 도달하게 되므로 이러한 지반에서의 말뚝변위(y)와 지반반력(p)사이의 관계(k)는 비선형성을 보이게 된다. 이 지반응답곡선을 p-y곡선이라고도 한다. 이 방법은 지반의 비선형성, 깊이에 따른 스프링계수의 변화, 지반의 층상 구조를 고려할 수 있는 장점이 있지만 지반을 대표하는 p-y곡선의 산정이 어렵다. 지난 수십 년에 걸쳐 p-y 곡선 산정을 위한 많은 연구가 수행되었으며 비선형성 때문에 수작업으로 계산하는 것이 어려우므로 대표적인 연구결과들을 채택한 전산해석 소프트웨어들이 개발되어 있다. p-y 곡선은 수평력 뿐만 아니라 축하중에 대해서도 적용할 수 있다. 앞 절에서 기술한 축방향지지력을 구하는 많은 방법들은 결국 하중-침하량 곡선 형태로 표시할 수 있으므로 p-y곡선과 하중-침하량 곡선을 동시에 적용하면 말뚝에 작용하는 축하중과 수평력 등에 대한 거동을 수치해석적으로 분석할 수 있다.

13.2.5 탄성지반반력법과 지반응답곡선에 의한 무리말뚝기초 해석

그림 13.25와 같은 무리말뚝 기초에 전술한 방법들을 적용하여 무리말뚝의 거동을 SoilWorks 전산소프트웨어로 해석하였다. 직경 1.5m인 강관파일 15본이 가로 3열 세로 5행으로 배치되어 있고 지반에 관입한 기초의 깊이는 13m이다. 전체 13m 길이를 30개의 요소로 분할하고 비선형해석을 하였다. 말뚝의 하부는 고정되어 있지 않고 상부는 기초판에 의해서 고정되어 있다. 하향의 축하중과 x방향 수평력 및 y축 모멘트가 상시 하중으로 작용한다. 지하수위는 GL-3.5m이다. 하중은 기초판의 중심에 작용하여 편심이 없다.

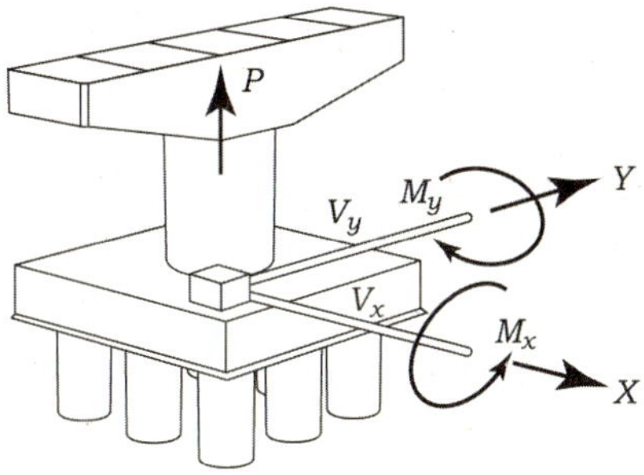

(a) 무리말뚝 기초형식

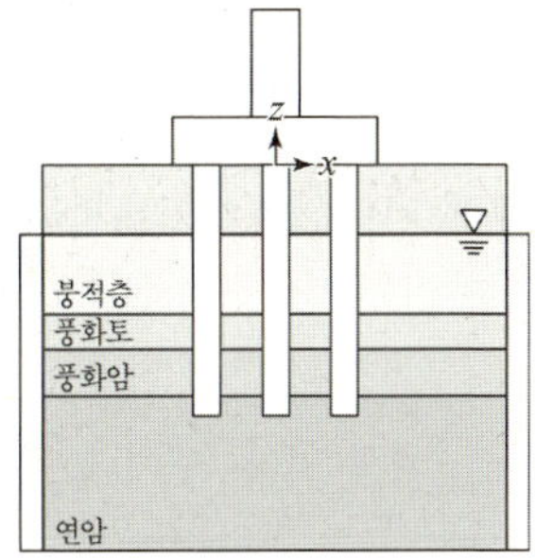

(b) 단면도

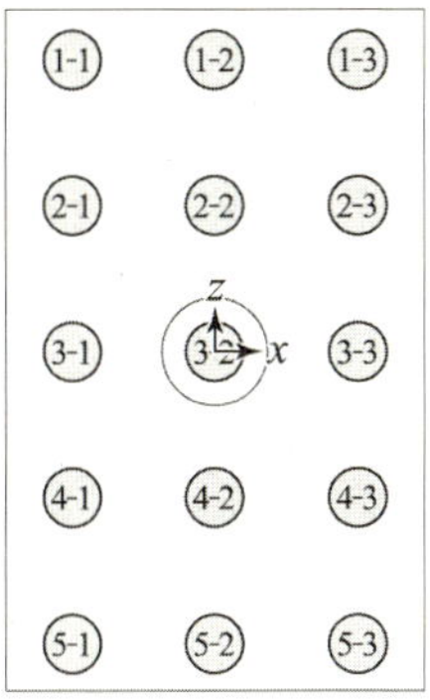

(c) 말뚝배치 평면도

기초판의 폭(m)	11
기초판의 길이(m)	18
기초판의 두께(m)	2.5
말뚝의 길이(m)	13
말뚝의 직경(m)	1.5
말뚝의 중심간 간격(m)	3.75
x방향 수평력 Vx (kN)	3140
y축 모멘트 My (kN · m)	24120
축하중 P (kN)	−89187

(d) 무리말뚝의 크기

그림 13.25 해석 대상무리말뚝의 형상

표 13.17 해석에 사용한 지반의 물성치

토층	토질	깊이(m)	탄성계수 (kN/m^2)	습윤단위중량 (kN/m^3)	포화단위중량 (kN/m^3)	점착력 (kN/m^2)	내부마찰각 (°)	p-y해석						탄성해석
								재질종류	초기수평반력계수 (kN/m^3)	응력50%에서의 변형률	단위극한주면마찰력 (kN/m^2)	단위극한선단지지력 (kN/m^2)	암질지수 (%)	평균수평반력계수(k) (kN/m^3)
붕적층	사질토	7.7	15000	16	18		25	사질토(API)			20	600		1450
풍화토	사질토	9.6	40000	17	19		26	사질토(Reese et.al)	16000		30	4000		16000
풍화암	사질토	12	80000	20	22		28	사질토(Reese et.al)	43000		50	6000		43000
연암	연암	20	200000	23	25	3000	35	WeakRock	140000	5×10−4	300	6000	50	140000

표 13.18 강관말뚝의 재질정보

탄성계수(kN/m^2)	포아송비	단위중량(kN/m^3)	열탄성계수	항복강도(kN/m^2)
2.1×10^8	0.3	80	1.2×10^{-5}	400000

이상과 같은 해석조건에 대해서 탄성지반반력법으로 해석한 결과가 아래에 있다. 수평력이 x축 방향으로 주어졌고 모멘트도 y축에 대해서 주어졌기 때문에 y축 방향 거동은 매우 작게 나타났고 x축 방향 거동이 크게 나타났다. 그림 13.26에 기초판의 중앙에 배치된 말뚝의 x축 방향 수평변위, 모멘트, 전단력, 지반반력 등이 나타나 있다. 다른 말뚝들도 비슷한 값을 나타내었다.

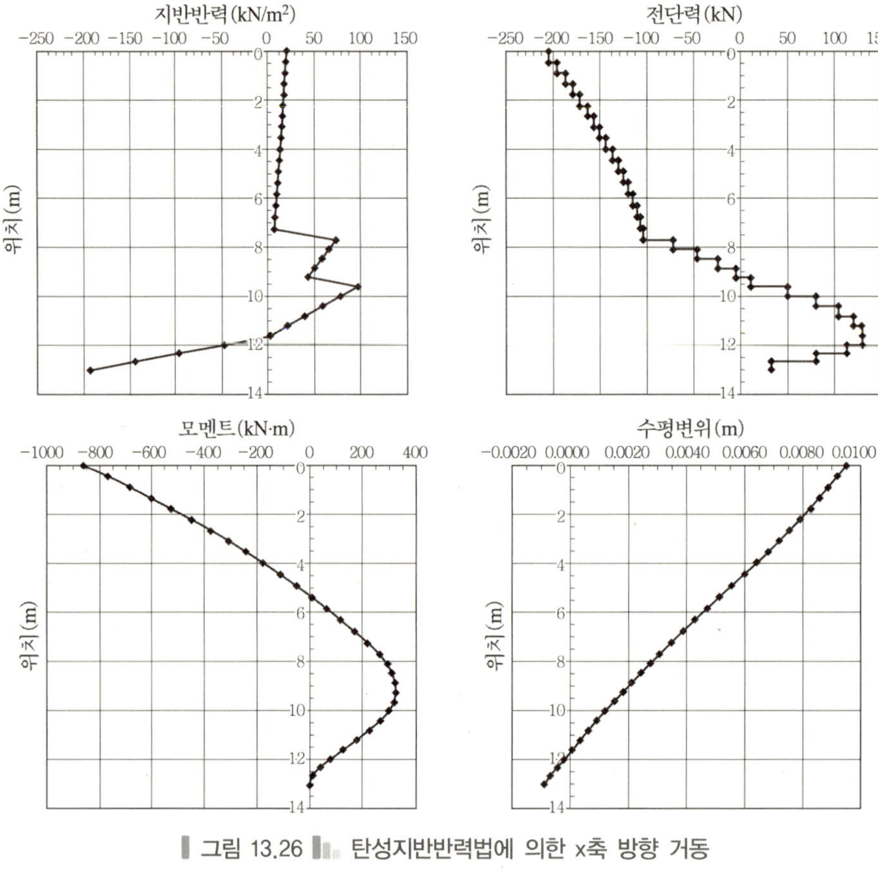

그림 13.26 탄성지반반력법에 의한 x축 방향 거동

말뚝머리가 기초판에 고정되어 있기 때문에 기초판과 15본의 말뚝머리 모두 x축 방향 수평변위는 모두 9.479×10^{-3}m로 동일하게 나타났다. 연직방향 침하는 y축 모멘트가 주어졌기 때문에 우측열이 1.576×10^{-2}m 로 가장 많이 침하되었고, 좌측열이 1.127×10^{-2}m 로 가장 적게 침하되었다. 수평지반반력은 우측열에서 가장 크고 우측열 중에서도 가장 위쪽과 가장 아래쪽에 있는 말뚝에서 249kN으로 가장 크게 나타났다. 연직지반반력은 우가장 우측열 2번째와 4번째 말뚝에서 7255kN으로 가장 크게 나타났다. 말뚝에 작용하는 최대연직압축부재력은 6933kN, 최대전단력은 204.8kN, 최대휨모멘트는 860.4kN · m이다.

동일한 기초조건을 지반응답곡선으로 해석한 결과들 중에서 기초판의 중앙에 있는 말뚝의 해석결과를 그림 13.27에 나타내었다. 최대수평변위는 7.005×10^{-3}m 로 탄성지반반력법에 의한 해석보다는 약간 작게 나타났다. 연직방향 침하는 우측열이 크고 우측열 중에서도 가운데에 있는 말뚝의 침하량이 3.523×10^{-3}m 로 가장 크게 나타났으나 역시 탄성지반반력법에 의한 해석보다는 작은 값이다. 수평지반반력, 연직지반반력, 말뚝에 작용하는 연직압축부재력, 최대전단력, 최대휨모멘트 등은 탄성지반반력법에 의한 해석과 동일하다.

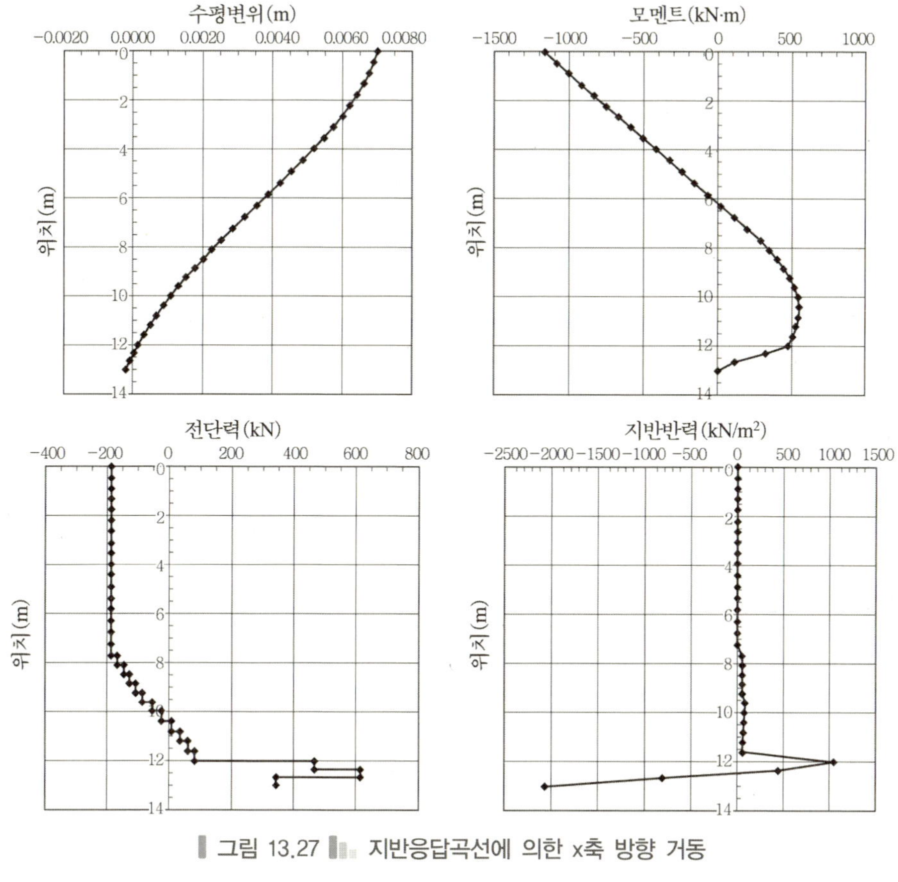

그림 13.27 지반응답곡선에 의한 x축 방향 거동

12장에서와 마찬가지로 이상과 같은 방법으로 연직하중이나 모멘트하중을 점진적으로 증가시키면서 해석을 반복하여 위의 기초 형상에 대한 연직하중과 침하량 곡선을 얻으면 극한하중 또는 항복하중을 구할 수 있다. 12장 연속기초의 해석에서는 2차원 평면조건으로 유한요소법에 의한 해석을 포함하였다. 그림 13.25는 3차원 유한요소해석이 필요하지만 SoilWorks 전산 소프트웨어는 2차원 유한요소해석만 가능하기 때문에 포함시키지 않았다. 3차원 해석이 가능한 전산소프트웨어를 사용하면 지반을 탄성체로 설정하여 유한요소법에 의한 극한지지력을 구할 수 있다.

수평하중을 점진적으로 증가시키면서 해석을 반복하면 수평하중과 수평변위 곡선을 얻을 수 있고 마찬가지로 극한수평하중 또는 항복수평하중을 구할 수 있다. 이때 지반반력이 설계경험에 의한 한계치를 넘지 않도록 주의해야 하며 상부구조물의 종류에 따라서 침하량과 수평변위가 허용범위에 있는지 확인해야한다. 예를 들어서 도로교 설계기준에서는 허용침하량을 0.025m, 허용수평변위를 0.015m로 규정하고 있으므로 위 해석결과는 설계기준에 부합하는 것으로 판단할 수 있다. 부재력도 재료의 허용응력범위에 있는지를 확인해야 하다.

수평지반반력이나 수평변위는 수계산이 어렵지만 침하량과 극한지지력에 대해는 전술한 정역학적 지지력공식 등으로 계산한 결과와 비교해보기 바란다.

13.2.6 교량 말뚝기초의 허용응력설계법과 한계상태설계법의 비교

총 6차선 교량의 교대에서 하부 기초로 전달되는 단말뚝 기준 설계하중에서 고정하중은 자중과 2차고정하중의 합 520.2kN이 계획되어 있고, 활하중은 DB-24, DL-24인 차량하중 91.8kN이 계획되어 있는 실제 기초설계 사례를 허용응력설계법과 한계상태설계법으로 비교해보자.

지반조사 결과는 표 13.19와 같다.

표 13.19 지반조사결과

구분	상부 (m)	하부 (m)	두께 (m)	SPT (N)	γ (kN/m^3)
성토층	+5.5	0	5.5	10	9
매립층	0	3.5	3.5	30	8
실트질점토	3.5	33.0	29.5	3	8
실트질모래	33.0	47.5	14.5	16	8.5
모래섞인자갈	47.5	50.0	2.5	50	10
풍화암					

개단강관말뚝은 직경이 0.508m, 길이가 55.5m이고 100% 폐색된 것으로 가정한다. SPT-N_{60}은 국내 여건상 보정하지 않은 N값을 그대로 사용하였다. 점성토 주면마찰력은 α계수법을 적용하였다. 표준관입시험결과로부터 비배수 전단강도를 구하는 방법은 Terzaghi & Peck(1948)의 방법을 사용하였다. 강관말뚝의 부식두께는 2mm로 설정하였다. 말뚝의 선단은 풍화암 상단에 거치되어 있으므로 풍화암층의 지반물성치가 필요하지만 지반조사여건의 제한으로 모래 섞은 자갈층이 연속된 것으로 가정하였다.

정역학적 지지력공식인 식(13.4) 또는 표준관입시험에 대한 Meyerhof의 경험식인 식(13.13) 등을 이용해서 깊은 기초의 극한지지력을 산정할 수 있다.

정역학적 지지력공식에 의한 선단부의 극한지지력 계산과정

토층	두께 (m)	SPT-N_{60}	수중단위중량 (kN/m^3)	선단부유효연직응력 (kN/m^2)	phi	N_q*	q_p	A_p	Q_p
성토층	5.5	10	9	24.75					
매립층	3.5	30	8	63.5					
실트질점토	29.5	3	8						
실트질모래	14.5	16	8.5	375.125					
모래섞인자갈	2.5	50	10	461.75	44.5	145	66953.75	0.199504	13357.52

정역학적 지지력공식에 의한 주면마찰에 의한 극한지지력 계산과정

토층	두께 (m)	SPT-N_{60}	수중단위중량 (kN/m^3)	평균유효연직응력 (kN/m^2)	K_z	δ	f_z (kN/m^2)	c_u (kN/m^2)	α	A_s (m^2)	q_s(kN)
성토층	5.5	10	9	24.75	0.4	20	3.6			8.7	31.4
매립층	3.5	30	8	63.5	0.4	20	9.2			5.5	51.2
실트질점토	29.5	3	8					18.4	1	46.7	858.9
실트질모래	14.5	16	8.5	375.125	0.4	20	54.6			23.0	1253.9
모래섞인자갈	2.5	50	10	449.25	0.4	20	65.4			4.07	258.9
										Qs=	2454.3

정역학적 지지력공식에 의한 극한지지력 Qu=13357.52+2454.3=15811.82

사질토지반에 관입한 말뚝의 극한지지력을 표준관입시험결과를 이용하는 Meyerhof의 방법

선단부의 극한지지력 계산과정

L_B(m)	D(m)	m(≤300)	SPT-N_{60}	m*N_{60}(≤15000kPa)	A_p(m^2)	Q_p(kPa)
55.5	0.508	300	50	15000	0.199504	2992.6

주면마찰에 의한 지지력 계산과정

	두께 (m)	SPT-N_{60}	수중단위중량 (kN/m^3)	평균유효연직응력 (kN/m^2)	사질토층 가중평균N_{60}	n	n · 사질토평균N_{60} (<100kPa)	A_s	Q_s
성토층	5.5	10	9	24.75	19.88462	2	39.76923	41.2	1637.2
매립층	3.5	30	8	63.5					
실트질점토	29.5	3	8						
실트질모래	14.5	16	8.5	375.125					
모래섞인자갈	2.5	50	10	449.25					

Meyerhof의 지지력공식에 의한 극한지지력 Qu=2992.6+1637.2=4629.8

말뚝의 길이가 길기 때문에 유효연직응력이 크게 산출되어서 정역학적 지지력공식에 의한 지지력이 크게 산출되었다. 예전에는 Meyerhof의 한계깊이를 적용하여 보정을 하였으나 최근에 한계깊이

개념을 반박하는 연구결과들을 반영하여 보정을 하지 않고 계산하였기 때문이다. 그러나 과거의 경험에 의하면 산출된 극한지지력을 그대로 적용하는 것은 과대평가하는 경향이 있으므로 사질토지반에서 표준관입시험을 이용하는 Meyerhof의 방법으로 산출된 극한지지력을 한계값으로 제한하여 적용한다.

이제 허용응력설계법을 적용하면 말뚝에 작용하는 고정하중과 활하중의 총합인 설계하중 $P = 520.2 + 91.8 = 612$kN 이 된다. 안전율 $F_s = 3$을 적용하면 허용지지력 $Q_a = 4629.8/3 - 1543.3$kN 으로 $P < Q_a$이므로 안전하다.

한계상태설계법에서 하중저항계수설계법(LRFD)을 적용하면 다음과 같다.

교량설계하중조합(한계상태설계법)(KDS 24 12 11)에서 고정하중계수는 1.25이고, 활하중계수는 1.80이므로 설계하중 $P = 520.2 \times 1.25 + 91.8 \times 1.80 = 815.5$이다. 표 13.3에서 SPT(Meyerhof)의 저항계수 0.30을 적용하면 허용지지력 $Q = 4629.8 \times 0.30 = 1388.9$으로 $P < Q$이므로 안전하다.

허용지지력에 대한 설계하중의 비율을 비교하면 허용응력설계법이 약 40%이고 하중저항계수설계법이 약 59%로 좀 더 많이 지지력을 활용하고 있다. 그러나 이러한 수치는 하중저항계수설계법의 허용지지력이 더 작기 때문에 나타난 결과이며 일반적인 설계경향과는 다르다. 깊은 기초의 지지력을 구하는 해석적 방법이 완전하지 않기 때문에 나타나는 현상으로 이해할 수 있으며 다시 처음으로 돌아가서 깊은 기초의 설계는 시험말뚝에 의한 재하시험이 가장 중요하다는 결론을 얻게 된다.

13.3 케이슨 기초

상부에서 전달되는 매우 큰 하중을 하부의 견고한 지반에 전달할 목적으로 사용하는 기초가 케이슨이다. 케이슨은 오픈 케이슨, 박스 케이슨, 공기 케이슨으로 분류할 수 있다.

케이슨 기초는 그 시공법의 특성에 의해서 주면마찰력은 발휘되지 않으며 선단부의 지지력만이 발휘된다. 따라서 케이슨의 허용지지력은 깊은 기초에 대해 정역학적 지지력공식으로 산정한 극한지지력에서 근입깊이(D_f)항에 대해서는 안전율을 1을 적용하고 나머지 부분에 대해서는 안전율을 3을 적용하여 구한다. 허용지지력을 산정하는 기본식은 식(13.46)이다.

$$q_a = \frac{1}{3}\left[\alpha \cdot c \cdot N_c + \gamma_1 \cdot D_f \cdot (N_q - 1) + \frac{1}{2} \cdot \beta \cdot B \cdot \gamma_2 \cdot N_\gamma\right] + \gamma_1 \cdot D_f \qquad (13.46)$$

여기서 α, β : 표 13.20의 형상계수

c : 케이슨 저면 아랫부분 지반의 점착력($\mathrm{kN/m^2}$) 케이슨기초는 모래나 자갈층에 주로 시공되므로 점착력 항은 무시되는 경우가 많다.

γ_1 : 케이슨 저면 윗부분 흙의 평균 단위체적중량(kN/m^3)

γ_2 : 케이슨 저면 아랫부분 흙의 단위체적중량(kN/m^3), 지하수 이하에는 수중단위중량을 사용한다.

D_f : 지표면에서 케이슨 관입깊이(m)

B : 케이슨의 최소폭(m), 원형단면의 경우에는 직경

N_c, N_q, N_γ : 그림 13.28의 지지력 계수

표 13.20 케이슨 저면의 형상계수

케이슨 저면형상	띠형	정사각형	직사각형	원형
α	1.0	1.3	1+0.3B/L	1.3
β	1.0	0.6	1−0.4B/L	0.6

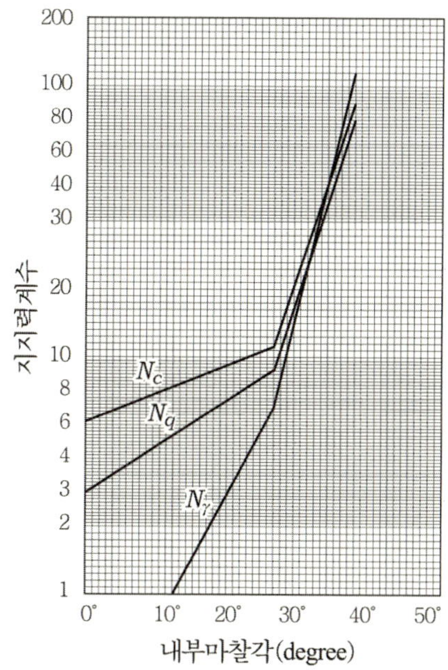

그림 13.28 케이슨 지지력공식의 지지력 계수

식(13.46)에서 케이슨 깊이가 깊어지면 케이슨 저면까지의 흙 무게의 영향을 나타내는 $\gamma_1 \cdot D_f$항이 커져서 실제 지지력보다 크게 산출되는 경향이 있어서 주의해야 하고 설계시에 내부마찰각 ϕ의 최대 한계를 오픈케이슨의 경우에는 30°, 공기케이슨의 경우에는 35°로 제한하는 경우도 있으며 설계경험에 의하면 지반의 허용지지력q_g는 1000kN/m^{2}을 최대 한계로 제한하는 것이 적절하다. 케이

슨 기초는 큰 연직하중에 저항하는 기초이므로 허용지지력도 크게 되고 침하량도 크다. 따라서 연직 허용지지력에 의한 침하량이 상부구조물의 허용 범위 이내에 있는지를 확인해야 한다. 연직지지력과 침하량과의 관계를 단순하게 일반화시킬 수는 없지만 허용침하량을 반영한 케이슨기초의 허용지내력의 예를 그림 13.29에 나타내었다.

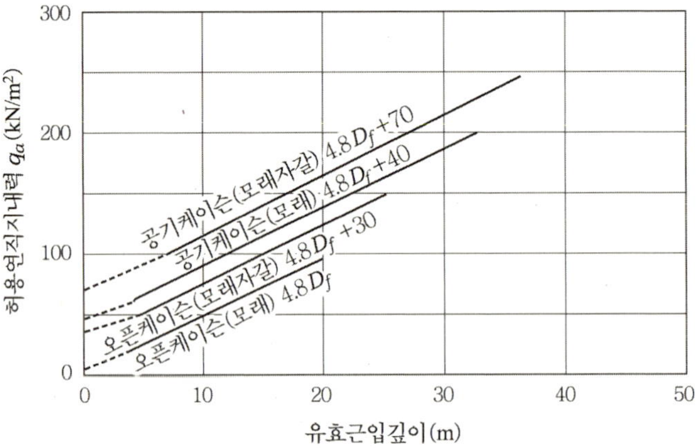

▌그림 13.29 ▌ 케이슨기초의 침하를 고려한 저면 지반의 허용연직지내력의 상한값

(1) 오픈 케이슨(open caisson)

오픈 케이슨은 상부와 하부가 열려있는 콘크리트 관으로 되어 있기 때문에 우물통기초(또는 정통기초)라고도 한다. 연직하중이 20,000kN 이상인 경우에는 우물통 기초가 적합하다. 케이슨의 하부는 날카로운 절단날 형상으로 되어 있다. 케이슨 내부의 흙을 grab bucket에 의해서 제거하면 케이슨의 자중에 의해서 지반 속으로 케이슨이 가라앉는다. 이때 주면마찰이 커서 케이슨이 가라앉지 않으면 케이슨의 상부에 중량물을 적재해서 케이슨을 가라앉히기 위한 재하무게를 주는 경우도 있다. 케이슨이 가라앉는 도중에 호박돌 등이 절단날 아래에 마주치게 되면 케이슨이 균등하게 가라앉지 않고 기울어질 우려가 있다. 케이슨 관의 단면의 형상은 원형, 정사각형, 직사각형 또는 타원형도 있다. 케이슨이 지지지반에 도달하면 케이슨 바닥을 막기 위해서 콘크리트를 타설한다. 콘크리트가 경화하여 케이슨 바닥이 견고하게 막히면 케이슨 내부의 물을 퍼내고 콘크리트를 채운다. 오픈케이슨은 상당한 깊이까지 설치할 수 있고 시공비용도 상대적으로 저렴하다. 그러나 케이슨 바닥을 막기 위해서 콘크리트를 타설할 때 수중콘크리트로 타설해야 되므로 품질확보가 어렵다.

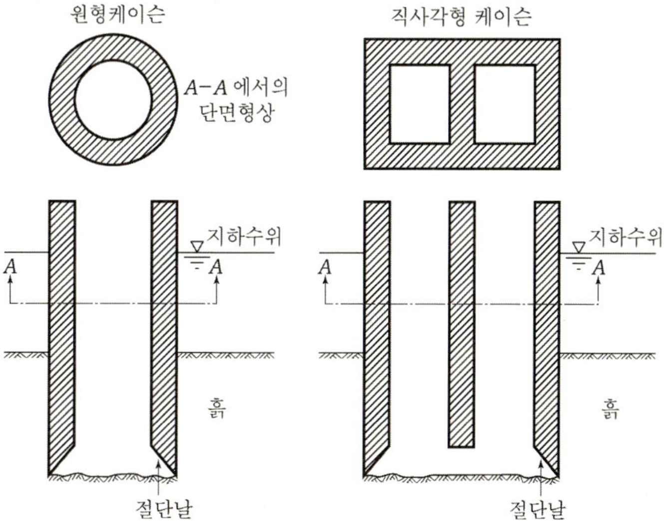

그림 13.30 오픈 케이슨

이러한 단점에 대한 대안으로 케이슨 설치 위치에 널말뚝을 케이슨의 형상보다 큰 원형으로 둘러싸고 내부를 모래로 채워서 모래섬을 만든다. 이 모래섬 위에서 케이슨을 가라앉히면 지하수위 위쪽의 육상에서 케이슨을 시공하는 것과 비슷한 조건이 된다. 그림 13.30에 오픈케이슨의 예가 나타나 있다.

(2) 박스 케이슨(box caisson)

오픈 케이슨과 박스 케이슨의 가장 큰 차이점은 박스 케이슨은 바닥이 막혀 있다는 것이다. 박스 케이슨은 일반적으로 공장에서 제작되어 현장으로 운반된다. 현장의 정확한 위치에 운반한 후에 내부를 모래나 자갈, 물 또는 콘크리트 등으로 채워서 서서히 가라앉힌다. 시공비용은 상대적으로 저렴하며 지지지반이 평평해야 한다. 평평하지 않을 경우에는 정지작업을 해서 평평하게 해야 한다. 그림 13.31에는 박스 케이슨의 설치과정이 나타나 있다.

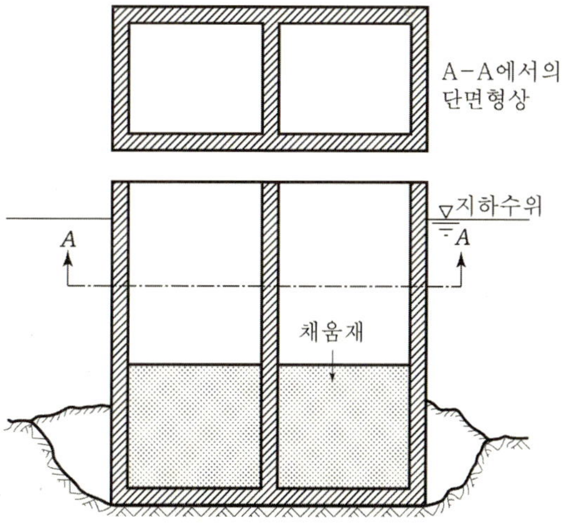

그림 13.31 박스 케이슨

(3) 공기 케이슨(pneumatic caisson)

공기 케이슨은 잠함이라고도 한다. 깊이 15~40m정도 깊이까지 시공할 수 있다. 이 케이슨은 케이슨 바닥의 흙이 굴착되는 속도보다 유입되는 속도가 더 빠른 경우에 사용한다. 공기 케이슨은 케이슨의 가장 아래쪽에 높이 3m정도 되는 작업실이 있다. 이 작업실 내부에서 작업자가 지반을 굴착하고 콘크리트를 타설한다. 작업실 내부는 흙과 물이 유입되지 않을 정도로 충분히 높은 공기압을 유지한다. 일반적으로 대기압보다 100kN/m^2 정도 높은 압력까지는 작업자에게 큰 영향을 미치지 않지만 이보다 높은 압력에서 작업을 했을 경우에는 작업실에서 나가기 전에 감압실에서 서서히 압력을 낮추는 시간을 갖아야 한다. 작업실 압력이 300kN/m^{2}이면 작업자는 한 번에 1.5~2시간 정도만 작업을 해야 한다. 케이슨이 지지지반에 도달하면 작업실 내부를 콘크리트로 채운다. 그림 13.32에는 공기 케이슨의 개략적인 구조가 나타나 있다.

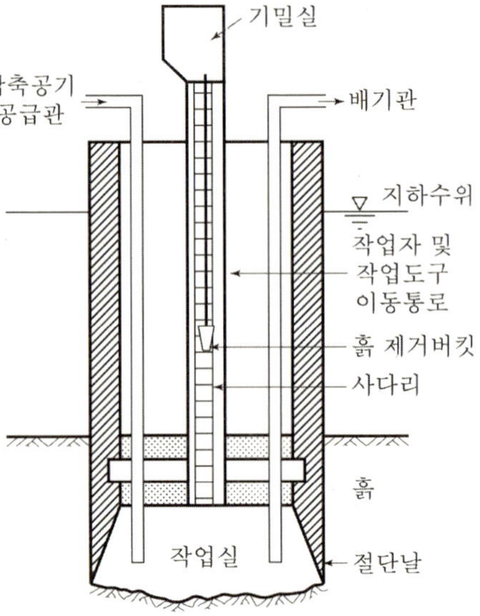

그림 13.32 공기케이슨

공기케이슨의 경우에는 작업실 내부에서 직접 평판재하시험을 할 수 있으며 식(13.47)에 의해서 허용지지력을 구할 수 있다.

$$q_a = \frac{1}{3}\left[q_t + \gamma_1 \cdot D_f \cdot (N_q - 1)\right] + \gamma_1 \cdot D_f \tag{13.47}$$

여기서 q_t : 평판재하시험에 의해 추정한 극한지지력(kN/m^2), 재하폭에 대한 보정은 실시하지 않는다.

일반적인 평판재하시험에서는 극한하중의 1/3과 항복하중의 1/2 중에서 작은 값을 취하고 재하폭에 대해서 보정하지만, 케이슨 기초의 평판재하시험 극한지지력을 구하는 방법은 극한하중, 항복하중의 1.5배, 최대시험하중의 1.5배 중에서 가장 작은 값을 취하고 재하폭에 대한 보정은 하지 않는다.

연습문제

13.1 직경이 500mm인 원형 소나무말뚝을 균질한 정규압밀점성토 지반에 11m로 시공하였다. 지반의 비배수전단강도 $c_u = 40\mathrm{kPa}$이고 압밀비배수삼축압축시험결과를 유효응력에 대해서 해석한 결과 $\phi = 30^\circ$이다. 지하수위는 지표면과 일치하고 포화단위중량 $\gamma_{sat} = 18\mathrm{kN/m^3}$이다. 말뚝의 허용지지력을 구하시오.(팁 : 말뚝을 설치한 직후와 충분한 시간이 경과한 후의 지지력을 비교해야 하며 재료 한계를 고려.)

13.2 아래 그림과 같은 교량의 기초를 설계하고자 한다. 폭이 11.9m, 길이가 60m, 중앙에 교각이 하나인 교량이다. 지반조건은 지표면으로부터 매립층, 퇴적층, 풍화토층, 풍화암층, 연암층의 순으로 분포한다. 각 도층의 설계지반정수는 실내시험결과 및 과거 설계경험을 토대로 표E1과 같이 결정하였다. 강관말뚝을 소음규제로 인해서 매입식으로 시공하며 말뚝의 지지층과 심도는 표E2에 나타내었다. 보수적으로 측면마찰을 무시한 극한지지력을 산출한 후에 E3~E4에 각 설계법을 적용하여 적합여부를 판정하고, E5에 침하량기준 적합여부를 판정하시오. 계산과정에 주어지지 않은 정수들은 합리적으로 가정하시오
부연설명: 각 교대나 교각은 7×3, 5×5, 4×5 배치 무리말뚝이고 각 말뚝에 작용하는 축력과 수평력 등이 상부구조해석에 의해서 주어져야 하지만 매우 많이 단순화시킨 문제이다.

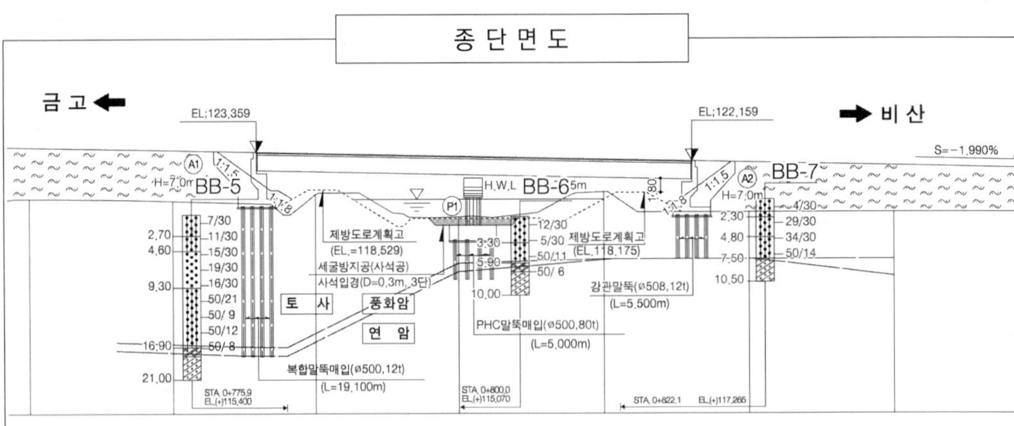

표 E1 설계지반정수

구분	단위중량 (kN/㎥)	점착력 (kN/㎡)	내부마찰각 (Deg.)	변형계수 (MPa)	포아송비
매립층	18.0	10.0	27	10	0.30
퇴적층	18.0	5.0	32	15	0.30
풍화토	19.0	15.0	30	20	0.33
풍화암	21.0	30.0	33	300	0.30
연암	24.0	200.0	35	2,000	0.25

표 E2 말뚝의 길이와 지지층

구분	한벌천교		
	A1	P1	A2
기초형식	말뚝기초	말뚝기초	말뚝기초
지 지 층	풍화암	연암	연암
심 도 (m)	18.4	6.9	6.0
강재의 종류	SKK400		

표 E3 허용응력설계법에 의한 검토

위치		말뚝 길이 (m)	말뚝 제원	허용응력설계법			설계반력 (kN)	판정
				극한 지지력	재료의 허용응력	허용 지지력		
한벌 천교	A1	19.1	Ø508, 12t		생략		569	
	P1	5.1	Ø508, 9t				1,078	
	A2	5.5	Ø508, 12t				555	

표 E4 한계상태설계법에 의한 검토

위치		한계상태설계법 중에서 하중저항계수설계법(LRFD)							판정
		극한 지지력	저항 계수	재료의 허용응력	고정하중 (kN)	하중 계수	활하중 (kN)	하중 계수	
한벌 천교	A1			생략	509		60		
	P1				1018		60		
	A2				595		60		

표 E5 침하량에 대한 검토

위치		말뚝 길이 (m)	말뚝 제원	지지층	침하량				허용침하량 (mm)	판정
					S_1	S_2	S_3	S_t		
한벌 천교	A1	19.1	Ø508, 12t	풍화암					25.0	
	P1	5.1	Ø508, 9t	연 암					25.0	
	A2	5.5	Ø508, 12t	연 암					25.0	

제 14 장 토질 안정처리

제14장

토질 안정처리

14.1 개설

토질 안정처리공법은 지반이 하중이나 기상작용을 받아도 구조물에 영향을 줄 만큼 침하활동 등을 일으키지 않도록 흙의 강도, 단위중량, 형상 등을 유지시키기 위하여 이용된다.

토질 안정처리는 그 처리깊이에 따라 천층안정처리와 심층안정처리로 구별된다. 천층 안정처리는 일반적으로 표층토를 처리하는 방법이며, 범위가 한정되어 있으므로 물리 화학적 방법으로 비교적 용이하게 적용할 수 있다. 심층 안정처리는 기초의 지지기반이 비교적 깊고 그 위에 느슨하게 퇴적된 연약 자연토, 매립토 등을 처리하는 방법이다.

14.2 안정처리 공법의 종류

토질 안정처리는 넓은 의미로 해석하면 표 14.1과 같이 흙의 개량, 흙의 치환, 흙의 보강으로 대별할 수 있다. 그리고 흙의 개량원리에 따라 흙의 단위중량을 증대시키는 방법과 고결화를 도모하는 방법으로 나눌 수 있다. 본장에서는 여러 가지 토질 안정처리 공법 중에서 일반적으로 많이 쓰이는 몇 가지 공법에 대하여만 기술하기로 한다.

표 14.1 토질 안정공법

원리			방법	공정		개량목적: 전단특성	압축성	투수성	동적특성	적용토질
흙의 개량	단위중량증대	탈수	압밀	연직드레인공법	샌드드레인	△	○			점성토
					페이퍼드레인 플라스틱드레인	△	○			점성토
				프리로딩공법		△	○			점성토
				대기압공법(진공공법)		△	○			점성토(초연약)
				중추낙하다짐공법(동다짐공법)		△	○			사질·점성토
			양수	수위저하공법	웰포인트	△	△	○		점성토
					디프 웰	△	△	○		점성토
			전기적	전기침투공법		○	△			점성토
			화학적	반투막공법		△	○			점성토
		다짐	물리적	바이브로플로테이션공법		○	○		○	사질·자갈질토
				샌드콤팩션파일공법		○	○		○	사질·자갈질·점성토
				다이렉트파워콤팩션공법		○	○		○	사질·자갈질토
			전기적	전기충격공법		○	○		○	사질·자갈질토
	고결	고혼결합물주의입	화학적	시멘트·석회공법		○	○			점성토
				주입공법		○	△	○		사질토
				혼합공법	분사혼입	△	△	○		사질·점성토
					교반혼합	○	△			사질·점성토
			전기화학적	전기고결공법		○	△	○		점토
		냉가각열	열적	동결공법		○		○		점성토
				소결공법		○	○			점성토
흙의 치환			굴착	굴착치환공법	완전굴착	○	○			모든 흙
					부분굴착	○	○			모든 흙
			압출	강제치환공법	성토자중	○	○			점성토(초연약)
					사수·폭파	○	○			점성토
					砂柱압입	○	○			점성토
흙의 보강			구속	쉬트공법		○				점성토(초연약)
				로프·네트공법		○				점성토(초연약)
				널말뚝체절공법		○			△	점성토
			복합	복합보강공법	강판·철근·철망·강격자·합성수지 등	○				사질토

○주요 목적, △부수 목적

14.3 점성토 지반의 안정처리 공법

점성토 지반의 안정처리 공법은 크게 4가지로 구분할 수 있다. ① 기계적 방법(치환 공법), ② 압밀을 이용한 공법(Preloading, Sand Drain, Paper Drain), ③ 화학적 흡수작용을 이용하는 공법(침투압 공법, 생석회 말뚝공법), ④ 화학 변화에 의한 흙의 강화공법을 구분할 수 있다.

14.3.1 치환 공법

기계적 방법에 의한 점성토 지반에서의 치환공법은 굴착에 의한 방법과 압축에 의한 강제치환 공법으로 구분할 수 있으며, 지표면 가까이 있는 연약한 점성토를 양질의 사질토로 치환하는 공법이다.

치환 범위로는 연약토층이 두꺼운 경우 상재하중의 약 30°의 각도로 분포된다고 가정하여 분포하중이 연약 점성토층의 지지력 이하가 되는 깊이까지 부분적으로 치환할 수 있다. 치환 가능한 최대 깊이로 육상은 지표면에서 10m, 해상에서는 30m 깊이를 한계로 하고 있다.

① 굴착 치환 공법

연약한 점성토층을 굴착기계나 준설기계를 이용하여 제거하고 난 다음 양질의 사질토로 치환하는 공법으로 치환 공법 중에서 가장 우수하지만 시공 능률 등의 단점이 있으며, 시공 범위에 따라 전굴착 치환 공법과 부분 굴착 치환 공법으로 구분하고 있다.

② 활동 치환 공법(강제 치환, 압출 치환 공법)

직접 양질의 사질토를 연약 지반상에 성토해서 자체의 하중으로 기초지반에 파괴를 유도하여 연약 점성토 지반을 치환하는 공법으로 치환 단면의 정확도가 떨어져서 콘 관입 시험 등으로 치환상태를 확인하는 것이 필요하다.

③ 폭파 치환 공법

폭약을 이용하여 연약한 점성토 지반을 일시에 폭파시켜 모래로 치환하는 공법으로 치환 단면의 정확도가 떨어져서 콘 관입 시험 등으로 치환상태 확인이 필요하며, 폭파에너지를 자중과 조합하여 이용하여 연약한 점성토층 주위로 이동시키는 방법도 있다.

14.3.2 Preloading 공법

압밀을 이용한 공법 중 Preloading은 구조물을 축조하기 전에 영구하중보다 더 큰 하중을 연약지반의 압밀침하를 미리 발생시켜 지반의 강도를 증가시키는 공법으로 다음과 같은 특징이 있다.

① 구조물 자체를 상재하중으로 사용할 수 있고 지반개량 후 하중을 제거할 필요가 없을 때 유리
② 압밀에 의한 침하를 미리 끝나게 하여 해로운 잔류침하를 방지
③ 압밀에 의하여 점성토 지반의 강도를 증가시켜 기초지반의 전단파괴를 방지
④ 압밀의 종료 시까지 긴 공사기간이 필요

이 공법은 본 공사를 시공하기 전에 임시로 계획구조물의 하중보다 큰 하중을 연약지반에 가하여 장래 축조하고자 하는 영구적 구조물에 의해 발생되는 침하를 미리 발생시켜 침하 문제를 해결하고 아울러 그 지반의 강도를 증가시킬 수 있는 공법이다. 이것은 특히 성토하중이나 구조물로 인하여 침하가 많이 일어나는 지반에 효과적이다. 프리로딩(Preloading)에 의한 지반개량에 적절한 지반은 포화 연약 점토, 압축성이 큰 실트, 유기질 점토, 이탄 등이다. 무기질 점토와 실트 지반에도 본 공사의 시공 이전에 충분한 시간적 여유가 있을 때 이 공법을 시행하면 효과가 큰 것으로 알려져 있다.

이 공법에 사용되는 하중은 성토에 의하는 방법, 지하수위를 낮추거나 지표면에 불투수 박막(薄膜)을 깔고 그 아래를 진공펌프로 흡입하여 부압을 만드는 방법 등이 있다. 이 공법은 선행재하하중이 클수록 빠른 시간 내에 요구되는 침하량에 도달될 수 있으나, 그 크기는 원호활동에 안전하도록 결정해야 하며 안정상의 필요에 따라서는 지지력 증가를 위한 대책공법을 함께 사용해야 한다.

실제로 압밀은 1차 압밀이 일어날 때 2차 압밀도 부분적으로 일어나지만 이것을 설계하는데 있어서는 분리해서 취급하는 것이 편리하다. 또한 선행하중을 작용시키는 기간이 전압밀기간에 비해 짧으면 전체하중이 일시에 재하된다고 가정하여도 큰 오차가 발생되지 않는다.

영구하중이 일시에 재하될 때의 압밀침하량은 다음 식으로 구한다.

$$S_f = \frac{C_c}{1+e_0} H \log\left(\frac{\sigma'_{v0} + \sigma_f}{\sigma'_{v0}}\right) \tag{14.1}$$

여기서, σ'_{v0} : 유효연직응력
σ_f : 영구하중

1차 압밀에 대한 경과시간-침하량의 관계는 Terzaghi의 압밀이론을 기초로 계산하여 나타내면 그림 14.1과 같다. 만일 영구하중보다 σ_s만큼 더 큰 하중을 작용시키면 $\sigma_s + \sigma_f$의 하중으로 인한 압밀침하량은 다음 식으로 계산할 수 있다.

$$S_{f+s} = \frac{C_c}{1+e_0} H \log\left(\frac{\sigma'_{v0} + \sigma_f + \sigma_s}{\sigma'_{v0}}\right) \tag{14.2}$$

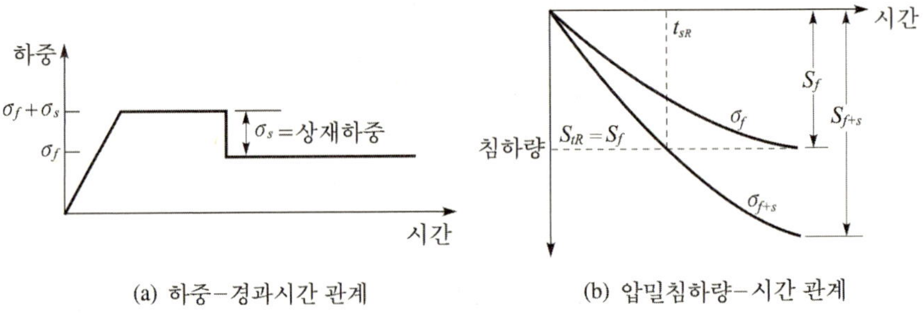

그림 14.1 영구하중과 과재하중이 작용할 때의 침하곡선

그림 14.1에서 만일 $\sigma_s+\sigma_f$를 σ_f에 의한 최종침하량이 일어나는 시간 t_{sR}까지 재하 후 σ_s를 제거한다고 한다면, 이 시간까지의 침하량은 영구하중의 침하량과 동일하게 되므로 더 이상의 침하는 발생하지 않는다는 것을 알 수 있다. 이때 점토층의 평균압밀도는 다음 식으로 계산한다.

$$\overline{U}_{sR}=\frac{s_f}{s_{f+s}} \tag{14.3}$$

여기서, $\overline{U}_{sR}$: 과재하중을 제거하는 시간에서의 평균압밀도
s_f : 영구하중만에 의한 최종침하량
s_{f+s} : 영구하중과 과재하중에 의한 최종침하량

그런데 σ_s가 제거되는 시점의 압밀도에 대응하는 과잉공극수압 분포곡선은 연약층의 중앙부에서는 평균압밀도보다 작게 압밀되었고, 배수층에 가까울수록 평균값보다 더 많이 압밀된다. 만일 평균압밀도를 선행하중의 제거시기를 기준하면 중앙부분은 과잉공극수압이 남아 있으므로 영구하중으로 인해 하중제거와 동시에 팽창하려고 할 것이다. 이와 같이 서로 상반되는 거동 때문에 침하량은 어느 정도 상쇄되지만 압축지수가 팽창지수보다 크게 된다. 따라서 σ_s의 제거시기를 기준으로 평균압밀도로 할 경우 실제로는 영구하중만의 침하량보다 큰 침하가 발생하게 된다. 따라서 식 (14.3)의 평균압밀도 대신 점토층의 중간층(일면배수일 때는 점토층 바닥)에서의 압밀도를 구하여 프리로딩을 설계하는 것이 바람직하다.

Johnson(1970)의 제안에 따라 식 (14.1) 및 (14.2)의 H를 점토층의 중앙의 단위두께라고 하면 이 심도에서의 압밀도는 다음 식과 같다.

$$U_{s+f}=\frac{\log(1+\sigma_f/\sigma'_{v0})}{\log[1+\sigma_f/\sigma'_{v0}+(1+\sigma_s/\sigma'_{v0})]} \tag{14.4}$$

여기서, σ'_{v0} : 양면배수인 경우 점토층의 중앙에서의 깊이, 일면배수인 경우 점토층 바닥 깊이에서의 유효연직하중

그림 14.2는 프리로딩 공법의 설계를 위한 압밀도를 구하는 도표이다.

그림에서 $z/H=1$에 대한 시간계수 T를 구할 수 있으므로 σ_s의 제거시기 t_{sR}은 Terzaghi의 압밀이론에 의하여 다음 식으로 계산할 수 있다.

$$t_{sR} = \frac{TH^2}{C_v} \tag{14.5}$$

프리로딩의 장점은 유기질이 많은 점토나 이탄에 대한 압밀침하의 신뢰성이 높다. 위에서는 1차 압밀에 대해서만 언급하였지만 2차 압밀을 고려할 때에도 동일한 원리에 의하여 선행 하중의 크기와 하중제거시기를 결정할 수 있다. 2차 압밀을 고려할 때에는 하중 제거시기의 결정을 위한 점토층 중앙에서의 압밀도는 다음 식으로 계산할 수 있다.

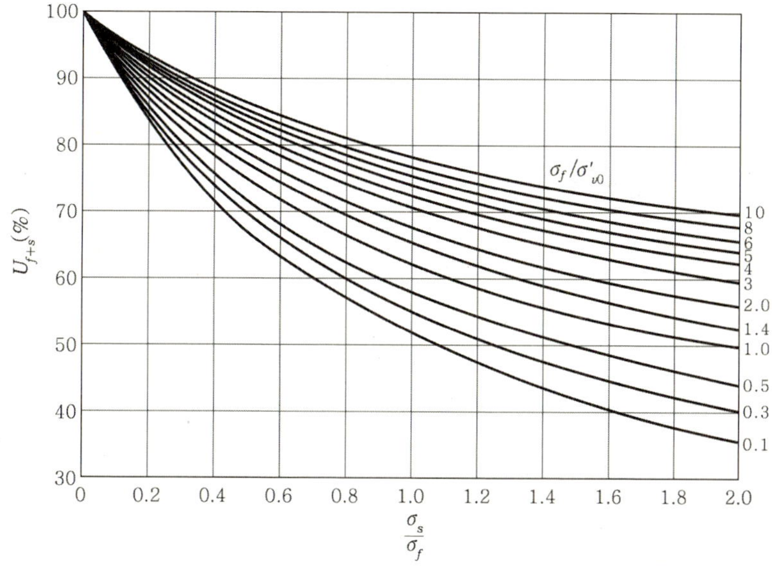

그림 14.2 프리로딩 공법에서의 압밀도를 구하는 도표(Johnson, 1970)

$$(U_z)_{f+s} = \frac{s_f + C_a H_p \log(t/t_p)}{s_{f+s}} \tag{14.6}$$

여기서, C_a : 2차 압축지수

H_p : 1차 압밀이 끝난 후의 점토층 두께

t : 임의시간 $t > t_p$

t_p : 1차 압밀이 끝나는 시간

한편 프리로딩 공법 이후에 시공한 구조물의 잔류 침하량에 대한 검토도 해야 한다. 그리고 이상에서 계산한 침하량은 각종 구조물의 허용 침하량보다 작아야 한다.

14.3.3 샌드 드레인 공법

연약지반 위에 구조물을 축조할 때에는 포화 점토층의 투수계수가 작아서 압밀속도가 느릴 뿐 아니라 지반의 지지력도 작아서 구조물 안정에도 많은 문제가 있다. 이러한 경우 연약 점토지반 내부에 샌드 드레인(sand drain)과 같은 연직 드레인을 설치하여 배수길이를 짧게 함으로써 압밀속도를 촉진시키고 지반의 강도도 증가시킬 수 있다.

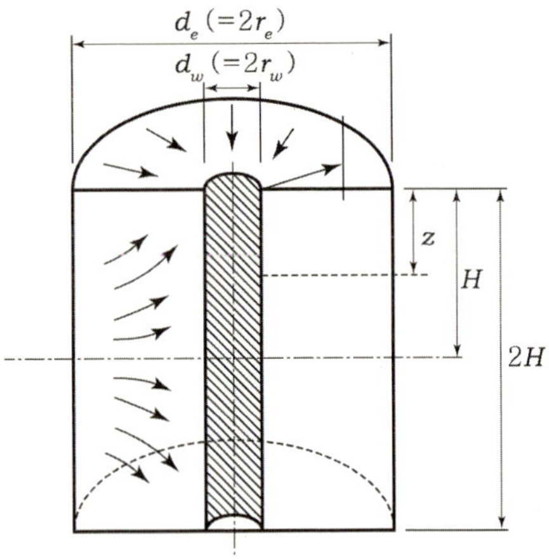

그림 14.3 샌드 드레인에 의한 압밀

연직 드레인을 설치하면 압밀은 주로 방사선(수평) 방향으로의 배수에 의하여 과잉공급수압이 빨리 소산되면서 일어난다(그림 14.3 참조). 이때 이론상, 최종 압밀침하량의 크기는 드레인을 설치하지 않았을 경우의 침하량과 같지만 침하속도는 대단히 빠르게 된다. 예를 들면, 압축성이 큰 점토층 위에 그림 14.4(a)와 같이 샌드 드레인을 설치하고 제방을 축조하면 점토지반이 빨리 압밀되어 지반의 강도가 커져서 제방의 기능을 발휘할 수 있다.

샌드 드레인은 점토지반에 보링기로 구멍을 뚫고 그 속에 적당한 입도의 모래를 채워 넣는 방법으로 시공한다. 드레인을 설치할 때는 드레인 간격이 가장 중요하며, 또 드레인 설계상 연직 및 수평방향의 투수계수를 정확히 알아야 한다.

일반적으로 드레인의 직경은 30~50cm가 많으며 드레인의 간격은 2~4m 정도로서 압밀촉진 정도에 따라서 적절하게 정한다.

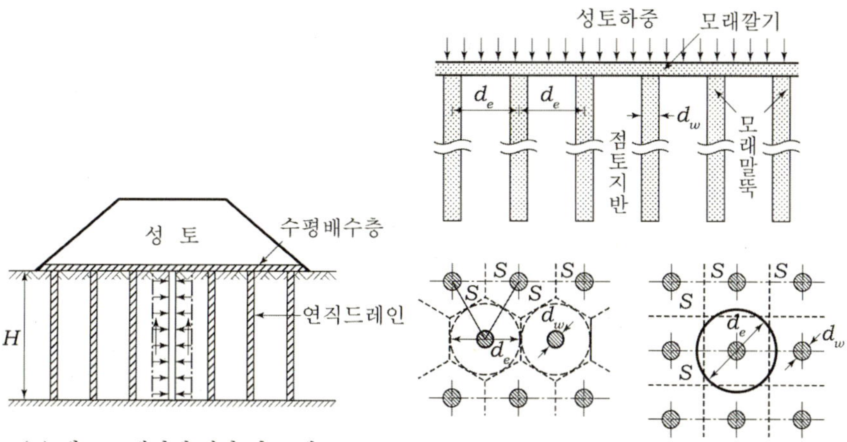

(a) 샌드 드레인에 의한 성토 예 (b) 정삼각형 배치 (c) 정사각형 배치

그림 14.4 샌드 드레인의 배치

드레인의 배치는 그림 14.4와 같이 정삼각형 배치 및 정사각형 배치가 있으며 1개 드레인의 유효경은 식 (14.7) 및 식 (14.8)과 같다. 따라서 드레인의 간격은 유효경보다 다소 좁게 해야 한다.

$$\text{정삼각형 배치 : } d_e = 2\sqrt{\frac{\sqrt{3}}{2\pi}}S = 1.05S \tag{14.7}$$

$$\text{정사각형 배치 : } d_e = \frac{4S}{\pi} = 1.13S \tag{14.8}$$

여기서, d_e : 유효경(cm)

S : 드레인 간격(cm)

샌드 드레인은 2차 압밀을 고려한 것이 아니기 때문에 이를 조절할 수는 없다. 한편 극좌표에서 수평과 연직방향의 투수성이 다른 흙의 3차원 이론 압밀식은 다음과 같다.

$$\frac{\partial u}{\partial t} = C_h\left(\frac{\partial^2 u}{\partial r^2} + \frac{1}{r}\frac{\partial u}{\partial r}\right) + C_v\frac{\partial^2 u}{\partial z^2} \tag{14.9}$$

여기서, r : 드레인 중심부터 방사상의 거리

C_h : 수평방향의 압밀계수

드레인을 둘러싸고 있는 연직기둥 형태의 흙은 같은 단면적을 가진 직경 d_w의 원통형으로 대치될 수 있다.

식 (14.9)의 해는 두 부분으로 나타낼 수 있다.

$$U_v = f(T_v),\ \ U_h = f(T_h) \tag{14.10}$$

여기서, U_v : 연직배수에 의한 평균압밀도

U_h : 수평(방사선) 방향 배수에 의한 평균압밀도

T_v : 연직배수에 의한 압밀의 시간계수

T_h : 방사선 방향 배수에 의한 시간계수

그리고 T_v, T_h는 다음과 같이 구한다.

$$T_v = \frac{C_v t}{H^2}\ ,\ \ T_h = \frac{C_h t}{{d_e}^2} \tag{14.11}$$

여기서, H : 드레인의 깊이

T_h는 드레인 간격이 가까울수록 방사선 방향 배수에 의한 압밀이 더 빨리 진행된다는 사실을 분명히 하고 있다. 방사선 방향 배수의 해는 Barron(1984)이 제시하였는데 $U - T_h - n$관계는 그림 14.5와 같다.

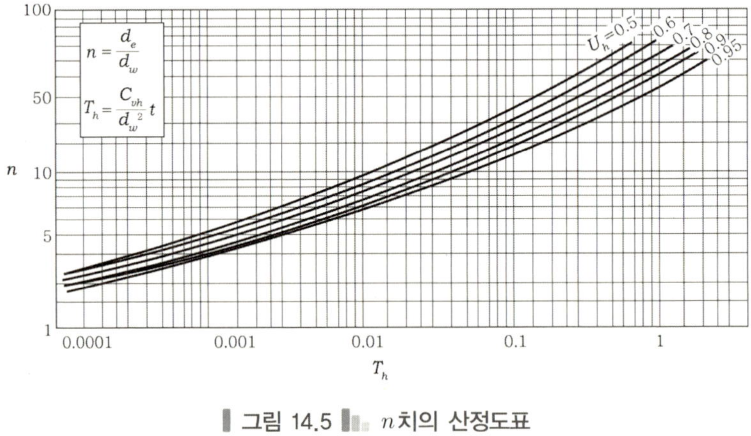

그림 14.5 n**치의 산정도표**

연직 방향과 수평방향의 배수를 조합한 평균 압밀도 U_{vh}는 다음과 같이 표시된다.

$$(1 - U_{vh}) = (1 - U_v)(1 - U_h)$$

$$U_{vh} = 1 - (1 - U_v)(1 - U_h) \tag{14.12}$$

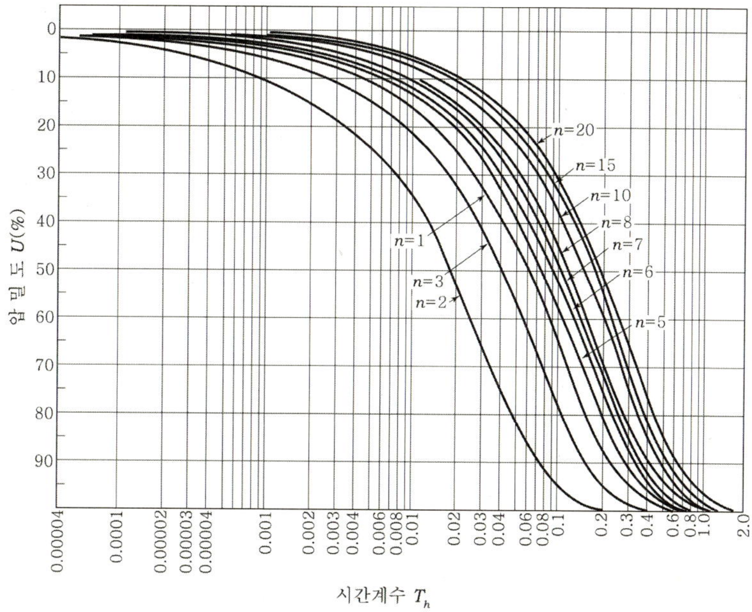

그림 14.6 수평 압밀도 산정도표

수평 압밀도와 시간계수와의 관계는 그림 14.6과 같다.

샌드 드레인은 다음 절에 기술하는 페이퍼 드레인과 마찬가지로 시공시 맨드렐이 삽입될 때 그 주위의 연약지반이 교란된다. 이것을 스미어죤(smear zone)이라고 한다. 이와 같은 교란은 결과적으로 압밀계수를 감소시키는 결과가 되므로 이론적으로 계산한 압밀시간을 지연시킨다. 따라서 이것을 고려하려면 Scott(1963)의 방사선 방향의 압밀에 따라 스미어죤의 개념을 도입하거나 압밀계수를 감소시켜야 한다.

[예제 14.1] 두께 8m의 점토층 밑에 불투성 기반암층으로 형성되어 있는 지반조건이 있다. 압밀시험 결과 점토층의 압밀계수 $C_v = 1.0 \times 10^{-3} \text{cm}^2/\text{sec}$이다. 이 점토층을 120일간에 80% 압밀시키기 위하여 샌드 드레인의 배치를 다음 두 가지 경우에 대하여 구하여라. 샌드 드레인의 직경은 40cm이고 수평방향의 압밀계수는 연직방향과 같다고 가정한다.

(1) 연직방향의 배수를 무시할 때

(2) 연직, 수평방향의 배수를 고려할 때

풀이 (1)의 경우

$C_v = 1.0 \times 10^{-3}(\text{cm}^2/\text{sec})=86.4(\text{cm}^2/\text{day})=6.0 \times 10^{-2}(\text{cm}^2/\text{min})$

시간계수

$$T'_h = \frac{C_h t}{d^2_w} = \frac{6.0 \times 10^{-2} \times 120}{(40)^2} = 0.0045$$

그림 14.6에서 $U_h = 0.8$일 때 $n = 5.2$

따라서 $d_e = nd_w = 5.2 \times 40 = 208(\text{cm})$

실제 샌드 드레인 배치간격

삼각형 배치시 $d = \frac{d_e}{1.05} = \frac{208}{1.05} \fallingdotseq 198(\text{cm})$

사각형 배치시 $d = \frac{d_e}{1.13} = \frac{208}{1.13} \fallingdotseq 184(\text{cm})$

(2)의 경우 샌드 드레인이 없을 때

$$T_v = \frac{C_v t}{H^2} = \frac{86.4 \times 120}{(800)^2} = 0.016$$

U(%)	10	20	30	40	50	60	70	80	90
T_v	0.008	0.031	0.071	0.126	0.197	0.287	0.403	0.567	0.848

위 표에서 $T_v = 0.016$에 대응하는 $U = 0.14$ 즉 120일간에 14%의 압밀이 진행되는 것이다.

120일 동안에 압밀이 80%가 되도록 하려면 샌드 드레인을 시공할 때 수평배수만으로 압밀이 이루어진다고 하면

$$U_h = \frac{1 - U_{vh}}{1 - U_v} = 1 - \frac{1 - 0.80}{1 - 0.14} \fallingdotseq 0.77$$

(1)에서 $T'_h = 0.0045$에서 $U_h = 0.77$에 대응하는 n를 구하면 $n = 5.3$이 된다.

$d_e = nd_w = 5.3 \times 40 = 212(\text{cm})$

이 결과로 보아 연직방향의 배수를 무시한 (1)의 경우와 차이가 거의 없으므로 보통 (1)의 경우로도 충분하다.

14.3.4 페이퍼 드레인 공법

페이퍼 드레인(paper drain) 공법은 모래말뚝 대신 Barron의 이론에 맞는 드레인 보드(drain board)를 연약지반에 삽입하는 압밀촉진 공법으로 액성지수가 1이상인 연약지반에서 더욱 효과적이다.

이 공법은 처음에 Kjellman(1948)에 의해 도입되었으나 그 이후 필터는 화학섬유를 쓰고 심지는 플라스틱제의 여러 가지 비슷한 제품이 개발되어 있다. 현재 널리 쓰여지고 있는 명칭도 플라스틱 드레인, 프리패브 드레인(prefab drain), 카드보드 드레인(card board drain), 윅 드레인(wick drain) 등 다양하다. 드레인보드의 폭은 대략 100mm, 두께는 3mm인 띠모양으로 생산되고 있으며 안에는 폴리에틸렌의 심지가 있고 심지 바깥으로 透水性이 크고 얇은 필터가 둘러싸여 있다. 공극수는 필터와 심지의 채널을 통해 외부로 배수된다. 이것을 땅속에 삽입할 때에는 맨드렐(mandrel)을

이용하는 경우가 많다.

페이퍼 드레인의 구비조건은 다음과 같다.

(1) 페이퍼 드레인의 투수계수는 그 주위 흙의 투수계수보다 커야 한다.
(2) 세립자가 필터를 통과해서는 안된다.
(3) 필터는 높은 횡압을 받아 압착되지 않도록 충분한 강성이 있어야 한다.
(4) 필터는 배수되는 동안 압밀침하 과정에서 S자 형으로 변형되어야 하며 물리적, 화학적, 생물학적 손상을 받아서는 안된다.

페이퍼 드레인은 단면적이 작고 설치가 용이하므로 샌드 드레인보다 훨씬 더 촘촘하게 박게 된다. 일반적인 간격은 0.6~1.8m 정도이며 시공심도는 시공장비에 의존하나 최대 26m 정도이다.

또 샌드 드레인은 지반의 측방유동에 의하여 모래기둥이 끊어져서 배수 기능이 마비되는 단점이 있으나, 페이퍼 드레인은 지반의 압밀이나 측방 유동시에도 유연하게 대응하여 배수 기능이 원활한 이점이 있다.

연직방향보다 방사선 방향의 배수가 훨씬 중요하므로 후자만을 고려한다면 압밀시간 t는 다음 식으로 계산할 수 있다(Hansbo, 1979).

$$t = \frac{{d_e}^2 u}{8C_h} \ln \frac{1}{1-U_h} \qquad (14.13)$$

여기서, U_h : 수평방향의 평균 압밀도

$$u = \frac{n^2}{n^2-1}[\ln(n) - \frac{3}{4} + \frac{1}{n^2}(1 - \frac{1}{4n^2})] \qquad (14.14)$$

$$n = \frac{d_e}{d_w}$$

폭이 b이고 두께가 t'인 페이퍼 드레인을 샌드 드레인으로의 환산 단면직경은 다음 식으로 계산할 수 있다.

$$d_w = \frac{2(b+t')}{\pi} \qquad (14.15)$$

페이퍼 드레인 공법에서는 세로 방향의 투수계수가 무한하다고 가정하고 있으나 실제로는 空隙水가 페이퍼 드레인을 통해 배출될 때 상당한 저항을 받는다. 이것을 웰 저항(well resistance)이라고 한다. 웰 저항을 무시하고 설계하면 지나치게 낙관적인 결과를 얻게 된다.

페이퍼 드레인의 설계는 다음과 같은 순서에 따른다.

1) 설계조건을 가정한다. 소요압밀도 U, 재하기간 t 및 배치모양
2) 그림 14.8에서 t, U로부터 계수 g의 값을 구하여 이 값으로부터 압밀계수 C_h를 사용하여 다음 식으로 계수 m을 구한다.

$$m = g \times C_h \tag{14.16}$$

3) m을 구하면 그림 14.8을 이용하여 배치형태에 따른 배치간격 d를 구한다.

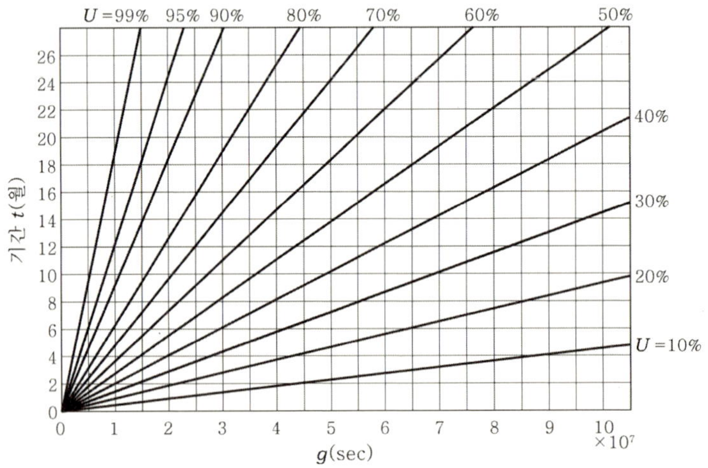

그림 14.7 카드보드 드레인 계산 도표(1)

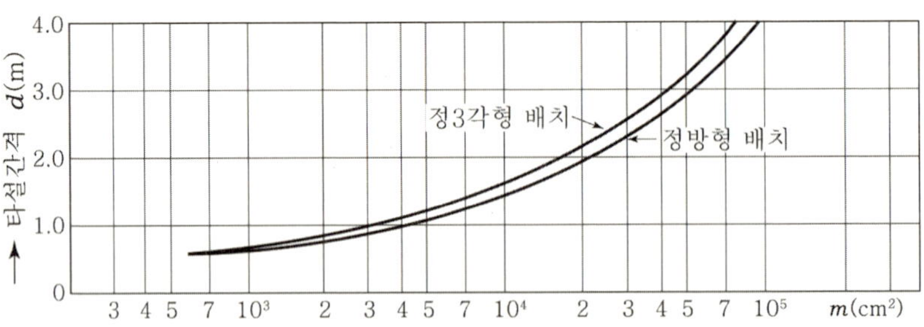

그림 14.8 카드보드 드레인의 계산도표(2)

14.3.4 대기압공법

1) 점토층의 지표면을 기밀막으로 피복하고 내부를 진공펌프로 흡수하여 진공으로 만들면 지표면의 대기압이 하중으로 작용되어 배수 및 압밀을 촉진시키는 공법
2) 점성토 중의 공극수압을 감소시키고 유효응력을 증가시켜 압밀을 촉진
3) 소음과 진동이 없고 하중재하가 불필요하므로 지표면이 연약하여 성토 곤란한 매립지나 지반개량 후에 성토하중을 제거하여야 하는 경우에 적합
4) 기밀막 주변에서의 손실 때문에 49.0~68.6kN/m^2의 재하중을 얻을 수 있으며 연직배수공법(샌드드레인 또는 페이퍼 드레인공법)과 병용

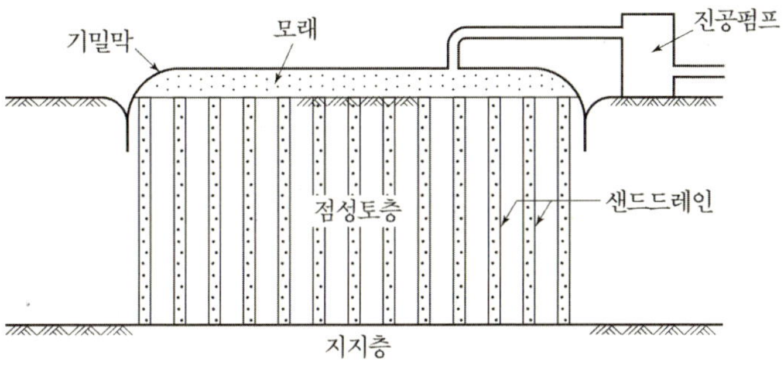

그림 14.9 대기압공법

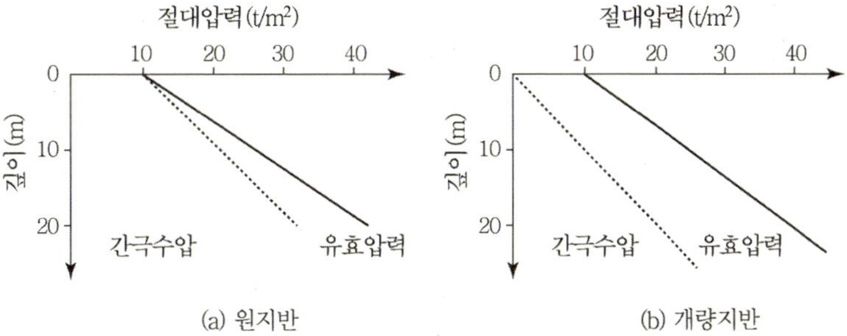

그림 14.10 대기압공법의 원리

14.3.5 석회계 안정처리

석회로 흙을 개량하는 방법은 옛날부터 알려져 왔으며 만리장성 축조시에 황토에 석회를 혼합하여 줄눈재로 사용한 때도 있다. 또 고대 로마에서는 도로의 기층재로써 석회 안정처리 공법을 이용하였다. 일반적으로 흙에 생석회를 첨가하면 흙속의 물과 생석회가 화학반응을 일으켜 소석회로 변하는

과정에서 모세관수의 흡수와 흡착, 이온교환, 발열, 팽창작용 등으로 토립자의 응집작용을 일으키는 속효성 반응과 생성된 소석회와 흙속의 점토광물에 의한 포조란 반응, 그리고 탄산화작용 등의 지효성 반응을 일으켜 흙의 강도를 증가시킨다.

생석회가 소석회로 변할 때는 다음 식과 같이 다량의 반응열을 발생시킨다.

$$CaO + H_2O = Ca(OH)_2 + 15600(cal/mol) \tag{14.17}$$

이와 같이 포틀랜드 시멘트가 발명되기 이전까지는 석회와 흙의 혼합물이 주요한 토목재료였다. 따라서 신공법이라고 할 수는 없으나 석회의 품질개량, 대량생산 및 시공방법 등의 새로운 개발이 요구되고 있다.

최근에는 지반조건이 불량한 곳에서의 건설공사와 환경보전을 우선으로 하는 공법의 제약 등 여러 가지 문제가 제기되고 있는데, 이와 같은 면에서 석회계 재료에 의한 토질 안정처리 공법은 매우 유망한 공법이라 할 수 있다.

흙의 역학적 안정은 활동파괴와 침하에 대한 문제, 물의 침투 및 배수에 관련된 문제로 요약할 수 있다. 따라서 흙을 안정처리 하는 목적은 강도특성, 압축성, 투수성 등 대상지반이나 흙 구조물에 따라 요구되는 안정성의 정도와 조건이 다르므로 어떤 방법으로 어느 정도 개량할 것인가가 중요한 문제이다.

예를 들면, 도로의 기층, 보조기층에서는 높은 지지력과 높은 강성이 요구되는데, 성토재료 혹은 연약지반의 안정처리에서는 그 정도까지 고도의 개량은 필요하지 않는다. 이와 같이 석회에 의한 토질안정처리는 흙 속의 점토광물과의 화학반응이 용이한 세립분의 함유량이 필요하다. 석고 첨가물을 allophane계 점토에 첨가하면 ettringgite를 신속하게 생성하여 다량의 물을 결합시키므로 조기강도를 기대할 수 있다.

최근 고로 슬래그의 이용도 많아지고 있다. 고로 슬래그의 주성분은 석회, 규산, 마그네슘 등이며 이의 특징은 비중이 작고 투수성이 크며 잠재적인 수경성을 가지고 있다. 이 성질을 이용하여 연약지반의 표층개량이나 활동에 대한 안정에 이용되고 있다.

14.4 사질토 지반의 안정처리 공법

사질토 지반의 안정처리 공법은 크게 4가지로 구분할 수 있다. ① 말뚝이나 모래 말뚝에 의한 수평다짐 방법(Sand Compaction Pile, Vibroflotation), ② 충격에 의한 연직다짐 공법(동다짐 공법, 폭파다짐 공법, 전기충격 공법), ③ 화학적 주입방법에 의한 공법으로 구분할 수 있다.

14.4.1 샌드컴팩션파일(sand compaction pile; SCP)공법

샌드 컴팩션 파일공법은 느슨한 사질토 또는 연약한 점성토 지반에 모래 말뚝을 조성하여 지반을 개량하는 공법이다. 이 공법은 직경 40cm 모래 말뚝을 소정의 깊이까지 모래를 투입하고 다짐과 인발작업을 반복하면서 지름이 60~80cm 정도 되는 잘 다져진 일정한 강도의 모래 말뚝을 지중에 형성하는 것이며, 개량 깊이는 육상에서는 35m, 해상에서는 수면 아래 50~60m정도이다. 이 공법을 느슨한 모래지반에 적용하면 다짐에 의하여 N치를 20 정도까지 개량할 수 있으며, 액상화방지, 전단저항 및 수평저항 증대를 기대할 수 있으며, 점성토층은 사질토층처럼 다짐효과는 없으나 모래의 압입에 의하여 지지력의 증대, 압밀침하 감소, 그리고 전단저항 증대를 기대할 수 있다. 또한 주변의 점성토를 균질화 함과 동시에 모래를 넣은 만큼 점성토가 치환되어 모래 말뚝에 성토하중을 집중시키는 효과가 있다. 샌드 컴팩션 파일공법은 다짐과 보강 및 압밀배수를 기본원리로 하여 복수의 원리를 병용 한 것으로 사질토, 점성토, 유기질토 등 거의 모든 토질에 적용이 가능하다.

이 공법에는 해머의 충격을 이용하는 퍼커션식 샌드 컴팩션 공법(Percussion type sand compaction method)과 진동을 이용하는 바이브로 컴포저 공법(Vibro composer method)이 있다. 이 중에서 많이 사용되고 있는 바이브로 컴포저 공법의 시공순서는 그림 14.11과 같다.

① 파이프를 소정 위치에 설치한다.
② 진동기를 진동시켜 파이프를 지중에 관입시킨다. 관입이 곤란한 층이 있을 경우는 공기 제트 또는 물 제트를 병용하여 관입시킨다.
③ 소정의 깊이까지 관입시킨다.
④ 상부 호퍼로 파이프 속에 일정량의 모래를 투입하고 파이프를 규정 높이까지 끌어올린다.
⑤ 파이프를 쳐서 투입된 모래를 진동에 의하여 다진다.
⑥ 모래를 다시 파이프 속에 투입하고 파이프를 규정 높이까지 끌어올린다.
⑦ 이상의 조작을 반복하여 모래 말뚝을 지상까지 마무리한다.

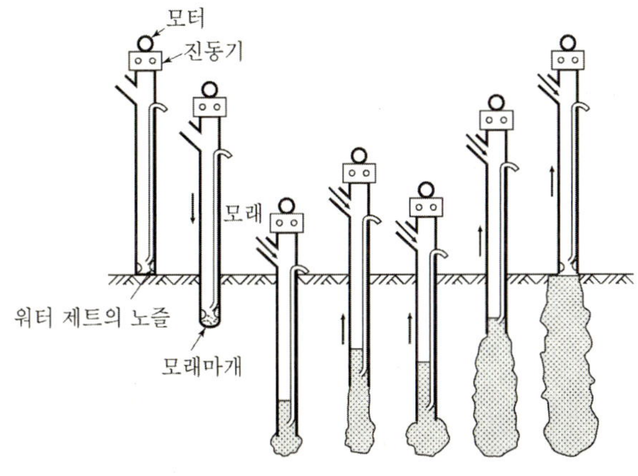

그림 14.11 바이브로 컴포저 형태의 샌드 컴팩션 파일공법의 시공순서

한편 샌드 컴팩션 파일공법에서 모래말뚝의 배치형태는 그림 14.12와 같이 정방형, 정삼각형 그리고 평형사변형 배치가 있으며, 원지반의 면적에 대한 모래말뚝이 차지하는 면적의 비를 치환율이라고 하고 이는 모래말뚝의 타설 간격에 의해 조절될 수 있다.

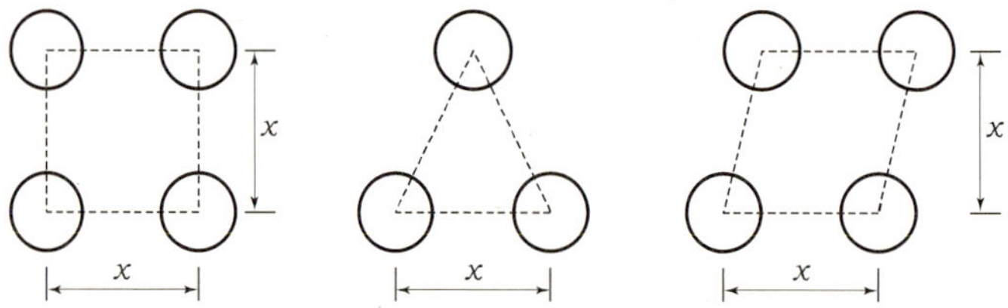

(a) 정방형 (b) 정삼각형 (c) 평형사변형

그림 14.12 모래말뚝의 배치

- 정방형 및 평행사변형 배치의 치환율(a_s)

$$a_s = \frac{A_s}{A} = \frac{A_s}{X^2} (= \frac{A_s}{X_1 \cdot X_2}) \tag{14.18}$$

- 정삼각형배치의 치환율(a_s)

$$a_s = \frac{A_s}{A} = \frac{2}{\sqrt{3}} \frac{A_s}{X^2} \tag{14.19}$$

여기서, A_s : 모래말뚝의 단면적
A : 모래말뚝 1개가 분담하는 면적

모래의 치환율은 구조물의 안정성이나 시공성, 경제성에 크게 영향을 미친다. 따라서 치환율의 설정은 설계상 가장 중요한 요소이며, 치환율이 내려갈수록 안정성/시공성은 저하되지만 경제적으로는 유리하게 되는 경우가 일반적이다. 상부구조물이 경량인 경우에는 20~40% 정도의 저치환율이, 모래말뚝 자체로 지지력, 전단강도 증가가 필요한 경우에는 70~80% 정도의 고치환율이 많이 적용되고 있다. 그러나 경제성을 고려하여 현지 실증시험이나 시공실적을 기초로 한 데이터 해석 등을 통하여 방파제나 호안에서 30~50%의 저치환율로 설계하는 경우도 있다. 모래말뚝의 직경은 육상공사에서는 60~80cm, 해상공사에서 모래지반 개량시에는 80~120cm, 점토지반 개량시에는 100~200cm 정도를 많이 사용한다.

이와 같은 모래 말뚝을 시공할 때는 공사 중에 말뚝의 간격이나 심도, 말뚝의 지름, 그리고 모래의 사용량 등을 조사해서 소정의 말뚝이 확실하게 설치되었는지를 확인하고, 또 말뚝 시공 후의 모래의 압밀, 다짐 정도 등에 대한 관리시험을 잘 해야 한다.

14.4.2 바이브로플로테이션공법(진동다짐공법)

1937년 독일에서 고안된 공법이며, 수평방향으로 진동하는 봉상(직경 약 20㎝)의 바이브로플로테이션 사수와 진동을 동시에 일으켜서 생긴 빈틈에 모래나 자갈을 채워서 느슨한 모래지반을 개량하는 공법이다. 적용성으로 깊이 8m까지, N치 20 정도까지의 사질지반에서 액상화방지를 위해서 가장 유효하게 사용되는 공법이다.

(1) 시공순서

① 바이브로플로테이션과 워터 제트로 소정의 깊이까지 관입시킨다.
② 소정의 깊이까지 도달하면 진동을 가하면서 서서히 빼낸다.
③ 진동에 의하여 지반이 다져짐에 따라 바이브로플로테이션 주위에 형성된 구멍에 모래나 자갈을 넣는다.
④ 말뚝의 간격은 접지압이 $10t/m^2$이면, 1.5m, $20t/m^2$이면 1.2m 정도로 한다.

(2) 시공시 주의사항

① 고압수는 압력 $7t/cm^2$, 유량은 $0.2m^3/\text{min}$ 정도로 하고, 시공 중 지속적으로 물을 보급해야 한다.
② 보급하는 모래의 입경은 일반적으로 클수록 좋지만 직경 $5cm$ 이상이면 다짐효과가 떨어진다.

(3) 특징

① 지반을 균일하게 다질 수 있으며, 따라서 다짐 후에는 지반 전체가 상부구조를 지지할 수 있다.
② 깊은 곳의 다짐을 지표면에서 할 수 있다.
③ 지하수위의 고저에 영향을 받지 않고 시공할 수 있다.
④ 공기가 빠르고 공사비가 싸다
⑤ 상부 구조물이 진동하는 경우에는 특히 효과가 있다.

(4) 문제점

① 대상지반에 조립분이 많으면 개량 후의 N치가 상승하기가 어렵다.
② 시험시공으로 개량 시방을 결정한다.
③ 점성토에는 개량효과가 거의 없다.

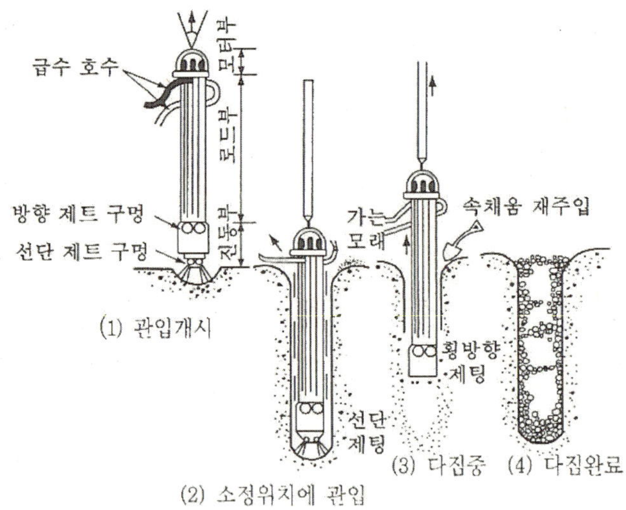

그림 14.13 바이브로플로테션의 시공순서

14.4.3 동다짐 및 동치환 공법

동다짐 공법은 동압밀 공법이라고도 하며, 그림 14.14와 같이 중량이 큰 중추(10~40톤) 또는 전면적 3~7m^2정도의 강재 및 콘크리트 등으로 제작한 추를 70~250톤의 대형크레인이나 전용장비를 이용하여 5~40m 높이에서 자유 낙하시켜 5~20m 정도의 지반을 개량하는 것이다.

이 공법의 대상지층은 전석 및 호박돌층, 자갈층, 모래층, 모래를 포함한 포화 점성토층, 폐기물지반 등으로 대상지층이 점차 사질토층에서 점성토층으로 확대하고 있으며, 건물기초, 탱크기초, 부지조성, 철도, 도로의 기초지반 처리, 공항 활주로 등에 시공되고 있다.

동다짐 공법의 특징은 다음과 같다.

① 1회 타격에너지가 기존의 다짐공법에 비해 크다는 장점이 있다.
② 지반 내에 암괴 등의 장애물이 있어도 가능하다.
③ 시공 시 지반진동에 의한 공해문제가 발생한다.
④ 사전 지반조사에서도 파악하기 어려운 지반의 불균일성을 시공 중 유연하게 대처할 수 있고, 부지의 전역에서 확실한 개량효과를 확보할 수 있다.

(a) 동다짐 장비 (b) 유압장치를 이용한 동다짐

(c) 시공 후 (d) 시공 완료 후 전경

그림 14.14 동다짐 공법

동다짐 공법의 설계에 있어 주요 검토 항목으로는 개량목적에 필요한 목표 값, 개량심도, 지반조건, 지하수위, 현상주변의 상황 등이 있다.

(1) 개량심도, 추의 중량 및 낙하고

$$D = \alpha \sqrt{W \cdot H} \tag{14.20}$$

여기서, D : 개량 심도 (m)

α : 토질에 의한 계수(점성토 : 0.4~0.5, 사질토 0.5~0.6)

W : 추의 무게(톤)

H : 낙하고(m)

(2) 타격간격

사질토 지반 : $l = D$

점성토 지반 : $l = 0.5D$

(3) 타격에너지

단위체적당 타격에너지는 토질 특성 또는 기타 타격시방, 개량목표에 의하여 결정되지만 과거의 시공 사례를 참고로 해서 결정하는 경우가 많다.

(4) 타격횟수(N) 및 타격단계 수(n)

$$N = \frac{E_v D l^2}{WHn} = \frac{E l^2}{WHn} \tag{14.21}$$

여기서, N : 타격횟수

E : 단위면적당 에너지($= D \cdot E_v$($\mathrm{kN} \cdot m/m^3$))

E_v : 타격에너지($\mathrm{kN} \cdot m/m^2$)

l : 타격면적(A, m^2)

n : 시공의 단계수

(5) 정치기간

정치기간이란 각 타격 지점에 대하여 단계별 타격 후 일정기간을 방치시키는 것을 의미하는데 그 이유는 타격시 발생되는 과잉공극수압에 의하여 토층이 액상화 상태에 도달된 후에 타격을 가하여 지반을 교란시킬 우려가 있으며 과잉공극수압이 소산할 때 비비수전단강도가 일정기간 동안 계속 증가하기 때문이다.

모래, 자갈 : 수 시간, 수일

점성토 : 20~30일

동치환 공법은 추를 고공에서 낙하시키는 에너지를 이용하는 데 있어서 동다짐 공법과 비슷하지만 지반을 조밀하게 만들 자갈, 쇄석 또는 모래 등의 재료를 지반에 관입시키는 차이가 있다. 이러한 재료를 관입시킴으로써 쇄석기둥을 지중에 형성하게 된다.

그림 14.15를 보면 연약지반상에 큰 에너지로 추를 낙하시키면 동다짐과 같은 큰 구덩이가 생기는데 동치환 공법에서는 이러한 구덩이에 지반에 치환시킬 재료를 채우고 이를 다시 타격한다. 이러한

방법을 통해 지중에 대직경 쇄석기둥을 설치하는 것이다. 이렇게 형성된 조립질 재료의 기둥은 공극수압을 소산시키는 역할을 하기도 하며, 배수로의 역할을 수행하기도 한다.

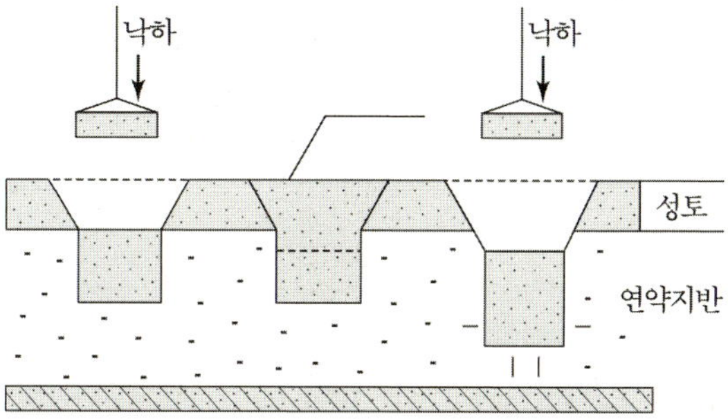

그림 14.15 동치환 공법 시공도

14.4.4 주입공법

일반적으로 주입공법(injection and grouting)이라 하면 지반 내로 응결제를 주입 고결시킴으로써 요구되는 목적에 따라 지반을 개량하는 방법을 말한다.

응결제로서는 시멘트와 점토재료, 또는 물유리 등의 화학약품(약액)을 이용한다. 그림 14.16은 주입 약액의 종류를 나타낸 것이다.

주입공법은 차수목적으로 널리 사용되지만 때로는 지반을 고결시킴으로써 강도증가 침하감소 또는 언더피닝(underpinning)에 사용되기도 한다.

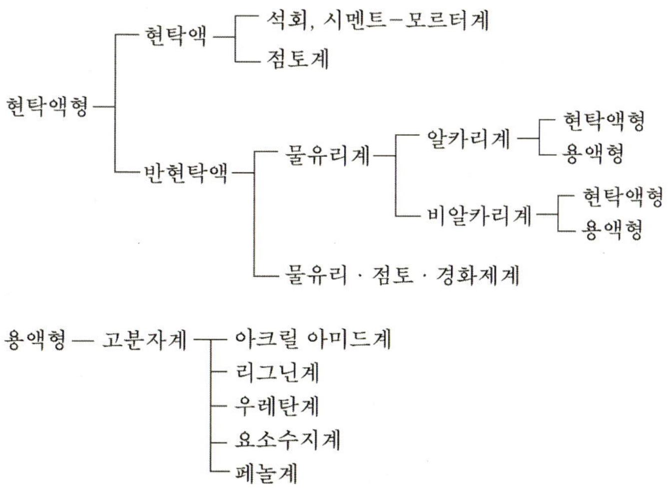

그림 14.16 약액의 종류

(1) 현탁액 주입제

시멘트 풀이 가장 많이 사용되는 주입제다. 물 시멘트 비를 낮게 하면 재료분리가 일어나지 않고 높은 강도를 얻을 수 있지만 주입하는 데 어려움이 있다. 가끔 주입을 용이하게 하고 응고시간을 조절할 목적으로 화학 첨가제를 사용하기도 한다. 현탁액 주입제는 느슨한 모래 지반이나 조립으로 구성된 지반에 적용 가능하다. 적용 가능성에 대한 기준은 주입가능성(groutability ratio)을 사용한다. 즉 흙과 암반에 대한 기준은 다음과 같다.

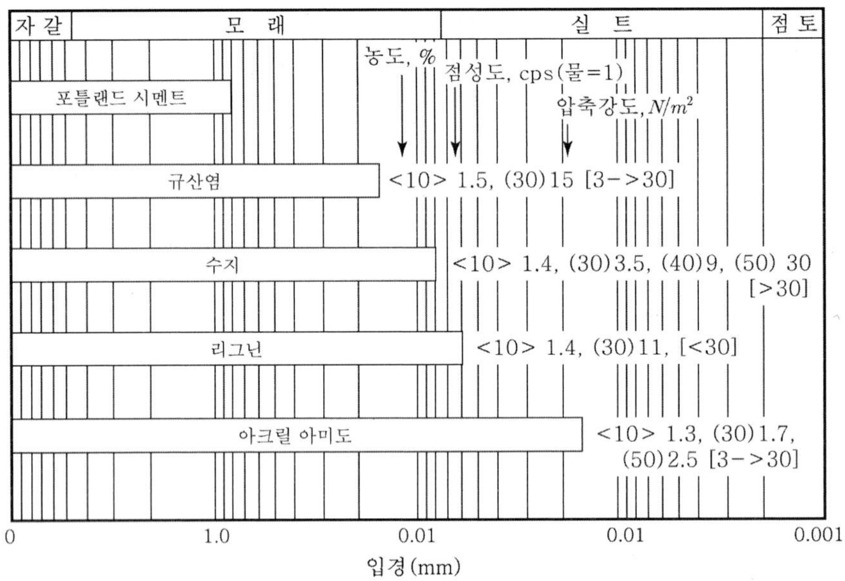

▌그림 14.17 ▌ 지반의 입도 분포별 약액의 적용 범위

$$N = \frac{\text{흙의 } D_{15}}{\text{주입제의 } D_{85}} \tag{14.22}$$

$N > 24$: 균질한 그라우팅 가능

$N < 11$: 그라우팅 불가능

$$N_c = \frac{\text{흙의 } D_{10}}{\text{주입제의 } D_{95}} \tag{14.23}$$

$N_c > 11$: 균질한 그라우팅 가능

$N_c < 6$: 그라우팅 불가능

현탁액 주입제는 입경이 0.42mm보다 큰 흙에는 포틀랜드 시멘트가 적합하고 0.25mm보다 큰 흙에 대해서는 벤토나이트가 적합하다.

설계 약액의 선택은 개량지반에 작용하는 하중조건과 지반조건을 고려해야 하며 그림 14.17은 지반의 입도 분포별 약액의 적용 범위를 나타낸 것이다.

(2) 주입의 형식

그림 14.18에서 보는 바와 같이 주입형식은 침투 그라우팅, 변위 그라우팅 및 캡슐 그라우팅의 세 가지 종류로 나눌 수 있다.

침투 그라우팅(permeation grouting)은 가는 모래보다 굵은 흙과 암반의 균열에만 적용할 수 있다. 주입제는 현탁액 주입제와 약액으로 나눌 수 있다.

변위 그라우팅(displacement grouting or compaction grouting)은 외부의 견고한 혼합물이 공극을 채우면서 주위에 있는 흙에 압축을 가하여 지반의 변위가 일어나게 하는 방법이다. 이 그라우팅을 위한 주입제로는 슬럼프가 대단히 낮은(0 내지 5cm) 시멘트 풀 또는 모르터를 사용한다.

캡슐 그라우팅(encapsulation grouting)은 주입제가 흙입자를 둘러싸는 것을 의미한다. 석회 슬러리는 이 형식에 가장 보편적으로 사용되는 주입제이다.

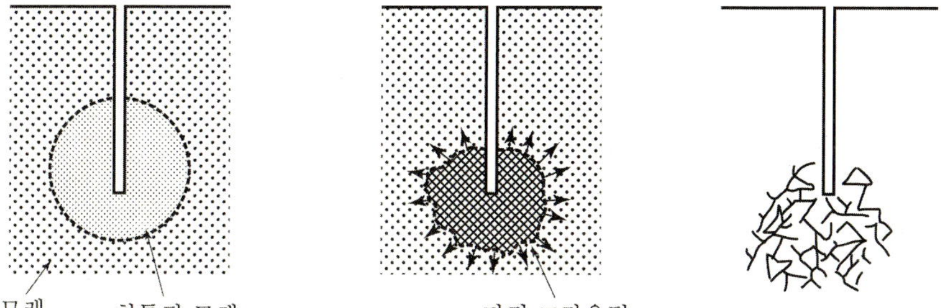

(a) 침투 그라우팅 (b) 변위 그라우팅 (c) 캡슐 그라우팅

그림 14.18 주입형식

(3) 주입 기술

약액의 침투시간 및 거리는 이론적으로는 겔타임, 주입압력, 주입속도, 주입 유효경, 주입방식, 지반의 투수성(공극률), 약액의 성질 등에 관계되며 실제로는 불균질한 지반상황, 지하수위 등 주입약액의 시간에 따른 변화, 겔화에 따른 유동체의 복잡한 침투 매카니즘과 관계된다.

즉, 반경 r_0인 주입관의 선단에서 반경 R의 범위까지 약액이 3차원적으로 방사선상으로 침투하는데 소요되는 시간 t는 다음 식으로 계산할 수 있다.

$$t = \frac{V_y/V_w}{\gamma_g/\gamma_w}\frac{n}{kh}\frac{R^3 - {r_0}^3}{3r_0} \tag{14.24}$$

여기서, k : 투수계수(cm/sec)

γ_g, γ_w : 약액 및 물의 단위중량(g/cm^3)

V_y, V_w : 약액 및 물의 점성도(pcs)

n : 공극률

h : 주입압

r_0 : 주입관의 반경(cm)

R : 주입 유효반경(cm)

주입공의 배치방법은 단열식과 복열식으로 크게 분류되며 원칙적으로 그림 14.19와 같이 그라우트 침투범위가 서로 중복되도록 배치한다. 이때 주입공의 간격은 침투범위의 평균유효경 D 의 1/2~1/3로서 대략 0.6~2.0m의 범위가 많다. 주입 대상지반에 대한 전주입량은 다음 식으로 계산한다.

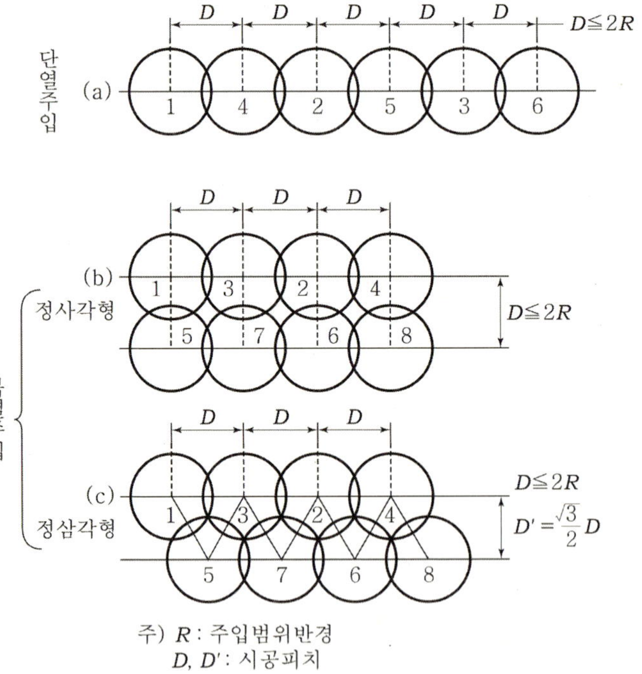

그림 14.19 주입공의 배치방법

$$Q_c = Vn\alpha(1+\beta) \tag{14.25}$$

여기서, V : 주입 개량범위의 총체적
n : 지반의 공극률
α : 지반의 공극에 대한 주입재의 충전율
β : 주입의 손실계수
$\alpha(1+\beta)$: 주입재의 손실을 고려한 충전율
$n \cdot \alpha(1+\beta)$: 주입률

지수를 목적으로 주입할 때에는 주입 간격을 작게 취하고 지반의 강화를 목적으로 할 때는 이를 크게 취한다. 경화시간(gel time)은 대개 침투주입에서는 약액이 소정의 주입 범위 내에서 충분히 침투하도록 설정한다. 그라우트 주입시 지반파괴를 일으키는 한계 주입압은 수압할열현상의 개념을 이용하여 산출할 수 있으나 실제와는 차이가 있으므로 충분한 지반조사를 실시하고 그 결과와 비교하여 설정해야 하며, 특히 현장에서 시험주입을 실시하여 그 결과에 따라 설계하는 것이 바람직하다.

한편 그라우팅에 따른 지반의 지하수 오염은 희석확산, 흡착, 이온교환, 중화 등과 관계되는데 지반조건에 알맞은 주입재를 선택하여 자연환경 오염을 일으키지 않도록 해야 한다.

14.5 연약지반 침하와 계측 관리

연약지반 설계에 있어서 불확실성으로 인하여 설계시의 예측과 시공시의 실제 거동과 불일치가 때때로 야기되므로 지반이나 구조물의 과도한 변형과 파괴현상이 발생치 않도록 현장계측에 의거한 시공관리를 통하여 사고를 미리 예측하고 필요한 대책을 강구하면서 공사를 진행하는 것이 중요하다.

즉 시공중에 각종의 계기를 시공하여 지반이나 구조물의 거동을 계측함으로써 설계시의 예측과 비교, 이상현상을 파악하여 원인을 면밀히 검토하고, 결과에 따라 설계 또는 시공법의 수정이 필요하다.

14.5.1 계측계획 및 시공관리

(1) 현장계측 계획

연약지반에서 현장계측에 의해서 얻어지는 자료는 통상 구조물의 하중이나 침하, 변형, 공극수압, 토압 등의 시간적 변화이다.

이것들은 각기 단독으로 유용한 정보를 제공하는 동시에 가공 또는 몇 가지를 조합하므로써 또다른 정보를 얻을 수 있도록 한다.

시공관리는 당연히 이들 정보에 따라 실시하게 되나 보다 정확한 시공관리를 위해서는 먼저 충분

한 준비 기간을 가지고 다음 사항을 상세히 검토하여 실수가 없도록 하여야 한다.

① 지반성상을 포함한 공사현장 및 주변의 환경조건
② 계측대상 구조물 및 지반과 계측목적
③ 계측목적에 따른 계측범위와 계측위치
④ 계측기기의 종류와 수량
⑤ 계측기기의 매설, 설치, 유지, 보호방법
⑥ 공사 공정에 알맞은 계측기간과 계측빈도
⑦ 계획 규모에 적합한 인원과 계측결과가 시공에 반영될 수 있는 체제

연약지반은 깊이 방향은 물론 평면적으로도 토성이 복잡하게 변화하므로 적절한 계측규모를 결정하기란 매우 어렵다. 일반적으로 토질의 물리 역학적 특성에 의한 지반의 구간 구분 및 구조물과의 상관관계 등에서 시공범위를 적당한 몇 개의 계측구간으로 나누어 각 구간에서 계측내용에 대해서 검토한다.

(2) 시공관리

연약지반에 있어서의 현장계측에는 침하, 변형, 수압 및 토압이 주요 계측대상이 되며 일반적으로 사용되고 있는 계측기기는 다음과 같다.

표 14.2 연약지반 현장 계측용기기의 목적

계측기기	사용 목적
지표면 침하판	대상이 되는 지점의 전침하량을 측정 (성토속도의 조절, 여성의 제거시기, 선행재하중의 철거시기 결정 등에 사용함)
심층부 침하판	연약층이 두꺼운 곳의 심부 또는 각층의 침하량을 측정 심부에서의 지반의 거동을 파악 (성토속도의 조절, 여성의 제거시기 결정 등에 사용)
연속 침하계	심층부 침하판의 목적과 같음 (성토체 각층의 침하량 결정 가능)
지표 변위계 변위말뚝 신축계	지표면의 수평방향 이동량, 법선의 침하융기측정 (구조물의 안정 확인, 활동파괴의 예지, 측방유동 등을 관측하여 성토 작업의 안정성 확보, 성토속도의 조절 등에 결과 사용)
지중 변위계 경사계	성토법선부 연직층마다 수평변위를 측정 (성토속도 조절, 지중의 수평 이동량 확인)
공극수압계	성토하중에 의한 공극수압의 증감을 측정 (공극수압의 증감에 따라 대책공의 효과, 침하상태의 확인에 이용)
토압계	성토하중에 의한 깊이 방향의 증가토압 측정 (Sand Pile 타설 부위에서 모래기둥과 주변 지반 하중의 분담률을 조사하여 효과 확인)

계측기기의 설치 고려사항으로는 다음과 같다.

① 대상지역 전체를 대표할 수 있는 지점을 선정하여야 한다.
② 사전자료 및 시추자료로 지반조건을 파악하고 있는 지점을 선정한다.
③ 지반개량 효과분석과 안정관리 대상지점을 선정한다.
④ 차량이나 기타장비로부터 계측기기 보호가 용이한 지점을 선정한다.

표 14.3 일반적인 계측기의 계측위치

계측기	계측기 배치 위치
표면침하판	성토천단의 중앙부 및 성토사면의 정상부
층별침하계	성토중앙부의 지중
경사계	성토사면 선단
공극수압계	층별침하계가 설치된 위치에서 3m 이내
변위말뚝	성토사면하부에 일정간격으로 배치
신축계	성토주변부 지표 (경사하부)

연약지반상의 성토로 인하여 시공 중 발생되는 원지반의 거동 특성은 그림 14.20과 같으며, 성토 구조물의 침하량, 압밀효과 확인, 안정성을 확인하기 위한 계측기 배치는 그림 14.21과 같이 예를 들 수 있다.

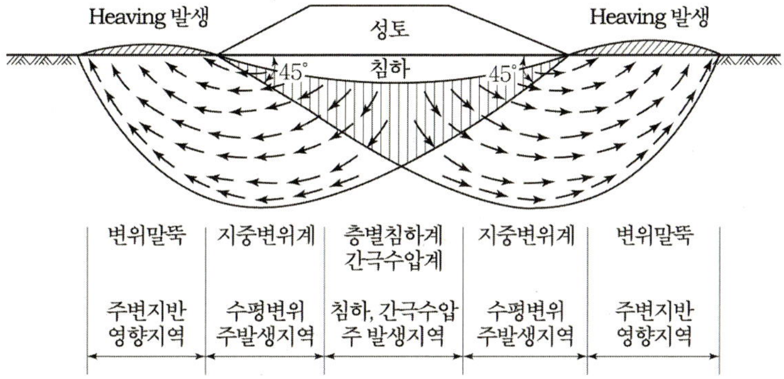

그림 14.20 성토시 일반적인 원지반의 거동

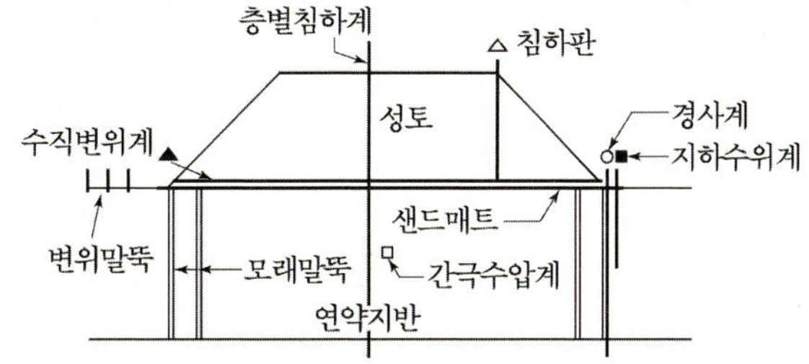

그림 14.21 연약지반상 계측기 배치도

14.5.2 침하관리 기법

프리로딩, 샌드 드레인, 페이퍼 드레인 등의 공법으로 연약지반을 처리할 때 압밀침하량과 공극수압의 소산정도는 침하판 또는 계측 결과에 의하여 분석할 수 있다.

침하판 측정 결과의 분석은 다음과 같은 방법이 있다.

(1) 쌍곡선법

이 방법은 Miyakawa가 개발한 방법으로서 실측곡선과 장래 발생하는 실측곡선의 연장선이 쌍곡선이라고 가정하는 것이다(그림 14.22 참조). 쌍곡선 방정식을 적용하여 초기침하량의 실측치로부터 장래 침하량을 다음 식으로 예측하는 방법이다.

$$s_t = s_0 + s'_t = s_0 + \frac{t - t_0}{\alpha + \beta(t - t_0)} \tag{14.26}$$

여기서, s_t : 경과시간 t에서의 침하량

s_0 : 성토 완료 후의 침하량

t_0 : 성토 완료 후까지의 경과시간(s_0에 대응)

t : 임의 경과시간(s_t에 대응)

α, β : 실측 침하량으로부터 구하는 계수

위의 식은 다음과 같이 변형될 수 있다.

$$\frac{t - t_0}{s_t - s_0} = \alpha + \beta(t - t_0) \tag{14.27}$$

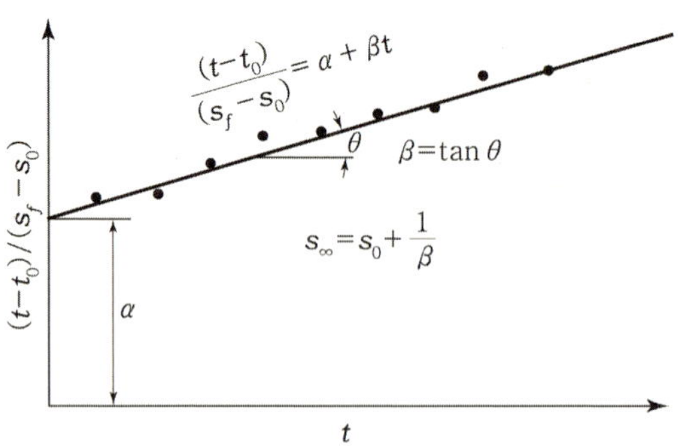

그림 14.22 쌍곡선법에 의한 침하 예측

이 식은 그림 14.28에서 보는 바와 같이 $(t-t_0)/(s_t-s_0)$와 $(t-t_0)$의 관계곡선에서 기울기가 β, 절편이 α인 직선임을 의미한다. 이 관계를 이용하여 α, β를 결정하고 이 값을 식 (14.26)에 대입하면 임의의 시간 t에 대응하는 침하량 s_t를 구할 수 있다. 만일 $t=\infty$라고 하면 α는 무시할 수 있으므로 최종침하량은 다음 식으로 나타낼 수 있다. 그림 14.23은 성토후 시간 경과에 따른 침하량 실측곡선의 작성 예이다.

$$s_f = s_0 + \frac{1}{\beta} \tag{14.28}$$

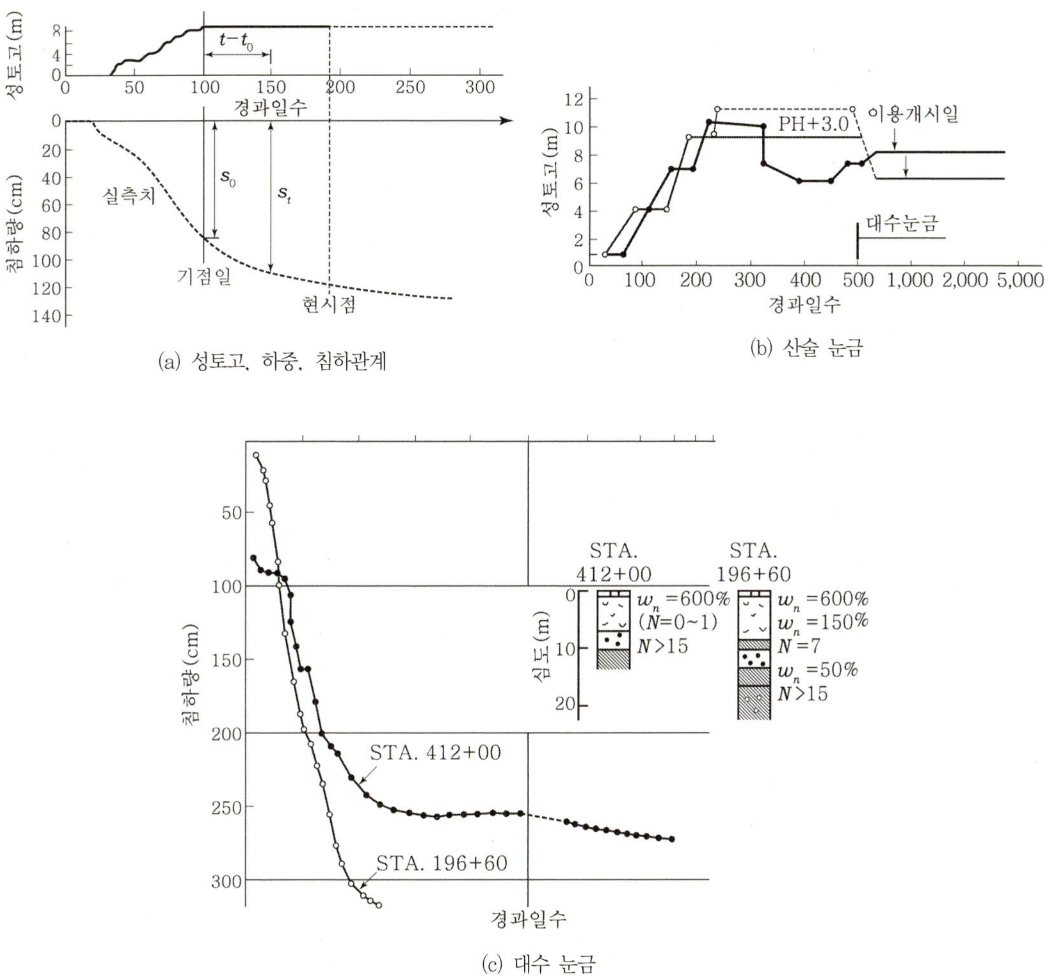

그림 14.23 침하판 계측결과의 정리 예

예제 14.2 그림 예 14.1과 같은 침하-시간 곡선이 연약지반상의 성토공사에서 실측되었다. 쌍곡선법에 의하여 최종침하량을 예측하여라. 단, 성토 시공기간은 80일로 한다.

풀이 그림 예 14.1에서 $t_t = 80$일을 취하면 $s_t = 55.0\text{cm}$로 되고 식 (14.27)에서 $\dfrac{t-t_0}{s_f-s_0} = \alpha + \beta(t-t_0)$로 되므로 $(t-t_0)/(s_f-s_0)$의 값을 계산해서 이를 $t-t_0$과 그림으로 나타내면 직선으로 되어 침하곡선에 합치되는 것으로 이 직선의 $\dfrac{t-t_0}{s_f-s_0}$의 축에 절편이 α, 직선의 경사도가 β로 된다.

이때 계산치는 그림 예 14.2와 같이 되고 直線性이 인정되며 $\alpha = 1.18$, $\beta = 0.0146(1/\text{cm})$가 된다. 따라서 식 (14.21)에 의하여 $s_f = 55 + \dfrac{1}{0.0146} = 123.5\text{cm}$가 된다. 또 이들 값을 사용하여 각 시간마다 s를 계산하면 그림 예 14.1에 도시한 값이 되며 잘 일치됨을 알 수 있다.

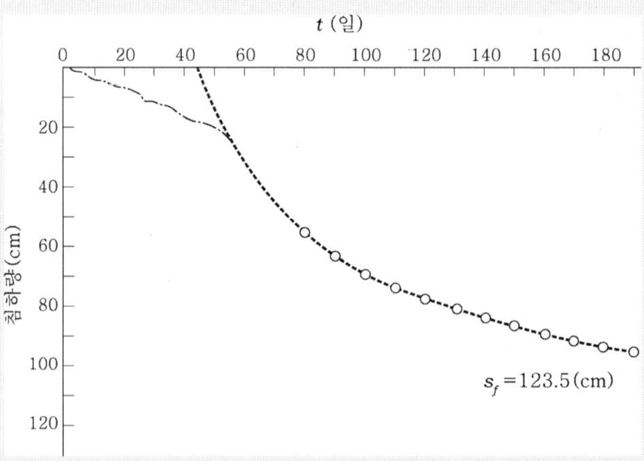

그림 예 14.1 쌍곡선법의 예

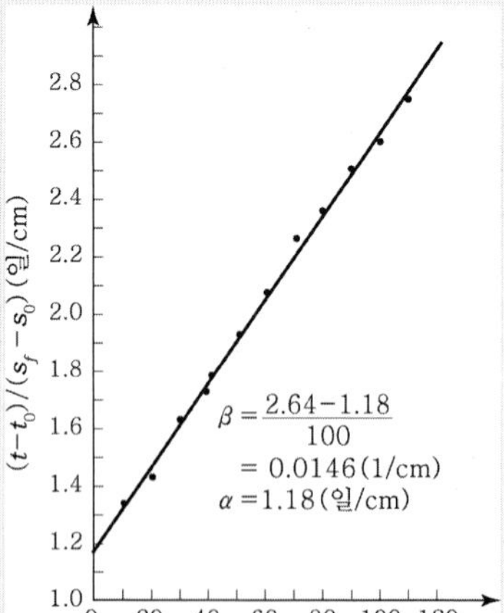

그림 예 14.2 α, β의 결정

(2) 평방근법(Hoshino법)

Terzaghi의 압밀이론에 의하면 압밀의 초기침하곡선은 시간의 함수로서 다음과 같이 나타낼 수 있다.

$$\overline{U}(t) = 2\left(\frac{t}{\pi}\right)^{1/2} \tag{14.29}$$

그런데 현장에서 여러 실측치를 검토한 결과 전단에 의한 유동변형을 포함한 총침하량은 시간의 평방근에 비례한다는 것이 인정되었다. Hoshino는 이를 기본원리로 하여 $t=\infty$ 에서 일정한 값이 되도록 경과시간-침하량 관계를 다음 식으로 표시하였다.

$$s_t = s_0 + s_d = s_0 + \frac{AK(t-t_0)^{1/2}}{[1+K^2(t-t_0)^{1/2}]} \tag{14.30}$$

여기서, s_t : 경과시간 t에서의 침하량
s_0 : 성토완료 직후의 침하량
s_d : 시일의 경과에 따른 침하량
t_0 : s_0에 대응하는 경과시일
t : s_t에 대응하는 경과시일
A, K : 실측 침하량으로부터 구한 계수

식 (14.30)은 다음과 같이 변형할 수 있다.

$$\frac{t-t_0}{(s_t-s_0)^2} = \frac{1}{A^2K^2} + \frac{1}{A^2}(t-t_0) = \alpha + \beta(t-t_0) \tag{14.31}$$

이 식은 $(t-t_0)/(s_t-s_0)^2-(t-t_0)$의 관계에서 기울기 $\beta=1/A^2$, 절편 $\alpha=1/(AK)^2$인 직선을 의미한다.

그림 14.24는 계수 α와 β를 구하는 방법을 나타낸 것이다. 이로부터 미지수 A, K를 구하고 이와 같이 결정한 A, K, t_0, s_0을 식 (14.30)에 대입하면 임의의 시간 t에 대응하는 s_t를 구할 수 있다. 한편 최종 침하량 s_f는 식 (14.31)에서 $s=\infty$라 가정하면 다음 식이 된다.

$$s_f = s_0 + A = s_0 + (1/\beta)^{1/2} \tag{14.32}$$

이 밖에 Asaoka(1978), Monden(1963) 방법도 많이 이용되고 있는데 특히 Asaoka는 Mikasa에

의해 과잉 공극수압 대신 연직방향의 변형률 E_v를 기본으로 하여 유도된 압밀 미분방정식을 미분방정식의 형태로 바꾸어서 개략적으로 나타낸 것으로 Asaoka는 이 미지수를 결정하기 위하여 침하 관측자료를 이용하고 이 결정 자료로부터 장래의 침하량을 예측하였다.

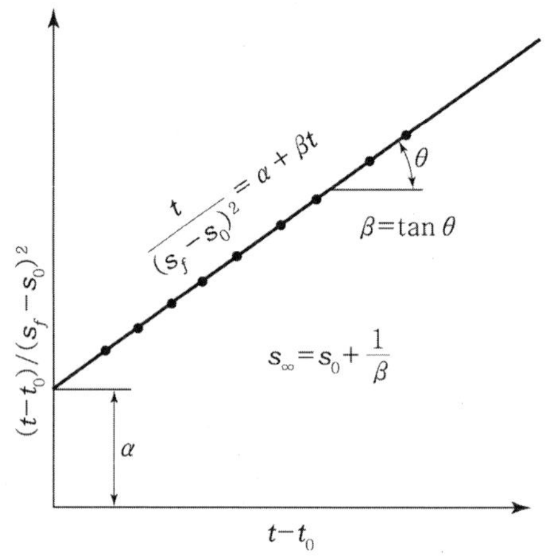

그림 14.24 Hoshino에 의한 침하예측(계측 α와 β를 구하는 법)

14.6 장래의 지반개량 방향

앞으로 예상되는 효과적인 지반개량의 방향은 고밀도화, 약액처리, 보강, 수분조절, 그라우팅 등을 들 수 있다.

(1) 고밀도화(Densification)

심부 폭파, 구속(surcharge), 선행재하, 전기충격 초음파 등의 기술을 도입하여 점성토를 깊은 심도까지의 동적 고밀도화하는 방법이다.

(2) 약액 처리(Admixtures)

폴리머에 의한 안정처리 방법으로서 혼합 주입은 물론이고 지반 속에 발산하는 스태빌라이저, 특수 플라스틱, 세균성 액체 등의 개발을 들 수 있다.

(3) 보강

연약지반상의 제방 융기에 대한 수평보강을 위하여 네트를 사용하거나 스톤 칼럼(stone column) 미니파일 혹은 피코(picot)에 의한 그라우트 말뚝, 루트파일(Micro pile), 셀루라 삼차원 토질보강 등의 개발을 들 수 있다.

(4) 수분조절

건조방지에 의한 수축조절, 건조토를 셀루라로 둘러싸는 방법 등을 응용할 수 있다. 보링공 도랑, 구덩이 등에 전기침투를 적용하거나 탈수를 위한 멤브레인, 방사능에 의한 토성의 개량, 흙의 마이크로 웨이브 건조에 의한 함수비 감소를 위한 대규모 급속 열처리, 멤브레인에 의한 배수 또는 압밀 억제, 불투수벽과 보강재 형성을 위한 연약지반 합성 안정 처리 등을 들 수 있다.

(5) 그라우팅

화학약액에 의한 활동사면의 안정, 그라우팅을 실시하여 수압할렬 조절 및 유기물층을 안정시키기 위하여 유기물 입자가 강성을 갖도록 하는 플라스틱 그라우팅 등의 공법을 들 수 있다.

연습문제

14.1 두께 8m, 압밀계수 $C_v = 1.0 \times 10^{-3}\,\mathrm{cm^2/sec}$이고 배수조건은 양면배수인 점토층이 있다. 이 층에 선행재하를 시행하여 60cm의 침하가 일어나도록 하고자 한다. 재하하중의 크기와 이에 의하여 생기는 압밀침하량은 직선관계이고 60cm 침하량에 대하여 하중을 $78.5\,\mathrm{kN}/m^2$라고 할 때 설계조건을 만족시키는 데 필요한 재하하중의 크기를 압밀기간은 120일 및 240일 때에 대하여 계산하여라. 그리고 기초처리를 하지 않을 경우와 직경 40cm의 샌드 드레인을 간격 2.5m인 정삼각형으로 배치할 때에 대하여 계산하여라.

14.2 페이퍼 드레인을 설치하고 8개월 후 압밀도 90%에 도달될 수 있도록 드레인 간격을 결정하여라. 다만, 점토지반의 평균 압밀계수 $C_h = 0.45\,\mathrm{m^2}$/년이고, 환산 직경은 0.04m이다.

14.3 샌드 컴팩션 공법의 적용시 사질토와 점성토 지반에서 기대할 수 있는 효과를 서술하여라.

14.4 동압밀(dynamic consolidation)에 대해 자세히 설명하여라.

14.5 쇄석기둥공법(stone column method)에 대해 자세히 설명하여라.

14.6 연약지반 처리대책으로 샌드 드레인 공법을 적용할 경우 압밀 침하를 예측하는 방법에 대해서 설명하여라.

14.7 쉬트(매트)공법에서 요구되는 토목섬유의 기본적인 기능에 대하여 설명하여라.

14.8 연직배수재의 clogging 현상에 대하여 설명하여라.

14.9 스미어존(smear zone)에 대해 자세히 설명하여라.

14.10 연직배수공법 중 샌드드레인, 팩드레인, 페이퍼드레인의 차이점을 설명하고 장단점을 비교하여라.

14.11 해성 점토층(marine clay) 지역과 해성점토를 준설 매립한 지역의 지층을 각각 압밀촉진 방법으로 설계한 경우 차이점을 기술하여라.

14.12 연약지반 개량공사를 하며 지표면 침하판, 공극수압계 및 지하수위계, 지중경사계 등을 사용하여 계측관리를 하고 있다. 이때 사용되는 안정성 확인 방법에 대하여 기술하여라.

제15장 지반의 동적 성질

제 15 장

지반의 동적 성질

15.1 개설

양수장을 비롯한 각종 기계기초, 교통하중, 항타, 발파 등의 진동에 대응하는 각종 구조물의 설계는 물론이고 특히 지진과 같은 큰 진동이 발생될 우려가 있는 지역에서는 원자력시설, 중요 구조물, 방조제 및 흙댐, 저장 탱크 등을 설계시 진동으로 인한 지반의 동적거동 즉 진동특성을 이해하여 이에 대응하는 설계를 해야 한다.

최근에는 동적성질을 측정하는 각종기기의 개발에 따라 지반 동적 외력 특성에 대응하는 흙의 응력-변형, 강도 특성 등이 점차 규명되고 있다.

그 결과 기초와 상부 구조를 포함한 시스템의 동적 설계는 지반이 내포하고 있는 많은 불확실성에도 불구하고 수치해석과 모델링 기법에 의하여 상당한 발전을 보았다. 그러나 필댐과 같은 복잡한 형태의 흙 구조물은 흙의 응력-변형관계가 비선형 특성을 나타내고 그 성질이 배수조건이나 유효응력 수준에 따라 크게 변하기 때문에 아직 동적 해석의 모델화에 어려움이 있으므로 간편법인 진도법에 의존하여 설계하는 경우가 많다.

15.2 지진의 특성

15.2.1 지진파와 지진동

진원으로부터 방출하여 지구 내부를 전파하는 지진파는 변형이 비교적 작기 때문에 탄성 파동론으로 취급할 수 있다.

지진동이라 하면 횡파 즉 수평진동을 주제로 생각하였는데 이 이론은 원거리 지진시에는 적당하나 연직 지진에서는 불충분하며, 특히 흙과 같은 유효하중이 강도에 직접영향을 주는 재료에서는 연직진동의 영향을 경시할 수 없다. 표층의 지진동은 매우 복잡하나 파형을 분석하면 지반 특유의 파수가 많이 나타나는 탁월주기가 존재하는데 이는 표면의 공진현상으로 설명되고 있다.

그림 15.1과 같이 두께 H인 표층에 연직 상향으로 S파가 입사한다고 생각하면 S파는 체적 변화를 가져오지 않았으므로 공극비 e가 0일 때 관성력(지진력)이 $f_x = -\rho \partial^2 u / \partial t^2$라고 하면 기반층과 표층의 파동방정식은 다음과 같다.

$$\frac{\partial^2 u_i}{\partial t^2} = c_i^2 \frac{\partial^2 u_i}{\partial x^2} \tag{15.1}$$

여기서, u_i : 전단변위

c_i : 표층의 횡파 전파속도$\left(= \sqrt{\frac{G_i}{\rho_i}}\right)$

$i=1$은 표층, $i=0$은 기반층을 나타내며 이때의 변위성분은 x 방향의 변위 u만임을 주의해야 한다.

그리고 탁월주기 T는 다음 식으로 나타낼 수 있다.

$$T = \frac{4H}{c_1} \tag{15.2}$$

T는 H가 크고 c_i 또는 G_i가 작은 연약층에서 크다.

또 공진시 표층과 기반층 경계의 변위는 0이며 표층은 하단 고정이 되는 것으로 알려져 있다.

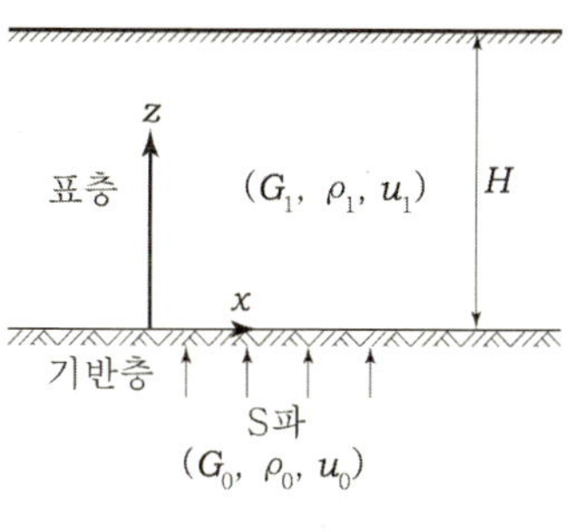

그림 15.1 입력 S파에 대한 표층의 공진

15.2.2 지반내 파동의 전파

진동의 공학적 특성을 살펴보면 지표면에서의 건설 진동의 크기는 일반적으로 지진의 크기와 비교할 때 리히터 규모(Richter magnitude) 6.5 이하의 범위로써 진동수는 1~ 90Hz이다.

표 15.1은 건설 진동의 형태를 나타낸 것이다.

표 15.1 건설진동의 형태

분류	전이 상태	정적상태	유사정적 상태
파동의 형태	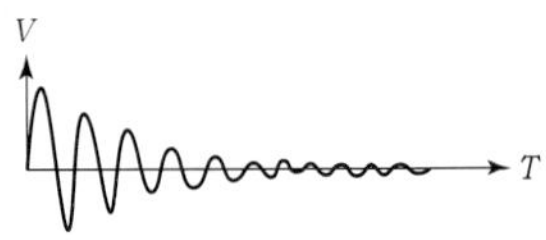	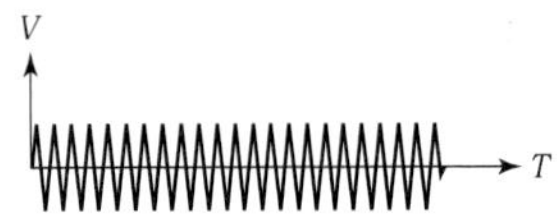	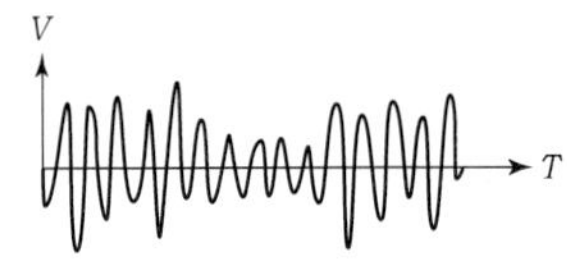
진동원	발파, 충격 말뚝	진동 말뚝 펌프 프레셔	잭해머 포장 브레이커 건설장비(트럭 등)

파동은 그 자신이 통과하는 전파 매질의 종류에 따라 체적파(body wave)와 표면파(surface wave)로 분류된다. 체적파는 경계조건의 영향이 없는 지반 내부를 통과하는 파동의 형태로써 종파(P파), 또는 압축파, 그리고 횡파(S파) 또는 전단파로 구분된다. 종파는 매질의 진동방향이 파동면에 연직이며 횡파는 파동면에 평행으로 진동하며 비틀림파라고도 부른다. 표면과는 지표의 경계조건의 영향을 받는 표토에 가까운 지층을 통해 전파되는 파동형태로써 레일리파(Rayleigh wave, R파)와 러브파(love wave)로 구분된다. 그림 15.2는 파의 전파운동의 물리적 개념을 도식화한 것이다.

지진이 발생시 종파 P, 횡파 S의 전파 속도는 각각 다음 식으로 나타낼 수 있다.

$$P=\sqrt{\frac{2G(1-\mu)}{\rho(1-2\mu)}} \tag{15.3}$$

$$S=\sqrt{\frac{G}{P}} \tag{15.4}$$

여기서, G : 동적 전단계수

μ : 포아송 비

ρ : 밀도

$P>S$이므로 원거리 지진의 경우 종파가 횡파보다 먼저 도달한다. 그러나 진동 진폭은 횡파가 일반적으로 더 크다. 표면파는 횡파보다 늦게 도달한다. 이들 파동은 지표면 부근에서 기반층 즉 충적층, 홍적층 등에 입사할 때 투과, 굴절 혹은 표면에서의 반사를 반복하며 이들이 합성된 것이 표면의 지진동 형태로 나타나므로 실제 관측되는 진동은 매우 복잡한 파형을 이루고 있다. 그러나 이들 파형은 표층 지반의 두께와 견고한 정도의 영향을 크게 반영한다. 즉 지반이 연약하고 퇴적 두께가 두꺼울 때에 표면의 진폭은 크고 주기가 길어지며 가속도는 커진다.

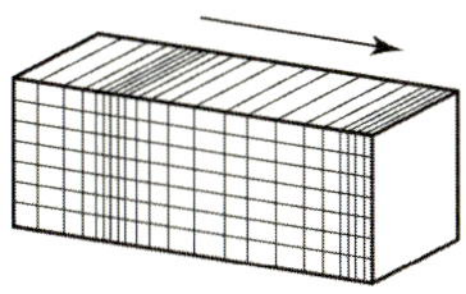

(a) 압축파

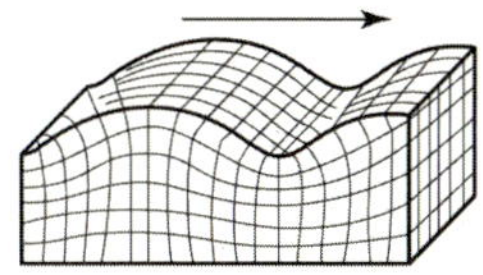

(c) 레일리파

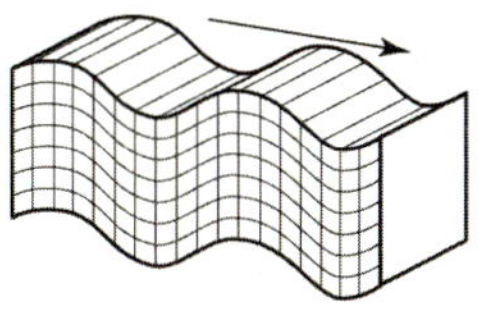

(b) 전단파

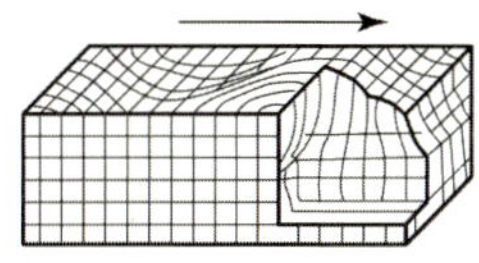

(d) 러브파

그림 15.2 탄성파의 형태

일반적으로 지진시의 주기는 10~1.0sec, 진동수 f는 10~50Hz 정도이며 규모 M이 커질수록 진동수는 증가한다. Richter의 진도는 에너지의 개념으로 정량적 기준이며 다음 식으로 정의된다.

$$\log_{10}E = 11.4 + 1.5M \tag{15.5a}$$

Mercalli는 구조물의 파괴 관점에서 정성적으로 Richter 식을 수정하였다.

$$\log_{10}E = 12.24 + 1.44M \tag{15.5b}$$

여기서, E는 지진에 의해 발생되는 에너지(erg), M은 진도이다.

표 15.2 수정 Mercalli 진도와 Richter 진도의 비교

진도	정 의	해당 Richter 진도
I	진동에 민감한 기구를 사용해야 감지 가능함	2
II	조용히 쉬고 있는 사람 중 일부, 특히 상층부에 있는 사람, 매달려 있는 물체가 흔들림.	2
III	실내에서 확실하게 느낄 수 있으나 그것이 지진인지 쉽게 알 수 없음. 주차중인 자동차가 흔들림. 트럭이 지날 때 수준의 흔들림.	3
IV	실외에서는 잘 느끼지 못하나 실내에선 대부분 느낄 수 있는 수준, 일부 사람은 밤중에 깸. 접시, 창문, 문이 소리를 냄, 자동차가 흔들림.	4
V	대부분 사람이 느낌, 접시 창문 회벽의 일부가 깨질 수 있음. 고층구조물이 손상됨.	4
VI	모든 사람이 느낄 수 있고 일부는 바깥으로 뛰쳐나감. 회벽 및 굴뚝 등이 떨어져 내림. 경미하나 구조물 손상이 발생함.	5
VII	모든 사람이 뛰쳐나감. 종류에 따라 다르나 빌딩에 손상이 발생. 운전 중의 운전자가 느낄 수 있음.	5

〈표 계속〉

진도	정 의	해당 Richter 진도
Ⅷ	프레임 구조체의 내부 판넬 벽체가 떨어져 나옴. 벽, 기념비, 굴뚝 등이 무너져 내림.땅속의 모래 및 세립토가 분출됨. 운전 중 심한 영향을 받음	6
Ⅸ	빌딩이 기초에서 이탈됨. 균열 및 기울어짐 발생. 땅이 갈라짐. 매립된 파이프가 손상됨.	7
Ⅹ	대부분 프레임구조물 및 석조구조물 파손됨. 땅이 갈라지고 레일이 휘어짐. 산사태가 발생됨.	7
Ⅺ	새 구조물은 서있으나 교량이 파손되고 땅에 균열 발생함. 파이프 파손. 산사태가 발생. 레일 구부러짐.	8
Ⅻ	모든 구조물이 파손됨. 지표면이 파도처럼 되어 지진파 흔적이 남음. 물체가 공중으로 던져질 수 있음. 육안으로 지형이 변형된 것을 확인됨.	8

15.3 지반의 동적 시험법

15.3.1 실내동적시험

(1) 반복재하삼축압축시험

지반의 액상화특성 파악을 위해 주로 사용하여 시료를 등방압밀시킨 후 수직 및 수평방향의 주응력을 변화시켜 $(\pm\frac{\sigma_{dc}}{2})$의 응력으로 시료를 전단하면서 전단변형률을 측정하여 동적지반계수를 구하는 방법이다.

하지만, 반복재하삼축압축시험은 아래와 같은 문제점이 있다.

① 10~2%이하 변형율 영역(대부분의 지반문제)에서 신뢰성이 결여
② 압축과 인장시 시험결과 차이
③ 하중재하시 주응력 방향 90° 회전
④ 시료단부의 응력집중

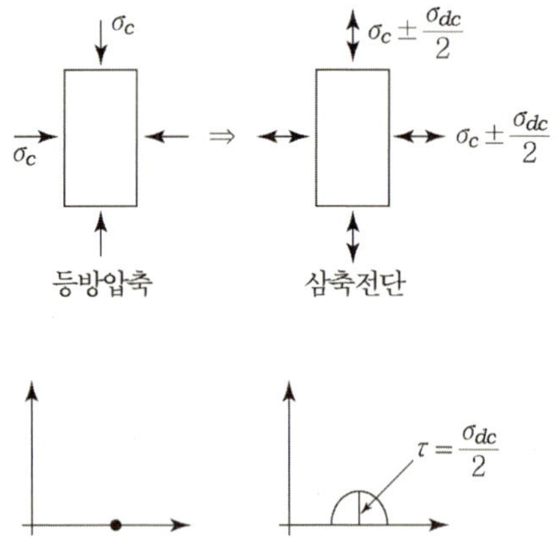

그림 15.3 반복삼축압축시험 주응력 변화

(2) 비틈전단시험

반복재하삼축압축시험의 문제점을 극복하기 위해 코일의 유도자장을 이용하여 공시체에 반복적인 비

틀림 하중을 가하여 흙의 동적변형특성을 파악하는 시험이 있다. 이 시험의 장점과 단점은 아래와 같다.

① 비틈전단 시험은 저변형률에서도 시험이 가능하고, 진동주파수를 자유롭게 조절할 수 있기 때문에 주파수변화에 대한 지반의 변형특성 파악에 효과적이다.

② 비틀림 전단응력의 발생형태의 특성상 외측과 내측의 전단응력 및 전단변형의 크기가 일정하지 않다는 문제점이 있다. 비틀림 전단시험기는 공진주시험기와 통합된 형태로 제작되어 사용되고 있다.

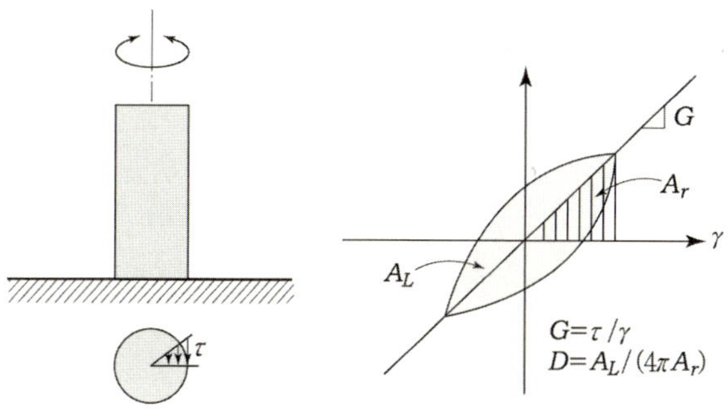

그림 15.4 비틀림 하중에 의한 동적변형특성

(3) 진동대시험

진동대 위에 공시체를 올려놓고 진동을 가하여 시료의 하중-변위-변형-공극수압을 파악하는 시험이다. 지진 재현이 가능하므로 액상화 판정에 매우 효율적이다. 비틈전단시험과 마찬가지로 응력이력곡선으로부터 전단탄성계수 G와 감쇠비 D를 구할 수 있다.

그림 15.5 진동대 축소모형시험

(4) 반복재하 직접단순전단시험

직접전단시험이 가지는 시료내에서의 응력불균등, 전단시 주응력축의 회전등의 문제를 극복하기 위해 단순전단시험기를 이용한다.

단순전다시험은 블록형 시료의 표면을 멤브레인으로 싸고 전단상자에 넣어 시료를 전단시킨다. 단순전다시험은 직접전단시험에 비해 시료의 현장 응력상태 재현이 양호하지만 여전히 응력의 균등한 분포는 만족시키지 못한다.

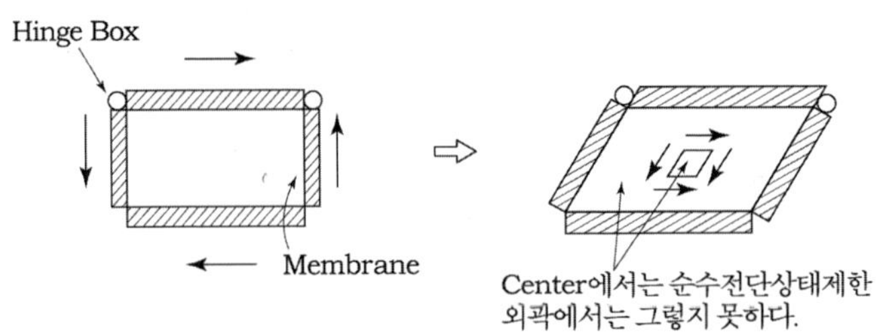

그림 15.6 반복재하 직접단순전단시험 응력재현 상태

(5) 공진주시험

관성력 효과가 고려되는 주파수 대역의 진동을 시료에 가하여 수행하는 시험으로서 변형률의 크기기 매우 작은 고 주파수대의 비선형 특성파악에 주로 사용된다.

원통형의 공시체에 진동수를 바꿔가면서 비틈자극을 가하여 반응곡선을 그린뒤 이로부터 1차 모드의 공진주파수(f_r)와 공진진폭(A_r)을 찾는다. 실험기의 특성치와 공시체 자료로부터 전단파속도(V_s), 전단탄성계수(G) 및 전단벼형률(γ)을 구한다.

탄성파 전단이론에 근거한 공진주시험의 지배방정식은 다음과 같다.

$$\frac{I}{I_0} = \frac{wl}{V_s} \cdot \tan\left(\frac{wl}{V_s}\right) \tag{15.6}$$

여기서, I : 공시체 질량관성모멘트
I_0 : 진동시스템질량관성모멘트
w : 고유진동수
l : 공시체 길이
V_s : 전단파 속도

공진주시험으로부터 전단파속도가 구해지면 전단탄성 계수는 $G = \rho V_s^2$으로부터 구한다. 공진주파수를 가하여 정현진동시키다가 가진력을 차단하고 자연적으로 감소하는 진폭을 측정하여 감쇠비 D를 구한다.

공진주 시험이외에도 전단속도시험과 같이 시료에 직접 전단파 또는 압축파를 가하여 전단속도를 측정하는 시험은 시료의 길이가 짧아 시료가 도달하는 시각을 정확히 측정하기 어렵고 저변형률하의 변형특성을 측정하기 때문에 비선형거동의 파악이 어려우며, 암반의 동적시험의 경우 전기 신호 또는 충격에 의한 도달시간을 측정하여 탄성파 속도를 추정하는 초음파 시험이 많이 사용되고 있다.

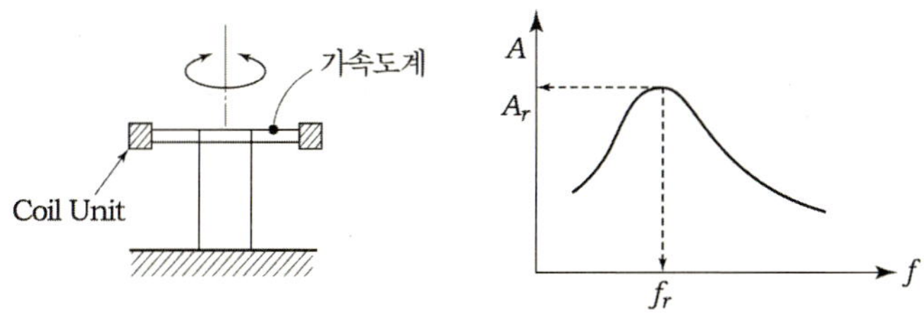

그림 15.7 공진주 시험원리 및 전단탄성계수

15.3.2 원위치동적시험

(1) 공내검측시험

Cross Hole Survey는 그림 15.8과 같이 인접한 두 개 이상의 시추공내에 동일 심도위치에 발진장치와 수진장치를 각각 설치하여 발진공에서 수진공까지 P파와 S파가 전단되는 시간과 시추공사이의 거리로부터 P파와 S파의 속도를 산출하는 시험이다. 전단변형률의 범위 $\gamma=10^{-5}\sim10^{-1}\%$로 저변형률의 동적특성 산출에도 적합하고 신뢰가 높지만, 경제성이 낮은 특징이 있다.

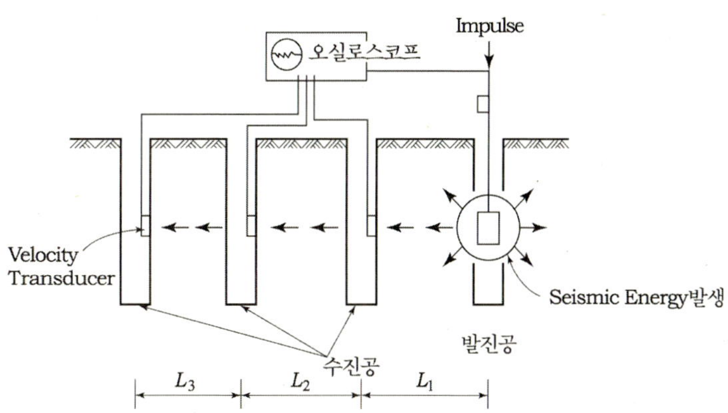

그림 15.8 Corss Hole Survey 시험원리

Down Hole Survey & Up Hole Survey는 그림 15.9와 같이 지표면에서 발진된 파를 한 개의 시추공내에서 각 수진위치에서의 파전단시간파와 각 수진 설치간격으로부터 V_p, V_s를 산출하는 시험이다. 신뢰도는 Cross보다 떨어지지만, 경제성 측면에서 양호하다.

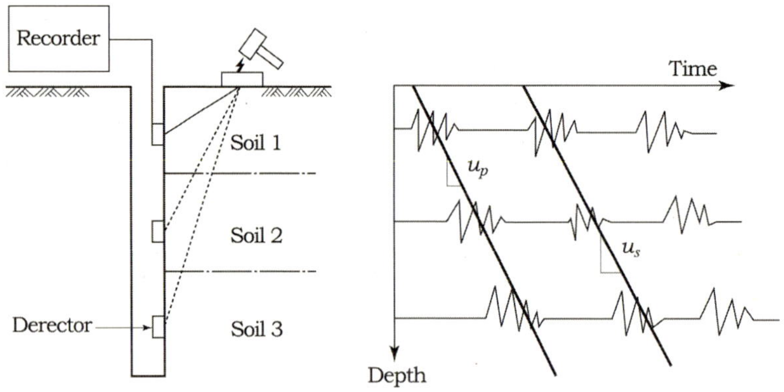

그림 15.9 Down&Up Hole Survey 시험원리

Spectral Analysis of Surface Wave(SASW)는 그림 15.10과 같이 지표면에 수진기 2개를 발진원과 동일선상에 일정한 간격으로 설치한 후, 충격 등에 의해 정상상태 표면파인 R파를 발생시켜 두 수진점 사이에서의 수직변위를 위상각을 분석하여 동적 특성치를 산출하는 시험이다. 신뢰도가 원위치동적시험 중에서 가장 낮으며 경제성은 가장 좋다. 주로 표면토층부분에 대한 해석에 국한된 시험이다.

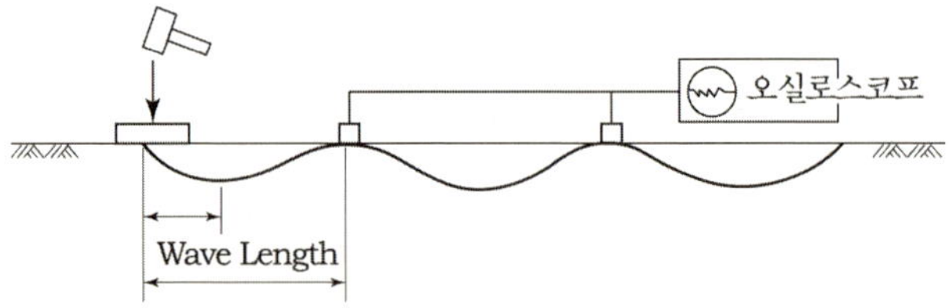

그림 15.10 SASW 시험원리

$$V_R = \frac{L_R}{t} = \frac{L_R}{\frac{2\phi}{w}} = L_R \cdot f \tag{15.7}$$

$$V_R \fallingdotseq V_S = \sqrt{\frac{G}{\rho}} \qquad \rightarrow G,\ E,\ \nu \text{산출} \tag{15.8}$$

표 15.3 Cross Hole/Down Hole/SASW 시험 비교

구분	Cross Hole	Down Hole	SASW
시추공	2개 이상	1개	없음
가진원	공내 가진원	표면 가진원	표면 가진원
이용파	P파와 S_V파	P파와 S_H파	Rayleigh 파
이용특성	전단파의 극성특성	전단파와 극성특성	표면파의 분산특성
조사내용	자세한 지층구조별 동적특성	평균적인 지반동적특성	평균적인 지반동적특성
비용	큼	비교적 작은	작음
기타			간편, 신속한 시험해석이 어려움

15.4 지반의 액상화

15.4.1 N치를 이용한 액상화 간이 판별법

흙의 액상화를 판별하는 방법 중 표준 관입시험치 N을 이용하는 간이 판별방법이 많이 이용되고 있다(그림 15.11). 즉 N치, 50% 입경, 유효상재압 등을 변수로 하여 전단강도비 R은 다음과 같이 계산한다.

$$R = 0.0882\sqrt{\frac{N}{\sigma_v{}' + 0.7}} - 0.225\log_{10}\frac{D_{50}}{0.35} \tag{15.9}$$

식 (15.9)에서 $0.04\text{mm} \le D_{50} \le 0.6\text{mm}$인 경우

$$R = 0.0882\sqrt{\frac{N}{\sigma_v{}' + 0.7}} - 0.05 \tag{15.10}$$

식 (15.10)에서 $0.06\text{mm} \le D_{50} \le 1.5\text{mm}$인 경우의 전단응력비 L은 다음 식으로 계산된다.

$$L = (1 - 0.015z)\frac{a_{\max}}{g}\frac{\sigma_v}{\sigma'_v} \tag{15.11}$$

여기서, σ_v : 상재압

식 (15.9), (15.10) 및 (15.11)에서 액상화 가능성의 판별식은 다음과 같다.

$$F_L = \frac{R}{L} \tag{15.12}$$

여기서, F_L : 액상화에 대한 저항률

R : 동적전단강도비(액상화 응력비)

L : 지진시 전단응력비(지진시 작용하중)

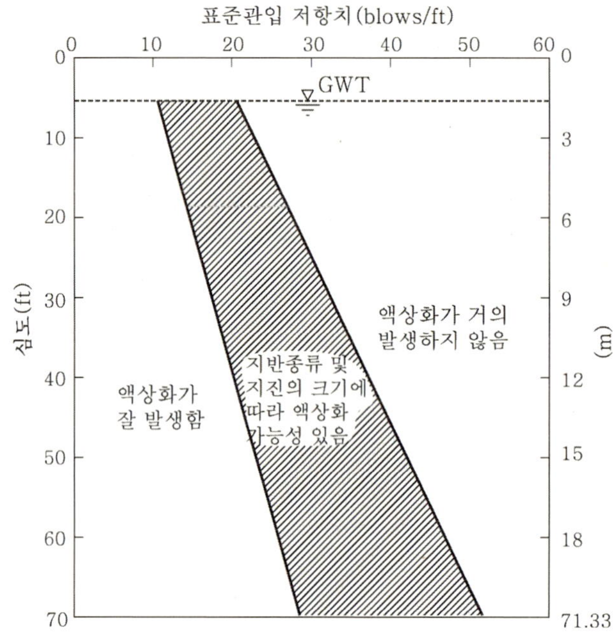

그림 15.11 액상화 가능성과 N치

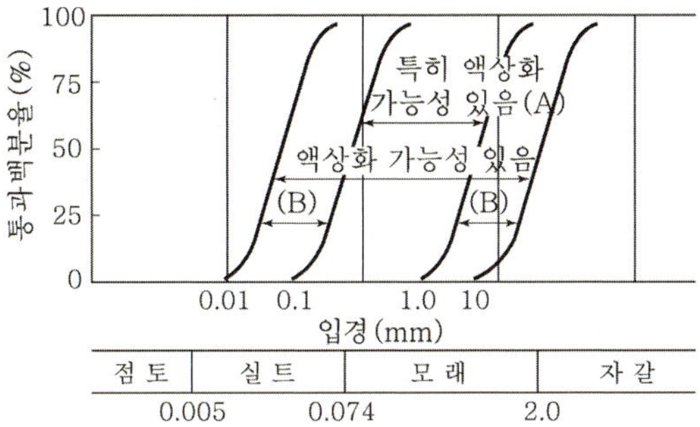

(a) 균등계수가 작은 모래

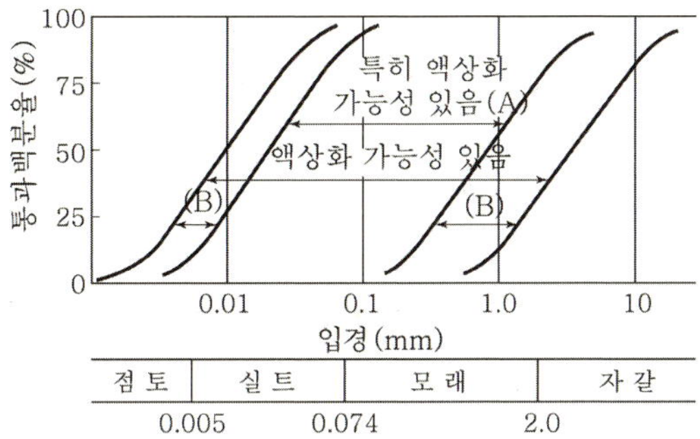

(b) 균등계수가 큰 모래

그림 15.12 액상화 가능성이 있는 입경 범위

그림 15.12는 액상화 현상을 일으키기 쉬운 입경의 범위를 나타낸 것이다. 액상화 방지대책으로는 지반의 단위 중량을 높이는 것이 공법적인 면에서나 경제적으로도 효과적이며 바이브로 플로테이션 공법, 모래 다짐 말뚝공법, 동다짐 공법 등이 있다.

15.4.2 반복하중 시험을 이용한 상세 판별법

그림 15.13과 같이 흙 속의 미소 요소에는 유효연직응력 σ'_v와 수평유효응력 $\sigma'_v = K_0\sigma'_v$가 작용한다. 지진시에는 여기에 반복전단응력 τ_h가 추가로 작용한다. 따라서 반복단순전단 조건에서의 최대전단응력은 그림 15.14와 같다.

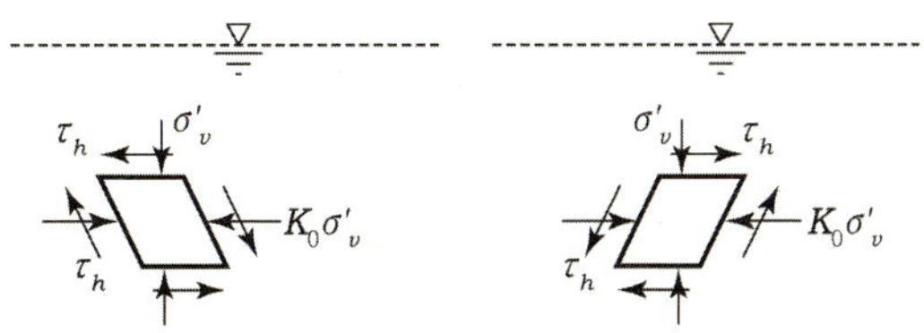

그림 15.13 지진시 응력상태

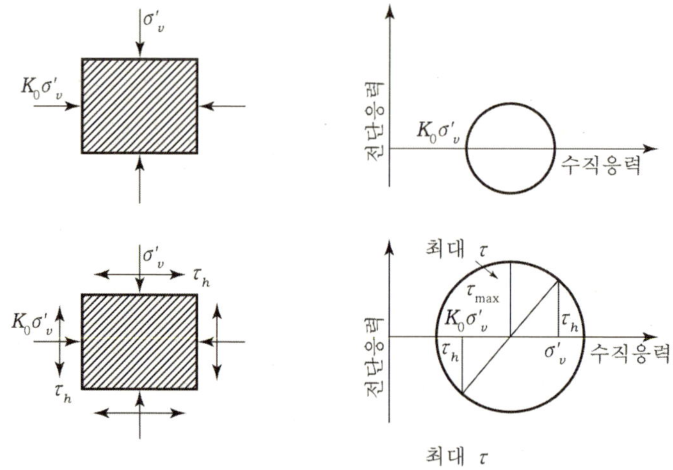

▌그림 15.14 ▌반복단순전단 조건에서의 최대 전단응력

포화모래의 반복삼축시험 결과의 예는 그림 15.15와 같다. 즉 반복횟수 n을 증가시키면 과잉공급수압 u는 미소 변형을 일으키면서 대략 직선적으로 증가하며 그 사이에 축변형은 ε_1만큼 변화 한다. 그림에서 L에 이르면 u와 ε_1의 진동 진폭이 급격히 증가하기 시작하는데 이 상태를 초기액상화라 부르며 공학적인 면에서 초기액상화는 매우 중요하다. 뒤이어 반복 전단횟수를 수회 증가시키면 완전 액상화에 이르며 이때 유효응력은 0이 되는 동시에 모래는 전단 저항력을 잃고 σ_d와 u의 변동도 작아진다. 그림에서 L점까지는 σ_d의 진폭이 거의 일정하나 초기액상화를 일으키면 점점 감소한다.

L점은 근사적으로 초기액상화에서의 전단저항각 ϕ'_c에 가깝고 $\phi'_l/\phi'=0.7\sim0.8$ 정도 된다.

그림 15.15의 u_l을 이용하면 포화모래의 동적 전단강도는

$$s_d = \tau_d = (\sigma'_v - u_l)\tan\phi' \tag{15.13}$$

여기서, σ'_c : 유효구속압

가 된다.

초기액상화까지의 반복전단 횟수를 n_l이라 하면 $n_l = n_l \Delta\bar{u}$(여기서 $\Delta\bar{u}$는 1회 반복전단시에 발생하는 공극수압)이며 $\Delta\bar{u}$는 응력비 τ_d/σ'_c와 공극비가 클수록 크다는 것이 실험적으로 알려져 있다. 공극비 대신 상대밀도 D_r을 이용하면 식 (15.13)에서 n_l은 τ_d/σ'_c와 D_r의 함수로서 $n_l = F(\tau_d/\sigma'_c,\ D_r)$가 된다는 것을 알 수 있다. 따라서 일정한 n_l에 대한 τ_d/σ'_c와 D_r사이에는 대체로 비례관계가 있다.

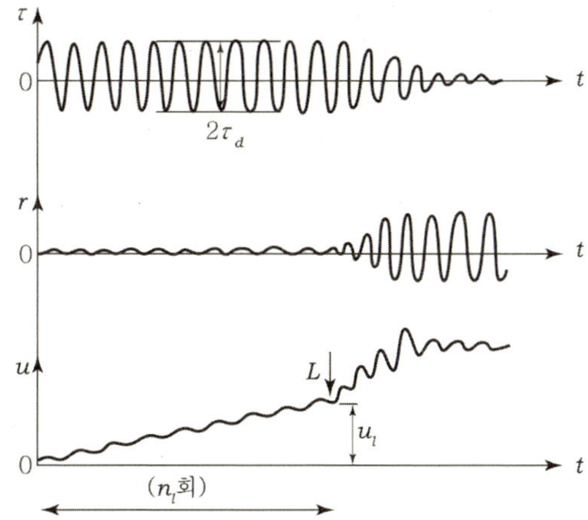

그림 15.15 동적 반복시험시의 하중 및 공극압의 변화

그림 15.16은 여러 시료의 시험결과로부터 τ_d/σ'_c와 n_l의 관계를 나타낸 것이다.

그림에는 삼축시험 결과 외에 단순전단시험이나 링 비틀림 전단 시험결과로 함께 나타내었다. 삼축시험에 비하여 단순전단의 τ_d/σ'_c는 약간 작은 값을 보였으나 큰 차이는 인정되지 않고 있다.

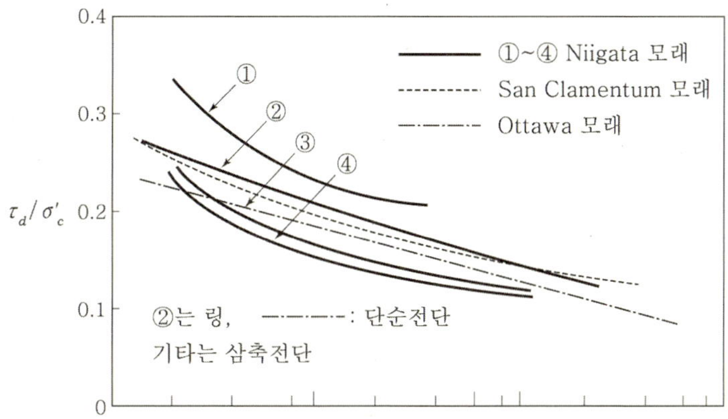

그림 15.16 액상화 발생시까지의 반복횟수와 τ_d/σ'_c 실험 예(D_r=55%로 환산한 것임)

15.4.3 액상화 대책공법

(1) 개요

느슨한 상태의 포화된 사질토지반에 지진이나 항타, 폭파 등에 의하여 충격이 가해지면 흙속에 과잉공극수압이 발생하여 유효응력이 감소한다. 유효응력이 0으로 감소하면 전단강도가 상실되고

그 결과 지반이 액체상태처럼 되는 것을 액상화(liquefaction)라고 한다.

액상화의 가능성이 있는 지반의 조건은 표 15.4와 같으며, 모래를 성토재료나 구조물 뒤채움재로 사용할 때는 액상화 가능성을 검토해야 한다.

표 15.4 액상화 가능성 조건

구분	조건
흙의 종류	모래 (실트 및 점토가 10% 이하)
포화도	100%에 가까울수록
공극률	44% 이상
균등계수 C_u	10 이하
평균입경 D_{50}	0.075㎜ ~ 2.0㎜
유효경 D_{10}	0.1㎜ 이하
표준관입시험치 N 값	N 값이 작을수록

(2) 액상화 방지대책

액상화 대책으로는 액상화 발생을 허용하되 피해를 경감시키는 방법과 액상화 발생 자체를 방지하는 방법으로 구분할 수 있다. 전자는 구조물이나 기초를 강화하여 파손을 방지하는 방법이고, 후자는 지반개량에 의하여 지반의 액상화강도를 증가시키는 방법이다.

조밀한 사질토에서는 액상화가 발생하지 않으므로 진동 충격에 의한 다짐공법이 가장 효과적이며, 그중에서도 모래다짐말뚝(SCP)공법이 많이 사용된다.

지진시에는 발생하는 과잉공극수압에 의한 액상화를 방지하는 공법에서는 연직드레인재로 쇄석을 사용하는 쇄석드레인(gravel drain)공법과 배수용 파이프를 사용하는 파이프드레인(pipe drain)공법 등이 있다.

지반의 변형을 구속하는 공법에는 널말뚝이나 지하연속벽으로 기초를 둘러싸는 공법, 성토의 양측에 널말뚝을 타설하고 타이로드로 연결하는 공법 등이 있다.

시가지 공사나 구조물에 근접한 공사, 기존 구조물의 액상화 대책으로는 진동, 소음, 지반변화가 작은 쇄석드레인공법, 파이프드레인공법, 심층혼합처리공법 등이 많이 사용되며, 기존 구조물의 액상화 대책으로는 널말뚝을 타설하여 지반의 변형을 공법도 좋은 방법이다.

지반의 액상화 강도를 증가시키는 공법의 종류와 특징은 표 15.5와 같다.

표 15.5 액상화 대책 공법 및 특징

원리	공법	적용성	효과	공해성	비고
밀도의 증가	바이브로 플로테이션	GL-20m	N 값 15~20까지	수평진동 비교적 적음	사용재료에 따라 배수성 기대
	모래다짐말뚝	GL-35m	N 값 25~30 N 값 40 한계	연직진동 비교적 적음	사용재료에 따라 배수성 기대
	폭파	GL-20m	상대밀도 85% 까지	매우 큼	시공관리 곤란
	동적압밀	GL-10m	–	충격	얕은층의 다짐
	바이브로 탬핑	GL-30m	–	연직진동 비교적 적음	표층다짐, 병용이 많음
	전압	20~30cm	상대밀도 90% 까지	비교적 적음	지하수위 이하는 차수대책
	무리말뚝	GL-10~20m	–	햄머의 진동 소음	타입말뚝
	생석회 말뚝	GL-10m	–	적음, 먼지 공해	타입말뚝
입도개량 또는 고결	치환	GL-5m	쇄석치환 등에 의해 유효	적음	–
	주입고화	보링깊이까지 가능	시공관리가 중요	부근구조물에 주입압의 영향과 유출	시멘트그라우팅 시공관리 어려움
	표층혼합처리	GL-5m	배합량에 의함	적음	–
	심층혼합처리	GL-30m	배합량에 의함	적음	–
지하수위 저하	웰포인트공법	5~6m 저하	투수성의 불확실에 의해 다름	인근지하수위 저하	장기간의 운영, 유지관리
	딥웰공법	15~20m 저하	투수성의 불확실에 의해 다름	인근지하수위 저하	장기간의 운영, 유지관리
공극수압 소산	그라벨드레인	GL-20m	밀도증가에 대한 차선책	적음	가석구조물에도 적용
전단변형 억제	널말뚝	GL-10m	구속의 정량화가 어려움	널말뚝 타설에 의한 진동	지중연속벽, 지수벽으로 사용

15.5 동적 지반 특성

(1) 동적계수

동적응답해석에 필요한 지반의 동적 변형특성은 파괴에 도달하기 전까지의 응력-변형 곡선이다. 지반은 비균질성, 비등방성이므로 응력-변형곡선은 일반적으로 비선형적 특징을 갖는다.

지반의 동적 변형특성은 동적 계수(dynamic modulus), 감쇠정수 D(damping ratio), 포아송 비 μ 등으로부터 알 수 있으며 동적 계수는 경계 조건과 하중조건에 따라 동적탄성계수 E, 동적 전단계수 G, 체적계수 K 등이 있다.

점성토의 동적 전단계수 분포경향을 나타내는 방법은 미소변형율에서 최대 동적 전단계수를 산정하여 변형률에 따라 변화된 양을 고려하거나 비배수 전단강도로부터 동적 탄성계수를 정규화하여 변형률의 함수로 나타내는 2가지 방법이 이용되고 있다.

미소변형률에서의 최대 동적 전단계수는 구속응력, 공극비, 변형률 등에 큰 영향을 받으며, 이 값은 미소 변형률 범위에서의 최대 동적 전단계수 값을 산정하고 그 다음에 변형률이 커짐에 따른 변화를 고려하여 이의 함수로부터 결정한다. 최대 동적 전단계수는 미소변형률 시험 또는 자료 분석에 의한 경험식으로부터 산정하며 그 식의 일반 형태는 앞에서 기술한 점성토에서와 같다. 한편 지진 발생시 토층의 전단변형률은 매우 큰 진폭을 가진다. 전단변형률의 크기가 증가함에 따라 흙의 동적 전단계수 G는 감소하며(그림 15.17) 감쇠정수는 증대한다. 그리고 동적 전단계수와 최대 동적전단 계수가 같을 때 즉, $G = G_{max}$의 값은 매우 낮은 전단변형률의 범위에서 나타난다.

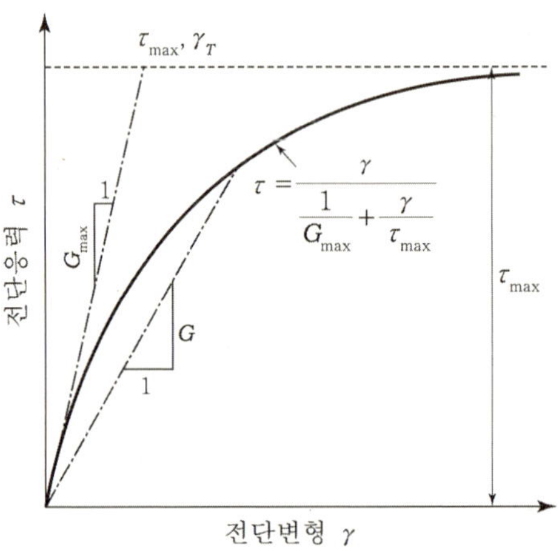

그림 15.17 전단변형과 전단응력과의 관계

지진시에는 큰 변형률에서의 동적 전단계수와 감쇠정수가 검토 대상이 되며 Hardin과 Drenevich(1972)는 흙의 전단응력-변형의 모든 변화를 다음 식과 같은 쌍곡선 함수에 가깝다고 하였다.

$$\tau = \frac{r}{\dfrac{1}{G_{max}} + \dfrac{\gamma}{\tau_{max}}} \tag{15.14}$$

여기서, τ : 전단응력

r : 전단 변형률

τ_{max} : 파괴시의 최대 전단응력

G_{max} : 최대 동적 전단계수

G_{max}는 다음과 같은 관계가 성립한다.

$$G_{max} = \frac{\tau_{max}}{r_r} \tag{15.15}$$

여기서, r_r : 임의 기준의 전단변형률

중간 정도로 과압밀된 점토의 동적 전단계수 계산식은 다음과 같다.

$$G = \frac{330(2.97-e)^2}{1+e}(OCR)^K\sqrt{\sigma_0{}'} \tag{15.16}$$

여기서, K승의 값은 소성지수와의 관계로부터 결정되며 그 범위는 $0.18(I_P=20)\sim0.48(I_P=80)$ 정도이다. 탄성파가 전파될 때의 전단변형률 r은 $1\times10^{-4}\%$ 정도이며 표층에 액상화가 발생될 경우의 전단변형은 이보다 더욱 크다. 흙은 큰 변형률 범위에서는 비선형성을 나타내므로 동적 전단계수는 감소한다(그림 15.18).

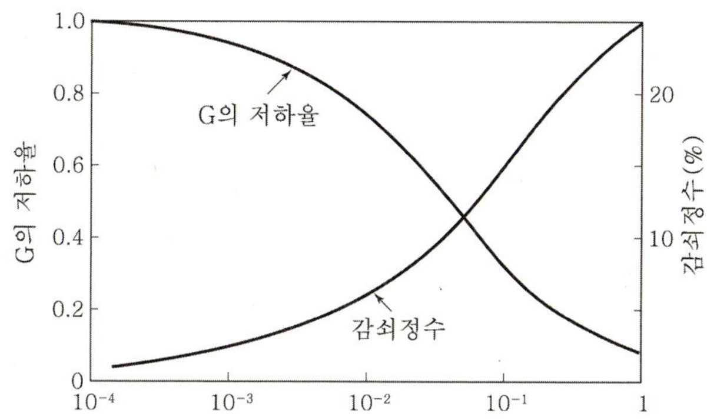

그림 15.18 전단변형과 전단계수 및 감쇠계수의 관계

(2) 감쇠정수

자연지반 또는 흙 구조물에서 진동 크기가 감소하는 이유는 주로 발산감쇠(radiation, geometric damping)와 재료감쇠(material, internal damping)에 기인한다. 발산감쇠는 기초단면과 동적 탄성계수, 포아송 비에 의하여 수학적으로 정의되거나 경계조건으로 결정되므로 여기서는 재료의 물리적 특성인 재료감쇠에 대하여 알아보기로 한다.

재료감쇠는 이력감쇠(hysteretic damping)로부터 구한다. 지반의 감쇠특성은 다른 구조물보다 값이 크고 변형률에 따른 변화도 크므로 변형률의 함수로 산정하는 방법이 일반적이며 한계 감쇠비에 대한 백분율로 나타낸 것을 감쇠정수로 정의하는 것이 보통이다. 감쇠특성을 지반의 동적 거동 해석에 적용하는 방법은 측정된 시험치에서 동적응력-변형 모델을 완성하여 그 모델의 이력곡선에서 변형에너지와 손실에너지의 비를 기초로 산정하는 방법, 시험을 통하여 감쇠-변형률 곡선으로 도출하는 방법 등이 이용된다.

포화점성토의 경우는 변형률이 증가할수록 감쇠정수는 증가하며, 변형률의 함수로 결정한 동적 전단계수의 함수로써 감쇠정수 D를 결정하는 방법은 다음과 같다(Hardin & Drenevich, 1972).

$$\frac{D}{D_{\max}} = \left[1 - \frac{G}{G_{\max}}\right] \tag{15.17}$$

여기서, $D_{\max}$: 최대감쇠정수($G=0$)일 때

사질토의 경우는 반대수용지에서 변형률의 증가에 따라 감쇠비가 직선적으로 증가하는 경향을 나타낸다. 일반적으로 0.1~0.5% 정도의 변형률에서 구한 감쇠정수를 반대수용지에서 평행 이동시키면 대부분 변형 구간의 감쇠비를 예측할 수 있다.

모래가 지진에 의하여 진동을 받으면 감쇠정수는 전단 변형률이 증가함에 따라 증가하여 진동수에는 큰 변화가 없다. 또 공시체에 자유진동을 일으켜 대수감쇠율을 측정하면 감쇠정수를 알 수 있다.

그림 15.19는 흙의 전단응력-변형 이력곡선이다. 그림에서 감쇠정수 D는 다음 식으로 구한다.

$$D = \frac{1}{4}\frac{A_1}{\pi A_2} \tag{15.18}$$

여기서, A_1 : 이력곡선 $ABCDEFA$

A_2 : 삼각형 OAJ의 면적

(3) 포아송 비

포아송 비는 동적하중에 대한 지반의 응력-변형률 파동의 전파 특성 등 동적 거동에 중요한 영향을 주는 인자이며 동적 탄성계수는 포아송 비의 함수이다.

포아송 비는 미소변형률에서 파동의 전파특성을 기초로 하여 다음 식으로 산정하는 것이 일반적이다.

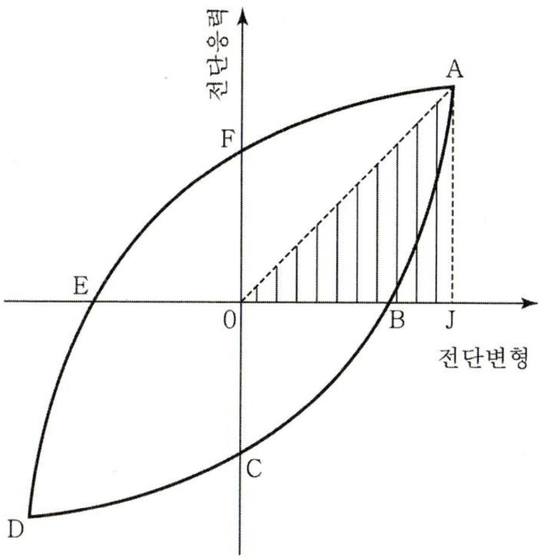

그림 15.19 감쇠정수 구하는 법

$$\nu = \frac{1-2(V_s/V_p)^2}{2-2(V_s/V_p)^2} \tag{15.19}$$

지반의 거동 해석시에 작용하는 포아송 비는 대략 0.4~0.45 범위이다.

15.6 동하중에 대한 지반의 지지력

15.6.1 얕은 기초에 작용하는 진동하중의 지지력

얕은 기초에 작용하는 정하중에 대한 극한 지지력은 다음 식으로 표시된다.

$$q_u = cN_cS_cd_c + \gamma D_f N_q S_q d_q + \frac{1}{2}\gamma B N_\gamma S_\gamma d_\gamma \tag{15.20}$$

여기서, $q_u =$ 기초의 단위면적당 극한 지지력

$\gamma =$ 기초 하부의 흙의 단위중량

$D_f =$ 기초의 근입 깊이

$N_c,\ N_q,\ N_\gamma$: 지지력 계수

$S_c,\ S_q,\ S_\gamma =$ 기초의 형상계수

$d_c,\ d_q,\ d_\gamma =$ 기초의 근입 깊이계수

Reissner(1924), Caquot와 Kerisel(1953) 등의 연구에 의하면 동하중에 대하여는 다음과 같은 지지력 계수를 사용하여 구할 수 있다.

$$N_q = e^{\pi \tan\phi} \tan^2(45 + \phi/2) \tag{15.21}$$

$$N_\gamma = 2(N_q + 1)\tan\phi \tag{15.22}$$

형상계수 및 근입 깊이계수는 Vesic(1965), De Beer(1970)와 Brinch Hansen (1970)등은 연구에서 다음 식을 제안하고 있다.

형상계수 :

$$S_q = 1 + (B/L)\tan\phi \tag{15.23}$$

$$S_\gamma = 1 - 0.4(B/L) \tag{15.24}$$

근입깊이 계수 :

$$D_f/B \leq 1\text{일 때 } d_q = 1 + 2\tan\phi(1 - \sin\phi)^2(D_f/B) \tag{15.25}$$

$$d_f = 1 \tag{15.26}$$

$$D_f/B > 1\text{일 때 } d_q = 1 + 2\tan\phi(1 - \sin\phi)^2\tan^{-1}(D_f/B) \tag{15.27}$$

$$d_\gamma = 1 \tag{15.28}$$

사질토의 상대밀도 D_r가 70% 이하일 경우에는 ϕ를 다음과 같이 수정하여야 한다.

$$\phi' = \tan^{-1}\left[(0.06 + D_r - 0.75D_r{}^2)\tan\phi\right] \tag{15.29}$$

포화 점성토의 경우 $\phi = 0$, $c = c_u$이므로 $N_c = 5.14$와 $N_q = 1$, $N_\gamma = 0$, $N_\gamma = 0$을 적용하여 식 (15.23)을 변형하여 사용할 수 있다.

15.6.2 지진시 지반의 지지력

지진시 지지력을 계산하는 방법으로 Terzaghi의 지지력 공식과 佐野박사의 제안을 이용한다. 지진시 흙의 내부마찰각을 $\phi - \theta$로 가정한다. 여기서 ϕ는 내부마찰각, θ는 $\tan^{-1}k_0$이다.

Terzaghi의 극한 지지력(Q_u) 공식은 전반전단 파괴시에 다음과 같다.

$$Q_u = B(cN_c + \gamma D_f N_q + 0.5\gamma B N_\gamma) \tag{15.30}$$

국부전단 파괴에는

$$Q_u = B(cN_c' + \gamma D_f N_q' + 0.5\gamma B N_\gamma') \tag{15.31}$$

여기서, D_f : 근입깊이

N_c, N_q, N_γ, N_c', N_q', N_γ' Terzaghi의 지지력 계수

지진시 지지력 계수는 내부마찰각 ϕ 대신 $\phi-\theta$를 사용하여 지지력 계수를 얻을 수 있다. 이때 안전율은 2.0으로 한다(보통 때는 3.0임).

표 15.6 지진시 지지력 계수

내부마찰각	$\phi=25°$					$\phi=30°$					$\phi=35°$				
합진도 k_0	0	0.1	0.2	0.3	0.4	0	0.1	0.2	0.3	0.4	0	0.1	0.2	0.3	0.4
N_c	22	17	12	9	6	36	22	17	12	9	58	34	22	16	12
N_q	12	7	5	3	1	22	12	7	4	3	43	20	12	7	4
N_γ	9	4	2	1	0	20	9	4	2	1	42	20	9	3	2
N_c'	13	12	9	8	6	18	13	12	9	8	24	18	13	11	9
N_q'	5	4	3	2	1	8	5	4	2	2	13	8	5	3	2
N_γ'	2	1	0	0	0	6	2	1	0	0	10	5	2	1	0

지진시 하중에 편심 또는 경사면에 대하여 고려하면 다음과 같은 식이 이용 가능하다.

$$Q_u = A'(\alpha k c N_c + k\gamma_2 D_f N_q + 0.5\beta\gamma_1 B' N_\gamma) \tag{15.32}$$

여기서, A' 유효재하 면적$(=L'B')$

γ_1, γ_2 : 근입층 및 지지층의 흙의 단위중량

B' : 편심을 고려한 유효 길이$(=B-2e)$

L' : 편심을 고려한 유효 길이$(=L-2e)$

k : 근입효과에 대한 할증계수$(=1+0.3D_f/B)$

α, β : 기초의 형상계수

N_c, N_q, N_γ : 하중의 경사를 고려한 지지력 계수

표 15.7 형상계수

기초의 형상	연속	정방형, 원형	장방형, 타원형
α	1.0	1.3	$1+0.3B'/L'$
β	1.0	0.3	$1-0.4B'/L'$

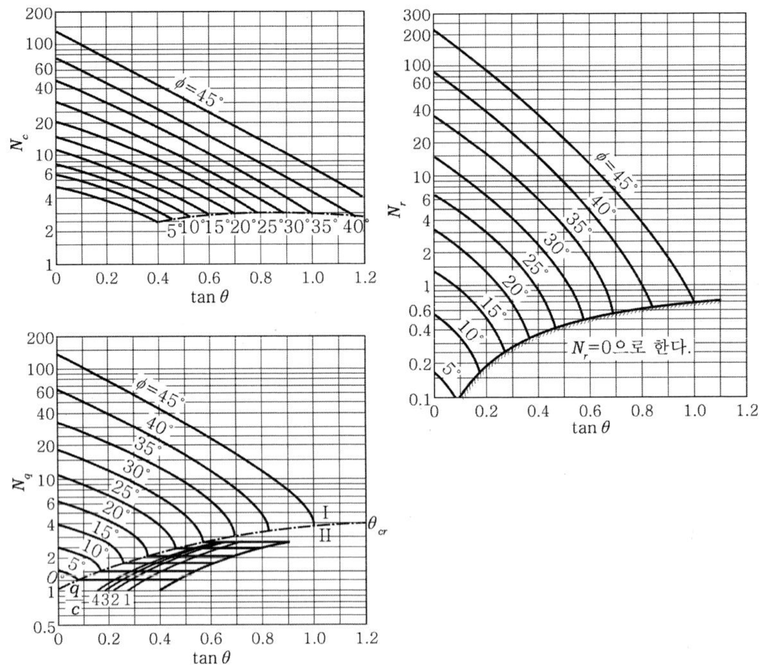

그림 15.20 하중의 경사를 고려한 지지력 계수, N_c, N_q, N_γ

여기서 , $\tan\theta = \dfrac{H}{V}$이며 V는 연직 하중, H는 수평하중이다.

[예제 15.1] Footing의 저면적이 각각 7m와 12m이다. 수평진도 0.15, 연직진도 0.075일 때 저면에 작용하는 연직력, 수평력은 각각 1,012t(9918kN), 141t(1382kN)으로 저면 중심엔 회전 moment 는 674t−m(6605kN−m)이었다. 지반의 내부마찰각은 27°, 점착력은 0.6t/m^2(5.88kN/m^2)이다. 지진시 지지력을 구하라. 지진시 안전율은 2이다.

풀이 $L=12\text{m},\ B=7\text{m},\ \phi=27°,\ c=0.6t/\text{m}^2,\ V=1012t,\ H=141t,\ M=674\text{t}\cdot\text{m}$

$e=\dfrac{M}{V}=674/1012=0.67\text{m}$

$B'=B-e=7-0.67\times2=5.7\text{m}$

$L'=L-e=127-0.67\times2=10.7\text{m}$

$A'=B'L'=5.7\times10.7=61\text{m}^2$

장방형이므로 $\alpha=1+0.3\dfrac{B'}{L'}=1+0.3\dfrac{5.7}{10.7}=1.16$

$\beta = 1 - 0.4\dfrac{5.7}{10.7} = 0.79$

근입깊이는 1m로 L, B에 비해 작으므로 $k = 1$로 한다.

$\tan\theta = \dfrac{H}{V} = \dfrac{141}{1012} = 0.14$, $\phi = 27°$이므로 하중경사를 고려한 지지력 계수를 그림 15.20에서 구하면, $N_c = 19.0$, $N_q = 10.5$, $N_\gamma = 5.5$을 얻는다.

$Q_u = A'(\alpha k c N_c + k\gamma_2 D_f N_q + 0.5\beta\gamma_1 B' N_\gamma)$

$= 61(1.16 \times 0.6 \times 19.0 + 1.6 \times 1.0 \times 10.5 + 0.5 \times 1.6 \times 0.79 \times 5.7 \times 5.5)$

$= 61(13.22 \times 16.80 \times 19.81) = 61 \times 49.83 = 3040t(29.79MN) > 1520t$

안전

안전율은 2로 하고 지진시 허용연직지지력은 1,520t가 되므로 안전하다.

연습문제

15.1 $B \times B$ 크기의 기초를 사질토 상에 설치하려고 한다. $D_f = 1\text{m}$ 이고, $\gamma = 18.7\ \text{kN/m}^3$, $\phi = 39°$ 이다. 이 기초에 최대 동하중 $2000\ \text{kN}$ 이 작용할 것으로 예상된다. 안전율 3일 때 기초의 크기를 결정하라.

15.2 $B = 2.5\text{m}$ 인 직사각형 기초가 포화 점토위에 위치하고 있다. 점토의 단위중량 $\gamma = 19.8\ \text{kN/m}^3$ 이고 $c = 50\ \text{kN/m}^2$, $D_f = 1.25\text{m}$ 이다. $1000\ \text{kN}$ 의 동하중이 작용한다면 안전율 2로 가정하고 기초의 폭(L)을 구하라.

제16장 현장 시험

제16장

현장 시험

16.1 개설

토질역학에서 다루는 흙의 특성은 구조물의 하중에 대한 흙의 거동을 파악하고, 적절한 설계를 위해 사용된다. 따라서 여러 건설공사를 수행하기에 앞서 기초지반에 대한 조사가 필요하며, 그 목적은 다음과 같다.

① 구조물의 영향범위 내에 있는 지층의 수직, 수평적 분포상태
② 절성토 및 계절변화에 따른 지하수 특성의 규명
③ 암반까지의 깊이와 성질의 결정
④ 지반을 분류하고 공학적 상태를 규명하는데 필요한 시료 채취
⑤ 지반의 공학적 특성을 규명하기 위한 현장시험 실시

특히 현장에서 이루어지는 원위치시험은 실내시험에서는 재현이 어려운 현재의 응력조건하에서의 시험이라는 점에서 큰 의미가 있다. 또한 불교란시료의 채취가 곤란하거나 원위치에서의 함수상태를 재현할 수 없는 바와 같은 경우에는 실내시험을 대신하여 그 중요도는 높다고 할 수 있다.

본 장에서는 주로 지반조사시에 현장에서 수행하는 현장시험(원위치시험)에 대하여 다룬다.

16.2 지반 조사

16.2.1 지반 조사의 역할

지반은 미생물에게 서식장소를 제공하고 수목을 지탱하여 지하수로 수분을 제공해 준다. 지반 표면층에서 일어나는 여러 가지 생물학적, 화학적 작용은 현재의 자연환경 형성의 원인이고, 인간의

생활환경의 일부를 만들고 있다. 또한, 지반은 인간의 생활환경의 기반이며 농업이나 공업 등의 생산활동, 도로나 철도 등에 의한 이동이나 수송, 댐, 저수지 등에 의한 수자원 에너지 공급 등은 전부 지반 위에 이루어져 있다.

지반조사의 주요한 목적의 하나는 지반이 구조물(흙 구조물 포함)이나 시설을 안전하게 지지할 수 있는지, 할 수 없는 경우 안전하게 지지할 수 있는 방법을 기술적으로 조사하는 것이다.

이와 같이 지반조사란 지반이 인간의 생활환경 기반이나 자연환경의 일부로서의 역할을 최대한으로 발휘할 수 있도록 하기 위한 기술적 방법이고 그 분야와 종류는 다양하다.

16.2.2 지반 조사의 목적

지반조사 대상으로는 각종 구조물의 건설이나 유지 관리에 관한 것외에 지역개발이나 환경보전 및 지반재해 대책에 관계되는 것이 있다. 지반조사란 이와 같은 목적을 가지고 대상지반의 지형, 지질구조, 상층 분포나 지하수의 상황, 지반을 구성하는 흙이나 암석의 공학적 성질 등을 명백하게 다루기 위해서 행하는 조사 전반을 총칭하는 것으로 그림 16.1의 지반조사의 범주와 같이 각종 구조물의 성토 재료 조사나 시공중의 현장 측정, 실내에서의 자료 조사나 토질시험 등도 포함된다.

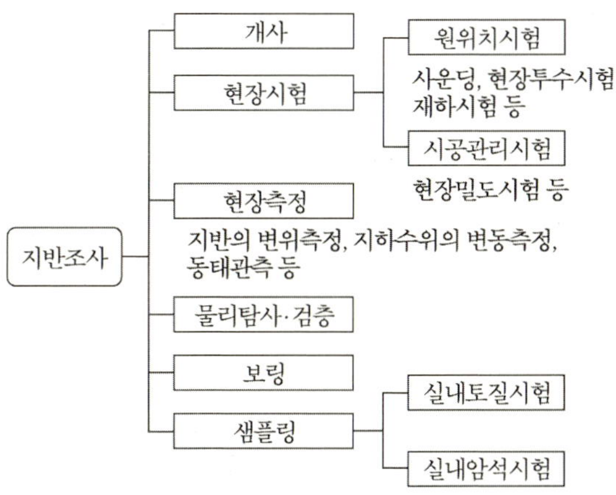

그림 16.1 지반조사의 범주

16.2.3 지반 조사의 유의점

지반조사 계획, 실시, 결과의 이용 등에 있어서 기술자가 충분히 유의해야 하는 사항을 열거하면 다음과 같다.

(1) 지반을 구성하는 흙이나 바위의 특수성

지반을 구성하는 흙이나 암석의 성질은 대단히 복잡 다양하고 질적으로도 결코 동일하지 않다. 또 지역적인 흙의 성질적 차이가 현저하고 여러 가지 생성과정을 거쳐 현재에 이르고 있기 때문에 퇴적상태도 성질이 다른 층이 서로 겹치는 경우가 대부분이다. 게다가 응력해방이나 풍화현상 등에 의해 시간의 경과에 따라서 성질이 변하는 것이 통상적이고 기상 조건, 특히 흙의 수분보유량의 변화에 의해 성질이 크게 좌우된다.

(2) 지형·지질적인 관점에서의 거시적인 평가의 중요성

지반조사에 있어서는 흙이나 암석의 공학적 성질에 착안한 미시적인 조사를 하는 것에 앞서, 대상이라고 하는 지반을 포함하는 넓은 범위에 대한 지형·지질적인 관점의 거시적인 평가가 중요하다. 특히 공사에서의 대폭적인 공사비용 증가나 설계변경, 공사기간 지연, 재해 등은 지형·지질에 기인하고 있는 경우가 많기 때문에 항공사진에 의한 지형판독이나 현장 답사 등의 역할이 매우 중요하다.

(3) 구조물의 품질 및 경제성에 미치는 환경의 크기

지반의 공학적 성질을 정확하게 평가하고 공사의 성격에 부합하는 정도에 따라 구조물의 품질 및 경제성을 크게 지배한다. 따라서 적절한 조사계획을 수립하고 적정한 조사비를 예상하는 것이 필요하다. 더욱이 조사결과의 해석이나 이용에 있어서는 현장 기술자의 경험과 정확한 판단이 매우 중요하다.

(4) 과거의 실적이나 경험에 기인하는 기술적 판단 및 계측의 중요성

지반의 안정성 등을 정확하게 평가하는 것은 철이나 콘크리트 등의 인공재료에 비해 상대적으로 어렵다. 따라서 지반상이나 지하에 건설되는 구조물의 설계·시공에 있어서는 지반조사 결과에 기초하는 검토와 함께 과거의 실적이나 경험에서 기인하는 기술적 판단이 중요시 되어 있다. 또 공사중에 조사 단계에서 예측할 수 없었던 상황에 조우하는 일도 적지 않기 때문에 시공단계에서의 면밀한 관찰이나 거동파악 등에 의해서 설계시의 조건을 재검토하는 것이 중요하다.

16.2.4 지반 조사 계획

(1) 조사의 계획단계

지반조사의 진행방법은 조사목적이나 내용에 의해 변하게 되지만, 일반적으로 조사 범위나 정밀도를 단계적으로 높여 나가는 것이 좋다.

공사를 기안하고 그림 16.2와 같이 계획, 조사, 설계, 시공의 각 단계를 거쳐 준공하고, 유지관리 단계까지의 주요 조사방법과 항목을 실제로 전부 진행시킬 수 없지만, 일반적으로 예비조사, 본조사, 시공관리 조사 및 유지관리 조사 단계에서 진행할 수 있는 것이 많다.

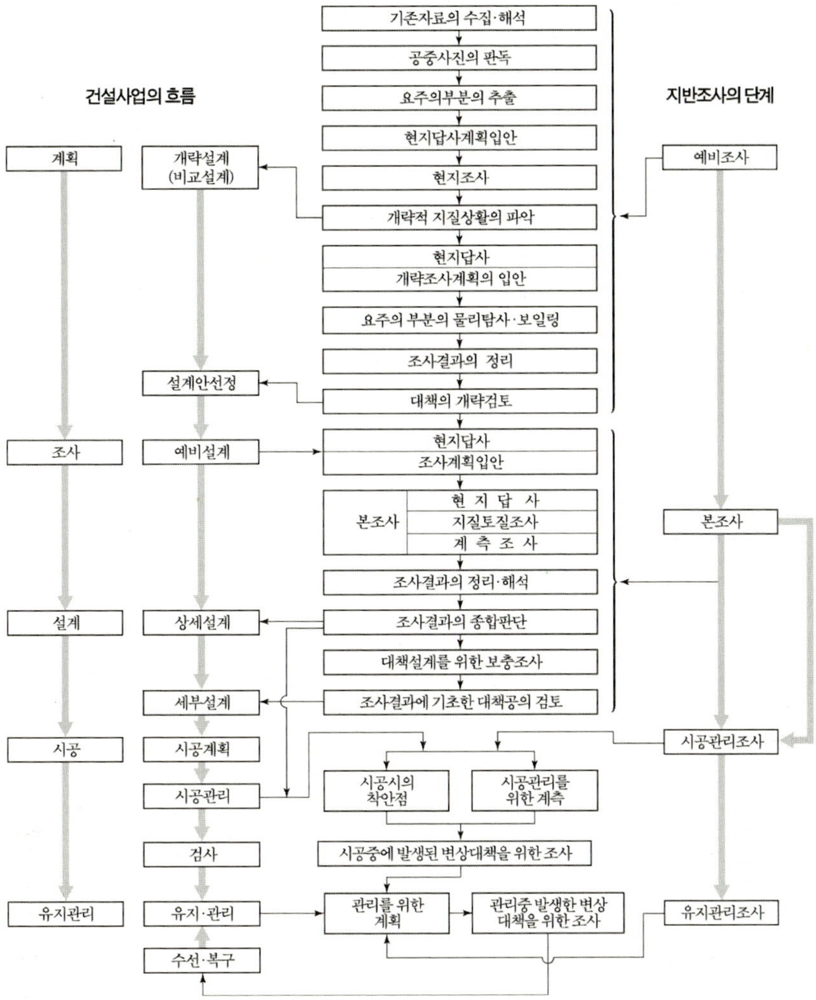

■ 그림 16.2 ■ 건설의 흐름과 조사순서의 대응

(2) 지반조사방법과 선정

지반조사 방법의 선정은 조사목적에 따라 정보를 정확하게 얻는 방법을 선택한다. 각종 조사방법의 특징, 결과와 이용방법, 대상 지반 등의 적용 조건, 공사기간, 비용 등의 제약 조건 등을 고려해 놓을 필요가 있다.

또한, 조사방법을 선정할 때에 중요한 시점은 우선 조사대상에 어떠한 지반공학적 검토과제가 있고, 그 과제를 검토하기 위해서는 어느 정도의 조사방법이 필요한지를 판단해야 한다.

표 16.1 조사대상과 검토항목의 관계

조사 대상 \ 검사 항목			지층 구성	물리 특성	지하수 · 투수성	다짐 특성	압밀 특성	강도 특성	지지력 특성	변형 특성	시공 관리	유지 관리	환경 조사
구조물	도로·철도	절토	○					○	○	○	△	△	
		성토	○	○		○	○	○	○	○	○	○	△
		터널	○	○	○		△	○		○	○	○	○
		교량	○	○			△	○	○	○	○		△
	지하구조물	지하매설물	○	○	○		△	○		○	○		
		개착구조물	○	○	○		○	○	○	○	○		○
		대규모지하구조물	○	○	○			○		○	○	○	○
	댐	댐기초	○	○	○		○	○		○	○	○	
		저수지	○	○	○			○				△	○
		재료·제방	○	○	○	○		○				○	○
	제방·하천	제방기초지반	○	○	○		○	○		○	○	△	
		재료·제방	○	○	○	○	○	○		○	○		
		하천구조물	○	○	○		○	○	○	○	○		
	해양	항만시설	○	○	△		○	○	○	○	○		○
		해역구조물	○	○			△	○	○	○	○		○
	토지조성	매립	○	○			○	○	△	○	○		○
		절토·성토	○	○		○	○	○	○	○	○		△
	건축	직접기초	○	○			○	○	○	○	○		△
		말뚝기초	○	○				○	○	○	○		△
		개착	○	○	○			○		○	○		△
환경	지반침하		○	○			○			○		○	○
	지반진동 등		△	△						△	△		○
	흙·지하수오염		○	○								○	○
	흙속 가스조사		○	△								△	○
	폐기물처분장		○	○	○		△	△		○	○	○	○
재해	땅미끄럼		○	○	○			○			○	○	
	사면붕괴		○	○				○			○	○	
	낙석		△									○	
	액상화		○	○	△			○				○	
비고			범례 : ○(검토해야만 함), △(경우에 따라 검토 함)										

16.2.5 지반 조사 결과의 보고

지반조사계획에 기초하여 실시한 조사결과의 보고에 관하여 표준적인 보고서의 구성, 결과의 정리 및 보고서의 기술은 다음과 같다. 단지, 이러한 내용은 조사 목적, 종류, 규모, 조사단계 등에 따라 다르기 때문에 주의가 필요하다.

표 16.2 조사보고서의 일반적인 구성의 예

보고항목		내용
총괄편	머리말	요지, 배경
	조사위치	조사지안내도, 평면도 등
	조사개요	사건명, 장소, 목적, 내용, 수량, 공사기간 등
	조사방법	조사방법, 순서, 장치도 등
	조사결과	조사결과 및 평가, 결과 총과도표 등
	결과의 고찰	지반모델, 설계용 토질정수 제안, 시공방법, 대책공법 제안, 문제점 지적
	정리	결과의 정리, 이후의 과제
자료편	조사결과도표 (데이터쉬트)	지질도 주상도 지층단면도 토성도 원위치시험결과 데이터 쉬트 실내시험결과 일람표 실내시험결과 데이터 쉬트 기타
	기록	현장사진 등
	자료	문헌·참고자료 등

16.3 현장시험의 종류

현장시험은 크게 사운딩(sounding)과 특성시험으로 구분할 수 있다. 사운딩은 로드(rod) 하단에 부착된 저항체를 지반 중에 관입, 회전, 인발할 때의 저항에 의하여 지반토층의 성상을 조사하는 것으로서, 그 결과를 이용한 경험공식에 의하여 상대밀도나 전단강도 및 여러 가지 토질정수를 추정하는데 사용하고 있다. 사운딩에는 표준관입시험, 정적 콘관입시험, 동적 콘관입시험, 스웨덴식 관입시험, 베인시험 등이 있다. 특성시험에 속하는 원위치시험은 공내재하시험, 평판재하시험, 투수시험 등이 있으며, 이러한 시험들은 각각 측정하고자하는 특정토질정수가 있다는 점과 그것을 역학적으로 합리적이고 직접적인 방법으로 측정한다는 점에서 사운딩과 구별된다. 원위치시험의 종류와 특징을 요약하면 표 16.3과 같다.

표 16.3 원위치시험의 종류와 특징

구분	시험법	적용 지반 조건		측정결과	결과 이용
		최적	부적당		
사운딩	표준관입시험	모래층	연약한 점토층, 자갈 섞인 층	N값	층서와 성층 파악, 교란시료 채취, 상대밀도, 전단강도, 변형특성, 지지력
	동적 콘관입시험	모래층, 자갈층	점토층	N_d값	층서 파악, 상대밀도, 전단강도
	정적 콘관입시험	모래층, 실트층, 점토층	자갈층	q_c, f_s	콘관입저항력, 상대밀도, 전단강도, 지지력의 연속측정, 변형특성, 층서, 성층 파악
	스웨덴식 관입시험	약간 굳거나, 단단한 점토층, 모래층	연약한 점토층, 자갈 섞인 층	관입하중, 반회전수	지반굳기, 지지력
	베인시험	약간 굳은 점토층	모래층	비배수 점착력, 예민비	지지력, 안정해석
특성시험	공내재하시험	연암, 모래층, 자갈층	연약하거나 예민한 점토층	지반변형계수 지반반력계수	지지력, 압축성
	평판재하시험	모래층, 점토층, 자갈층		지반반력계수 극한지지력	지반의 허용지지력, 침하량
	투수시험	모래층, 자갈층	점토층	투수계수	침투해석

16.4 표준관입시험

16.4.1 표준관입시험

(1) 개요 및 시험방법

표준관입시험(Standard Penetration Test, SPT)은 지반조사 중에서 가장 많이 사용되는 현장시험이다. 1920년대에 보스턴에서 튜브샘플러를 이용하여 시료를 채취하면서 그 때의 타격회수를 기록한 것에서 시작되어, Terzaghi가 이를 개량하여 소개하면서 보급되었다.

표준관입시험은 한국산업규격(KS F 2307)에 규정되어 있으며, 시험방법은 다음과 같다. 소정의 깊이까지 시추공을 굴착하고 굴착기를 빼어낸 후, 외경 5.1cm, 내경 3.5cm, 길이 81cm의 분리형 원통형샘플러(split spoon sampler)를 시추공 바닥까지 밀어 넣는다.

샘플러에 연결된 굴착로드의 상단을, 63.5kg의 해머로 76cm 높이에서 낙하 타격하여 샘플러를 45cm 관입시키고, 마지막 30cm 관입에 필요한 타격횟수를 그 깊이에서의 표준관입시험치(N 값)라고 한다.

그 다음 샘플러를 인발하고 마개와 연결부를 제거한 후 시료를 꺼내어 용기에 넣어서 실험실로 옮긴다.

표준관입시험의 성과를 신뢰할 수 있는 최대깊이는 30m 정도이고, 표준관입시험을 1회 시행하는데 필요한 최소깊이는 50cm 정도이나 실제로는 1m 간격으로 실시하는 것이 표준이다. 지반이 단단하여 50회 이상 낙하하여도 30cm의 관입이 어려울 경우에는 50/3 등으로 표시하기도 하며, 이는 50회 낙하하여 3cm 관입하였다는 뜻이다. 시추공에서 표준관입시험을 실시하여 얻은 N값을 주상도에 함께 나타낸다.

(2) 표준관입시험의 특징 및 수정

표준관입시험의 장점은 N값을 측정함과 동시에 시료를 채취할 수 있다는 것이다. 이 시료는 심하게 교란되어 역학적 특성 측정에는 부적당하지만, 사용실적이 많고 풍부한 조사결과를 갖고 있으므로 지층의 특성을 파악하는데 많이 이용되고 있다.

단점은 시험과정에서 시험자의 숙련도와 성실성에 따른 측정치의 오차가 크며, 지반의 토질과 지하수상태 및 측정깊이 등이 N값에 영향을 미친다. 따라서 표준관입시험을 할 때에는 기구와 시험법에 대한 규정을 성실하게 따르며, 측정된 결과는 지반조건을 고려하여 적절한 수정을 하여야 한다.

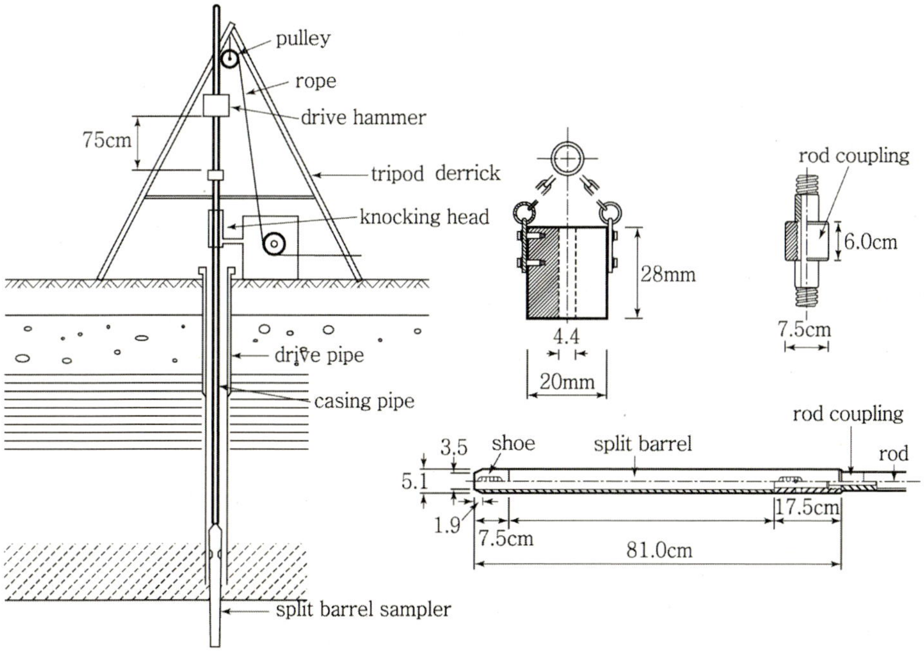

그림 16.3 표준관입시험

지반상태에 따른 N값의 영향은, 입경 1cm 이상의 자갈이 있는 흙에서는 N값이 과다하게 측정되고, 지하수위 아래에서는 지하수위 위에서보다 N값이 작게 나오며, 함수량에 따라서 포화 모래, 건조 모래, 습한 모래 순으로 N값이 크게 나온다. 또 자체하중만으로도 관입되는 연약한 지반에서는 로드의 유지 상태에 따라 차이가 크게 생긴다.

현장에서 측정한 N값은 여러 요인에 의해 영향을 받게 되므로, 주요 영향인자인 해머의 에너지 효율, 유효상재하중, 시추공의 직경, 샘플러의 종류, 로드 길이 등을 고려하여 수정하여야 한다. 수정식으로는 다음과 같은 식을 많이 사용한다.

$$N' = N \times C_h \times C_n \times C_b \times C_s \times C_r \tag{16.1}$$

여기서, N'=수정치
N=측정치
C_h=해머의 에너지효율에 따른 수정계수
C_n=유효상재하중에 따른 수정계수
C_b=시추공의 직경에 따른 수정계수(표 16.4)
C_s=샘플러의 라이너 유무에 따른 수정계수(표 16.5)
C_r=로드 길이에 따른 수정계수(표 16.6)

표준관입시험에서는 해머의 낙하에너지를 이용하여 샘플러를 관입시키는데, 해머의 종류와 낙하 방식에 따라 에너지 효율이 다르므로, 기준이 되는 에너지 효율 E_{60}(60%)을 정하고 실제 사용되는 장비의 에너지 효율 E_m을 고려하여 다음과 같이 수정계수를 구한다.

$$C_h = \frac{E_m}{E_{60}} \tag{16.2}$$

모래지반에서 N값의 측정치는 유효상재압력의 크기에 따라 현저하게 커지므로, 이를 고려하기 위한 여러 방법이 있으며, Liao & Whitman(1986)은 다음과 같이 간단한 경험식을 제안하였다.

$$C_n = \frac{1}{\sqrt{\sigma'_v}} \tag{16.3}$$

여기서, σ'_v=유효상재압력(kN/m^2)이다.

시추공의 직경이 클수록 N값이 작게 나오며, 샘플러 내부에 라이너가 없으면 N값이 작게 나온다. 로드가 10m보다 짧으면 해머의 낙하로 인하여 발생한 압축파가 샘플러에서 반사된 인장파와 중첩되어 에너지 감소가 발생하므로 N값이 크게 나온다.

표 16.4 시추공의 직경에 따른 수정계수 C_b

시추공 직경(mm)	수정계수 C_b
65~120	1.00
150	1.05
200	1.15

표 16.5 샘플러의 라이너 유무에 따른 수정계수 C_s

샘플러의 구분	수정계수 C_s
라이너가 없는 경우	1.2
라이너가 있는 경우	1.0

표 16.6 로드 길이에 따른 수정계수 C_r

로드 길이(m)	수정계수 C_r
3~4	0.75
4~6	0.85
6~10	0.95
10 이상	1.00

(3) 표준관입시험 결과의 이용

표준관입시험치 N은, 기초 저면으로부터 아래로 기초의 짧은 변 길이와 같은 두께의 토층에 대하여, 각 시추공에 있어서의 평균값을 구하여 그중에서 가장 작은 평균값을 설계용 N값으로 한다. 또는 한 지역에 있어 동일 토층에서 측정된 N값은 수정치 N′의 평균값에서 표준편차를 뺀 값을 사용한다.

사질토에서의 N값과 내부마찰각 ϕ 및 상대밀도 D_r의 관계는 식 (16.4), 식 (16.5), 식 (16.6) 및 표 16.7로부터 구할 수 있다.

$$\begin{aligned}
\text{Dunham : } & \text{입자가 둥글고 입도불량한 모래 : } \phi = \sqrt{12N} + 15^\circ \\
& \text{입자가 둥글고 입도양호한 모래 : } \phi = \sqrt{12N} + 20^\circ \\
& \text{입자가 모나고 입도불량한 모래 : } \phi = \sqrt{12N} + 20^\circ \\
& \text{입자가 모나고 입도양호한 모래 : } \phi = \sqrt{12N} + 25^\circ
\end{aligned} \tag{16.4}$$

$$\text{도로교시방서 : } \phi = \sqrt{12N} + 15^\circ \le 45^\circ \tag{16.5}$$

$$\text{Peck : } \phi = 0.3N + 27^\circ \tag{16.6}$$

표 16.7 N값과 내부마찰각 ϕ, 상대밀도 D_r, 전체(습윤)단위중량 γ_t의 관계

N	상대밀도 D_r(%)	내부마찰각 ϕ(°)		전체단위중량 γ_t(kN/m^3)
		Peck	Meyerhof	
0~4	매우 느슨 0~20	28.5 이하	30 이하	10.8~15.7
4~10	느 슨 20~40	28.5~30	30~35	13.7~17.7
10~30	중 간 40~60	30~36	35~40	16.7~19.6
30~50	조 밀 60~80	36~41	40~45	16.7~21.6
50 이상	매우 조밀 80~100	41 이상	45 이상	19.6~22.6

사질토에서의 N값과 탄성계수 E_s의 관계는 표 16.8에서 근사적으로 추정할 수 있다.

표 16.8 N값과 탄성계수 E_s의 관계

흙	E_s/N
실트, 모래질 실트	4
가늘거나 약간 굵은 모래	7
굵은 모래	10
모래질 자갈, 자갈	12~15

※ E_s의 단위는 kg/cm^2

점성토 특히 연약한 점성토에서는 표준관입시험의 신뢰성이 매우 낮기 때문에 N값을 가지고 점성토의 역학적 특성을 추정하는 것은 좋지 않으나, 기초계획 단계에서 개략적인 계산을 하기 위한 수단으로는 이용할 수 있다.

점성토의 N값과 연경도(consistency)와 일축압축강도 q_u의 관계는 표 16.9에서 근사적으로 구할 수 있다. 점성토의 점착력 c_u와 N값의 관계를 다음 식과 같이 나타낼 수도 있다.

$$c_u\,(\mathrm{kN/m^2}) \tag{16.7}$$

여기서, K = 상수(0.36~0.66, 약 0.44)이다.

표 16.9 N값과 연경도, 일축압축강도 q_u, 전체(습윤)단위중량 γ_t의 관계

N	연경도	q_u(kN/m^2)	γ_t(kN/m^3)
0~2	매우 연약(very soft)	24.5	15.7~18.6
2~4	연약(soft)	24.5~49.0	15.7~18.6
4~8	약간 굳은(medium)	49.0~98.1	16.7~19.6
8~15	굳은(stiff)	98.1~196.1	18.6~21.6
15~30	매우 굳은(very stiff)	196.1~392.3	18.6~21.6
30 이상	단단한(hard)	392.3	18.6~21.6
관 계 식		$q_u = N/8$	

그 밖에도 표준관입시험 결과를 이용하여 지반반력계수, 지중의 횡파속도, 말뚝의 연직지지력, 사질토 지반에서의 액상화 가능성 등을 추정할 수 있다.

16.5 콘관입시험

16.5.1 동적 콘관입시험

동적 콘관입시험(Cone Penetration Test, CPT)은 표준관입시험에서 분리형 원통샘플러 대신에 선단면적이 10cm^{2}인 콘을 타격관입시키는 시험으로서, 관입에 쓰이는 추와 낙하높이가 표준관입시험과 같다(그림 16.4). 다만 이 시험은 시추공에서 시행하는 것이 아니라, 지반에 콘을 연속적으로 관입하면서 30cm 깊이마다 낙하횟수 N_d값을 측정하는 것이며, 시험기구가 간편하고 시험법이 간단하여 빠르고 값싸게 연속적인 N_d값을 얻을 수 있다.

모래와 자갈 지반에서는 동적 콘관입시험의 N_d값과 표준관입시험의 N값이 다음과 같은 관계를 갖는다.

$$N_d = 1.15N \tag{16.8}$$

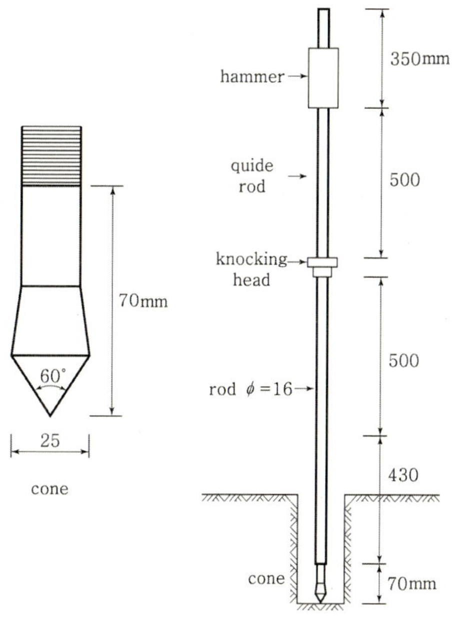

그림 16.4 간이 동적 콘관입 시험기

이 시험은 연속적으로 관입할 수 있어 최종 심도까지 연속적 자료 확보가 가능하나, 관입심도가 증가하면 로드의 주변마찰이 증가하여 측정치가 과대해지는 단점이 있다. 표준관입시험과는 달리 시료채취가 불가능하지만, 보링을 하지 않기 때문에 작업이 신속하고 비용이 적게 소요된다.

16.5.2 정적 콘관입시험

정적 콘관입시험은 로드의 선단에 원추형 콘(cone)을 설치하고 일정 관입속도(통상 1cm/sec)로 연속 압입할 때의 관입저항 혹은 공극수압을 측정하는 시험이다. 지반의 콘지지력 q_c는 관입저항 측정값을 콘의 저면적으로 나누어 표현한다.

정적 콘관입시험기는 인력으로 관입하는 소형의 것에서 유압을 써서 관입하는 대형의 것까지 많은 종류의 시험기와 그에 적합한 여러 종류의 콘이 사용되고 있다.

(1) 휴대용 콘관입시험

휴대용 콘관입시험(portable cone penetrometer)기는 통상적인 사운딩 장치 중에서 가장 경량으로 휴대에 편리한 장점이 있다. 측정가능 범위는 $q_c < 1.47\mathrm{MN/m^2}$이며, 일반적으로 깊이 5m 정도까지의 점성토지반을 대상으로 한다. 이 시험은 1~2명이 신속히 시험을 수행할 수 있는 장점이 있으며, 표층부가 연약한 점토에 대한 차량의 주행성(trafficability)을 알고자 하는 경우나 부식토층이나 초 연약지반의 강도분포를 파악하는 경우 등에 사용된다.

(2) 더치콘 관입시험

더치(네덜란드)콘 관입시험(Dutch cone penetration test)은 직경 3.6cm, 선단면적 $10\mathrm{cm^2}$, 선단각 60°인 더치콘을 흙속에 압입하면서 지반의 관입저항력을 측정하여 토층의 굳기 및 조밀한 정도를 구하는 시험이다. 이 방법은 점성토와 사질토에 모두 적용할 수 있으나, 주로 연약한 점성토 지반의 특성을 조사하는 데 적합하다.

기계식 콘인 더치콘에는 내관과 외관의 이중관으로 되어 있는 맨틀콘과 마찰저항력 f_s를 측정할 수 있는 마찰슬리브(friction sleeve)가 장치되어 있는 마찰맨틀콘이 있다. 관입력은 2t(수동식)과 20t(동력식)의 2종류가 있고 프루빙링(proving ring)이나 로드셀(load cell)로 측정한다.

시험방법은 콘을 로드에 접속하고 관입속도 1cm/sec로 이중관을 지중에 20cm 압입하여 측정깊이까지 도달하면, 내관을 압입하여 콘을 5cm 관입시키고 이때의 압입력을 구한다. 이를 선단면적으로 나누어 콘관입저항력 q_c를 구한다.

이 시험은 시추공을 이용하지 않으므로 표준관입시험에 비하여 간편하고 신속하며 연속적 시험이 가능하므로 지층의 세부적인 상태를 빠짐없이 파악할 수 있다. 깊이 방향의 시험간격은 일반적으로 25cm 정도이고, 시험깊이는 20~30m 정도가 한계이다.

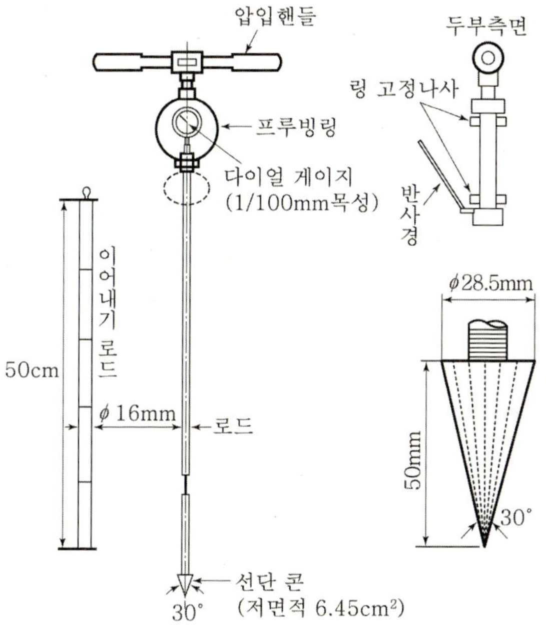

▌그림 16.5 ▌휴대용 콘관입시험기

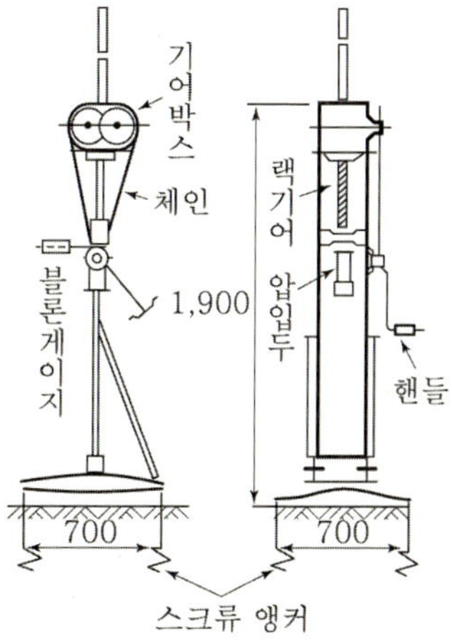

▌그림 16.6 ▌더치콘 관입시험

콘관입저항력 q_c와 표준관입시험치 N 및 탄성계수 E_s와의 관계를 표 16.10에 나타내었다.

▌표 16.10 ▌콘관입저항력 $q_c(\mathrm{kg/cm^2})$와 표준관입시험치 N 및 탄성계수 $E_s(\mathrm{kg/cm^2})$와의 관계

흙의 종류	q_c/N	E_s/q_c
실트, 가는 모래	1.5~3.0	1.5~2
약간 굵은 모래, 실트질 모래	3.0~4.5	3~4
굵은 모래	4.5~7.0	1.5~3
모래질 자갈, 자갈질 모래	7.0~20.0	
실트질 점토, 모래질 점토		5~7

콘관입시험의 결과로부터 구한 콘관입저항력 q_c는 비배수전단강도(C_u)와 깊은 상관관계를 가지는데, 다음은 하나의 상관관계의 예를 보여준다.

$$C_u = \frac{q_c - \sigma_z}{N_k} \tag{16.9}$$

여기서, N_k는 콘형상과 관입율에 따른 콘상수, σ_z는 연직응력을 나타낸다.

N_k의 평균치는 소성지수의 함수로 다음과 같이 구할 수 있다.

$$N_k = 19 - \frac{PI-10}{5} \quad ; \quad PI > 10 \tag{16.10}$$

또한, 콘관입저항력 q_c로부터 피크시의 내부마찰각(ϕ'_p)을 구할 수 있다(Robertson and Campanella, 1983).

$$\phi'_p = 35° + 11.5\log\left(\frac{q_c}{30\sigma'_{zo}}\right) \quad ; \quad 25° < \phi'_p < 50° \tag{16.11}$$

16.5.3 스웨덴식 관입시험

스웨덴식 관입시험(Swedish penetration test)은 정하중에 의하여 회전 관입시키는 정적 관입시험의 일종으로서, 그림 16.7과 같이 처음에는 5, 15, 25, 75, 100kgf의 추의 재하에 의한 침하를 측정하고, 계속하여 100kg의 하중을 재하한 채로 1m 관입하는데 필요한 반회전수를 측정 기록하는 시험이다.

스크류 포인트(screw point)를 지중에 삽입 회전시키는데 따라 흙의 저항을 구해서 흙의 연경도를 구하는 것으로 조사토질의 굳기가 보통 이하이거나 연질인 점성 및 모래질 흙에는 적합하나 극히 연약한 토질이나 자갈 등이 많이 혼합된 지반에는 알맞지 못하다.

스웨덴식 관입시험에서 회전에 의한 저항치 N_{sw}는 100kgf의 재하상태에서 1m 관입에 요하는 반회전수로 다음과 같이 표시한다.

$$N_{sw} = \frac{100}{L} N_a \quad (\text{반회전수/m}) \tag{16.12}$$

여기서, N_a : 반회전수(1회)

L : N_a에 대한 관입량(cm)이다.

N_{sw}와 표준관입시험치(N값)와의 관계는 다음과 같다.

$$\text{자갈모래, 사질토의 경우} : N = 2 + 0.067N_{sw} \tag{16.13}$$

$$\text{점토, 점성토의 경우} : N = 3 + 0.05N_{sw} \tag{16.14}$$

이 시험방법은 표준관입시험, 더치콘 등에 비해서 장치가 가볍고 조작도 간단하다는 장점이 있으며, 지반조사에서 연약지반의 두께, 모래층의 분포 등을 구하기 위한 보조적 수단으로 사용되고 있으며 개략적인 흙의 강도를 추정할 수 있다.

16.5.4 피에조콘 시험

정적콘시험장비(CPT)에다 공극수압을 측정 할 수 있도록 장치를 부착한 장비를 피에조콘(CPTu)이라 부른다. 피에조콘 시험장비는 연결 로드에 전기식 콘을 장착하여 일정한 관입속도로 지중에 관입하여 소정의 심도(10tf 규모의 장비를 최대 N〈40)까지 연속적으로 관입저항(q_c) 및 슬리브의 마찰력(f_s), 관입공극수압(u_b)을 측정하는 조사장비이다.

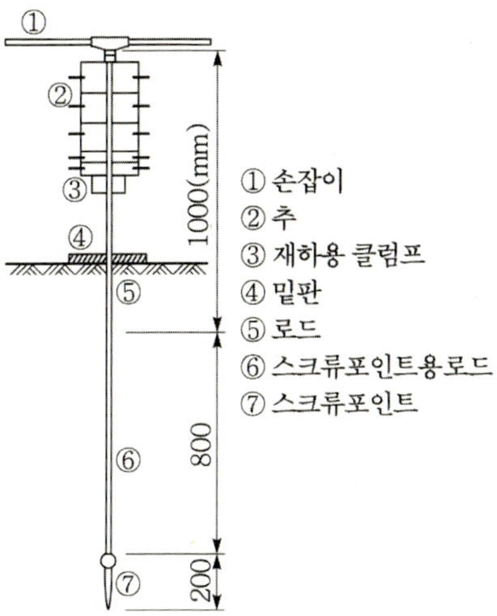

그림 16.7 스웨덴식 관입시험기

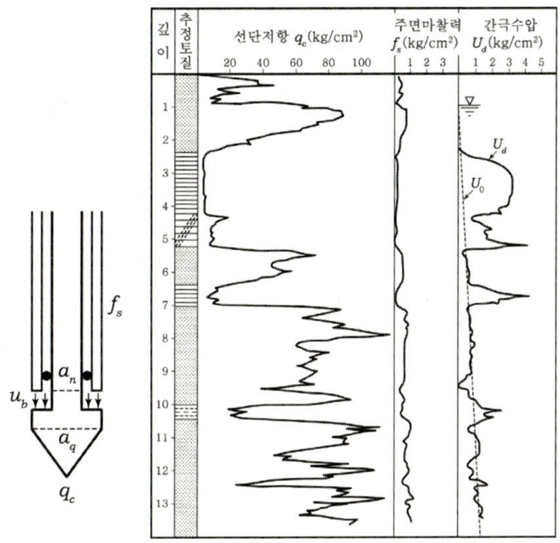

그림 16.8 피에조콘의 전기식 콘 및 시험결과

(1) 피에조콘 시험결과에 의한 흙 분류

전기식 콘은 일반적으로 콘 선단부에 이음부를 가지기 때문에 관입중의 공극수압 u의 영향을 받은 콘지지력 q_c를 측정하게 된다. 따라서 이를 다음과 같이 보정한 q_t를 사용하게 된다.

$$q_t = q_c + (1 - a_s)u \tag{16.15}$$

여기에서 a_s는 이은 자리의 단면적 비로 그림 16.8에서 a_n/a_q로 표현된다.

정규화된 원추관입 저항력과 마찰률 및 공극수압 계수를 이용하여 그림 16.9와 같이 흙 분류를 할 수 있다(Robertson et al., 1990).

$$Q_1 = \frac{q_t - \sigma_{v0}}{\sigma_{vo}{}'},\ B_q = \frac{U_2 - U_0}{q_t - \sigma_{vo}},\ F_r = \frac{f_s}{q_t - \sigma_{v0}} \times 100\% \tag{16.16}$$

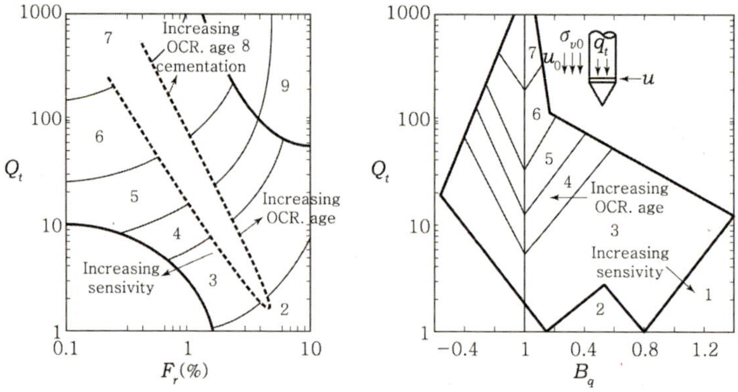

Zone	Soil type	Zone	Soil type	Zone	Soil type
1	예민한 점토	4	실트가 많은 흙~점토질 실트	7	자갈 섞인 모래~모래
2	유기질 흙~peats	5	모래질이 많은 흙~사질 실트	8	고결한 모래~점토질 모래
3	점토~실트질 점토	6	모래 : 깨끗한 모래~실트질 모래	9	대단히 단단한 고결 점토

그림 16.9 정규화된 Piezocone 시험 결과를 통한 흙의 분류(Robertson et al., 1990)

(2) 비배수전단강도 산정

조사위치의 수직응력과 콘 관입저항력을 통하여 산정하는 방법, 유효선단저항치를 이용하는 방법, 과잉 공극수압을 통하여 산정하는 방법이 있다.

실무에서는 콘 관입저항력으로 비배수전단강도를 산정하는 방법이 널리 쓰이고 있으며 이 방법은 말뚝의 선단지지력 공식으로부터 유추될 수 있고, 콘 계수(N_{kt})와 다공질 필터의 위치를 고려한 수정된 콘 관입저항치(q_t) 관계로부터 산정 가능하다.

$$S_u = \frac{q_t - \sigma_{vo}}{N_{kt}} \tag{16.17}$$

여기서, S_u : 비배수전단강도

q_t : 부등면적을 고려한 수정 콘저항치

σ_{vo} : 현장의 연직응력

N_{kt} : 경험적인 콘계수($N_{kt} = 15 \pm 5$)이다.

(3) 소산시험을 수행하여 수평압밀계수 산정

피조콘 관입 시 소정의 심도에서 관입을 중단하면 콘에 측정된 최대공극수압은 평형 상태에 도달될 때까지 소산되는데 이 결과를 이용하여 지반의 수평방향 압밀계수(c_h)를 산정할 수 있다.

16.5.5 딜라토미터 시험

Flat dilatometer는 보통 딜라토미터(dilatometer)로 불리우며 멤브레인(membrane)이 설치되어 있는 날(blade)을 지중에 관입시켜 수평방향으로 압력을 재하하여 각 계수를 결정하고 지층의 특성을 파악하는 현장 원위치 조사 장비이다.

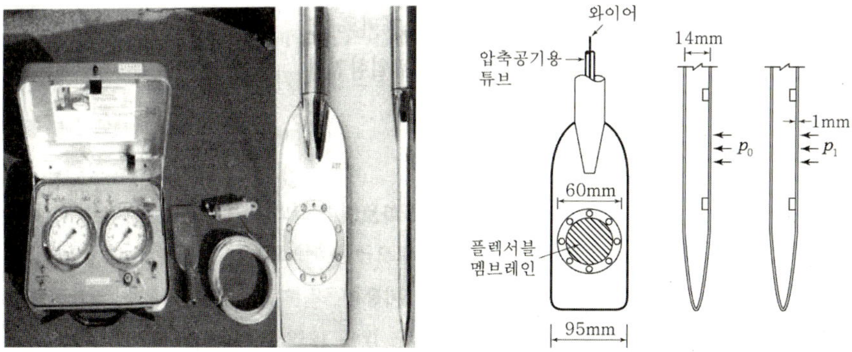

그림 16.10 딜라토미터 시험장비 및 개념도

통상적으로 심이 20cm마다 시험을 수행한다. 먼저 날(blade)을 2cm/sec의 속도로 시험 깊이까지 관입하고, 멤브레인(Membrane)은 로드(rod) 내의 에어(air)튜브를 통해 지상에서 질소가스압에 의해 팽창시킨다. 중앙에 있는 멤브레인(membrane)이 날에서 떨어질 때의 압력을 A로 기록하고, 중앙부가 1.0mm 팽창 시 압력을 B로 기록한다. 측정된 압력은 멤브레인의 강성에 대하여 보정하여 각각 압력 p_o와 p_1로 변환되어 다음의 3개의 지수를 구하는데 이용된다.

딜라토미터 인덱스(dilatometer index) $E_D = 34.7(p_1 - p_o)$

재료 인덱스(material index) $I_D = \dfrac{p_1 - p_o}{p_o - u_o}$

수평응력 인덱스(horizontal stress index) $K_D = \dfrac{p_o - u_o}{\sigma'_{vo}}$

여기에서 u_o는 측정위치에서의 정수압이고, σ'_{vo}는 유효상재압이다. 이를 이용하여 토질을 구분하는 방법이 다음과 같이 제안되었다.

- 점토 : I_D〈0.6
- 실트 : 0.6〈I_D〈1.8
- 모래 : I_D〉1.8

비배수 전단강도(c_{uDMT})와 흙의 마찰각(ϕ_{DMT})은 다음과 같이 추정할 수 있다.

$$c_{uDMT} = 0.22\sigma'_{vo}(0.5K_D)^{1.25} \tag{16.18}$$

$$\phi_{DMT} = 28^\circ + 14.6^\circ \log K_D - 2.1^\circ \log^2 K_D \tag{16.19}$$

그림 16.11은 I_D와 E_D에 의해 흙의 구분한 도표이다.

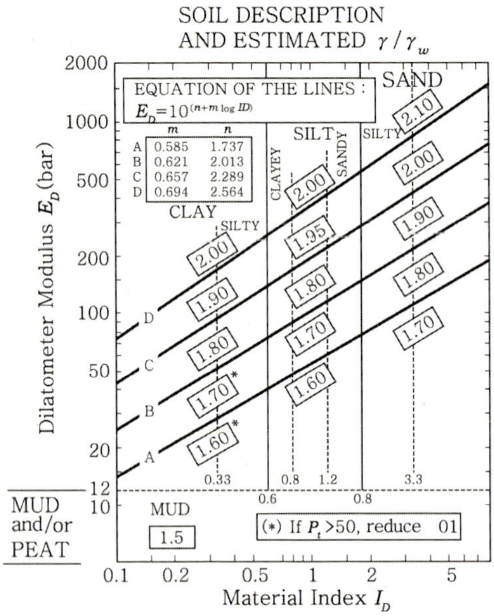

그림 16.11 I_D와 E_D에 의한 흙의 구분

16.6 현장베인시험

현장베인시험(Field vane test)은 그림 16.12와 같이 십자형의 베인을 로드선단에 장착하여 시추공 바닥에 내리고 지중에 압입한 후, 중심축을 천천히 회전시켜서 베인 주위의 흙이 원통형으로 전단파괴될 때의 회전모멘트를 구하여 점토지반의 점착력(비배수 전단강도)을 구하는 비배수 전단시험이다.

점토층 내의 자갈 등으로부터 베인을 보호하기 위하여 보호관을 사용하기도 하며, 이 경우에는 시추공을 굴착하지 않고 베인을 내장한 보호관을 먼저 압입한 후에 베인을 압입하면 된다.

베인의 회전에 저항하는 힘은 베인 둘레의 원통 표면(수직면+수평면)에 작용하는 전단저항력에 의한 것이며, 파괴가 일어날 때의 회전모멘트와 점토의 점착력(비배수 전단강도)와의 관계는 다음의 식과 같다.

$$C_u = \frac{4T}{\pi(2d^2h + ad^2)} \tag{16.20}$$

여기서, C_u : 비배수 점착력(kN/m^2)

T : 작용토크(kN-cm)

d : 베인의 직경(보통 5 내지 15cm)

h : 베인의 길이(보통 10내지 22.5cm)

a = 2/3(균일한 단전단인 경우)

= 3/5(포물선 단전단인 경우)

= 1/2(삼각형 단전단인 경우)(어떤 단부는 삼각형도 있다)

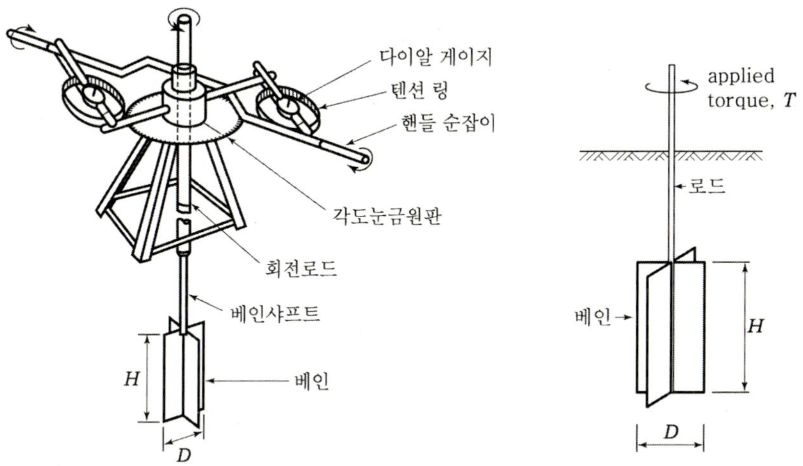

그림 16.12 베인시험기 및 개념도

베인시험의 회전속도는 0.1°/sec(360°/hr) 이하의 일정한 속도로 회전하여 대체로 5분 이내에 최대 저항력 측정이 가능하며, 베인시험은 1m 간격으로 시행하여 깊이에 따르는 전단강도의 변화를 파악하는 것이 좋다.

베인시험으로 구한 점착력의 값은 소성이 클수록 일축압축시험으로 구한 값보다 크게 나타나므로, 현장에서 측정된 점착력의 값은 다음과 같이 수정하여 설계에 사용해야 한다.

$$c_u' = \lambda c_u \tag{16.21}$$

여기서, λ=수정계수이다.

수정계수 λ의 값은 흙의 소성지수(PI)에 따라 달라지며, 그림 16.13에서 구한다.

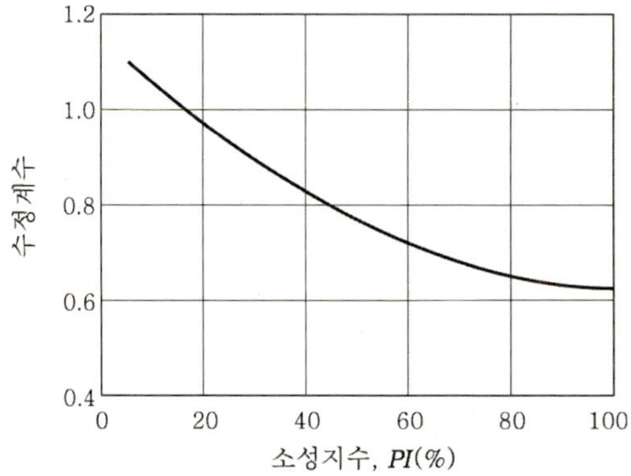

그림 16.13 베인시험에 대한 수정계수

16.7 공내재하 시험

16.7.1 공내수평재하 시험

공내수평재하 시험(borehole lateral load test)은 시추공 내에서 이루어지며, 재하장치로 공벽에 수평방향의 압력을 가하고 그에 따른 변형량을 측정하여 지반의 변형계수(수평방향 지반반력계수)를 구하는 시험이다. 재하방식에 따라 등분포재하법과 등변위재하법으로 구별할 수 있다.

등분포재하법은 시추공 내에 원통형의 튜브나 얇은 판 모양의 블레이드(blade)를 삽입하고 물이나 기름 또는 기체(N_2 가스)의 압력에 의하여 공벽에 하중을 작용시키는 방식이다. 앞서 사운딩에서 언급한 딜라토미터도 일종의 수평재하 시험으로 볼 수 있다. 이외에 여러 종류의 프레셔미터 시험(pressuremeter test, PMT) 장비가 있다.

등변위재하법은 강제 재하판을 시추공 내에 삽입하고 유압잭(jack)을 이용하여 공벽에 하중을 작용시키는 것으로서, 이 방법에 의한 기종으로는 Goodman jack, KKT 등이 있다.

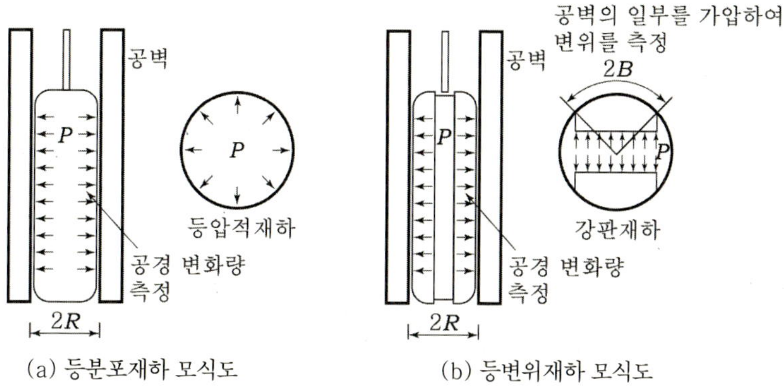

그림 16.14 공내수평재하 시험의 방법

최대재하중의 1/10 이하의 하중변화마다 압력과 변위량의 측정을 동시에 실시하여, 그림 16.15와 같은 압력-변위 곡선(프레셔미터 곡선)을 구할 수 있다. 곡선에는 2개의 변곡점이 나타나며, 1차 변곡점은 시추공 굴착에 의한 변형이 원상태로 회복되는 점으로 이 점의 압력이 정지압력 P_o가 된다. 1차 변곡점을 넘으면 압력과 변위의 관계는 직선적으로 변하는 탄성적인 거동을 나타내며, 더욱 압력이 증가하면 변위가 급증하는 2차 변곡점이 되고 이 점의 압력을 항복압력 P_y라고 한다. 2차 변곡점을 넘으면 지반은 탄성을 잃고 차차 파괴되기 시작하며 하중을 더 증가시키고자 하여도 하중이 증가하지 않는 극한압력 P_f에 도달하게 된다.

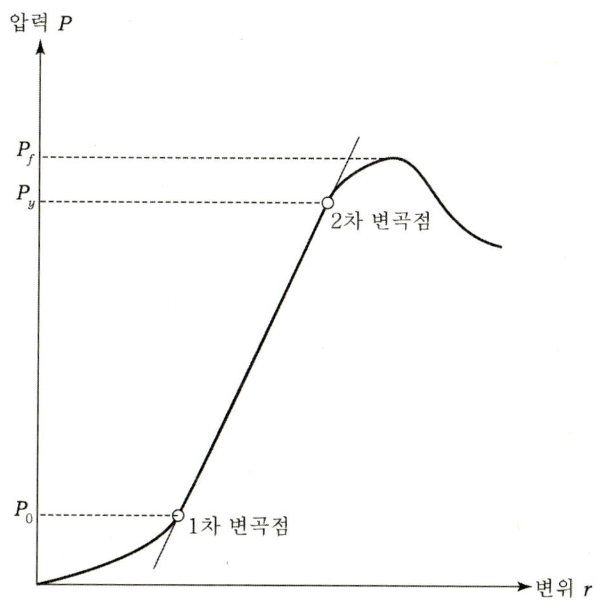

그림 16.15 압력-변위 곡선

프레셔미터 곡선으로부터 지반의 변형계수(탄성계수), 현장수평응력, 비배수 전단강도, 전단탄성계수 등을 구할 수 있으며, 지반의 수평방향 변형계수(pressuremeter modulus) E는 다음의 식과 같이 구할 수 있다.

$$E = 2(1+\mu)(V_0 + V_m)\frac{\Delta P}{\Delta V} \tag{16.22}$$

여기서, μ = 포아송비

V_0 = 정지압력 P_0일 때의 고무튜브의 체적

$V_m = (P_0 + P_y)/2$일 때의 고무튜브의 체적

ΔP=체적변화 ΔV를 일으키기 위한 압력증가

각 재하단계별 압력-변위 곡선에서 직선 구간(탄성 구간)의 기울기를 탄성계수라 하고, 여러 재하단계의 전체 압력-변위 곡선에서 직선 구간의 기울기를 변형계수로 하여 구분하기도 한다.

여러 가지 흙에 대한 수평방향 변형계수 E의 대략적인 범위는 표 16.11과 같다.

표 16.11 수평방향 변형계수 E의 대략적인 범위

흙의 종류	E(MN/m^2)
연약한 점토	0.49 ~ 2.94
약간 굳은 점토	2.94 ~ 7.85
굳은 점토	7.85 ~ 39.23
느슨한 실트질 모래	0.49 ~ 1.96
실트	1.96 ~ 9.81
모래, 자갈	7.85 ~ 39.23

그리고 시험결과에서 다음의 관계를 이용하여 정지토압계수를 산정할 수 있다.

$$K_o = \frac{P_o}{\sigma_{vo}} \tag{16.23}$$

여기에서 P_o는 시험결과에서 구한 정지토압이고, σ_{vo}는 시험 깊이에서의 유효연직응력이다. 또한 다음의 관계에서 흙의 내부마찰각을 추정할 수 있다.

$$K_o = 1 - \sin\phi \tag{16.24}$$

16.8 현장 투수시험

16.8.1 정수두 투수시험

시추공에서 시행하는 정수두 시험은 시추공의 바닥까지 케이싱을 삽입하고, 그림 16.16(a)와 같이 물을 케이싱의 상단으로 공급하면서 유량이 일정하게 될 때 다음의 식과 같이 투수계수를 계산한다.

$$k = \frac{q}{5.5rh} \tag{16.25}$$

여기서, k = 투수계수
q = 시추공에 공급하는 물의 유량
r = 케이싱의 반경
h = 수두차

시추공의 깊이보다 케이싱의 깊이가 L 만큼 짧은 경우(그림 16.16(b))의 투수계수는 다음과 같이 된다.

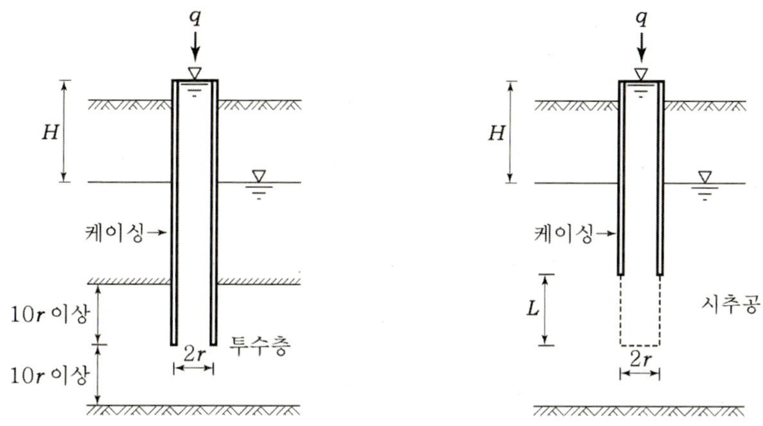

(a) 시추공 깊이와 케이싱 깊이가 같은 경우 (b) 시추공 깊이보다 케이싱 깊이가 짧은 경우

그림 16.16 시추공 정수두 투수시험

$$k = \frac{q}{2\pi Lh} \log_e \frac{L}{r} (L \geq 10r\text{인 경우}) \tag{16.26}$$

$$k = \frac{q}{2\pi Lh} \sin h^{-1} \frac{L}{2r} (10r > L \geq r\text{인 경우}) \tag{16.27}$$

여기서, L = 시추공의 길이

r = 시추공의 반경

16.8.2 변수두 투수시험

정수두 시험과 동일하게 케이싱을 삽입한 상태에서 물을 적당량 주수하여 시추공의 바닥으로 빠져나가게 한다. 시간 t사이에 수위가 h_1에서 h_2로 내려가게 되면 투수계수는 다음과 같이 계산한다.

$$k = \frac{\pi r}{5.5t} \log_e \frac{h_1}{h_2} \tag{16.28}$$

마찬가지로 시추공의 깊이보다 케이싱의 깊이가 L만큼 짧은 경우의 투수계수는 다음과 같이 된다.

$$k = \frac{r^2}{2Lt} \log_e \frac{L}{r} \log_e \frac{h_1}{h_2} \tag{16.29}$$

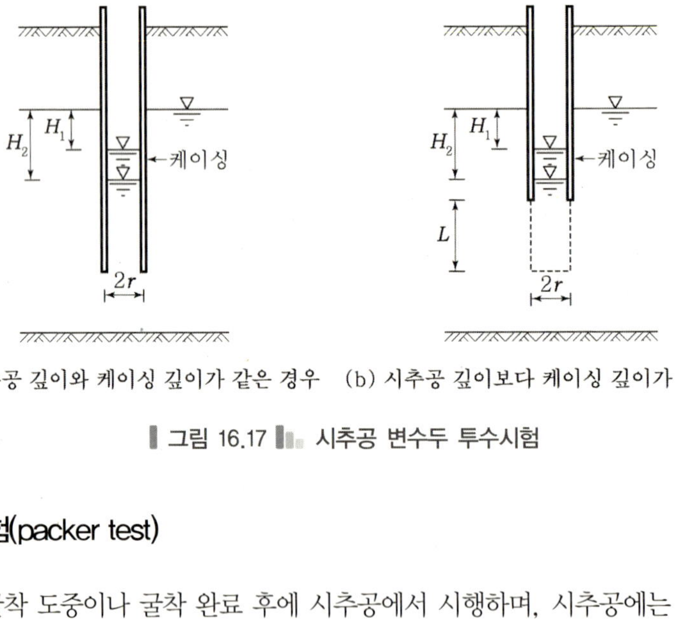

(a) 시추공 깊이와 케이싱 깊이가 같은 경우 (b) 시추공 깊이보다 케이싱 깊이가 짧은 경우

그림 16.17 시추공 변수두 투수시험

16.8.3 팩커 시험(packer test)

팩커 시험은 굴착 도중이나 굴착 완료 후에 시추공에서 시행하며, 시추공에는 일정량의 압력수를 공급하여야 한다(그림 16.18). 투수계수는 개단시험과 같은 식 (16.26), 식 (16.27)로 구한다. 단, 수두차 h는 다음 식과 같이 된다.

$$h = 중력수두차 h_g + 압력수두차 h_p \tag{16.30}$$

암반의 투수성은 일반적으로 Lugeon값으로 나타내며, 압력수의 주입압력이 0.98MN/m^2이고, 시추공 깊이 1m당 주입수량이 $1l/\text{min}$일 때의 투수성을 1 Lugeon으로 정의한다.

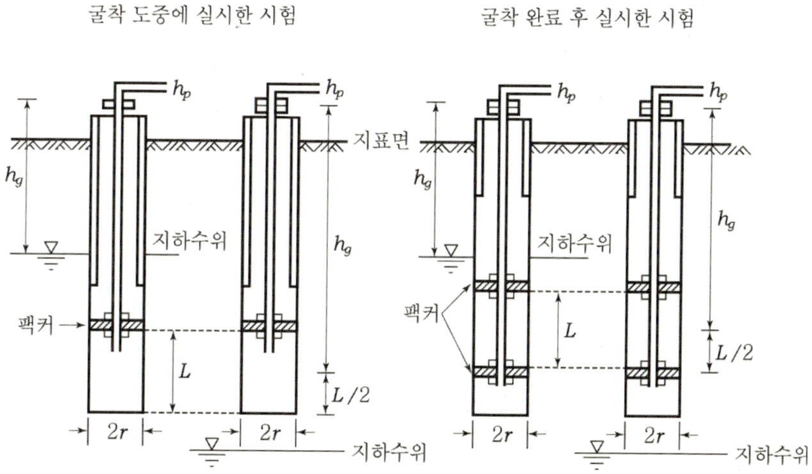

그림 16.18 팩커 시험

16.9 평판재하시험

콘크리트 포장 설계를 위해서는 노상토의 지반반력계수를 측정하는데 이를 위하여 평판재하시험을 실시한다. 평판재하시험은 보통 한 변이 30㎝인 정사각형 강판을 지표면에 놓고 하중을 작용시켜 응력-침하량 관계를 측정하는 시험인데 시험성과를 정리하는 방법은 그림 16.19에 제시되어 있다.

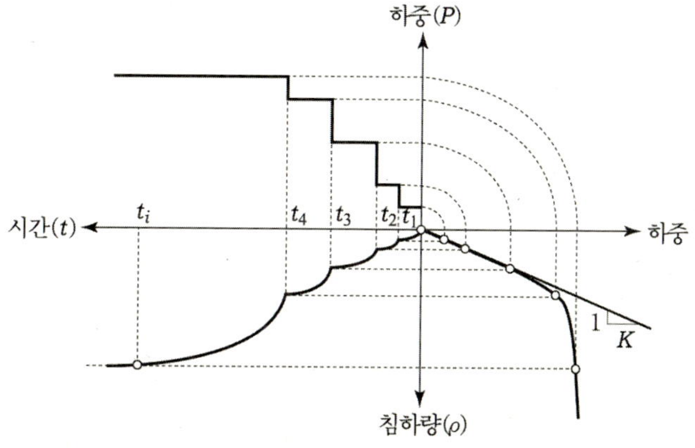

그림 16.19 평판재하시험 결과의 정리

그림의 제2사분면에 보인 것처럼 제1단계 하중을 가한 다음 침하량을 측정하되 침하속도가 정해진 기준 값보다 느리게 기록되면 다음 단계의 하중을 가한다. 각 하중 단계를 침하기록은 제3사분면에 그려져 있다. 여러 단계의 하중에 걸쳐 침하량을 측정한 다음 결과를 제4사분면에 하중(응력)-침하량 관계로 나타낼 수 있게 된다. 하중(응력)-침하량 관계는 초기에는 직선적 비례 관계를 보이다가 큰 하중에서는 급격히 큰 침하가 발생하게 된다. 이때의 응력을 극한지지력이라 한다.

지반반력계수는 하중(응력)-침하량 관계가 직선인 부분에서 식 (16.31)과 같이 결정된다.

$$K = \frac{\sigma}{\rho} \tag{16.31}$$

여기서, K = 지반반력계수(kN/m^3)

σ = 작용 하중강도($\sigma = \frac{P}{A} = \frac{\text{작용하중}}{\text{평판면적}}$, kN/$m^2$)

ρ = 침하량(cm)

지반반력계수 K가 큰 흙은 이 값이 적은 흙에 비해 동일한 하중이 작용할 때 상대적으로 더 작은 침하가 발생하므로 노상으로서의 가치가 더 좋다고 할 수 있다. 식 (16.19)로 정의한 K는 연직방향 지반반력계수이며 수평방향 지반반력계수는 프레셔미터시험으로 측정할 수 있다.

16.10 물리탐사법

16.10.1 분류

흙이나 암반은 단단하고 조밀할수록 지진파와 같은 진동파가 빨리 전달되며, 지반의 전기저항은 토질에 따라 다르다.

이와 같은 지반의 성질을 이용하여, 자연적이거나 인공적인 물리현상(지진파, 탄성파, 전기, 자기, 음파, 온도, 방사능 등)의 지중전파 거동을 측정하여 지층구조, 지층의 공학적 특성, 지하수 상태 등을 간접적인 방법으로 파악하는 조사방법을 물리탐사 또는 지구물리탐사라고 한다.

물리탐사는 신속한 지반조사를 위해 사용하며, 시추 등 다른 조사를 시행하기 어려운 조건에서도 조사할 수 있다. 지추조사는 점조사인 데 비하여 물리탐사는 선조사이다. 이 방법을 이용하면 넓은 지역에 대하여 대강의 판단을 내릴 수 있고 비용도 적게 들지만, 정확한 판단을 내리기는 힘들므로 이 방법은 예비적인 작업으로서만 사용한다.

지표면에서 실시하는 물리탐사에는 탄성파 탐사(굴절법, 반사법, 표면파 기법), 전가탐사, 전자탐사, GPR 탐사 등이 있으며, 시추공 내에서 실시하는 물리탐사에는 시추공 탄성파탐사, 단층촬영탐사, 물리검층(음파검층, 방사능검층, 전기검층), 시추공 영상촬영 등이 있다.

16.10.2 탄성파 탐사

(1) 탄성파탐사(Seismic Survey)

탄성파 굴절법 탐사는 지표면의 한 점에서 폭약발파나 무거운 추의 낙하 등에 의하여 지반에 진동을 주어 탄성파를 발생시키고, 여러 지층의 경계면에서 굴절되어 지표면의 여러 점으로 돌아오는 탄성파의 도달시간과 거리를 측정하여, 탄성파의 속도와 지층의 구조와 두께 등을 구하는 방법이다. 굴절법 탐사는 지하구조가 복잡하지 않고 상부층보다 하부층의 단단한 지층에서 적용한다.

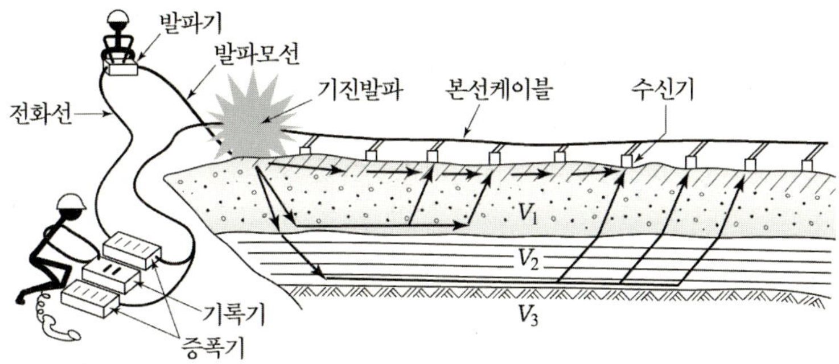

그림 16.20 탄성파 탐사

지표면 상의 충격은 2가지 탄성파 즉 P파(압축파)와 S파(전단파)를 만들며, P파는 S파보다 속도가 빠르므로 충격파가 처음 도달되는 시간은 여러 층의 P파 속도에 관계되고, P파의 속도 v는 다음 식과 같이 구할 수 있다.

$$v = \sqrt{\frac{E}{\frac{\gamma}{g}}\frac{\sqrt{1-\mu}}{(1-2\mu)(1+u)}} \tag{16.32}$$

여기서, E : 흙의 탄성계수(변형계수)
γ : 흙의 단위중량
g : 중력가속도
μ : 흙의 포아송비

식 (16.32)을 탄성계수 E에 대한 식으로 바꾸면 다음 식과 같이 된다.

$$E = \frac{\gamma v^2}{g}\frac{(1-2\mu)(1+\mu)}{1-\mu} \tag{16.33}$$

P파의 속도 v와 흙의 단위중량 γ 등을 식 (16.33)에 대입하면 흙의 탄성계수 E를 구할 수 있다.

지층내의 P파 속도를 알면 지표면 아래 있는 흙과 암석의 종류를 구분할 수 있다. 암석과 흙의 일반적인 P파 속도의 범위는 표 16.12와 같다.

표 16.12 흙과 암석의 P파 속도 범위

흙과 암석의 종류		P파 속도 (m/sec)
흙	모래, 건조한 실트, 세립질 표토	200 ~ 1,000
	황토	250 ~ 750
	충적토	500 ~ 2,000
	다짐 점토, 점토질 자갈, 단단한 점토질 모래	1,000 ~ 2,500
암석	사암(sandstone)	1,500 ~ 5,000
	점판암(slate), 이판암(shale)	2,500 ~ 5,000
	화강암(granite)	4,000 ~ 6,000
	단단한 석회석	5,000 ~ 10,000

(2) 탄성파 반사법 탐사

탄성파 반사법 탐사는 지표면에서 발생시킨 탄성파가 여러 지층의 경계면에서 반사되어 지표면의 여러 점으로 돌아오는 시간을 측정하여 지하구조를 조사하는 방법이다. 반사법 탐사는 상부층보다 하부층이 약한 지층에서도 적용할 수 있다.

16.10.3 전기탐사

전기탐사는 지반에 한 쌍의 전극을 설치하여 자연전위나 비저항을 측정하여 지하구조를 추정하는 방법이다. 전기 비저항 탐사는 탄성파 굴절법 탐사와 함께 지반조사에서 가장 많이 사용되고 있는 방법이다.

지층의 전기비저항을 측정하는 방법은 그림 16.21과 같이 일직선 상에 일정한 간격으로 지반에 30cm 정도 삽입한 4개의 전극을 사용하는 방법으로 이를 Wenner 방법이라고 한다. 2개의 바깥 전극을 이용하여 흙속으로 50~100mA의 전류 I를 보내고, 2개의 내부 전극 사이에서 전압강하 V를 측정한다.

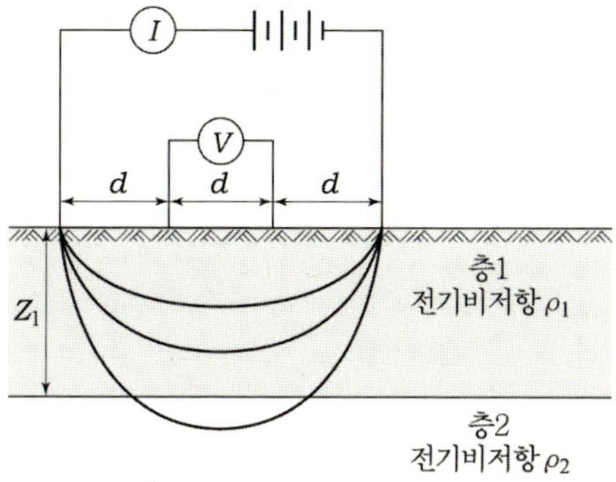

그림 16.21 전기비저항 탐사

균질한 지층의 전기비저항은 다음 식과 같이 구할 수 있다.

$$\rho = 2\pi d \frac{V}{I} \tag{16.34}$$

여기서, d : 전극의 간격

포화된 점토는 전기비저항이 매우 낮으며, 건조된 흙과 암석에서는 전기비저항이 높다. 여러 흙과 암석의 전기비저항의 범위는 표 16.13과 같다.

표 16.13 흙과 암석의 전기비저항

종류	전기비저항($\Omega \cdot m$)
점토, 포화된 실트	0 ~ 100
점토질 모래	200 ~ 500
모래	500 ~ 1,500
자갈	1,500 ~ 4,000
풍화암	1,500 ~ 2,500
경암	5,000 이상

연습문제

16.1 블록 샘플링(block sampling)에 대하여 설명하여라.

16.2 다층지반에서 평균 토질정수 결정 방법에 대하여 설명하여라.

16.3 연약지반 조사에서 현장베인시험(field vane test)을 실시할 경우 다음 사항에 대하여 답하여라.

가) 시험에서 측정한 최대토크($T_{\max}$)로부터 균질하고 등방성인 점토의 비배수 점착력(C_u)을 산정하는 식을 유도하여라.

나) 점토의 수평방향점착력(C_{uh})과 연직방향점착력(C_{uv})이 서로 다를 경우, 베인시험으로 C_{uv} 및 C_{uh}를 결정하는 방법을 기술하여라.

16.4 현장에서 채취한 시료의 교란이 흙의 강도와 압밀 특성에 미치는 영향과 시료의 교란 판정 방법에 대하여 기술하여라.

16.5 더치콘(Dutch Cone)관입시험에서 관입속도의 영향에 대하여 설명하여라.

참고문헌

국토부(2008). 2007년도 도로절토사면 유지관리시스템 운영업무.

국토부(2008). 도로관리 실무자를 위한 흙깎기 비탈면 유지관리 핸드북.

권호진외 3(2017). 기초공학(2판), 53~57, 구미서관.

김기웅외 1(2015). 토질역학(2판), 412~414, 구미서관.

유재명(2003). 토질 및 기초 기술사 해설, 예문사, 666~670.

유재명(2003). 토질 및 기초 기술사, 예문사, 558~570.

이송외 5(5012). 기초공학, 구미서관, 438~441.

이송외 5(5012). 기초공학, 구미서관, 461~470.

이정인 역(1995). 암반사면공학, 도서출판 엔지니어즈.

조태룡외 6(2005). 기초공학, 구미서관, 376~377.

지반조사법, 도서출판 과학기술(1998), 5~17.

Das, B.M.(2006). Principles of Geotechnical Engineering(Sixth Edition), Thomson.

저자 소개

저자	송 창 섭	충북대학교 지역건설공학과 교수
	이 달 원	충남대학교 지역환경토목학과 교수
	유　 찬	경상대학교 지역환경기반공학과 교수
	손 영 환	서울대학교 지역시스템공학과 교수
	김 용 성	강원대학교 지역건설공학과 교수
	백 원 진	전남대학교 지역시스템공학과 교수
	임 성 훈	공주대학교 지역건설공학과 교수
감수	장 병 욱	전)서울대학교 지역시스템공학과 교수

제2판 토질역학 정가 23,000원

저자 : 송창섭 · 이달원 · 유 찬 · 손영환 · 김용성 · 백원진 · 임성훈
감수 : 장병욱

발행인 : 임해진
발행처 : 도서출판 구미서관

발행 : 2009년 3월 24일 초 판
2010년 3월 10일 수정판
2017년 3월 20일 제2판

등록 : 1979년 6월 29일 No.9-6호
주소 : 서울시 마포구 신촌로 2길 5-15 구미빌딩
전화 : 02-333-1101
팩스 : 02-335-2201
http://www.goomibook.com

ISBN 978-89-8225-187-0 (93530)

저자와의 협의 하에 인지를 생략합니다.
파본이나 잘못된 책은 교환하여 드립니다.

복제불허